Suzanne S. Schüttemeyer (Hrsg.)

Politik im Klimawandel

Keine Macht für gerechte Lösungen?

Nomos

Die Deutsche Nationalbibliothek verzeichnet diese Publikation in der Deutschen Nationalbibliografie; detaillierte bibliografische Daten sind im Internet über http://dnb.d-nb.de abrufbar.

ISBN 978-3-8329-4732-3

1. Auflage 2011

Inhalt

Vorwort

Seitdem die Deutsche Vereinigung für Politische Wissenschaft ihren 24. Kongress im September 2009 unter das Motto „Politik im Klimawandel. Keine Macht für gerechte Lösungen?“ stellte, ist die Thematik unverändert wichtig, hat sogar noch an Bedeutung gewonnen – und dies gilt sowohl für den natürlichen als auch für den politischen Klimawandel im weiteren Sinne.

Weder der UNO-Klimakonferenz in Kopenhagen 2009 noch der in Bonn 2011 ist es gelungen, die Folgevereinbarung für das 2012 auslaufende Kyoto-Protokoll unter Dach und Fach zu bringen und weltweit verbindliche Klimaziele festzulegen. Ganz im Gegenteil: der Atomunfall in Fukushima im März 2011 und das nachfolgende Umdenken, das in Deutschland sogar zu einer überraschend drastischen Wende in der Energiepolitik führte, könnte eine Rückkehr zu fossilen Energiequellen bewirken mit den bekannten schädlichen Folgen für die Erderwärmung.

Dabei markiert die Entscheidung hierzulande, den „Ausstieg aus dem Ausstieg“ rückgängig zu machen, also nun doch die Politik der rot-grünen Koalition fortzusetzen und alle deutschen Kernkraftwerke bis 2022 abzuschalten, gleichzeitig einen innenpolitischen Klimawandel. Hieraus könnten künftig neue Bündnisse entstehen, aber auch neue Interessenkonflikte in der Gesellschaft, denkt man etwa an die – nicht nur materiellen – Folgekosten des Ausbaus alternativer Energien oder die möglicherweise drohende Energieknappheit.

Auch die Problemlagen, die mit dem Stichwort Verteilungsgerechtigkeit angesprochen sind, haben weder innenpolitisch noch auf europäischer oder globaler Ebene an Virulenz verloren. Darüber, in welchem Referenzrahmen Solidarität geleistet wird, wie weit diese reicht und reichen muss, herrscht kein Konsens. Weltgesellschaftlich sind hierzu bisher eher Lippenbekenntnisse zu vernehmen und Akte der punktuellen Wohltätigkeit – durchaus auch beeindruckenden Ausmaßes – zu verzeichnen. Wie schwierig es ist, allein innerhalb Europas ein Gemeinschaftsbewusstsein zu erzeugen, das auch Umverteilung erlaubte, zeigt sich an den jüngsten Diskussionen um die Rettungsschirme für hoch verschuldete Mitgliedsländer der Europäischen Union. Und gerade auch in den herkömmlichen Grenzen des Nationalstaats sind seit den 1980er Jahren heftige Diskussionen geführt worden, sind Veränderungen und sogar Kehrtwendungen vorgenommen worden in der Art und Weise, wie Chancen und Risiken zwischen Bevölkerungsgruppen verteilt werden und wie die Verantwortung zwischen Staat und Individuum austariert ist.

Dieses Verhältnis wird seit einem Jahrzehnt vermehrt unter dem Aspekt der Sicherheit diskutiert, denn die Bedrohung durch den – vor allem islamistischen – Terrorismus hat sich nach den Anschlägen in New York am 11. September 2001 erheblich verschärft. Die Frage, wie viel bürgerliche Freiheiten um dieser Sicherheit willen eingeschränkt werden (müssen), ist höchst strittig und Ausdruck des innenpolitischen Klimawandels wie des internationalen. Auch in anderer Hinsicht muss die internationale Gemeinschaft mit neuen Herausforderungen fertig werden – und hier verschränken sich besonders augenfällig der politische und der natürliche Klimawandel: Die klimatisch bedingte Verschlechterung der landwirtschaftlichen Produktionsmöglichkeiten in vielen Teilen der Welt ist zum auslösenden oder verlängernden Faktor von Bürgerkriegen geworden, die massenweise Fluchtbewegungen weiter verstärken, die ohnehin schon wegen Ressourcenmangel und Umweltkatastrophen zunehmen.

Der hiermit nur knapp umrissene Rahmen, der aufscheint, wenn vom Klimawandel in all seinen Dimensionen die Rede ist, wurde auf dem 24. Kongress der Deutschen Vereinigung für Politische Wissenschaft in Kiel vom 21. bis 25. September 2009 mit vier Plenumsveranstaltungen und Dutzenden von Präsentationen in acht Sektionen sowie dreiundzwanzig Arbeitskreisen und anderen Gruppen ausgefüllt. Für den vorliegenden Kongressband galt es, eine Auswahl daraus zu treffen. Neben dem Einführungs- und den vier Plenarvorträgen sind auf den folgenden Seiten nunmehr vierzehn Beiträge versammelt, die auf der Basis von Vorschlägen aus den Sektionen und Arbeitskreisen ausgesucht wurden und die Vielfalt widerspiegeln, in der sich die Politikwissenschaft mit diesen Fragen befasst. Nur mit sehr breiten Kategorien war es möglich, diese Spannbreite für den Leser etwas übersichtlicher zu gliedern und einzuordnen. So gibt es drei Teile: Teil I befasst sich mit eher theoretisch ausgerichteten Fragen, Teil II mit den Akteuren und Auswirkungen des natürlichen Klimawandels, und Teil III behandelt Politics und Policies des politischen Klimawandels, vor allem in Deutschland.

Die etlichen Misserfolge der internationalen Klimapolitik geben Anlass zu der Frage, ob es sich dabei nur um aktuelles Versagen handelt oder darin nicht doch strukturelle Probleme der Handlungsfähigkeit von Demokratien als grundlegendes Ordnungs- und Organisationsmuster zutage treten. *Thomas Saretzki* skizziert die grundsätzlich skeptischen Positionen und ihre Alternativangebote, denen er „problematische Prämissen, fragwürdige Kausalanalysen und unhaltbare Sein-Sollens-Fehlschlüsse" vorwirft. Er hält nichts von einer wissenschaftlichen Wächterelite und technokratischen Führern. Darin geht er einig mit *Claus Leggewie*, der sich ebenfalls dem Zusammenhang von Demokratiequalität und Klimaperformanz widmet und im Klimawandel sogar die Chance für eine „fünfte Welle" der Demokratisierung sieht, in der individuelle und kollektive Bürgerfreiheiten nicht nur gewahrt, sondern erweitert würden. Auch *Eric Swyngedouw* interpretiert die Klimafrage als demokratische, aber ausdrücklich nicht unter dem Vorzeichen eines post-politischen Konsenses über Umweltschutz und Nachhaltigkeit – den er als zutiefst reaktionär bezeichnet –, sondern im Sinne eines wieder gefundenen Raumes, in dem Konflikte über ganz unterschiedliche sozio-ökologische Zukunftsvorstellungen ausgetragen werden können. Aus politisch-psychologischer Sicht und unter Rückgriff auf *Sigmund Freuds* „Unbehagen in der Kultur" analysiert *Hans-Joachim Busch*, warum bekannte ökologische Einsichten die Akteure in Politik, Wirtschaft und Gesellschaft so wenig von umweltriskantem Handeln abhalten.

Ulrich Brand geht dieses Problem mit Kategorien der politischen Ökologie an, verortet die ökologische Krise im engen Zusammenhang mit sozio-ökonomischen Entwicklungen, gesellschaftlichen Interessen, Macht- und Hegemonieverhältnissen sowie den kulturellen Mustern der Naturbeherrschung. Seine Untersuchung der internationalen Klimapolitik leitet Teil II ein. *Brand* befürchtet, dass es nicht zu einer gerechteren Gestaltung gesellschaftlicher Naturverhältnisse, sondern zu einem neuen „grünen Kapitalismus" kommt, der eher autoritär, exkludierend und konkurrenzverschärfend ausfallen dürfte. Auch *Claudia von Braunmühl*, die den Handel mit Emissionsrechten und den Clean Development Mechanism als die zentralen Durchsetzungsinstrumente des Kyoto-Protokolls analysiert, ist skeptisch: Die Überantwortung des Gemeinguts Klima an Marktmechanismen und seine Privatisierung haben sich bisher weder als sonderlich effizient erwiesen, noch genügen sie dem Anspruch demokratischer Legitimation durch eine gleichberechtigte Bürgerschaft.

Gerechtigkeit beim Umgang mit dem Klima ist das Thema von *Jörg Tremmel*. Er stellt Überlegungen zu historischer und internationaler, zu Verteilungs- sowie Generationengerechtigkeit an und kommt zu fünf klaren Empfehlungen für künftige Klimaabkommen. Insbesondere sieht er Bedarf für eine neue institutionelle Ebene, um Interessen kommender Generationen zu berücksichtigen.

Wasser in den Wein klimapolitischen Steuerungsoptimismus gießt auch *Georg Simonis*. Er skizziert die Entscheidungsprozesse um die letztlich im US-Senat gescheiterte Gesetzesvorlage, mit der die *Obama*-Administration ein neues energiepolitisches Regulierungssystem auf den Weg bringen wollte. Dieser Misserfolg lässt sich, so *Simonis*, nur erklären – und überwinden –, wenn man tiefer liegende gesellschaftliche Konflikte einbezieht, die Hegemonie der fossilistischen Kräfte erkennt und sich um ein neues Kompromissgleichgewicht in der Gesellschaft bemüht.

Welche Einflüsse beim Abschluss von Umweltschutzabkommen zwischen Staaten wirken, ermitteln *Sophie Perrin* und *Thomas Bernauer* am Beispiel der UN Economic Commission for Europe's agreements on long-range transboundary air pollution. Danach sind internationale Faktoren für die Ratifikation genau so wichtig wie innenpolitische. Unter der Perspektive von Sicherheit beleuchten *Tatjana Reiber* und *Fariborz Zelli* den Klimawandel. Sie unterscheiden staatliche, menschliche sowie ökologische Sicherheit und zeigen eine Tendenz zur „Versicherheitlichung" auf, eine fortschreitende Betonung verteidigungs- und sicherheitspolitischer Aspekte in der internationalen Klimapolitik. Ein ganz anderer Akteur – die Wissenschaft – ist *Silke Beck*s Gegenstand. Als „Stellvertreterdebatte" kennzeichnet sie die Verlagerung der klimapolitischen Diskussionen in die Wissenschaft und plädiert dafür, nicht mehr der (trügerischen) Sicherheit wissenschaftlichen Wissens anzuhängen, sondern sich auf die Problematik der politischen Entscheidung unter Unsicherheit zu konzentrieren.

Dass nicht mehr nur die „klassischen" Institutionen und ihre Angehörigen Politik machen, ist lange Allgemeinplatz. In welchem Ausmaß dies geschieht, wie die Rolle des Staates dabei empirisch und demokratietheoretisch zu verorten ist und welcher politische Klimawandel damit einhergeht – das erhellen mehrere Beiträge in Teil III. Wie die internationale Staatenwelt die Finanzmarkt- und Wirtschaftskrise seit 2008 in den Griff bekam, schien auf ein Wiedererstarken der staatlichen Akteure hinzudeuten. *Andreas Busch* relativiert dieses Urteil: Staatliche Regulierung habe nicht die dysfunktionalen Freiheiten der Märkte genügend eingeschränkt, und die Machtbalance sei nicht zugunsten der Politik verschoben worden; daher könne sich eine solche Krise auch wiederholen. Die Gründe sieht *Busch* in mangelndem Wissen, mangelndem Können und mangelnder Durchsetzungsfähigkeit des Staates.

Machtvoller hat sich die supranationale Staatlichkeit der EU beim fortschreitenden Schutz der Grund- und Menschenrechte präsentiert. „Normative power" attestiert *Karen Schlüter* ihr in den Außenbeziehungen und auch im Innern; hier allerdings vor allem dank der schöpferischen Rechtsprechung des Europäischen Gerichtshofes.

Tanja Klenk, Joachim Lange und *Frank Nullmeier* erweitern die Diskussion über den Umbau des Sozialstaats: Soziale Sicherung wird zunehmend von profitorientierten Großunternehmen übernommen, was die Wohlfahrtsproduktion zunehmend abhängiger von Finanzmarktentwicklungen und damit unsicherer macht; und trotz der Teilprivatisierung kann sich der Staat nur bedingt entlasten, da er eine Letztgarantie für die Funktionsfähigkeit der neuen Märkte übernehmen muss. Einen speziellen „Klimawandel" in der Gesundheitspolitik konstatieren *Claudia Landwehr* und *Katharina Böhm* in ihrem OECD-Länder-Vergleich, denn es wird immer mehr mit Effizienz und Eigenverantwortung anstatt mit Bedarf argumentiert. Dies gibt Anlass, nach Verteilungsgerechtigkeit zu fragen. Umso wichtiger sind die vorgelegten Informationen über den Zusammenhang zwischen den Verfahren, nach denen Gesundheitsleistungen entschieden werden, und ihren Ergebnissen. Diese Forschungen könnten von einem Experiment profitieren, das *Bernhard Kittel* und *Wolfgang Luhan* zu Entscheidungen in Netzwerken präsentieren. In drei Strukturen – unverbunden, kreis- und sternförmig – mussten die fünfköpfigen Testgremien kollektive Transfers beschließen. Wie unterschiedlich sich Macht, Information und Transferleistungen verteilen, kann hier nachgelesen werden.

Der DVPW-Kongress fand in der Woche vor der Bundestagswahl statt. Umso mehr interessierten Beiträge, die sich mit Veränderungen der Parteienlandschaft befassten. *Simon Franzmann* hat 25 liberale Parteien in Westeuropa in den Dimensionen links-rechts, gesellschaftspolitisch und ökonomisch verortet. Danach gibt es keine andere liberale Partei, in der gesellschaftspolitische und ökonomische Positionen auf der Links-Rechts-Skala so weit auseinander liegen wie bei der FDP. Insgesamt bescheinigt *Franzmann* der liberalen Parteifamilie, dass sie den Ruf, ihre Programmatik dem Streben nach Regierungsbeteiligung unterzuordnen, zu Unrecht trägt. Im Ergebnis nicht überraschend, aber empirisch-quantitativ solide untermauert prognostizieren *Thomas Bräuninger* und *Marc Debus* die Bildung der christlich-liberalen Koalition nach der Bundestagswahl 2009. Ihre Daten zur Wahrscheinlichkeit anderer Bündnisse fordern die Frage heraus: Wird sich in Deutschland auch das politische Klima deutlich wandeln?

Suzanne S. Schüttemeyer

Politik im Klimawandel. Keine Macht für gerechte Lösungen? Eröffnungsvortrag zum 24. Kongress der Deutschen Vereinigung für Politische Wissenschaft

Suzanne S. Schüttemeyer

Als Vorstand und Beirat der DVPW begannen, über das Thema ihres nächsten großen Kongresses nachzudenken und die ersten Ideen aufkamen, Klimawandel in den Mittelpunkt unserer Diskussion zu stellen, wurden spontan Zweifel laut:

Klimawandel sei zwar ganz oben auf der politischen Tagesordnung; schließlich war der Begriff Klimakatastrophe – verstanden als Erderwärmung und ihre direkten Folgen – zum Wort des Jahres 2007 gekürt worden; das Intergovernmental Panel on Climate Change, IPCC, und *Al Gore* waren gerade mit dem Friedensnobelpreis ausgezeichnet worden für „ihre Bemühungen, ein besseres Verständnis für die von Menschen verursachten Klimaveränderungen zu entwickeln und zu verbreiten und dafür, dass sie die Grundlagen für die Anstrengungen gelegt haben, um diesen Veränderungen zu begegnen", wie es in der Laudatio des Nobelpreiskomitees hieß.

Dennoch – so unsere Befürchtungen – könnte ein Kongress zwei Jahre danach als Nachklapp zum Thema erscheinen; der Klimawandel könnte mangels aufrüttelnder Naturereignisse das auf Kurzfristigkeit getrimmte Interesse von Medien und Publikum verlieren oder die Öffentlichkeit wegen allzu vieler wissenschaftlicher Krisenszenarien bis dahin schon abgestumpft sein.

Tatsächlich müssen wir seit September 2008, als die Bank Lehman Brothers zusammenbrach, feststellen, dass die lawinenartig über die ganze Welt rollende Finanz- und Wirtschaftskrise nicht nur die Aufmerksamkeit auf sich zieht, sondern auch größte Anstrengungen und enorme Ressourcen freigesetzt hat. Rieben sich die Westdeutschen nach 1989/90 gelegentlich die Augen, als sie sahen, wie viele Mittel in den, wie sie meinten, schon damals desolaten öffentlichen Haushalten für die Wiedervereinigung eingeplant wurden, so stellen die Summen, die wir heute hören für die Rettung des Finanzwesens und die Verhinderung noch größerer konjunktureller Abschwünge, alles in den Schatten. Die Kosten, um die HypoRealEstate vor dem Untergang zu bewahren, werden auf 130 bis 150 Milliarden Dollar geschätzt; die SoFFin bewilligte aus ihrem auf 480 Milliarden ausgelegten Bankenrettungsfonds bislang 52 Milliarden Euro. Und man ertappt sich selbst dabei, dass man angesichts solch gigantischer Beträge kaum noch auf die Unterscheidung zwischen Dollar und Euro achtet. Zum Vergleich: der gesamte Bundeshaushalt belief sich im Jahr 2009 auf 290 Milliarden Euro. Auch wenn manche Milliarde nur als Bürgschaft oder Kredit veranschlagt werden muss: Das damit verfolgte Ziel ist offenbar so bedeutend und unabweisbar, dass die Politik bereit ist, das Risiko zu gehen.

Glücklicherweise ist aber festzustellen, dass die ökonomische Krise es nicht vollbracht hat, den Klimawandel völlig in den Hintergrund zu drängen. Ob daraus gar eine besondere Chance für Maßnahmen des Klimaschutzes erwachsen könnte, wird unterschiedlich beurteilt. Jedenfalls hat eine Reihe von Ländern ihre aufgelegten Konjunkturprogramme „gegrünt“: Von den fast 600 Milliarden, die China investiert, sollen 40 Prozent in klimarelevante Projekte fließen. Auch aus Südkorea und den USA sind beeindruckende Zahlen zu hören. Hingegen hat das Kieler Institut für Wirtschaftsforschung errechnet, dass lediglich 13 Prozent der Wirtschaftshilfen, die Europa aufbringt, umweltfreundlichen Vorhaben zugute kommen. Hier wird also offenbar eine Chance vertan.

Auch die letzten Meldungen über die Vorbereitungen der EU für die UN-Klimakonferenz in Kopenhagen Ende dieses Jahres verheißen nichts Gutes für die Aussichten, ein wirksames und ausreichendes Klimaschutzabkommen als Nachfolge für das 2012 auslaufende Kyoto-Protokoll zustande zu bringen. Streit ist zwischen den Mitgliedstaaten der EU darüber ausgebrochen, wer wie viel zahlt – und es wäre nicht die EU, wenn es nicht auch darum ginge, wie viele Kompetenzen durch eine Finanzierung aus dem gemeinsamen Haushalt „nach Brüssel“ wandern würden. Dennoch: Es ist nicht eingetreten, was *Silvio Berlusconi* Anfang des Jahres intonierte: „Es ist absurd, in Zeiten der Krise über den Treibhausgas-Ausstoß zu reden. Das ist, als ob jemand, der eine Lungenentzündung hat, über eine Dauerwelle nachdächte.“ Gewiss wäre es auch übertrieben, die griffige Formel „mit Klimaschutz die Krise meistern“ allzu wörtlich zu nehmen. Green New Deal, Dritte Industrielle Revolution, Große Transformation sind aber Stichworte, die verdeutlichen, dass bei den meisten Spitzenpolitikern (und übrigens auch bei etlichen Unternehmern) die Einsichtsfähigkeit deutlich weiter reicht als bei ihrem italienischen Kollegen. Der Klimawandel ist also nicht von der internationalen Tagesordnung verschwunden und ist teilweise schon handlungsleitend in politische Entscheidungen eingeflossen.

Dagegen steht, dass im deutschen Wahlkampf des Sommers 2009 Umweltpolitik keine prominente Rolle spielt. Wäre nicht aus aktuellen Anlässen die weitere Nutzung von Atomenergie in die Diskussion geraten, wären Klimawandel und Klimaschutz wohl gar nicht breiter thematisiert worden – und dies, obwohl 92 Prozent der Wähler erklärten, der Aufbau einer klimafreundlichen Wirtschaft sei wichtig für ihre Wahlentscheidung.

Dagegen steht auch, dass die Industriestaaten wegen der finanziellen Belastungen der Banken- und Wirtschaftskrise natürlich zurückhaltender geworden sind, wenn es um Klimahilfen für Entwicklungsländer geht. Von diesen hängt es aber ab, ob sich auch die ärmeren Länder auf verpflichtende Ziele beim Klimaschutz einlassen. Dabei schrumpfen in den reichen Staaten selbst die finanziellen Spielräume, um – wie etwa im deutschen Fall – das errechnete eine Prozent des Bruttosozialprodukts aufzubringen, das nötig wäre, um die Erderwärmung bei zwei Grad Celsius zu halten.

Allerdings kommt das Nicht-Handeln keineswegs billiger: Das DIW rechnete in einem komplexen Szenario vor, dass die ökonomischen Auswirkungen des Klimawandels die deutsche Volkswirtschaft in den nächsten 50 Jahren etwa drei Prozent des Bruttosozialprodukts kosten werden, wenn einfach so weitergemacht wird wie bisher.

Nicholas Stern bezifferte die Folgekosten eines Weiter-so gar mit fünf bis zwanzig Prozent des globalen Sozialprodukts. Daraus scheint eine ganz einfache Rechnung zu entstehen: Es ist nicht nur in der Sache leichter und erfolgversprechender, heute den Klimawandel einzudämmen, sondern es ist auch viel billiger. Offensichtlich berücksichtigt diese Gleichung aber nicht alle Parameter des Handelns. Das Szenario des Klimawandels und seiner weltweiten Bewältigung ist viel komplexer, zeigt Licht und Schatten, unterschiedliche Wahrnehmungen, Bewertungsmaßstäbe und Beurteilungen der Problemlagen und vielfältigste Interessen. Um es mit einigen herausgegriffenen Fragen zu illustrieren:

- Warum handeln einige Staaten im Umgang mit der Finanzkrise „grüner“ als andere? Welche Kontextfaktoren sind dafür auszumachen?
- Ist es der Staat, oder ist es der Markt, sind es Gesetze oder Selbstverpflichtungen, Verbote oder Anreize, mit denen Klimaschutz wirksam vorangetrieben werden kann?
- Warum fällt es offenbar viel leichter, dreistellige Milliardenbeträge in der Finanzkrise bereitzustellen, als solche Summen gegen Erderwärmung einzusetzen?
- Wie können die Interessen von Entwicklungs-, Schwellen- und Industrieländern miteinander vereinbart werden?
- Welche Strategien gibt es, um die Kurzfristigkeit von Ziel- und Handlungsorientierungen aufzubrechen, und zwar sowohl bei Politikern als auch bei Bürgern?

Schon aus diesen wenigen Fragen wird deutlich: Hier ist die Politikwissenschaft gefragt. Wir lagen also richtig, als wir beschlossen, Klimawandel zum Thema dieses Kongresses zu machen. Denn es ist wahrlich kein Nischenthema für kleine Teile der Disziplin, sondern berührt schon als Klimawandel im engeren Sinne zentrale Fragen der Politikwissenschaft.

Dies gilt noch mehr, wenn man den politischen Klimawandel thematisiert. Er rückt zwar nicht spektakulär mit Wirbelstürmen, Dürren und Überschwemmungen ins öffentliche Bewusstsein. Gleichwohl ist er brisant und könnte – teilweise auch in Abhängigkeit von den Problemen des natürlichen Klimawandels – den Zusammenhalt der Gesellschaft bedrohen.

Seit längerem schon sind Defizite in der Akzeptanz des politischen Systems, seiner Akteure und Leistungen seitens der Bürger zu verzeichnen. Verdrossenheit ist das Stichwort; sie richtet sich gegen Politiker und Parteien, und immer häufiger scheint Politik generell, ja sogar die Demokratie als Staatsform Gegenstand dieses Verdrusses zu werden.

Zum 60. Jahrestag der Verkündung des Grundgesetzes am 23. Mai 2009 konnte man Umfragen entnehmen, dass drei Viertel der Deutschen stolz auf ihre Verfassung sind. Dabei zeigte sich auch, dass in der Differenz von Ost- und Westdeutschen (noch?) nicht von einem demokratischen Grundkonsens gesprochen werden kann. Aus jüngsten Daten und Analysen, etwa von *Oskar Niedermayer*, *Oscar Gabriel* und *Joachim Behnke*, ist Folgendes zu erfahren:

Das Vertrauen in den Bundestag und die Abgeordneten hat in den letzten 25 Jahren deutlich abgenommen. Zwar überwiegt in Westdeutschland in der Regel das Vertrauen das Misstrauen; in den neuen Bundesländern ist dies aber nicht der Fall. Außerdem bewerten die Deutschen die Arbeit ihrer Wahlkreisabgeordneten kritischer, halten diese für weniger bürgernah und bekommen von den Medien ein negativeres Bild ihrer Leistungen vermittelt als von jenen des Bundestages allgemein als Gesamtinstitution. Deshalb vertrauen die Bürger ihren Parlamentariern noch weniger als dem Bundestag als Ganzem.

Bezieht man die Wertvorstellungen der Bürger und ihre Wahrnehmung davon, wie die Werte ihrer Repräsentanten beschaffen sind, mit ein, so wird eine beunruhigende Diskrepanz deutlich: Ehrlichkeit, Respekt vor anderen und Verantwortung für das eigene Handeln sind den Befragten selbst am wichtigsten; und diejenigen, die vermuten, dass diese Werte den Politikern am wenigsten wichtig sind, zeigen das geringste Vertrauen in politische Institutionen.

Positiv ist zu vermerken, dass etwa neun von zehn Deutschen der Idee der Demokratie als politisches Ordnungsmodell zustimmen. Auch unterstützt die große Mehrheit der Bevölkerung die spezifische bundesrepublikanische Form der Demokratie. Mit ihrem aktuellen Funktionieren hingegen ist die Mehrheit unzufrieden. Und immer zeigt sich deutlich geringere Intensität der Befürwortung und der Zufriedenheit im Osten des Landes.

Demokratie braucht beides: Loyalität und Kritikbereitschaft. Aber wenn nur noch eine Minderheit – 32 Prozent im Osten, 47 Prozent im Westen – mit der politischen Ordnung rundherum zufrieden sind, sind in der Tat Legitimationsprobleme nicht mehr von der Hand zu weisen.

Dieser Befund wird noch verstärkt, wenn man Vergleichszahlen aus anderen europäischen Ländern heranzieht: Deutschland insgesamt liegt nämlich deutlich unter dem westeuropäischen Durchschnitt. Ostdeutschland allein wird nur noch von vier osteuropäischen Mitgliedstaaten der EU und Portugal unterboten. Zwar kann die Politikwissenschaft nicht auf empirischer Basis generalisierend einen Schwellenwert bestimmen, an dem Mangel an aktueller Akzeptanz umschlägt in tiefer greifenden Verlust des Legitimitätsglaubens. Man sollte sich aber hüten, Warnzeichen zu übersehen. Offenkundig lassen die Repräsentationsleistungen von Politikern und Parteien, von Parlamenten und Regierungen in den Augen der Bürger mehr und mehr zu wünschen übrig.

Das Gefühl, nicht richtig repräsentiert zu werden, hat die Mitte der Gesellschaft erreicht. Auf breiter Front artikulieren die Bürger – ablesbar nicht nur an abgefragten Meinungen, sondern auch an „harten“ Daten wie drastisch geschrumpften Mitgliederzahlen der Parteien und sinkenden Wahlbeteiligungen – ihr mangelndes Vertrauen in die Handlungsfähigkeit der Politik, ihrer Institutionen und Akteure. Bleiben diese Zweifel zu lange bestehen, vertiefen sich gar und werden nicht durch positive Eindrücke und Erfahrungen abgebaut, ist zu befürchten, dass sich die Auffassung verbreitet, dass die repräsentative Demokratie als Form der politischen Ordnung schon in der

Gegenwart und erst recht für die Zukunft einer globalisiert wirtschaftenden und ökologisch bedrohten Welt überfordert ist.

Solche überwiegend noch diffusen Einstellungen werden von Vertretern dieser Ordnung selbst bestätigt, verstärkt oder gar populistisch benutzt. Im medialen Schulterschluss mit „dem Volk" führen Ministerpräsidenten das Versagen der Bundesregierung ihrer eigenen Parteien vor, der Präsident des Bundesverfassungsgerichts spricht immer wieder von der „Krise des Parlamentarismus", der Bundespräsident wird zum öffentlich gelobten Gegenspieler der sogar im Gesetzgebungshandwerk als unfähig geziehenen Regierung. Manche Meinungsforscher und Medien, Lobbys und Verbände tun lautstark ein Übriges, jenen klagenden Pessimismus zu verstärken, für den die Deutschen mittlerweile bekannt sind.

Dies ist der *politische* Klimawandel, den wir mit unserem heute beginnenden Kongress genauso ausleuchten wollen wie den natürlichen.

Das Geheimnis des historischen Erfolgs von Strukturen demokratischer parlamentarischer Repräsentation liegt in ihrer Verbindung mit dem modernen Nationalstaat. In modernen Nationalstaaten gab es prinzipiell und strukturell – wenngleich nicht aktuell zu jedem Zeitpunkt erfüllt – die Möglichkeit, die Anforderungen einer mit gleichen Rechten ausgestatteten Bürgerschaft in Einklang zu bringen mit den Entscheidungen und Steuerungsleistungen der politischen Institutionen. Innerhalb des eingegrenzten Territoriums und der damit auch beschriebenen politisch-kulturellen Gemeinschaft existierten regulative Ideen von Gemeinwohl und ein (in der Terminologie *Ernst Fraenkels*) nichtkontroverser Sektor, der hinreichende Einheit schuf und ebenso hinreichenden Raum für das dynamische Element der Gesellschaft, den kontroversen Sektor, ließ.

Auf der Basis eines solchen Grundkonsenses und ebenso akzeptierter Streitbefangenheit wurden Interessen in den politischen Prozess eingebracht, die von freien, aber verantwortlichen, rückgebundenen Repräsentanten abgewogen und ausgeglichen wurden. Diese Repräsentanten verfügten dabei über die Instrumente, die Autorität und die hierarchische Machtstellung, die es ihnen erlaubten, jenes, wofür sie von den Bürgern verantwortlich gemacht wurden, auch tatsächlich zu verantworten.

Die Input-Seite und die Output-Seite des politischen Systems passten also zueinander. Es tat sich keine strukturelle Lücke auf zwischen den Handlungsanforderungen der Bürger und den Handlungsmöglichkeiten des Staates und seiner Institutionen. Die von politischen Entscheidungen Betroffenen waren auch die durch Repräsentationsbeziehungen an diesen Entscheidungen Beteiligten. Sektorale oder sporadische Fehlleistungen der Repräsentanten wurden durch Abwahl und Austausch erledigt. Die Kalkulierbarkeit von Interessenlagen wegen klarer und zahlenmäßig begrenzter Konfliktlinien kam hinzu.

Inzwischen sind Gesellschaften geprägt von sich immer weiter ausdifferenzierenden Interessen, muss sich Politik immer mehr auf Individualisierung einerseits, Entgrenzung – wenn auch längst nicht für alle und alles – andererseits einstellen. Daraus resultieren sowohl auf der Input- als auch auf der Output-Seite des politischen Systems gravierende Probleme.

Wie bekannt, sind im Zuge der Bildung von Nationalstaaten und Industriegesellschaften Konfliktlinien entstanden, die sich ins Parteiensystem übersetzten und so weiter verfestigten. Diese Konfliktlinien trugen lange Zeit erheblich zur Kalkulierbarkeit und Stabilität der politischen Verhältnisse bei. Die in ihren primären Interessen kirchlich-religiös beziehungsweise durch ihren sozio-ökonomischen Status bestimmten Wählerschichten wurden durch Repräsentanten in das politische System integriert, die für die fortgesetzte Akzeptanz ihrer Gruppe hinreichend klientelistisch agierten; aber ebenso sorgten sie durch genügende Gemeinwohlorientierung im Sinne der Akzeptanz der „Gegenseite" und Kompromissbereitschaft für den zum inneren Frieden nötigen Interessenausgleich.

Prozesse der Modernisierung und Säkularisierung haben dazu geführt, dass diese stabilen Orientierungen und ihre entsprechend dauerhafte politische Organisation aufgebrochen worden sind. Zwar bestehen sie zum Teil fort; sie haben jedoch an Kraft verloren – sowohl hinsichtlich der Zahl der von ihnen erfassten Menschen als auch hinsichtlich der Intensität der Bindung.

Neben die einst übersichtliche Struktur der Interessen, ihre relativ leichte politische Organisierbarkeit und folglich auch vergleichsweise unproblematische Legitimation politischer Entscheidungen – teilweise sogar an deren Stelle – sind Entwicklungen der Pluralisierung und Individualisierung getreten. Damit ist es erheblich schwieriger geworden, Akzeptanz und Folgebereitschaft für Politik herzustellen. Der Einzelne ist Träger einer Vielzahl von Interessen, was diachron zu unterschiedlichen Prioritätensetzungen, wechselnden politischen Verhaltensweisen und Präferenzen führt. Synchron kommt es zu inneren Widersprüchen und spannungsreichen Cross-Pressure-Situationen.

Die nachhaltig erweiterten Optionen des Einzelnen in den post-industriellen Gesellschaften, die vor allem durch höhere Bildung gewachsene Bereitschaft, bei Betroffenheit auf politische Entscheidungen einzuwirken und die zunehmende Häufigkeit dieser Betroffenheit durch Prozesse der Verflechtung und Globalisierung haben gruppenspezifische Identitäts- und Sinnstiftungen brüchig werden lassen. Weil damit der Einzelne immer mehr selbstverantwortlich wird für die Definition und Interpretation seiner Umwelt und die Reduktion der überdies gestiegenen Außenkomplexität, verlieren die traditionellen Vermittlungs- und Legitimationsinstanzen von Politik zwar nicht grundsätzlich die Kraft, Konflikte im politischen Prozess zu bearbeiten. Es wird für sie aber immer schwieriger, dies als dauerhafte, mit generalisiertem Führungsvertrauen ausgestattete Interessenvertreter stabiler gesellschaftlicher Großgruppen zu tun.

Auf der Output-Seite ist folgendes festzustellen: Autonomes Entscheiden wird den staatlichen Institutionen in dem Maße unmöglich, in dem sie nicht mehr über alle Determinanten der Problembeschreibung und Problemlösung allein verfügen und ihre Kapazität zur hierarchischen Steuerung verlieren. Dies ist – um es in der gebotenen Kürze zu sagen – vor allem der Fall in supranationalen Konstellationen wie der EU und in Strukturen internationaler Governance, zum Beispiel eben Klimaschutzkonferenzen und Welthandelsrunden. Aber auch auf nationaler Ebene tritt dies zutage durch korporatistische Arrangements, durch die Einbeziehung von Interessenvertretern und Experten in die Entscheidungsprozesse. Auf diese Weise büßen die Akteure aus Exekutive und Legislative an Responsivität ein: Sie können den Entscheidungssadressaten kaum noch glaubhaft machen, dass sie wirksam deren Interessen vertreten und regeln können. Und wenn ihnen dies – zum Beispiel durch politische Inszenierung, symbolische Politik oder die geschickte Vermittlung gelingt – so ist es nicht von Dauer: Zu offenkundig klaffen übernationale oder globale Problemgenerierung und nationale Problemlösungsfähigkeit auseinander.

Die einschlägige Literatur weist darauf hin, dass die Macht und Handlungsfähigkeit des Staates besonders dort erodiert, wo die mobileren Faktoren des Marktes, also zum Beispiel Kapital, die Exit-Option wahrnehmen und der nationalstaatlichen Regelsetzung entfliehen können. Geld- und Steuerpolitik, auch immer weitere Bereiche der Wirtschafts- und Umweltpolitik stehen unter dem Druck der international agierenden privaten Marktakteure, die ihre Geschäfte und ihre Standorte so wählen, dass minimale Kosten und maximale Gewinne möglich sind. Sogar die nationalen Rechtssysteme im engeren Sinne unterliegen teilweise schon dem Zwang zur liberalsten Regelung, um keine ökonomischen Chancen zu verpassen.

An dieser Konsequenz ökonomischer Entgrenzung wird das unerwartete und massive Comeback des Staates, das in den letzten Monaten zu beobachten war, wohl auch nur kurzfristig etwas ändern – nämlich so lange, wie sich die Staatengemeinschaft in der akuten Gefahrenabwehr bei der gegenwärtigen Krise einig weiß.

Am wenigsten ist der Staat noch dort von Schwächungen erreicht, wo es um große Gruppen oder Einzelne geht. So verfügen eben Angestellte und Arbeiter in der Regel nicht über die Möglichkeit des Exit – aber immerhin über Voice, über die Fähigkeit, Unzufriedenheit zu artikulieren und die Handelnden zur Verantwortung zu ziehen. Allerdings lehrt hier die Wirklichkeit der Parteiendemokratie, dass auch dies nicht mehr ist, wie es einmal war: Verantwortliche sind im Mehrebenensystem und bei zahlreichen internationalen Verflechtungen nicht mehr ohne weiteres auszumachen. Gelingt dies doch, sind die Delegationsketten demokratischer Rechenschaftspflichtigkeit oft viel zu lang, als dass aus bürgerschaftlicher Unzufriedenheit personelle Konsequenzen entstünden. Wo dies nicht im Wege steht – also etwa bei der Wahl nationaler Parlamente – ist der Einfluss auf die Kandidatenaufstellung an parteimitgliedschaftliches Engagement geknüpft, das viele nicht leisten wollen oder können; außerdem macht in Deutschland die Praxis der Koalitionsregierung mit allen Rahmenbedingungen und Folgen die schlichte Abwahl politisch Verantwortlicher schwierig.

Die Logik demokratischer Repräsentation ist also brüchig geworden. Den klassischen Institutionen, den Parlamenten und Regierungen, kommt die autonome Regelungsfähigkeit und die hierarchische Steuerungsfähigkeit gegenüber bestimmten Akteuren soweit abhanden, dass sie gegenüber weiten Teilen der Bürgerschaft keine oder nur eingeschränkte Responsivität zeigen können. Die Ergebnisse der insoweit schon defizitären Entscheidungen können wegen internationaler, supranationaler und globaler Handlungsrestriktionen oft auch nicht durch Effizienz überzeugen; und Führungskraft geht in dem Maße verloren, wie demokratisch legitimierte Institutionen nur noch Akteure unter anderen halbstaatlichen und privaten sind. Damit kann der Mechanismus demokratischer Repräsentation nicht mehr greifen, kann seine zentrale Funktion, Legitimität für politische Entscheidungen herzustellen, nicht mehr in gewohnter Weise erfüllen.

Durch diese Zusammenhänge ist das politische Klima zwischen Bürgern und Politik schwer belastet. Die demokratie- beziehungsweise repräsentationstheoretische Sicht kann ergänzt und im Detail weiter ausgeleuchtet werden durch einen Blick auf konkrete Inhalte.

Viele der Unzufriedenheiten, die hierzulande in den letzten Jahren artikuliert wurden, lassen sich auf den Begriff des Gerechtigkeitsmangels bringen. Vom diffusen Gefühl bis zur konkreten, durch Fakten untermauerten Kritik reicht dabei die Palette. Schon manche soziale Lage, manche Verteilungsentscheidung im Zuge der Herstellung deutscher Einheit wurde als ungerecht beurteilt. Die dringenden Reformen des Sozialstaats – in Deutschland ohnehin, nicht zuletzt wegen der Vereinigung, später als anderswo in Europa in Angriff genommen – trugen entscheidend dazu bei, dass die rot-grüne Regierung 2005 scheiterte. Agenda 2010, Hartz IV sind bis heute die Stichworte für massive gesellschaftliche Proteste, heftige innerparteiliche Kontroversen und Orientierungsnöte sowie nachhaltige Konsequenzen für das bundesdeutsche Parteiensystem.

Stetig steigende Gesundheitskosten und Sorgen um die Rentenkassen spiegeln die ungünstige Entwicklung in der Alterspyramide wider. Hohe, lang anhaltende Arbeitslosenzahlen in den 1990er Jahren und der ersten Hälfte dieses Jahrzehnts haben Kinder- und Altersarmut zur Folge. Die daraus resultierenden Problemlagen, die Diskussionen um Gesundheitsfonds, Rente mit 67, kostenlose Kinderbetreuung und vieles mehr ließe sich anführen, um zu illustrieren, dass die Jahrzehnte währende Qualität des deutschen Sozialstaats, sein unbestrittenes Verdienst, sozialen Frieden herzustellen, bröckelt oder sogar an ihre Grenzen gekommen ist.

Dies liegt aber keineswegs nur daran, dass sich die finanzielle Lage und damit die Leistungsfähigkeit der Versicherungssysteme verschlechtert hat. Die vom Grundgesetz auferlegte und durch die Ewigkeitsklausel des Art. 79 Abs. 3 GG abgesicherte Pflicht, (auch) ein sozialer Staat zu sein, lässt sich natürlich leichter erfüllen, wenn die Wirtschaft kräftig wächst und dem Staat Einnahmen in die Kassen fließen. Aber selbst eine solche Situation ist keine Garantie für üppige sozialstaatliche Leistungen, denn auch dann wird ja nicht nur verteilt, sondern umverteilt. Und Umverteilung wirft prinzipielle Fragen auf:

- Warum wird den einen genommen, den anderen gegeben?
- Wie viel wird genommen, wie viel wird gegeben?
- Mit welchem Ziel?

Solche Fragen können nicht befriedigend beantwortet werden, ohne Vorstellungen von Gerechtigkeit zu entwickeln, die die Grundlage für die Legitimation staatlicher Sozialpolitik bilden.

Dass nicht einmal Konsens darüber besteht, *dass* der Staat hier eine aktive Rolle zu spielen hat, ist gerade in der hitzigen, teilweise sogar gewalttätigen Debatte über die Gesundheitspolitik in den Vereinigten Staaten zu beobachten. Aber auch in Europa ist diese im „sozialdemokratischen Jahrhundert" geltende Selbstverständlichkeit inzwischen abhanden gekommen. In Deutschland zeugen etliche Auseinandersetzungen in den letzten Jahren, zum Beispiel über Steuerentlastungen, über Erbschafts- und Vermögensteuern, über Staatshilfen für marode Unternehmen, davon, dass sich ein Klimawandel vollzieht in der Bereitschaft zur Solidarität zwischen Gruppen der Gesellschaft. Teilweise wird schon „die Erosion der Anerkennungswürdigkeit des Wohlfahrtsstaates" prinzipiell befürchtet.

So finden in jüngsten Umfragen nur noch 40 Prozent der Deutschen, dass es hierzulande „eher gerecht" zugeht. Wird dabei nur auf die wirtschaftlichen Verhältnisse abgestellt, äußern im Durchschnitt der letzten zehn Jahre lediglich 25 Prozent die Empfindung, dass diese gerecht seien, und 2008 war dieser Wert auf 13 Prozent gesunken.

Trotz aller rhetorischen Versuche, gerade in Wahlkampfzeiten das „Wir" zu beschwören: Über dieses Wir, das ja die Basis für Solidarität abgibt, besteht keine fraglose Übereinkunft mehr. Die Frage, die wir im Untertitel für unser Kongressthema formuliert haben: „Keine Macht für gerechte Lösungen?" kann also nicht einmal im Kontext des Nationalstaates ohne Weiteres bearbeitet werden, denn mit ihr scheint ja zunächst unterstellt zu werden, dass es objektiv zu ermittelnde „gerechte Lösungen" gibt. Ob wir aber in diesem Lande Chancengerechtigkeit oder Ergebnisgerechtigkeit herstellen wollen, wer wie viel leisten muss und wer wie viel zahlen soll – all dies bedarf der *politischen* Diskussion. Und für diese Diskussion muss und kann die Politikwissenschaft theoretische Grundlagen beisteuern und empirische Erkenntnisse liefern.

Dass die Auseinandersetzung um und die Herstellung von Gerechtigkeit aufs engste verknüpft ist mit Aspekten der Repräsentation, ist offenkundig. Neben die bereits skizzierten Schwierigkeiten, demokratische Repräsentation im politischen Klimawandel zu praktizieren und als zentrales Ordnungsprinzip von Herrschaft zu bewahren, tritt das Problem der Zeit. Jetzt werden Entscheidungen getroffen, die – ob man will oder nicht – künftige Generationen irreversibel binden. Theoretisch ist das nur für diejenigen schwierig einzuordnen, die repräsentative Demokratie für „a sorry substitute for the real thing" (in den Worten *Robert Dahl*s) halten und sich der Einsicht verschließen, dass jede Entscheidung Repräsentation ist.

Praktisch aber, in der politischen Wirklichkeit, ist zu klären, wie die Verantwortung der Repräsentanten von heute für die Bürger von morgen aktualisiert wird. Wie wird trotz der notwendig kurzen Perioden demokratischer Rechenschaftspflicht die Langfristigkeit in der Interessenvertretung gesichert? Und nach welchen inhaltlichen Maßstäben werden die – vorhersehbaren oder vermuteten – Interessen der Noch-nicht-Anwesenden abgewogen und zum Ausgleich gebracht mit jenen, die gegenwärtig artikuliert werden und für die die politischen Entscheidungsträger zur Rechenschaft gezogen werden? Was genau soll dabei Gerechtigkeit heißen? Solche Fragen entfalten besondere Virulenz, wenn man sie mit dem natürlichen Klimawandel verbindet. Heute immense Schuldenberge anzuhäufen beschneidet zweifelsohne die Entfaltungschancen künftiger Generationen, heute weiter ungebremst CO_2 in die Luft zu blasen, vernichtet aber die blanken Überlebenschancen von Millionen Menschen morgen.

Nicht nur in zeitlicher Hinsicht, sondern auch in räumlicher müssen das Prinzip demokratischer Repräsentation und das Ziel der Gerechtigkeit erweitert werden. Es ist mittlerweile ein Allgemeinplatz festzustellen, dass das Tun – und das Unterlassen – in einem Teil der Welt erhebliche Auswirkungen in anderen Teilen entfalten kann. Nur: Deshalb ändert sich nicht automatisch der Referenzrahmen für Solidarität. Ist schon das „Wir" im Nationalstaat wegen ökonomischer, sozio-kultureller, auch durch Mobilität und Migration verursachter Wandlungsprozesse nicht mehr selbstverständlich in das Verhalten und die Verhaltenserwartungen der Bürger eingeschrieben, so gilt das noch viel mehr, wenn es um die Gegenseitigkeit bei weiter Entfernung – räumlich oder kulturell, ethnisch oder religiös etc. – geht.

Schon das Wissen um Interdependenzen und informiertere Folgenabschätzungen können hier mehr Verantwortung für das und die Fernerliegenden erzeugen; in der Tat ist dies die Voraussetzung dafür. „Tank oder Teller" wurde im letzten Jahr die griffige Formel dafür, dass die – in bester klimaschützerischer Absicht – vermehrte Verwendung von Biodiesel letztlich die Armen auf dieser Welt durch steigende Lebensmittelpreise schwer traf. Mittlerweile wird an Biosprit der zweiten Generation aus Ernteabfällen und anderen Stoffen gearbeitet.

Neben vermehrtem Wissen und besserer Folgenabschätzung geht es um Strategien, das öffentliche Bewusstsein für erweiterte Verantwortungsgemeinschaften zu schaffen, damit auf dieser Basis mehr Akzeptanz für veränderte Lastenverteilung entsteht. Dies dürfte im Nord-Süd-Verhältnis, im Verhältnis der armen, reichen und Schwellenländer zueinander die conditio sine qua non sein, den Klimawandel auf ein erträgliches Niveau zu begrenzen.

Dem Gerechtigkeitsziel kann dabei auch gedient werden, indem ökonomisch-rationale Kalküle durch verbesserte Informationen über Handlungszusammenhänge initiiert werden. Etwas gegen die Erderwärmung zu tun, weil in absehbarer Zeit sonst die Bewohner großer Flussdeltas in den gestiegenen Pegeln der Weltmeere untergehen, kann aus Mitleid geschehen. Eine andere, mindestens zusätzliche – und wirksame – Triebfeder dürfte darin liegen zu wissen, dass auf diese Weise riesige Flüchtlingsströme mit gravierenden Folgen für die Wirtschaft und die internationale Sicherheit verhindert oder wenigstens reduziert werden können. Die UNO hält 150 Millionen Umweltflüchtlinge in naher Zukunft für möglich. Naturkatastrophen und Ressourcenmangel, auch die schon jetzt immer häufiger auftretenden gewalttätigen innerstaatlichen Konflikte um Ressourcen werden Menschen in großer Zahl in Richtung des reichen privilegierten Nordens treiben.

Prinzipiell hat die internationale Gemeinschaft ihre Verantwortung erkannt – sei es aus moralischen Imperativen, sei es aus handfesten Interessen der Akteure. Ob die Mittel und Instrumente, diese Verantwortung wahrzunehmen, bisher richtig und ausreichend eingesetzt wurden, darf bezweifelt werden. Akute Nothilfe, längerfristige entwicklungspolitische Maßnahmen und Friedensstiftung durch UN-Missionen sind unverzichtbar, waren aber in der Vergangenheit nur bedingt erfolgreich. Auch Formen und Praktiken von Global Governance unter Einbeziehung zivilgesellschaftlicher und privater Akteure können keineswegs als Patentrezepte gelten, sondern werfen ihrerseits erhebliche Probleme – nicht nur der Effektivität, sondern auch der demokratischen Kontrolle und Legitimation – auf.

Viel mehr Wissen und politische Strategien sind also gefragt, damit es gelingen kann, in von Armut geprägten, in ethnisch oder religiös gespaltenen Gesellschaften sozialen Frieden herzustellen – und auch damit unseren zu erhalten.

Zu diesen Herausforderungen treten auf globaler Ebene zwischenstaatliche Auseinandersetzungen um die endlichen Energieträger dieser Erde – um Kohle und Öl, Gas und Uran sowie um Wasser – und markieren neue Risiken in den internationalen Beziehungen. Neue Definitionen nationaler Interessen, andere Kräfteverhältnisse, auch Erpressungspotenziale scheinen am Horizont auf, die die Kooperationsbedingungen zwischen den Staaten verändern – und dies nachdem bereits das Ende des Kalten Krieges vor 20 Jahren das internationale politische Klima nachhaltig gewandelt hat. Die Angst vor dem großen Atomkrieg ist der Angst vor fundamentalistischem Terror gewichen. Der ideologisch motivierte Kampf an der Front zwischen Sozialismus und Kapitalismus stellt sich heute eher als Gegensatz von Autokratie und Demokratie dar.

Auch auf diesem Feld geben die Erfahrungen mit der klima- und besonders der energiepolitischen Praxis verschiedener Länder zu denken. Zweifelsohne können autokratische Systeme politische Entscheidungen schneller umsetzen als Demokratien, denn sie sind nicht durch vielfältige Checks and Balances ihrer Verfassungen, durch freie Parteien und Interessenorganisationen, durch Mitwirkungsrechte ihrer Bürger und eine kritische Öffentlichkeit eingehegt. Verfügen Autokratien über lern- und einsichtsfähige Führungen, denen klimapolitische Aktivitäten Vorteile für die Systemstabilisierung und ihren Machterhalt bieten, könnte hier sogar die historische Chance liegen, dass diese Länder auf dem – verständlichen – Weg der nachholenden Entwicklung Fehler vermeiden und Stufen überspringen, die die Industriestaaten in der Vergangenheit mit erheblichen Konsequenzen für die Umwelt gegangen sind oder auch gehen mussten. Trifft dies zu, droht eine – je dramatischer die Folgen des Klimawandels desto größere – Gefahr:

Um große Teile der Welt vor dem tatsächlichen Untergang zu retten, wird in Kauf genommen, dass Demokratie, Menschenrechte und Rechtsstaatlichkeit sich nicht mehr über Wasser halten können. Die demokratischen Systeme dieser Welt sollten sich hüten – um der Menschen in den Autokratien willen wie ihres eigenen Fortbestands und universalistischen Anspruchs wegen –, solch Tauschverhältnisse überhaupt denkbar werden zu lassen.

Ob die parlamentarische Demokratie ihre Überlegenheit im Klimawandel nur behaupten kann, wenn es in ihren Gesellschaften zu einer kulturellen Revolution kommt, wenn durch Selbstermächtigung gestärkte Bürger zu politisch-strategischen Konsumenten werden und sich die „Demokratiekompetenz zurückholen, die sie an die Parteien und an eine eher gefühlte Mitwirkung via elektronische Medien verloren haben", muss diskutiert werden. So skizzieren *Claus Leggewie* und *Harald Welzer* in ihrem – wie bestellt zu unserem Kongress – soeben erschienenen Buch die mögliche Zukunft der Demokratie im Klimawandel. Ich bin sehr skeptisch, ob dies ein erfolgversprechender Weg ist, und noch skeptischer, ob ihre Frage, „wie man Demokratie *jenseits* des Parlamentarismus modernisieren kann", in die richtige Richtung führt. Auch dies gehört zu den vielen aufregenden Themen, die wir in den kommenden Tagen diskutieren können.

Klimawandel – ein zu enges Thema für einen Kongress der deutschen Politikwissenschaft? Ich hoffe, meine Damen und Herren, dass Ihnen meine kurze tour d'horizon gezeigt hat, dass hierin ein umfassendes Forschungsprogramm steckt, mit dem sich unsere Disziplinen zu brisanten Fragen der Zeit theoretisch und empirisch zu Wort meldet.

Teil I

Klimawandel, Demokratie und Gesellschaft

2050: Die demokratische Frage heute*

Claus Leggewie

1. Die Zeit läuft davon

1990 ist ein welthistorischer Durchbruch der freiheitlichen Demokratie rund um den Erdball gelungen, die demokratische Frage schien gelöst. 2050, so zeigt die Forschung mit großer Evidenz und Plausibilität, muss die Emission von Treibhausgasen in der OECD-Welt gegen Null gehen, wenn man den gefährlichen Klimawandel noch verhindern will. „2050“ klingt aus heutiger Perspektive fast wie Science Fiction, und viele in der OECD-Welt meinen auch, der Klimawandel werde sich fernab von ihnen ereignen und könne dort mit einer Kombination aus Hypertechnik und Katastrophenschutz behoben werden.

In Wirklichkeit ist der Zeit- und Handlungsdruck enorm: Die Physik des Klimawandels erfordert sofortiges Handeln – jetzt –, damit das Reduktionsziel für übermorgen noch erreichbar ist. Binnen ein oder zwei Legislaturperioden müssen *alle* Staaten der Welt jene Maßnahmen implementieren, die 2020 und in den Folgejahren greifen müssen, damit bis 2050 (nur ein bis zwei Generationen weiter) jeder Mensch auf der Erde nicht mehr als eine Tonne Kohlendioxid pro Jahr emittiert (zum Vergleich: derzeit stößt im Durchschnitt ein US-Amerikaner jährlich circa 19 Tonnen und ein Deutscher circa elf Tonnen CO_2 aus). Gelingt das nicht, werden unsere Nachfahren in einer Vier- oder Mehr-Grad-Welt mit höchst unangenehmen Seiten leben müssen.[1]

Diese neue Zeitrechnung ist auch eine Provokation für liberale Demokratien, die sich mit „der Natur“ längst fertig wähnten und, trotz aller Katastrophen und Rückschläge, stets einen nach vorne offenen Möglichkeitstraum vor sich liegen sahen. Die irritierende Figur der Endlichkeit (des wirtschaftlichen Wachstums, der natürlichen Ressourcen und der verfügbaren Zeit) drängt das in der Neuzeit auf „Un-Endlichkeit“ programmierte Selbstbewusstsein ebenso in die Enge wie die im Zyklus von Wahlen verhafteten Politiker. Deren Zeitrhythmus ist – und zwar in paradoxer Folge des imaginierten Möglichkeitsraums – kurzfristig, oft auch kurzatmig auf die jeweilige Legislaturperiode ausgerichtet, und durch permanente Wahlkämpfe und langwierige Inauguralphasen neuer Regierungen weiter verkürzt. Wo sich politische Instanzen den Unternehmensrhythmen anpassen, gerät Politik zusätzlich in den Sog volatiler Quartalsbilanzen und Börsenbarometer; kongenial unterwirft sich der politische Betrieb dem Diktat monatlicher Meinungsumfragen.

Der „shortermism“ (Giddens 2009) der politischen Aufmerksamkeit kontrastiert wiederum auffällig mit den dilatorischen Methoden der Dissensbearbeitung und Kom-

---

* In einer ersten Version vorgestellt auf dem DVPW-Kongress 2009; danach fortgeschrieben in *Leggewie* 2010 und mit weiteren strategischen Überlegungen in der tageszeitung vom 13. September 2010 versehen. Eine weitere Version jetzt in *Welzer / Wiegandt* 2011.

1 Die hier aufgemachte Zeitrechnung begründen *Archer / Rahmstorff* (2010) und WBGU (2009).

promissfindung in politischen Verhandlungsarenen, in denen man schwer lösbare Probleme „auf die lange Bank" schiebt und auf Zeit spielt. Darunter fallen gerade die großen Reformagenden westlicher Demokratien (demografischer Wandel, Kostenexplosion im Gesundheitswesen, Massenarbeitslosigkeit und Staatsverschuldung), die in einer Mischung aus kampagnenbezogener Hektik und permanenter Verschiebung traktiert werden. Der performative Widerspruch demokratischer Staatlichkeit (und ein Hauptgrund für den Verfall ihrer Output-Legitimität) liegt mithin darin, dass Mega-Probleme durch nervöse politische Kommunikation latent gehalten, Lösungen dafür aber ad calendas graecas vertagt werden.[2]

So stecken liberale Demokratien in einem Dilemma: Dilatorische und inkrementelle Strategien schützen einerseits vor den Illusionen identitärer Demokratie, die von *Jean-Jaques Rousseau* bis *Carl Schmitt* auf einen demokratiefeindlichen Dezisionismus hinauslaufen. Andererseits stellt die Kombination der ökologischen mit der fiskalischen Krise die Erbschaft der bürgerlichen Revolution mit ihrem Fortschritts- und Wachstumsoptimismus und ihrer Politik des Durchwurstelns in Frage. Die Absorption von Unsicherheit und die Entschärfung von Konflikten durch Zeitspiel stoßen an ihre Grenzen, wo sich Risiken, die man glaubte, durch Umverteilung bewältigen zu können, vor allem beim gefährlichen Klimawandel in basale Gefahren zurückverwandeln. Die ungläubige Reaktion der seit den 1990er Jahren gut informierten Öffentlichkeit und die Renitenz so genannter Klima-Skeptiker zeugen von der Kränkung, die ein ganz auf Zukunftsverzehr ausgelegtes Industriesystem erfahren hat.

Dieses Dilemma ist ein Einfallstor für Demokratieskepsis und autoritäre Fantasien des „Durchregierens". Seit längerem schon werden die „Grenzen der Mehrheitsdemokratie" (Offe / Guggenberger 1984) thematisiert, wonach Mehrheiten nicht länger guten Gewissens tief greifende und irreversible Entscheidungen fällen dürfen, die (a) Populationen außerhalb ihrer Grenzen massiv betreffen und (b) künftigen Generationen ihre Handlungsfreiheit nehmen. Räumlich wie temporal ist die demokratiepolitisch unhaltbare Kluft zwischen Entscheidungsberechtigten und Entscheidungsbetroffenen (beziehungsweise Autoren und Adressaten von Gesetzgebung und Rechtsprechung) gewachsen. Demonstriert wurde diese Diskrepanz an einem umwelt- und energiepolitischen Thema der ersten Stunde, am Ausbau der Kernenergie, da die Entsorgung nuklearen Abfalls mit langen Halbwertzeiten und unklaren Endlagerstätten ungeahnte Konsequenzen hat. Heute stellt aber nicht nur die Irreversibilität solcher Entscheidungen ein Problem dar; ebenso schwer wiegt die Notwendigkeit ihrer rasanten Beschleunigung – jetzt muss wie gesagt im Blick auf den Klimawandel entschieden werden, was sein „Umkippen" in eine Katastrophe in zehn, zwanzig oder hundert Jahren vermeiden soll.

2 Dass dilatorische Politik nicht per se ein Übel und Zeitgewinn für die Bewahrung von Stabilität oftmals erforderlich ist, weil das Ringen darum auf die Kontingenzen und Risiken moderner Gesellschaften reagiert, die einfache Bescheide und klare Entscheidungen nicht erlauben, zeigen *Günther* (2006) und *Luhmann* (2000).

Wolfgang Harich, der kommunistische Abweichler, hat bereits 1975 die Öko-Diktatur, den „starken, hart durchgreifenden Zuteilungsstaat" und den „asketischen Verteilungsstaat" als einzigen Weg benannt, die bedrohte Biosphäre zu erhalten (Harich 1975). Aktuelle Klimaschutz- und Anpassungsprogramme sind weit davon entfernt, aber auch sie haben oft den Geruch des Paternalismus oder Ausnahmeregimes. Haben Demokratien nur die Wahl zwischen Pest und Cholera, indem sie ihre Freiheit entweder durch ökologische Katastrophen oder durch ökologische Ausnahmeregime verlieren? Der Publizist *Bernhard Pötter* hat es freundlicher formuliert: Er hält die freiheitliche Demokratie zwar für unfähig, die Ökokrise zu meistern, plädiert aber nicht für eine Ökodiktatur, sondern für eine Ökokratie, die demokratische Prozeduren an die besagten Ziele bindet, ihr in diesem Rahmen aber Freiheitsrechte lässt und diese eventuell sogar wachsen sieht (Pötter 2010). Wie man es auch dreht: Die demokratische Frage, die *Rödel* u.a. sowie andere Vertreter des freiheitlichen Republikanismus im Anschluss an *Hannah Arendt* einmal in der Möglichkeit des Offenhaltens des Politischen gegen autoritäre und totalitäre Zumutungen sahen, stellt sich heute in noch größerer Schärfe und Dringlichkeit (Rödel 1989).

2. Demokratiequalität und Klimaperformanz – eine offene Frage

Zu denken gibt jedenfalls, wenn im aktuellen Vergleich der Klimapolitiken der Volksrepublik China und der Vereinigten Staaten die älteste Massendemokratie der Welt schlechter abschneidet als ein kommunistisches Ein-Parteien-System (Vorholz 2010). Im Westen bleibt man weiter davon überzeugt, dass Demokratien im Umweltschutz erfolgreicher agieren als Autokratien, aber bislang ist nicht eindeutig belegt, ob und wie Demokratiequalität und Umweltperformanz zusammenhängen. So können hier vor allem Fragen für die Forschung aufgeworfen werden.

Wünschenswert ist ein umfassendes Demokratie-Audit, das die umweltpolitische Leistungsfähigkeit von Wettbewerbs- und Konkordanzdemokratien in der OECD-Welt prüft; dabei sind besonders die neuen Demokratien in Ostmitteleuropa und in den Schwellenländern zu betrachten und, da die scharfe Dichotomie zwischen Demokratie und Diktatur nach 1990 gewichen ist, auch Ein-Partei-Systeme wie die VR China. Die Hypothese lautet nicht, dass Demokratien demnächst an der Umweltkrise scheitern, wohl aber, dass der Klimawandel genau wie Klimaschutz und Klimaanpassung diese Herrschafts- und Lebensform verändern werden. Damit findet die empirische Demokratieforschung auf dem Gebiet der Klimapolitik ein neues Bewährungsfeld, die empirische Umweltforschung eine zeitgemäße Zuspitzung, und auch die „Internationalen Beziehungen" können Impulse gewinnen, insofern man den möglichen Demokratieeffekt multilateraler Kooperation einbeziehen muss (Keohane / Macedo / Moravcsik 2009).

Verabschieden muss man sich von jeder Teleologie der Demokratisierung, die erstens (in bisher vier „Wellen") immer mehr Regionen der Welt erfasst und zweitens immer mehr Lebensbereiche. Die asiatischen Tigerstaaten bieten autokratische Alternativen, die Führungen und Eliten der arabisch-islamischen Welt zeigen sich nicht sehr aufgeschlossen für westliche Demokratieideale, und auch in den etablierten Demokratien haben populistische Bewegungen und die „Parallelgesellschaften“ dem Big Business der Demokratisierungsdynamik deutliche Grenzen gesetzt.

Zu einem ausgebildeten demokratischen System gehören nicht allein die Mehrheitsregel und Wahlen, sondern vor allem politische Gleichheit und Freiheit, Rechts- und Verfassungsstaatlichkeit und ein fairer pluralistischer Wettbewerb (Sartori 1987). Mit der Transition der kommunistischen Staaten Osteuropas setzte ein verstärktes Interesse an der Frage ein, was eine Demokratie auszeichnet und wie ihre Qualität gemessen werden kann. *Robert Dahl*, der Gründervater der vergleichenden Demokratiemessung, hatte zwei Dimensionen benannt, um die von ihm so genannten Polyarchien von Autokratien zu unterscheiden: „public contestation“ und „inclusiveness“ (Dahl 1971, 1989). Demnach bilden der Wettbewerb um öffentliche Ämter (verbunden mit politischen Richtungsentscheidungen) und die Partizipationsmöglichkeiten der Bürgerschaft das Rückgrat einer Demokratie. Auf den Schlüsseldimensionen Partizipation und Wettbewerb fußte der Index der Demokratisierung von *Tatu Vanhanen*, der über die Möglichkeit der Partizipation hinaus das faktische Partizipationsverhalten der Bevölkerung berücksichtigt (Vanhanen 2000: 186 f.). Das Polity Project fügte die institutionelle Zügelung der Exekutive hinzu (checks on the executive) (Gurr / Jaggers / Moore 1990: 84). Auch der Freedom House-Index (2003) unterscheidet zwischen „elektoraler“ und „liberaler“ Demokratie, die im Bestand grundlegender Freiheiten der Bevölkerung begründet ist. Für die Autoren des Index Defekter Demokratien (IDD) bildet das Kriterium der freien und gleichen Wahl ebenfalls nur einen von fünf Aspekten; „embedded democracies“ zeichnen sich darüber hinaus durch politische und bürgerliche Freiheitsrechte, effektive Herrschaftsgewalt und horizontale Verantwortlichkeit aus (Merkel u.a. 2003: 48-56; Croissant / Thierry 2000). Dieses Konzept bildete die Grundlage für ein Demokratiebarometer, in dem unter den drei Dimensionen Freiheit, Gleichheit und Kontrolle über 150 verschiedene Indikatoren gemessen werden (Bühlmann u.a. 2008). Ähnlich verfahren der Neue Index der Demokratie (Lauth 2006) und der Index Effektiver Demokratien (Inglehart / Welzel 2005).

Alle diese Messungen befassen sich mit dem „Input“ von Politik: Was können die Bürgerinnen und Bürger an Beteiligung einbringen, und wie beteiligen sie sich tatsächlich? Ebenso zählt bei der Bewertung von Demokratien der „Output“, die Leistungsfähigkeit und konkrete Performanz demokratischer Staaten und Organisationen: Welche tatsächlichen Politikresultate liefern Demokratien? Unterschieden werden hier „political performance in regard to particular goals“ und „performance in a more general sense, regardless of the specific goals“ (Eckstein 1971: 5) wie zum Beispiel die Dauerhaftigkeit, Ordnung, Legitimität und Wirksamkeit der Entscheidungen. Vor diesem Hintergrund kann man nun Demokratietypen vergleichen. *Arend Lijphart* (1984, 1999, 2008) kam im Blick auf die idealtypischen Demokratiemodelle zu dem Ergebnis, Konsensdemokratien schnitten in Sachen Sozialpolitik, Minderheitenschutz und Demokratiezufriedenheit besser ab als Wettbewerbsdemokratien; auch die bessere Steuerungsleistung, die letzteren oft zugeschrieben wird, konnte er nicht feststellen (Lijphart 1999). Zu unterscheiden sind dabei „Output“, die Produktion von Politik, und „Outcome", die konkreten Ergebnisse dieser Produktion, also politische Entscheidungen und Projekte (Schmidt 2004: 506). *Edeltraud Roller* (2005) konnte keine Korrelation zwischen Staatsverfasstheit und der Effektivität von „policy outputs" in den Bereichen innere Sicherheit, Wohlfahrt und Umweltschutz feststellen.

Ein umfassender Indikator ist die „politische Produktivität", die für *Gabriel Almond* u.a. (2008: 147 ff.) Partizipation, Legitimation, Effektivität, Effizienz und Transparenz umfasst. Ähnlich verfährt *Manfred G. Schmidt* (1999, 2002), wenn er auf Systemerhaltung, Adaptionsfähigkeit, Partizipation, „compliance", Gerechtigkeit, Grad der Wohlfahrtsstaatlichkeit Sicherheit und Maß an Freiheit (Schmidt 1999: 283) abhebt. Für ihn schlägt sich der Vorsprung gegenüber Autokratien auch im Bereich Umweltschutz nieder (Schmidt 1999: 284), was durch die vergleichenden Studien von *Helmut Weidner* und *Martin Jänicke* (2002) und vorsichtiger durch *Thomas Saretzki* (2007) bestätigt wird. Hingegen bemerkt *Schmidt* (2002: 150), dass Konsensdemokratien oft damit überfordert sind, auf Herausforderungen zu reagieren, die eine schnelle Reaktion und signifikante politische Veränderungen erfordern. Dies korrespondiert mit *Tsebelis*' „Veto Player"-Theorem, wonach das Potenzial für Politikwenden unabhängig von der formalen Verfasstheit eines Staates davon abhängt, wie viele Vetospieler im System beziehungsweise im jeweiligen Politikfeld vorhanden sind (Tsebelis 1995: 301, 1999, 2002). Je mehr Vetokräfte an einer Entscheidung beteiligt sind, je mehr ihre politische Einstellungen differieren und je unterschiedlicher ihre Position zu einem bestimmten Politikvorschlag, desto unwahrscheinlicher ist ein rascher und konsistenter Politikwandel.

Was diese Theorieansätze, Analysen und Erkenntnisse der Demokratieforschung für die Klimafrage bedeuten, ist weitgehend ungeklärt. Hier besteht eine gravierende Fehlanzeige und Forschungslücke; die vorläufigen Antworten gehen weit auseinander. Während *Schmidt* (2008: 460) Demokratien einen Vorsprung gegenüber Autokratien bei der Informationseinholung der Präferenzen der Bürger hinsichtlich der Produktion und Allokation öffentlicher Güter einräumt (2008: 460) und einer Studie von *Martin Halla* u.a. (2008) zufolge die Zufriedenheit der Bürger mit der Demokratie mit der Bereitstellung geeigneter Umweltpolitiken steigt, bleibt *Schmidt*s Argument bestehen, dass der kurzfristige Zeitrhythmus „demokratischer Politik" die Fähigkeit zur langfristigen und nachhaltigen Problemlösung negativ beeinflusst. Damit werden kostspielige Energiepolitiken zur Verminderung des CO_2-Ausstoßes in Zeiten ökonomischer Krisen schwieriger, weil die „Gegenwartsfixiertheit" der Demokratie und ihre Neigung, mit Zukunftsinteressen sorglos umzugehen, durchschlägt (Schmidt 2008); die Frage ist, ob Länder mit starken direkt-demokratischen Elementen, wie die Schweiz und die Vereinigten Staaten signifikant zukunftsorientierter handeln (Schmidt 2002: 155). Nach *Daniel Esty* u.a. (2008) differieren Staaten stark in der Qualität beziehungsweise Performanz ihrer Reaktionen, wobei auffällt, dass gerade die Sozialstaaten Nordeuropas eine Spitzenposition auch bei der Adaptation an den Klimawandel innehaben. Kann man in solchen Demokratien eher eine explizite „Klimakultur" konstatieren als in anderen Ländern? Oder gibt es eine Korrelation zwischen der Effektivität in diesem Bereich und dem Grad sozialer Gerechtigkeit, der wiederum mit dem Demokratiegrad eines Staates korreliert (Merkel / Krück 2004)? Wie lässt sich auf der anderen Seite die relativ uneinheitliche Anordnung von Demokratien bei ihrer Mitigationsleistung der Erderwärmung erklären? Inwiefern lassen sich Kausalzusammenhänge mit Variablen wie wirtschaftlicher Entwicklungsgrad, Korruption oder Good Governance bilden?

3. Mängel globalen Regierens

Global-räumlich stellt sich als weitere Frage, wie sich Demokratien „nach ihrem Sieg" 1990 im Konzert demo-autoritärer Mischregime wie der Gruppe der 20 (G 20) bewähren, denen als Quasi-Weltregierung die Bearbeitung der Klima- und Finanzkrise übertragen ist. Während sich Weltmärkte und Weltgesellschaft rapide formiert haben, sind kosmopolitische Normierungen und Regulierungen nur tastend und sektoral begrenzt vorangekommen. Die demokratiepolitische Problematik besteht darin, dass herkömmliche Entscheidungen nationalstaatlich verfasster Parlamente, Regierungen und Verwaltungen in Netzwerke grenzüberschreitender Abstimmung, Koordination und Verhandlung aufgehen, diese aber keine erkennbare demokratische Legitimation besitzen. Beteiligt sind in erheblichem Umfang private und semi-staatliche Akteure, die ebenfalls ohne formale Legitimation und Rechenschaftspflicht agieren. In dieser Mehrebenenpolitik wirken systemisch getrennte Steuerungsmechanismen zusammen: autoritative Lenkung durch staatliche Exekutiven und supranationale Governance, Koordinierungsinstanzen an der Schnittstelle privater und öffentlicher Akteure (PPP) und korporative Organe, darunter machtvolle Unternehmens- und Bankenkonglomerate.

Vor diesem Hintergrund hat sich mit der Verabschiedung der Klimarahmenkonvention (UNFCCC) auf dem Rio-Gipfel 1992 und mit dem 2005 in Kraft getretenen Kyoto-Protokoll eine Global Climate Governance entwickelt, die im Verbund mit supranationalen Programmen, Organisationen und Protokollen einen Regime Complex der internationalen Klimapolitik bilden (Keohane / Victor 2010). Auch hier fragt sich, wie sich solche hybriden Regime legitimieren lassen beziehungsweise wie sie ohne direkte Rechenschaftspflicht legitimiert werden. Das geschieht nicht auf klassische Weise durch Wahlen und Abstimmungen; und auch, wo supranationale Organe einer parlamentarisch-ministeriellen Teilkontrolle ausgesetzt sind (wie im Fall der Europäischen Kommission), bleibt die Rede vom Demokratiedefizit. Ersatzweise treten klimapolitische Gruppen, auch Menschenrechts- und Flüchtlingsorganisationen advokatorisch für weltkollektive Güter, für künftige Generationen oder für Gaia auf den Plan, betätigen sich vielgliedrige Bürger- und Verbrauchergruppen und mobilisieren Protestinitiativen (Leggewie 2003).

Wenn die G 8/G 20 ihre im Juli 2009 beim Gipfel in L'Aquila eingegangene Verpflichtung umsetzen wollten, die Zwei-Grad-Leitplanke einzuhalten, setzte das einen gewaltigen Fortschritt freiwilliger globaler Kooperation und kosmopolitischer Mobilisierung voraus. Bis 1990 war das internationale System durch die bipolare Kontrolle zweier „Supermächte", ferner durch regionale Hegemoniemächte und einen UN-gestützten, sektoralen oder regionalen Multilateralismus beherrscht (Keohane / Moravcik / Macedo 2009). Seither vermochten sich weder die USA als „einzige verbliebene Supermacht“ durchzusetzen, noch konnte einen von IWF, Weltbank und anderen Bretton Woods-Instanzen im Washington-Konsens formulierte Marktregulierung oder ein generalisierter UN-Multilateralismus die Lücke füllen. Das relative Scheitern des „Klimagipfels“ in Kopenhagen (der freilich das „Zwei-Grad-Ziel“ noch einmal bekräftigt hat) zeugt von diesem Versagen.

Neue Akteure und Konstellationen der zwischenstaatlichen Politik sind seither aufgekommen. Als Erweiterung der G 7/8 wurde das Gremium der G 20 ins Leben gerufen, konkret in Reaktion auf die schwere Finanzkrise 1997 in Asien nun mit dem Auftrag einer nachhaltigen Reform und Kontrolle des Weltfinanzsystems. Die Gruppe der G 20 repräsentiert rund 85 Prozent des Weltsozialproduktes und zwei Drittel der Weltbevölkerung. Ihr Aufstieg war unvermeidlich; in einer globalisierten Ökonomie bringen Länder wie Indien und Brasilien das Gewicht ihrer multinationalen Großunternehmen ein und Länder wie China gewaltige Währungsreserven. Wird und soll diese „bunte Truppe“ die neue, aus der Systemkrise geborene Weltregierung sein? Und wie vertragen sich liberale Demokratien westlichen Typs mit Regimen, die zum geringeren Teil Demokratien sind (wie Indien und Indonesien), zum größeren Teil aber demo-autoritäre Systeme wie die Türkei oder gar keine Demokratien wie Saudi-Arabien?

Zwar haben sich nach dem Wegfall der sozialistischen Alternative vielerorts formale Demokratie und Kapitalismus durchgesetzt, aber der für den nordatlantischen Westen typische Konnex zwischen ökonomischer und politischer Freiheit existiert in vielen G 20-Ländern nicht. Mit der G 20 muss sich die Weltpolitik exemplarisch auf eine Art demo-autoritäres Mischregiment einstellen, in dem liberale Demokraten mit autoritären Herrschern ganz unterschiedlicher Couleur zusammenwirken, für die weder das demokratische Ideal noch das marktwirtschaftliche Modell des Westens eine Richtschnur sind. Das Gremium ist bisher eher eine Clearingstelle, aus der kein Primus *inter pares* herausragt, neben einem instabilen Duumvirat der USA und Chinas. Dies stellt keinen geordneten Multilateralismus dar, sondern eine verschachtelte Struktur, die eher an die Anarchie der Staatenwelt im 19. Jahrhundert erinnert als an eine Matrix globalen Regierens im 21. Jahrhundert.

4. Was tun?

Wie sollen freiheitliche Demokratien 2050, die sich durch pluralistische Interessenvertretung, das Eigengewicht intermediärer Organisationen und eine bürgerschaftliche Eigeninitiative auszeichnen, funktionieren? Die politischen Eliten setzen derzeit die gewohnte inkrementelle Politik fort, wo beherzte transformative Schritte notwendig (und auch möglich!) wären; und sie verharren im nationalstaatlichen Rahmen, wo globale Probleme globale Kooperation nach sich ziehen müssten. Es ist nicht so, dass für die Erfordernisse der Umwelt-, Klima- und Energiepolitik der Instrumentenkasten nicht mehr angemessen wäre, der mit den „drei G“ bestückt ist: mit Geld (ökonomische Anreize), Gesetzen (politisch-rechtliche Regulierung) und guten Worten (persuasive

Programme). Für die „Große Transformation" in eine nachhaltige und gerechte Weltgesellschaft und Weltwirtschaft mangelt es nicht an „policies", die Probleme liegen im politischen Prozess (politics) und in der mangelnden Übersetzung normativer Konzepte wie der Zwei-Grad-Leitplanke in ein verbindliches Abkommen (polity).

Anzustreben ist demnach die Weiterentwicklung der Grundrechte (im Sinne von Thomas H. Marshall 1992) von den bürgerlichen Freiheitsrechten über politische Beteiligungsrechte und soziale Rechte für alle (Voll-)Mitglieder einer staatlich verfassten Gesellschaft in Richtung auf ökologische Grundrechte oder Staatsziele, wie sie in Art. 20a GG vorgeprägt sind: „Der Staat schützt auch in Verantwortung für die künftigen Generationen die natürlichen Lebensgrundlagen und die Tiere im Rahmen der verfassungsmäßigen Ordnung durch die Gesetzgebung und nach Maßgabe von Gesetz und Recht durch die vollziehende Gewalt und die Rechtsprechung."

Ein anderes Wort dafür ist Nachhaltigkeit. Wie können unter diesem Signum parlamentarische Demokratien ihr business as usual überwinden und die ihnen zugetraute Überlegenheit in der Lieferung effektiven Outputs auch angesichts verschärfter Probleme unter Beweis stellen? Antworten darauf sind nicht leicht zu finden, sie liegen zunächst wohl in der Beschleunigung ihrer Prozeduren. Dazu kann man auf drei Ebenen vorgehen:

(1) *Institutionelle Reformen:* Analog zur Geschlechterpolitik ist eine Art Klima Mainstreaming geboten, das heißt eine Politik der Dekarbonisierung quer durch alle Ressorts und Klimaverträglichkeitsprüfungen bei sämtlichen Gesetzesvorhaben. Notwendig sind mehr interministerielle Koordination, Klima-Kabinette und neue Zuschnitte von Ministerien.

(2) *Big Push:* Nur mit umfangreichen öffentlichen Investitionen, gezielten Marktanreizen für private Verbraucher und der massiven Konzentration von Forschungs- und Entwicklungsleistungen im Bereich der Erneuerbaren Energien können eine klimafreundliche Infrastruktur und ökologische Re-Urbanisierungsinitiativen weltweit erreicht werden, flankiert durch einen weltweiten und umfassenden Emissionshandel (WBGU 2009).

(3) *Europäisierung und Globalisierung:* Es ist angebracht, solche Reformen auf der europäischen Ebene ins Auge zu fassen, zumal sich der Aufbau eines Supersmart-Grid nur europaweit und kontinentalübergreifend verwirklichen lässt. Auch ein europäischer und mittelfristig globaler Einspeisetarif für Erneuerbare Energien würde zur einer effizienten Allokation von Ressourcen führen; es würde dort investiert, wo sich Photovoltaik-Anlagen wirklich lohnen, und nicht dort, wo die höchsten staatlichen Subventionen zu beziehen sind. Klimapolitik ist heute Energieaußenpolitik, die, solange globale Abkommen an nationalstaatlichen Souveränitätsvorbehalten scheitern, „von unten" mit subglobalen Klimaallianzen und Energieverbünden fundiert werden und sich der Hilfe internationaler Nicht-Regierungs-Organisationen bedienen kann (WBGU 2010).

Ökologische Grundrechte, beschleunigte Gesetzgebung, Anreizprogramme und globale Kooperation bedürfen nun ihrerseits einer Legitimationsgrundlage, anders gesagt:

der Demokratisierung der liberalen Demokratie. Institutionelle Phantasie und politischer Wagemut könnten sich diesbezüglich in folgende Richtungen erstrecken:

(1) *Deliberative Wissensregime:* Was Klimawandel ist, welche Dynamiken und Folgen er haben und welche Vorkehrungen man dagegen treffen kann, speist sich wesentlich aus dem Sachverstand von Wissenschaftlern in globalen Wissensregimen wie dem Intergovernmental Panel on Climate Change (IPCC) und anderen wissenschaftlichen Beratungsgremien. Ihnen mangelt es einerseits an Legitimität, sofern sie als eine Art von „Rat der Weisen" politische Entscheidungen dezisionistisch oder technokratisch informieren; andererseits fehlt oft die sachlich gebotene Beziehung von Beratungsgremien zum effektiven Entscheidungshandeln. *Gerd Grözinger* (1997) hat deswegen eine aus Wissenschaftlern besetzte „konzeptive Gewalt" (neben Exekutive, Legislative und Judikative) ins Gespräch gebracht, eine eigenständig legitimierte Vorschlagskammer, die kein Bestimmungsrecht hat und nicht als Vetoinstanz auftreten kann, Parlamente und Ministerialbürokratien aber unter Begründungszwang setzt. Wichtig ist, dass sich solche Fachkollegien dem „Laienverstand" stellen und auch in hybriden Konstellationen die Kraft des besseren Arguments zur Geltung kommt (Böschen 2005; Schaal / Ritzi 2009).

(2) In der Diskussion sind ferner *Wahlrechts- und Abstimmungsmodalitäten,* in denen eine stärkere Zukunftsorientierung eingebaut ist; ein (problematischer) Vorschlag ist die Übertragung von Stimmen auf Eltern von Kindern in der (vermutlich irrigen) Erwartung, dass die mehrfach Stimmberechtigten dann nicht ihre unmittelbaren Gegenwartsinteressen ins Zentrum rücken, sondern die Interessen künftiger Generationen. Public goods (weltöffentliche Kollektivgüter) können im politischen Alltagsgeschäft, das in der Regel von organisierten Interessen mit egoistischen Nutzenkalkülen und kurzfristigem Horizont beherrscht ist, besser Berücksichtigung finden, wenn Bürgerinitiativen, Nicht-Regierungs-Organisationen und soziale Bewegungen, die übergeordnete Ziele vertreten, ein weit reichendes *Konsultationsrecht* erhalten.

(3) Schließlich muss man über eine *Reform des Parteienwesens* nachdenken. Zu konstatieren ist in der Bürgergesellschaft einerseits die wachsende Entfremdung vom Betrieb der Berufs- und Parteipolitik, andererseits wächst die Bereitschaft, in umwelt-, energie- und klimapolitischer Hinsicht „von unten" tätig zu werden. Was (trotz des Aufstiegs grüner Parteien) fehlt, ist die adäquate Bündelung und Vertretung auf der parlamentarischen Ebene, worauf die Akteure angewiesen sind, um ein Gefühl der Selbstwirksamkeit zu erreichen, disparate Ansätze zu kommunizieren und sie in ein übergreifendes Innovationsszenario einzubauen. Das klassische pluralistische Aggregationsmuster beruhte auf zahlender Mitgliedschaft und privater und/oder staatlicher Parteienfinanzierung; es ist fraglich, ob es vor allem den Volksparteien gelingen wird, den verstreuten Keimen und Kernen, den fluiden Netzwerken nachhaltigen Wirtschaftens auch ohne feste Mitgliedschaften den notwendigen Entfaltungsraum zu bieten. Anzuknüpfen wäre hier an bestehende Kommunikationsgemeinschaften, beispielsweise in Arbeitsteams, Berufsvereinigun-

gen, Vereinen, Schulen und dergleichen, die allerdings durch verstreute Massenmedien sehr stark verformt sind.

Proteste, die sich heute gegen Atomkraftwerke richten, können sich morgen gegen Großprojekte „sauberer“ Energieproduktion wenden. Zu verhindern ist das mit der Zivilisierung der frei flottierenden und ambivalenten Protestenergie und vor allem mit mehr demokratischer Teilhabe, die das lokale Wissen einbezieht und den Menschen „vor Ort“ eine aktive Rolle gibt. De Zustimmung zu Windkraftanlagen, die auch an der grünen Basis bereits umstritten sind, steigt erfahrungsgemäß, wo sie Kooperativen und Genossenschaften gehören, bei denen Bürger an der Planung wie an den Gewinnen beteiligt sind – und nicht nur Baumaßnahmen zu ertragen haben wie in Braunkohlegebieten, wo immer noch ganze Dörfer dem Erdboden gleichgemacht werden, oder beim Abbau von Ölschiefer, der unbewohnbare Mondlandschaften hinterlässt.

Die Zustimmung zu Bio-, Solar- und Windenergie beruht nicht allein auf ihrem sauberen Image, sie impliziert auch weniger zentralistische Sozialstrukturen, Unternehmensformen, Arbeits- und Lebensweisen, die der britische Ökonom *Ernst Friedrich Schumacher* 1973 mit dem Slogan „Small is Beautiful“ umschrieben hat. Wer für eine einschneidende Klimapolitik Zustimmung sucht, sollte also nicht allein Vermeidungs- und Minderungsziele in den Raum stellen (wie „Atomkraft – nein danke“ und „Null Treibhausgase“).

Die Bürgergesellschaft muss im Einklang mit dem milieuübergreifenden Wertewandel weltweit Ziele guten Lebens erörtern, die das erforderliche „Weniger“ (an Strom- und Kalorienverbrauch, Flugmeilen, Jahreskilometern, Raumtemperaturen etc.) als ein „Mehr“ (an Lebensqualität und Lebenszufriedenheit) plausibel machen. Es geht mit anderen Worten nicht allein um die Abwendung gefährlichen Klimawandels und ein „Weiter so!“ mit Erneuerbaren Energien, sondern um einen tief greifenden Umbau der Gesellschaft. Diese Vision muss niemanden schrecken. Sie kann an die laufenden Experimente und Erfahrungswerte kritischer Verbraucher anknüpfen, die alternative Ernährung, intelligentere Mobilität und nachhaltige Lebensweisen tagtäglich ausprobieren und sich dafür jede Menge Witzeleien und Besserwissereien anhören müssen. Alternativer Konsum allein bildet keine kritische Masse und stiftet auch keine politische Identität, aber die Verbraucher und ihre Verbände sind die unterschätzten Riesen der Klimapolitik. Dabei bleiben sie angewiesen auf die Bündelung und Vertretung ihrer Vorschläge auf der parlamentarischen Ebene, um ein Gefühl der Selbstwirksamkeit zu erreichen. Der Gesetzgeber muss die vielfältigen Ansätze „von unten“ in ein übergreifendes Innovationsszenario einbauen, in dem kluge Gebote und Verbote, sinnvolle Marktanreize und alternative Technik die Aspirationen der Konsumenten-Bürger stützen. Davon findet man bisher zu wenig im Energiekonzept der Bundesregierung.

Wenn die Technologien vorhanden sind und ihre Finanzierung möglich scheint, wenn zugleich ein breiter gesellschaftlicher Konsens besteht, dass sich vieles ändern muss, dann fällt der Blick unweigerlich auf die mangelnde Bereitschaft und Kompetenz der politischen Eliten, mit Protestwille und Reformbedarf umzugehen. Die herkömmliche Willensbildung und Interessenaggregation von Parteien und Verbänden beruhen auf zahlender Mitgliedschaft, privater und/oder staatlicher Parteienfinanzierung und massenmedialer Kommunikation; auch Kommunalpolitik ist in der Regel konservativ und klientelorientiert. Für Citizen Empowerment, die Stärkung der Bürgergesellschaft, hat die Berufspolitik wenig Sinn und Gespür. „Stuttgart 21", aber auch der Hamburger Volksentscheid zur Schulpolitik demonstrieren, wie wenig die Parteien ihren Integrationsaufgaben noch gewachsen sind – und wie wenig sie erst recht den Keimen und Knoten nachhaltiger Lebenspraxis, wie man sie gerade in Schul- und Verkehrsprojekten antrifft, einen Entfaltungsraum und ein Experimentierfeld bieten.

Eine Volkspartei neuen Typs muss also zunächst einmal das „vorpolitische" Terrain sondieren und aktive Feldforschung betreiben. Im politischen Feld findet man reale wie virtuelle Kommunikationsgemeinschaften, in denen Erfordernisse und Modalitäten der Energiewende konkret werden: Arbeitsteams und Berufsvereinigungen, Sportvereine und Ehrenamtliche, Schulklassen und Lehrerkollegien, findige Selbständige sowie rührige Ruheständler und nicht zuletzt die Web-Gemeinschaften der Social Media. Vermeintlich unpolitische Akteure des Wandels wirken im Kleinen und bringen Reformen voran. Überwiegend beziehen sich ihre Aktivitäten nicht auf ökologische Themen im engeren Sinne, eher auf die Verbesserung von Arbeitsorganisation, Erziehungspraxis, Altenpflege und dergleichen; es ist Nachbarschaftshilfe in Alltags- und Notsituationen, an denen mögliche Ziele guten Lebens aufscheinen (oder dessen Abwesenheit drastisch deutlich machen). Agenten des Wandels sind üblicherweise nicht in größeren Verbänden und auf längere Zeiträume organisiert; dennoch sind sie politische Wesen, auch wenn sie sich kaum für die Sorte Politik interessieren, die sie aus elektronischen Medien kennen, die ständig „thematisiert" und Forderungen erhebt, aber zu wenig unternimmt und voranbringt.

Ein Organisator der Proteste in Stuttgart hat kürzlich in den „Tagesthemen" geschwärmt, man spüre hier, was sonst noch alles möglich ist. Wenn das stimmt und sich zur Aufbruchstimmung verdichtet, kann im „dritten Sektor", zwischen Staatsgewalt und Marktmacht, eine Bürgerinitativ-Bewegung heranwachsen, die nicht mehr automatisch auf die sozialökologische Linke zuläuft. Ökologische Politik, die um mehr als mediale Präsenz und demoskopische Zustimmung bemüht ist, muss diese Changemaker ausfindig machen, ihnen auf Augenhöhe begegnen und sie als respektierte Netzwerkpartner gewinnen.

Umweltpolitik und Klimaschutz, über deren Rang und Notwendigkeit mehr Konsens denn je besteht, mangelt es nicht an „positiven" Zielen. Das zu schützende kollektive Gut ist aber weniger die Natur oder die Schöpfung, es ist die ebenso bedrohte Freiheit des Einzelnen und der Republik. Die Energiewende bietet der Bürgergesellschaft Chancen zur Entfaltung, die seit den Ursprüngen der Moderne und den Gründerjahren der Industriellen Revolution nicht mehr bestanden.

5. Demokratie 2050

Die Aussicht gefährlichen Klimawandels und Maßnahmen der Klimaschutz- und Klimaanpassungspolitik bedroht temporal wie räumlich die Normalform demokratischen

Regierens. Das verschärft den Erosionsdruck, der ohnehin schon auf den etablierten wie neuen Demokratien lastet (Crouch 2008). Dennoch besteht kein Anlass, die überlegene Problemlösungsfähigkeit autoritärer Klimaregime zu preisen oder gar ein Ableben der Demokratie bis 2050 an die Wand zu malen. Die Herausforderung des „chinesischen Modells" muss für die Modernisierung der Demokratie eher ein Ansporn sein, ähnlich wie es bis 1990 die Systemkonkurrenz mit den in keiner Hinsicht überlegenen realsozialistischen Staaten war. Denn was ist eigentlich das Ziel? Weniger der Schutz der Natur oder des Klimas als vielmehr die Bewahrung und Erweiterung unserer individuellen und kollektiven Bürgerfreiheiten. Eine nachhaltige Demokratie kann nicht mehr auf die scheinbar unendlich wachsende, in Wahrheit durch Zukunftsverzehr und Verschuldung gestützte Expansion ihrer materiellen Ressourcen zurückgreifen.

Am Ende kann – träumen muss erlaubt sein – der Klimawandel eine „fünfte Welle" der Demokratisierung auslösen. Voraussetzung dafür ist eine erweiterte Legitimationsbasis für lokale, regionale, nationale und supranationale Regime, durch die Verbesserung der Wissensgrundlagen demokratischer Prozeduren, ihre normativ fundierte und durch alternative Lebensstile gestützte Beschleunigung und die Erhöhung ihrer deliberativen Qualitäten (Schaal / Ritzi 2009). Mehr und im Sinne von *Benjamin Barber* (1994) „dickere", nicht weniger Partizipation der Bürgergesellschaft steht somit auf der Tagesordnung. Demokratie 2050 heißt dann: Wir haben den Schock der Einsicht in die Grenzen des Erdsystems verarbeitet zu einer bürgerschaftlich gestützten Demokratisierung, die uns besser mit unserer natürlichen Umwelt und unsere Mit-Menschen in Einklang bringt.

Literatur

Almond, Gabriel A. / G. Bingham Powell / Kaare Strom / Russell J. Dalton: Comparative Politics Today. A World View, New York 2008.

Barber, Benjamin: Starke Demokratie – Über die Teilhabe am Politischen, Berlin 1994.

Böschen, Stefan: Reflexive Wissenspolitik, Zur Formierung und Strukturierung von Gestaltungsöffentlichkeiten, in: Alexander Bogner / Helge Torgersen (Hrsg.): Wozu Experten?, Wiesbaden 2005, S. 241-263.

Brodocz, André / Marcus Llanque / Gary S. Schaal (Hrsg.): Bedrohungen der Demokratie, Wiesbaden 2008.

Brusis, Martin: Reformfähigkeit messen? Konzeptionelle Überlegungen zu einem Reformfähigkeitsindex für OECD-Staaten, in: Politische Vierteljahresschrift, 49. Jg. (2008), H. 1, S. 92-113.

Croissant, Aurel / Peter Thierry: Defekte Demokratie, Konzept, Operationalisierung und Messung, in: Hans-Joachim Lauth / Gert Pickel / Christian Welzel (Hrsg.): Demokratiemessung, Wiesbaden 2000, S. 89-111.

Crouch, Colin: Postdemokratie, Frankfurt am Main 2008.

Dahl, Robert A.: Democracy and its Critics, New Haven 1989.

Dahl, Robert A.: Polyarchy. Participation and Opposition, New Haven 1971.

Esty, Daniel C. / Christine Kim / Tanja Srebotnjak / Marc A. Levy / Alex de Sherbinin / Valentina Mara: Environmental Performance Index, New Haven 2008.

Freedom House: Freedom in the World. The Annual Survey of Political Rights & Civil Liberties 2002-2003, Washington D.C. 2003.

Frey, Bruno / Alois Stutzer: Prozessnutzen in der Demokratie, in: Manfred Rehbinder / Martin Usteri (Hrsg.): Glück als Ziel der Rechtspolitik, Bern 2002, S. 193-209.

Fuchs, Dieter: Kriterien demokratischer Performanz in Liberalen Demokratien, in: Michael Greven (Hrsg.): Demokratie – eine Kultur des Westens?, 20. Wissenschaftlicher Kongress der Deutschen Vereinigung für Politische Wissenschaft, Opladen 1998, S. 152-179.

Fuchs, Dieter / Thomas Zittel: Participatory Democracy and Political Participation. Can Participatory Engineering Bring Citizens Back in?, London / New York 2007.

Giddens, Anthony: The Politics of Climate Change, Oxford 2009.

Grözinger, Gerd: Die Vereinigten Parlamente von Europa und weitere Überlegungen zur Subsidiären Demokratie, in: Claus Offe (Hrsg.): Demokratisierung der Demokratie. Diagnosen und Reformvorschläge, Frankfurt am Main 2003, S. 211-231.

Günther, Klaus: Politik des Kompromisses. Dissensmanagement in pluralistischen Demokratien, Wiesbaden 2006.

Halla, Martin / Friedrich Schneider / Alexander F. Wagner: Satisfaction with Democracy and Collective Action Problems. The Case of the Environment, in: IZA Discussion Paper 3613, Dezember 2008.

Harich, Wolfgang: Kommunismus ohne Wachstum? Babeuf und der ‚Club of Rome', Reinbek 1975.

Huntington, Samuel P.: The Third Wave. Democratization in the late 20th Century, London 1991.

Kaiser, André / Eric Seils: Demokratie-Audits. Zwischenbilanz zu einem neuen Instrument der empirischen Demokratieforschung, in: Politische Vierteljahresschrift, 46. Jg. (2005), H. 1, S. 133-143.

Robert O. Keohane / Stephen Macedo / Andrew Moravcsik: Democracy-Enhancing Multilateralism, in: International Organization, 63. Jg. (2009), H. 1, S. 1-31.

Latour, Bruno: Wir sind nie modern gewesen. Versuch einer Symmetrischen Anthropologie, Frankfurt am Main 2008.

Lauth, Hans-Joachim: Die Qualität der Demokratie im interregionalen Vergleich. Probleme und Entwicklungsperspektiven, in: Susanne Pickel / Gert Pickel (Hrsg.): Demokratisierung im internationalen Vergleich. Neue Erkenntnisse und Perspektiven, Wiesbaden 2006, S. 89-110.

Leggewie, Claus: Die Globalisierung und ihre Gegner, München 2003.

Leggewie, Claus: Klimaschutz erfordert Demokratiewandel, in: Vorgänge, 49. Jg. (2010), H. 2, S. 35-43.

Leggewie, Claus / Harald Welzer: Das Ende der Welt, wie wir sie kannten. Klima, Zukunft und die Chancen der Demokratie, Frankfurt am Main 2009.

Leggewie, Claus: 2050: die demokratische Frage heute, in: Harald Welzer / Klaus Wiegandt (Hrsg.): Perspektiven einer nachhaltigen Entwicklung, Frankfurt am Main 2011, S. 253-274.

Lijphart, Arend: Patterns of Democrarcy. Government Forms and Performance in Thirty-Six Countries, New Haven 1999.

Linz, Juan J.: Democracy's Time Constraints, in: International Political Science Review, 19. Jg. (1998), H. 1, S. 19-37.

Luhmann, Niklas; Die Politik der Gesellschaft, Frankfurt am Main 2000.

Marshall, Thomas H.: Bürgerrechte und soziale Klassen. Zur Soziologie des Wohlfahrtsstaates, Frankfurt am Main 1992.

Merkel, Wolfgang / Aurel Croissant: Conclusion. Good and Defective Democracies, in: Aurel Croissant / Wolfgang Merkel (Hrsg.), Special Issue of Democratization. Consolidated or Defective Democracy? Problems of Regime Change, Abingdon 2004, S. 199-213.

Merkel, Wolfgang: Embedded and Defective Democracies, in: Aurel Croissant / Wolfgang Merkel (Hrsg.): Special Issue of Democratization. Consolidated or Defective Democracy? Problems of Regime Change, Abingdon 2004, S. 33-58.

Merkel, Wolfgang / Hans-Jürgen Puhle / Aurel Croissant / Claudia Eicher / Peter Thiery: Defekte Demokratien. Theorien und Probleme, Bd. 1, Opladen 2003.

Möllers, Christoph: Demokratie. Zumutungen und Versprechen, Berlin 2008.

Müller, Thomas / Susanne Pickel: Wie lässt sich Demokratie am besten messen? Zur Konzeptqualität von Demokratieindizes, in: Politische Vierteljahresschrift, 48. Jg. (2007), H. 3, S. 511-539.

Munck, Gerardo L. / Jay Verkuilen: Conceptualizing and Measuring Democracy, Evaluating Alternative Indizes, in: Comparative Political Studies, 35. Jg. (2002), H. 1, 2002, S. 5-34.

Norris, Pippa: Democratic Phoenix. Reinventing Political Activism, Cambridge 2002.

Offe, Claus (Hrsg.): Demokratisierung der Demokratie. Diagnosen und Reformvorschläge, Frankfurt am Main 2003.

Pickel, Gert / Susanne Pickel (Hrsg.): Demokratisierung im internationalen Vergleich. Neue Erkenntnisse und Perspektiven, Wiesbaden 2006.

Pötter, Bernhard: Ausweg Öko-Diktatur? Wie unsere Demokratie an der Umweltkrise scheitert, München 2010.

Rödel, Ulrich / Helmut Dubiel / Günter Frankenberg: Die demokratische Frage, Frankfurt am Main 1989.

Roller, Edeltraud: The Performance of Democracies. Political Institutions and Public Policy, Oxford 2005.

Saretzki, Thomas: Demokratie und Umweltpolitik. Konzeptionelle und methodologische Probleme der makroquantitativ ausgerichteten vergleichenden Umwelt- und Demokratieforschung, in: Politische Vierteljahresschrift, Sonderheft 39 Politik und Umwelt, Wiesbaden 2007, S. 409-429.

Saretzki, Thomas: Strategie als Herausforderung für die deliberative Demokratietheorie, in: Joachim Raschke / Ralf Tils (Hrsg.): Strategie in der Politikwissenschaft. Konturen eines neuen Forschungsfelds, Wiesbaden 2010, S. 121-150.

Sartori, Giovanni: Democratic Theory Revisited, Chatham 1987.

Saward, Michael: Democratic Theory and Indices of Democratization, in: David Beetham (Hrsg.): Defining and Measuring Democracy, London 1994, S. 6-24.

Schaal, Gary S. / Claudia Ritzi: Empirische Deliberationsforschung, Max Planck-Institut für Gesellschaftsforschung, Working Paper 09/9, Köln 2009.

Schmidt, Manfred G.: Demokratietheorien. Eine Einführung, Wiesbaden 2008.

Schmidt, Manfred G.: On the Political Productivity of Democracies, in: Scandinavian Political Studies, 22. Jg. (1999), H. 4, S. 281-294.

Schmidt, Manfred G.: Outcome und Output, in: Manfred G. Schmidt, Wörterbuch zur Politik, Stuttgart 2004, S. 506.

Schmidt, Manfred G.: Political Performance and Types of Democracy. Findings from Comparative Studies, in: European Journal of Political Research, 41. Jg. (2002), H. 1, S. 147-163.

Schumacher, Ernst Friedrich: Small is Beautiful. (A Study of) Economics as if People Mattered, London 1973.

Tsebelis, George: Veto Players. How Political Institutions Work, Princeton 2002.

van Deth, Jan W. (Hrsg.): Citizenship and Involvement in European Democracies. A Comparative Analysis, London 2007.

Vanhanen, Tatu: A New Dataset for Measuring Democracy, 1810-1998, in: Journal of Peace Research, 37. Jg. (2000), H. 2, S. 251-265.

Vanhanen, Tatu: Climate and Democracy, Paper delivered at the 2004 Annual Meeting of the American Political Science Association, 2.-5. September 2004.

Vanhanen, Tatu: Prospects of Democracy. A Study of 172 Countries, London 1997.

Vanhanen, Tatu: The Process of Democratization. A Comparative Study of 176 States, 1980-1988, New York 1990.

Vorholz, Fritz: Heiße Zeiten, in: Die ZEIT-Online vom 29. Juli 2010.

WBGU: Kassensturz für den Weltklimavertrag. Der Budgetansatz, Berlin 2009.

WBGU: Klimapolitik nach Kopenhagen. Auf drei Ebenen zum Erfolg, Berlin 2010.

Weidner, Helmut / Martin Jänicke (Hrsg.): Capacity Building in National Environmental Policy. A Comparative Study of 17 Countries, Berlin 2002.

Welzer, Harald / Hans-Georg Soeffner / Dana Giesecke (Hrsg.): Klimakulturen. Soziale Wirklichkeiten im Klimawandel, Frankfurt am Main 2010.

Der Klimawandel und die Problemlösungsfähigkeit der Demokratie

Thomas Saretzki

Der Klimawandel wird vielfach als das zentrale Umweltproblem wahrgenommen, das die Existenz, zumindest aber die gewohnte Lebensweise in den Gegenwartsgesellschaften in allen Regionen der Welt auf lange Sicht ernsthaft bedroht. Weitgehende Einigkeit besteht darüber, dass der Klimawandel angesichts seiner erwarteten weitreichenden Folgen nicht länger ignoriert werden darf. Gleichzeitig erscheint der Klimawandel aber auch als eines der besonders „verhexten“, wenn nicht als das am schwierigsten zu lösende Umweltproblem, mit dem die Politik bisher konfrontiert worden ist. Seine Folgen rufen schon heute zahlreiche gesellschaftliche und politische Konflikte hervor. Für die Zukunft wird überdies eine drastische Steigerung der klimabedingten Konfliktpotentiale vorhergesagt. Vor diesem Hintergrund ist es nicht verwunderlich, dass Politik zumindest in den demokratischen Gesellschaften, in denen offen darüber diskutiert werden kann, auch für die vorausschauende Bearbeitung der Probleme und Konflikte verantwortlich gemacht wird, die mit dem Klimawandel und seinen möglichen Folgen verbunden sind.

Gleichzeitig finden sich zunehmend Stimmen, die just dem politischen System, das eine offene Thematisierung dieser Fragen ermöglicht, nicht nur eine Mitschuld am Scheitern der bisherigen Bemühungen zu ihrer Lösung geben; es werden auch grundsätzliche Zweifel an seiner Fähigkeit angemeldet, den Klimawandel überhaupt bewältigen zu können. Solche Zweifel an der ökologischen Problemlösungsfähigkeit der Demokratie führen inzwischen nicht nur zu Diagnosen, die von einem Demokratieversagen ausgehen, sondern auch zur Suche nach veränderten politischen Systemstrukturen jenseits der Demokratie. Die Diskussion um den meteorologischen Klimawandel liefert so vielfach neuen Rückenwind für einen politischen Klimawandel in der Bewertung der Demokratie.

Wie überzeugend sind die Verbindungen, die dabei zwischen dem Klimawandel und der Demokratie gezogen werden? Hat die wachsende Kritik an der Demokratie nur mit neuen ökologischen Problemen und skeptischen Einschätzungen ihrer ökologischen Handlungsfähigkeit zu tun? Oder kommen in der These vom Demokratieversagen angesichts des Klimawandels auch grundsätzliche Zweifel an der Legitimität der Demokratie als Herrschafts- und Lebensform zum Ausdruck?

1. Scheitern von Klimakonferenzen – Scheitern der Demokratie?

Grundlegende Zweifel an der Fähigkeit der Demokratie, die mit dem Klimawandel verbundenen Herausforderungen zu bewältigen, wurden in den Medien insbesondere im Vorfeld und im Nachgang zu den gescheiterten internationalen Verhandlungen in Kopenhagen im Dezember 2009 thematisiert. Als Quellen wurden dabei häufig Klimaforscher zitiert, die ein Versagen der Demokratie im Kampf gegen den Klimawandel konstatieren und grundlegende Veränderungen des politischen Systems fordern, um dieses Umweltproblem wirksam lösen zu können. Gelegentlich finden sich dabei auch Verweise auf beeindruckende Erfolge der chinesischen Klimapolitik, also auf die vermeintlich überlegene Kraft zur Bewältigung ökologischer Herausforderungen in einem politischen System, das nicht zum Typus Demokratie gezählt wird. Mit dem Scheitern der Klimakonferenz von Kopenhagen 2009 sei auch das Versagen der Demokratie in der Klimapolitik offenkundig geworden.[1]

Was hier als vermeintlich offensichtlicher Augenscheinsbeweis in medial vermittelten Einschätzungen nahe gelegt wird, verliert bei einer näheren Betrachtung indessen rasch seine Überzeugungskraft und erweist sich als Fehlschluss, der auf einer ganzen Reihe von unzutreffenden Prämissen beruht. Einige liegen auf der Hand: So waren in Kopenhagen nicht nur demokratische, sondern auch nicht-demokratische Staaten an den Verhandlungen beteiligt. Der Misserfolg bei der Suche nach einem Konsens ist erkennbar nicht nur den demokratischen, sondern auch den nicht-demokratischen Staaten zuzurechnen. Fragt man allgemeiner nach den Rückschlüssen im Hinblick auf ein vermeintliches Demokratieversagen, so wären hier vor vorschnellen Problemverortungen die unterschiedlichen politischen Ebenen zu beachten, die bei internationalen Verhandlungen eine Rolle spielen: Wenn einige Staaten unfähig oder unwillig waren, auf der Ebene internationaler Verhandlungen einen Konsens über verbindliche Ziele und Maßnahmen zum Klimaschutz herzustellen, so kann aus diesem Scheitern von Verhandlungen *zwischen* Staaten nicht umstandslos auf ein Versagen der Demokratie *in* den beteiligten Staaten geschlossen werden.

In einigen Beiträgen zur Klimadiskussion wird die generalisierte Diagnose „Demokratieversagen“ aber nicht nur auf die nationale, sondern auch auf andere politische Ebenen bezogen, etwa auf die internationale Politik. So wird von einigen Journalisten der Eindruck erweckt, mit den Verhandlungen in Kopenhagen sei auch gleich die „Idee von weltweiter Demokratie nach UN-Muster ... deutlich gescheitert“ (Pötter 2010: 17). Diese Zuschreibung setzt voraus, dass eine spezifische Konferenz der Vertragsparteien, die nach der Klimarahmenkonvention der UN unter bestimmten Bedingungen an einem bestimmten Ort und zu einer bestimmten Zeit zusammengekommen ist, ohne weiteres als angemessene Verkörperung der „Idee einer weltweiten Demokratie“ klassifiziert werden kann. Eine solche Unterstellung geht indessen erkennbar mit einer Verwechslung von Idee und Wirklichkeit, von Sein und Sollen einher. Die Annahme, dass die UN als ganze oder einzelne Gremien, die in ihrem Rahmen zur Umsetzung und Weiterentwicklung von internationalen Verträgen eingerichtet worden sind, in ihrer aktuellen Ausprägung bereits der „Idee einer weltweiten Demokratie“ entsprechen, stößt auf zahlreiche Einwände aus empirischer wie normativer Richtung. Idee und Wirklichkeit gehen hier erkennbar noch nicht ohne weiteres ineinander auf. Das unterstellt aber eine Argumentation, die mit dem Scheitern von bestimmten interna-

1 Vgl. zu dieser Debatte in den Medien zum Beispiel Kulke 2009, Spiegel 2009, Schulmeister 2009, Stehr 2009.

tionalen Verhandlungen unter dem Dach der UN auch gleich die Idee globaler Demokratie oder gar die Demokratie als solche versagen sieht. Auf die vielfältigen Strukturmängel und Funktionsdefizite, die bei der gegenwärtigen Verfassung der UN gerade in demokratietheoretischer Hinsicht zu konstatieren sind, wurde in der politikwissenschaftlichen Debatte um Ideen und Konzepte einer „globalen Demokratie" auch im Kontext der Klimadiskussion immer wieder nachdrücklich hingewiesen (Holden 2002: 132-137). Wenn es aber eine solche Diskrepanz zwischen der Verfassung einer Internationalen Organisation wie der UN und den (im übrigen ja durchaus unterschiedlichen) Ideen einer globalen Demokratie gibt, dann wäre diese Diskrepanz auch bei der Diagnose eines etwaigen „Versagens" dieser Organisation oder ihrer Untereinheiten in Rechnung zu stellen.

Ähnliche Sein-Sollens-Fehlschlüsse und argumentative Schwächen finden sich auch bei den Konsequenzen, die im Hinblick auf die Europäische Union aus dem Scheitern der Verhandlungen von Kopenhagen gezogen werden: Die EU halte zwar „am stärksten" an der Idee fest, „das Klimaproblem im demokratischen Prozess zu lösen", könne nach dem „Fehlschlag von Kopenhagen" aber ihr eigenes Scheitern nicht länger verhehlen (Pötter 2010: 17). Ein argumentativ überzeugender Einwand gegen die Idee der Demokratie oder gegen die Möglichkeit einer Problemlösung in einem demokratischen Prozess würde aus diesen wie anderen Beobachtungen über das „Scheitern von Kopenhagen" aber erst, wenn man unterstellt, dass die EU in ihrer gegenwärtigen Ausprägung tatsächlich angemessen als „eine der größten Demokratien der Welt" zu charakterisieren ist (Pötter 2010: 17), alle Diskussionen über das vielzitierte „demokratische Defizit" der EU also gegenstandslos wären. Das ist jedoch mitnichten der Fall, wie die anhaltende Debatte über die erforderliche weitere Demokratisierung der EU zeigt (Gaus 2009).

Kurzum: In der medial vermittelten und von Klimaforschern wie Journalisten getragenen Diskussion über das Demokratieversagen angesichts des Scheiterns der internationalen Klimaverhandlungen in Kopenhagen 2009 findet sich eine ganze Reihe von fragwürdigen Prämissen, vordergründigen Schuldzuschreibungen und unhaltbaren Sein-Sollens-Fehlschlüssen. Wenn die verbreitete Enttäuschung über die allseits beklagten unzureichenden Ergebnisse der Klimakonferenz in eine nüchterne Erklärung übersetzt werden soll, wären hier im Übrigen zunächst Strukturen, Akteurskonstellationen und Strategien der internationalen Politik in den Blick zu nehmen und in einer differenzierten, kontextbezogenen Analyse der spezifischen internationalen Verhandlungssituation vor und in Kopenhagen im Dezember 2009 zu konkretisieren. Alles andere führt zu unzulässig generalisierenden Schuldzuschreibungen und argumentativen Kurzschlüssen, die sich bei genauerem Durchdenken nicht halten lassen. Weder kann die Demokratie als solche für das Scheitern von internationalen Verhandlungen verantwortlich gemacht werden, noch kann aus dem Fehlschlagen von bestimmten Verhandlungen einer spezifischen internationalen Konferenz zum Klimaschutz auf ein generelles Demokratieversagen zurückgeschlossen werden.

2. Klimawandel als Herausforderung – Versagen der Demokratie?

Zu den grundlegender ansetzenden Autoren, deren Argumentation über Verweise auf einen bestimmten Anlass hinausgeht, gehören *Shearman* und *Smith*, die schon im Titel ihres Buches mit der verallgemeinernden Gegenüberstellung auftreten, die auch in den genannten Mediendiskursen in Rede steht: „The Climate Change Challenge and the Failure of Democracy". Hier wird – dem wissenschaftlichen Anspruch der Autoren folgend – vieles explizit gemacht, was in der medienvermittelten öffentlichen Debatte oft unausgesprochen bleibt.

Shearman und *Smith* orientieren sich in ihrer Gedankenführung an dem klassischen Schema eines Krisendiskurses und entwickeln ihre Argumentation nach dem traditionellen, aus der Medizin bekannten Zweischritt von Diagnose und Therapie. Das ist zunächst nicht weiter verwunderlich, da *Shearman* selbst Mediziner ist und dies bereits im Vorwort deutlich herausstellt. Eine gedankliche Strukturierung der Argumentation im Schema von Diagnose und Therapie steht im Übrigen durchaus in der Tradition der wissenschaftlichen Literatur, die sich seit den 1970er Jahren mit der ökologischen Krise befasst hat. Beachtenswert ist allerdings, dass sich die diagnostischen Bemühungen der Autoren hier im Unterschied zum Hauptstrom der Umweltliteratur nicht direkt auf die Umweltprobleme wie den Klimawandel und seine Folgen richten. Bei einfacher Übertragung des traditionellen medizinischen Schemas würden diese aus ökologischer Sicht als primär behandlungsbedürftige „Krankheiten" gelten. *Shearman* und *Smith* unterziehen vielmehr die politischen und gesellschaftlichen Kapazitäten zur Lösung dieser Probleme einer grundlegenden Diagnose. Bleibt man zur Verdeutlichung ihrer Perspektive in ihrem medizinisch geprägten Schema, richten die Autoren ihr Augenmerk vorrangig auf die Wirksamkeit der bisher praktizierten Therapieansätze, auf die Leistungsfähigkeit der Ärzteteams und die Behandlungsmöglichkeiten der Krankenhäuser, in denen die Krankheiten bisher untersucht und behandelt wurden. Als diagnosebedürftiger „Patient" erscheint damit weniger eine „kranke" Umwelt, sondern die Demokratie selbst. Folgerichtig charakterisieren die Autoren dann auch das, was sie in ihrem Buch anbieten, nicht als Lösungen für die Umweltkrise und den Klimawandel, sondern als „solutions to the illnesses of democracy" (2007: xvi). Dabei betonen sie nachdrücklich, dass es sich bei der Diagnose, ob die Demokratie zur Erfassung und Beseitigung der ausgemachten ökologischen Krise fähig sei, nicht um eine Frage unter anderen, sondern um die wichtigste Frage unserer Zeit überhaupt handele.[2]

Im Zuge ihrer Argumentation vermeiden es *Shearman* und *Smith* allerdings, selbst eine präzise eigene Definition des Diagnoseobjektes „Demokratie" vorzulegen. Sie verweisen stattdessen auf die Vielfalt unterschiedlicher Begriffsbestimmungen und empfehlen den Lesern, für den Gang der Argumentation doch am besten von ihrem jeweils

2 Vgl. Shearman / Smith: „The most important question of our time is whether the democratic system is able to grasp and remedy the emerging ecological crisis facing the entire human race. What is the precise role of liberal democracy in causing this crisis? What is its performance in remediation, during the past two or three decades of increasing scientific evidence of the crisis?" (2007: 3-4).

vorhandenen eigenen Demokratieverständnis auszugehen: „Democracy is what you think it is“ (ebenda: 75-87). Gleichwohl heben sie immer wieder hervor, dass es vor allem ein bestimmter Typus der Demokratie ist, der im Zentrum ihrer Kritik steht: die „liberal democracy“, wie sie sich insbesondere in den USA herausgebildet hat.[3] Der Liberalismus habe historisch gesehen die philosophische Rechtfertigung für die moderne Demokratie und den Kapitalismus bereitgestellt. Auf einer konzeptionellen Ebene könne die liberale Demokratie zwar noch grundsätzlich mit Hilfe der Logik vom Kapitalismus unterschieden werden. Auf der Ebene von „real politics“ sei es aber unmöglich, die Effekte des einen von den Wirkungen des anderen zu trennen (ebenda: 12).[4]

Auf die (ökologischen) Effekte von politischen Institutionen, Verfahren und Regeln kommt es nach diesem Teil der Argumentation aber an. *Shearman* und *Smith* stützen sich hier bei ihrer Diagnose immer wieder auf ein Modell, das von dem Biologen *Garrett Hardin* (1968) in Gestalt der „Tragödie der Gemeingüter“ schon früh als prägende ökonomische Konstruktion der Umweltkrise und ihrer Ursachen eingeführt worden ist. Theoretisch wird dabei auf das Konzept der ökologischen Tragfähigkeit („carrying capacity“) eines Ökosystems zurückgegriffen, das insbesondere in der Populationsökologie häufiger Verwendung findet. *Hardin* hat dieses biologische Konzept theoretisch mit ökonomischen Verhaltensannahmen verknüpft und in der „tragedy of the commons“ zu dem metaphernreichen Narrativ einer „Tragödie“ mit dramatischer Zuspitzung zusammengefügt, das in den Deutungen der Umweltkrise bis heute eine sehr große Rolle spielt. Die Umweltbeziehungen einer Gesellschaft geraten nach diesem am Beispiel des gemeinschaftlich genutzten Weidelandes entwickelten Modell in eine Krise, weil es für jeden einzelnen, aus einem betriebswirtschaftlichen Kalkül heraus handelnden Akteur als rationaler erscheint, seine individuelle Nutzung der verfügbaren Umweltressourcen ständig zu steigern, auch wenn dies langfristig zu einer für alle schädlichen Übernutzung und am Ende gar zu einer Zerstörung der Umwelt führt. Die spieltheoretischen Modellierungen, die dieser „tragedy of the commons“ zugrunde liegen, werden in der Argumentation von *Shearman* und *Smith* (2007: 82) allerdings über diesen und ähnliche populationsökologisch beschreibbare Fälle hinaus zu einem alles umfassenden Erklärungsansatz: „All our problems can be placed in the context of the commons.”

In diesem umfassend ausgelegten spieltheoretischen Bezugsrahmen entwickeln sie (ebenda: 2) ihre Diagnose, die dezidiert als „case against democracy“ angelegt ist. Grundlegende Institutionen und Verfahren der Demokratie, so das Muster der um-

3 Vgl. Shearman / Smith: „... there is much evidence to suggest that liberal democracy – the meshing of liberalism and democracy – is the core ideology responsible for the environmental crisis.” (2007: 12).

4 Vgl. Shearman / Smith: „Liberal capitalism and democracy have fused together. Liberal capitalism, the retrovirus, has become part of the genetic material of democracy and is directing the enterprise. It is not an imperfection that can be corrected without dismantling this relationship. As we will demonstrate, these colossal environmental problems, both existing and impending, have been accelerated by the freedoms and corruption of democracy and are unlikely to be solved by this system of governance.“ (2007: 15).

weltbezogenen Kritik, bieten das Potential, dass eine Dynamik gemäß der „tragedy of the commons" entsteht – und wegen dieser möglichen Folgen sei Demokratie für eine wirksame Politik gegen die Umweltkrise prinzipiell ungeeignet. Das gelte etwa für den in periodische demokratische Wahlen eingebauten „short termism", der bei gewählten politischen Akteuren mit entsprechenden Kurzfrist-Orientierungen einhergehe.[5] Es gelte aber auch für das demokratische Mehrheitsprinzip, das bereits einer knappen Mehrheit erlaube, umweltschädliche Entscheidungen zu treffen und einen nicht-nachhaltigen Lebensstil fortzuführen.[6]

Nun sind (Missbrauchs-)Potentiale oder mögliche Folgen eines politischen Systems für sich genommen noch kein unter allen Umständen wirklich treffender grundsätzlicher Einwand, der die Behauptung eines inhärenten, in den Strukturen und Funktionsweisen der Demokratie selbst angelegten Versagens wirklich zwingend beweisen würde. Missbrauchspotentiale können vielleicht unter bestimmten Bedingungen, müssen aber nicht in jedem Fall genutzt werden. Mögliche unerwünschte oder gar fatale Folgen können, müssen aber nicht notwendigerweise eintreten. Warum versagt die Demokratie? Genauer: Warum glauben die Autoren so fest, dass angesichts des Klimawandels und der ökologischen Krise nun offenbar wird „that orthodox liberal democratic politics is at an end" (ebenda: 89). Im Kern stützt sich ihre Diagnose nach eigenem Bekunden auf zwei, nach ihrer Auffassung miteinander zusammenhängende Argumente, die unter den Stichworten „global corporate capitalism and men's inherent mentality" (ebenda: 86) gefasst werden.

„Global corporate capitalism" bildet die Hintergrundfolie für die kritische Charakterisierung der existierenden liberalen Demokratien als politische Systeme, die zwar nach außen demokratisch scheinen, tatsächlich aber von Korruption und Elitenherrschaft geprägt seien.

> „The first is that even if functional democracies were possible, there is a multitude of forces that are acting to corrupt them and prevent them from truly representing the voice of the people. Various powerful elite groups rule the modern liberal democracy, being based in finance, media, business, and the military; and they have their own agenda that does not have advancing the interests of the common good among them. Given these structures of power and inequality, democracy is an illusion, and ordinary people are to be exploited as these elites see fit." (Shearman / Smith 2007: 89)

Liberale Demokratien, so die Autoren, können und werden die ökologische Krise nicht einmal angemessen angehen, weil sie mit einer kapitalistischen Marktwirtschaft ver-

---

5 Vgl. Shearman / Smith: „Democracy leads to social decay because politicians, with some exceptions, are short-term caretakers and career seekers, and they are only focused on the next election. … an economist … observes that this leads to massive public debts. We would add the much more fundamental problem – it also leads to the tragedy of the commons problems as well as destruction of the environment." (2007: 85).

6 Vgl. Shearman / Smith: „We argue that liberal democracy is ecologically flawed as a social system because it leads to the tragedy of the commons. Fifty one percent of the people can vote to destroy a resource (or simply act to maintain unsustainable lifestyles), which 49 percent of the people wish to preserve. There is thus the potential for ecological destruction existing in the heart of democratic institutions." (2007: 11).

heiratet seien, die das nicht zulasse: „The market economy controls the populace by the cult of consumerism“ (ebenda: 95). Kapitalismus und Konsumismus verhinderten so im Wechselspiel, dass demokratische Politik den fortlaufend geweckten Erwartungen auf einen immer weiter wachsenden persönlichen Wohlstand wirksam Grenzen setzen könnte. Mehr noch: „... consumerism has become the engine of capitalist society, consuming the earth's limited resources and creating jobs to stoke it. This fundamental nature of democracy is unsustainable" (ebenda: 96).

Die meisten der „so-called Western societies", so der Befund dieser „realistischen" Analyse, seien bei Licht besehen gar keine Demokratien, sondern Plutokratien – Gesellschaften, die von den Wohlhabenden beherrscht werden (ebenda: 91). „Liberal democracy has essentially never been tried because society has been ruled by elites who set the social agenda and manipulate both the economy and public opinion through their control of money and the media" (98). In diesem Rahmen erhielten auch ökologisch relevante Fragen etwa in Debatten über Einwanderung oder Bevölkerungspolitik eine ökonomische Färbung, „so that important issues are never discussed in their proper ecological context“ (ebenda: 99).

Bliebe es allein bei dieser Charakterisierung der liberalen Demokratie als Idee, die niemals wirklich ausprobiert wurde, liegt eine Schlussfolgerung nahe, die *Shearman* und *Smith* selbst ansprechen: „... all the more reason for a democratic revolution to take away the power of the elites“ (ebenda: 99). Mit dieser Möglichkeit, dass die Voraussetzungen für eine ökologisch angemessene Politik durch eine wirksame demokratische Kontrolle der etablierten Eliten in kapitalistischen Gesellschaften geschaffen werden, sei allerdings nicht zu rechnen. Diese von vielen anderen ökologisch orientierten Kritikern der gegenwärtig vorhandenen Ausprägungen liberaler Demokratie ins Spiel gebrachte Option einer demokratisch gestalteten ökologischen Wende (vgl. z.B. Dryzek 2000: 84-101; Dobson 2003; Baber / Bartlett 2005) halten *Shearman* und *Smith* für unrealistisch – und zwar nicht wegen der Komplexität der Umweltkrise im Allgemeinen oder der Größe und Dringlichkeit der Klimafolgen im Besonderen, sondern aus anderen Gründen, die zu ihrem zweiten Stichwort – „men's inherent mentality“ – (ebenda: 86) führen.

Damit wechseln sie erklärtermaßen die Argumentationsebene und führen ein zweites Referenzsystem für die Begründung ihrer These vom Demokratieversagen ein. Dieses Reservoir von Gründen stammt ebenfalls aus der Biologie, allerdings aus einer anderen Teildisziplin: Nicht mehr die Ökologie, sondern die Genetik liefert nun die wissenschaftlichen Grundlagen für die grundsätzlichen Zweifel an der Demokratie. „We will now argue that even if the elites in capitalist society could be controlled, there remain good theoretical reasons for doubting whether democracies could ever work even in principle" (ebenda: 99). Der Idee, Demokratien könnten jemals – gleich in welchen Umwelten – (ökologisch) angemessen funktionieren, stehen nach Auffassung der Autoren nun auch grundsätzlich die Befunde entgegen, die biowissenschaftlich orientierte Politologen wie *Albert Somit* und *Steven Peterson* (1997) unter Rückgriff auf darwinistische und soziobiologische Theorien über die menschliche Natur zu Tage gefördert hätten. Aus diesen biopolitischen Theoriebeständen leiten *Shearman* und *Smith* ihr zweites grundlegendes Argument für die Behauptung eines „inhärenten“ Versagens der Demokratie ab, das sich nun nicht mehr auf die Probleme des gesellschaftlichen Umgangs mit einer unsicheren äußeren Natur bezieht, sondern auf die Annahme einer unveränderbaren inneren Natur des Menschen stützt.

Die zentrale Annahme lautet: Es gibt eine biologische Basis für Autoritarismus, und diese – genetisch bedingte Basis – mache Demokratie unmöglich oder führe doch dazu, dass demokratisch organisierte politische Systeme und Einheiten über kurz oder lang ihrem demokratischen Anspruch nicht mehr entsprechen und sich in autoritäre Strukturen (zurück-)verwandeln (Shearman / Smith 2007: 99-103). Diese evolutionäre (Rück-)Entwicklungstendenz sei auch zu erwarten, weil sie dem „natürlichen“ Zustand der Menschheit entspreche (ebenda: xvi). In der ganzen bisherigen Menschheitsgeschichte zeige sich die Dominanz einer Elite über eine submissive Mehrheit. „Authoritarian regimes are the norm, while democracies are in a minority. This is certainly true for the past, but also true today in what democratic theorists like to call the 'age of democracy'" (ebenda: 99). Trotz solcher emphatischen Selbstcharakterisierungen würde die liberale Demokratie statistisch gesehen nicht überall auf der Erde dominieren. Im Übrigen gäbe es keinerlei empirische Evidenz dafür, dass Demokratien stabiler oder überlebensfähiger seien als andere politische Systeme: „Democracies then are not the natural state of humanity by any statistical measure“ (ebenda: 100). Vielmehr sei damit zu rechnen, dass sie sich, evolutionär gesehen, als Durchgangsstadium der Menschheit erweisen werden, das nach einem ökologischen Zusammenbruch der Zivilisation anderen politischen Organisationsformen Platz machen werde.[7] Die evolutionär im Laufe der Gattungsgeschichte geprägte und genetisch verankerte Tendenz zu Dominanz und Unterordnung würde sich auch innerhalb demokratisch verfasster politischer Systeme nach einer Weile immer wieder durchsetzen. Der evolutionär bedingten Folgebereitschaft gegenüber Führern könnte auch nicht wirkungsvoll mit Aufklärung über die intentional herbeigeführten und politisch konstruierten Formen der jeweiligen Führung begegnet werden, weil diese an genetisch bedingte Grenzen stoße.[8]

Das Ergebnis dieser auf biopolitischen Annahmen beruhenden „realistischen“ Analyse, derzufolge „structures of dominance“ am Ende unausweichlich sind, lautet: „We are stuck with the elites, so let us have the right sort of elites“ (ebenda: 90). Mit der biopolitisch fundierten Annahme einer sich immer wieder durchsetzenden Struktur von Dominanz und Unterordnung verschiebt sich die Perspektive auf mögliche Veränderungen: Wenn Strukturreformen zur gemeinwohlorientierten demokratischen

7 Vgl. Shearman / Smith: „Rather we have a stark vision of liberal democracy being destroyed by its own internal contradictions, in the process being replaced by authoritarian structures." (2007: 125).

8 Vgl. Shearman / Smith: „Within democracy we are always on the move towards authoritarianism. ... We have to have visible and directive leaders, even though we may recognize that the leader is constructed from cardboard and painted by spin-doctors and advertisers. ... Those elected to leadership by democracy often move to authoritarianism by using the system to retain power or to wage war. ... All these human traits are genetic barriers to the sustainability of democracy. Whatever social structure is freely created, it inherently becomes hierarchical and authoritarian." (2007: 102).

Kontrolle von Eliten auf genetisch bedingte Grenzen stoßen, Elitenherrschaft also unvermeidlich ist, dann erhält die Auswahl der richtigen Eliten zentrale Bedeutung. Dabei denken *Shearman* und *Smith* nicht an einzelne diktatorisch regierende Führer, sondern an „leadership of an entire stratum of society" (ebenda: 124), also an die Auswahl einer ganz neuen Führungsschicht. Im Zentrum ihres Interesses steht die Frage: „Who are to be the new elites?" (ebenda: 132). Demokratische Wahl kommt nach der vorhergehenden „realistischen" Analyse für die Auswahl nicht in Frage; demokratische Wahlen durch das Volk machen es unmöglich, zumindest aber schwierig, „for good and decent people to rise to the top" (ebenda: 10). Und das heißt: „Under democracy the leaders are increasingly bad" (ebenda: 132).

Die Auswahl der neuen Führer kann den Autoren zufolge nicht mehr nach den prozeduralen Prinzipien einer liberalen Demokratie geregelt werden, sie müsse wertorientiert erfolgen. Dabei solle nicht mehr Freiheit als Grundwert gelten, der zuallererst zu sichern wäre. Angesichts der ökologischen Krise sei vielmehr Überleben der ausschlaggebende Wert, an dem sich die Auswahl orientieren müsse.[9] Wer nach dem Rekurs auf biopolitische Erklärungsmodelle allerdings erwartet hatte, dass nun auch die Auswahl der neuen Führer selbst nach einem einfachen darwinistischen Modell, etwa in Form von Ausscheidungskämpfen mit anschließendem „survival of the fittest", konzipiert werden würde, sieht sich umgehend auf einen anderen Pfad gelenkt. Die Suche der Autoren führt – wie bei vielen anderen Stimmen aus der Klimaforschung – zurück in die Antike zu der Idee der Philosophenkönige, wie sie bei *Platon* in der Politeia zu finden ist. *Shearman* und *Smith* wechseln also bei der Suche nach einer Antwort auf die Frage der Elitenselektion erneut die theoretische Referenz. Sie bleiben hier nicht mehr bei dem „realistisch" beobachtenden und um Erklärung bemühten Naturwissenschaftler aus den Kindertagen des Kapitalismus (*Charles Darwin*), sondern rekurrieren bei der Suche nach handlungsleitenden Perspektiven auf den Philosophen des klassischen Altertums. Mit dem Wechsel von *Darwin* zu *Platon* erfolgt indessen auch ein Wechsel in der Art und Weise, wie soziale und politischer Veränderungen gedacht werden. An die Stelle eines biologisch fundierten Erklärungsmusters, das von genetisch bedingten Eigeninteressen der politisch Handelnden ausgeht, tritt mit dem Rekurs auf *Platon* nun eine Hinwendung zu Ideen, die einen intentional – gegen materiell begründete Widerstände – anzustrebenden politischen Wandel anleiten sollen.

9 An der Neustrukturierung der Wertehierarchie, die angesichts der ökologischen Krise notwendig sei, lassen Shearman und Smith keinen Zweifel aufkommen: „Survival strikes us as a much more basic value." (2007: 133). Der prinzipielle Vorrang des Überlebens führt für sie zu einer expliziten Zurückweisung der uneingeschränkten Geltung von grundlegenden Werten einer liberalen Demokratie, die nach ihrer „realistischen" Analyse selbst als Ursache der Krise anzusehen sind: „... we reject the principle of autonomy, the foundation belief of liberalism. ... It is true that freedom and liberty are important values, but such values are by no means fundamental or ultimate values. These values are far down the list of what we believe to be core values based upon an ecological philosophy of humanity: survival and the integrity of ecological systems. Without such values, values such as freedom and autonomy make no sense at all. If one is not living, one cannot be free. Indeed the liberal freedom essentially presupposes the idea of a sustainable life for otherwise the only freedom that the liberal social world would have would be to perish in a polluted environment." (2007: 85).

Die Autoren bezeichnen ihre Vorstellung selbst als „education-based leadership change" (ebenda: 136).

Die neuen Eliten sollen sich also nicht in einem Kampf herausbilden, in dem die Stärkeren oder Mächtigeren gewinnen. Vielmehr sollen sie als „ecowarrior/philosophers" der Zukunft in speziellen, neu zu schaffenden Institutionen einer höheren Erziehung betreut und trainiert werden. Die nach dem Vorbild der platonischen Akademie skizzierten Einrichtungen für die Erziehung der neuen Elite bezeichnen *Shearman* und *Smith* (ebenda: 133) in Abgrenzung zu den vorhandenen konventionellen Universitäten als „real universities".[10] Dort könnten die neuen Eliten herangezogen werden, die nach einem erwartbaren Zusammenbruch der bestehenden Zivilisation die Rolle der Philosophenkönige in dem dann entstehenden autoritären politischen System übernehmen.

> „Government in the future will be based upon (or incorporate, depending on the level of breakdown of civilization) a supreme office of the biosphere. The office will comprise specially trained philosopher/ecologists. These guardians will either rule themselves or advise an authoritarian government of policies based upon their ecological training and philosophical sensitivities. These guardians will be specially trained for this task." (Shearman / Smith 2007: 134)

Gibt es Vorbilder für die Strukturen einer solchen autoritären Regierungsform, die von der neuen Wächter-Elite geführt wird? *Shearman* und *Smith* (ebenda: 134-136) diskutieren drei Kandidaten für die als notwendig erachtete „authoritarian leadership" (ebenda: 134). Sie verwerfen die Beispiele der katholischen Kirche und der modernen Unternehmensführung wegen ihrer Werteorientierungen rasch als ungeeignet. Fündig werden sie allerdings in einem Bereich, der zumindest einem der beiden Autoren aus seiner beruflichen Praxis gut vertraut ist: der Intensivstation eines Krankenhauses. Die hier gegebenen autoritären Managementstrukturen könnten nicht nur wegen der Wertorientierungen der hier tätigen Eliten als Modell dienen.[11] Die Idee einer Regierung nach dem Vorbild eines alternativen „Intensive Care Management Government" (ebenda: 136) stellt nach dem Verständnis der Autoren auch genau die passende Therapie dar zu der vorher formulierten Diagnose einer „... potentially lethal disease for the survival of liberal society if not human civilization itself" (ebenda: 139). Angesichts

10 Vgl. Shearman / Smith: „Our proposal is ... an alternative framework for the training and complete education of a new type of person who will be wise and fit to serve and rule. Unlike the narrowly focused economic rationalist universities of today, the real university will train holistic thinkers in all of the arts and sciences necessary for tough decision making that the environmental crisis confronts us with. These thinkers will be the true public intellectuals with knowledge well grounded in ecology." (2007: 133 f.).

11 Die vorher kritisierte durchgängige „Korruption" durch den Kapitalismus scheint die Intensivstationen der Krankenhäuser den Autoren zufolge noch nicht erreicht zu haben, so dass die Charakterisierung dieses Milieus ungebrochen emphatisch ausfallen kann. Mehr noch: die autoritären Managementstrukturen von Intensivstationen werden zu dem empfehlenswerten Modell für die vorgeschlagene autoritäre Regierung von Eliten, das die Zukunft weit über das Gesundheitssystem hinaus sichern soll: „What will be the structure of the authoritarian government by the elites? ... we alluded to authoritarian management structures like those of the hospital's intensive care unit where personal power, financial gain, and personal aggrandizement are subsumed into the goal of saving human lives. Here is a multidisciplinary team of experts working for humanity without fear or favour. It is a model for the future of nations and the world." (2007: 135 f.).

einer derart medizinisch zugespitzten Krisendiagnose, so das implizite argumentum ad hominem, kann man auch die Koordination innerhalb einer „Intensivstation“ nur nach einem Modell denken, das nichts mit Demokratie zu tun hat: „For a variety of reasons ... democratic institutions are not suited to deal with crisis care situations. If you needed to have major heart surgery you would not wish your operation coordinated by a democratically elected team of surgeons” (ebenda: 15).

3. Problematische Prämissen ökologischer Demokratiekritik

Wer die Debatte über die Umweltkrise seit den 1970er Jahren näher verfolgt hat, wird bei einer genaueren Vergegenwärtigung dieser Argumentation zum Verhältnis von Klimawandel, Umweltkrise und Demokratie um eine Reihe von Déjà-vu-Erlebnissen nicht herumkommen.[12] So tauchen an zentralen Stellen der Argumentation von *Shearman* und *Smith* erneut die Entitäten, Annahmen, Akteure und Metaphern auf, die in einer Rekonstruktion der Diskurslandschaft zu Umweltproblemen als „Survivalism“ beschrieben wurden (Dryzek 1997: 23-44). Charakteristisch ist neben der krisenhaften Zuspitzung auch die enge Kopplung von Diagnose und Therapie. Diese ist sowohl in analytischer als auch in praktischer Hinsicht fragwürdig, denn sie steht einerseits einer unvoreingenommenen Diagnose, andererseits einer offenen Suche nach angemessenen Therapien im Wege. Dabei ist die jeweils vorgenommene Definition der Probleme so angelegt, dass sich die Frage nach alternativen Lösungen gar nicht erst zu stellen scheint. So wird in der Diagnose zunächst ein Krisenszenario entworfen, bei dem die Charakterisierung der Probleme durch bestimmte Eigenschaften – ihre Größe, Intensität und Dringlichkeit – schon für sich genommen auf ganz bestimmte Lösungsstrategien zu verweisen scheint. Die Probleme erscheinen als existenzbedrohend und überwältigend, so existenzbedrohend, dass moderne Gesellschaften ihre Freiheiten aufgeben und dem Wert „Überleben“ Priorität einräumen müssten, wenn sie nicht untergehen wollen.[13] Und sie sind so überwältigend, dass viele Menschen sie gar nicht wahrnehmen wollen und können, sondern verdrängen müssen, weil ihre Lösung grundlegende gesellschaftliche Veränderungen implizieren würde.[14] Die Probleme sind äußerst dringlich, d.h.: „time is short” (Shearman / Smith 2007: 150) – so knapp,

---

12 Für einen Überblick über die Diskussion der 1970er Jahre zum Verhältnis von Umweltkrise und Demokratie vgl. Nullmeier 1980; Stein (1998: 201 f.) weist in ihrer grundlegenden Arbeit über die ökologische Kritik und Reform des Verfassungsstaates mehr als 15 Jahre später darauf hin, dass die Diskussion über die „Ökodiktatur“ bis in die 1990er Jahre keine wesentliche Neuauflage erfahren hat, dann allerdings anlässlich der Berliner Klima-Konferenz 1995 wieder Stimmen von Wissenschaftlern laut wurden, die angesichts von unbefriedigenden Verhandlungsergebnissen dieser Konferenz „Demokratiefrust“ artikulierten und öffentlich über die Notwendigkeit einer Ökodiktatur nachdachten.

13 Vgl. Shearman / Smith: „We argue that humanity will have to trade its liberty to live as it wishes in favor of a system where survival is paramount.“ (2007: 4).

14 Mit der engen Verbindung von Diagnose und therapeutischen Perspektiven versucht diese Problembeschreibung nach dem Muster der Verdrängung unangenehmer Wahrheiten (etwa nach einem Arzttermin) zugleich eine Erklärung dafür zu liefern, dass nicht alle Zeitgenossen die vorgestellten Diagnosen zur Umweltkrise und zur Demokratie teilen: „The magnitude of the problem seems overwhelming, and indeed it is. So much so, it is still denied by many because it cannot be resolved without cataclysmic changes to society.” (2007: 153).

dass für langwierige politische Prozesse der Meinungs- und Willensbildung oder mehrstufige Verfahren der Entscheidungsfindung, wie sie in Demokratien üblich sind, keine Zeit mehr bleibt.

Was die Diagnose der ökologischen Ausgangsprobleme selbst angeht, so betonen die Autoren zwar wiederholt, dass Umweltfragen in komplexen ökologischen Zusammenhängen zu sehen sind. In ihrer Darstellung wird aber gleichwohl mit dem Klimawandel ein bestimmtes, gegenwärtig als besonders wichtig empfundenes Umweltproblem Pars pro toto als zentral für die ausgemachte Umweltkrise insgesamt präsentiert, wobei die sonst betonten Wechselwirkungen zwischen unterschiedlichen ökologischen Dimensionen eher in den Hintergrund treten. Wie bei vielen Klimaforschern richtet sich der Fokus in der Ursachenanalyse vorwiegend auf die Kohlendioxidemissionen, in der Folgenabschätzung dieser primären Veränderungen auf die erwarteten Temperaturerhöhungen. Eine solche vorrangig auf die „Karbonisierung“ ausgerichtete Problemdiagnose erscheint schon in ökologischer Hinsicht als eindimensional, weil viele andere Wirkungszusammenhänge im Bereich des Klimawandels unberücksichtigt bleiben.

Was die Diagnose der politischen Problemlösungsfähigkeiten angeht, so ist zunächst auf die fehlende Definition des Kritikobjektes „Demokratie“ hinzuweisen. Die weithin offene Bestimmung dessen, worauf sich die Kritik erklärtermaßen richten soll („Democracy is what you think it is“) (ebenda: 75), steht erkennbar im Widerspruch zum selbst erhobenen Anspruch auf wissenschaftliche Analyse, denn sie lädt in fast populistischer Manier dazu ein, alle möglichen Unzufriedenheiten, die angesichts von Umweltproblemen oder aus anderen Zusammenhängen heraus irgendwie mit der Politik im Zusammenhang stehen, auf *die* „Demokratie“ zu projizieren. Eine solche Einladung, die sich erklärtermaßen gegen etwas hinreichend Unbestimmtes richtet, ist allerdings etwas anderes als die Formulierung von Kritik an genauer identifizierten Struktur- und Funktionsprinzipien eines klar definierten politischen Systems. Vor allen empirischen und normativen Einwänden liegen hier bereits grundlegende begriffliche Schwächen der vorgetragenen Demokratiekritik: Wer gar nicht sagt, wogegen sein „case against democracy“ sich genau richtet, kann in einem wissenschaftlichen Kontext nicht überzeugen.

Darüber hinaus ist an eine grundlegende argumentative Schwäche zu erinnern, auf die bereits bei der Rekonstruktion des Argumentationsmusters dieser folgenorientierten Demokratiekritik hingewiesen wurde: Wie viele andere Kritiker, so argumentieren auch *Shearman* und *Smith* im Wesentlichen mit möglichen Folgen eines politischen Systems, das wirtschaftliche Prozesse fördere oder doch nicht ausschließen könne, die dann ökologische Schäden hervorriefen, die wiederum die Fortexistenz des ganzen Gesellschaftssystems, ja der Menschheit insgesamt in Frage stellten. Aus der Kritik an möglichen Folgen eines politischen Systems wird aber nur dann ein zwingender prinzipieller Einwand, wenn die Folgen notwendigerweise mit der inhärenten Struktur oder Funktionsweise dieses Systems verbunden sind, ihr Eintreten mit Sicherheit vorausgesagt werden kann und andere Entwicklungsmöglichkeiten, etwa ein Struktur- oder Funktionswandel aufgrund von Lernen, von vornherein kategorisch auszuschließen sind. Ist das nicht der Fall, kann also eine notwendige Beziehung zwischen der angenommenen Ursache (Demokratie), den mittelbaren Folgen (Ermöglichung oder Begünstigung umweltschädlicher Wirtschaftsformen) und den am Ende der Wirkungskette stehenden unerwünschten ökologischen Konsequenzen (Übernutzung von Naturressourcen, irreversible Umweltschäden) nicht zwingend dargetan werden, dann kann eine folgenorientierte Kritik für sich genommen keine prinzipielle Zurückweisung des in Frage gestellten politischen Systems begründen. Sind die unerwünschten oder gar fatalen ökologischen Folgen nicht notwendig mit der Struktur oder Funktionsweise des politischen Systems verbunden, muss eine folgenorientierte Kritik vielmehr immer auch Annahmen über bestimmte Randbedingungen treffen, unter denen jeweils mit dem Eintritt der unerwünschten Folgen zu rechnen ist. Solche jeweils auf bestimmte Annahmen über Kontextfaktoren zu stützenden Folgevorhersagen werden schon angesichts der Komplexität der hier in Rede stehenden Wirkungszusammenhänge allenfalls in den Bereich der Kalkulation von Wahrscheinlichkeiten führen, aber nicht mit gesicherten Aussagen enden, in denen Kategorien wie „notwendig" oder „unvermeidbar" auftauchen. Diese wären aber erforderlich, um eine prinzipielle Ablehnung eines politischen Systems im Rahmen einer Kritik zu begründen, die an den Folgen dieses Systems für seine Umwelt ansetzt.

Die argumentativen Schwierigkeiten, in die eine rein folgenorientierte Kritik gerät, haben sich im übrigen innerhalb der Umweltdebatte bereits bei der weiteren Diskussion über die herangezogenen ökologischen Konzepte und ihre gesellschaftsbezogene Modellierung in Form der „Tragödie der Gemeingüter" gezeigt. Hatte der Biologe *Garrett Hardin* (1968) das populationsökologische Konzept der „carrying capacity" in seinem Narrativ der „tragedy of the commons" noch so mit spieltheoretischen Modellen verbunden, dass eine scheinbar unvermeidliche Katastrophe am Ende stand, so wurde dieses zur Tragödie stilisierte Dilemma betriebswirtschaftlich kalkulierender Akteure in der empirischen Umweltforschung alsbald in weit weniger dramatisch zugespitzte und im Hinblick auf mögliche Problemlösungen offenere theoretische Perspektiven transformiert. Das gilt selbst innerhalb eines theoretischen Rahmens, der ebenfalls von ökonomisch konstruierten Verhaltensannahmen ausgeht. So hat *Elinor Ostrom* (1990) mit zahlreichen empirischen Fallstudien über „Governing the commons" gezeigt, dass die fatalen Folgen unregulierter Ressourcennutzung nicht unter allen Umständen zwingend eintreten müssen, sondern Gesellschaften Formen des kollektiven Handelns und der Regulierung finden können, die eine längerfristige Nutzung von Umweltressourcen ermöglichen, ohne die Tragfähigkeit der jeweiligen Ökosysteme irreversibel zu zerstören.

Ein kategorischer Einwand gegen das kritisierte politische System und dessen Möglichkeit, seine Fähigkeiten zur Lösung von Umweltproblemen durch demokratische Reformen zu verändern, gelingt *Shearman* und *Smith* in ihrem „case against democracy" erst mit dem Wechsel von einer folgenorientierten Kritik zu einer Argumentation, bei der die „inhärenten" Voraussetzungen von Demokratie in Frage gestellt werden. Dieser Wechsel impliziert aber nicht nur ein unvermitteltes Umschalten der Kritik von ökologischen Folgen auf genetische Voraussetzungen. Der grundsätzliche Einwand in Gestalt der postulierten biologischen Grundlage für Autoritarismus steht vielmehr, was seine wissenschaftliche Absicherung angeht, seinerseits auf äußerst tönernen Füßen und führt bei Licht besehen geradewegs in das Reich der Spekulation. Wenn man sich die Argumentationskette vergegenwärtigt, die im Rahmen der hier herangezogenen soziobiologisch orientierten Richtung von „biopolitics“ vertreten wird, führt diese immer wieder zur Annahme von genetisch determinierten Verhaltensdispositionen, die auch bei komplexen sozialen Interaktionen und politischen Institutionen unmittelbar durchschlagende Wirkungen entfalten sollen. Diese Annahme besitzt bei näherer Prüfung aber nicht die überlegene Erklärungskraft, die ihre Anhänger ihr gern zuschreiben wollen (vgl. Saretzki 1990). Folgt man der Argumentation von *Shearman* und *Smith* (2007: 99-103), wäre in diesem Fall als Prämisse wohl so etwas wie die Existenz eines Autoritäts- oder Hierarchie-Gens vorauszusetzen, das überdies in zwei Ausprägungen vorkommen müsste, die entweder für Dominanz (bei den Führern) oder für Unterordnung (bei den Folgebereiten) codieren. Ein solches, auch komplexe Orientierungen bei sozialen Verhaltensweisen in politischen Institutionen determinierendes Gen ist aber bisher auch in der Verhaltensgenetik noch nicht eindeutig identifiziert worden. Seine vermeintlich unausweichlich durchschlagende, politische Freiheit einschränkende Penetranz ist ebenfalls nicht zweifelsfrei nachgewiesen worden. Daher kann die hier mit Rekurs auf die Genetik postulierte biologische Basis für Autoritarismus allenfalls als spekulative anthropologische Setzung, aber nicht als wissenschaftlich gesicherte Erkenntnis gelten, auf deren Basis man eine überzeugende prinzipielle Demokratiekritik begründen könnte.

Die Behauptung, dass die Bürgerinnen und Bürger aufgrund ihrer genetisch bedingten Verhaltensdispositionen grundsätzlich nicht für die Demokratie ausgestattet seien, muss insoweit als völlig unbewiesene Prämisse der Argumentation gelten. Sie fügt sich allerdings in einen gedanklichen Horizont ein, der eine ganze Reihe bekannter anderer Topoi der traditionellen Demokratiekritik in Form von Glaubensbekenntnissen enthält. Ein weiteres Déjà-vu-Erlebnis ergibt sich etwa durch die Wiederkehr klassischer Themen eines anti-demokratischen Denkens, das sich in den Schemata von Masse und Elite, von Führung und Unterordnung bewegt. Dazu gehört einerseits das Misstrauen gegenüber der Bevölkerung, der die nötige Veränderungsbereitschaft ebenso fehle wie die Fähigkeit zum nötigen Heldentum,[15] andererseits die als ebenso sicher präsentierte Überzeugung, dass es ohne Führung nicht gehe.[16]

Was nun die am Ende vorgeschlagene Therapie für die „illnesses of democracy“ (ebenda: xvi) angeht, so bringt der Rückgriff auf die platonische Idee der Philosophenkönige nicht nur ein weiteres Déjà-vu-Erlebnis mit einer sehr langen und ebenso umstrittenen Wirkungsgeschichte mit sich. Dieser Rekurs auf *Platon* trifft auch dann

15 Vgl. Shearman / Smith: „We doubt if any transformation of the masses is possible, at least for the extent needed for a radical democratic transformation of the present system.“ Und: „The ordinary person or 'mass man' is not made of the right heroic stuff necessary to meet the challenge of our age.” (2007: 165).

16 Vgl. Shearman / Smith: „Without leadership with a will and power to act the crisis is certainly insoluble.“ (2007: 165).

auf die bekannten demokratietheoretischen Einwände gegen das Konzept einer „guardianship“ (Dahl 1989: 65-79), wenn diese Wächterkaste nun in wissenschaftlich modernisierten „wirklichen“ Universitäten oder Akademien zu einer neuen Elite erzogen werden soll, die insbesondere mit dem nötigen ökologischen Wissen auszustatten ist.

> „A new, unsullied system will have to be created that conveys knowledge on sustainability – correct, uncensored, unedited, and scientifically correct knowledge. A Real University education obtained willingly and freely by those wishing a new Enlightenment will provide the technocratic leaders of the future." (Shearman / Smith 2007: 166 f.)

Dieser Versuch der wissensbasierten Rechtfertigung eines neuen technokratischen Führertums gewinnt indessen nicht schon dadurch besondere Überzeugungskraft, dass er als Teil einer „neuen Aufklärung“ präsentiert wird. Wie bei früheren Versuchen zur Begründung einer Technokratie, ruht auch diese Rechtfertigung auf einer Reihe von Prämissen, die sich rasch als wenig belastbar erweisen, wenn man sie in einen gesellschaftlichen Kontext stellt (Saretzki 1994: 355-362). Dazu gehört an dieser Stelle nicht zuletzt die Erwartungshaltung gegenüber der Leistungsfähigkeit wissenschaftlichen Wissens. Die Annahme, auf seiner Basis allein ließe sich ein gangbarer Weg aus der ökologischen Krise finden, wenn dieses „wissenschaftlich korrekte“ Wissen nur in entsprechend ausgerichteten Bildungseinrichtungen unverfälscht an eine neue Führungsschicht weitergegeben werde, erweist sich auch in diesem Zusammenhang bei näherer Betrachtung als unhaltbar. Sie erwartet von der Wissenschaft weitreichende Orientierungen für praktisch-politisches Handeln, die diese als Wissenschaft nicht leisten kann.

Vor dem Hintergrund der älteren Umweltdiskussion fällt weiteres Altbekanntes ins Auge, denn die Forderung, sich bei der Suche nach einem Ausweg aus der ökologischen Krise an der „Ökologie“ oder einer „politischen Ökologie“ als neuer „Leitwissenschaft“ auszurichten, wurde bereits in den 1970er und 1980er Jahren von verschiedenen ökologiezentrierten Ansätze erhoben. Wer sich indessen bei der Analyse der ökologischen Krise auf die Führung einer solchen „Leitwissenschaft“ verlassen will, gelangt bei näherer Betrachtung dieser Ansätze nicht zu der behaupteten umfassenden oder ganzheitlichen, sondern zu einer je unterschiedlich ausgeprägten, reduktionistischen und naturalisierenden Diagnose, die in praktischer Hinsicht mit einer fragwürdigen Strategie der ökologischen Einordnung in vermeintlich wissenschaftlich erkennbare ökologische Sachgesetzlichkeiten einhergeht (Saretzki 1989: 102-112).

In der Argumentation von *Shearman* und *Smith* (2007: 166) tritt zwar an einigen Stellen das „Wissen über Nachhaltigkeit“ an die Stelle der Ökologie. Dadurch werden die Probleme der praktischen Anwendung dieses Wissens allerdings nicht zum Verschwinden gebracht – jedenfalls dann nicht, wenn dieses „knowledge on sustainability“ selbst als wissenschaftliches Wissen gedacht wird. Wenn man sich vergegenwärtigt, dass das seit den 1990er Jahren propagierte Umschalten auf den Begriff der „Nachhaltigkeit“ in der Diskussion über die Mensch-Natur-Beziehung kategorial und konzeptionell inzwischen weithin mit einer „ökonomischen Konstruktion der ökologischen Wirklichkeit“ einhergeht (Höhler / Luks 2004), dann ergibt sich zumindest für jene Autoren ein Konsistenzproblem, die fordern, die Diskussion von Umweltproblemen solle nicht unter ökonomischen Vorzeichen, sondern in ihrem angemessenen ökologischen Kontext geführt werden (Shearman / Smith 2007: 99). Wird der geforderte „proper ecological context" nämlich selbst in ökonomisch geprägten wissenschaftlichen Konstruktionen erfasst, wie das in weiten Bereichen der neuen „Nachhaltigkeitswissenschaften" der Fall ist, geht der angemahnte Unterschied zu einer ökologischen Beschreibung gerade wieder verloren.

Die Autoren stellen immer wieder die Vermutung in den Raum, „an altruistic, able, authoritarian leader, versed in science and personal skills" wäre eine adäquate Antwort auf die „personal and democratic failures that render the environmental crisis difficult to address" (ebenda: 13). Nach ihrer eigenen „realistischen" Analyse der Rolle von Eliten in kapitalistischen Gegenwartsgesellschaften (ebenda: 140) ist aber nicht zu sehen, warum man der propagierten neuen Wissenselite das Vertrauen entgegenbringen sollte, dass sie als technokratische Führung tatsächlich so gemeinwohlorientiert handeln wird, wie hier unterstellt wird. Die Annahme, dass ein und dieselbe Führungsschicht zugleich „autoritär" und „altruistisch" agieren würde, ist schon dem „common sense" nicht ohne Grund immer suspekt gewesen. Vor dem Hintergrund vielfältiger historischer Erfahrungen muss ein Therapie-Vorschlag, der auf einer solchen Prämisse beruht, aus politikwissenschaftlicher Sicht mehr als problematisch erscheinen. Was *Shearman* und *Smith* in ihrem „case against democracy" der Demokratie vorwerfen, fällt in einem gewissen Sinn auf ihre eigene Demokratiekritik zurück: Ihre Argumentation ruht auf Prämissen, die einer kritischen Überprüfung nicht standhalten, und sie führt zu Empfehlungen für eine Therapie, die sich mit den zentralen Annahmen der eigenen Diagnose nicht vereinbaren lässt.

4. Demokratieversagen: Leistungsfähigkeit und Legitimität

In der Debatte über Klimawandel und Demokratie sind bei genauerer Betrachtung unterschiedliche Bedeutungen von „Demokratieversagen" erkennbar. Diese werden verständlicher, wenn man sich die Bedrohungen vor Augen führt, denen die Demokratie nach den jeweils herangezogenen Szenarien in erster Linie ausgesetzt ist oder doch bald sein könnte.

Im Vordergrund der Umweltdiskussion stand lange eine Interpretation, derzufolge die Demokratie unmittelbar von den physischen Wirkungen von Umweltkatastrophen bedroht war. Ihr Versagen besteht dabei darin, dass sie als politische Organisationsform das jeweilige Gemeinwesen nicht ausreichend vor dieser Umweltkatastrophe schützen kann. Die ökologische Problemlösungsfähigkeit wurde hier als Fähigkeit zur Vermeidung oder Bewältigung von Umweltkatastrophen verstanden. Im Zusammenhang mit der Klimadiskussion kommt dieses Verständnis am häufigsten in der Vorstellung einer Flut zum Ausdruck, durch die das jeweilige Gemeinwesen buchstäblich untergeht.[17]

17 „Time and tide wait for no man", heißt es in der Überschrift des diesbezüglichen Kapitels bei Shearman / Smith (2007: 19).

Zur Versinnbildlichung dieser Perspektive wird heute in einschlägigen Informationsbroschüren über den Klimawandel zwar oft auf eingängige, aber auch eher entlegene Beispiele (schleichender) Katastrophen in der weit entfernten Südsee verwiesen. Dazu gehört etwa der Inselstaat Tuvalu im Südpazifik, der wegen seiner geringen Höhe vom klimainduzierten Meeresspiegelanstieg physisch in seinem Fortbestand bedroht ist (Germanwatch 2004). Kann der Klimawandel und damit der Anstieg des Meeresspiegels in dieser Region nicht gestoppt werden, verliert der Inselstaat sein Territorium und hört damit auf, in seiner bisherigen Gestalt zu existieren. Für die meist dramatischer gedachten und mit eigenem Verschulden des Gemeinwesens assoziierten Untergangsszenarien in der Klimadiskussion sind einschlägige Beispiele indessen nicht nur aus den Entwicklungsländern heranzuziehen. Bei einer historisch breiter angelegten Perspektive lässt sich mit der mittelalterlichen Stadt Rungholt auch ein Beispiel in Schleswig-Holstein finden. Vor dem Hintergrund der einschlägigen Geschichte im Land zwischen den zwei Meeren könnte man das hier angesprochene dramatische Hintergrundszenario eines plötzlichen physischen Untergangs deshalb auch als „Rungholt-Syndrom" bezeichnen.[18]

Ein zweites Szenario sieht die Bedrohung der Demokratie durch den Klimawandel weniger in den unmittelbaren physischen Wirkungen von Umweltkatastrophen (wie beim Versinken einer Stadt oder einer Insel in einer Flut), sondern eher in ihrer unzureichend ausgeprägten Fähigkeit, die gesellschaftlichen und politischen Konsequenzen von klimainduzierten Umweltkrisen und die daraus hervorgehenden Konflikte zu bewältigen. Hier werden die Folgen des Klimawandels nicht in ihren unmittelbar wirkmächtigen physischen Dimensionen, sondern in ihrer gesellschaftlichen Vermittlung konzeptualisiert. In diesem Rahmen haben in der bisherigen Diskussion über ein mögliches Demokratieversagen vor allem solche Szenarien große Aufmerksamkeit erregt, die den Folgen des Klimawandels eine deutlich konfliktverschärfende Wirkung zuschreiben. Die etablierten Einrichtungen der wissenschaftlichen Politikberatung für die Bundesregierung entwarfen etwa Szenarien, in denen neben der Zunahme von Wetterextremen und den negativen Folgen für Süßwasserressourcen und Nahrungsmittelproduktion insbesondere der erwartete weltweite Anstieg der umweltbedingten Migration eine Rolle spielt. „Umweltflüchtlinge" werden danach in Zukunft zu einem wichtigen gesellschaftlichen und politischen Folgeproblem des Klimawandels, dessen Bearbeitung sowohl innerhalb wie zwischen Staaten zur Entstehung und Verschärfung alter Konflikte beitragen kann. In diesen politikbezogenen Studien wird die Frage nach

18 Rungholt war lange ein Ort, der in Schleswig-Holstein zunächst vor allem in Sagen und Legenden vorkam (wobei sein „Untergang" in der Nordsee natürlich eine besondere Rolle spielte). Diesem „Mythos" kann man heute im Nordsee-Museum Husum allerdings auch anhand von archäologischen Funden nachgehen. Nach dem nunmehr wohl weithin geteilten Kenntnisstand handelt es sich bei Rungholt um einen Ort auf der ehemaligen Insel Strand im nordfriesischen Wattenmeer, der in der Zweiten Marcellusflut, der so genannten Grote Mandränke, am 16. Januar 1362 vernichtet wurde. Er wurde anschließend zwar teilweise erneut besiedelt, aber vermutlich 1634 in einer weiteren schweren Sturmflut endgültig zerstört und vom Meer überflutet. Vgl. aus lokalhistorischer Sicht zum Beispiel Henningsen 2000; zu den archäologischen Kontroversen um die Wiederentdeckung der versunkenen Stadt siehe Duerr 2005.

den Folgen des Klimawandels wegen ihrer Konfliktträchtigkeit oft vorrangig unter Sicherheitsaspekten behandelt (WBGU 2008). Daneben gibt es auch öffentlich breiter diskutierte Szenarien, die vor allem auf eine Zunahme von gewaltförmig ausgetragenen Konflikten abstellen und daher mit „Klimakriegen" rechnen (Welzer 2008).

In diesen Zusammenhängen wird Demokratieversagen zunächst meist in Analogie zu Vorstellungen eines Regierungs- oder Staatsversagens konzeptualisiert: Was hier scheitert oder scheitern kann, wird vornehmlich in der Dimension der Leistungsfähigkeit betrachtet und bewertet. Die umwelt- und klimapolitische Performanz von Demokratien lässt sich so auf derselben Ebene und in demselben leistungsbezogenen Referenzsystem als Output oder Outcome messen wie die entsprechenden Erfolge oder Misserfolge anderer politischer Systeme.[19] Nach diesem Verständnis kommt es allein darauf an, ob das System am Ende die erforderlichen Leistungen in Bezug auf die Krisenbewältigung und Problemlösung erbringen kann.

In einer funktionalistischen Perspektive, bei der die Leistungsfähigkeit eines politischen Systems in Bezug auf ein spezifisches Problem zur zentralen Dimension seiner Analyse und Bewertung wird, werden alle Strukturen und Verfahren dieses Systems unabhängig von ihrer sonstigen Aufgabenbestimmung daraufhin untersucht, was sie im Ergebnis zur Problemlösung beitragen können. Überzeugungskraft erlangt eine solche eindimensionale Fokussierung indessen erst dann, wenn die Bewältigung des angesprochenen Problems plausibel als grundlegende bestandsnotwendige Voraussetzung für das ganze System dargestellt werden kann. Klassisch diente vor allem der Hinweis auf einen (drohenden) Krieg dazu, alle anderen Aufgaben, konstitutionellen Schranken und Verfahrensvorgaben eines politischen Systems um des Überlebens des ganzen Gemeinwesens willen hintan zu stellen. Im Kontext der Diskussion um die Leistungsfähigkeit der Demokratie angesichts des Klimawandels und seiner Folgen erfüllen die Verweise auf drohende Umweltkatastrophen und -krisen eine ähnliche Funktion. Die Suspendierung von demokratischen Normen und Prinzipien, ja die Aufgabe des Selbstverständnisses als Demokratie erscheint dann nicht nur gerechtfertigt, sondern geboten, wenn das Überleben aller bedroht ist. Solche Szenarien liefern aber nicht nur eine Legitimationsgrundlage für autoritäres Krisenmanagement im Fall eines tatsächlich eintretenden Notstands. Sie eignen sich auch dazu, bereits im Vorfeld einer möglicherweise eintretenden Krise die Rechtfertigung zu liefern für eine mehr oder weniger weitgehende Übergabe der politischen Verantwortung an Experten, die vermeintlich besser wissen, was zu tun ist. Um die nötigen Kapazitäten zur Abwehr von Katastrophen und zum Management von Krisen effektiv und effizient aufbauen zu können, so die Konsequenz der dabei eingenommenen Perspektive, müssen die einschlägig ausgewiesenen und engagierten Fachleute im Sinne technokratischer Problemlösungen gestärkt, mit mehr Macht und mehr Kompetenzen ausgestattet sowie zuvor entsprechend ausgebildet werden.

Genau diese Tendenzen zu einer mehr oder weniger schleichend entstehenden Technokratie im Bereich von Klimaschutz und Klimaanpassung geben in der einschlägigen

19 Zu den dabei auftretenden konzeptionellen und methodologischen Problemen vgl. Saretzki 2007.

Diskussion Anlass, die Frage des Demokratieversagens auf eine andere Art und Weise zu stellen und dem Begriff dadurch auch eine andere Bedeutung zu geben: Die Bedrohungen der Demokratie werden hier nicht mehr nur in der Dimension unzureichender klimapolitischer Leistungsfähigkeit gesehen, sondern auch in Bezug auf die Legitimität der jeweils verfolgten klimapolitischen Strategien thematisiert. Risiken für die Demokratie können sich danach nicht nur im Sinne des klassischen Ausnahmezustands bei der Abwehr oder Bewältigung von akuten Katastrophen oder Krisen ergeben, sondern sind bereits durch die Art und Weise des Aufbaus von ökologischen Problemlösungskapazitäten denkbar.[20] Die Demokratie kann nach diesem Verständnis also auch „versagen", allerdings in einem anderen Sinne, nämlich durch Nicht-Einhaltung ihrer eigenen Normen und Prinzipien oder durch Preisgabe ihrer Identität als Demokratie beim Versuch, effektiven und effizienten Klimaschutz zu gewährleisten.

Die kritische Vergegenwärtigung der Argumentation, die im Zusammenhang mit der Diskussion über den Klimawandel in der These vom Demokratieversagen mündet, verdeutlicht so auch ein grundlegendes normatives Problem einer Demokratieforschung, die immer stärker auf Output-Orientierung abstellt: Wenn Demokratien vorrangig oder gar allein unter dem Aspekt ihrer Leistungsfähigkeit untersucht und bewertet werden und die Frage der Legitimität ihrer Institutionen und Verfahren ganz in den Hintergrund tritt oder unter dem Titel der Akzeptanz lediglich als ein (vom System selbst herzustellendes) Element ihrer Leistungsfähigkeit betrachtet wird, gibt es keine Gesichtspunkte mehr, unter denen sich die Einschränkung oder gar Abschaffung von demokratischen Institutionen und Verfahren noch mit Gründen kritisieren und zurückweisen ließe, wenn andere nicht-demokratische politische Systeme im Hinblick auf die jeweils ausgewählten Leistungsaspekte eine bessere Performanz versprechen. Erst vor einem so aufgespannten funktionalistischen Horizont können Autoren, die auf eine vermeintliche Überlegenheit autoritärer Systeme oder technokratischer Problemlösungsansätze verweisen, überhaupt damit rechnen, mit einer Infragestellung der Leistungsfähigkeit demokratischer Systeme auch diesen selbst ihre Legitimation zu entziehen. In der unterschwellig nicht nur im Rahmen der Klimadiskussion neu entstehenden Debatte über eine Systemkonkurrenz, bei der den Demokratien (nach ihrem vielfach proklamierten „endgültigen Sieg" von 1989) in vergleichenden Analysen immer häufiger autokratische oder andere, nicht-demokratische politische Systeme mit vermeintlich höherer Leistungsfähigkeit entgegengesetzt werden, hängt die „Wettbewerbsfähigkeit", wenn nicht das „Überleben" der Demokratie als anerkennungswürdiges politisches System mit eigener Identität auch davon ab, dass die Frage nach der Legitimität ihrer Institutionen und Verfahren als eigenständige Dimension der Beurteilung nicht von vornherein ausgeblendet wird.

20 So stellt etwa *Claus Leggewie* (2009: 9), der diese Perspektive in der Bundesrepublik als einer der ersten in die öffentliche Debatte zum Klimawandel hineingetragen hat, nicht nur die klassische Frage: „Wie krisenfest ist die Demokratie als Herrschafts- und Lebensform?", sondern fragt auch in die andere Richtung: „Wie demokratiefreundlich ist eigentlich der Klimaschutz?" Vgl. dazu ausführlicher *Leggewie / Welzer* 2009; zur breiter angelegten Diskussion über Bedrohungen der Demokratie jenseits der Klimadebatte in der politischen Theorie siehe *Brodocz* u.a. 2008.

5. Ökologische Problemlösungsfähigkeit politischer Systeme

Mit der Rekonstruktion und Kritik von Prämissen und Implikationen eines demokratiekritischen Krisendiskurses zum Klimawandel sind die Probleme, auf die er Bezug nimmt, noch nicht verschwunden. Allerdings ermöglicht die Wahl einer anderen Grundbegrifflichkeit, die von Problemen und nicht gleich von „Krisen“ oder „Katastrophen“ spricht, zumindest analytisch die enge Kopplung zwischen „Diagnose“ und „Therapie“ aufzuheben, die in einem medizinisch inspirierten Diskurs zu einer Reihe von problematischen argumentativen Kurzschlüssen führt.

Um zu bestimmen, was ökologische Problemlösungsfähigkeit eines politischen Systems heißt und wie sie zustande kommt, ist zuerst die Frage zu klären, was als Problem gelten soll, das einer Lösung bedarf. Anders gesagt: Wie kommt man zu einer Problemdefinition, und welche Rolle kann dabei die Wissenschaft spielen? Bereits bei diesem ersten Schritt muss man feststellen, dass Träger wissenschaftlichen Wissens unvermeidlich auf grundlegende disziplinäre, epistemische, normative und lokale Grenzen stoßen, die sie auf der Basis ihrer spezifischen fachwissenschaftlichen Kompetenzen allein nicht überwinden können (Saretzki 1997: 281-284). Die fehlenden Voraussetzungen für die Inanspruchnahme oder Zuweisung einer besonderen wissenschaftlich begründeten Autorität werden noch deutlicher beim nächsten Schritt: Wie ist eine angemessene ökologische Problemlösung zu bestimmen? Dabei tauchen zunächst zwei grundlegende Fragen auf, deren Beantwortung wiederum Folgen für den weiteren Prozess der Problembearbeitung nach sich zieht.

Wenn ein Problem durch die Differenz von Soll- und Ist-Zustand definiert ist, wäre seine angemessene Lösung in der Beseitigung der Differenz zwischen einem angestrebten Soll- und einem aktuell gegebenen oder für die Zukunft prognostizierten Ist-Zustand zu sehen. Dies kann allerdings wie bei jedem relationalen Konzept mit zwei Größen grundsätzlich nicht nur auf einem, sondern auf zwei Wegen geschehen: Eine Differenz zwischen Soll- und Ist-Zustand kann nicht nur durch Veränderung des Ist-Zustandes in Richtung auf das Soll, sondern auch durch Anpassung des Soll-Zustandes an einen Ist-Zustand aufgehoben werden. In welcher Richtung soll eine „Problemlösung“ gesucht werden? Antworten auf diese Frage implizieren Entscheidungen über die grundlegende strategische Ausrichtung. Sollen hier einfache Sein-Sollens-Fehlschlüsse vermieden werden, bei denen die Spannung von Soll und Ist entweder in normativistisch oder in empiristisch verkürzter Weise aufgehoben wird, dann setzt die Suche nach einer Antwort eine reflektierte praktische Urteilskraft voraus, bei der Sein und Sollen jeweils auf eine gut begründete Art und Weise zueinander in Beziehung gesetzt werden.

Die Frage nach der grundlegenden strategischen Ausrichtung bei der Suche nach einer angemessenen Problemlösung wird inzwischen auch in Bezug auf den Klimawandel explizit gestellt. In der Klimapolitik stand für viele Jahre die Orientierung an einem anzustrebenden Soll-Zustand im Vordergrund. Die Debatte war insbesondere auf das Erreichen der vereinbarten Reduktionsziele bei der Emission von Kohlendioxid fokussiert. Nun mehren sich die Stimmen, die ein Abrücken von diesen Zielen bei der

Reduktion des CO_2-Ausstoßes empfehlen, da diese (bei „realistischer“ Betrachtung) nicht (mehr) zu erreichen seien. Im Gefolge dieser veränderten Bewertung wird ein mehr oder weniger grundlegender Politikwechsel vorgeschlagen: Die Klimapolitik solle sich nicht länger (ausschließlich) auf den Klimaschutz (mitigation) ausrichten, sondern (verstärkt) eine Anpassung an den Klimawandel (adaptation) in Angriff nehmen. Entscheidungen, ob und wie diese beiden klimapolitischen Strategien gegeneinander auszuspielen oder miteinander zu kombinieren sind und welche Prioritätensetzungen dabei erfolgen sollen, überschreiten erkennbar eine allein wissenschaftlich begründete Kompetenz der Klimaforschung.

Die zweite grundlegende Frage bei der Bestimmung einer Problemlösung bezieht sich auf den Weg, auf dem die ausgemachte Differenz von Soll- und Ist-Zustand aufgehoben oder doch verringert werden soll. Gibt es hier nur den einen „besten“ Weg, der sich auf der Grundlage wissenschaftlichen Wissens über Tatsachen oder „Sachgesetzlichkeiten“ eindeutig identifizieren lässt? Oder sind unterschiedliche, funktional äquivalente Problemlösungen denkbar und möglich? Und wenn Letzteres der Fall ist, wie trifft man dann eine Auswahl? Die Idee eines „best one way“ hatte vor allem in den 1960er Jahren Konjunktur. Heute trifft man vielfach auf die Vorstellung, es gäbe für die Bearbeitung eines Problems so etwas wie „best practices“, und diese könnten – wie in der Betriebswirtschaftslehre so auch in der Politik – mit Hilfe von ökonomischen Methoden durch eine Evaluation eindeutig bestimmt werden. Vor dem Hintergrund der alten und der neueren Technokratiedebatten dürfte indessen hinreichend deutlich geworden sein, dass diese Ideen des einen, eindeutig wissenschaftlich bestimmbaren besten Weges von einem defizitären Ist- zu einem angestrebten Soll-Zustand nicht angemessen sind, wenn man es mit komplexen Problemen zu tun hat (Saretzki 1994). Die Herstellung eines angestrebten Zustandes, etwa die Begrenzung des weltweiten durchschnittlichen Temperaturanstiegs um die oft zitierten „zwei Grad“, ist vielmehr auf unterschiedlichen Wegen und mit unterschiedlichen Mitteln möglich. Die Wahl zwischen solchen funktional äquivalenten Problemlösungen wird zwar gelegentlich als Aufgabe präsentiert, die man mit Hilfe von Kosten-Nutzen-Analysen und insoweit auf (wirtschafts-)wissenschaftlicher Basis gesichert wie eine komplizierte Rechenaufgabe lösen könnte. Bei näherer Betrachtung zeigt sich indessen, dass solche Kalkulationen immer eine vorangegangene Überführung der betrachteten Parameter in monetäre Größen voraussetzen, was nicht nur schwierige Fragen der angemessenen Bewertung innerhalb dieses monetären Bezugssystems aufwirft, sondern auch zu Problemen des Vergleiches mit anderen, nicht-monetären Bezugssystemen führt, die unter dem Stichwort der Inkommensurabilität diskutiert werden. Sowohl die Konzeptualisierung von funktional alternativen Problemlösungen und möglichen Wegen zu ihrer Realisierung als auch die Wahl zwischen diesen Alternativen oder ihre mögliche Kombination setzen einen komplexen Prozess der Meinungs- und Willensbildung voraus, der selbst nicht nach dem Modell angewandter Wissenschaft, sondern als reflektierte Urteilsbildung zu denken ist. Dafür spricht nicht zuletzt, dass die alternativen Optionen, die hier als funktional äquivalente Lösungen eines zuvor definierten ökologischen Problems zur Wahl stehen, in anderen Hinsichten mit unterschiedlichen

Folge- und Nebenwirkungen verbunden sein können, die in eine verantwortungsvolle Entscheidungsfindung einzubeziehen sind.

6. Der unbequeme Weg der Demokratie

Die ökologische Problemlösungsfähigkeit der Demokratie lässt zu wünschen übrig und sollte verbessert werden. Darüber herrscht – nicht zuletzt angesichts des Klimawandels und seiner Folgen – weithin Einigkeit. Aber wie kann und wie soll dies geschehen? Folgt man den oben genannten und anderen Kritikern, dann hat die Demokratie bei der Entwicklung einer hinreichenden ökologischen Problemlösungsfähigkeit versagt. Stattdessen empfehlen sie, den erforderlichen Umbau der vorhandenen ökologischen Problemlösungsfähigkeit auf der Basis von „unverfälschtem" wissenschaftlichen Wissen zu konzeptualisieren und von entsprechend ausgebildeten neuen Wissenseliten mit technokratischer Handlungsorientierung in autoritären Managementstrukturen umsetzen zu lassen. Weder die so formulierte Diagnose „Demokratieversagen" noch der Therapievorschlag einer wissenschaftlich fundierten neuen Wächterelite können argumentativ überzeugen. Die Diagnose beruht auf problematischen Prämissen, fragwürdigen Kausalanalysen und unhaltbaren Sein-Sollens-Fehlschlüssen. Die vorgeschlagene autoritäre Lösung baut auf suggestiven engen Kopplungen von Diagnose und Therapie auf, die einer Prüfung nicht standhalten.

Auf die Vielfalt der Fragen, die sich in Prozessen des Auf- und Umbaus der ökologischen Problemlösungsfähigkeit von Demokratien stellen, können wissenschaftlich qualifizierte Eliten auf der Grundlage ihres spezifischen Wissens allein keine autoritativen Antworten geben. Es gibt daher auch bei der Bewältigung des Klimawandels keine guten Gründe, sich von dem unbequemen Weg demokratischer Meinungs- und Willensbildung zu verabschieden und auf die vermeintlich überlegenen Einsichten einer wissenschaftlichen Wächterelite und deren Umsetzung durch technokratische Führer zu setzen.

Literatur

Baber, Walter F. / Robert V. Bartlett: Deliberative Environmental Politics. Democracy and Ecological Rationality, Cambridge / London 2005.

Brodocz, André / Marcus Llanque / Gary S. Schaal (Hrsg.): Bedrohungen der Demokratie, Wiesbaden 2008.

Dahl, Robert A.: Democracy and its Critics, New Haven / London 1989.

Dobson, Andrew: Citizenship and the Environment, Oxford 2003.

Duerr, Hans Peter: Rungholt. Die Suche nach einer versunkenen Stadt, Frankfurt am Main / Leipzig 2005.

Dryzek, John S.: The Politics of the Earth. Environmental Discourses, Oxford 1997.

Gaus, Daniel: Der Sinn von Demokratie. Die Diskurstheorie der Demokratie und die Debatte über die Legitimität der EU, Frankfurt am Main / New York 2009.

Germanwatch: Klimawandel – eine Herausforderung für Tuvalu, Bonn / Berlin 2004.

Hardin, Garrett: The Tragedy of the Commons, in: Science, 162. Jg. (1968), S. 1243-1248.

Henningsen, Hans-Herbert: Rungholt. Der Weg in die Katastrophe. Aufstieg, Blütezeit und Untergang eines bedeutenden mittelalterlichen Ortes in Nordfriesland, Husum 2000.

Höhler, Sabine / Fred Luks: Die ökonomische Konstruktion ökologischer Wirklichkeit. Vorarbeiten, Thesen und Konkretisierungen zum Expertendiskurs der „Nachhaltigen Entwicklung", Hamburg 2004.

Holden, Barry: Democracy and Global Warming, London / New York 2002.

Kulke, Ulli: Klimaschutz killt Demokratie, in: Die Welt vom 14. Dezember 2009.

Leggewie, Claus: Schönwetter-Demokraten. Schneller, besser, grüner: Haben uns Diktatoren beim Klimaschutz etwas voraus?, in: Die Zeit, Nr. 31, 23. Juli 2009, S. 9.

Leggewie, Claus / Harald Welzer: Das Ende der Welt, wie wir sie kannten. Klima, Zukunft und die Chancen der Demokratie, Frankfurt am Main 2009.

Nullmeier, Frank: Demokratie in der Umweltkrise, in: Gegenwartskunde, 29. Jg. (1980), H. 2, S. 253-271.

Ostrom, Elinor: Governing the Commons. The Evolution of Institutions for Collective Action, New York 1990.

Pötter, Bernhard: Ausweg Ökodiktatur? Wie unsere Demokratie an der Umweltkrise scheitert, München 2010.

Saretzki, Thomas: Politische Ökologie – „Leitwissenschaft der Postmoderne" oder Bestandteil der Regierungslehre?, in: Stephan von Bandemer / Göttrik Wewer (Hrsg.): Regierungssystem und Regierungslehre, Opladen 1989, S. 97-123.

Saretzki, Thomas: Biopolitics – ein erklärungskräftiger Ansatz für die Theorie politischer Institutionen?, in: Gerhard Göhler / Kurt Lenk / Rainer Schmalz-Bruns (Hrsg.): Die Rationalität politischer Institutionen, Baden-Baden 1990, S. 85-114.

Saretzki, Thomas: Technokratie, Technokratiekritik und das Verschwinden der Gesellschaft. Zur Diskussion um das andere politische Projekt der Moderne, in: Michael Th. Greven / Peter Kühler / Manfred Schmitz (Hrsg.): Politikwissenschaft als Kritische Theorie, Baden-Baden 1994, S. 353-386.

Saretzki, Thomas: Demokratisierung von Expertise? Zur politischen Dynamik der Wissensgesellschaft, in: Ansgar Klein / Rainer Schmalz-Bruns (Hrsg.): Politische Beteiligung und Bürgerengagement in Deutschland, Baden-Baden 1997, S. 277-313.

Saretzki, Thomas: Demokratie und Umweltpolitik: Konzeptionelle und methodologische Probleme der makroquantitativ ausgerichteten vergleichenden Umwelt- und Demokratieforschung, in: Politische Vierteljahresschrift, Sonderheft 39/2007 „Politik und Umwelt", S. 409-429.

Schulmeister, Paul: Demokratie – ein Hemmschuh für den Klimaschutz?, in: Die Presse vom 29. November 2009.

Shearman, David / Joseph Wayne Smith: The Climate Change Challenge and the Failure of Democracy, Westport 2007.

Somit, Albert / Steven A. Peterson: Darwinism, Dominance, and Democracy: The Biological Bases of Authoritarianism, Westport 1997.

Spiegel online: Klimapolitik: Wenn Forschern die Demokratie lästig wird, 29. Dezember 2009.

Stehr, Nico: Eine unangenehme Demokratie. Warum die Demokratie ungeeignet ist, die Klimafrage zu lösen, in: Cicero vom 21. Oktober 2009, http://www.cicero.de/97.php?ress_id=10&item=4336 (Abruf am 28. Juli 2011).

Stein, Tine: Demokratie und Verfassung an den Grenzen des Wachstums. Zur ökologischen Kritik und Reform des demokratischen Verfassungsstaates, Opladen 1998.

WBGU (=Wissenschaftlicher Beirat der Bundesregierung Globale Umweltveränderungen): Welt im Wandel: Sicherheitsrisiko Klimawandel, Berlin / Heidelberg 2008.

Welzer, Harald: Klimakriege. Wofür im 21. Jahrhundert getötet wird, Frankfurt am Main 2008.

Climate Change as Post-Political and Post-Democratic Populism

Erik Swyngedouw

1. Climate Change and the Post-Political

> "A specter is haunting the entire world: but it is not that of communism. … Climate change - no more, no less than nature's payback for what we are doing to our precious planet - is day by day now revealing itself. Not only in a welter of devastating scientific data and analysis but in the repeated extreme weather conditions to which we are all, directly or indirectly, regular observers, and, increasingly, victims" (Levene 2005).

> "The Labour Party's crowning achievement is the death of politics. There's nothing left to vote for" (*Noel Gallagher*, rock star, in: The Independent, November, 11, 2006, p. 37).

The consensual presentation and mainstreaming of the global problem of climate change that presents a clear and present danger to civilization as we know it unless urgent and immediate remedial action is undertaken on the one hand, and the debate in political theory/philosophy that centers around the emergence and consolidation of a post-political and post-democratic condition on the other – these two themes seem disjointed: Whilst the former insists on the urgency of politically mediated actions to retrofit the global climate to a more benign and stable condition or, at least, on the need to engage in interventions that might mitigate some of its more dramatic socio-spatial and ecological consequences, the latter argues that the last few decades have seen deepening processes of de-politicization characterized by the increasing evacuation of the proper political dimension from the public terrain as technocratic management and consensual policy-making has sutured the spaces of democratic politics.

This apparent contradiction needs investigation. Throughout, the following argumentation it is maintained that current hegemonic climate change policies ultimately help in re-enforcing de-politicization and the socio-political status quo rather than, as some suggest and hope, offering a wedge that might contribute to achieving socio-ecologically more egalitarian transformations (Castree 2009).

2. The Argument

> "Barbarism or Socialism" (*Karl Marx*) – "Kyoto or the Apocalypse" (Green saying)

The argument advanced here attempts to interrogate this apparently paradoxical condition whereby the climate is politicized as never before while a group of increasingly influential political philosophers insists that the post-politicization of the public sphere (in parallel and intertwined with processes of neo-liberalization) has been a key marker of the political process over the past few decades.

Over the last decade or so, a widespread consensus has emerged on the state of nature and the precarious environmental conditions that may lead to the premature end of civilization as we know it (Intergovernmental Panel on Climate Change, IPCC 2007).

The environmental condition and, in particular, global climate change are increasingly staged as signalling a great danger of epic dimensions that, if unheeded, might radically perturb, if not announce the premature end of our civilization before its sell-by date has passed. The immanent risk for the future of our common human and non-human world calls for radical changes in all kinds of domains, from the way we produce and organize the transformation and socio-physical metabolism of nature to routines and cultures of consumption (Giddens 2009). A fragile consensus on both the 'nature' of the problem and the arrays of managerial and institutional technologies to mitigate the most dramatic consequences has been reached, despite differences of view, opinion or position (Hulme 2009), a consensus that is now largely shared by most political elites from a variety of positions, business leaders, activists, and the scientific community. The few remaining sceptics are increasingly marginalized as either maverick hardliners or conservative bullies.

This elevation of climate change and its consequences onto the terrain of public concern and policy has unfolded in parallel to the consolidation of a political condition that has evacuated dispute and disagreement from the spaces of public encounters, to be replaced by a consensually established frame that interlocutors like *Slavoj Žižek, Jacques Rancière*, or *Chantal Mouffe* define as post-democratic or post-political (Mouffe 2005; Rancière 1998, 2006; Žižek 1999). This post-political frame is structured around the inevitability of capitalism and a market economy as the basic organizational structure of the social and economic order for which there is no alternative. The corresponding mode of governing is structured around dialogical forms of consensus formation, technocratic management and problem-focused governance, sustained by populist discursive regimes (Swyngedouw 2009a). The post-political suturing of the terrain of the public encounter is, furthermore, institutionally choreographed in the form of post-democratic institutional configurations (see Crouch 2004; Marquand 2004; Swyngedouw 2009b).

I shall start off by accepting this post-political and post-democratic transformation at face value before seeking its historical production. I contend that the environmental question in general, and the climate change argument in particular, has been and continues to be one of the markers through which post-politicization is wrought and can be mobilised as a lens through which to grapple with the contested formation of a post-political frame. The politics of climate change, and more generally, the concern with sustainability, are not only expressions of such post-political and post-democratic organization, but have been among the key arenas through which the post-political frame is forged, configured, and entrenched. This process of de-politicization, which operates through elevating the state of nature onto the public terrain in thoroughly de-politicised ways, calls for a reconsideration of what the political is, where it is located and how the democratic political can be recaptured.

3. The Desire of the Apocalypse and the Fetishisation of CO2

> "It is easier to imagine the end of the world than to imagine the end of capitalism" (Jameson 2003: 73).

We shall start from the attractions of the apocalyptic imaginaries that infuse the climate change debate and through which much of the public concern with the climate change argument is sustained. The distinct millennialist discourse around the climate co-produced a widespread consensus that the earth and many of its component parts are in an ecological bind that may short-circuit human and non-human life in the not too distant future if urgent and immediate action to retrofit nature to a more benign equilibrium is postponed for much longer. Irrespective of the particular views of nature held by different individuals and social groups, consensus has emerged over the seriousness of the environmental condition and the precariousness of our socio-ecological balance (Swyngedouw 2009c). BP has re-branded itself as 'Beyond Petroleum' to certify its environmental credentials, Shell plays to a more eco-sensitive tune, eco-activists of various political or ideological stripes and colours engage in direct action in the name of saving the planet, New Age post-materialists join the chorus that laments the irreversible decline of ecological amenities, eminent scientists enter the public domain to warn of pending ecological catastrophe, politicians try to outmanoeuvre each other in brandishing the ecological banner, and a wide range of policy initiatives and practices, performed under the motif of 'sustainability', are discussed, conceived, and implemented at all geographical scales. *Al Gore*'s evangelical *An Inconvenient Truth* landed him with the Nobel Peace Price, surely one of the most telling illustrations of how ecological matters are elevated to the terrain of a global humanitarian cause (see also Giddens 2009).

While there is certainly no agreement on what exactly nature is and how to relate to it, there is a virtually unchallenged consensus over the need to be more 'environmentally' sustainable if disaster is to be avoided; a climatic sustainability that centres around stabilizing the CO_2 content in the atmosphere (Boykoff / Frame / Randalls 2009). This consensus is itself sustained by a particular scientific discourse.[1] The complex translation and articulation between what *Bruno Latour* would call matters of fact versus matters of concern has been thoroughly short-circuited (Latour 2004). The changing atmospheric composition, marked by increasing levels of CO_2 and other greenhouse gases in the atmosphere, is largely caused by anthropogenic activity, primarily (although not exclusively) as a result of the burning of fossilised or captured CO_2 (in the form of oil, gas, coal, wood) and the disappearance of CO_2 sinks and their associated capture processes (through deforestation for example). These undisputed (except by a small number of maverick scientists) matters of fact are, without proper political intermediation, translated into matters of concern. The latter, of course, are eminently political in nature. Yet, in the climate change debate, the political nature of matters of concern is disavowed to the extent that the facts in themselves are not only necessary

1 Of course, the politics of climate science itself should not be ignored, but this is beyond the scope of the present article. For a discussion of the politics of climate science, see *David Demeritt* (2001).

but sufficient for the elevation of their message, through a short-circuiting procedure, on to the terrain of the political, where it is framed as a global humanitarian cause. The matters of concern are thereby relegated to a terrain beyond dispute, to one that does not permit dissensus or disagreement. Scientific expertise becomes the foundation and guarantee for properly constituted politics/policies.

In this consensual setting, environmental problems are generally staged as universally threatening the survival of humankind, announcing the premature termination of civilization as we know it and sustained by what *Mike Davis* aptly called 'ecologies of fear' (Davis 1999). The discursive matrix through which the contemporary meaning of the environmental condition is woven is one quilted systematically by the continuous invocation of fear and danger, the specter of ecological annihilation or at least seriously distressed socio-ecological conditions for many people in the near future. 'Fear' is indeed the crucial node through which much of the current environmental narrative is woven, and continues to feed the concern with 'sustainability'. This cultivation of 'ecologies of fear', in turn, is sustained by a particular set of phantasmagorical imaginations (Katz 1995). The apocalyptic imaginary of a world without water or at least with endemic water shortages, ravaged by hurricanes whose intensity is amplified by climate change, pictures of scorched land as global warming shifts the geo-pluvial regime and the spatial variability of droughts and floods, icebergs that disintegrate around the poles as ice melts into the sea and cause sea level rise, alarming reductions in bio-diversity as species disappear or are threatened by extinction, post-apocalyptic images of waste lands reminiscent of the silent ecologies of the region around Chernobyl, the threat of peak-oil that without proper management and technologically innovative foresight would return civilisation to a stone age cave-like existence, the devastations raked by wildfires, tsunamis, spreading diseases like SARS, Avian Flu, Ebola, or HIV – all these imaginaries of a nature out of synch, destabilised, threatening, and out of control is paralleled by equally disturbing images of a society that continues piling up waste, pumping CO_2 into the atmosphere, deforesting the earth, etc.... In sum, our ecological predicament is sutured by millennialism fears sustained by an apocalyptic rhetoric and representational tactics, and by a series of performative gestures signalling an overwhelming, mind-boggling danger, one that threatens to undermine the very co-ordinates of our every day lives and routines and may shake up the foundations of all we took and take for granted. Table 1 exemplifies some of the imaginaries that are continuously invoked.

Of course, apocalyptic imaginaries have been around for a long time as an integral part of Western thought, first of Christianity and later emerging as the underbelly of fast-forwarding technological modernization and its associated doomsday thinkers. However, present day millennialism preaches an apocalypse without the promise of redemption. Saint John's biblical apocalypse, for example, found its redemption in God's infinite love. The proliferation of modern apocalyptic imaginaries also held up the promise of redemption: the horsemen of the apocalypse, whether riding under the name of the proletariat, technology, or capitalism could be tamed with appropriate political and social revolutions.

Table 1: Apocalyptic Attractors
Global Warming and Ozone Loss: Apocalypse Soon
Sea levels likely to rise much faster than was predicted
Global warming is causing the Greenland ice cap to disintegrate far faster than anyone predicted
Global warming '30 times quicker than it used to be'
Climate change: On the edge *(all quotes from the Independent, 17/02/06)*
WATER WARS (Independent, 28/02/06)
The Four Horsemen of Industrial Society: War, Over-Population, Climate Change & Peak Oil (*Published on 12 Jan 2006 by Energy Bulletin)*
Pentagon warns Bush of apocalyptic climate change by 2020
We have less than 100 months to act (*Prince Charles*, March 2009)

As *Martin Jay* argued, while traditional apocalyptic versions still held out the hope for redemption, for a 'second coming', for the promise of a 'new dawn', environmental apocalyptic imaginaries are "leaving behind any hope of rebirth or renewal … in favour of an unquenchable fascination with being on the verge of an end that never comes" (Jay 1994: 33). The emergence of new forms of millennialism around the environmental nexus is of a particular kind that promises neither redemption nor realization. As *Klaus Scherpe* insists, this is not simply apocalypse now, but apocalypse forever. It is a vision that does not suggest, prefigure, or expect the necessity of an event that will alter history (Scherpe 1987). *Jacques Derrida* (referring to the nuclear threat in the 1980s) sums this up most succinctly: "Here, precisely, is announced – as promise or as threat – an apocalypse without apocalypse, an apocalypse without vision, without truth, without revelation … without message and without destination, without sender and without decidable addressee … an apocalypse beyond good and evil" (Derrida 1982). The environmentally apocalyptic future, forever postponed, neither promises redemption nor does it possess a name; it is pure negativity.

The attractions of such an apocalyptic imaginary are related to a series of characteristics. In contrast to standard Left arguments about the apocalyptic dynamics of unbridled capitalism (*Mike Davis* is a great exemplar of this, Davis 1999, 2002), it can be argued that sustaining and nurturing apocalyptic imageries is an integral and vital part of the new cultural politics of capitalism (Boltanski / Chiapello 2007) for which the management of fear is a central leitmotiv (Badiou 2007). At the symbolic level, apocalyptic imaginaries are extraordinarily powerful in disavowing or displacing social conflict and antagonisms. As such, apocalyptic imaginations are decidedly populist and foreclose a proper political framing. Or in other words, the presentation of climate change as a global humanitarian cause produces a thoroughly de-politicized imaginary, one that does not revolve around choosing one trajectory rather than another, one that is not articulated with specific political programs or socio-ecological projects or revolutions. It is this sort of mobilization without political issue that led *Alain Badiou* to state that 'ecology is the new opium for the masses', whereby the nurturing of the promise of a more benign retrofitted climate exhausts the horizon of our aspirations and imaginations (Badiou 2008; Žižek 2008). We have to make sure that radical techno-managerial and socio-cultural transformations, organized within the horizons of a capitalist order that is beyond dispute, are initiated that retrofit the climate (Swyngedouw 2009c). In other words, we have to change radically, but within the contours of the existing state of the situation – 'the partition of the sensible' in *Jacques Rancière*'s words (Rancière 1998), so that nothing really has to change.

The negative desire for an apocalypse that few really believe will occur (if we were to believe that the earth is really in the dismal state we are told it is in, we would not be sitting around writing and reading arcane academic journal articles) finds its positive injunction around a fetishist invocation of CO_2 as the 'thing' around which our environmental dreams, aspirations, contestations as well as policies crystallise. The 'point de capiton', the quilting point through which the signifying chain that weaves a discursive matrix of meaning and content for the climate change problem, is CO_2, the *objet petit a* that simultaneously expresses our deepest fears and around which the desire for change, for a better socio-climatic world is expressed (see also Stavrakakis 1997, 2000; Swyngedouw 2009c).

The fetishist disavowal of the multiple and complex relations through which environmental changes unfold finds its completion in the double reductionism to this singular socio-chemical component (CO_2). The reification of complex processes to a thing-like object-cause in the form of a socio-chemical compound around which our environmental desire crystallises is furthermore inscribed with a particular social meaning and function through its enrolment as commodity in the processes of capital circulation and market exchange (Liverman 2009; Bumpus / Liverman 2008). The commodification of CO_2 – primarily via the Kyoto Protocol and various off-setting schemes – in turn, has triggered a rapidly growing derivatives market of futures and options. On the European climate exchange, for example, trade in CO_2 futures and options grew from zero in 2005 to 463 million tons in June 2009, with prices fluctuating from over 30 Euro to less than ten Euro per ton over this time period (www.ecx.eu – accessed 30 July 2009). The extraordinary complexity of the CO_2 commodification exemplifies excellently what *Karl Marx* once defined as commodity fetishism: "A commodity appears, at first sight, a very trivial thing, and easily understood. Its analysis shows that it is, in reality, a very queer thing, abounding in metaphysical subtleties and theological niceties."

CO_2's functioning as a commodity (and financialised asset) depends on its insertion in a complex governance regime organized around a set of technologies of governance that revolve around reflexive risk-calculation, self-assessment, interest-negotiation and intermediation, accountancy rules and accountancy based disciplining, detailed quantification and bench-marking of performance. The latter is politically choreographed and instituted by the Kyoto Protocol and related, extraordinarily complex, institutional configurations, the techno-managerial machinery of post-democratic governing.

The above potted summary of the uses of apocalyptic imaginaries, the science-politics short-circuiting and the privatization of the climate through the commodification of CO_2 is strictly parallel, I contend, with the deepening consolidation of a political populism that characterizes the present post-political condition (Žižek 2006a).

4. Succumbing to the Populist Temptation

> "If we do nothing, the consequences for every person on this earth will be severe and unprecedented - with vast numbers of environmental refugees, social instability and decimated economies: far worse than anything which we are seeing today" (*Prince Charles*, March 2009).

Environmental politics and debates over 'sustainable' futures in the face of pending environmental catastrophe signal a range of populist maneuvers that infuse the post-political post-democratic condition (see, among others, Canovan 1999, 2005; Laclau 2005; Mudde 2004; Žižek 2006a) To the extent that consensual climate change imaginaries, arguments and policies reflect processes of de-politicization, the former are sustained by a series of decidedly populist gestures.

First, the climate change conundrum is not only portrayed as global, but is constituted as a universal humanitarian threat. We are all potential victims. 'The' Environment and 'the' people, humanity as a whole in a material and philosophical manner, are invoked and called into being. Humanity (as well as large parts of the non-human world) is under threat from climatic catastrophes. However, the 'people' here are not constituted as heterogeneous political subjects, but as universal victims, suffering from processes beyond their control. As such, populism cuts across the idiosyncrasies of different and often antagonistic human and non-human 'natures' and their specific 'acting outs', silences ideological and other constitutive social differences and disavows conflicts of interests by distilling a common threat or challenge to both nature and humanity. As *Slavoj Žižek* puts it: "Populism occurs when a series of particular 'democratic' demands [in this case, a good environment, a retro-fitted climate, a series of socio-environmentally mitigating actions] is enchained in a series of equivalences, and this enchainment produces 'people' as the universal political subject, ... and all different particular struggles and antagonisms appear as part of a global antagonistic struggle between 'us' (people) and 'them' [in this case 'it', i.e. CO_2]" (Žižek 2006a: 553).

Second, this universalizing claim of the pending catastrophe is socially homogenizing. Although geographical and social differences in terms of effects are clearly recognized and detailed, these differences are generally mobilized to further re-enforce the global threat that faces the whole of humankind (see Hulme 2008). It is this sort of argumentation that led the latest report of the Intergovernmental Panel on Climate Change (IPCC) to infer that the poor will be hit first and hardest by climate change (IPCC 2009), which is of course a correct assertion – the poor are by definition ill-equipped to deal with any sort of change beyond their control – but the report continues that, therefore, in the name of the poor, climate change has to be tackled urgently.

A third characteristic of environmental apocalyptic thought is that it re-enforces the nature-society dichotomy and the causal power of nature to derail civilizations. It is this process that *Neil Smith* refers to as "nature washing": "Nature-washing is a process by which social transformations of nature are well enough acknowledged, but in which that socially changed nature becomes a new super determinant of our social fate. It might well be society's fault for changing nature, but it is the consequent power of that nature that brings on the apocalypse. The causal power of nature is not compromised but would seem to be augmented by social injections into that nature" (Smith 2008: 245).

While the part-anthropogenic process of the accumulation of greenhouse gases is readily acknowledged, the related ecological problems are externalized as are the solutions. CO_2 becomes the fetishised stand-in for the totality of the climate change calamities and, therefore, it suffices to reverse atmospheric CO_2 built-up to a negotiated idealized point in history in order to return to climatic status quo ex-ante. An extraordinary techno-managerial apparatus is under way, ranging from new eco-technologies of a variety of kinds to unruly complex managerial and institutional configurations, with a view to producing a socio-ecological fix to make sure nothing really changes. Stabilizing the climate seems to be a condition for capitalist life as we know it to continue. Moreover, the mobilized mechanisms to arrive at this allegedly more benign (past) condition are actually those that produced the problem in the first place (commodification of nature – in this case CO_2), thereby radically disavowing the social relations and processes through which this hybrid socio-natural quasi-object (Latour 1993; Swyngedouw 2006) came into its problematic being. Populist discourse "displaces social antagonism and constructs the enemy. In populism, the enemy is externalized or reified into a positive ontological entity [excessive CO_2] (even if this entity is spectral) whose annihilation would restore balance and justice" (Žižek 2006a: 555). The enemy is always externalized and objectified. Populism's fundamental fantasy is that of an 'intruder', or more usually a group of intruders, who have corrupted the system. CO_2 stands here as the classic example of a fetishised and externalised foe that requires dealing with if sustainable climate futures are to be attained. Problems therefore are not the result of the 'system', of unevenly distributed power relations, of the networks of control and influence, of rampant injustices, or of a fatal flow inscribed in the system, but are blamed on an outsider (Žižek 2006a: 555). That is why the solution can be found in dealing with the 'pathological' phenomenon, the resolution for which resides in the system itself. It is not the system that is the problem, but its pathological syndrome (for which the cure is internal), that is posited as 'excess'. While CO_2 is externalised as the socio-climatic enemy, a potential cure in the guise of the Kyoto principles is generated from within the market functioning of the system itself.

The 'enemy' is, therefore, always vague, ambiguous, socially empty or vacuous, and homogenised (like 'CO_2'); the 'enemy' is a mere thing, not socially embodied, named, and counted. While a proper analysis and politics would endorse the view that CO_2-as-crisis stands as the pathological symptom of the normal, one that expresses the excesses inscribed in the very normal functioning of the system (i.e. capitalism), the dominant policy architecture around climate change insists that the excessive state is not inscribed in the functioning of the system itself, but an aberration that can be 'cured' by mobilizing the very inner dynamics and logic of the system (privatization of CO_2, commodification and liberal market exchange via carbon and carbon-offset trading).

Fourth, populism is based on a politics of 'the people know best' (although the latter category remains often empty, unnamed), supported by an assumedly neutral scientific technocracy, and advocates a direct relationship between people and political participation. It is assumed that this will lead to a good, if not optimal, solution, a view strangely at odds with the presumed radical openness, uncertainty and undecidability of the excessive risks associated with *Beck*'s or *Giddens*' second modernity. The architecture of populist governing takes the form of stakeholder participation or forms of participatory governance that operates beyond-the-state and permits a form of self-management, self-organization, and controlled self-disciplining (see Dean 1999; Swyngedouw 2005; Lemke 1999), under the aegis of a non-disputed liberal-capitalist order.

Fifth, populist tactics do not identify a privileged subject of change (like the proletariat for Marxists, women for feminists, or the 'creative class' for competitive capitalism), but instead invoke a common condition or predicament, the need for common humanity-wide action, mutual collaboration and co-operation. There are no internal social tensions or internal generative conflicts; the 'people', in this case global humanity, are called into being as political subject, thereby disavowing the radical heterogeneity and antagonisms that cut through 'the people'. It is exactly this constitutive split of the people, the recognition of radically differentiated if not opposed social, political, or ecological desires that calls the proper democratic political into being.

Sixth, populist demands are always addressed to the elites. Populism as a project directs demands to the ruling elites (getting rid of immigrants, saving the climate etc.); it is not about replacing them, but calling on them to undertake action. The ecological problem is no exception. It does not invite a transformation of the existing socio-ecological order but demands from elites to act in a way that nothing really has to change, so that life can basically go on as before. In this sense, environmental populism is inherently reactionary, a key ideological support structure for securing the socio-political status quo. It is inherently non-political and non-partisan. A Gramscian 'passive revolution' has taken place over the past few years, whereby the elites have not only acknowledged the climate conundrum and, thereby, answered the call of the 'people' to take the climate seriously, but are moving rapidly to convince the world that indeed, capitalism cannot only solve the climate riddle but can make a new climate by unmaking the one it has co-produced over the past few hundred years through a series of extraordinary techno-natural and eco-managerial fixes. Not only do the elites take these particular demands of the people seriously, it mobilises them in ways that strengthen the system.

Seventh, no proper names are assigned to post-political populist politics (Badiou 2005). Only vague concepts like climate change policy, biodiversity policy or a vacuous sustainable policy replace the proper names of politics. These proper names, according to *Jacques Rancière* (1995; see also Badiou 2005b) are what constitutes a genuine democracy, that is a space where the unnamed, the uncounted, and, consequently, unsymbolised become named and counted. Consider, for example, how class struggle in the 19th and 20th century was exactly about naming the proletariat, its counting, symbolization, narration, and consequent entry into the techno-machinery of the state. In the 20th century, feminist politics became named through the narration, activism, and symbolization of 'woman' as a political category. And for capitalism, the 'creative class' is the revolutionary subject that sustains its creatively destructive transformations. Climate change has no positively embodied name or signifier; it does not call a political subject into being. In other words, the future of a globally warmer world has no proper name. In contrast to other signifiers that signal a positively embodied content with respect to the future (like socialism, communism, liberalism), an ecologically and climatologically different future world is only captured in its negativity; a pure negativity without promises of redemption, without a positive injunction that 'transcends'/ sublimates negativity and without proper subject. The realization of this apocalyptic promise is forever postponed, the never-land of tomorrow's unfulfilled and unfulfillable promises. Yet, the gaze on tomorrow permits recasting social, political, and other pressing issues today as future conditions that can be retro-actively re-scripted as a techno-managerial issue. Poverty, ecological problems of all kinds will eventually be sorted out by dealing with CO_2 today.

The final characteristic of populism takes this absence of a positively embodied signifier further. As particular demands are expressed (get rid of immigrants, reduce CO_2) that remain particular, populism forecloses universalization as a positive socio-environmental project. In other words, the environmental problem does not posit a positive and named socio-environmental situation, an embodied vision, a desire that awaits realization, a fiction to be realized. In that sense, populist tactics do not solve problems; they are moved around. Consider, for example, the current argument over how the nuclear option is again portrayed as possible and realistic to secure a sustainable energy future and as an alternative to deal both with CO_2 emissions and peak-oil. The redemption of our CO_2 quagmire is found in replacing the socio-ecologically excessive presence of CO_2 with another socio-natural object, U235/238, and the inevitable production of all kinds of socio-natural transuranic elements. The nuclear 'fix' is now increasingly staged (and will undoubtedly be implemented) as one of the possible remedies to save both climate and capital. It hardly arouses expectations for a better and ecologically sound society.

We are now in a position to place this argument within the broader debate about the changing nature of politics, particularly in the global North, the tactics and processes of de-politicization and the emergence of a post-political and post-democratic frame.

5. The Post-Political and Post-Democratic Condition

> "Well, my dear Adeimantus, what is the nature of tyranny? It's obvious, I suppose, that it arises out of democracy" (Plato, *The Republic*).

Consensually established concerns, like climate change, structured around ecologies of fear – threats that may ultimately undermine the co-ordinates of daily life – and sustained by a universalising populist discourse express and underpin the deepening of a post-political condition. The latter is, in turn, institutionalised through forms of post-democratic governing. Post-politics is marked by the predominance of a managerial logic in all aspects of life, the reduction of the political to administration where decision-making is increasingly considered to be a question of expert knowledge and not of political position. It is accompanied by the diffusion of governance into a host of non-state or quasi-state institutional forms and actors, and fosters consensual understandings of political action and the particularization of political demands.

Post-politics refers to a politics in which ideological or dissensual contestation and struggles are replaced by techno-managerial planning, expert management and administration, "whereby the regulation of the security and welfare of human lives is the primary goal" (Žižek 1999). Whereas the proper democratic political recognizes the constitutive split of the people, the inherent antagonisms and heterogeneities that cut through the social, while presuming the quality of each and everyone qua speaking beings, the post-political disavows these antagonisms by displacing conflict and disagreement on to the terrain of consensually manageable problems, expert knowledge, and interest intermediation (Swyngedouw 2009a). 'Doing politics' is reduced to a form of institutionalized social management and to the mobilization of governmental technologies where difficulties and problems are dealt with by administrative and techno-organizational means (Nancy, cited in Marchart 2007: 68). In other words, politics as policy-making (*la politique*) has sutured the space of the political as expressions of disagreement/dissensus (*le politique*) (Dikeç 2005). Such post-political arrangement signals a de-politicised public space (in the sense of the disappearance of the democratic antagonistic struggle over the content and direction of socio-ecological life) whereby adminsistrative governance defines the zero-level of politics (see Marquand 2004; Swyngedouw 2009d). Proper political choice as the agonistic confrontation of competing visions of different socio-ecological orders is foreclosed as the spaces of the political are sutured by totalising threats that permit only one choice or direction, one that can be 'managed' through dialogical consensual practices (Mouffe 2005).

Post-politics rejects ideological divisions and the explicit universalisation of particular political demands (Žižek 1999: 198), and is thus about the administration (policing) of social, economic, ecological or other issues – and they remain of course fully within the realm of the possible, of existing social relations, they are 'the partition of the sensible' (Rancière 2001). "The ultimate sign of post-politics in all Western countries", *Žižek* argues (2002: 303), "is the growth of a managerial approach to government: government is reconceived as a managerial function, deprived of its proper political dimension."

> "In post-politics, the conflict of global ideological visions embodied in different parties which compete for power is replaced by the collaboration of enlightened technocrats (economists, public opinion specialists ...) and liberal multiculturalists; via the process of negotiation of interests, a compromise is reached in the guise of a more or less universal consensus. Post-politics thus emphasizes the need to leave old ideological visions behind and confront new issues, armed with the necessary expert knowledge and free deliberation that takes people's concrete needs and demands into account" (Žižek 1999: 198). "The political (the space of litigation in which the excluded can protest the wrong/injustice done to them), [is] foreclosed ... It is crucial to perceive ... the post-political suspension of the political in the reduction of the state to a mere police agent servicing the (consensually established) needs of the market forces and multiculturalist tolerant humanitarianism" (Žižek 2006b: 72).

Post-politics refuses politicization in the classical Greek sense, that is, as the metaphorical universalization of particular demands, which aims at "more" than negotiation of interests. Politics becomes something one can do without making decisions that divide and separate (Thomson 2003). Difficulties, which are generally staged and accepted as problematic, have to be dealt with by means of compromise and the production of consensus. The key feature of consensus is "the annulment of dissensus ... the 'end of politics'" (Rancière 2001: § 32). Of course, this post-political world eludes choice and freedom (other than those tolerated by the consensus) and effaces the proper political from the spaces of public encounter. For *Jacques Rancière*, this disavowal of the political and the staging of politics as a form of consensual management of the givens of the situation is one of the tactics through which spaces of conflict and antagonism are smoothened and displaced (Rancière 1998).

This 're-treat of the political' (Lacoue-Labarthe / Nancy 1997) and its replacement by consensual policing arrangements are organised through post-democratic institutions of governance, like the Kyoto Protocol and other public-private bodies, that increasingly substitute the political institutions of government (see Crouch 2004). Post-democratic institutional arrangements are the performative expression of a post-political condition. For *Rancière* (1998: 102), "postdemocracy is ... a democracy that has eliminated the appearance, the miscount, and dispute of the people and is thereby reducible to the sole interplay of state mechanisms and combinations of social energies and interests". *Nadia Urbinati* defines these post-democratic institutions of 'governance-beyond-the-state' (see Swyngedouw 2005) as follows:

> "Governance entails an explicit reference to 'mechanisms' or 'organized' and 'coordinated activities' appropriate to the solution of some specific problems. Unlike government, governance refers to 'policies' rather than 'politics' ... . Its recipients are not 'the people' as collective political subject, but 'the population' that can be affected by global issues such as the environment, migration, or the use of natural resources" (Urbinati 2003: 80, cited in Mouffe 2005).

This post-democratic constitution reconfigures the act of governing to a stakeholder based arrangement of multi-scalar governance in which the traditional state forms partake together with experts, NGOs, and other 'responsible' partners (while 'irresponsible' partners are excluded). They operate with a generally accepted consensus of a global and largely (neo-)liberal capitalism, the right of individual choice, an ecological awareness and the necessity to continue this, to sustain the state of the situation (that is allegedly in serious danger). Discussion and dispute are tolerated, even encouraged, in so far the general frame is not contested.

Not only are radical dissent, critique, and fundamental conflict evacuated from the political arena (and relegated to the terrain of 'extra-political' and unauthorised violence), but the parameters of democratic governing itself are being shifted, announcing new forms of governmentality, in which traditional disciplinary society is transfigured into a society of control through democratically disembedded networks (like 'the Kyoto Protocol'; 'the Dublin Statement', the 'Rio Summit', etc.).

6. Conclusion: Re-thinking the Political Environment

> "Against thoughts of the end and catastrophe, I believe it is possible and necessary to oppose a thought of political precariousness" (Rancière 2004: 8).

We have argued that the particular framing of climate change and its associated populist politics as outlined above foreclose (or at least attempt to do so) politicization and evacuate dissent through the formation of a particular regime of environmental governance that revolves around consensus, agreement, participatory negotiation of different interests, and technocratic expert management in the context of a non-disputed management of market-based socio-economic organization. Even a cursory analysis of 'green politics', whether from the perspective of environmental movements (like Greenpeace) or environmental parties (the German Greens are a classic case), over the past few decades would signal their rapid transformation from engaging in a politics of contestation, organized acting, radical disagreement, and developing visionary alternatives to their integration into stakeholder based negotiation arrangements aimed at delivering a negotiated policy.

A consensual post-politics emerges here, one that either eliminates fundamental conflict or elevates it to antithetical ultra-politics. The consensual times we are currently living in have thus eliminated a genuine political space of disagreement. These post-political climate change policies rest on the following foundations: First, the social and ecological problems caused by modernity/capitalism are external side-effects; they are not an inherent and integral part of the relations of liberal politics and capitalist economies. Second, a strictly populist politics appears here, one that elevates the interest of an imaginary 'the People', nature, or 'the environment' to the level of the universal rather than opening spaces that permit to universalize the claims of particular socio-natures, environments, social groups or classes. Third, these side-effects are constituted as global, universal, and threatening. Fourth, the 'enemy' or the target of concern is continuously externalized and becomes socially disembodied, is always vague, ambiguous, unnamed and uncounted, and ultimately empty. Fifth, the target of concern can be managed through a consensual dialogical politics whereby demands become de-politicized and politics naturalized within a given socio-ecological order for which there is ostensibly no real alternative (Swyngedouw 2007).

The post-political environmental consensus, therefore, is one that is radically reactionary, one that forestalls the articulation of divergent, conflicting, and alternative trajectories of future socio-environmental possibilities and of human-human and human-nature articulations and assemblages. It holds on to a harmonious view of nature that can be recaptured while re-producing if not solidifying a liberal-capitalist order for which there seems to be no alternative. Much of the sustainability argument has evacuated the politics of the possible, the radical contestation of alternative future socio-environmental possibilities and socio-natural arrangements, and silences the antagonisms and conflicts that are constitutive of our socio-natural orders by externalising conflict. It is inherently reactionary. As *Badiou* (2005) argues, 'proper' politics must revolve around the construction of great new fictions that create real possibilities for shaping different socio-environmental futures. To the extent that the current post-political condition that combines apocalyptic environmental visions with a hegemonic neoliberal view of social ordering constitutes one particular fiction (one that in fact forecloses dissent, conflict, and the possibility of a different future), there is an urgent need for different stories and fictions that can be mobilised for realisation. This requires foregrounding and naming different socio-environmental futures and recognizing conflict, difference, and struggle over the naming and trajectories of these futures. Socio-environmental conflict, therefore, should not be subsumed under the homogenizing mantle of a populist environmentalist-sustainability discourse, but should be legitimised as constitutive of a democratic order. This, of course, turns the climate question into a question of democracy and its meaning. It asserts the horizon of a recuperated democracy as the terrain (space) for expressing conflict, for nurturing agonistic debate and disagreement, and, most importantly, for naming different possible socio-environmental futures.

Bibliography

Badiou, Alain: Politics. A Non-Expressive Dialectics, Is The Politics of Truth still Thinkable?, A conference organized by Slavoj Zizek and Costas Douzinas. Birkbeck Institute for the Humanities, Birkbeck College, London 2005.

Badiou, Alain: De Quoi Sarkozy est-il le Nom?, Paris 2007.

Badiou, Alain: Live Badiou – Interview with Alain Badiou, Paris, December 2007, in: Oliver Feltham (ed.): Alain Badiou – Live Theory, London 2008, 136-139.

Boltanski, Luc / Eve Chiapello: The new spirit of capitalism, London 2007.

Boykoff, Max / Dave Frame / Sam Randalls: Stabilize this How the Discourse of 'Climate Stabilization' became and remains entrenched in climate science-policy-practice interactions, in: Journal of the American Association of Geographers, Vol. 90 (2009), No. 3, 495-520.

Bumpus, Adam G. / Diana Liverman: Accumulation by Decarbonization and the Governance of Carbon Offsets, in: Economic Geography, Vol. 84 (2008), No. 2, 127-155.

Canovan, Margaret: Trust the People! Populism and the Two Faces of Democracy, in: Political Studies, Vol. 47 (1999), 2-16.

Canovan, Margaret: The People, Cambridge 2005.

Castree, Nuel: The Environmental Wedge. Neoliberalism, democracy and the prospect for a new British Left, in: Pat Devine / Andrew Pearman / David Purdy (eds.): Feelbad Britain – How to make it better, London 2009, 222-233.

Crouch, Colin: Post-Democracy, Cambridge 2004.

Davis, Mike: Ecology of Fear – Los Angeles and the Imagination of Disaster, New York 1999.

Davis, Mike: Dead cities, and other tales, New York / London 2002.

Dean, Mike: Governmentality – Power and Rule in Modern Society, London 1999.

Demeritt, David: The Construction of Global Warming and the Politics of Science, in: Annals of the Association of American Geographers, Vol. 91 (2001), No. 2, 307-337.

Derrida, Jacques: Of an Apocalyptic Tone Recently Adopted in Philosophy, in: Semieia, Vol. 23 (1982), 63-97.

Dikeç, Mustafa: Space, Politics and the Political, in: Environment and Planning. Society and Space, Vol. 23 (2005), 171-188.

Giddens, Anthony: The Politics of Climate Change, Cambridge 2009.

Hulme, Mike: Geographical work at the boundaries of climate change, in: Transactions of the Institute of British Geographers, Vol. 33 (2008), No. 1, 5-11.

Hulme, Mike: Why we Disagree about Climate Change, Cambridge 2009.

IPCC: Climate Change 2007 – Impacts, Adaptation and Vulnerability. Working Group II Contribution to the Fourth Assessment Report of the IPCC, Cambridge 2009.

Jameson, Fredric: Future City, in: New Left Review, Vol. 21 (2003), 65-79.

Jay, Martin: The Apocalyptic Imagination and the Inability to Mourn, in: Gillian Robinson / John F. Rundell (eds.): Rethinking Imagination – Culture and Creativity, New York 1994, 30-47.

Katz, Cindi: Under the Falling Sky. Apocalyptic Environmentalism and the Production of Nature, in: Antonio Callari / Stephen Cullenberg / Carole Biewener (eds.): Marxism in the Postmodern Age, New York 1995, 276-282.

Laclau, Eric: On Populist Reason, London 2005.

Lacoue-Labarthe, Philippe / Jean-Luc Nancy: Retreating the Political, London 1997.

Latour, Bruno: We Have Never Been Modern, Cambridge 1993.

Latour, Bruno: Why Has Critique Run out of Steam? From Matters of Fact to Matters of Concern, in: Critical Inquiry, Vol. 30 (2004), No. 2, 225-248.

Lemke, Thomas: The Birth of Bio-Politics – Michel Foucault's Lectures at the College de France on Neo-Liberal Governmentality, in: Economy & Society, Vol. 30 (1999), No. 2, 190-207.

Levene, Marcus: Rescue. History – A Manifesto for the Humanities in the Age of Climate Change. An Appeal for Collaborators, Forum for the Studies of Crisis in the 21. Century, Southampton 2005 (http://www.crisis-forum.org.uk/rescue_history.htm, accessed 30 July 2009).

Liverman, Diana M.: Conventions of climate change. Constructions of danger and the dispossession of the atmosphere, in: Journal of Historical Geography, Vol. 35 (2009), No. 2, 279-296.

Marchart, Oliver: Post-Foundational Political Thought – Political Difference in Nancy, Lefort, Badiou and Laclau, Edinburgh 2007.

Marquand, David: Decline of the Public. The Hollowing Out of Citizenship, Cambridge 2004.

Mouffe, Chantal: On The Political, London 2005.

Mudde, Cas: The Populist Zeitgeist, in: Government and Opposition, Vol. 39 (2004), No. 4, 542-563.

Rancière, Jacques: Disagreement, Minneapolis 1998.

Rancière, Jacques: Ten Theses on Politics, in: Theory & Event, Vol. 5 (2001), No. 3.

Rancière, Jacques: Introducing Disagreement, in: Angelaki, Vol. 9 (2004), No. 3, 3-9.

Rancière, Jacques: Hatred of Democracy, London 2006.

Scherpe, Klaus R.: Dramatization and De-Dramatization of "The End". The Apocalyptic Consciousness of Modernity and Post-Modernity, in: Cultural Critique, Vol. 5 (1987), 95-129.

Smith, Neil: Afterword to the Third Edition, in: – (ed.): Uneven Development, London 2008, 239-266.

Stavrakakis, Yannis: Green Fantasy and the Real of Nature. Elements of a Lacanian Critique of Green Ideological Discourse, in: Journal for the Psychoanalysis of Culture & Society, Vol. 2 (1997), No. 1, 123-132.

Stavrakakis, Yannis: On the Emergence of Green Ideology. The Dislocation factor in Green Politics, in: David Howarth / Aletta J. Norval / Yannis Stavrakakis (eds.): Discourse Theory and Political Analysis – Indentities, Hegemonies and Social Change, Manchester 2000, 100-118.

Swyngedouw, Erik: Governance Innovation and the Citizen. The Janus Face of Governance-beyond-the-state, in: Urban Studies, Vol. 42 (2005), No. 11, 1-16.

Swyngedouw, Erik: Circulations and Metabolisms. (Hybrid) Natures and (Cyborg) Cities, in: Science as Culture, Vol. 15 (2006), No. 2, 105-121.

Swyngedouw, Erik: Impossible /Undesirable Sustainability and the Post-Political Condition, in: Rob Krueger / David Gibbs (eds.): The Sustainable Development Paradox, New York 2007.

Swyngedouw, Erik: The Antinomies of the Post-Political City. In Search of a Democratic Politics of Environmental Production, in: International Journal of Urban and Regional Research, Vol. 33 (2009a), No. 3, 601-620.

Swyngedouw, Erik: Civil Society, Governmentality and the Contradictions of Governance-Beyond-the-State, in: Jean Hillier / Frank Moulaert / Serena Vicari (eds.): Social Innovation and Territorial Development, Aldershot (forthcoming).

Swyngedouw, Erik: The Trouble with Nature. Ecology as the New Opium for the Masses, in: Patsy Healey / Jean Hillier (eds.): Conceptual Challenges for Planning Theory, Aldershot (forthcoming).

Swyngedouw, Erik: The Zero-Ground of Politics. Musings on the Post-Political City, in: NewGeographies, Vol. 1 (2009d), 52-61.

Thomson, Alex J. P.: Re-Placing the Opposition. Rancière and Derrida, Fidelity to the Disagreement, Goldsmith's College, London 2003.

Urbinati, Nadia: Can Cosmopolitan Democracy be Democratic?, in: Danielle Archibugi (ed.): Debating Cosmopolitics, London 2003, 67-85.

Žižek, Slavoj: The Ticklish Subject – The Absent Centre of Political Ontology, London 1999.

Žižek, Slavoj: Revolution at the Gates – Žižek on Lenin – The 1917 Writings, London 2002.

Žižek, Slavoj: Against the Populist Temptation, in: Critical Inquiry, Vol. 32 (2006a), No. 1, 551-574.

Žižek, Slavoj: The Parallax View, Cambridge 2006b.

Žižek, Slavoj: Censorship Today. Violence, or Ecology as a New Opium for the Masses (http://fordiletante.wordpret.com/2008/05/07/censorship-today-violence-or-ecology-as-a-new-opium-for-the-masses/, accessed 5 August 2008).

Das Unbehagen des Prothesengotts. Sozialpsychologische Anmerkungen zur umweltschädlichen Destruktivität in der spätmodernen Gesellschaft[1]

Hans-Joachim Busch

Seit den Berichten und Prognosen des Club of Rome in den 1970er Jahren hat sich ein neues kritisches Feld heutiger Politik und Gesellschaft aufgetan. Das Umweltproblem nahm rasch Gestalt an durch gigantische Industrieunfälle mit verheerenden Folgen (Bhopal, Seveso, Tschernobyl), die das öffentliche Bewusstsein nachhaltig erschütterten. Es kam insbesondere in Deutschland zu heftigen Auseinandersetzungen um den Bau neuer und den Betrieb alter Atomkraftwerke und die Ausweisung atomarer Zwischen- und Endlager. Umweltpolitik, zunächst auf dem Panier einer einschlägigen neu gegründeten Partei, wurde Thema in allen Parteiprogrammen. Und in letzter Zeit ist der Klimawandel nicht nur in den Fokus medialer Aufmerksamkeit gerückt, sondern auch Gegenstand weltumspannender politischer Gipfelkonferenzen geworden. Dennoch ist fraglich, ob hier nicht bloß ein öffentlicher Diskurs routiniert unterhalten wird. Ist es denn wirklich zu einem umfassenden Umweltbewusstsein der Bürger und der Entscheidungseliten gekommen? Oder ist dies lediglich einer von verschiedenen Standpunkten, dem im Zweifelsfall (gerade ökonomischer Krisen) doch kurzfristige wirtschaftlichkeits- und beschäftigungsorientierte Interessen vorgezogen werden? Werden die Warnungen der Experten vor den Folgen des Klimawandels wirklich ernst genommen? Setzt sich also Umweltbewusstsein allgemein durch – und um in eine Politik der Umwelterhaltung? Das ist mit Recht zu bezweifeln.

Aber wieso werden die Warnungen zwar gehört, doch in den Wind geschlagen? Warum bewirken vernünftige Argumente und Appelle kaum etwas? Nutzenkalküle nach dem Muster „Das Hemd ist mir näher als der Rock“, mit denen Wachstum, Beschäftigung und die Fülle des Warenangebots als Grundpfeiler eines Lebens im Wohlstand kurzsichtig der Verunsicherung durch eine Infragestellung und Änderung gegenwärtiger Praxis der „Diskontierung der Zukunft“ (so etwa Giddens 2009: 2 oder Leggewie/Welzer 2009: 80 ff.) vorgezogen werden, können dafür keine ausreichende Begründung liefern. „Denn sie tun nicht, was sie wissen. Warum Umweltbewusstsein und Handeln zwei verschiedene Dinge sind“, überschreiben *Claus Leggewie* und *Harald Welzer* (2009) ein Kapitel ihres einschlägigen Buchs und zeigen damit die bislang sowohl unterschätzte als auch unerforschte sozialpsychologische Dimension auf. Alltägliche Lebenspraxis, Wirtschaft und Politik scheinen zwar die ökologische Problematik zu kennen, ziehen es aber zumeist vor, sie zu ignorieren. Dabei legt die offensichtliche Irrationalität unserer Haltung gegenüber den gegenwärtigen Umweltgefah-

1 Dieser Text hat einem Vortrag auf dem Kongress der Deutsche Vereinigung für Politische Wissenschaft in Kiel, im Arbeitskreis Politische Psychologie, am 24. September 2009 zugrunde gelegen. Für die Publikation ist er leicht überarbeitet und korrigiert worden.

ren geradezu zwingend eine psychoanalytisch-sozialpsychologische Analyse nahe. Der begrüßenswerte Vorstoß *Leggewies* und *Welzers*, die sich jedoch der unbewussten Dimension weniger widmen, könnte damit ergänzt werden. Dazu soll im Folgenden auf den Fundus der von *Sigmund Freud* ausgehenden psychoanalytischen Sozialpsychologie in der Tradition einer daraus hervorgegangenen kritischen politischen Psychologie (Horn 1999; Busch 1998) zurückgegriffen werden.

1. Der „Prothesengott" und sein problematisches Bewusstsein

Der „Prothesengott" ist eine Wortschöpfung *Sigmund Freuds* (1930: 222). Sie tituliert den Kulturmenschen, insbesondere den später von *Max Frisch* so genannten homo faber, der sich mit technischen Hilfsgeräten (Brillen, Automobilen, Medien, Maschinen, Bauwerken, Kraftwerken usw.) verlängert, vergrößert, verstärkt, beschleunigt und seine Sinneseindrücke schärft. Es klingt Ironie durch, wenn *Freud* diesen Prothesengott „recht großartig" nennt; damit spielt er auf dessen Eitelkeit, das Kompensatorische dieser gegen alle Endlichkeit (Trostlosigkeit), Begrenztheit usw. ankämpfenden Bemühung an. In der Psychoanalyse kennt man für dieses Gebaren auch den Terminus „Narzissmus"; damit wird eine ureigene menschliche Haltung markiert, die aber nicht selten zur Übertreibung neigt, wodurch sie auch (unangenehm) auffällt. Beim Prothesengott Kulturmensch hat dieser Narzissmus, wie *Horst-Eberhard Richter* (1979) eindringlich aufzeigte, schon längst die gefährlichen Züge eines realitätsvergessenen Allmachtswahns angenommen. Er richtet sich in seiner aufgeklärten Gott-Losigkeit nicht nur gemütlich ein, sondern macht sich die Welt auch schonungslos untertan. Alles scheint ihm möglich; vor nichts macht er halt. Dabei baut er sich eine Welt auf, in der er sich erneut verlassen, geradezu entfremdet, sogar verdinglicht fühlt, in der er sich, wie *Max Horkheimer* und *Theodor W. Adorno* aufgewiesen haben, statt sich näher zu kommen, immer weiter von sich entfernt. Seine Errungenschaften machen ihn nicht glücklich(er); nein, seine Unzufriedenheit mit den Zuständen nagt dauerhaft an ihm und macht ihn fried- und ruhelos. *Günther Anders* (1961) hat einen Aspekt dieser narzisstischen Psychologie unnachahmlich eingefangen in seinem Aufweis der „prometheischen Scham". Die Pathologie des von *Karl Marx* noch arglos als vornehmsten Heiligen im philosophischen Kalender gefeierten mythologischen Halbgotts, in dessen Stapfen der heutige Prothesengott getreten ist, rührt von dem „prometheischen Gefälle" her, das sich zwischen der Welt seiner perfekten Erzeugnisse und seiner dahinter zurückbleibenden, nur-natürlichen Wenigkeit herstellt. Sein Gefühl der Minderwertigkeit steigert sich in einen „Kleinheitswahn" (*Freud*), der die verborgene andere Seite seiner narzisstischen Aufblähung ist. Er wird also von Scham befallen, eben von „prometheischer Scham", ob der Tatsache der eigenen Zurückgebliebenheit, Imperfektheit gegenüber der von ihm selbst geschaffenen Dingwelt. Diese Scham steigert sich, so *Anders*, in den grotesken Selbstvorwurf, nur geboren, nicht gemacht zu sein. Mehr noch als *Anders* in den 1950er Jahren erkennen wir heute allenthalben die Gestalten, die dieses Bewusstsein angenommen hat (Reproduktionsmedizin beispielsweise), das heißt das in romantischer Intersubjektivität zweier Liebender erzeugte Leben nimmt heute tendenziell eher einen zweitrangigen Platz ein.

Dem Prothesengott – und das merkt er – geht's gleichwohl zu gut. Ungebremste, folgenblinde instrumentelle Rationalität ist – das ahnt er – riskant. Aber diese Ahnung wird unterdrückt, bleibt dumpf, im Hintergrund. Doch sie vermag die Stimmung zu trüben, die nur vordergründig „happy", optimistisch ist. Man könnte auch sagen, er hat noch so etwas wie ein Gewissen. Sein kultureller Fortschritt hat ja nicht nur einen veritablen Prothesengott aus ihm gemacht, sie hat ihm auch viele psychische Opfer abgenötigt, die sein kulturelles Zusammenleben zwingend verlangte. Seine vorrangige psychologische Aufgabe bestand über die Jahrhunderte und Jahrtausende seiner kulturellen Entwicklung darin, seine Triebe zu zügeln, statt ihrem Drang gewissenlos zu folgen. In der Bewältigung dieser Aufgabe hat er unbestreitbar Erfolge erzielt. Aber *Freud*s kulturkritische Mahnung ruft eindringlich ins Bewusstsein, dass diese Aufgabe keineswegs gelöst ist. Sicher ziehen wir heute infolge einer freizügigen Sexualmoral in sexueller Aufgeklärtheit durchs Leben. Doch es ist ein Irrtum, was allzu gern angenommen wird: dass damit dem von *Freud* diagnostizierten „Unbehagen in der Kultur" seine Grundlage entzogen worden wäre. Unbeachtet bleibt, dass sich seine sozialpsychologische Analyse auf noch ganz andere seelische Vorgänge erstreckte.

Vergegenwärtigt man sich nämlich *Freud*s Auffassung der Entstehung von Unbehagen in der Kultur, so ist dafür nicht so sehr der kulturell geforderte erotische Triebverzicht verantwortlich als vielmehr der davon provozierte aggressive Triebimpuls, der (aber) seinerseits unterdrückt und unbewusst bleibt. Das heißt, die Menschen verspüren Unbehagen darüber, dass sie in sich das Wirken eines Aggressionstriebes fühlen, in dem „Kultur ihr stärkstes Hindernis (...) findet" (Freud 1930: 249). Angesichts dieser Folgerung einer natürlichen Kulturunzufriedenheit des Menschen (Freud 1930: 217) verhält sich *Freud*s Kulturtheorie sehr skeptisch hinsichtlich des begleitenden menschlichen Glücksempfindens (1930: 218 ff.). Dieses sei, bei allen Wohltaten des Fortschritts, unbefriedigt wie ehedem. In der Lustbilanz hat gewissermaßen der Fortschritt nicht stattgefunden. Die fortschreitende technische Naturbeherrschung hat offenbar deshalb keine glückssteigernden Wirkungen entfalten können, weil mit ihr die wichtigste Quelle von Unbehagen in der Kultur, soziales Leid, nicht zum Versiegen gebracht werden konnte. Das gilt heute um so mehr. Bei allen Behaglichkeiten, die in unseren Tagen von der Kultur bereitgehalten werden, ist doch das Unbehagen, sozusagen auf höherem Niveau, ein Begleiter, den wir nicht abschütteln können. Der Fortschritt hat sich, so kann man schlussfolgern, nie vordringlich darum gekümmert, wie das menschliche Glück erhöht werden kann. Andere Interessen haben ihn, wie wir wissen, geleitet. Ein Mehr an Komfort, an Konsum, an Technik – das sieht *Freud* sehr früh und sehr nüchtern – sind für einen gleichzeitigen Glücksanstieg keine Garanten. Heute ist man eher geneigt, die Wirkung unserer Kultur-, unserer Zivilisationsleistungen nicht – wie *Freud* – in der Leidabwehr, sondern in der Steigerung des Leids zu erblicken. *Freud* selbst macht auf den welt-, den gattungsgeschichtlichen Fortschritt in der Naturbeherrschung aufmerksam, der gegenwärtig unser destruktives Triebpotential so gefährlich wie nie zuvor in der menschlichen Geschichte hat werden lassen:

die Möglichkeit, mit Hilfe der Naturkräfte „einander bis auf den letzten Mann auszurotten“ (1930: 270). Dabei hat *Freud* zweifellos an den Krieg gedacht. Was er hier zu bedenken gibt, deckt jedoch den inzwischen hinzu gekommenen zivilen Selbstausrottungszug menschlicher Naturbeherrschung mit ab und erstreckt sich nicht zuletzt auf die alles Bisherige an innersozialer Destruktivität in den Schatten stellende rassistische Massenvernichtungspolitik des Nationalsozialismus.

2. Unbehagen in der Kultur heute: Soziale und ökologische Angst

Es fällt allerdings an *Freud*s Reflexion zum Zusammenspiel von Unbehagen und moderner Zivilisation ein Argument auf, dem im Stadium der Spätmoderne nicht mehr zugestimmt werden kann. *Freud* gibt nämlich die aus heutiger Sicht leichtsinnige Empfehlung, den in der unterwürfigen Hinnahme sozialer Autoritäten und Ungerechtigkeiten aufgestauten Aggressionen durch eine Umleitung auf die äußere Natur – und mit Hilfe der Technik – freien Lauf zu lassen. Der von ihm noch begrüßte Umwandlungsprozess dieser sozialen Angst sowohl vor der Strafe der Autoritäten als auch vor den aggressiven Gefühlen ihnen gegenüber entpuppt sich mehr und mehr als rabiate und räuberische Naturaneignung, Naturvergewaltigung gleichsam. Ganz offensichtlich kann die Kanalisierung sozialer Aggressionen auf Natur nicht die Lösung sein. Anders als *Freud* sehen wir uns heute dem Sachverhalt gegenüber, dass das destruktive Abreagieren unserer innersozial erzeugten Aggressionen auf die umgebende Natur massive Konsequenzen nach sich zieht: Statt sich auf solche Weise Erleichterung zu verschaffen, ist das spätmoderne Bewusstsein umso unerbittlicher mit der Tatsache der eigenen vermessenen Destruktivität konfrontiert;[2] statt zu sinken, steigt das Ausmaß des Unbehagens in der Kultur noch einmal drastisch an. Wie *Klaus Horn* (1984: 1094) bezogen auf das Problem kriegerischer Destruktivität in der Moderne zeigt, gilt dies in zwei Hinsichten. (1) Infolge der Auflösung traditioneller sozialer Orientierungen fallen Gefühlsbindungen auf der Basis gemeinsamer Kulturideale heute mangels Identifikationsmöglichkeiten mit Kultur weg. Der Inhalt seiner kulturellen Lebenszusammenhänge ist für den einzelnen ungewiß, ihre Zukunft unabsehbar. (2) Hier wie auf dem Feld der Naturauseinandersetzung ist die desillusionierende Einsicht, dass wir Menschen Schöpfer der uns unbehaglichen Zustände, der uns als zweite Natur gegenüberstehenden gesellschaftlichen Verhältnisse sind, schwer erträglich und wird daher tunlichst vermieden. Als „entscheidendes Hindernis für eine Wendung der Massen gegen den Krieg“ macht *Horn* „die Angst vor der Todesangst“(1984: 1096) – von *Anders* (1961: 238) zuvor schon als „Apokalypse-Blindheit“ beschrieben – aus. Dahinter steckt die „Illusion, dass mensch überleben wird“ (ebenda). *Horn*s Argument wird verstärkt, indem es für den vernichtenden Feldzug gegen die natürliche Umwelt in Anspruch genommen wird, denn ganz gewiss spielt diese Illusion auch hier eine beträchtliche Rolle.

---

2 Unter den psychoanalytisch orientierten Sozialpsychologen verzeichnete wohl als einer der ersten *Alexander Mitscherlich* (1969: 47) diesen neuen Problemstand des menschlichen Bewusstseins.

Offenbar verhält es sich nun so, dass Unbehagen in der Kultur heute auch in dieser von *Freud* in ihrer gravierenden Relevanz noch nicht erkannten Dimension um sich greift. Mehr und mehr bekommen die Individuen in der Spätmoderne eine Ahnung von der umfassenden Gefahr ihrer technisch-ökonomischen Lebensweise, auch jenseits der schon wahrgenommenen allgegenwärtigen militärischen Bedrohung. Insofern ist eine Ergänzung des *Freud*schen Konzeptes an der Zeit. Unsere bisherigen Taten, insbesondere aber die absehbar möglichen gegenüber uns selbst wie unserer Umwelt (zum Beispiel atomarer Krieg, Super-Gau, Ozonloch), entspringen einer rücksichtslosen, hemmungslosen Destruktionshaltung, das heißt wir pflegen nach wie vor einen umweltfeindlichen Lebensstil, den wir zum Teil auch genießen (wie etwa beim Autofahren), mehr und mehr jedoch schon wider besseres Wissen – und mit schlechtem Gewissen. Unbehagen empfinden wir, weil unser luxurierendes Kulturleben Raubbau und Destruktion bedeutet und die Konsequenzen einer so orientierten Industriekultur uns ein vorauseilendes Schuldgefühl bereiten, Angst machen. Diese tritt zu der schon genannten sozialen Angst im Rahmen der Aktualisierung des Konzepts neu hinzu, führt zu einem doppelten Unbehagen, einem Unbehagen in der Kultur zweiten Grades. Es handelt sich bei ihr um eine ökologische Angst, angetrieben vom Zweifel an einer wohlbehaltenen Zukunft ganzer Populationen angesichts selbstgeschaffener Umweltrisiken, ja am Fortbestand der menschlichen Gattung insgesamt.

Zusammen mit der sozialen Angst sorgt diese ökologische für eine gravierende Verschärfung von Unbehagen in der Kultur in der Spätmoderne. Der Nachkriegsgesellschaft, die als erste menschliche unter der Gefahr der Bombe, des Gattungssuizids stand, hatte *Anders*, wie gezeigt, noch eine gespenstische Angstlosigkeit attestiert. Die Auseinandersetzungen um die atomaren Mittelstreckenraketen und die Kernkraftdebatte, um nur zwei herausragende Beispiele aus der jüngeren bundesrepublikanischen Geschichte zu nennen, zeugen davon, dass offenbar solche Angst heute auch verstärkt gespürt wird und sich Ausdruck verschafft.[3] *Ulrich Beck* (1986) hat dementsprechend den Umschlag einer früheren „Solidarität aus Not“ in eine „Solidarität aus Angst“ konstatiert und daran eine zunehmende Tendenz der Infiltration des herrschenden Bewusstseins durch die Risiken spätmoderner Gesellschaften abgelesen. Diese Stimmungslage reagiert nicht nur auf die heute drohenden ökologischen Gefahren, sondern spiegelt auch die innersozialen Auswirkungen des Individualisierungsprozesses wider. Es handelt sich also auch in seiner Sicht um ein Zusammenspiel von ökologischer Angst mit der von *Freud* schon namhaft gemachten sozialen Angst, die durch den sich Bahn brechenden Prozess der Individualisierung nun vollends hervorgetrieben wird.

So unstreitig die Anzeichen einer Zunahme von Angst, von Unbehagen in der Kultur, im Zuge des gesellschaftlichen Modernisierungsprozesses, dessen Zeuge wir sind, wahrgenommen werden können, so marginal sind doch, aufs Ganze gesehen, bisher die Ansätze des spätmodernen Bewusstseins geblieben, diese innere Stimme wirklich ernst zu nehmen und auf nachhaltige Abhilfe zu sinnen. In der Hauptsache üben sich

3 Zu den Auswüchsen solcher Angst in Gestalt kopfscheuer Panik vgl. *Michael Buchholz / Günter Reich* (1987).

die spätmodernen Individuen in dumpfer Ignoranz, setzen ungeachtet der Symptome ihrer Beschädigung ihre gewohnte riskante Praxis fort. Was bei Kindern sich aufgrund noch geringer Verstrickung hellsichtig zeigt, ist bei Erwachsenen in tiefere Schichten herabgesunken (vgl. Richter 1993: 218) Es sei eine Mauer der Abgestumpftheit gegenüber sozialen und ökologischen Problemen errichtet worden, die auf einen „psychischen Spaltungsmechanismus" zurückzuführen sei. (Richter 1993: 16). Die tieferen Ursachen lägen darin, dass die westliche Zivilisation einem Fortschrittsmythos verfallen sei, der sich nicht eingestehe, dass „Aggressivität" im Kulturprozess nur wenig gezähmt, dafür teils verleugnet, teils in wissenschaftlich-technische oder wirtschaftliche Gewalt transformiert" worden sei (Richter: 23). An die Stelle Gottes hätten die modernen Individuen ein perfektes Größen-Selbst gesetzt, mit dem sie sich über die Tatsache ihrer eigenen Destruktivität hinwegsetzen und sich als Erzeuger und Beherrscher eines unaufhaltsam zum Besseren, Vollkommeneren tendierenden Fortschritts phantasieren.[4]

Mit seinem Befund der Abstumpfung und Spaltung greift *Richter* ausdrücklich auf Überlegungen *Robert J. Lifton*s zurück. *Lifton* und sein Mitautor *Eric Markusen* (1992) analysieren das Motto eines rastlosen „Weiter so", das das Alltagsbewusstsein der Moderne weithin im Sinne einer insgeheimen sogartigen säkularen Religion[5] prägt, unter der Überschrift „Dissoziation". Den Risiken einer unbegrenzten Fortsetzung heutiger produktiver und konsumtiver Praktiken und Gewohnheiten werde nicht ins Auge gesehen. Sie diskutieren das dissoziative Bewusstsein selbstpsychologisch vor dem Hintergrund eines idealtypischen Bewusstseins der Ganzheit, in dem sich die Einzelnen der Gesamtheit ihrer psychischen Handlungsbezüge bewusst bleiben. Ganz ähnlich dem von *Horkheimer* und *Adorno* herausgestellten Mechanismus der Projektion ist Dissoziation anthropologisch tiefsitzend, in der Praxis des alltäglichen Zwangs zur Aufmerksamkeitspräferenz unvermeidlich und Moment kulturkonstitutiver Anpassungsfähigkeit des Menschen (1947: 243 sowie Lifton 1995: 17) Ihren problematischen Charakter erhält sie infolge einer dem inneren Erleben und der Reflexion nicht mehr zugänglichen Form der Erstarrung und Verselbständigung. Diese Teilausfälle eines offenen unverstellten psychischen Weltbezugs des Selbst entsprechen im Übrigen genau den von *Alfred Lorenzer* (1981) herausgearbeiteten und politisch-psychologisch mit der Anfälligkeit für totalitäre Weltanschauungen in Verbindung gebrachten Phänomenen der Desymbolisierung und Schablonisierung. „Im Zustand der Dissoziation", so schreiben *Lifton* und *Markusen* (1990: 243), „reißt der Strom jener inneren

4 Gleichwohl gibt es auch in diesem Fortschrittsbewusstsein Brüche. Als Belege dafür dienen *Richter* (1993: 28) die gegenwärtig aufkommende „Angst und Unruhe", die „Ahnung der Richtigkeit" von Warnungen vor Fortschrittsrisiken, die diesbezüglichen dumpfen Schuldgefühle.

5 Diese Überlegung bestätigt die bereits von *Freud* (1927) geäußerte Prognose der Zukunft säkularisierter religiöser Illusionen inmitten der aufgeklärten Moderne. Auf diesen inzwischen leider nur zu gut bestätigten Befund missglückter Säkularisierung des Bewusstseins der Moderne gestützt hat *Detlev Claussen* (1993: 7) das herrschende Bewusstsein zutreffend als „Alltagsreligion" charakterisiert. Wenn ich diesen Begriff hier aufnehme, so geschieht dies in – wie ich finde: legitimer – Ausdehnung über die von *Claussen* darunter gefassten Phänomene von Xenophobie, Antisemitismus und Nationalismus hinaus auf weitere Motivkomplexe wie wissenschaftlich-technische Destruktivität und Konsumismus.

Bilder und Formen ab, aus denen das Selbst seine (...) Symbole bildet. Teile des Selbst lösen sich und formieren eine Gegensphäre, die seinen Zusammenhalt und seine Steuerfunktion als symbolische Repräsentanz der Gesamtperson stört. Einzelne Elemente der Erfahrung – des Selbsterlebens – werden außer Kraft gesetzt: Empfindungen blockiert (Abstumpfung), Sinnstrukturen negiert (Verleugnung), oder ein losgelöstes Element des Selbst macht sich selbständig und gerät in Widerspruch zum ursprünglichen Selbst (Spaltung)."

Die Zementierung dieser Dissoziationsvorgänge wird nun entscheidend durch den Einfluss weltanschaulicher Ideologien besorgt (Lifton/Markusen 1990). Dies belegen *Lifton / Markusen* vornehmlich an den erstmals von ihnen empirisch-sozialpsychologisch so tiefgreifend erforschten Beispielen des Nationalsozialismus und Nuklearismus. An den Protagonisten dieser destruktiven Systeme, den Spezialisten ihrer Umsetzung – Nazi-Ärzte in Auschwitz und US-Rüstungsforscher – ist vor allem der Vorgang der Spaltung als Extremform von Dissoziation zu beobachten (Lifton/Markusen 1990: 210) Diese Menschen führen ein psychisches Doppelleben. Ihre Funktion als Planer und Exekutoren nazistischer Greuel beziehungsweise nuklearer Massenvernichtung verlangte ihnen eine seelenlose Handlungsmotivation ab, die sich allein aus der Legitimationsbasis eines ideologischen Schablonensystems speiste. In seinen sonstigen Alltagsbezügen – etwa als Ehemänner und Familienväter – war das Selbst dieser Personen von geradezu frappierender Normalität und Unauffälligkeit. So berichten die Autoren von der Erschrockenheit der Familie eines Atomforschers, als sie erstmals die Wahrheit über seine Tätigkeit erfuhr (Lifton/Markusen 1990: 160 f.) Auch wenn *Lifton / Markusen* diese Phänomene anhand ihrer krassen Zuspitzung eines destruktiven Spezialistentums darlegen, kann man sich mit ihnen einig wissen (1990: 208), dass die aufgewiesenen Mechanismen auch unter den „milderen" Bedingungen der heute weithin herrschenden „Alltagsreligion" wirksam sind. Die von ihnen sowie *Richter* vermittelten Einsichten bestätigen von psychoanalytischer Seite überdies genau den von *Anders* in den Mittelpunkt gestellten Befund einer unkritisch-schicksalsergebenen Haltung der Einzelnen gegenüber der selbstentfesselten Dynamik der technisch-industriellen Welt. In bloßer Gewissenhaftigkeit, so *Anders*, schmiegen sich die Individuen nurmehr den Zwängen dieses unter eigenen, unbeeinflussbar wirkenden Gesetzen sich vollziehenden Prozesses an. Auch er sieht hier bekanntlich eine Art Bewusstseinsspaltung am Werk, in der diese die eigene Urheberschaft und Verantwortlichkeit ausblenden, sich zu rein erfüllenden Funktionsträgern der übermächtigen Systemtendenzen herabsetzen und so die Augen vor den immensen sozialen und globalen ökologischen Risiken, die jenen innewohnen, schließen.

Lifton und *Markusen* kommt nicht nur das Verdienst zu, unsere Vorstellung über die Psychodynamik des spätmodernen Bewusstseins auf eine festere Grundlage gestellt zu haben; wir verdanken ihnen auch eine weitere Aufhellung der inneren Verfassung des aufgewiesenen Unbehagens in der Kultur zweiten Grades. Unter selbstpsychologischem Aspekt wird neben der weithin traumatischen (1990: 70 ff.) besonders gut dessen allmachtsvergessen-triebhafte Seite sichtbar. Sie lässt sich zum einen aus den Zeugnissen der an der Nuklearentwicklung Beteiligten herauslesen, wenn diese von der ästhetischen Faszination der Atomexplosion berichten, deren Wirkung nicht nur als „erschreckend", sondern auch als „beispiellos, erhaben, schön, gewaltig" erlebt wird (1990: 74). Zum anderen wird sie greifbar in den sexuellen Konnotationen, die sich in den Reaktionen der Massenkultur finden lassen. „Die Bombe wurde zum Symbol für sexuelle Potenz, wie in dem Pop-Schlager 'Atom bomb Baby' von 1947 – und bei den 'Atom bomb Dancers', die in den Variétés von Los Angeles auftraten." (Lifton / Markusen 1990: 77) Dem Unbehagen in der Kultur zweiten Grades ist, das machen diese Hinweise deutlich, das lustvolle Spiel mit dem Tod[6] aufs engste verschwistert. Vor dem Hintergrund der vermessen-gottgleichen Allmachtsphantasie verliert die Todesgefahr ihren Schrecken – sie wird überformt von der aberwitzigen Vorstellung einer umfassenden schöpferischen Kraft des nuklearen Systems. Die „menschenzerstörende Objektivität" instrumenteller Vernunft vermag sich, wie *Lorenzer* (1981: 125) ein wesentliches Moment schon der Wirkung nationalsozialistischer Weltanschauung analysierte, im Individuum so unheilvoll auszubreiten, dass „Selbstbehauptung" „in einer todessüchtigen Verschmelzungsphantasie" getilgt wird. So wird ein damaliger Wissenschaftsredakteur der New York Times, gleichzeitig offizieller Militärsprecher, zitiert mit den die Atomtests kommentierenden Sätzen: „Es war, als habe man das Glück, die Geburt der Welt mitzuerleben", und: „Die gewaltige Detonation wurde zum ersten Schrei einer neugeborenen Welt" sowie: „Diese aufgehende Supersonne erschien mir wie das Symbol einer neuen Ära" (Lifton/Markusen: 96 f.). Wie wenig sich dieses Allmachtsgefühl auf technische Neuschöpfungen beschränkt, vielmehr die heutige Alltagshaltung generell charakterisiert, dafür könnte die allseits wahrnehmbare Neigung ein Indikator sein, sich – sei es im Verkehr, in Extremsportarten, im Alkohol-, Drogen- und Nikotinkonsum – vernunftwidrig immer wieder neu Risiken auszusetzen und damit Proben eigener Unversehrbarkeit zu liefern (vgl. hierzu und zum Folgenden Richter 1979: 181-194). *Richter* macht an der Wurzel dieses allgemeinen Risikodrangs eine tiefgreifende innere Verzagtheit und Sterbeangst aus, vor der verleugnend beziehungsweise verniedlichend die Flucht in riskante Praktiken angetreten wird. Von diesem „Ohnmacht-Allmacht-Komplex", als der der „Gotteskomplex" folglich auch bezeichnet werden kann, ist Unbehagen in der Kultur heute mitgeprägt.

3. Unbewusste Risikolust und Autodestruktivität statt umweltbewusster Praxis

Wenn es nun zu einer Zuspitzung des Unbehagens in der Spätmoderne gekommen ist, und wenn zur sozialen nun die ökologische Angst hinzugetreten ist, so fragt sich, warum diese Angst nicht an ihren Wurzeln bearbeitet, sondern oberflächlich beschwichtigt und durch Spaltungsmechanismen bekämpft wird. Warum gelingt den Individuen die Ausblendung der eigenen Destruktivität, und welchen Preis zahlen sie dafür? Hier

6 Vgl. *Hans-Dieter König* (1992: 5); er sieht eine wesentliche latente Aussage der bekannten Werbung für Marlboro-Zigaretten, der derzeit weltweit erfolgreichsten Zigarettenmarke, in der Förderung einer infantilen und autoaggressiven Ausrichtung von Sexualität und Aggression sowie in einer Suggestion der Phantasie, die mit dem Rauchen verbundene Todesgefahr meistern zu können (1992: 60,68).

kommt die depressive Seite, die sich dem doppelten Unbehagen in der Kultur hinzugesellt, ins Spiel. Der in seinem Allmachtsdünkel trunkene Prothesengott wird, wie schon gezeigt, eingeholt von einer Art Kater, den die quälende prometheische Scham, eine Art „Kleinheitswahn" (den *Freud* mit der Melancholie einhergehen sah), sowie die Ahnung der Schuld seines manisch fortgesetzten Zerstörungswerks gegenüber seinen natürlichen Lebensgrundlagen und das Leiden am anhaltenden gemeinen Unglück in ihm hervorrufen. Nun äußern sich solche depressiven Züge meist nicht direkt, werden übertönt, übertüncht, etwa als „lächelnde Depression" (Fromm).[7] Das „glückliche Bewußtsein", das *Herbert Marcuse* in ebenso erbitterter wie einfühlungsschwacher Kritik brandmarkte, bildet im Wesentlichen die Fassade des Munteren, Vergnügt-Geschäftigen, des Stets-Happy-Gestimmten, Angepassten, womit in den unzähligen Aktivitäts- und Beschwichtigungsangeboten spätmoderner Gesellschaften versucht wird, das Hochkommen einer tiefsitzenden chronischen Langeweile (vgl. auch Horn 1983: 295 ff.) und Sinnlosigkeits-Empfindung zu bekämpfen. Postmoderne Beliebigkeit, das Motto eines folgenlosen „anything goes" sind gleichermaßen Indikatoren dieser kollektiven Gemütsverfassung, wie sie einen Kulturzustand charakterisieren, der für die Bedingungen solcher Gestimmtheit erst sorgt.

Wie verknüpft sich nun diese depressive Seite mit dem kulturellen Grundgefühl des Unbehagens?[8] Bislang war uns Unbehagen in der Kultur als Resultat eines „Tatkomplexes" bekannt geworden. Einerseits handeln die Menschen in der Kultur immer unter dem Einfluss der Triebimpulse von Eros und Aggression, andererseits müssen sie stets aufs Neue spüren, dass die Kultur zur Kontrolle, zum Verzicht auf diese Triebregungen auffordert – wie auch, dass diese von ihnen ja geschaffene Kultur im triebhaften Innenleben ihrer Mitglieder regelmäßig auf größten Widerstand stößt. Das Resultat ist eine Art kulturelle Dauer-Ambivalenz, ein Schuldgefühl infolge der permanenten kulturfeindlichen Strebungen, eben ein „Unbehagen in der Kultur". Dieses unter dem Blickwinkel einer darin steckenden verallgemeinerten depressiven Stimmung zu betrachten, ist aber nur dann gerechtfertigt, wenn dafür etwas festgestellt werden kann, das annähernd der für das Aufkommen einer Depression unabdingbaren Tatsache eines Objektverlustes gleich kommt – ein jenseits der Spezifität individueller Lebensgeschichten liegender struktureller Zusammenhang. Ein solcher ist in den an früherer Stelle angeführten Überlegungen *Klaus Horns* bereits hergestellt worden. Er liegt – das kann hier nur angedeutet werden – in dem ganzen Diagnosekomplex „Vaterlosigkeit, Traditions- und Orientierungsverlust" vor.

Wenn wir die depressive Seite des Unbehagens in der Kultur verstehen wollen, kommen wir zusätzlich zu der Betrachtung ihrer sozialen Entstehung und Bedeutung nicht

7 Auch *Alexander Mitscherlich* sieht im Individuum unserer Tage eine depressive Stimmungslage vorherrschen; es nimmt „aktiv teil, aber seine Erlebnisfähigkeit ist gleichsam depressiv, verzagend, anklagend und klagend eingefärbt" (1963: 303).

8 Die auf den folgenden Seiten an das sozialpsychologisch gewendete Konzept der Depression geknüpften Überlegungen gehen auf eine frühere Arbeit (Busch 1994) zurück und wurden später (Busch 2001) wieder aufgenommen. Sie wurden, leicht abgewandelt und teilweise überarbeitet, in die Argumentation dieses Kapitels integriert.

umhin, den Zusammenhang zu ihren beträchtlichen Folgekosten, insofern sie als Motiv für die Bereitschaft zu destruktivem Handeln dienen, genauer ins Auge zu fassen. Es zeigt sich dann, dass auch in ihr ein bestimmter „Tatkomplex“ wirksam wird. Depression ist, wie *Friedrich Hacker* (1971: 75) folgerte, „nach innen gewendete Aggression“. Depression enthält – nimmt man die in ihr steckende Selbstmord-Tendenz hinzu – also jedenfalls einen hohen Anteil an Autodestruktivität. Im individuellen Maßstab scheint das zunächst weniger beunruhigend zu sein; denn sicher neigen wir dazu, die Destruktivität gegenüber dem Anderen, Fremden als gefährlicher zu erachten als die gegen die eigene Person. Aber dieser Unterschied verliert an Bedeutung, wenn eine andere Differenzierung eingeführt wird: jene zwischen spezifischer und umfassender, allgemeiner destruktiver Aggression. Unter spezifischer destruktiver Aggression wird hier eine umgrenzte, auf einzelne Personen beziehungsweise Personengruppen gerichtete verstanden. Mit allgemeiner destruktiver Aggression sind Handlungsweisen gemeint, mit denen ein Einzelner auf einem erst jüngst erreichten Zivilisationsniveau in einem umfassenden, globalen Sinn Zerstörung anzurichten vermag. Der Abwurf einer Atombombe durch einen einzelnen Piloten oder ein Bomberteam markiert die militärische, gezielt massenvernichtende, die Welt oder zumindest ganze Landstriche zerstörende Variante. Die Betreiber sowie die verantwortlichen Ingenieure und Techniker bestimmter Industrieanlagen (chemische und Atomkraftwerke) nehmen, in einer milderen Variante, das Risiko von Folgewirkungen dieses Ausmaßes immerhin in Kauf. In einem geradezu subtilen Sinn betrifft dies heute aber jede individuelle Form von Energieverbrauch durch Autofahren, Fliegen, Heizen, von Landzerstörung für Wohn- und Freizeitzwecke (Sport, Tourismus), indem das Selbst oder wir Selbste uns alle miteinander gefährden, schädigen, zerstören – in einer gleichsam kollektiven Autodestruktion. Ich meine, dieser Gedanke kann das psychodynamische Wesen umweltzerstörenden Handelns einigermaßen treffend umreißen.[9]

Umweltschädigung ist im Grunde und letzthin Autodestruktion. Und genau wie die Melancholie einen autodestruktiven Zug hat, ist umgekehrt Autodestruktion von Melancholie begleitet. Soziale und ökologische Melancholie beziehungsweise Depression[10] verspüren wir ja, weil wir uns so wenig in der Lage fühlen, auf Sozialordnungen, auf das Weltgeschehen Einfluss zu nehmen. Vielmehr scheint vieles von dem, was wir tun, Unfrieden, Objektverlust, Weltverlust unaufhaltsam voranzutreiben. Das belastet ganz offensichtlich in kollektivem Ausmaß das Schuldkonto. Dann haben wir es eben nicht besser verdient, wir machen weiter, paaren dabei Lustgewinn (der beim Autofahren, Rauchen, Konsum allgemein und so weiter abfällt) mit auf dem Fuß folgender

9 Es reicht eben nicht aus, es – wie *Herbert Marcuse* (1967: 98) – bei der These zu belassen, im Zuge wachsenden technischen Fortschritts sei entsprechend die gesellschaftliche Kapazität zur Manipulation auch des Destruktionstriebes gestiegen und die Möglichkeit, auf diesem Wege sozialen Zusammenhalt zu stiften.

10 Ich verwende den Begriff „Melancholie“ hier ausschließlich im klinischen Sinn der Depression. Zum Vorteil einer sozialpsychologischen Unterscheidung zwischen krankhafter Depression und einer Lebensform der Melancholie vgl. *Hans-Joachim Busch* (2005).

oder verzögert eintretender Strafe (die Schädigung, die wir uns mit all diesem Tun zufügen und sei es auch nur in Gestalt des Risikos, das wir damit mindestens eingehen).

Dies soll am Beispiel des Automobilismus etwas eingehender demonstriert werden. Dabei werden die Betrachtungen idealtypisch zugespitzt – die dabei entstehenden Überzeichnungen schmälern meines Erachtens deren Aussagegehalt nicht. Gewiss ist das Auto eine in mancher Hinsicht vorteilhafte, zudem lustfördernde, ja -bereitende Errungenschaft; für viele ist es im Hinblick auf das erreichte zivilisatorische Niveau gar nicht mehr wegzudenken. Mit keinem anderen Produkt der industriell-kapitalistischen Ära verbindet sich so sehr ihre Eigenschaft einer „mobilen Gesellschaft", die zugleich der Entfaltung des Einzelnen breiten Raum zu geben scheint, wie auch den Anforderungen der modernen Wirtschaft bestens genügt. Gleichzeitig verdichten sich im Innenleben des spätmodernen Automobilisten einige Charakteristika herrschender instrumenteller und konsumistischer, von prometheischer Scham gezeichneter Orientierungen sehr prägnant. Hierzu bereits vorliegende Studien (vgl. etwa Bastian 1989; Schmidbauer 1980: 189) heben dessen Entfernung zu sozialen Objekten und seinen Narzissmus hervor. Die automobile Technik wird als Teil und als Medium individueller Allmacht und Größe erlebt. In der Haltung des konsequenten Automobilisten kommt gewissermaßen prototypisch das entgrenzte Verhältnis des aus der Gottesherrschaft herausgetretenen modernen Menschen zum Vorschein. Er weiß nicht um seine Grenzen, ignoriert die vielfältigen, immensen Risiken des hochgerüsteten Individualverkehrs. Seine Selbstverkennung erlaubt es ihm nicht zu sehen, wie sehr er zum hilflosen Anhängsel der von ihm erzeugten hochverehrten und im Übermaß gebrauchten automobilen Technik wird, wie sehr die „Anbetung" des Automobils seine eigene Autonomie aushöhlt und zur Groteske werden lässt.

Ein „Fallbeispiel" (Buchholz 1991: 59 f.):

> Willi ist einer der Jugendlichen, die auf dem Lande leben und großen Gefallen daran finden, die Grenzen ihres Motorrads bzw. ihrer Kunst, damit umzugehen, bei gefährlichen Fahrten herauszufinden versuchen. Diese Jugendlichen „scheinen", schreibt *Buchholz*, „möglicherweise angesichts des Fehlens anderer attraktiver Angebote – kein anderes Ziel zu kennen, als zu arbeiten, um sich immer schnellere und teurere Maschinen leisten zu können. Willi gehört zu diesen; seine nächtlichen Eskapaden machen seinen Eltern beträchtliche Sorgen. Er erleidet einen schweren Motorradunfall, mehrmonatiger Krankenhausaufenthalt folgt – und kaum, dass er wieder halbwegs gehen kann, geht er vor die Klinikstüren, um sich dort die geparkten Maschinen mit einer gewissen Erregung anzusehen. Ihm ist der 'Un-Sinn' dieses Verhaltens voll bewußt, es ihm aufklärend vorzuhalten, wäre therapeutisch vollkommen unfruchtbar. Im Gespräch mit ihm und seiner Familie stellt sich heraus, dass er eine bestimmte, eben zyklische Vorstellung im Kopf hat. Er sagt etwa, selbstverständlich werde er wieder Motorrad fahren, und dabei habe er zwei Alternativen, falls es zu einem Unfall kommt: Wenn er überlebt, habe er eine Art Pause, sozusagen ein Moratorium, wo er zur Besinnung kommen könne, und das lasse auch seine Freunde nicht kalt; im Gegenteil. In der Zeit nach dem Unfall fahren alle vorsichtiger, sozusagen gewarnt. Sein Unfall ist eine Warnung, doch nicht nur für ihn, sondern für das Kollektiv seiner Freunde. Wenn er nicht überlebt – das ist die andere Alternative –, sei auch das eine Warnung für die Freunde,

doch könne man dann ja damit rechnen, daß so schnell sich ein weiterer Unfall nicht ereignen werde."

Verallgemeinert man *Buchholz'* Erörterungen, kommt eine den heutigen Automobilisten generell kennzeichnende Einstellung zum Ausdruck. Als individualisierte Verkehrsteilnehmer sind wir nämlich nicht nur selbstbewusste, eigenständige und aufgeklärte Bürger, sondern in einem unbewusst[11] zu nennenden, mythologischen Sinn Teile eines Kollektivs, und zwar, wie *Buchholz* weiter schließt, eines Kollektivs, das wie in primitiven Gesellschaften organisiert ist. Ähnlich wie dort der Glaube an Götter herrscht, die die Menschen für ihre Taten verfolgen und vernichten, so dass man, um dies zu verhindern und sich zu entlasten, individuelle Opfer zu erbringen hat, erlebt sich Willi als mögliches Opfer, dessen Sinn in der Hingabe für sein dadurch gewarntes und bewahrtes Kollektiv besteht. Zwar legen Jugendliche wie Willi eine extreme Haltung an den Tag, doch einen Teil der dort zu beobachtenden motorisierten Unvernunft finden wir wohl bei fast allen Verkehrsteilnehmern. Man denke an die über alle Ratschläge und Warnungen sich immer wieder hinwegsetzende „unangepasste Fahrweise" bei Nebel und Nässe, in verkehrsberuhigten Zonen, im Stadtverkehr generell. Man nehme die durchaus mit Opferbereitschaft zu erklärende starrsinnige Unbelehrbarkeit, mit der die Autofahrer sich immer aufs Neue ins regelmäßig zum Stau gerinnende Getümmel des Berufsverkehrs stürzen, mit der sie alljährlich mehrmals mit ihren Familien die manchmal bis zu 100 km langen Urlaubsreisestaus auf den Autobahnen nicht etwa meiden, sondern zielsicher aufsuchen. Neben dem darin enthaltenen Abtragen von unbewusst empfundener Schuld durch Opfergaben veranschaulichen diese Phänomene sehr gut das heute verbreitete depressiv-apathische Sichfügen in die vermeintliche Unvermeidlichkeit selbstgeschaffener technisch-kultureller Zwänge, die ja auch mit Gefahren und Einbußen an sinnlich-praktischen Erlebnismöglichkeiten verbunden sind. Offensichtlich trifft es zu, wenn *Richter* die Verbreitung eines untergründigen Selbsthasses beobachtet (1993: 28) und die Menschen der Spätmoderne als „ungewollte Märtyrer" „für ein destruktives inneres Gebot" sieht, einem bis ins Unbewusste hinabreichenden inneren Zwang folgend, einem „verinnerlichten Guru" (1993: 25) Die in dieser lediglich beispielhaften Fallskizze illustrierte, der Moderne allseits innewohnende Anfälligkeit zu (selbst-)destruktiver Entgleisung legt den Schluss nahe, die gegenwärtigen soziokulturellen Einrichtungen hätten systematisch das Treffen von Vorkehrungen für eine „Introversion des Opfers" (vgl. dazu Heim 1995: 127 f.) vernachlässigt, um aus dem Wuchern derartiger alltagsreligiöser Praktiken Nutzen zu ziehen.

Das Unbehagen in der Kultur ist nicht nur nicht verschwunden, sondern hat sich seit *Freud*s Zeiten verschärft. Sich des Ventils zu bedienen, sich von den Aggressionen durch deren Umleitung auf die äußere Natur zu befreien, ist ein Mechanismus, dem seine Unschuld genommen ist. Sich dessen inne zu werden, führt zu einem doppelten

11 Ich hebe an dieser Stelle hervor, dass ich auf der Ebene psychoanalytisch-sozialpsychologischer Untersuchungen den Begriff „unbewusst" nur im deskriptiven Sinn verwende (vgl. dazu ausführlich Busch 2001: 162-191).

Unbehagen in der Kultur, einem Unbehagen zweiten Grades. Weniger beleuchtet war bisher die depressive Seite dieser Grundstimmung des Kulturmenschen. Eine Reihe von sozialpsychologischen Analysen bescheinigen der heutigen Sozietät ein destruktionsförderliches depressives Klima. Hinter dem munter-geschäftigen instrumentellen Allmachtsgehabe, das den spätmodernen Alltag zu beherrschen scheint, sind dennoch die dahintersteckende Schwäche der Objektbeziehungen, die Destruktivität und die damit zusammenhängenden Schuldgefühle und Tendenzen der Selbst-„Herabsetzung" nicht vollends zu verbergen. Sind nämlich die produktiven, kreativen Mitwirkungsmöglichkeiten von Einzelnen in einer Gesellschaft gering, stoßen also ihre Bemühungen, sich durch Handeln, durch Interaktion in ihr einzurichten, von früh an nicht auf das nötige Echo, wächst die Gefahr zerstörerischer Entgleisung, destruktiven Ausbruchs aus dem sozialen Gefüge. Das Wissen um die schädigende Wirkung eines Handelns führt nicht von allein dazu, es abzustellen, sondern unterfüttert dessen sadomasochistische Wiederholung, Perpetuierung. Die Situation der spätmodernen Gesellschaft am Ausgang des 20. Jahrhunderts ist von einer diesbezüglichen Verschärfung gekennzeichnet. Die kulturell benötigten Aggressionsventile werden immer rarer; auf innersoziale Aggressionsabfuhr (etwa in Form von Hass gegenüber Minderheiten) zu setzen, wäre ein gefährliches Spiel mit dem Feuer, durch das der Zusammenbruch der spätmodernen Zivilisation drohen würde. Wir stehen vor der Alternative, entweder neue Möglichkeiten der Aggressionsentladung aufzutun oder besser: die sozialen und kulturellen Bedingungen aggressionsmindernd zu verändern. Im Zusammenhang mit dieser Zuspitzung ist mit „Unbehagen zweiten Grades" ein Schuldzusammenhang angesprochen, den unsere in den letzten Jahrzehnten zunehmende ökologische Destruktivität heraufbeschwört. Da sich aufgrund der hiermit verbundenen ubiquitären, globalen Risiken Destruktivität und Autodestruktivität kaum mehr unterscheiden lassen, schien mir dieses Handeln besonders gut den aus einer depressiven Grundstimmung herrührenden selbstzerstörerischen Aspekt zu verdeutlichen. Was in der individuellen Biographie den Suizid zur Folge hat, kann in der Geschichte des kulturellen Kollektivs zum Homizid führen: indem wir jeder für sich – sinnbildlich gesprochen – am Ast sägen, auf dem wir alle gemeinsam sitzen.

Literatur

Anders, Günther: Die Antiquiertheit des Menschen, 1. Bd.: Über die Seele im Zeitalter der 2. Industriellen Revolution, 2. Bd.: Über die Zerstörung des Lebens im Zeitalter der 3. Industriellen Revolution, München 1983.

Bastian, Till: Die Mobilmachung, in: Psychologie Heute, 1989, H. 2, S. 58-63.

Bauman, Zygmunt: Moderne und Ambivalenz. Das Ende der Eindeutigkeit, Hamburg 1992.

Bauman, Zygmunt: In der Welt der Touristen und Vagabunden. Ein Gespräch mit dem polnischen Philosophen Z. Bauman über die Schwierigkeiten des postmodernen Lebens (geführt von Ingeborg Breuer), in: Frankfurter Rundschau vom 19. Oktober 1996.

Bauman, Zygmunt: Unbehagen in der Postmoderne, Hamburg 1997.

Beck, Ulrich: Risikogesellschaft, Frankfurt am Main 1986.

Beck, Ulrich: Der clevere Bürger. Bemerkungen zu Anthony Giddens' Konzeption „Reflexiver Modernisierung", in: Soziologische Revue, 19. Jg. (1996), H. 1, S. 3-9.

Brede, Karola: Überlegungen zum Verhältnis von Angst und Technik, in: Hans-Jürgen Wirth (Hrsg.): Nach Tschernobyl. Regiert wieder das Vergessen?, Frankfurt am Main 1989, S. 123-132.

Buchholz, Michael / Günter Reich: Panik, Panikbedarf und Panikverarbeitung. Soziopsychoanalytische Anmerkungen zu zeitgenössischen Desintegrationsprozessen aus Anlaß von Tschernobyl und Aids, in: Psyche, 41. Jg. (1987), H. 12, S. 610-640.

Buchholz, Michael: Endzeitängste – Endzeitsehnsüchte, in: Evelyne Valting (Hrsg.): In schwarzen Spiegeln Regenbögen. Verarbeitungsformen von Endzeitangst und Krisenbewußtsein – Literarische, psychologische, theologische Reflexionen. Hofgeismarer Protokolle 272, Hofgeismar 1991, S. 51-69.

Busch, Hans-Joachim: Depression und Destruktion in der spätmodernen Gesellschaft – Eine psychoanalytisch-sozialpsychologische Betrachtung, in: Jürgen-Helmut Mauthe / Jürgen-Helmut Krukenberg-Batemann (Hrsg.): Depression und Destruktion, Königslutter 1994, S. 20-34.

Busch, Hans-Joachim: Klaus Horns Konzept einer „Kritischen politischen Psychologie", in: ders. / Johann August Schülein (Hrsg.): Politische Psychologie. Sonderheft Psychosozial, 22. Jg. (1999), H. 1, S. 25-39.

Busch, Hans-Joachim: Subjektivität in der spätmodernen Gesellschaft. Konzeptuelle Schwierigkeiten und Möglichkeiten psychoanalytisch-sozialpsychologischer Zeitdiagnose, Weilerswist 2001.

Busch, Hans-Joachim: Spätmoderne Gesellschaft und Depression, in: Stephan Hau / ders. / Heinrich Deserno (Hrsg.): Depression – zwischen Lebensgefühl und Krankheit, Göttingen 2005, S. 195-213.

Claussen, Detlev: Die mißglückte Säkularisierung. Über Xenophobie, Antisemitismus und Nationalismus als Bestandteile einer modernen Alltagsreligion, in: Widerspruch. Beiträge zur sozialistischen Politik, 13. Jg. (1993), H. 26, S. 5-14.

Eissler, Kurt R.: Der Sündenfall des Menschen, in: ders. (Hrsg.): Todestrieb, Ambivalenz, Narzißmus, München 1975, S. 64-134.

Fischer, Joschka: Der Umbau der Industriegesellschaft. Plädoyer wider die herrschende Umweltlüge, Frankfurt am Main 1989.

Freud, Sigmund: Die Zukunft einer Illusion, Leipzig / Wien / Zürich 1927, S. 135-189.

Freud, Sigmund: Das Unbehagen in der Kultur, Bd. IX, Wien 1930, S. 191-270.

Fromm, Erich: Anatomie der menschlichen Destruktivität, in: ders. (Hrsg.): Gesamtausgabe, Bd. VII, Aggressionstheorie, Stuttgart 1973.

Giddens, Anthony: The Politics of Climate Change, Cambridge 2009.

Hacker, Friedrich: Aggression, Wien / München / Zürich 1971.

Heim, Robert: Über die Aktualität der „Vaterlosen Gesellschaft" – Zur Lage der psychoanalytischen Sozialpsychologie und Kulturwissenschaft in Deutschland, in: Wilhelm Burian (Hrsg.): Die Zukunft der Psychoanalyse, Psychoanalytische Blätter 3, Göttingen / Zürich 1995, S. 84-140.

Horkheimer, Max: Geschichte und Psychologie, in: Helmut Dahmer (Hrsg.): Analytische Sozialpsychologie, 1. Bd., Frankfurt am Main 1932, S. 158-178.

Horkheimer, Max: Studien über Autorität und Familie. Allgemeiner Teil, in: ders. (Hrsg.): Studien über Autorität und Familie, Paris 1936, S. 3-76.

Horkheimer, Max / Theodor W. Adorno: Dialektik der Aufklärung, Amsterdam 1947.

Horkheimer, Max: Ernst Simmel und die Freudsche Philosophie, in: Bernard Görlich / Alfred Lorenzer, Alfred Schmidt: Der Stachel Freud, Frankfurt am Main 1948, S. 139-148

Horn, Klaus: Dossier: Die insgeheime Lust am Krieg, den keiner ernsthaft wollen kann. Aspekte einer Soziopsychodynamik phantastischer Beziehungen zur Gewalt, in: ders. / Eva Senghaas-Knobloch (Hrsg.): Friedensbewegung – Persönliches und Politisches, Frankfurt am Main 1983, S. 268-339.

Horn, Klaus: Wie kommen wir zu einer „konstitutionellen Intoleranz“ gegen den Krieg? Anmerkungen zum Einstein-Freud-Briefwechsel – 50 Jahre danach, in: Psyche, 38. Jg. (1984), H. 12, S. 1083-1104.

Horn, Klaus: Zum Entstehen Politischer Psychologie. Historische Hinweise aus der Perspektive der Kritischen Theorie des Subjekts, in: Hans-Joachim Busch / Johann August Schülein (Hrsg.): Politische Psychologie. Sonderheft Psychosozial, 22. Jg. (1999), H. 1, S. 9-23.

König, Hans-Dieter: Autoritarismus und Konsumsteuerung. Zum Wandel der Konformismusproblematik in Marcuses Kritik der fortgeschrittenen Industriegesellschaft, in: Institut für Sozialforschung (Hrsg.): Kritik und Utopie im Werk von Herbert Marcuse, Frankfurt am Main 1992, S. 217-46.

Leggewie, Claus / Harald Welzer: Das Ende der Welt, wie wir sie kannten. Klima, Zukunft und die Chancen der Demokratie, Frankfurt am Main 2009.

Lifton, Robert J. / Eric Markusen: Die Psychologie des Völkermordes. Atomkrieg und Holocaust, Stuttgart 1990.

Lifton, Robert J.: Zeugnis ablegen. Angesichts unseres Jahrhunderts, Bd. 3, Hamburg 1995.

Lorenzer, Alfred: Das Konzil der Buchhalter. Die Zerstörung der Sinnlichkeit. Eine Religionskritik, Frankfurt am Main 1981.

Marcuse, Herbert: Das Veralten der Psychoanalyse, in: ders. (Hrsg.), Kultur und Gesellschaft 2, Frankfurt am Main 1965, S. 85-106.

Marcuse, Herbert: Der Eindimensionale Mensch, Neuwied / Berlin 1967.

Marcuse, Herbert: Aggressivität in der gegenwärtigen Industriegesellschaft, in: ders. (Hrsg.): Aggression und Anpassung in der Industriegesellschaft, Frankfurt am Main 1968, S. 7-29.

Marcuse, Herbert: Versuch über die Befreiung, Frankfurt am Main 1969.

Marcuse, Herbert: Triebstruktur und Gesellschaft, Frankfurt am Main 1970.

Marcuse, Herbert: Konterrevolution und Revolte, Frankfurt am Main 1973.

Marcuse, Herbert: Kinder des Prometheus. 25 Thesen zur Technik und Gesellschaft, in: „Tüte“ Sonderheft (1979), s. Lyotard, S. 23-25.

Mitscherlich, Alexander (Hrsg.): Das beschädigte Leben, Grenzach 1969.

Mitscherlich, Alexander: Massenpsychologie und Ich-Analyse – Ein Lebensalter später, in: Psyche, 31. Jg. (1977), H. 6, S. 516-539.

Mitscherlich, Alexander: Auf dem Weg zur vaterlosen Gesellschaft, in: ders., Gesammelte Schriften, Bd. III, Sozialpsychologie 1, Frankfurt am Main 1983, S. 7-369.

Richter, Horst-Eberhard: Der Gotteskomplex, Reinbek bei Hamburg 1979.

Richter, Horst-Eberhard: Umgang mit Angst, Hamburg 1992.

Richter, Horst-Eberhard: Wer nicht leiden will, muß hassen. Zur Epidemie der Gewalt, Hamburg 1993.

Schmid Noerr, Gunzelin: Eros und Todestrieb. Zur Dechiffrierung der psychoanalytischen „Mythologie“, in: Psyche, 41. Jg. (1987), H. 8, S. 677-698.

Schmid Noerr, Gunzelin, Das Eingedenken der Natur im Subjekt: Jenseits der Aufklärung? Zu Horkheimers und Adornos ‚Dialektik der Aufklärung‘, in: ders. (Hrsg.): Metamorphosen der Aufklärung. Vernunftkritik heute, Tübingen 1988, S. 68-98.

Schmidbauer, Wolfgang: Alles oder Nichts. Über die Destruktivität von Idealen, Reinbek bei Hamburg 1987.

Wirth, Hans-Jürgen (Hrsg.): Nach Tschernobyl. Regiert wieder das Vergessen?, Frankfurt am Main 1989.

Teil II

Klimawandel: Akteure und Auswirkungen

Klimapolitik in Zeiten globaler Krisen. Alte und neue Konflikte[1]

Ulrich Brand

Trotz der hohen Aufmerksamkeit, die dem Klimawandel zukommt, überwiegt wissenschaftlich wie politisch die Skepsis hinsichtlich der ergriffenen klimapolitischen Maßnahmen. Die vor drei Jahren offensichtlich gewordene Finanz- und Wirtschaftskrise macht das besonders deutlich. Staatliches und intergouvernementales Handeln erfährt eine enorme Aufwertung; doch es dominieren strukturkonservative Politiken – die Automobilbranche muss gerettet werden – und ein halbierter Keynesianismus. Letzterer führt in bestimmten Bereichen zu massiven Staatsinterventionen, in anderen wie der Arbeitsmarkt- und Sozialpolitik werden die existierenden Logiken kaum infrage gestellt. Die einzelnen Länder hoffen, dass „ihre" Firmen durch die Krise hindurchtauchen und anschließend wieder Arbeitsplätze, Steuern und Wohlstand generieren. Und das alles betrifft nicht nur die so genannten Industrieländer, sondern auch Gesellschaften des globalen Südens. Die Formen der Krisenregulierung sind zum einen Ausdruck der bestehenden Kräfteverhältnisse. Sie sind aber auch Teil tief verankerter Orientierungen an Wohlstand und gesellschaftlicher Entwicklung, die auf einem fossilistisch-industrialistisch und inzwischen stark globalisierten Wirtschafts- und Gesellschaftsmodell basieren. Der multiple Charakter der Krise ist noch gar nicht richtig erkannt, geschweige denn politisch relevant (Altvater 2009).

In dieser Konstellation hat es effektive Klimapolitik schwer. Sie kann nicht als partikulares Politikfeld zur Bearbeitung eines spezifischen Problems – globaler Klimawandel – verstanden werden. Mehr noch: Im Klimawandel und den komplexen Verbindungen zu anderen gesellschaftlichen wie sozial-ökologischen Entwicklungen deutet sich für die Sozialwissenschaften etwas an, was *John Barry* (2008: ix) auf den Punkt bringt: „Climate Change will shape not only the physical but the intellectual landscape of the twenty-first century." Die institutionellen und normativen Grundlagen der Gesellschaft, so viel steht heute fest, werden sich im Lichte der multiplen und damit auch der sozial-ökologischen Krise verändern – in welche Richtung auch immer. Hier sollte die Politikwissenschaft an gesellschaftlicher Analyse und Reflexion über die latenten wie manifesten Probleme und Konflikte sowie die Arten der Problembearbeitung mitwirken und zu demokratischen Formen der Veränderung beitragen. Doch „die" Politikwissenschaft gibt es natürlich nicht, sondern es sind unterschiedliche Paradigmen, die sich mit Umwelt- bzw. sozial-ökologischen Problemen und deren Bearbeitung befassen. Der hier gewählte theoretische Zugang ist im Kontext der politischen Ökologie

1 Erweiterte und mit Literatur versehene Version des Vortrages im Plenum I „Klimawandel in globaler Perspektive: Wer macht Politik für wen?". Für wichtige Hinweise danke ich *Achim Brunnengräber, Kristina Dietz, Christoph Görg, Bettina Köhler, Markus Wissen* und den Mitdiskutierenden beim DVPW-Kongress. Dem ehemaligen DVPW-Vorstand und insbesondere der Vorsitzenden danke ich dafür, dass sie meine Einreichung für einen Plenarvortrag ausgewählt haben.

verortet, und für ihn ist weniger der Begriff der Umwelt, sondern jener der gesellschaftlichen Naturverhältnisse zentral.

1. Politische Ökologie und der Begriff der gesellschaftlichen Naturverhältnisse

Der Begriff der gesellschaftlichen Naturverhältnisse, vom Frankfurter Institut für sozial-ökologische Forschung und in dessen Kontext seit den 1980er Jahren entwickelt, geht nicht von einer dichotomen Gegenüberstellung von Natur und Gesellschaft aus. Der Klimawandel besteht demzufolge nicht lediglich in biophysikalischen Störungen. Gesellschaften eignen sich Natur im Verlauf der Geschichte institutionell, technologisch-wissenschaftlich vermittelt und aufgrund bestimmter hegemonialer Naturverständnisse an: Natur als Ressourcen, als Raum, als Senken, auf ästhetische Art und Weise. Damit sind Kulturlandschaften, Städte und Autos gemeint, das Interesse an genetischen sowie Ölressourcen und – als nicht-intendierte Folgen gesellschaftlichen Handelns – eben auch der Klimawandel. Es geht also weniger um die Natur „an sich", sondern um die gesellschaftlichen Verhältnisse ihrer Aneignung. Wissenschaftlich bedeutet dies, Ökologie nicht zur Leitwissenschaft zu machen und die Welt daher nicht nur mit Begriffen wie Stoffkreisläufe, Energie und Entropie zu beschreiben. Gesellschaft und Natur werden begriffen als „unterschiedliche, unterscheidbare und in sich differenzierte Pole eines dynamischen, prozessierenden Vermittlungszusammenhangs" (Jahn / Wehling 1998: 82; Görg 2003; Becker / Jahn 2006).

Die bestehenden Naturverhältnisse – in Bereichen wie Energie, Ernährung oder Mobilität bis hin zur Fortpflanzung – sind entscheidend für die Strukturierung sozialer Verhältnisse und damit auch für die Handlungsfähigkeit von Akteuren. Wenn in den kommenden Jahren für acht Milliarden Euro die Nabucco-Pipeline von der Türkei über Bulgarien, Rumänien und Ungarn nach Österreich gebaut wird, um Erdgas von Aserbeidschan, Turkmenistan und später vielleicht auch von Kasachstan nach Westeuropa zu transportieren, dann werden damit nicht nur langfristig Infrastrukturen geschaffen, die auch genutzt werden sollen, sondern es werden Lebensverhältnisse gestärkt, die auf der Verbrennung fossiler Rohstoffe wie Gas basieren.

Unschwer ist zu erkennen, dass es sich hier um Macht- und Herrschaftsfragen entlang von Klassen-, Geschlechter-, Identitäts- und Nord-Süd-Verhältnissen handelt, dass bestimmte Akteure wie die Energie- und Automobilindustrie, Nahrungsmittelunternehmen oder mächtige Regierungen diese Verhältnisse eher kontrollieren als andere. Oft geht das mit Zwang einher, etwa wenn Menschen von Land vertrieben werden, um dort Bauxit abzubauen, Soja anzubauen oder Rinder weiden zu lassen. Doch Naturverhältnisse werden von Menschen aber auch auf der „Nachfrageseite" gelebt, Autos müssen gekauft und gefahren werden. Daher nimmt eine Perspektive der gesellschaftlichen Naturverhältnisse neben den Produktions- und Distributionsweisen auch die Konsumverhältnisse und damit verbundene Subjektivitäten in den Blick – und die sie ermöglichenden politisch-institutionellen Verhältnisse.

Insofern ist der Kern der sozial-ökologischen Krise nur vordergründig ein Problem der Tragfähigkeit „des Planeten". Es handelt sich vielmehr um eine Krise der herrschenden

Formen der Naturaneignung, wie sie sich seit der Entwicklung des industriellen Kapitalismus herausgebildet haben. Der reale Sozialismus war hier nur eine Variante. Doch „Natur" kann nicht beliebig produziert werden, sondern hat teilweise widerständige Materialitäten (Görg 2004). Die ökologische Krise ist daher im Kern die gesellschaftliche Nicht-Beherrschbarkeit der Naturverhältnisse und der nicht-kontrollierbaren, krisenhaften Folgen.

Diese Überlegungen haben eine wichtige Konsequenz: Die ökologische Krise und die unterschiedlichen Formen der (internationalen) Umweltpolitik sind in engem Zusammenhang mit sozio-ökonomischen Entwicklungen, mit gesellschaftlichen Interessen, mit Macht- und hegemonialen Verhältnissen sowie den kulturellen Mustern der Naturbeherrschung zu sehen. Das wird im dominanten Paradigma der politikwissenschaftlichen Erforschung internationaler Umweltpolitik, der Regimetheorie, unterschätzt (vgl. etwa Biermann u.a. 2009; Breitmeier u.a. 2006; Betsill 2005; Oberthür / Gehring 2006; Gehring / Oberthür 1997; Young 1999).

In den Arbeiten der letzten zehn Jahre wurde der regulationstheoretisch inspirierte Gedanke entwickelt, dass die ökologische Krise nicht nur eine längerfristige Krise des auf fossilen Brennstoffen basierenden Industriekapitalismus in seiner spezifischen Ausformung als Fordismus ist. Dieser war nach dem Zweiten Weltkrieg das weltweite Entwicklungsmodell schlechthin mit all seinen sozial-ökologischen Implikationen. Der Fordismus geriet in den 1970er Jahren in die Krise, und nicht zufällig wurde zur selben Zeit die ökologische Krise breit thematisiert (Brand / Görg 2003; Görg / Brand 2006; Brand / Görg 2008; Wissen 2011).

Wir wissen heute, dass die dominante Form der Krisenbearbeitung darin bestand, die internationale Arbeitsteilung und die damit verbundenen politischen Machtverhältnisse auf internationaler und nationaler Ebene zu restrukturieren. Es entstand das, was heute als Globalisierung bezeichnet wird und wozu es inzwischen eine nicht mehr zu überblickende Literatur gibt. Diese Prozesse führten auch zu einem enormen Anstieg der Naturvernutzung. Die weltweite Rohölförderung stieg, mit allen Folgewirkungen für die Emissionen von Kohlendioxid, von 53,3 Millionen Barrel pro Tag im Jahr 1983 über 65,7 Millionen 1997 – dem Jahr der Unterzeichnung des Kyoto-Protokolls – auf 73,5 Millionen Barrel 2006.[2]

Insofern kann davon ausgegangen werden, dass es seit den 1970er Jahren bei der institutionellen und wertorientierten Bearbeitung der ökologischen Krise um die Herausbildung von „postfordistischen Naturverhältnissen" geht oder, in der Sprache der Risikosoziologie, um die „Nebenfolgen" des industriellen Kapitalismus (Beck 1986). Es bestehen zwar Kontinuitäten mit den fordistischen Naturverhältnissen, etwa im Bereich der Automobilität oder Energieversorgung. Es gibt aber auch Diskontinuitäten. So werden genetische Ressourcen durch die Entwicklung der neuen Biotechnologien oder Coltan durch High-Tech-Geräte wie Mobiltelefone verstärkt in Wert gesetzt. Zudem werden Versuche unternommen, auf die Krise zumindest partiell zu re-

2 Vgl. http://www.eia.doe.gov/iea/pet.html.

agieren, sei es durch Umwelttechnologien, Recycling oder die Entwicklung neuer Materialien.

Staatliche und intergouvernementale Politik im Modus von Governance sind Teil dieser Entwicklungen, mit denen auf unterschiedlichen räumlichen Handlungsebenen nicht nur die ökologische Krise bearbeitet werden soll, sondern eben auch neue gesellschaftliche Handlungsdispositive und machtvolle Interessen institutionell abgesichert werden. Die materiellen Abhängigkeiten von Natur in ihren spezifischen Ausformungen lassen sich nicht einfach übergehen. Für die Analyse der unterschiedlichen Formen der „Global Environmental Governance" ist dabei wichtig, nicht nur die einzelnen Politikfelder, sondern ihre Verknüpfung und vor allem ihre Artikulation mit anderen sozio-ökonomischen Strukturen und Prozessen sowie deren politisch-institutionelle Einbettung zu berücksichtigen.[3] *Ken Conca* (1993) hat hier die nützliche Unterscheidung zwischen expliziter und impliziter Umweltpolitik eingeführt. Die explizite wird von jenen Institutionen und Akteuren betrieben, die sich einer solchen ausdrücklich verschreiben; implizite Umweltpolitik entspricht eher den komplexen politischen Aktivitäten der Gestaltung der Naturverhältnisse. Wenn etwa die globale Automobilproduktion ansteigt oder die Infrastrukturen für Gaslieferungen erweitert werden, dann ist das in dieser Diktion Ergebnis impliziter Umweltpolitik.

2. Internationale Klimapolitik

Die Analyse der internationalen Klimapolitik ist in sich bereits sehr komplex, darf jedoch nicht den Kontext und die vielfältigen Formen impliziter Umweltpolitik aus dem Blick verlieren (Brunnengräber u.a. 2008; Brunnengräber 2009; Park u.a. 2008). Die Verknüpfung von Kontext und konkreten Policies kann anhand von drei Dimensionen in der internationalen Klimapolitik aufgezeigt werden, in denen die vielfältigen Ursachen und Konflikte um die Krise der gesellschaftlichen Naturverhältnisse und ihrer Bearbeitung in eine Art „klimapolitischer Dreieinigkeit" kondensiert werden: Das dominante Framing des menschengemachten Klimawandels ist ein katastrophisches und mitunter „öko-futuristisches"; das dominante Dispositiv der Bearbeitung ist, da wir es mit einem intergouvernementalen Politikprozess zu tun haben, in erster Linie technokratisch. Und die vielfältigen Konflikte organisieren sich vor allem entlang einer Linie, nämlich als diplomatisch ausgetragene Nord-Süd-Konflikte. Mit diesem klimapolitischen Konsens gehen wichtige Ausblendungen einher, auf die noch einzugehen sein wird.

2.1. Dominantes Framing

Die Diskussionen um die Phänomene des Klimawandels richten sich vor allem auf biophysikalische Störungen, die zu einem Anstieg der durchschnittlichen Temperatur führen (IPCC 2007). Deren Ursache sind zu hohe Emissionen von Methan, Lachgas

3 Die Verknüpfungen werden in der Regimetheorie unter dem Begriff der „overlapping regimes" empirisch gründlich untersucht; vgl. als frühe Arbeit etwa Rosendal 2001.

und besonders Kohlendioxid, das für etwa 80 Prozent des anthropogenen Treibhauseffekts verantwortlich gemacht wird. Das im Kyoto-Protokoll von 1997 vereinbarte Ziel besteht darin, die globale Erwärmung auf weniger als zwei Grad Celsius über dem Niveau zu begrenzen, das vor der Industrialisierung existierte. Entsprechend verpflichten sich die Industrieländer zu unterschiedlichen Reduktionen, insgesamt um 5,2 Prozent bis zum Jahr 2012 im Vergleich zu 1990 (EU: durchschnittlich acht Prozent Reduktion, Deutschland: 21 Prozent). Doch diese konkreten Verpflichtungen werden in eine bestimmte Richtung aufgeladen. Bei der Vorstellung des vierten Sachstandsberichts des Intergovernmental Panel on Climate Change (IPCC)[4] sagte der Vorsitzende *Rajendra Pachauri*, dass „wir" bis 2012 die Wende geschafft haben müssten und die kommenden zwei bis drei Jahre entscheidend seien. Das passt in die katastrophische Rahmung der Klimadebatte, die publizistisch fast täglich zu beobachten ist. In solchem Framing ist nicht viel Platz für eine sorgfältige Analyse der gesellschaftlichen Ursachen des Klimawandels und eine Verbindung mit den oben angesprochenen Dimensionen von Macht, Produktions- und Konsumnormen, der Rolle von politisch-institutionellen Strukturen und Prozessen.

Erik Swyngedouw[5] hat den Gedanken entwickelt, dass der dominante, apokalyptisch aufgeladene Klimadiskurs in die Diagnose von Post-Politik und Post-Demokratie passt. Demzufolge gibt es offenbar keine Alternative zur herrschenden, scheinbar Sachzwänge vollziehenden Politik. Der Klimadiskurs und die damit verbundenen Politiken scheinen ein Kernelement der Post-Politik darzustellen. Die Sachzwänge werden auch mit einer katastrophisch konnotierten Zeitknappheit begründet.

Eine Art Öko-Futurismus, den *Timothy Luke* (2009) als ein weiteres Element des dominanten Framing identifiziert, nähre die Illusion, dass schon gehandelt werde, wenn es nur genug Wissen um die Gefahren gibt. Die Dynamik der kapitalistischen Globalisierung, so *Luke*, ging und gehe allerdings in eine ganz andere Richtung, nämlich in eine Vertiefung der fossilistischen Abhängigkeiten mit all ihren geopolitischen Implikationen.

2.2. Dominante Problembearbeitung

Der dominante Typus der Umweltpolitik allgemein und der Klimapolitik im Besonderen kann als Dispositiv der ökologischen Modernisierung bezeichnet werden (bereits Hajer 1995). Doch auf internationaler Ebene kommt ein Aspekt hinzu: Probleme müssen so konstruiert sein, dass sie zwischen nationalen Regierungen verhandelbar sind. Das sind in der internationalen Klimapolitik die klimarelevanten Gase (Luke 2008; Brunnengräber u.a. 2008). Die dieser Politik zugrunde liegende Vorstellung effektiver Problembearbeitung kann als „globales Umweltmanagement" bezeichnet werden. Dies besteht in erster Linie darin, aus einer intergouvernementalen Top-down-Perspektive Handlungsorientierungen zu entwickeln, die dann nationalstaatlich umgesetzt werden (Brand / Görg 2008).

---

4 Vgl. dazu Silke Beck in diesem Band.

5 Siehe seinen Beitrag in diesem Band.

Konkretisiert wird die internationale Klimapolitik mit den so genannten „flexiblen Mechanismen“, nämlich des Emissionshandels, der Joint Implementation und des Clean Development Mechanism. Das sind marktbasierte Instrumente, denen zufolge Emissionen vor allem dann verhindert werden, wenn es sich ökonomisch rentiert. Schon die Framework Convention on Climate Change (FCCC) der UN aus dem Jahre 1992 (Art. 5, Absatz 2) und dann das Kyoto-Protokoll (Art. 12) legen – ganz im Zeitgeist der 1990er Jahre – fest: Es sollen die kostengünstigsten Formen des Klimaschutzes gefördert werden, und dazu sei der Markt die geeignete Institution (Lohmann 2006; Braun / Santarius 2007; Altvater / Brunnengräber 2008).[6] Es wird kaum hinterfragt, ob die Perspektive eines globalen Umweltmanagements in Kombination mit Marktmechanismen überhaupt für effektive Klimapolitik geeignet ist.

2.3. Alte und neue Konflikte

Der klassische – „alte“ – Konflikt internationaler Politik ist, nach dem Ende des Ost-West-Konflikts 1989 noch stärker als zuvor, jener entlang einer politisch konstruierten, den realen Verhältnissen mehr oder weniger entsprechenden Nord-Süd-Linie. Das hat in der internationalen Umweltpolitik in der Tat einen sachlichen Kern, denn die Lebensweisen der Menschen und die Produktionsnormen der Unternehmen in den nördlichen Ländern, also jenen der OECD, sind schließlich die Hauptverantwortlichen des Treibhauseffektes. Das war während der Verhandlungen zur FCCC um 1990 noch deutlicher als heute, denn damals war die spektakuläre und energieintensive Entwicklung einiger Schwellenländer noch nicht derart absehbar. Die Auswirkungen werden für Regionen und Menschen in Ländern des globalen Südens spürbarer sein bzw. sind es heute schon (Brunnengräber u.a. 2008, 7. Kapitel).

Zentral aus der vorgeschlagenen analytischen Perspektive ist jedoch, dass die geronnenen Formen internationaler Klimapolitik für alle beteiligten Regierungen annehmbar sein müssen. Anders ist der intergouvernementale Prozess nicht denkbar. Dass bis vor kurzem die Regierungen und Parlamente Australiens und bis heute die USA die FCCC nicht ratifiziert haben, deutet darauf hin, dass die etablierten Regeln und Terrains der Klimapolitik von einigen noch skeptisch gesehen werden. Dasselbe zeigt sich nun an den Neuverhandlungen des Kyoto-Protokolls und dem Widerstand vieler Regierungen so genannter Schwellenländer, sich zu Reduktionen zu verpflichten. Der anerkannte Grundsatz sind die „common but differentiated responsibilities“, und durch die flexiblen Mechanismen können sich die OECD-Länder freikaufen. Auf dem globalen Kompromissterrain der FCCC werden Konflikte um die vielfältigen Instrumente und Zielgrößen ausgetragen, zuletzt in Kopenhagen Ende 2009 und in Cancún Ende 2010 im Rahmen der Kyoto II-Verhandlungen. Die Folgen und Kosten der Klimaerwärmung und entsprechender Vermeidungs- und Anpassungspolitiken werden zumindest thematisiert. Allerdings bleiben staatliche und intergouvernementale Politik

6 Vgl. dazu auch Georg Simonis in diesem Band.

in das fossilistisch-industrialistische Gesellschaftsmodell, damit verknüpfte Interessen und die Vorstellungen von „Fortschritt“ und „Entwicklung“ eingebettet.[7]

Auf den Punkt gebracht: Die FCCC und das Kyoto-Protokoll sind Verhandlungsergebnisse eines fossilistischen Konsenses der Regierungen dieser Welt, die wissen, dass ökonomische Entwicklung über einen höheren Verbrauch der immer noch billigen fossilen Brennstoffe stattfindet. Dieser Konsens wird durch die Warnungen vor der Klimakatastrophe allenfalls irritiert, aber nicht infrage gestellt.

3. Ausblendungen aus den Klimadiskursen und -politiken

Beim oben skizzierten Framing geht es einerseits um Benennungen und Handlungsdispositive, also um das, was vernünftig und machbar ist. Doch damit werden andererseits auch immer Sachverhalte ausgeblendet und aus dem politischen Terrain und der Weltöffentlichkeit herausgehalten. Drei zentrale Sachverhalte geraten aus einer Perspektive der gesellschaftlichen Naturverhältnisse analytisch in den Blick.

(1) Eine Frage, die vor lauter 2-Prozent-Ziel des Kyoto-Protokolls und der landesspezifischen Reduktionsziele beziehungsweise der damit intendierten Begrenzung des Temperaturanstiegs auf zwei Grad Celsius kaum noch gestellt wird, lautet: Welche Probleme sollen eigentlich in der globalen Klima-Governance bearbeitet werden? Es geht eigentlich um nichts anderes als grundlegende Veränderungen der fossilistisch-kapitalistischen Produktions- und Konsumweise, das heißt in der auf hohen Energieinputs basierenden Landwirtschaft, bei den mit Benzin und Kerosin angetriebenen Automobilen und Flugzeugen, beim Konsum von Fleisch. Damit geht es auch um die Frage gesellschaftlicher Selbstverständlichkeiten und um die diese immer wieder produzierenden Diskurse. Doch dies ist gar nicht Gegenstand der internationalen Politik.

Dies sei vorläufig als sich globalisierende „imperiale Lebensweise“ bezeichnet, womit der herrschaftliche Zugriff eines Teils der Menschheit auf die Ressourcen und Arbeitskraft eines anderen und größeren Teils gemeint ist. Es sind vor allem die knapp eine Milliarde Menschen des globalen Nordens und die gut eine Milliarde „neue Konsumenten“ (Myers / Kent 2004) in Ländern des globalen Südens, die sich durch den Verbrauch von Automobilen, Fleisch und Elektrogeräten auszeichnen (Wissen 2010; Brand / Wissen 2010).

Der die Verhandlungen strukturierende politische Nord-Süd-Konflikt bleibt grundiert von der politischen Ökonomie des Weltmarktes, die unter dem Begriff der Wettbewerbsfähigkeit als vermeintlich alternativloser Sachzwang in die wirtschaftlichen und politischen Institutionen und in den Alltagsverstand der Menschen eingenistet ist. Die Energiepolitik wird entsprechend nicht von der Reduktion von CO_2-Emissionen bestimmt, sondern von einer Grammatik der Geopolitik, die Wettbewerbsfähigkeit fördern soll – und dazu gehört auch die Verfügbarkeit natürlicher Ressourcen. Energiesicherheit wird heute stärker durch die Gaspipelines von Russland oder aus dem kaspischen Raum nach Europa hergestellt als durch radikale Energieeinsparung oder die

7 Für eine Einschätzung der konkreten Ergebnisse in Kopenhagen vgl. Kowalzig 2010.

Förderung nachhaltiger Energieproduktion. Zudem stellt sich bei „alternativen" Energieträgern wie Agrartreibstoffen, die durch die EU und deren Beimischungspflicht in Ländern wie Indonesien oder Brasilien stark gefördert werden, sofort die Frage nach deren sozio-ökonomischen und sozio-ökologischen Implikationen (GRAIN 2007).

Die Logik internationaler Politik besteht darin, dass die vielfältigen sozio-ökonomischen Probleme und Konflikte politisch bearbeitet werden. Die Hauptakteure sind hier die mehr oder weniger juristisch souveränen Nationalstaaten und ihre Regierungen. Der Modus der Entscheidung ist also Verhandlung, und verhandeln lassen sich eher Emissionen als die Reduktion der Erdölförderung. *Heike Walk, Achim Brunnengräber* und ihre Forschungsgruppe sehen in der Ausblendung der fossilen Energiegrundlage die Form, wie Kohärenz im internationalen Politikprozess hergestellt wird. So kommt es zu einer „globalen Regulation des Wettbewerbs, der mehr denn je um den Zugang zu Ressourcen und die Energiesicherheit ausgetragen wird, sowie der Regulation der weltweiten Emissionsentwicklungen. Die Lösung liegt in der institutionellen Trennung zwischen der Input- und der Output-Seite des kapitalistischen „Fossilismus" (Brunnengräber u.a. 2008: 188).

(2) Die Logik des intergouvernementalen Prozesses beantwortet Verteilungsfragen bislang mit quantitativen Reduktionszielen auf der Output-Seite und im komplexen Kontext der Nord-Süd-Beziehungen. Die damit verbundenen Ausblendungen lassen sich an einem Beispiel verdeutlichen: In Kopenhagen bei der 15. Vertragstaatenkonferenz der Klimarahmenkonvention im Dezember 2009 wurde der vor etwa sechs Jahren vom Ministerpräsidenten Papua-Neuguineas in die Debatte eingebrachte Vorschlag auf die internationale Politikebene gehoben, die Nordländer für die Nichtzerstörung der Wälder im Süden bezahlen zu lassen (Reducing Emissions from Deforestation and Forest Degradation in Developing Countries, REDD, Lovera 2009). Allein daran werden sehr viele Probleme der Orientierung an quantitativen Reduktionszielen deutlich: Was wird angerechnet? Unglücklicherweise wurde in das Kyoto-Protokoll 2001 ein Begriff von „Wäldern" aufgenommen, der auch Wasser-intensive und oft nicht nachhaltige Eukalyptusplantagen und sogar Brachen umfasst, wenn nur der Plan besteht, diese irgendwann wieder zu nutzen. Woher kommt das Geld? Wird es von anderen Zwecken abgezogen, oder handelt es sich um zusätzliche Mittel? An wen gehen die finanziellen Ressourcen: an Regierungen, Großgrundbesitzer oder die lokale Bevölkerung? Dabei werden insbesondere die konkreten Lebensverhältnisse in den unterschiedlichen Regionen der Welt ausgeblendet. Und hier zeigt sich deutlich, dass Klimapolitik viel mit Macht und Interessen, damit auch mit Partizipation und Demokratie zu tun hat. Zudem handelt es sich, gegen alle Top-down-Orientierung am globalen Umweltmanagement, um multiskalare Prozesse (Brunnengräber / Walk 2007; grundlegend Wissen u.a. 2008).

(3) Nicht nur die politische Ökonomie des Klimawandels wird in der internationalen Klimapolitik nicht thematisiert. Keine Rolle spielen zudem in der Regel die latenten und strukturellen Konflikte mit anderen politischen Terrains. Die dominante Form internationaler Politik ist durch eine starke Sektoralisierung gekennzeichnet. Entsprechend gibt es spezifische politische Institutionen zur Bearbeitung bestimmter Proble-

me. Doch die Krise der gesellschaftlichen Naturverhältnisse wird durch die Funktionsweise verschiedenster nationaler wie internationaler politischer Institutionen mitverursacht. Anders gesagt: Die postfordistischen Naturverhältnisse werden international nicht in erster Linie über das 1972 gegründete United Nations Environment Programme (UNEP) und die späteren Konventionen politisch abgesichert, sondern über die Welthandelsorganisation, die G 8 bzw. nun die G 20 sowie die starken Industrie- und Schwellenländer mit ihren freihändlerischen oder merkantilistischen, an Wettbewerb orientierten und wenig nachhaltigen Politiken. So wie auf der nationalstaatlichen Ebene der Staat kein homogener Akteur ist, sondern seine Apparate spannungsreich aufeinander bezogen sind, kommt es sichtbarer noch auf internationaler Ebene zu Spannungen zwischen den in einem asymmetrischen Verhältnis stehenden Organisationen. Die sektoralisierte Umweltpolitik war und ist nicht in der Lage, den dominanten gesellschaftlichen Entwicklungen eine andere Richtung zu geben (Görg / Brand 2006; Brand / Görg 2008; Brand 2010). Das trifft auch für die internationale Klimapolitik zu.

4. Aufgaben für die Politikwissenschaft

Die dominanten Formen internationaler Umweltpolitik sind bei aller Kontingenz und Konflikthaftigkeit durchaus funktional für dominante politische und ökonomische Akteure und Institutionen. Der Klimawandel und seine vielfältigen, zu erwartenden und noch gar nicht bekannten Auswirkungen werden damit so lange nicht erfolgreich bekämpft werden können, wie die fossilistische Produktions- und Lebensweise nicht transformiert wird. Insofern drückt sich in den dramatischen Appellen auch Hilflosigkeit aus, und es gibt auf politisch-institutioneller Seite keine relevante Alternative zum globalen Umweltmanagement und der dominanten Fassung als Nord-Süd-Konflikt. Denn die politischen Institutionen bzw. Staaten und das internationale politische System insgesamt betreiben nicht primär Umweltpolitik, um gegen Degradation von Ressourcen und Senken vorzugehen. Vielmehr geht es zentral um die politisch-institutionelle Absicherung der industrialistisch-kapitalistischen Produktions- und Entwicklungsweise.

Aktuell scheint der Vorschlag eines „Grünen New Deal" eine mögliche erfolgreiche Strategie zur ökologischen Modernisierung, grünem Wachstum und der Nicht-Infragestellung der dominanten westlichen Lebensweise darzustellen. Dies könnte damit zusammenhängen, dass mit Klimapolitik viel Geld zu verdienen ist (vgl. Candeias / Kuhn 2008; Kaufmann / Müller 2009; Green New Deal Group 2008). *Carlo Jäger* vom Potsdam-Institut für Klimafolgenforschung hat in einem Zahlenspiel verdeutlicht, dass bei der vollständigen Erfassung aller CO_2-Emissionen und einem Preis von 25 Euro pro Tonne dieser Markt über 600 Milliarden Euro weltweit oder knapp zwei Prozent des globalen Sozialprodukts ausmachen würde. Er bezeichnet dieses Feld als „Klimarente“, und es ist zu vermuten, dass sich hier ziemlich mächtige Akteure tummeln werden.[8]

Es gibt daher viel zu tun für die Politikwissenschaft. Mit den hier angestellten Überlegungen soll zunächst einem zu großen Steuerungsoptimismus und einer gewissen Naivität bei der dringend notwendigen Bearbeitung der ökologischen Krise bzw. bei der Transformation der Naturverhältnisse entgegengewirkt werden. Analytisch würden die politikwissenschaftlichen Studien zu (internationaler) Umweltpolitik davon profitieren, die Einsichten aus der politischen Ökologie stärker zu rezipieren.

Auf der theoretischen wie empirischen Ebene wird mehr Wissen nicht nur über die Modi staatlicher bzw. intergouvernementaler Politik benötigt, sondern auch über ihre sozio-ökonomische und kulturelle Einbettung und die damit verbundenen blinden Flecken des Politischen. Bislang wird der Blick noch zu sehr auf die Ebene der politischen Steuerung gerichtet. Damit kann auch zu alternativen und realitätsgerechteren Deutungen der Klimakrise und der dominanten Politik beigetragen werden. Die Governance-Diskussion hat hier wichtige Beiträge geliefert (Benz 2004; Sack 2009; Jessop 2002), von denen aber ein Großteil immer noch am von *Renate Mayntz* (2004) prominent formulierten „Problemlösungsbias“ leidet, was auch für die politikwissenschaftliche Forschung zu globaler Umweltpolitik gilt.

Politisch bedeutsam, in der internationalen Umweltpolitik aber noch wenig erforscht, sind auch die Interaktionen zwischen Wissenschaft und Politik, wie sie in der internationalen Klimapolitik seitens der Wissenschaft prominent vom IPCC betrieben werden.[9] Wie funktioniert das „Science Policy Interface“? Welches Wissen wird hier privilegiert, welches ausgeblendet? Inwieweit gestaltet Politik Wissenschaft aktiv mit?

Ein weiteres Thema, das sich im Kontext der Governance-Diskussion stellt, ist die Rolle von nicht-staatlichen Akteuren. Gerade im hochpolitisierten Bereich der internationalen Klimapolitik ist einerseits die Erschöpfung des NGO-Lobbying zu beobachten – so etwa im gut etablierten Climate Action Network um die FCCC herum – und andererseits die Konstitution einer dynamischen transnationalen Bewegung, die in Kopenhagen an die Öffentlichkeit getreten ist. Ob und wie dies zu Strategiefähigkeit und Vermittlungen ins politisch-institutionelle System führt und ob die breite Öffentlichkeit sich für deren Argumente aufgeschlossen zeigt, ist eine andere und derzeit offene Frage. Interessant scheint hier, dass der Begriff der Gerechtigkeit, nämlich jener der „Klimagerechtigkeit“, im Zentrum steht (Brand u.a. 2009; Roberts / Parks 2007). Damit sollen die unterschiedlichen und ungerechten Auswirkungen des Klimawandels und die Chancen einer gerechten und nachhaltigen Naturaneignung thematisiert werden.

Wie eingangs bemerkt wird dringend Wissen über den Zusammenhang der unterschiedlichen Krisendynamiken benötigt. Die multiple Krise wird noch einige Zeit bestehen. Das sind keine guten Bedingungen für gesellschaftliche Entwicklung, aber enorme Aufgaben für wissenschaftliche Forschung. Ein spezifischer Beitrag der Po-

8 Allgemeiner zum Begriff der Rente im Bereich der Naturaneignung vgl. Zeller 2010.
9 Vgl. Silke Beck in diesem Band; zur Biodiversitätspolitik vgl. Görg u.a. 2006.

litikwissenschaft könnte darin bestehen, die demokratische Dimension von Umwelt- und Ressourcenpolitik oder – innerhalb des skizzierten theoretischen Paradigmas – die demokratische Gestaltung gesellschaftlicher Naturverhältnisse zum Gegenstand zu machen (Brand 2011).

Insgesamt bleibe ich skeptisch, ob es zu einer erfolgreichen und demokratischen Gestaltung gesellschaftlicher Naturverhältnisse als Problembearbeitung im weiteren und gerechten Sinn kommt.[10] Es werden sich wahrscheinlich „nur" neue Formen herrschaftlicher Regulation eines grünen Kapitalismus herausbilden, die auch der Erforschung bedürfen. Kommt es zu solcher Regulation, dürfte sie weniger demokratisch und in einem breiten Sinne effektiv, sondern eher autoritär, exkludierend und die Ressourcenkonkurrenz verschärfend ausfallen. Dennoch bleibt es eine unablässige Aufgabe, Chancen und Spielräume demokratischer Gestaltung auszuloten.

Literatur

Altvater, Elmar: Die globale Krise des gegenwärtigen Kapitalismus im Licht der Marx'schen Kritik der Politischen Ökonomie, in: Politische Bildung, 3. Jg. (2009), S. 9-29.

Altvater, Elmar / Achim Brunnengräber (Hrsg.): Ablasshandel gegen Klimawandel? Marktbasierte Instrumente in der globalen Klimapolitik und ihre Alternativen, Hamburg 2008.

Barry, John: Foreword, in: Steve Vanderheiden (Hrsg.), Political Theory and Global Climate Change, Cambridge 2008.

Beck, Ulrich: Risikogesellschaft. Auf dem Weg in eine andere Moderne, Frankfurt am Main 1986.

Becker, Egon / Thomas Jahn (Hrsg.): Soziale Ökologie. Grundzüge einer Wissenschaft von den gesellschaftlichen Naturverhältnissen, Frankfurt/M. und New York 2006.

Benz, Arthur (Hrsg.): Governance – Regieren in komplexen Regelsystemen, Wiesbaden 2004.

Betsill, Michele M.: Global Climate Change Policy: Making Progress or Spinning Wheels?, in: Regina S. Axelrod / David Leonard Downie / Norman J. Vig (Hrsg.): The Global Environment. Institutions, Law, and Policy, Washington 2005, S. 103-124.

Biermann, Frank / Bernd Siebenhüner / Anna Schreyögg (Hrsg.): International Organizations, in: Global Environmental Governance, London / New York 2009.

Brand, Ulrich (Hrsg.): Globale Umweltpolitik und Internationalisierung des Staates: Biodiversitätspolitik aus strategisch-relationaler Perspektive, Münster 2010.

Brand, Ulrich: Post-Neoliberalismus? Aktuelle Konflikte und gegen-hegemoniale Strategien, Hamburg 2011.

Brand, Ulrich / Nicola Bullard / Edgardo Lander / Tadzio Müller (Hrsg.): Contours of Climate Justice. Ideas for Shaping New Climate and Energy Politics, in: Critical Currents Nr. 6 (2009), (http://www.dhf.uu.se).

Brand, Ulrich / Christoph Görg: Sustainability and Globalisation: A Theoretical Perspective, in: Park, Jacob / Ken Conca / Mathias Finger (Hrsg.): The Crisis of Global Environmental Governance. Towards a New Political Economy of Sustainability, London / New York 2008, S. 13-33.

Brand, Ulrich / Markus Wissen: Sozial-ökologische Krise und imperiale Lebensweise. Zu Krise und Kontinuität kapitalistischer Naturverhältnisse, in: Alex Demirović / Julia Dück / Florian Becker / Pauline Bader (Hrsg.): Vielfach Krise im finanzdominierten Kapitalismus, Hamburg 2011, S. 78-93.

10 Vgl. hierzu auch den Beitrag von Claudia von Braunmühl in diesem Band.

Brand, Ulrich / Christoph Görg: Postfordistische Naturverhältnisse. Konflikte um genetische Ressourcen und die Internationalisierung des Staates, Münster 2003.

Braun, Marcel / Tilman Santarius: Erfolgsstory Emissionshandel? Prüfstein für Souveränität, Demokratie und Verwaltung, in: Achim Brunnengräber / Heike Walk (Hrsg.): Multi-Level Governance. Klima-, Umwelt- und Sozialpolitik in einer interdependenten Welt, Baden-Baden 2007, S. 99-128.

Breitmeier, Helmut / Oran R.Young / Michael Zürn: Analyzing international environmental regimes: from case study to database, Cambridge 2006.

Brunnengräber, Achim: Die politische Ökonomie des Klimawandels, München 2009.

Brunnengräber, Achim / Kristina Dietz / Bernd Hirschl / Heike Walk/ Melanie Weber, Das Klima neu denken. Eine sozial-ökologische Perspektive auf die lokale, nationale und internationale Klimapolitik, Münster 2008.

Brunnengräber, Achim / Heike Walk (Hrsg.): Multi- Level-Governance. Klima-, Umwelt- und Sozialpolitik in einer interdependenten Welt, Baden-Baden 2007.

Candeias, Mario / Armin Kuhn: Grüner New Deal – kapitalistischer Weg aus der Krise?, in: Das Argument 279 (2008), S. 805-812.

Conca, Ken: Environmental change and the deep structure of world politics, in: Lipschutz, Ronnie D. / Ken Conca (Hrsg.): The State and Social Power in Global Environmental Politics, New York 1993, S. 306-326.

Gehring, Thomas / Sebastian Oberthür (Hrsg.): Internationale Umweltregime. Umweltschutz durch Verhandlungen und Verträge, Opladen 1997.

Görg, Christoph: Regulation der Naturverhältnisse. Zu einer kritischen Theorie der ökologischen Krise, Münster 2003.

Görg, Christoph: Nichtidentität und Kritik. Zum Problem der Gestaltung der Naturverhältnisse, in: Böhme, Gernot / Alexandra Manzei (Hrsg.), Kritische Theorie der Technik und der Natur, München 2004, S. 113-133.

Görg, Christoph / Ulrich Brand: Contested Regimes in the International Political Economy: Global Regulation of Genetic Resources and the Internationalization of the State, in: Global Environmental Politics, 6. Jg. (2006), H. 4, S. 101-123.

Görg, Christoph / Silke Beck / Augustin Berghöfer / Sybille van den Hove / Thomas Koetz / Horst Korn / Stefan Leiner / Carsten Neßhöver / Felix Rauschmayer / Martin Sharman / Heidi Wittmer / Karin Zaunberger: Workshop Report. International Science-Policy Interfaces for Biodiversity Governance – Needs, Challenges, Experiences. A contribution to the IMoSEB consultative process, Leipzig 2006.

GRAIN, Seedling. Agrofuels special issue, Juli 2007 (http://www.grain.org/seedling/?id=485).

Green New Deal Group: A Green New Deal. Joined-Up Policies to Solve the Triple Crunch of the Credit Crisis, Climate Change and High Oil Prices. Summary, New Economics Foundation 2008 (www.neweconomics.org/gen/uploads/2ajogu45c1id4w55tofmpy5520072008172656.pdf).

Hajer, Maarten A.: The Politics of Environmental Discourse: Ecological Modernization and the Policy Process, New York 1995.

IPCC – Intergovernmental Panel on Climate Change, Climate Change 2007: The Physical Science Basis. Contribution of Working Group I to the Fourth Assessment Report of the Intergovernmental Panel on Climate Change, Paris 2007 (Summary for Policymakers, www.ipcc.ch).

Jahn, Thomas / Peter Wehling: Gesellschaftliche Naturverhältnisse – Konturen eines theoretischen Konzepts, in: Karl-Werner Brand (Hrsg.): Soziologie und Natur. Theoretische Perspektiven, Opladen 1998, S. 75-93.

Jessop, Bob: Governance and Metagovernance: On Reflexivity, Requisite Variety, and Requisite Irony, in: Hubert Heinelt / Panagiotis Getimis / Grigoris Kafkalas / Randall Smith / Erik Swyngedouw (Hrsg.): Participatory Governance in Multi-Level Context, Opladen 2002, S. 33-58.

Kaufmann, Stephan / Tadzio Müller: Grüner Kapitalismus. Krise, Klimawandel und kein Ende des Wachstums, Berlin 2009.

Kowalzig, Jan: Klimapolitik zwischen Kopenhagen und Cancún. Vertane Chance oder zarte Keime?, in: Informationsbrief Weltwirtschaft und Entwicklung (März 2010).

Lohman, Larry (Hrsg.): Carbon Trading. A Critical Conversation on Climate Change, Privatisation and Power, Uppsala 2006.

Lovera, Simone: REDD realities, in: Ulrich Brand / Nicola Bullard / Edgardo Lander / Tadzio Müller (Hrsg.): Contours of Climate Justice. Ideas for Shaping New Climate and Energy Politics. Special Issue of Critical Currents, Nr. 6 (2009).

Luke, Timothy W.: Climatologies as Social Critique: The Social Construction/Creation of Global Warming, Global Dimming, and Global Cooling, in: Steve Vanderheiden (Hrsg.): Political Theory and Global Climate Change, Cambridge 2008, S. 121-152.

Luke, Timothy W.: Situating Knowledges, Spatializing Communities, Sizing Contradictions: Globality, Locality and Green Statism, in: Gabriela Kütting / Ronnie D. Lipschutz (Hrsg.): Environmental Governance. Power and Knowledge in a Local-Global World, Abingdon / New York 2009, S. 13-37.

Mayntz, Renate: Governance Theory als fortentwickelte Steuerungstheorie? MPIfG Working Paper 04/1, März 2004 (http://www.mpi-fg-koeln.mpg.de/pu/workpap/wp04-1/wp04-1.html).

Myers, Norman / Jenniffer Kent: The New Consumers. The Influence of Affluence on the Environment, Washington 2004.

Oberthür, Sebastian / Thomas Gehring (Hrsg.): Institutional Interaction in Global Environmental Governance. Synergy and Conflict among International and EU Policies, Cambridge 2006.

Park, Jacob / Ken Conca/ Matthias Finger (Hrsg.): The Crisis of Global Environmental Governance. Towards a new political economy of sustainability, London / New York 2008.

Roberts, Timmons J. / Bradley C. Parks: A Climate of Injustice. Global Inequality, North-South Politics, and Climate Policy, Cambridge u.a. 2007.

Rosendal, G. Kristin: Impacts of Overlapping International Regimes: The Case of Biodiversity, in: Global Governance, 7. Jg. (2001), S. 95-117.

Sack, Detlef: Governance and Politics. Die Institutionalisierung öffentlich-privater Partnerschaften in Deutschland, Baden-Baden 2009.

Wissen, Markus: Gesellschaftliche Naturverhältnisse in der Internationalisierung des Staates. Konflikte um die Räumlichkeit staatlicher Politik und die Kontrolle natürlicher Ressourcen, Münster 2011.

Wissen, Markus: Klimawandel, Geopolitik und „imperiale Lebensweise“. Das Scheitern von „Kopenhagen“ und die strukturelle Überforderung internationaler Umweltpolitik, in: Kurswechsel (2010), H. 2.

Wissen, Markus / Bernd Röttger / Susanne Heeg (Hrsg.): Politics of Scale. Räume der Globalisierung und Perspektiven emanzipatorischer Politik, Münster 2008.

Young, Oran R.: Governance in World Affairs, Ithaca / London 1999.

Zeller, Christian: Die Natur als Anlagefeld des konzentrierten Finanzkapitels, in: Falko Schmieder (Hrsg.): Zur Kritik der politischen Ökologie, Berlin / Bern 2010.

Ein gutes Klima für und mit gleichberechtigter Bürgerschaft?

Claudia von Braunmühl

1. Ausgangslage

Die Ausgangssituation, die dieser Kongress sich zum Thema gemacht hat, ist vermutlich kaum mehr kontrovers: Der Klimawandel, in ungleichen Lebensverhältnissen entstanden, trifft die in globalisierten Lokalitäten lebenden Menschen in ungleicher Weise. Er verknüpft sich mit vorbefindlichen sozio-ökonomischen und politischen Asymmetrien, greift tief in geschlechtergeordnete Lebenszusammenhänge ein und beschädigt sie. Der komfortable, emissionsintensive Lebensstil der OECD-Welt destabilisiert Leben und Überleben in weniger „entwickelten" Regionen in einem Ausmaß, das elementare Menschenrechte, bis hin zum Recht auf physische Unversehrtheit, berührt. Unzählige Menschen sind dabei, dieses Kernstück der Bürgerrechte zu verlieren. Klimawandel ist somit ein „zentrales Menschenrechtsthema" (Bundesregierung 2008: 87). Es sind also Fragen von globaler Gerechtigkeit aufgeworfen, und die sind aufs Engste verbunden mit Fragen gleichberechtigter Bürgerschaft.

Im öffentlichen Klimadiskurs ist mit dramatisch bebildeter Dringlichkeit die Rede von einem sehr kleinen zur Verfügung stehenden Zeitfenster, die real ablaufende Klimakatastrophe abzuwenden, vom „Tatort Klimawandel" (Potter 2008) und von „Klimakriegen" (Welzer 2008). Es wächst die Einsicht: Die Klimakrise ist Ausdruck einer umfassenden Krise der Produktions- und Lebensverhältnisse und reicht tief in gesellschaftliche und politische Dimensionen hinein. Diese sind in mannigfachen Berichten beschrieben und analysiert (z.B. Stern 2007, UNDP 2007, IPCC 2007), häufiger in globalen Daten als hinsichtlich ihrer gesellschaftlichen und geschlechtsspezifischen Auswirkungen; nach letzteren muss man in anderen als den allgemein zitierten Quellen suchen.

Ob die im Kyoto-Protokoll angesetzte Obergrenze der Erderwärmung von zwei Prozent (Bezugsjahr 1990) niedrig genug angesetzt ist, ob risikovorsorgliches Denken nicht eher von vier Prozent ausgehen sollte (Messner 2009: 261), ob bei weiterhin fahrlässiger Praxis nicht noch höhere Grade zu befürchten sind – das ist ebenso umstritten wie die erforderliche Reduktionshöhe, der zeitliche Rahmen und die geeigneten Wege. Nicht mehr umstritten ist, dass der Klimawandel menschengemacht ist, also Teil und Ergebnis der von der Ökonomie strukturierten gesellschaftlichen Formen der Naturaneignung. Nicht umstritten ist auch, dass ein dem Gedeihen von Mensch und Natur bekömmliches Klima ein globales öffentliches Gut ist, offenbar ein (wieder-)herzustellendes, ein Gut also, das auf Grund seines globalen Charakters über einzelstaatliche Regelungsräume hinausgehende internationale Übereinkünfte erfordert und auf Grund seines öffentlichen Charakters dem Postulat demokratischer Gemeinwohlermittlung und -entscheidung unterliegt beziehungsweise unterliegen sollte. Während mit der Klimarahmenkonvention von 1992 und dem 2005 in Kraft getretenen Kyoto-Protokoll global verbindliche Regelungen vorliegen, ist es um den öffentlichen, in demokratischen Prozessen beratenen und entschiedenen Charakter der Umsetzungsinstrumente von Kyoto eher bedenklich bestellt.

Von *Nicolas Stern*, Verfasser des viel zitierten Berichts über die Ökonomie des Klimawandels, stammt der Satz: „Klimawandel ist das größte Marktversagen, das die Welt je gesehen hat" (Stern 2007: XVIII, Übers. CvB). Gleichwohl wurden für die Umsetzung des Kyoto-Protokolls mit Emissionshandel und Clean Development Mechanism (CDM) nicht ordnungspolitische, in öffentlicher Debatte beratene, sondern marktbasierte Instrumente gewählt und damit ein Zugang, der vorrangig auf ökonomisch-technische Lösungen setzt und demokratischer Kontrolle schwer zugänglich ist. In einem hochgradig intransparenten, von Lobbyismus strukturierten und von ökonomisch motiviertem Beharrungsvermögen gekennzeichneten Prozess wurden, dem US-amerikanischen Modell folgend, in der EU in Nationalen Allokationsplänen festgelegte, handelbare Verschmutzungsrechte an private Unternehmen vergeben, bislang überwiegend unentgeltlich.

Im Folgenden wird es um die beiden zentralen Durchsetzungsinstrumente des Kyoto-Protokolls gehen: den Handel mit Emissionsrechten, der als das wichtigste ökonomische Instrument zur Eindämmung des globalen Klimawandels gilt, und den Clean Development Mechanism (CDM), also die Möglichkeit, bei Weiterbetrieb schädigender Anlagen in den Industrieländern den Ort der Emissionsreduktion kostengünstig in Entwicklungs- oder Transformationsländer zu verlagern und dabei handelbare Zertifikate zu erwerben.

In dem 2009 erschienenen Band zur Sektoralen Weltordnungspolitik konstatiert *Helmut Breitmeier* bündig: „Ein Beispiel für bisher mangelnde Problemlösung stellt das globale Klimaregime dar" (Breitmeier 2009: 17). In der Tat drängt sich die Frage auf, ob dem globalen öffentlichen Gut Klima und einer friedensfähigen globalen sozialen Architektur durch Privatisierung und systemische Überantwortung eines Gemeinguts an Marktdynamiken tatsächlich gedient ist. Um dieser Frage nachzugehen, sind zwei Diskurswelten zu analysieren, die zu unterschiedlichen Antworten kommen: auf Steuerung fokussierende Ansätze, die hier, die Formulierung des Berliner Sonderforschungsbereichs 700 aufnehmend, unter Private Governance subsumiert werden, und der stark von sozialen Bewegungen getragene Diskurs zu Inclusive Citizenship, hier mit gleichberechtigter Bürgerschaft übersetzt.

2. Private Governance

Die in den 1990er Jahren an Dynamik gewinnende Global Governance-Diskussion suchte zum einen die Charakteristika der „post-nationalen Konstellation" (Habermas 1998) analytisch zu erfassen, zum anderen die Frage nach den räumlichen Dimensionen von Gemeinwohl, Gemeinwesen und demokratischen Verfahrensweisen normativ neu zu bestimmen. Der „Formwandel politischer Macht unter den Bedingungen der Globalisierung" (Messner 2000: 123) und das mit ihm eng verbundene Schicksal gleichberechtigter Bürgerschaft wurde und wird in einem breiten Spektrum demokratietheoretischer Anstrengungen diskutiert (Held 1995; Albrow 1998; Beck 1998; Höffe 1999).

In Deutschland haben sich insbesondere die beiden in Bremen und Berlin angesiedelten Sonderforschungsbereiche, „Staatlichkeit im Wandel" (SFB 597) und „Governance in Räumen begrenzter Staatlichkeit" (SFB 700), nicht-staatlichen beziehungsweise Mischstrukturen als Erbringer von Governance-Leistungen zugewandt. Das tun sie mit verschieden akzentuierten Ansätzen und Fragestellungen, aber auch mit Gemeinsamkeiten hinsichtlich neuer Modi von Governance. Gemeinsam ist ihnen der Fokus auf die Veränderung von Steuerungsmustern, insbesondere die Neu-Zuordnung von vormals durch Staatlichkeit gekennzeichneten Funktionen und die Neu-Konfiguration unterschiedlicher Akteure im Prozess politischer Regulierung. Hier stehen öffentlich-private Mischstrukturen als Erbringer von Governance-Leistungen im Zentrum. Mit der Restrukturierung und Neuvermessung des politischen Raums und der Verwandlung von der Markt- und Gewinnlogik verbundenen Unternehmen zu politisch Handelnden stellt sich die Frage des Anschlusses und des Bezugs von Governance-Akteuren zu Bürger- und Menschenrechten neu (Scherer u. a. 2006). Innerhalb der neuen Konstellationen gilt der Staat als ein Akteur unter anderen, wenngleich ein für die Willensbildungsprozesse und den Erwartungshorizont der Bürgerinnen und Bürger weiterhin wesentlicher (Leibfried / Zürn 2006: 19 ff.).

Mithin lautet der Ausgangspunkt der Überlegungen: „Auch private Akteure oder die Kombination aus privaten und öffentlichen Akteuren können – gemeinsam als Politiknetzwerke oder in einer Partnerschaft – auf freiwilliger Basis Regeln aufstellen oder gewisse Gemeinschaftsgüter erbringen, die bislang der Staat für seine Bürger bereitgestellt hat" (Beisheim 2006). Es wird nun gefragt, inwiefern die Entscheidungsprozesse und -ergebnisse dieser kollektiven Akteure prozedurale Legitimität für sich in Anspruch nehmen können und dadurch erfolgreich auf das Handeln anderer Akteure einzuwirken in der Lage sind. Dafür werden dann in der Regel die demokratische Legitimität konstituierende Kriterien herangezogen, die auch den Good Governance-Diskurs bestimmen: (1) Inklusivität, (2) Transparenz, (3) Rechenschaftslegung, (4) Deliberation (Dingwerth 2008: 6). Der Erfolg von Mustern der Private Governance bemisst sich am Ausmaß ihrer Wirkkraft auf andere Akteure (ebenda: 5 ff.). Inwieweit es dazu der Übereinstimmung hinsichtlich des normativen Gehalts bedarf, wird, auch in der internationalen Debatte, verschieden akzentuiert beantwortet, überwiegend jedoch eine gewisse, die Akzeptanz beeinflussende moralische Empfindung von Gerechtigkeit und Fairness angenommen (Bäckstrand 2005 und 2007; Keohane / Buchanan 2006; Bernstein 2004).

Umwelt- und Klimapolitik zählen zu den Bereichen, in denen die systematische Zusammenarbeit öffentlicher, privatwirtschaftlicher und zivilgesellschaftlicher Akteure an Bedeutung gewonnen hat. 2002 in Johannesburg wurden Private Public Partnerships und Multi-Stakeholder Arrangements emphatisch als „erste Regungen einer neuen Form der Governance von globalen Gemeinschaftsgütern" (Benner u. a. 2003: 2) begrüßt. Hier sei ein Typus von Steuerung entstanden, der sich durch Problemlösungsorientierung auszeichne und dadurch, „in Abwesenheit einer übernationalen Autorität eine praktikable, der internationalen Ebene angemessene Form von deliberativer Demokratie" (Bäckstrand 2005: 5; auch Bernstein 2005: 160) abgebe. Ob sich das fragmentierte Flickwerk der neuen Steuerungsformen des globalen Regierens mit neuen Formen globaler Demokratie verbindet, ist umstritten. Unter den privaten Akteuren verfügen die privatwirtschaftlichen nicht oder die zivilgesellschaftlichen nur inkonsistent über Verfahren interner Demokratie (Genschel / Zangl 2009: 18 f.). Zudem beziehen sich erstere nicht primär auf die Rechte von Bürgern und Bürgerinnen, sondern auf die Kaufkraft ihrer Kundschaft. Egalitäre Anmutungen evozierende Charakterisierungen und Kontrastierungen – Netzwerk- versus Befehls-Governance, partnerschaftlich versus hierarchisch – verdecken die enormen Macht- und Ressourcendifferenzen innerhalb der Akteursgruppen.

Zentrale und wiederkehrende Topoi im Private Governance-Diskurs sind Problemdruck und Problemlösung, Effizienz und Effektivität. Dies nun sind für sich genommen keine erhellenden Begriffe. Die Rede von globalen Umweltproblemen blendet die sozialen Erscheinungsformen der Klimakrise aus. Für wen in welcher Weise die Klimakrise ein Problem ist, wer sich mit seinem – oder ihrem – Problemdruck und Situationsdefinitionen im öffentlichen Raum Gehör verschaffen kann und Aufnahme in den Problembearbeitungskatalog findet, wer in welchen Mechanismen an der Ausarbeitung von Problemlösungsstrategien beteiligt ist und wer in welcher Form an ihrer Umsetzung: Diese Fragen, also die nach gesellschaftlichen Strukturen und den Inhalten der dominanten ökonomischen und politischen Strategien, bleiben ungestellt. Mit anderen Worten: Herrschaft kommt nicht vor. Politik wird zur bloßen Steuerung, die sich auf technische Lösungen richtet und aus der Gesamtheit der selektiven und fragmentierten Bearbeitungen Effizienz und Effektivität und damit auch Legitimität zu gewinnen hofft. Nun zeigt die alarmierende Datenlage, dass es im Klimabereich mit Effizienz und Effektivität nicht so weit her sein kann. Die Addierung der Ergebnisse einzelwirtschaftlichen Gewinnstrebens summiert sich offenbar nicht zu effektivem Klimaschutz. Vor allem aber: Die in Governance integral eingebrachte Marktdynamik steht nicht komplementär, sondern substituierend und dominierend zu staatlicher Lenkung. Der Ort, an dem übergeordnete gesellschaftliche Ziele sozio-ökologischer Gerechtigkeit demokratisch formuliert und die geeigneten Schritte zu deren Umsetzung verbindlich eingeleitet und kontrolliert werden können, gerät aus dem Blickfeld. Der demokratische Anspruch an den öffentlichen Raum und an öffentliches Handeln verblasst.

Legitimität soll Private Governance eben durch Inklusivität, Partizipation, Rechenschaftslegung und Deliberation gewinnen. Wie also ist es um diese bestellt?

Inklusion wird definiert als „Einschluss eines breiten Spektrums von Beteiligten (stakeholders)" (Beisheim / Dingwerth 2008: 13). Das wirft die Frage auf, wer Beteiligter ist und somit zur legitimationskonstituierenden Gemeinschaft (community) gehört? Die Forschung zu den post-Johannesburg Private Public Partnerships und Multi-Stakeholder Arrangements zeigt, dass der Auswahlprozess stark von Lobbyismus strukturiert und von Anschlussfähigkeit an die dominanten Problemlösungskonzepte bestimmt ist. Er bezieht sich auf die „affected interests" (Dingwerth 2008: 6), auf die unmittelbar Interessierten im Sinne gegenstandsnah organisierter Akteure (Zangl

2008). Partizipation dient somit vor allem der Optimierung angesteuerter „Problemlösungen“ durch Herstellung von Eigentum (ownership) (auch Bäckstrand 2005: 13 f.; Lohmann 2006). Dem bürgerschaftlichen Interesse gilt Genüge getan durch die selektive Beteiligung von anschlussfähigen NGOs. Für eine wirksame Beteiligung der Menschen, deren Rechte unmittelbar auf dem Spiel stehen, werden in der Regel viel zu geringe Mittel zur Verfügung gestellt. Kontextabhängige Problemlagen und dezentral angemessene Lösungsansätze haben so nur wenig Chancen – zumal den Süd-NGOs und noch mehr den lokalen sozialen Bewegungen, wenn sie denn dem Kreis der Stakeholder zugerechnet werden sollten, die benötigten Eigenressourcen fehlen. Das Ressourcen- und Machtgefälle zwischen den Stakeholders ist also denkbar groß.

Dieser Befund nimmt Deliberation viel von ihrem demokratischen Glanz. Deliberation, wie *Iris Marion Young* sie aus den praktischen Zusammenhängen engagierter sozialer Bewegungen definiert, erschöpft sich nicht in den Verhandlungen eines Kreises unmittelbarer Interessenten, sondern ist ein allen potenziell Betroffenen öffentlich zugänglicher Prozess, für dessen materiellen und kommunikativen Voraussetzungen die machtvolleren privaten wie staatlichen Akteure mitverantwortlich sind. Demokratische Deliberation muss über bloße Information hinausgehen, darf nicht lediglich auf einen Interessenkompromiss zusteuern oder durch Einengen der Alternativen auf einen hegemonialen Konsens hinarbeiten. Vielmehr muss sie die Thematisierung zielbegrenzender Rahmenbedingungen und den Streit um Grundorientierungen zulassen (Young 2001).

Für Transparenz gibt es faktische und systemische Grenzen. In Johannesburg wurden Private Public Partnerships und Multi-Stakeholder Arrangements keine Standards und Maßstäbe mit auf den Weg gegeben; Monitoring- und Evaluierungssysteme sind bis heute kaum entwickelt. Der Verweis auf die entsprechenden Mechanismen von Corporate Social Responsibility verschafft angesichts deren umfassend belegter Schwächen wenig Zuversicht und erfasst ohnehin nicht das Multi-Akteursarrangement in seiner Gesamtheit (Deva 2006; Uttig / Marques 2009). Vor allem aber ist anzumerken, dass der den privatwirtschaftlichen Akteuren zugesprochene Eigentumsvorbehalt Transparenz gar nicht zulässt. Das konnte gerade beim Management der Finanzkrise beobachtet werden. Ein Volksbegehren in Berlin zur Offenlegung der Privatisierungsverträge wurde vom Innensenator abgelehnt: „Denn von einer Veröffentlichungspflicht wären private durchs Grundgesetz geschützte Interessen betroffen, nämlich das Recht auf Eigentum oder auf informationelle Selbstbestimmung.“ Auf die großen Debatten zu Demokratie und Mitbestimmung in der Privatwirtschaft kommt die Private Governance-Diskussion nicht zurück.

Damit ist auch schon ein Licht auf die Rechenschaftslegung (accountability) geworfen, wobei zwischen interner und externer unterschieden wird (Keohane 2003; Beisheim / Dingwerth 2008), aus deren Kombination demokratische Legitimität erwachsen soll (Risse 2006). Interne Rechenschaftslegung verbleibt im Vertrauensbereich der unmittelbar beteiligten Akteure. Externe Rechenschaftslegung erfasst, gleichsam in konzentrischen Kreisen, unterschiedlich interessierte Gruppen. Diese „pluralistischen Systeme der Rechenschaftslegung“ (Benner u. a. 2003: 75) werden aber in Bezug auf

Zielsetzungen eines spezifischen Vorhabens bestimmt und nicht auf Gemeinschaftsgüter, Gemeinwohl und bürgerschaftliche Rechte (Zammit 2003).

3. Gleichberechtigte Bürgerschaft (Inclusive Citizenship)

„Bedauerlicherweise gehen Klimapolitik und Klimadebatte an den einfachen Menschen völlig vorbei. ... Die Folgen des Klimawandels können nur mit den lokalen Gemeinschaften gemeinsam bewältigt werden. Warum also erweitern wir nicht die Debatte?“ (Nampinga 2008: 6, Übers. CvB) Folgen wir also der Aufforderung der Programmdirektorin der NGO Eco-Watch Africa, weiten wir den Blick und bewegen uns von den steuerungstheoretischen Private Governance-Ansätzen „nach unten“ zu der Debatte um Inclusive Citizenship, gleichberechtigte Bürgerschaft.

Gleichberechtigte Bürgerschaft ist ein multi-dimensionales Konzept, das Gleichheit garantierende Gesetze ebenso thematisiert wie die Fähigkeit und Möglichkeit der Menschen, ihre anerkannten Rechte gegen Unterdrückungserfahrungen jeglicher Art erfolgreich in Anspruch zu nehmen. Das Konzept basiert auf einem Ansatz, der in akteursorientierter Lesart die universelle Gültigkeit der Menschenrechte mit lokalen Ausformulierungen verbindet, die sich im Kampf gegen Unterdrückung und Entbehrung herausbilden (Nyamu-Musembi 2005). Insofern hat das Konzept den Konflikt von Genesis und Geltung aufgelöst; es verknüpft Universalität mit Partikularität und beide mit der Gegenwehr der Marginalisierten und Ausgeschlossenen, die sich, die Formulierung *Hanna Arendt*s aufnehmend, in spezifischen Kontexten auf das unhintergehbare „Recht, Rechte zu haben“ berufen (Kabeer 2005). Es schließt also personale „agency“, verstanden als Handlungs- und Gestaltungsmacht, ein und sieht staatliche wie auch Markt- und Zivilgesellschaftsakteure in der Pflicht (Kabeer 2002).

Wesentlicher Impulsgeber für die Entwicklung von Begriff und Konzept gleichberechtigter Bürgerschaft waren und sind die internationalen Frauenbewegungen. Die Diskursanlässe und -stränge sind vielfältig:

- die feministische Kritik am herrschenden Begriff von Politik, an der Geschlechterstrukturierung des öffentlichen und privaten Raums und den mit ihr verbundenen Einschränkungen (Becker-Schmidt / Knapp 2000; Braun u. a. 2000);
- die aus der Gewaltdebatte entstandene Bewegung von Frauenrechten hin zu Menschenrechten (Joachim 2007; von Braunmühl 2001);
- die feministischen Beiträge zur Global Governance-Debatte (Ruppert 1998; Peterson / Runyan 1999; von Braunmühl / von Winterfeld 2003);
- die in entwicklungspolitischen Zusammenhängen geführte Auseinandersetzung zu Strategien der Armutsminderung, insbesondere zur Strukturanpassung und ihren katastrophalen, vorrangig Frauen treffenden sozialen Folgen (Sen / Grown 1987);
- die daraus und aus der Kritik an der Privatisierung öffentlicher Güter entwickelte feministische Ökonomie mit ihrer Anforderung der vollen Integration reproduktiver Arbeit in Praxis und Theorie des Wirtschaftens (Elson 1995; Razavi 2007);

- der in vielen Facetten geführte frauenpolitische Umweltdiskurs zum gesellschaftlichen Naturverhältnis und zum vorherrschenden Produktivitätsbegriff (Becker / Kortendiek 2008);
- die großen feministischen Debatten zu Identität und sozialer Gerechtigkeit (Butler u. a. 1998; Mohanty 1986 und 2002; Fraser 2001; Nussbaum 2006) und
- in jüngerer Zeit die Ernüchterung gegenüber den Versprechungen von Gender Mainstreaming und ein erneuter Fokus auf bürgerschaftliche Anrechte (entitlements) (Mukhopadhyay / Singh 2007).

Alle diese Diskursfelder – die Aufzählung ist bei Weitem nicht vollständig – tragen Wesentliches zur Neuvermessung des politischen Raums und zu einer Neubestimmung der Bedeutungsinhalte des Bürgerschaftsstatus bei.

Diese aus der erkenntnistheoretischen Perspektive des Widerstands gegen systemische Marginalisierung geführten Debatten haben den Blick für Ausschlussmechanismen geschärft. Es wird deutlich: Der Klimawandel ist nicht geschlechterneutral, weder in seinem Ursprung noch in seinen Auswirkungen. Hinter den großflächigen Daten zu Dürre, Fluten, Naturkatastrophen aller Art steht ein in Geschlechterordnungen organisiertes soziales Leben. Die überwiegend den Frauen zugeschriebene unmittelbare Überlebenssicherung ist besonders von negativen Klimaerscheinungen betroffen (Röhr 2008).

Im Konzept der Inclusive Citizenship sind Geschlechter- und Klimagerechtigkeit zusammengedacht und bilden integrale Bestandteile des Begriffs von sozialer Gerechtigkeit. Es ist ein transformatives Konzept, das den Status der Marginalisierung aufzuheben sucht und zugleich die derzeit gegebenen Konditionen von Integration in Frage stellt.

Allen auf gleichberechtigte Bürgerschaft zielenden sozialen Bewegungen ist die dezidierte Weigerung gemeinsam, elementare gesellschaftliche Ordnungsleistungen an ihren Eigenlogiken folgende private Akteure abzugeben, aber auch der Anspruch an diese, sich als Teil eines normativ gebundenen gesellschaftlichen Verantwortungszusammenhangs zu verstehen. Daraus folgt eine grundlegende Kritik an der Privatisierung der Daseinsvorsorge, an kurzfristigen, gewinnorientierten Marktlogiken folgenden Strategien der Bereitstellung globaler öffentlicher Güter und die Forderung nach politischem Gestaltungsraum (policy space) als Voraussetzung dafür, in lokalen Kontexten Politiken der Überlebenssicherung verfolgen zu können (Durban Declaration on Carbon Trading 2005). Das bedeutet insbesondere die grundsätzliche politisch-ökonomische Orientierung an gesicherten Lebensgrundlagen, Ernährungssouveränität sowie vorsorgendem Wirtschaften (livelihood) und die Integration von reproduktiver Arbeit in Wirtschaft und Politik. Im Umkehrschluss bedeutet es die Ablehnung eines instrumentellen, auf Verwertung angelegten Umgangs mit Natur (Wichterich 2002 und 2004).

In lokalen Lebenszusammenhängen lassen sich Klimapolitik, Überlebenssicherung und Entwicklung nicht trennen. Die Formen, in denen Bürgerschaftlichkeit ihre Rechte fordert und erkämpft, sind wiederum eng verknüpft mit den sozio-kulturellen Grundorientierungen, in die die Sicherung des Lebensunterhalts eingebunden ist. Klimapolitik umfasst also weit mehr als die technisch effiziente Reduktion von Treibhausgasen. Sie ist Teil und Austragungsort von tiefgehenden gesellschaftlichen Auseinandersetzungen über Entwicklungs- und Entfaltungsperspektiven. Das gilt in unmittelbarer Weise für den Clean Development Mechanismus, der allzu oft die Existenz gerade der marginalisierten Bevölkerungsgruppen nachhaltig beschädigt. Gemeinschaftliches Weideland muss Windkraftanlagen weichen (Indien), Wasserkraftwerke vertreiben mit ihren Staudämmen die ansässige Bevölkerung (China), Mülldeponien grenzen an die Wohnbezirke der Marginalisierten (Süd-Afrika), monokulturelle Anpflanzungen verdrängen Nahrungsmittelproduktion und sonstige Überlebenssicherungsaktivitäten (Lateinamerika). Das Ausmaß der umfänglich dokumentierten Verletzung von Menschen- und Bürgerrechten wirft in der Tat ein bedenkliches Licht auf in CDM-Projekten angesiedelte Gewinn- und Herrschaftskoalitionen von internationalen Unternehmen, Verifizierungsfirmen und politischen Instanzen, die – gegebenenfalls unter Zuhilfenahme von Gesetzgebern und Gerichten – Lebens- und Stimmrechte lokaler Gemeinschaften beschneiden (Lohmann 2006: 222 ff.; ASTM 2006).

Angesichts der machtvollen lokalen Wirksamkeit globalisierter Interessenstrukturen sind politische Teilhabe und Diskursmacht in der lokalen, nationalen und internationalen Klimapolitik von entscheidender Bedeutung für auf gleichberechtigte Bürgerschaft zielende Anstrengungen. Lokale Handlungsräume für politische Gestaltungsmacht und transparente, sozial wie geschlechterpolitisch differenzierte Verfahrensweisen der internationalen Akteure sind umso wichtiger, als gravierende Demokratiedefizite den Einfluss insbesondere der ärmeren Bevölkerung auf nationale Gesetze und Aktionspläne wie auf mit fraglicher Legitimität ausgestattete, an internationalen Verhandlungen teilnehmende nationale Repräsentanten erheblich einschränken. Insofern kommen wesentliche Desiderata gleichberechtigter Bürgerschaft den im Private Governance-Diskurs Legitimität konstituierenden Verfahrenskriterien – Transparenz, Partizipation, Rechenschaftslegung, Deliberation – sehr nahe. Ergeben sich hier inhaltliche Schnittstellen?

Transparenz und Partizipation: Auf lokaler Ebene sind die Logiken der Akteurskoalitionen, in die Klimapolitik über den Clean Development Mechanismus eingebunden ist, kaum transparent, die Messverfahren undurchsichtig, die Verträge in Englisch verfasst. Wenn in Sachen Partizipation immer wieder in Analogie auf den Erstellungsprozess der Strategiepapiere zur Armutsbekämpfung (PRSP) verwiesen wird, so wird dabei übersehen, was Dutzende von durchaus institutionennahen Evaluierungen der PRSP-Prozesse erhoben haben: Voluminöse, sprachlich unzugängliche Papiere versperren den Informationszugang, wenige anschlussfähige NGOs sollen „die“ Zivilgesellschaft, einschließlich der weiblichen, vertreten, über Rahmenbedingungen und Grundorientierungen wird andernorts entschieden, Alternativen kommen nicht auf die Tagesordnung (Rodenberg 2002; Siebold 2008). Instrumentell angelegte Information und Konsultation zu vorgegebenen Projekten aber ist für gleichberechtigte Bürgerschaft ungenügend. Vielmehr muss Partizipation die materielle Ermöglichung von

Teilhabe ebenso einschließen wie die Diskussion des ökonomischen und politischen Gesamtentwurfs.

Rechenschaftslegung und Deliberation: „Rechenschaftslegung ist in jeder sozialen Beziehung geboten, in der die Handlungen von Machtinhabern Wirkungen auf weniger mächtige Akteure haben“ (Goetz 2007). Rechenschaftslegung ist hier also nicht verengt auf ökonomische Dimensionen, sondern erhält einen sehr viel umfassenderen Sinn. Sie bezieht die ethischen Dimensionen von Menschenwürde, Menschenrecht und menschlicher Entfaltung mit ein und bemisst sich von den Wirkungen her. Alle an einem Governance-System Beteiligten stehen in gesellschaftlicher Verantwortung und müssen sich ausweisen, welchen Beitrag sie zur Erweiterung von gesicherten Lebensräumen leisten. Demokratische Deliberation darf nicht durch Einengen der Alternativen auf einen hegemonialen Konsens hinarbeiten. Vielmehr muss sie die Thematisierung zielbegrenzender Rahmenbedingungen und den Streit um Grundorientierungen zulassen. Mit anderen Worten: In diesem Entwurf werden die zugrunde liegenden Gesellschaftsverträge und gesellschaftlichen Ordnungen in einem öffentlichen Verantwortungsraum, der die Realisierung der Lebensentwürfe der weniger Privilegierten nicht auf Eigenverantwortlichkeit abschiebt, immer mit verhandelt (Olson 2008).

4. Ein unterbliebener Dialog

Beide Konzepte – Private Governance wie Inclusive Citizenship – verstehen sich als Theorieansätze im Entstehen. Beide sind weit davon entfernt, konsolidierte Institutionenmodelle für globales Regieren vorweisen zu können. Es geht hier nicht darum, sie gleichsam im Wahrheitsanspruch gegeneinander antreten zu lassen; vielmehr interessiert die Richtung, in der sie suchen.

Im Private Governance-Diskurs wird dem „Formwandel politischer Macht“ (Messner) ein „Figurenwandel von Legitimation“ (Nullmeier / Lhotta 2006: 266) hinzugefügt und eine bislang erfolgreiche „diskursive Abfederung von Internationalisierung und Deparlamentarisierung“ (ebenda: 378) vermutet. Zu dieser Abfederung tragen, scheint mir, nicht unwesentliche Teile der Politikwissenschaft bei. In Themenauswahl wie Zungenschlag dethematisiert der Fokus auf das private Erbringen von Bereitstellungs- und Steuerungsleistungen im Bereich öffentlicher Güter zweierlei: Die Verschiebung, wenn nicht den Ersatz, eines an demokratischer Ermittlung des Gemeinwohls im öffentlichen Raum geführten Diskurses durch einen effizienzbasierten Begriff von Legitimation. Legitimität gilt zumindest solange als ausreichend gegeben, wie öffentlich relevanter Protest keine Legitimationskrise auf den Plan ruft. Ausgeblendet werden zweitens die Logiken, Dynamiken und systemischen Grenzen privatwirtschaftlicher Akteure und deren steuernder Einfluss auf das Gesamtsystem des Multi-Akteurs-Komplexes. Was bleibt, ist die Legitimierung eines politisch hergestellten erweiterten Handlungsspielraums transnationaler Wirtschaftsakteure und dessen Upgrading zu validen Elementen von Governance.

Selbst wenn – die Datenlage wird höchst unterschiedlich interpretiert – die Leistungs- und Steuerungsbilanz von Private Governance im Klimabereich überzeugend wäre:

Von Seiten der Politikwissenschaft können wir uns mit der Konstruktion einer gleichsam bürgerfreien Zone schwerlich zufrieden geben. Die Konstruktionsbegründungen variieren: (1) Leicht resignativ fallen sie aus, wenn multilaterale Regelungen nicht zustande kommen und machtvolle industrielle Interessen wenig Neigung haben, sich nationaler Normsetzung zu unterwerfen; dann ist ein Flickenteppich flexibler marktwirtschaftlich gestützter Regulierungsmodi noch die beste Basis für eine sich verdichtende Klima-Governance (Witte u.a. 2003: 72 ff.). (2) Entschlossen wird argumentiert, es habe keinen Sinn, das „demokratische Defizit" zu beklagen; es müsse nach neuen Formen von Legitimation und Rechenschaftslegung gesucht werden (Benner u.a. 2004). (3) Oder mit Blick auf den Clean Development Mechanismus hörbar zufrieden: Mit dem Anstoßen von Private Public Partnerships hätten die Regierungen ihre Schuldigkeit getan; es sei ein gut funktionierender Markt herangereift, in dem „private Akteure immer stärker Governancefunktionen wahrnehmen" (Benecke u.a. 2008: 3), ein Markt mithin, der das öffentliche Gut Klimaschutz zufriedenstellend erbringe. Gewiss, da ist der „Schatten der Hierarchie" (Schuppert / Zürn 2008) und die Rahmung politisch festgelegter Emissionsreduktionen; aber da ist auch das Überantworten der Umsetzung an Warenförmigkeit und Gewinnkalküle. Und: „Man kann von einem effizienten Marktmechanismus nicht erwarten, dass er Gleichheit garantiert" (Benecke u.a. 2008: 25). Wo auch dies noch erwünscht ist, müssen Regierungen die Transaktionen der Geschäftswelt durch Maßnahmen im Dienst von nachhaltiger Entwicklung und Armutsminderung ergänzen.

Hier spätestens ist der Einspruch von Inclusive Citizenship zu erwarten: Hätte ein wissenschaftlicher Dialog mit den Ansätzen von gleichberechtigter Bürgerschaft, wäre er denn geführt worden, Themen aufkommen lassen, die den Private Governance-Diskurs demokratietheoretisch beleben und, notabene, zugleich die Konzeptionalisierung des faktischen Spannungsverhältnisses von sozialer Gerechtigkeit und sozialem Wandel voranbringen? Zum Beispiel: Warum werden die Verfahrenskriterien, die demokratische Legitimität konstituieren, nur als Einbahnstraße an privatisierte Räume herangetragen? Denkbar wäre ja auch, sie in demokratischer Lesart in den bedrängten öffentlichen Raum einzubringen und kreativ auf die Bürgerschaftlichkeit sichernde Re- und Neustrukturierung hinzudenken. Oder: Warum wird die reklamierte Effizienz von Private Governance-Mechanismen so wenig gründlich überprüft? Für die Wasserversorgung, die immer wieder als Beispiel gelungenen Multi-Stakeholder-Handelns herangezogen wird (Beisheim 2006; kritisch von Braunmühl 2007), hat *Petra Dobner* nachgewiesen, wie sich der „Figurenwandel der Legitimation" in Mechanismen des „Legitimitätsphishing", also der Simulierung öffentlicher Legitimation, erschöpft, ohne übrigens auf der Leistungsseite sonderlich effizient zu sein (Dobner 2008). Die veröffentlichten Daten zum Erfolg von Emissionshandel und Clean Development Mechanismus werden in erheblicher Variationsbreite interpretiert. Eine eingehende Überprüfung der Effizienzthese scheint also durchaus geboten. Schließlich und auf den Anfang zurückkommend: Da der Klimawandel ein zentrales Menschenrechtsthema ist, ist von der Private Governance-Theoretisierung von Umwelt- und Klimapolitik sowie

Governance zu fordern, dass sie die Menschen- und Bürgerrechtsdimension systematisch in ihre Anstrengungen aufnimmt.

Literatur

Action Solidarité Tiers Monde: Klimapolitik, http://www.astm.lu/IMG/pdf/CDM-Brennpunkt_klein_.pdf, 2006 (letzter Zugriff am 30. Juli 2009).

Albrow, Martin: Abschied vom Nationalstaat, Frankfurt am Main 1998.

Bäckstrand, Karin: Accountability and Legitimacy of Networked Governance Public-Private Partnerships for Sustainable Development, http://userpage.fu-berlin.de/ffu/akumwelt/bc2005/papers/backstrand_bc2005.pdf, 2005 (letzter Zugriff am 30. Juli 2009).

Bäckstrand, Karin: Accountability of Networked Climate Governance. The Rise of Transnational Climate Partnerships, 2007, http://www.2007amsterdamconference.org/Downloads/AC2007_Backstrand.pdf (letzter (Zugriff am 30. Juli 2009).

Beck, Ulrich: Politik der Globalisierung, Frankfurt am Main 1998.

Becker, Ruth / Beate Kortendieck: Ökologiekritik. Das Mensch-Natur-Verhältnis aus der Geschlechterperspektive. Handbuch Frauen- und Geschlechterforschung, Wiesbaden 2008.

Becker-Schmidt, Regina / Gudrun-Axeli Knapp: Feministische Theorien zur Einführung, Hamburg 2000.

Beisheim, Marianne: Hoffnungen und Befürchtungen. Public Private Partnerships als transnationale Politiknetzwerke, 2006, http://www.fu-berlin.de/presse/publikationen/fundiert/2006_02/06_02__beisheim/index.html (letzter Zugriff am 25. Juni 2009).

Beisheim, Marianne / Klaus Dingwerth: SFB-Governance Working Paper Series Nr. 14, Juni 2008.

Benecke, Gudrun / Lars Friberg / Markus Lederer / Miriam Schröder: From Public-Private Partnership to Market. The Clean Development Mechanism (CDM) as a New Form of governance in Climate Protection, in: SFB-Governance Working Paper Series, Nr. 10, April 2008.

Benner, Thorsten / Charlotte Streck / Jan Martin Witte: Progress or Peril? Networks and Partnerships in Global Environmental Goverance. The post-Johannesburg Agenda, Berlin / Washington D.C. 2003.

Benner, Thorsten / Jan Reinicke / Martin Witte: Multisectoral Networks in Global Governance Towards a Pluralistic System of Accountability, in: Government and Opposition, Oxford 2004, S. 191-210.

Bernstein, Steven: Legitimacy in Global Environmental Governance, in: Journal of International Law & International Relations, 1. Jg. (2005), H. 1-2, S. 139-166.

Braun, Kathrin / Gesine Fuchs / Christiane Lemke / Karin Töns: Feministische Perspektiven in der Politikwissenschaft, München / Wien 2000.

v. Braunmühl, Claudia: Zur Universalismusdebatte in der internationalen Frauenbewegung. Konzepte einer transnationalen Genderpolitik, in: Feministische Perspektiven in der Politikwissenschaft. Femina politica. Zeitschrift für feministische Politikwissenschaft, 10. Jg. (2001), H. 2, S. 129-141.

v. Braunmühl, Claudia: Partizipation in der Wasserversorgung, in: Welttrends, 15. Jg. (2007), Nr. 57, S. 39-51.

v. Braunmühl, Claudia / Uta von Winterfeld: Global Governance. Eine begriffliche Erkundung im Spannungsfeld von Nachhaltigkeit, Globalisierung und Demokratie, Wuppertal Paper Nr. 135, http://www.wupperinst.org/de/publikationen/entnd/uploads/tx_wibeitrag/WP135.pdf.

Breitmeier, Helmut: Weltordnungspolitik in sektoraler Perspektive. Effektives, gerechtes und demokratisches Regieren, in: Helmut Breitmeier / Michèle Roth / Dieter Senghaas (Hrsg.): Sektorale Weltpolitik. Effektiv, gerecht und demokratisch?, Baden-Baden 2009, S. 15-27.

Bundesregierung: Für ein nachhaltiges Deutschland. Fortschrittsbericht 2008 zur nationalen Nachhaltigkeitsstrategie, Berlin 2008.

Butler, Judith / Seyla Benhabib / Drucilla Cornell / Nancy Fraser: Der Streit um Differenz. Feminismus und Post-Moderne, Frankfurt am Main 1993.

Deva, Surya: Global compact. A Critique of the UN's Public-Private Partnership for Promoting Corporate Citizenship, in: Syracuse Journal of International Law and Commerce, 34. Jg. (2006), H. 1, S. 107-151.

Dingwerth, Klaus: From International Politics to Global Governance? The Case of Nature Conversation, in: Garnet Working Paper, Nr. 46 (2008).

Dobner, Petra: Nur zweite Reihe? Staat und Regierung in der Global Governance of Water, in: Everhard Holtmann / Werner Patzelt (Hrsg.): Führen Regierungen tatsächlich? Gouvernementale Steuerungsfragen in vergleichender Perspektive, Wiesbaden 2008, S. 155-170.

Durban Declaration on Carbon Trading: Climate Justice now!, 2004, http://www.carbontrade-watch.org/durban/durbandec.html (letzter Zugriff am 30. Juli 2009).

Elson, Diane: Male bias in the development process, Manchester 1995.

Fraser, Nancy: Die halbierte Gerechtigkeit, Frankfurt am Main 2001.

Genschel, Phillip / Bernhard Zangl: Transformations of the State – From Monopolist to Manager of Political Authority, Paper presented at the annual meeting of the ISA's 50th Annual Convention "Exploring the past, anticipating the future", New York Marriott Marquis, New York City, 15. Februar 2009, http://www.allacademic.com/meta/p311098_index.html (letzter Zugriff am 30. Juni 2009).

Goetz, Anne Marie: Gender Justice, Citizenship and Entitlements. Core Concepts, Central Debates and New Directions for Research, in: Mukhopadhyay, Maitrayee / Navsharan Singh (Hrsg.): Gender Justice, Citizenship and Development, Zubaan / IDRC 2007, S. 15-57, http://www.idrc.ca/en/ev-108814-201-1-DO_TOPIC.html (letzter Zugriff am 30. Juli 2009).

Habermas, Jürgen: Die post-nationale Konstellation. Politische Essays, Frankfurt am Main1998.

Held, David: Democracy and the Global Order. From the Modern State to Cosmopolitan Governance, Stanford 1995.

Hemmati, Minu: Gender and Climate Change in the North. Issues, Entry Points and Strategies for the Post-2012 Process and Beyond, Frankfurt am Main 2005, http://www.genanet.de/fileadmin/downloads/themen/Themen_en/Gender_Post-Kyoto_en_abstract.pdf (letzter Zugriff am 2. September 2009).

Höffe, Ottfried: Demokratie im Zeitalter der Globalisierung, München 1999.

Intergovernmental Panel on Climate Change (IPCC): Climate Change 2007. Synthesis Report, Genf 2007, http://www.ipcc.ch/publications_and_data/publications_ipcc_fourth_assessment_report_synthesis_report.htm (letzter Zugriff am 2. September 2009).

Joachim, Jutta: Agenda Setting, the UN, and NGOs. Gender Violence and Reproductive Rights, Washington D.C. 2007.

Kabeer, Naila: Citizenship. Affiliation and Exclusion. Perspectives from the South, in: IDS Bulletin, 37. Jg. (2006), H. 4, S. 91-101.

Kabeer, Naila: The search for inclusive citizenship. Meanings and expressions in an interconnected world, in: ders. (Hrsg.): Inclusive Citizenship. Meanings and expressions, London 2005, S. 1-27.

Keohane, Robert O.: Global Governance and Democratic Accountability, in: David Held / Mathias Koenig-Archibugi (Hrsg.): Taming Globalization. Frontiers of Governance, Cambridge 2003, S. 130-159.

Keohane, Robert / Allen Buchanan: The Legitimacy of Global Governance Institutions, in: Ethics and International Affairs, 20. Jg. (2006), H. 4, S. 405-438.

Leibfried, Stephan / Michael Zürn (Hrsg.): Transformationen des Staates?, Frankfurt am Main 2006.

Lohmann, Larry: Carbon Trading. A Critical Conversation on Climate Change, Privatisation and Power, Development dialogue, Nr. 48, Uppsala 2006.

Messner, Dirk: Ist Außenpolitik noch Außenpolitik ... und was ist eigentlich Innenpolitik? Die Transformation der Politik in der „Ära des Globalismus", in: Prokla 118. Zeitschrift für kritische Sozialwissenschaft, 30. Jg. (2000), Nr. 1, S. 123-150.

Messner, Dirk: Alle Länder müssen CO_2 einsparen. Interview mit Dirk Messner, in: Entwicklung und Zusammenarbeit, 50. Jg. (2009), H. 6, S. 260-261.

Mohanty, Chandra Talpade: Under Western Eyes. Feminist Scholarship and Colonial Discourses, in: Boundary, 2. Jg. (1986), H. 12, S. 333-358.

Mohanty, Chandra Talpade: Under Western Eyes Revisited. Feminist Solidarity through anticapitalist struggles, in: Signs. Journal of Women in Culture and Society, 28. Jg. (2002), H. 4, S. 499-535.

Mukhopadhyay, Maitrayee / Navsharan Singh: Gender Justice, Citizenship and Development, Zubaan/IDRC 2007, http://www.idrc.ca/en/ev-108814-201-1-DO_TOPIC.html (letzter Zugriff am 30. Juli 2009).

Nampinga, Rachael: Gender Perspectives on Climate Change. Emerging Issues Panel. Commission on the Status of Women, 52th session, New York 2008, http://www.un.org/womenwatch/daw/csw/csw52/panels/climatechangepanel/R.Nampinga%20Presentation.pdf (letzter Zugriff am 30. Juli 2009).

Nullmeier, Frank / Roland Lhotta: Legitimationswandel durch Internationalisierung und Deparlamentarisierung. Auf dem Weg zu post-nationaler und postdemokratischer Legitimation?, in: Staatlichkeit im Wandel, Fortsetzungsantrag 2006, S. 365-385.

Nussbaum, Martha, C.: Frontiers of Justice. Disability, Nationality, Species Membership, Cambridge / London 2006.

Nyamu-Musembi, Celestine: Towards an actor-oriented perspective on human rights, in: Naila Kabeer (Hrsg.): Inclusive Citizenship. Meanings and Expressions, London 2005, S. 31-49.

Olson, Kevin: Constructing Citizens, in: The Journal of Politics, Nr. 70 (2008), S. 40-53.

Peterson, V. Spike / Anne Sisson Runyan: Global Gender Issues, Boulder 1999.

Potter, Bernard: Tatort Klimawandel. Täter, Opfer und Profiteure einer globalen Revolution, München 2008.

Razavi, Shahra: The Political and Social Economy of Care in a Development Context. Conceptual Issues, Research Questions and Policy Options, in: UNRISD, Gender and Development Policy Paper Nr. 3 (Juni 2007).

Risse, Thomas: Transnational Governance and Legitimacy, in: Arthur Benz / Ioannis Papadopoulos (Hrsg.): Governance and Democracy. Comparing National, European and International Experiences, London 2006, S. 179-199.

Rodenberg, Birte: Gender und Armut. Die Berücksichtigung von "Gender" in Armutsbekämpfungsstrategien. Absichtserklärung oder entwicklungspolitische Praxis?, NRO-Frauenforum, Infobrief 1/2002.

Röhr, Ulrike: Vor dem UN-Klimagipfel – Gender und Frauenaktivitäten bei den UN-Klimakonferenzen, in: Klimawandel, Klimaschutz und Gender, Bonn 2008.

Ruppert, Uta: Die Kehrseite der Medaille? Globalisierung, global governance und internationale Frauenbewegung, in: Beiträge zur feministischen Theorie und Praxis, Nr. 47/48 (1998), S. 95-105.

Scherer, Andreas Georg / Guido Palazzo / Dorothée Baumann: Global Rules and Private Actors – Towards a new role of the TNC in Global Governance, in: Business Ethics Quarterly, 16. Jg. (2006), H. 4, S. 505-532.

Schuppert, Gunnar Folke / Michael Zürn (Hrsg.): Governance in einer sich wandelnden Welt, Wiesbaden 2008.

Sen, Gita / Caren Grown: Development, Crisis, and Alternative Vision. Third World Women's Perspectives, New York 1987.

Siebold, Thomas: Armutsorientierte Entwicklung mithilfe von PRSPs? Eine Zwischenbilanz für Subsahara-Afrika, INEF-Report Nr. 95 (2008).

Sonderforschungsbereich 597: „Staatlichkeit im Wandel", Rahmenantrag, Universität Bremen, Bremen 2003.

Sonderforschungsbereich 700: Governance in Räumen begrenzter Staatlichkeit. Neue Formen des Regierens?, Rahmenantrag, Freie Universität Berlin, Berlin 2006.

Stern, Nicholas: Review on the Economics of Climate Change, Cambridge 2007.

UNDP: Fighting Climate Change. Human Solidarity in a Divided World. Human Development Report 2007/2008, New York 2007.

Uttig, Peter / José Carlos Marques: Corporate Social Responsibility and Regulatory Governance. Towards Inclusive Development?, Houndmills / Basingstoke 2009.

Welzer, Harald: Klimakriege. Wofür im 21. Jahrhundert getötet wird, Hamburg 2008.

Wichterich, Christa: Sichere Lebensgrundlagen statt effizienterer Naturbeherrschung – Das Konzept nachhaltige Entwicklung aus feministischer Sicht, in: Christoph Görg / Ulrich Brand (Hrsg.): Mythen globalen Umweltmanagements. „Rio + 10" und die Sackgassen nachhaltiger Entwicklung, Münster 2002, S. 72-91.

Wichterich, Christa: Überlebenssicherung, Gender und Globalisierung. Soziale Reproduktion und Livelihood-Rechte in der neoliberalen Globalisierung, Wuppertal Paper, März 2004, http://www.wupperinst.org/globalisierung/html/ueberlebenssicherung.html (letzter Zugriff am 30. Juli 2009).

Witte, Jan Martin / Charlotte Streck / Thorsten Benner: The Road from Johannesburg. What Future for Partnerships in Global Environmental Governance, in: Thorsten Benner / Charlotte Streck / Jan Martin Witte (Hrsg.): Progress or Peril? Networks and Partnerships in Global Environmental Governance. The post-Johannesburg Agenda, Berlin / Washington D.C. 2003, S. 59-84.

Young, Iris Marion: Activist Challenges to Deliberative Democracy, in: Political Theory, 69. Jg. (2001), H. 5, S. 670-690.

Zammit, Ann: Development at risk. Rethinking UN-Business Partnerships, Genf 2003.

Zangl, Bernhard: Monopolist a. D. – Herrschaft wird delegiert, doch ganz ohne Staat geht es nicht immer, in: WZB Mitteilungen, Nr. 121 (September 2008).

Klimawandel und Gerechtigkeit

Jörg Tremmel

Am 19. Dezember 2010, dem letzten Tag der globalen Klimakonferenz von Kopenhagen, legten einige Staaten mit hohem Treibhausgasausstoß dem Plenum ein über Nacht mühsam ausgehandeltes Kompromisspapier vor. Der Chefunterhändler der Entwicklungsländer, der Sudanese *Lumumba Di-Aping*, nannte dies „eine Lösung, die auf Werten basiert, die sechs Millionen Leute in Europa den Verbrennungskamin hochjagten".[1] Der Vergleich mit dem Holocaust erregte weltweit Aufsehen. Tiefer kann man nicht in die Klaviatur moralisierender Argumente greifen. Aber ist ein solcher Vergleich berechtigt?

Neben den bis zum Bersten gefüllten Bücherregalen mit naturwissenschaftlicher und ökonomischer Literatur über den Klimawandel findet man in letzter Zeit eine wachsende Sammlung von Büchern von Politischen Theoretikern und Ethikern zu diesem Thema.[2] Die Ethik ist die Wissenschaft von der Moral, folglich hat sich mit der „Klimaethik" eine neue Bereichsethik entwickelt, die sich mit den in der Ethik üblichen Methoden[3] dem Klimawandel widmet. Aber auch in der Politischen Theorie (inklusive der Politischen Philosophie) spielen normative Fragen des Klimawandels zunehmend eine Rolle. Das ist wenig erstaunlich, denn der globale Klimawandel ist das vielleicht größte Problem, dem sich das heutige Staatensystem zurzeit gegenübersieht.

1. Was ist gerecht beim Umgang mit dem Klima?

Normative Argumente werden bei Klimaverhandlungen von den Unterhändlern aller Seiten oft und gern verwendet.[4] Diese Argumente sollen im Folgenden bewertet und die „guten" von den „schlechten" unterschieden werden.[5]

Gardiner nennt das Klimaproblem „the perfect moral storm" (Gardiner 2006), um deutlich zu machen, dass der Klimawandel für die Politische Theorie ein besonders

---

1 http://www.guardian.co.uk/environment/2009/dec/19/copenhagen-reaction-delegates-speak (Abruf am 4. März 2010).

2 Gardiner (2010: 3) weist darauf hin, dass die Zahl der einschlägigen Artikel immer noch deutlich geringer ist, als man es bei der Bedeutung des Themas erwarten würde. Er macht dafür die „unvermeidliche Interdisziplinarität" des Themas verantwortlich, die es allen Politischen Theoretikern und Philosophen auferlegt, die naturwissenschaftliche, technische (Stichwort: „Climate Engineering"), ökonomische und politische Debatte genau zu verfolgen, bevor sie normative Aussagen machen.

3 Dazu zählt zum Beispiel die Explikation von Begriffen oder die Konzeption von Gedankenexperimenten, die Intuitionen und Logik gleichermaßen berücksichtigen.

4 Unabhängig von den Urteilen der Ethiker werden Politiker auch in Zukunft moralische Argumente benutzen, nicht zuletzt, um bei Medien und Zivilgesellschaft zu punkten. Zu welchem Grad sie wirklich gewillt sind, moralischen Ideen den Vorrang vor nationalen Interessen zu geben, ist eine andere Frage (der hier nicht nachgegangen wird).

5 Die naturwissenschaftlichen Fakten können in diesem Artikel aus Platzgründen nicht dargestellt werden. Für allgemeinverständliche Zusammenfassungen siehe Rahmstorf / Schellnhuber (2006), Lienkamp (2009), Ludwig (2006), Emanuel (2007) und DiMento / Doughman (2007).

vertracktes Problem ist. Gleich vier Gerechtigkeitskonzepte sind involviert: reine Verteilungsgerechtigkeit, internationale Gerechtigkeit, historische Gerechtigkeit und Generationengerechtigkeit. In vielen Beiträgen zum Klimawandel werden diese Konzepte nicht klar unterschieden. Vor allem Verteilungsgerechtigkeit und internationale, aber auch Generationengerechtigkeit und historische werden gelegentlich durcheinander geworfen. Aber bevor der Frage, was gerecht ist, nachgegangen werden kann, muss zunächst Klarheit über den Verteilungsgegenstand hergestellt werden.

2. Verteilung wovon?

Die Atmosphäre ist ein öffentliches Gut, das nicht im Besitz bestimmter Menschen, Gruppen oder Staaten ist. Die Nutzung der Atmosphäre steht jedem Erdenbürger zu. Jeder hat demzufolge das Recht, eine bestimmte Menge an Treibhausgasen (Kohlendioxidäquivalente = CO_2^e) in die Atmosphäre abzugeben. Die Kapazität der Atmosphäre, diese zu absorbieren, ist jedoch begrenzt. Entsprechend sind auch die Ausstoßrechte begrenzt: Die Nachfrage übersteigt die Verfügbarkeit. Vom „moral point of view" aus betrachtet macht es keinen Unterschied, ob es um die Aufteilung einer Ressource oder einer Senke geht. Gängige Prinzipien der Verteilungsgerechtigkeit können auf das Problem der Verteilung der Ausstoßrechte ebenso angewandt werden wie auf die Praxis der Aufteilung anderer knapper Güter (Nahrung, Wasser, Wohnraum) zwischen Individuen.

Auf der axiologischen Ebene könnte man sich auch andere Grundgüter vorstellen, über deren Verteilung diskutiert wird, zum Beispiel der durch die Emission von Treibhausgasen erzeugte Nutzen oder das dadurch erzeugte Wirtschaftswachstum.[6] Ersteres ist zumindest eine unübliche Terminologie. Bei der gerechten Verteilung einer Ladung Reis in einem Flüchtlingslager wird normalerweise auf der axiologischen Ebene der Reis als Verteilungsgegenstand betrachtet, nicht die Nutzenveränderungen, die er bei den Empfängern bewirkt. Es wird in Säcken oder Kilogramm, nicht in Skalenwerten einer persönlichen Wohlbefindlichkeitsskala gerechnet. „Ökonomisches Wachstum" oder „Entwicklungschancen" als Verteilungsgegenstand zu betrachten, ist noch problematischer. Wie weiter unten ausgeführt ist die Beziehung zwischen Treibhausgasemissionen und Entwicklungschancen komplex, eine simple Korrelation gibt es nicht.

Ein weiterer Vorschlag ist, nicht die Treibhausgasemissionen zu verteilen, sondern die Kosten der Vermeidung, gemessen in entgangenem Wachstum des Bruttoinlandpro-

6 Meyer / Roser (2010: 232) schreiben zu dieser Frage: „So, what the shorthand of ‚distributing emissions' ultimately amounts to is distributing (by distribution rights) the benefits of engaging in emission-generating activities. Or, very roughly but more intuitively, we could say that by distributing emission rights we are distributing economic progress - 'very roughly' because, first, economic progress of course does not capture everything that is beneficial about emission-generating activities (sometimes economic progress is not even itself something beneficial), and, second, because there is no one-to-one relationship between emissions and economic progress as some draw much more economic output from the same amount of emissions than others." Es verwundert, dass Meyer / Roser nachfolgend in ihrem Aufsatz mehrfach Treibhausgase mit Entwicklungschancen gleichsetzen, obwohl sie selbst mehrere Gründe anführen, warum dies irreführend ist.

dukts (BIP) (Miller 2009: 125, 145-151). *Miller* nennt dies „the principle of equal sacrifice". Es würde bedeuten, dass Länder, bei denen sich Treibhausgase nur noch mit erheblichem Aufwand einsparen lassen (hoch hängende Früchte) bei einer Investition von einem Prozent ihres BIP zum Beispiel zehn Tonnen CO_2^e einsparen. Länder, die bisher wenig für den Klimaschutz getan haben und noch viele leichte Einsparmöglichkeiten haben (tief hängende Früchte), würden mit dem Einsatz von einem Prozent ihres BIP zum Beispiel 100 Tonnen CO_2^e einsparen. Trotz mancher positiver Nebenwirkungen ist auch dieser Vorschlag abzulehnen. Zum ersten ist seine Prämisse, „dass jede Reduktion in fast allen Fällen Kosten in Form von entgangenem ökonomischem Wachstum und persönlichem Konsum bedeutet" (Miller 2009: 145), schlicht falsch, da sie den bedeutenden Beitrag von Bevölkerungsveränderungen ignoriert. Zum zweiten legt dieses Modell, vielleicht unbeabsichtigt, einen sehr engen Zusammenhang zwischen BIP/persönlichem Konsum und Lebensqualität nahe, den es so nicht gibt. Und zum dritten ist es kaum seriös quantifizierbar, wie hoch in einem Land in einer bestimmten Berichtsperiode das von einer Vielzahl von Faktoren abhängige BIP ohne Klimaschutzmaßnahmen gewesen *wäre.* Es ist sogar möglich, dass solche Maßnahmen das BIP erhöhen, weil die Summe der Güter (z.B. CO_2-Abscheidungsanlagen) und Dienstleistungen (z.B. Beratung der Bevölkerung im Hinblick auf Gebäudedämmung) zunimmt.

Nach Prüfung dieser Alternativen lässt sich sagen: Es spricht mehr dafür, bei klimaethischen Theorien direkt den klimarelevanten Verteilungsgegenstand – eben Treibhausgase – zur Basis der Überlegungen zu machen.

3. Reine Verteilungsgerechtigkeit

Nach der Maxime der reinen Verteilungsgerechtigkeit (ohne weitere Annahmen) gilt die „presumption for equality": Jeder soll ein gleich großes Stück vom Kuchen abbekommen, das heißt jeder Erdenbürger hat das gleiche Budget für den Ausstoß von Treibhausgasen. Um die Höhe des Budgets zu bestimmen, gilt folgende Argumentationskette: (1) Durch Klimawandel entstehendes Leid für Mensch und Natur soll verhindert werden. Daraus folgt: (2) Ein weltweiter Temperaturanstieg, ein Anstieg der Meeresspiegel sowie eine Zunahme von extremen Wetterereignissen muss minimiert werden. Daraus folgt: (3) Die kumulierte Menge an Treibhausgasen in der Atmosphäre muss langfristig stabilisiert werden.

Um dieses Ziel zu erreichen, liegt das globale Emissionsbudget für Treibhausgase zwischen 2010 und 2050 bei 560 Milliarden Tonnen CO_2^e (560 Gt CO_2^e).[7] Daraus

7 Naturwissenschaftler rechnen mit komplexen Computermodellen CO_2^e-Emissionen in CO_2^e-Konzentrationen der Atmosphäre um und prognostizieren dann die Auswirkungen auf Temperatur, Meeresspiegel und Wetter. All diese Berechnungen, obwohl heute viel genauer als noch vor zehn Jahren, sind mit Unsicherheiten behaftet. Die Schätzungen, wie viele Treibhausgase die Atmosphäre verträgt, das heißt wie hoch der vom Menschen verursachte Anstieg kumuliert sein darf, variieren erheblich (vgl. Hansen u. a. 2008; Meinshausen u. a. 2006; Solomon u. a. 2009, Oleson u. a. 2009; WBGU 2009). Für

ergibt sich bei einer (statischen) Weltbevölkerung von rund sieben Milliarden Menschen ein Pro-Kopf-Wert von zwei Tonnen pro Jahr.[8] Dies ist der Wert, der auch bei politischen Verhandlungen in der Regel als Zielmarke betrachtet wird, um den weltweiten durchschnittlichen Temperaturanstieg auf zwei Grad Celsius zu begrenzen.

Die Methode, das knappe Gesamtbudget auf die Zahl der Köpfe aufzuteilen und jedem Menschen die gleichen Nutzungsrechte zuzuteilen, entspricht der ethischen Position des Emissionen- oder Zertifikategalitarismus, in der Literatur auch als „Contraction and Convergence" bezeichnet. Dies ist das Konzept mit den meisten Befürwortern.[9] Kritisch ist dagegen eingewandt worden, dass die Zuteilung der Budgets zu undifferenziert sei: Menschen in gemäßigten Klimaregionen, die objektiv gesehen nicht viel Energie zum Heizen oder Kühlen benötigen, erhalten dasselbe Budget wie Menschen, die am Äquator oder in der Polarregion leben.

Der Prioritarismus wiederum spricht Menschen, die wenig Wohl oder Ressourcen haben, *aus diesem Grund* höhere CO_2^e-Budgets zu. Von einigen NGOs und Entwicklungsländern wird das „Greenhouse Development Rights Model" (Heinrich-Böll-Stiftung 2009) als Gegenentwurf zu „Contraction and Convergence" propagiert, weil es die finanziellen Transfers an die Dritte Welt, die im Rahmen von Klimaverhandlungen diskutiert werden, in die allgemeine Entwicklungsdebatte einbette. „Contraction and Convergence" allein sei nicht gerecht genug, so heißt es, und außerdem könne man so zwei Fliegen mit einer Klappe schlagen.[10] Allerdings werden hier das Klimaproblem und das generelle Armutsproblem miteinander vermischt, meistens um eine noch stärkere Umverteilung zwischen Arm und Reich bzw. Nord und Süd zu erreichen, als sie durch den Emissionsegalitarismus ohnehin geboten wäre. Hier soll es ausschließlich um klimaethische Erwägungen gehen.

Angesichts der Ungereimtheiten des klimaethischen Prioritarismus erscheint der Emissionen-Egalitarismus sinnvoller. Er ist ohnehin für manche reiche Länder bereits zu anspruchsvoll bzw. weitgehend. Man denke nur an den berühmt gewordenen Ausspruch des US-amerikanischen Präsidenten *George Bush* 1992 beim Weltgipfel für Umwelt und Entwicklung in Rio, der „American way of life" stehe ohnehin nicht zur Disposition.

---

die Zeitspanne bis 2050 sind 560 Gt CO_2^e ein plausibler Mittelwert. Die physikalischen Zusammenhänge sind wichtig, aber nicht entscheidend für die ethische Debatte. Die hier abgeleiteten Schlussfolgerungen aus vier Konzepten (Verteilungsgerechtigkeit, internationale Gerechtigkeit, historische Gerechtigkeit und Generationengerechtigkeit) sind unabhängig davon, ob das umweltverträgliche Maß von kumulierten CO_2^e-Emissionen 200 oder 800 Gt CO_2^e beträgt.

8 In der Regel wird in der politischen und ethischen Debatte von zwei Tonnen Kohlendioxid pro Mensch im Jahr gesprochen, nicht von Kohlendioxid*äquivalenten*. Für die ethische Argumentationskette in diesem Aufsatz ist diese Unterscheidung jedoch folgenlos.

9 Zum Beispiel Schüssler 2010: 2; Page 2006: 177-179; Rahmstorf / Schellnhuber 2006: 118; Singer 2002: 39-40; Athanasiou / Baer 2002: 47; Baer 2002: 401; Ott 2003: 196-197; Meyer 2000; Paterson 1996; Shue 1993. Das Konzept der Gleichverteilung pro Kopf wurde in den letzten Jahrzehnten in der internationalen Politik vor allem von Entwicklungsländern verfochten. Seit kurzem bekennt sich sogar die deutsche Kanzlerin Angela Merkel dazu, möchte dieses Prinzip jedoch erst ab 2050 umgesetzt sehen.

10 Baer / Athanasiou / Kartha / Kemp-Benedict 2010; Santarius 2009; kritisch dazu Kraus / Ott 2009.

Der Emissionen-Egalitarismus fordert, dass die Individuen mit hohem Verbrauch ihr Verhalten so anpassen, dass sie mit 2 Tonnen pro Jahr auskommen, während er den Individuen mit weniger Emissionen noch Spielraum nach oben zugesteht (vgl. Abbildung 1). Die Frage der Übergangsfrist ist politisch heiß umstritten, aus ethischer Sicht sollte sie relativ kurz sein, da ein als unmoralisch eingeschätzter Zustand grundsätzlich so schnell wie möglich zu beenden ist. Die Schlussfolgerung, dass manche Erdenbürger, die das Zwei-Tonnen/Jahr-Ziel derzeit um ein Vielfaches überschreiten, ihren Lebensstil bei einer kurzen Übergangsfrist extrem schnell und radikal umstellen müssten, ist richtig, aber kein Gegenargument von Gewicht.

Abbildung 1: Verteilungsgerechtigkeit zwischen Menschen nach dem Gleichverteilungsprinzip bei konstanter Bevölkerung

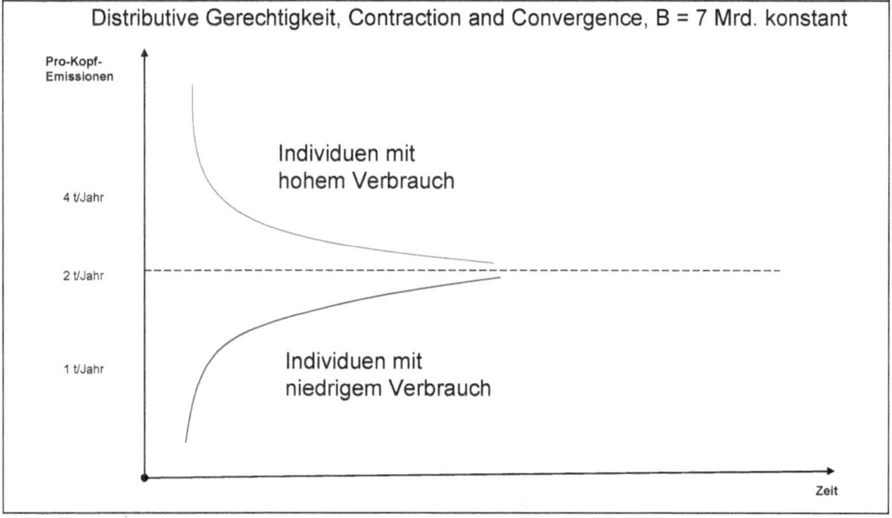

4. Internationale Gerechtigkeit

Bei der internationalen Gerechtigkeit geht es um die Gerechtigkeit zwischen verschiedenen Staaten, ohne Rücksicht auf die Verteilungspraxis, die dort jeweils angewandt wird. Tatsächlich sind es nicht die Staatsbürger, sondern die Staaten und ihre politischen Führungen, die in der internationalen Arena über Emissionsrechte entscheiden. Reine Verteilungsgerechtigkeit könnte erst dann umgesetzt werden, wenn ein Weltparlament existierte, das die Ressourcen gerecht unter den Bürgern aufteilte. In der Realität ist die internationale Arena jedoch in miteinander um Einfluss ringende Nationen aufgeteilt, die unterschiedliche Verhandlungspositionen innehaben und oftmals eng definierte nationale Interessen verfolgen.

Wie Abbildung 2 zeigt, sollten sich nach einem Emissionen-Egalitarismus im Rahmen des Konzeptes der internationalen Gerechtigkeit die Hochemissionsländer und die Niedrigemissionsländer in der Mitte treffen. Der Wechsel auf die Ebene der Staaten ändert zunächst nichts an dem zu erreichenden Ziel (zwei Tonnen pro Mensch im Jahr) und dessen prinzipieller Umsetzung. Jeder Staat soll im Durchschnitt auf den angestrebten Emissionswert kommen. Die Staaten, deren Bürger aktuell deutlich zu viel Treibhausgase in die Atmosphäre entlassen, müssen ihre Emissionen senken (oder entsprechende Zertifikate einkaufen). Staaten, die sehr wenig emittieren, haben Luft – bzw. CO_2^e – nach oben.

Abbildung 2: Verteilungsgerechtigkeit zwischen Staaten (internationale Gerechtigkeit) nach dem Gleichverteilungsprinzip bei konstanter Bevölkerung

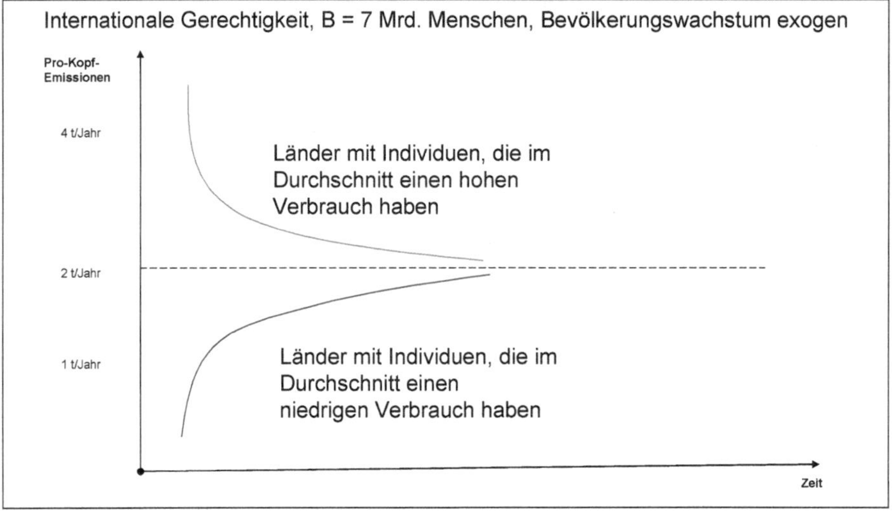

Abbildung 3 zeigt den Verbrauch an Treibhausgasen durch die Angehörigen verschiedener wichtiger Länder pro Jahr. Australien ist mit knapp 27 t/Kopf Spitzenreiter, gefolgt von Kanada (24 t/Kopf) und den USA (23 t/Kopf). Deutschland liegt bei knapp 12 t/Kopf, Japan, Frankreich, Spanien und Italien etwa 10 t/Kopf. Für die ethische Debatte ist von Bedeutung, dass auch viele Entwicklungsländer den klimapolitisch erlaubten 2 t/Kopf-Grenzwert überschreiten. Der Durchschnittswert der in Mexiko lebenden Menschen beträgt 6,1 t/Kopf, in Thailand sind es 5,6 t/Kopf und selbst in Gabun immerhin noch 3,7 t/Kopf. Unter 2 t/Kopf liegen die Angehörigen von etwa fünfzig, überwiegend afrikanischen Staaten, z.B. im Kongo (1,6 t/Kopf), in Zimbabwe (0,8 t/Kopf) oder Kamerun (0,4 t/Kopf).

Abbildung 3: Treibhausgasemissionen pro Kopf und Jahr im Ländervergleich (1990/2004)

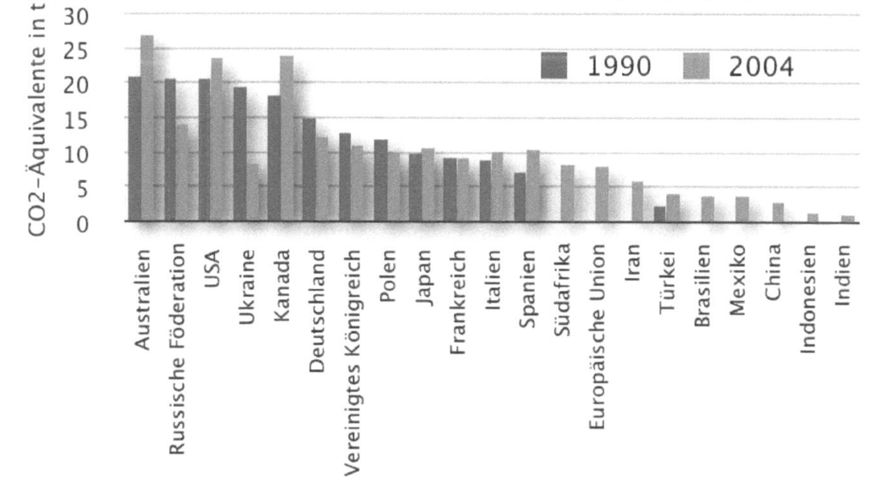

Quelle: UNFCCC, http://unfccc.int/resource/docs/2006/sbi/eng/26.pdf (abgerufen 27.12.2010). Die Abbildung zeigt die durch das Verbrennen von fossilen Energieträgern und durch Zementherstellung entstandenen Treibhausgase, nicht jedoch die Emissionen durch Entwaldung und andere Formen der Landnutzung. Die Veränderung zum Referenzwert von 1990 wird sichtbar. Für die CO_2-Emissionen allein (also ohne die anderen Treibhausgase wie z.B. Methan (CH_4), Distickstoffmonoxid (Lachgas, N_2O), Fluorkohlenwasserstoffe und Schwefelhexafluorid (SF_6) sind neuere Zahlen (für 2007) verfügbar, siehe Millenium Development Goals Indicators, http://mdgs.un.org/unsd/mdg/Data.aspx. Hier liegen dann z.B. die USA vor Kanada und Australien. Deutschlands Wert sinkt von 11,9 t/Kopf auf 9,5 t/Kopf. Zu beachten ist, dass Emissionen auch Ergebnisse von Exporten sein können. Als Beispiel sind rund 33% der CO_2-Emissionen in China durch dessen Exporte bestimmt und nicht durch den Inlandskonsum.

Das Prinzip der internationalen Gerechtigkeit kann mit jenem der reinen (individuenbezogenen) Verteilungsgerechtigkeit in Konflikt geraten: Nehmen wir an, eine Bürgerin eines Hochemissionslandes, zum Beispiel eine Britin, lebt extrem energiesparsam. Sie verzichtet auf Flugreisen, fährt nur Fahrrad, heizt kaum im Winter. Wenn diese Person das Pech hat, in einem Land zu leben, in dem die meisten Mitbürger eher verschwenderisch mit Energie umgehen, dann muss sie trotzdem im Rahmen eines Klimaabkommens, das auf dem Konzept der internationaler Gerechtigkeit beruht, möglicherweise Ausgleichszahlungen an andere Länder leisten (etwa über höhere Steuern). Dies widerspricht dem Prinzip der reinen Verteilungsgerechtigkeit.

5. Internationale Gerechtigkeit in einer Welt mit Bevölkerungswachstum

Für die Höhe der Treibhausgasemissionen spielt nicht nur der Ausstoß jedes Einzelnen eine Rolle, sondern auch, wie viele Menschen insgesamt auf der Erde leben. Der vierte Sachstandsbericht des Intergovernmental Panel on Climate Change (IPCC) aus dem Jahre 2007 hält fest: „[G]ross domestic product per capita and population growth were the main drivers of the increase in global emissions during the last three decades of the 20th century" (Rogner 2007).

Die Weltbevölkerung entwickelte sich in den Jahrhunderten vor Christi Geburt zahlenmäßig nur sehr langsam. Um 300 v. Chr. wird die Weltbevölkerung auf 100 Millionen Menschen geschätzt. Um 1650 war die Erde mit einer halben Milliarde Menschen bevölkert. 1804 war die erste Milliarde erreicht. Bis 1900 stieg die Weltbevölkerung auf 1,65 Milliarden Menschen. Im 20. Jahrhundert wuchs sie von 1,6 auf 6,1 Milliarden, das heißt sie vervierfachte sich fast. Dabei erfolgte der größte Teil dieser Zunahme – 80 Prozent – in der zweiten Jahrhunderthälfte. 2011 wird die Menschheit erstmals auf mehr als sieben Milliarden wachsen.[11]

Tabelle 1: Entwicklung der absoluten Klimagas-Emissionen von Deutschland und Pakistan

	2010	2020	2030	2040	2050
Deutschland					
CO_2-Kopf u Jahr	9,5	9,5	9,5	9,5	9,5
Bevölkerungszahl	82	80	78	74	71
CO_2 absolut	779	760	741	703	675
Pakistan					
CO_2-Kopf u Jahr	1,8	1,8	1,8	1,8	1,8
Bevölkerungszahl	185	226	265	302	335
CO_2 absolut	333	407	477	544	603

Quelle: UN Population Division (2009). Alternative Datenquellen, z.B. UN Population Division (2004) oder Destatis (2009), bringen abweichende Ergebnisse, die Tendenz ändert sich jedoch nicht. Die CO_2-Emissionen pro Kopf und Jahr wurden konstant gehalten, um den ceteribus paribus-Effekt von Bevölkerungsveränderungen zu zeigen. In Wirklichkeit dürfte es Rebound-Effekte geben.

Vierzig bis sechzig Prozent des bisherigen globalen Anstiegs der CO_2-Emissionen sind nach Schätzungen der UNFPA auf das Bevölkerungswachstum zurückzuführen (UNFPA 2009: 21). Für die zukünftige Entwicklung von absoluten Emissionen bedeutet dies, dass rasch wachsende Nationen einen immer größeren Anteil zum globalen Ausstoß beitragen, während der Anteil am Gesamtausstoß von schrumpfenden Nationen zurückgeht. Tabelle 1 zeigt zur Illustration die Entwicklung der absoluten Klimagasemissionen von Deutschland und Pakistan im Vergleich.

In einem Konzept der internationalen Gerechtigkeit muss der umweltverträgliche durchschnittliche Ausstoß an Treibhausgasen jedes einzelnen Erdenbürgers in einer

11 Der Politologe Bernd Guggenberger zeichnet folgendes Bild: „Nehmen wir an, die Kette menschlichen Lebens seit den Uranfängen vor zwei bis drei Millionen Jahren umfasse 100.000 einzelne Glieder, für jede Generation eines, welches jeweils in seiner Größe und seinem Gewicht die Anzahl der in dieser Generation lebenden Individuen darstelle. Dann ist das letzte Kettenglied, welches die jetzt lebende Generation symbolisiert, nicht einfach nur das größte und gewichtigste aller Kettenglieder; nein, es ist größer und schwerer als alle hunderttausend Glieder der gesamten Menschenkette davor zusammengenommen." (Guggenberger 1990). Dieses Beispiel ist allerdings nicht richtig. Nach Berechnungen von Birg (1996: 14) beläuft sich die Gesamtzahl aller Menschen, die je gelebt haben, auf rund 80 Milliarden. Die heute Lebenden machen also knapp neun Prozent all derjenigen aus, die jemals gelebt haben. Aber auch dieses Zahlenbeispiel zeigt, dass wir aus demographischer Sicht in außergewöhnlichen Zeiten leben.

Welt mit Bevölkerungswachstum niedriger angesetzt werden als 2 t/Kopf. Geht man beispielsweise davon aus, dass die Bevölkerung von 2011 bis 2050 von sieben auf neun Milliarden Menschen anwächst, muss der Pro-Kopf-Ausstoß auf 1,43 Tonnen pro Jahr angepasst werden. Neben dieser allgemeinen Berücksichtigung des Bevölkerungswachstums der gesamten Welt stellt sich nun aber die ethisch-politische Frage, ob die Bevölkerungsentwicklung einzelner Länder bei der Festlegung ihrer jeweiligen Emissionsgrenzen mitberücksichtigt werden sollte. Denkbar wäre etwa, dass ein Land mit gleichbleibender oder sogar leicht sinkender Bevölkerung dafür „belohnt" wird, indem es sich höhere Treibhausgasemissionen leisten darf, als ein Land mit rasanter Bevölkerungsentwicklung. Die Beantwortung diese Frage hängt stark von der jeweils zugrunde gelegten Sicht auf die Bevölkerungspolitik ab. Wird die Bevölkerungsentwicklung als etwas angesehen, dass von der Politik nicht beeinflusst wird und auch nicht beeinflusst werden sollte, könnte dies als Argument gegen eine Berücksichtigung dieser Variablen bei der Festlegung von Emissionsgrenzen der einzelnen Staaten angesehen werden. Liegt die Bevölkerungsentwicklung dagegen in der Hand der jeweiligen Staaten und wird eine aktive Bevölkerungspolitik als ethisch und politisch zulässig verstanden, so spricht dies dafür, auch die erlaubten Emissionswerte davon abhängig zu machen. Die Debatte um die Bevölkerungspolitik ist zu komplex, um sie hier zu führen. Jedenfalls sind nicht alle Spielarten von Bevölkerungspolitik per se unmoralisch. Vielmehr darf der Staat in bestimmten Grenzen Anreize für ein antinatalistisches Geburtenverhalten der Bürger setzen (Tremmel 2005a, 2005b).

In Abbildung 4 wird davon ausgegangen, dass die Bevölkerungsgröße eine exogene Variable ist, die nicht von Regierungen beeinflussbar ist bzw. beeinflusst werden sollte. Die Länder, die heute viel emittieren, müssten demnach ihre Emissionen noch drastischer senken als im Modell mit statischer Bevölkerungsgröße.[12] Der Spielraum für Emissionssteigerungen für die heute wenig emittierenden Länder ist zugleich geringer geworden.

12 Dies zeigt, dass es kein unveräußerliches Recht auf Treibhausgasemissionen geben kann, auch nicht auf solche Emissionen, die für einen minimalen Lebensstandard unverzichtbar sind. Der Anteil an einer knappen Ressource muss bei steigender Bevölkerung immer neu berechnet werden. Ein Recht aber gilt absolut – es ist nicht für ständige Neuberechnungen zugänglich. Ebensowenig ist die Einteilung aller Emissionen in „für das Überleben notwendige Emissionen" und „Luxus-Emissionen" sinnvoll, wie sie zum Beispiel von Agarwal / Narain 1991: 5; Shue 1993, 2001, 2005; Vanderheiden 2008, 220; oder Lumer 2009, propagiert wird. Diese Wortwahl suggeriert, jeder Mensch habe, unabhängig von der Bevölkerungsgröße, das Recht auf ein bestimmtes Niveau an Emissionen. Die Limitiertheit der Ressource Atmosphäre wird dabei nicht berücksichtigt. Zudem werden dadurch Emissionen generell in gute und schlechte Emissionen unterteilt. Auch für die Menschen, die innerhalb ihres 2 t/Jahr-Budgets bleiben, wird also ein Werturteil gefällt, welchen Aktivitäten sie nachgehen dürfen und welche „unzulässiger" Luxus sind.

Abbildung 4: Internationale Gerechtigkeit bei einer Bevölkerung von 9 Mrd. Menschen und der ethischen Unzulässigkeit von Bevölkerungspolitik

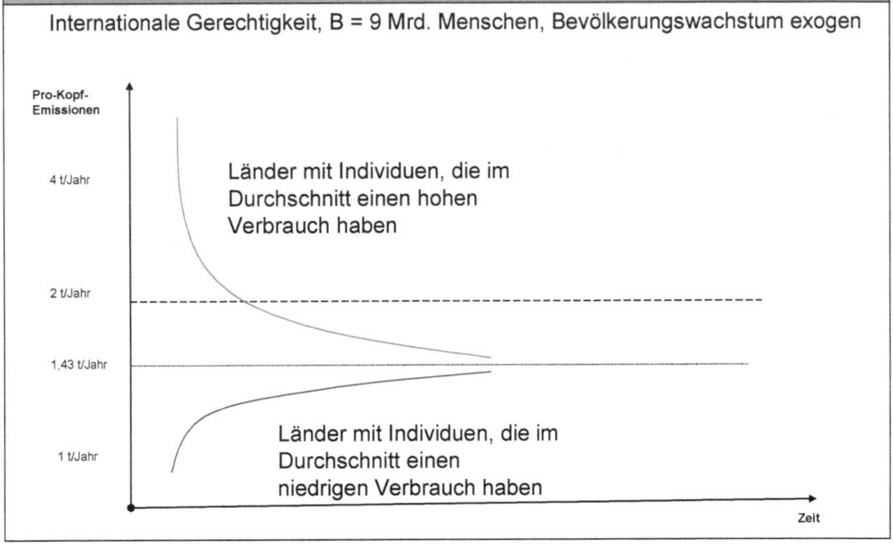

Abbildung 5: Internationale Gerechtigkeit bei einer Bevölkerung von 9 Mrd. Menschen und der ethischen Zulässigkeit von Bevölkerungspolitik

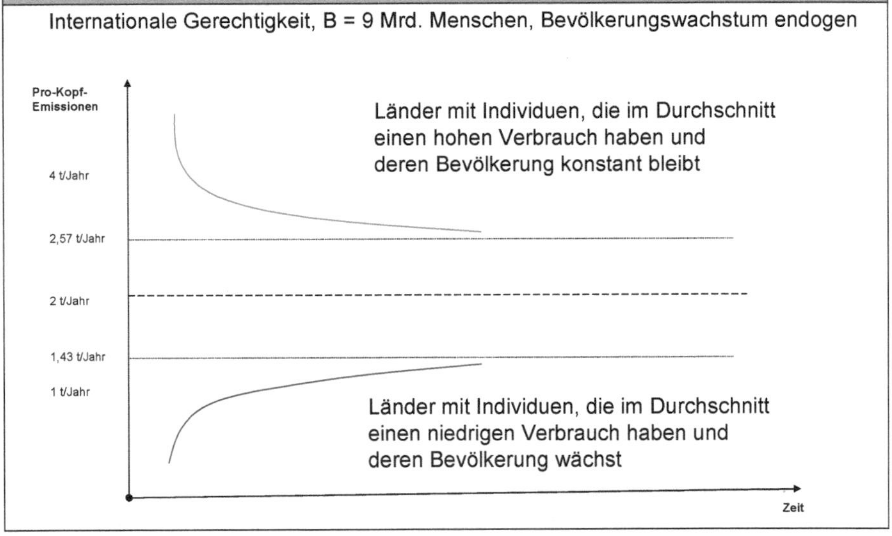

In Abbildung 5 wird dagegen davon ausgegangen, dass eine Regierung ihre Bevölkerungsgröße beeinflussen kann und sollte, dass sie also eine endogene Variable ist. Wenn die Zuteilung der Emissionsrechte heute (2011) erfolgen würde, also zu einem Zeitpunkt, an dem die Bevölkerung sieben Milliarden beträgt, hätten Länder mit danach konstant bleibenden Bevölkerungen permanent mehr Emissionsrechte pro Kopf (2,57 t/Kopf) als wachsende Länder (1,43 t/Kopf). Erfolgt die Zuteilung zu einem früheren Datum, zum Beispiel 1990, verschiebt sich das Verhältnis weiter zu Gunsten der Länder, deren Bevölkerungen seitdem nicht mehr gewachsen oder sogar geschrumpft sind.

6. Historische Gerechtigkeit

Die Fähigkeit, die Bodenschätze Kohle, Öl und Gas in großem Ausmaß zu heben, ermöglichte die Industrielle Revolution. Diese setzte aber nicht in allen Teilen der Welt zum gleichen Zeitpunkt ein, sondern die verschiedenen Länder bzw. Ländergruppen begannen zu unterschiedlichen historischen Zeitpunkten mit ihrer Industrialisierung. Wie Abbildung 6 zeigt, sind die kumulierten historischen, das heißt hier die seit 1850 angefallenen Emissionen von Treibhausgasen in Nordamerika, Europa und dem ehemaligen Ostblock viel höher als in Afrika oder Lateinamerika.

Abbildung 6: Historische Emissionen nach Ländergruppen

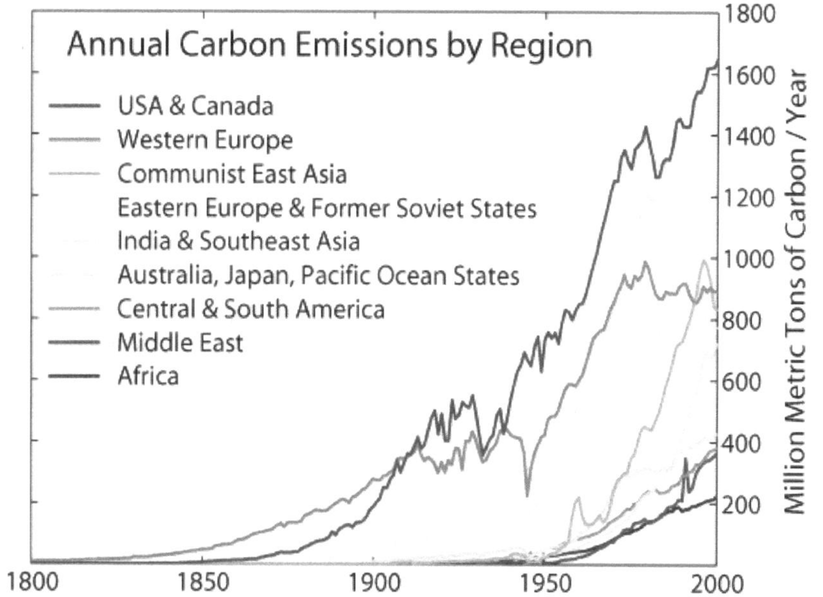

Quelle: Carbon Dioxide Information Analysis Center, http://cdiac.esd.ornl.gov/home.html (abgerufen 27.12.2010). Alle Zahlen beziehen sich auf die Staaten in ihren heutigen Grenzen.

Abbildung 7: Historische Gerechtigkeit, „Überschießen" der Länder mit niedrigen kumulativen Emissionen

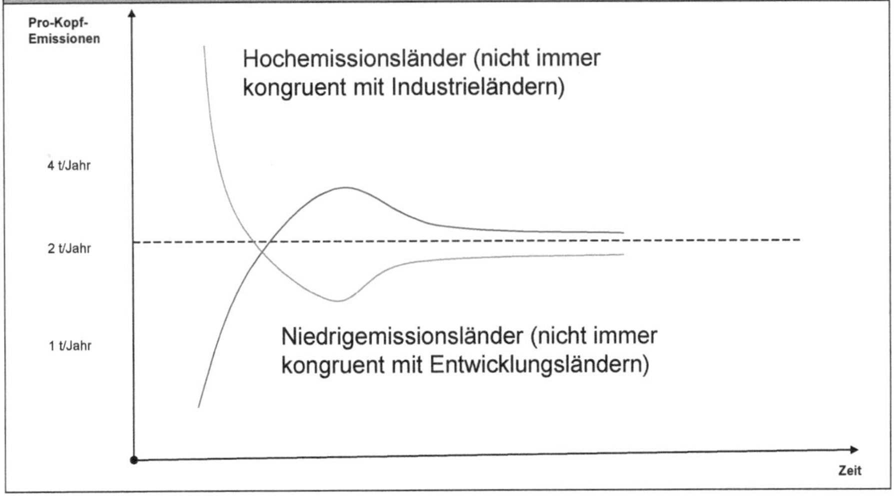

Die Industrieländer haben von 1850 bis 2002 dreimal so viele Treibhausgase emittiert wie die Entwicklungsländer[13], haben also seit dem Beginn der Industriellen Revolution den größten Teil des Anstiegs der Treibhausgaskonzentration von 280 ppm auf 386 ppm zu verantworten. Mehr als die Hälfte des im Rahmen des 560 Gt CO_2^e bzw. zwei Grad Celsius-Ziels zulässigen Treibhausgas-Budgets der Menschheit ist somit bereits verbraucht. Das Konzept der historischen Gerechtigkeit fußt auf dem Gedanken, dass der Norden wegen seiner historischen Emissionen weniger Rechte auf die Rest-Kapazität der Atmosphäre hat. Man kann deswegen ein „Überschießen" (over-shooting) der Niedrigemissionsländer befürworten.[14] Wie in Abbildung 7 dargestellt, dürfen die Bürger der Niedrigemissionsländer (die oft, aber nicht immer zur Gruppe der Entwicklungsländer gehören) die Marke von zwei Tonnen pro Jahr zunächst überschreiten, müssen sich aber dann „von oben" dieser Grenze annähern. Demgegenüber müssen die Länder mit den bisher meisten Emissionen ihren Verbrauch zunächst deutlich unter die Marke von 2 t/Jahr reduzieren. Sie dürfen ihre Ausstoß später – wenn ihr historisches Vorpreschen mit der Zeit rechnerisch kompensiert worden ist – auf das Niveau von zwei Tonnen pro Jahr erhöhen.

13 Baumert / Herzog / Pershing 2005: 31, schreiben, dass die Industrieländer einen Anteil von 76 Prozent und die Entwicklungsländer von 24 Prozent an den historischen Emissionen haben. Die Autoren weisen darauf hin, dass es einen Unterschied macht, ob man methodisch jede Tonne gleich stark gewichtet oder aber berücksichtigt, dass sich die Treibhausgase teilweise schon wieder verflüchtigt haben und insofern der Anteil der Länder an der heutigen Konzentration ein anderer ist als ihr Anteil an historischen Emissionen.

14 Der Begriff „Niedrigemissionsländer" bezieht sich im Konzept der historischen Gerechtigkeit auf die kumulierten historischen Emissionen, nicht die derzeitigen absoluten oder Pro-Kopf-Emissionen. Es ist zwar häufig der Fall, dass Länder mit hohen kumulierten Emissionen auch hohe Emissionen in der Gegenwart aufweisen, aber nicht immer. Von den 25 größten Emittenten in der Gegenwart sind 20 in der Liste der größten „all-time" Emittenten zu finden (Baumert / Herzog / Pershing 2005: 31).

„Historische Gerechtigkeit" ist ein (noch) heftig umstrittenes ethisches Konzept, bei dem es weit weniger Konsens unter Ethikern gibt als in vielen anderen Bereichen. „Historische *Un*gerechtigkeit" ist in der Regel definiert als eine Verletzung der Rechte oder Interessen von verstorbenen Menschen durch ebenfalls verstorbene Menschen. Sowohl die Personen(gruppen), die heute Ansprüche erheben, als auch die angeklagten Personen(gruppen) sind nicht selbst in die historischen Vorfälle verwickelt gewesen, sondern sind Nachkommen der Täter bzw. Opfer.[15] Kernfragen der „historischen (Un)-Gerechtigkeit" sind: Wie sollten wir mit unmoralischen Taten früherer Individuen umgehen, die bis heute negative Effekte zeitigen, besonders mit solchen Taten, die im Namen eines Unrechtsstaates begangen wurden? (Miller 2008 und 2010; Howard-Hassmann 2008; Miller / Kumar 2007; Meyer 2004a und 2005; Caney 2005; Thompson 2002). Haben die Nachfahren von inzwischen verstorbenen Tätern heute Pflichten gegenüber den Nachkommen der Opfer dieser historischen Missetaten, zum Beispiel zur Rückgabe von gestohlenen Gegenständen (meist geht es um Territorien) bzw. zur Zahlung von Entschädigung? Und wie weit zurück in der Geschichte können wir gehen, um vergangene Untaten zu sühnen? Generell stellt sich die Frage, inwieweit das Konzept der historischen Gerechtigkeit auf den Klimawandel sinnvoll angewendet werden kann. Welche Analogien sind angemessen, um zu moralischen Schlussfolgerungen zu gelangen? Hier gibt es zwei Möglichkeiten:

Analogie 1: Man stelle sich vor, zwei Wanderer haben für einen Marsch zehn Äpfel und sechs Liter Wasser als Vorrat zur Verfügung. Nach der Hälfte der Strecke hat ein Wanderer (der Norden) die Hälfte der Vorräte aufgegessen und ausgetrunken. Nun beginnt er mit dem anderen Wanderer (dem Süden) harte Verhandlungen, wie die verbleibenden fünf Äpfel und drei Liter Wasser aufgeteilt werden sollen. Es ist nachvollziehbar, dass der Wanderer, der noch gar nichts gegessen und getrunken hat, es höchst unfair findet, wenn der verbleibende Rest zu gleichen Teilen unter beiden verteilt würde.

Analogie 2: Ein Wanderer ist allein unterwegs. Er wird hungrig und als er einen Apfelbaum mit einigen Äpfeln entdeckt, schüttelt er die reifen Früchte vom Baum und isst sich satt. Einige Zeit später kommt ein zweiter Wanderer an die gleiche Stelle und beklagt, dass er nun nicht mehr seinen Hunger stillen kann. Er hätte gerne die Hälfte der Äpfel gehabt. Bei diesem Beispiel wird sicher niemand behaupten wollen, der zweite Wanderer hatte von Anfang an einen Anspruch auf die Äpfel und kann nun eine Wiedergutmachung verlangen.

Gosseries führt ein prämissenreiches Zwei-Länder-Beispiel an. Ausgangspunkt sind zwei Generationen von US-Amerikanern und Pakistanis, eine davon lebte Ende des 19. Jahrhunderts zur Zeit der Industriellen Revolution, die andere lebt in der Gegenwart. Unterstellen wir, dass die pakistanische Generation, die im 19. Jahrhundert lebte,

15 Vgl. Meyer 2004a: 10. Diese Definition wird allerdings unter anderem von Schefczyk (2009) abgelehnt: „Was Unrecht historisch macht, ist nicht die Tatsache, dass es in der Vergangenheit geschehen ist, oder dass die daran beteiligten Personen bereits verstorben sind; es ist vielmehr der Umstand, dass die Täter wissen, dass die Staatsanwaltschaft oder andere Behörden [im Hinblick auf die Verfolgung dieses Unrechts] untätig bleiben werden."

damals so gut wie keine Treibhausgase produzierte, die amerikanische Generation aber sehr wohl und dass die damals lebenden Amerikaner von ihrer Produktion von CO_2^e einen Nutzen hatten[16], zum Beispiel in Form einer deutlichen Erhöhung ihres Lebensstandards. Dieser Vorteil wurde über Generationen weitergegeben, so dass er auch noch den heutigen Amerikanern ein Wohlstandsniveau garantiert, das weit über dem Niveau der heutigen Pakistanis liegt. Nehmen wir weiter an, dass die historischen Emissionen der inzwischen verstorbenen Amerikaner die heute lebenden Pakistanis direkt schädigen, etwa durch Überschwemmungen und Ernteausfälle. Schulden die gegenwärtigen US-Bürger den gegenwärtigen Einwohnern Pakistans Schadensersatz für die Emissionen ihrer amerikanischen Vorfahren? Sollten generell die gegenwärtigen Einwohner der größten Klimasündernationen die Opfer des Treibhausgasausstoßes ihrer Vorfahren entschädigen?

Formalisiert stellen sich die Nutzenverhältnisse zwischen zwei Akteuren folgendermaßen dar:

(1) Handlungen, die das Wohl von Akteur A erhöhen und gleichzeitig das Wohl von Akteur B verringern (Win/Loss); (2) Handlungen, die das Wohl von Akteur A erhöhen und keine Auswirkungen auf das Wohl anderer Akteure haben (Win/0); (3) Handlungen, die das Wohl von Akteur A nicht beeinflussen, das Wohl von Akteur B aber verringern (0/Loss).[17]

Moralisch relevant sind die Fälle von klimarelevantem Verhalten, bei denen tatsächlich jemand zu Schaden gekommen ist (also nur die Fälle 1 und 3). Dafür ist zunächst zu klären, ob und wenn ja, inwiefern eine Schlechterstellung (Loss) im Zusammenhang mit dem Klimawandel vorliegt. Nach dem Stand der Wissenschaft werden heutige Flutkatastrophen zumindest teilweise durch die historischen Emissionen verursacht (Variante 3). Durch solche Ereignisse erleidet ein Land oder eine Region zweifellos einen Schaden.

Die Verteilung der Senke „Absorptionskapazität" und ihr historisches Aufbrauchen seit 1850 könnte ein Beispiel für Fall 2 darstellen. Oder handelt es sich bei der Nutzung der fossilen Energieträger durch die frühindustrialisierten Nationen um Variante 1?

Hier ist die zweite der anfangs angeführten Analogien hilfreich: Wer allein auf weiter Flur eine Ressource oder Senke entdeckt und nutzt, scheint prima facie niemand einen Schaden zuzufügen. Aber es ist ein objektives Faktum, dass im gewählten Beispiel der zweite Wanderer B Hunger verspürt, weil er eben nicht mehr essen kann, nachdem Wanderer A einige Stunden früher seinen Hunger gestillt hat. Die Schlechterstellung existiert, selbst wenn B dem A nicht den geringsten Vorwurf macht, ja selbst wenn B dem A versichert, dass er an seiner Stelle genauso gehandelt hätte.

Auch wenn die Aneignung der Atmosphäre bona fide geschah – im nachhinein zeigte sich, dass sie nicht *John Locke*s Diktum „so viel und von gleicher Qualität möge üb-

16 Zum Fall der historischen Ungerechtigkeiten, bei denen die Schädiger keinen Nutzen hatten, siehe Miller 2008: 155 f.

17 Für ein umfassenderes Schema siehe Tremmel 2009: 184-187.

rigbleiben"[18] erfüllte. Es handelt sich aber nicht um eine direkte, sondern nur um eine indirekte Schlechterstellung des Zuspätgekommenen. Zusammenfassend gilt also, dass wir eine win/loss-Situation und damit einen Fall, der in die Zuständigkeit der Ethik fällt, vorliegen haben.

Ob deshalb der globale Norden zu irgendeiner Form von Wiedergutmachung für seinen frühen Zugriff auf die Senke „Atmosphäre" verpflichtet ist, begegnet einer Reihe von Gegenargumenten.[19] Zunächst ist ganz generell zu fragen, inwieweit Verantwortung oder Schuld von früheren auf spätere Generationen übertragbar ist. Wenn eine im Keller eines Kindergartens gefundene Kiste mit 20 Münzen auf fünf Kinder aufzuteilen ist, und es wird festgestellt, dass der inzwischen verstorbene Großvater eines Kindes (böswillig oder gutwillig) schon ein paar Münzen genommen und für Essen ausgegeben hat, erhält dann sein Enkelkind weniger? So formuliert klingt das nach einer Ungerechtigkeit. Allerdings: Wenn A dem B einen Goldbarren stiehlt, diese Tatsache verschleiert und den Goldbarren dann an seinen einzigen Sohn a vererbt, so kann b, der Sohn des B, die Rückgabe des Goldbarrens oder eine Entschädigung verlangen, selbst wenn A und B schon verstorben sind. Dies gilt unabhängig davon, ob a wusste oder wissen konnte, was sein Vater getan hat; entscheidend ist nur, in welcher Weise er selbst noch heute von dem an ihn vererbten Gegenstand profitiert.[20]

Die sachliche (aber schuldlose) Verantwortung der Erbengeneration wird von der moralischen Verantwortung unterschieden – aber beides bleibt „Verantwortung", die heute Wiedergutmachung erfordert. Ob solche Überlegungen auf Staaten übertragen werden können, ist strittig. Grundsätzlich gilt in liberalen (anders als in kommunitaristischen) Konzeptionen, dass die Vererbung von Schuld ausgeschlossen ist. Jedes Individuum ist für sich und nicht als Teil einer Generationenkette zu betrachten.[21] Aber auch einige liberale Theoretiker vertreten die Auffassung, dass Menschen als Mitglieder andauernder Staaten zur Wiedergutmachung von Untaten verpflichtet sind, die im

18 Locke 1965: 309 und 328-333. Er postuliert, dass Gott den Menschen im Naturzustand gleiche Rechte zur Nutzung der Erde und ihrer Ressourcen gab, und folgert, dass unter diesen Bedingungen jeder Einzelne so viel Land wie gewünscht appropriieren kann, vorausgesetzt a) er nutzt, was er sich aneignet, und b) er lässt genug in gleicher Menge und Qualität für andere übrig. In diesem Fall ist die Appropriation moralisch nicht zu beanstanden, denn andere werden nicht schlechter gestellt als sie vorher waren.

19 Neben den hier angeführten Gegenargumenten wird in der Literatur ein weiteres ausgiebig diskutiert: das Nicht-Identitäts-Problem (non-identity-problem). Dieses Argument ist jedoch in Bezug auf klimaethische Fragen grundsätzlich nicht stichhaltig, vgl. Tremmel 2009: 35-45.

20 Der Vorteil bei diesem Beispiel ist natürlich, dass die umstrittene Sache zurückgegeben werden kann, was beim ersten Beispiel ausgeschlossen wurde (und bei einmal erzeugten Treibhausgasen auch nicht möglich ist). Zudem ist der dem Bestohlenen entstandene Schaden exakt quantifizierbar (ganz im Gegensatz zum Schaden durch Klimawandel). Die Verantwortung des Erben wäre im zweiten Beispiel übrigens nicht geringer, wenn sein Großvater den Goldbarren gutgläubig an sich genommen hätte.

21 Daneben sprechen sich verändernde Landesgrenzen und Bevölkerungsgrößen gegen das Konzept der Weitergabe von Schuld oder Verantwortung auf die Nachfolgegeneration von Staatsbürgern.

Namen ihres Staates in der Vergangenheit begangen wurden.[22] Es gibt nach dieser Auffassung zum Beispiel legitime Ansprüche der Nachkommen von Sklaven gegen die heute existierenden Rechtsnachfolger früherer Sklavenhalterstaaten, sofern diese das Unrecht bisher ungesühnt ließen. Die heute lebenden Menschen, obwohl selbst schuldlos, sollten nach dieser, in der Ethik umstrittenen Auffassung die Verantwortung für Taten ehemaliger, heute verstorbener Angehöriger des eigenen Landes/Volkes übernehmen.

Das zweite Gegenargument ist die prinzipielle Unbedenklichkeit des Verbrennens fossiler Brennstoffe, das heißt der Mangel jeglicher Schlechtigkeit bei diesem Akt der Nutzung. Das Beispiel der Sklaverei unterscheidet sich von jenem der Treibhausgasemissionen vor allem dadurch, dass die Sklavenhalter und Menschendiebe schon zum historischen Zeitpunkt, als sie ihre Taten begangen, gegen elementare moralische Pflichten gegenüber ihren Mitmenschen verstießen. Die Verbrennung fossiler Brennstoffe ist hingegen eine Handlung, die in keiner der Gesellschaften der Welt zu irgendeiner Zeit als intrinsisch schlecht bewertet wurde oder wird.[23] Ein wärmendes Feuer, eine Autofahrt, auch eine Flugreise, all dies entscheidet sich grundlegend von Mord, Diebstahl und Totschlag. Für letzteres erscheint der Begriff „Reparationen" angebracht, für ersteres nicht. *David Miller* befürwortet aus diesem Grund eine transgenerationale Pflicht zur Wiedergutmachung bei Sklaverei und Holocaust, lehnt eine solche Pflicht im Zusammenhang mit der Verbrennung fossiler Brennstoffe aber ab (Miller 2008: 126-133; Meyer / Roser 2010: 230).

Ein damit zusammenhängendes, aber nicht identisches Gegenargument, das dritte also, ist die Unwissenheit der Konsumenten. Zur Zeit der Industriellen Revolution existierte die Klimawissenschaft noch nicht, und die klimaaufheizende Wirkung von Kohlendioxid und anderen Gasen war völlig unbekannt. Nach und nach erforschten Wissenschaftler die wesentlichen Zusammenhänge des anthropogenen Klimawandels. Im ersten IPCC - Bericht 1990 vertrat dann die Mehrzahl der Wissenschaftler der Welt die Hypothese, dass der aktuelle Klimawandel menschengemacht sei; diese verfestigte sich im zweiten IPCC - Report 1995. Heute wird die Anreicherung der Atmosphäre mit CO_2^e nicht mehr ernsthaft bezweifelt.[24] Die Veröffentlichung des ersten IPCC Berichts 1990 kann also als der Zeitpunkt angesehen werden, ab dem das Unwissen-

22 Thompson 2009; Kumar / Silver 2004; Lyons 2004; Meyer 2004b; Meyer 2005. Dieser These wird allerdings von anderen Theoretikern mit dem Argument widersprochen, dass eine solche Entschädigung oder gar Restitution neues Unrecht erzeugen würde. Je weiter Unrecht zurückliegt, desto mehr überlagernde Ereignisse haben stattgefunden. Eine Wiederherstellung des ursprünglichen Zustands würde in der Summe so viel Unglück für heute lebende Menschen stiften, dass es selbst ein Unrecht wäre, vgl. zum Beispiel Waldron 1992; Sher 1992. Die Debatte darf wohl noch als unentschieden gelten, vgl. dazu auch Shue 1999b; Caney 2005 und 2010; Miller 2009.

23 Anders gesagt: Das Erzeugen von Treibhausgasen wird vielleicht von Konsequentionalisten, nicht jedoch von Deontologen als schlecht betrachtet.

24 Von einigen notorischen Klimaskeptikern abgesehen, deren Zahl von Jahr zu Jahr schwindet. Allerdings gibt es bis heute in der Wissenschaft keine Einigkeit über die exakten Auswirkungen der Treibhausgasanreicherung auf Temperatur, Meeresspiegel, Wetter und letztlich das menschliche Wohl.

heitsargument nicht mehr zieht.[25] Allerdings gibt es für die Emissionen vor 1990 möglicherweise eine Pflicht zur Wiedergutmachung rein aufgrund von Kausalität. Schuld setzt Vorsatz oder Fahrlässigkeit voraus, und beides liegt nicht vor. Die UN-Klimakonvention (UNFCCC 1992: Präambel, Art. 3, Art. 4) spricht auch nicht von Schuld, sondern von Verantwortung („Common but differentiated responsibility") – ein Grundsatz, der auch von den Industrienationen zumindest verbal akzeptiert wurde.

Ein viertes Gegenargument lautet, dass die Voraussetzung für jede Art von Ausgleich zwischen Nord und Süd die Besserstellung der heute Lebenden durch die historischen Emissionen ist. Wenn die heute lebenden Menschen in Industrienationen nicht durch das Verhalten ihrer Vorfahren profitiert haben, ergeben sich keinerlei Ansprüche für die Menschen in den Entwicklungsländern. Die so wichtige Frage, ob zur Zeit lebende Individuen einen Vorteil durch die historischen Emissionen haben, ist letztlich empirischer Natur: Ist der Entwicklungsvorsprung bestimmter Länder darauf zurückzuführen, dass sie in der Vergangenheit viele Treibhausgase emittierten? Oder spielen andere Faktoren wie Arbeitsmoral und Fleiß, Geschick und Kreativität eine wichtigere Rolle? Ist der Entwicklungsrückstand bestimmter Länder darauf zurückzuführen, dass sie in der Vergangenheit wenig Treibhausgase emittierten? Oder sind andere Faktoren (mit-) verantwortlich? Mehrere Ethiker unterstellen eine Korrelation zwischen Lebensqualität und historischen Emissionen, ohne dies wirklich zu untersuchen:

„And since the wealth of the developed nations is inextricably tied to their prodigious use of carbon fuels (a use that began over 200 years ago and continues unchecked today), it is a small step from here to the conclusion that the present global distribution of wealth is the result of the wrongful expropriation by a small fraction of the world's population of a resource that belongs to all human beings in common" (Singer 2002: 31). Und:

> „In this sense, climate change is a by-product of the affluence of the world's most advantaged nations and persons" (Singer 2002: 31).

Es gibt jedoch keinen simplen linearen Zusammenhang zwischen den kumulierten historischen Emissionen eines Landes und der Lebensqualität seiner Bürger in der Gegenwart. Emissionsbudgets besitzen keinen intrinsischen Wert, sondern sind nur ein Mittel zum Zweck. Nehmen wir an, der Zweck sei das menschliche Wohl. Die Zeiten, in denen man dieses mit einem hohen Bruttoinlandsprodukt pro Kopf gleichsetzte, sind vorbei. Nach den so genannten objektiven Verfahren kann das menschliche Wohl zum Beispiel durch den Human Development Index (HDI), den Human Wellbeing Index und den Weighted Index of Social Progress gemessen werden (Tremmel 2009: 65-146).

Die Länder mit den höchsten kumulierten Emissionen sind nicht dieselben wie jene mit dem höchsten BIP/Kopf, und ihre Reihenfolge ist auch nicht identisch mit einer

25 Verschiedene Autoren setzen diesen Zeitpunkt zu unterschiedlichen Daten fest (zwischen den 1950er Jahren und 1995). 1990 ist das am häufigsten genannte Datum, vertreten zum Beispiel von Singer 2002: 34; Caney 2010: 208.

Reihung der Länder, in denen es den Menschen am besten geht. Es gibt etliche Länder, die wenig kumulierte CO_2^e-Emissionen aufweisen, aber einen hohen HDI und umgekehrt.

Allerdings kann ein tendenzieller Zusammenhang nicht bestritten werden. In den vorindustriellen Gesellschaftsformen war Energie ein Gut, das den Menschen nur äußerst spärlich zur Verfügung stand. Noch gegen Ende des 18. Jahrhunderts stammten 40 Prozent der gesamten nutzbaren Energie von der Muskelkraft der Zugtiere, ebenfalls 40 Prozent aus Holzeinschlag, zwölf Prozent von Wasserrädern, drei Prozent von menschlicher Körperkraft und weniger als ein Prozent von Windmühlen und Steinkohle (Ludwig 2006: 134). In Europa änderte sich dieser Energiemix mit dem Beginn der Industriellen Revolution tiefgreifend: Dank der vielseitigen Einsatzmöglichkeiten von Steinkohle, vor allem in den damit betriebenen Dampfmaschinen in Fabriken, entwickelte sich eine Metall- und Maschinenbauindustrie, und unzählige Produkte konnten so industriell gefertigt werden. Die Eisenbahnen und Dampfschiffe, die nun ebenfalls gebaut werden konnten, transportierten diese Waren in alle Ecken der Welt. „So wurde der Einsatz fossiler Energieträger in Kraftmaschinen zum Motor einer Globalisierung, die im Kolonialzeitalter des 19. Jahrhunderts erstmals eine energiewirtschaftliche Basis fand", schreibt der Klimahistoriker *Karl-Heinz Ludwig* (Ludwig 2006: 135). Es bleibt festzuhalten, dass die Zusammenhänge zwischen Lebensstandard und dem Verbrauch von Treibhausgasen weiterer Klärung bedürfen.

Die Summe der Gegenargumente wiegt schwer, so schwer, dass sich wohl kaum eine moralische Pflicht zur Kompensation für den Erstzugriff auf die Senke „Atmosphäre" (vor 1990) konstruieren lässt. Genauso wenig gibt es eine Pflicht der Industrieländer zum (teilweisen) Nutzungsverzicht der Atmosphäre in der Zukunft wegen ihrer Emissionen vor 1990. Das Konzept des retributiven Ausgleichs greift nicht. Die Nicht-Emittenten früherer Zeiten haben keine Wiedergutmachungsansprüche, da ihnen kein Unrecht widerfahren ist.[26] In Analogie 2 wurde angenommen, dass Wanderer B keine Äpfel mehr vorfand, da Wanderer A sie vorher konsumiert hatte (ohne sich dabei irgendeiner Verfehlung schuldig zu machen). Wanderer B ist genauso gestellt, als ob ihm die Äpfel aufgrund eines natürlichen Ereignisses nicht zur Verfügung stünden, zum Beispiel weil sie reif vom Baum gefallen und vor seiner Ankunft verrottet waren, oder weil ein Blitzschlag den Apfelbaum zerstört hatte, bevor er ihn entdeckte.

Dies ist jedoch nicht das Ende der Geschichte. Analogie 2 kann weitererzählt werden: Die beiden Wanderer beschließen nach dem Initialereignis (der eine aß sich an Äpfeln satt, der andere nicht), gemeinsam weiterzuziehen. Am Abend sind wieder beide hungrig (B mehr als A). Da entdecken sie einen zweiten Apfelbaum. A könnte B nun erlauben, mehr als die Hälfte der Äpfel zu essen. Dies wäre eine großzügige, mildtätige Geste – kein Gebot der Gerechtigkeit. Oft ist von den Entwicklungsländern der Satz zu hören, die frühindustrialisierten Länder sollten bei der künftigen Nutzung zurück-

26 So auch Schüssler 2010 oder Caney 2010. Meyer / Roser 2010: 235 kommen zu demselben Schluss bezüglich „Emissionen von Personen, die inzwischen tot sind und die den heute Lebenden keinen Nutzen bringen".

stecken, damit die Entwicklungsländer aufholen können. Der höhere Konsum des Wanderers B im sequentiellen Apfelbaum-Beispiel entspricht diesem „Overshooting“, das die Entwicklungsländer sich wünschen. Es spricht vieles dafür, ihre Bitte aus Gründen der Nächstenliebe zumindest teilweise zu erfüllen.[27]

Lehnt man es ab, historische Treibhausgasemissionen als einen Fall „historischen Unrechts“ zu betrachten, bleibt das Problem aktueller Emissionen. Dies ist strenggenommen keine Frage der historischen Gerechtigkeit mehr, da sowohl die Verursacher des Problems als auch die Leidtragenden lebenden Generationen angehören. Für die Emissionen nach 1990 fällt das Unwissenheitsargument weg, in aller Regel gibt es auch Personenidentität, das heißt da die Emittenten noch leben, stellen sich keine Fragen nach Vererbung der Verantwortung. Für diese Emissionen schlägt *Meyer* vor, dass lebende Menschen, die bereits in der ersten Phase ihres Lebens überkonsumiert haben, in ihrer verbleibenden Lebenszeit weniger Emissionsrechte haben (Meyer 2009: 99; Meyer / Roser 2000: 234). Auf diese Weise kann für die Emissionen nach 1990 ein Ausgleich in der Währung Treibhausgase geschaffen werden. Wer früh viel konsumiert hat, dem bleibt in späteren Lebensstadien wenig übrig und umgekehrt. Glücklicherweise kann im Fall der Treibhausgase die als „gerecht“ identifizierte Lösung auf die gesamte Lebensspanne bezogen werden.[28] Aus ethischer Sicht spricht also sehr viel für ein solches „Undershooting“ des (durchschnittlichen) Bewohners eines Industrielandes.

7. Generationengerechtigkeit

Historische Gerechtigkeit wird oft mit Generationengerechtigkeit zusammengefasst, da sich beide mit Gerechtigkeit in zeitlicher Dimension auseinandersetzen. Aber das ist analytisch unhaltbar. Die historische Gerechtigkeit unterteilt eine Generation zumindest in eine geschädigte und mindestens eine Schädigergruppe. Bei der Generationengerechtigkeit geht es hingegen um die Gerechtigkeit zwischen den Mitgliedern unterschiedlicher Generationen, wobei jede durch ein durchschnittliches Individuum repräsentiert wird.

Konsens in der Naturwissenschaft ist, dass die $CO_2{}^e$ -Belastung der Atmosphäre nicht über einen bestimmten ppm-Wert steigen darf, wenn ein gefährlicher Temperaturanstieg (mehr als zwei Grad) vermieden werden soll. Stand der Wissenschaft ist auch, dass bedeutende Treibhausgase nach ihrem Ausstoß noch viele Jahrzehnte in der Atmosphäre verweilen. Wie sollen unter diesen Umständen die Nutzungsrechte der Atmosphäre zwischen den Mitgliedern heutiger und künftiger Generationen aufgeteilt werden? Bei dieser Denkaufgabe spielt das Unsicherheitsproblem eine entscheidende

27 Moralität erschöpft sich ja nicht nur im Erfüllen dessen, was die Gerechtigkeit gebietet. Das Reich der Moralität umfasst auch Gutmütigkeit, Mildtätigkeit, Mitleid, Barmherzigkeit, Nächstenliebe, Großzügigkeit und Ähnliches. Aber natürlich gibt es keine moralische Pflicht zur Nächstenliebe, während es unmoralisch wäre, Gerechtigkeitspflichten nicht zu erfüllen.

28 Zum Thema Gerechtigkeitslösungen zu einem einzigen Zeitpunkt, Gerechtigkeitslösungen in Lebensspannen siehe Holtug / Lippert-Rasmussen 2007.

Rolle (Page 2006; Partridge 2008). Jede Generation kann jeweils nur schätzen, wie effektiv und effizient kommende Generationen die Verringerung der Emissionen betreiben bzw. sich an veränderte klimatische Bedingungen anpassen können. Nach *Karl Popper* sind wir prinzipiell nicht in der Lage zu (längerfristigen) Voraussagen, weil wir den wissenschaftlichen und technischen Fortschritt nicht prognostizieren können. In der Tat: Letztlich ist eine seriöse Aussage über die weitere Entwicklung der Lebensqualität der Menschheit, egal ob im Durchschnitt oder regional ausdifferenziert, nicht möglich. Manches spricht allerdings dafür, dass nachrückende Generationen schlechtere Lebensbedingungen haben werden als die heutige. So wird zum Beispiel prognostiziert, dass durch den Treibhauseffekt zahlreiche zusätzliche Todesfälle und immense Kosten[29] auf die nachrückenden Generationen zukommen. Eine Anwendung des *Rawls*'schen Schleiers der Unwissenheit im Kontext von Generationengerechtigkeit führt zu dem Ergebnis, dass es die wichtigste Pflicht jeder Generation ist, Kriege sowie ökologische, soziale und technische Zusammenbrüche, die zu großen Einbußen menschlichen Wohles führen können, zu vermeiden (Tremmel 2009: 170).

Das Klimaproblem zählt zweifellos zu den größten Gefahren für die Menschheit. Von besonderer Relevanz sind die so genannten Kippschalter (tipping points) des Klimawandels. Darunter versteht man Veränderungen, die sich selbstbeschleunigend und irreversibel vollziehen, wenn einmal ein Auslöser betätigt wird, zum Beispiel eine bestimmte Kohlendioxidkonzentration der Atmosphäre erreicht ist. Das Klimasystem ist ein nicht-deterministisches System mit einer quasi unendlichen Zahl von Variablen, in dem Prozesse nach den Regeln der Chaostheorie ablaufen. Was wann wo in einem solchen System passieren wird, ist daher grundsätzlich nicht mit Sicherheit, sondern nur probabilistisch mit einem mehr oder weniger hohen Grad an Wahrscheinlichkeit vorhersagbar (Ludwig 2006: 176). Eine der befürchteten Folgen des menschengemachten Temperaturanstiegs ist das Schmelzen des grönländischen Eisschildes. Dies würde dazu führen, dass der Meeresspiegel um sechs bis acht Meter stiege und dadurch mehrere Staaten ganz von der Landkarte verschwänden und andere Staaten dauerhaft große Küstenstädte aufgeben müssten. Kein seriöser Wissenschaftler kann diesen Fall heute ausschließen oder aber sein Eintreffen mit Sicherheit vorhersagen. Mehr noch, eine objektive Eintrittswahrscheinlichkeit ist nicht bezifferbar und eine subjektive Wahrscheinlichkeit anzugeben erscheint nach heutiger Datenlage als sehr spekulativ. Daher spricht wenig für die Anwendung des Erwartungswertprinzips und viel für das Vorsichtsprinzip (precautionary principle). Ein Schaden in einer mittleren Größenordnung und einer mittleren Eintrittswahrscheinlichkeit ist ethisch anders zu beurteilen als ein Schaden einer Zerstörung weiter Teile der Welt mit einer sehr kleinen Wahr-

29 Es ist weitgehender Konsens, dass die menschlichen Kosten des Treibhauseffektes vor allem in südlichen Ländern anfallen werden bzw. heute schon anfallen. Eine gute, nicht-alarmistische Zusammenfassung liefert Lienkamp 2009: 49-153 auf der Basis des IPCC-Berichts 2007. Die finanziellen Kosten werden vom ehemaligen Chefökonom der Weltbank, Nicholas Stern, mit fünf bis zwanzig Prozent des globalen BIP in den nächsten Jahrzehnten beziffert, vgl. Stern 2007, siehe dazu auch Dasgupta 2006 und – mit anderen Prämissen – Nordhaus 2007. Für die Zahl der Toten und Kranken durch den Klimawandel siehe Kovats / Campbell-Lendrun / Matthies 2005.

scheinlichkeit. Das Erwartungswertprinzip ist geeignet für den mittleren Bereich, das Vorsichtsprinzip für den Extrembereich.

Ein weiteres Argument für das Vorsichtsprinzip sind die niedrigen Kosten eines Fehlers zweiter Ordnung. Anders gesagt: Bleiben wir untätig, weil wir annehmen, es gäbe keinen menschengemachten Klimaeffekt/Temperaturanstieg/Anstieg der Meeresspiegel und wir irren uns, so sind die Folgen katastrophal. Ändern wir unser Verhalten, weil wir glauben, es gäbe einen menschengemachten Klimaeffekt/Temperaturanstieg/Anstieg der Meeresspiegel und wir irren uns, so sind die Folgen nicht dramatisch. Die fossilen Energieträger werden ohnehin in absehbarer Zeit aufgebraucht sein und es macht insofern keinen so großen Unterschied, ob wir den Übergang ins post-fossile Zeitalter um einige Jahrzehnte vorziehen. Unter Ethikern ist es fast Konsens, dass der Schutz kommender Generationen die Anwendung des Vorsichtsprinzips erfordert.[30] In Anbetracht der zeitverzögerten Wirkungen unseres Handelns, der Unsicherheiten der Klimavorhersage und der geringen Kosten eines Fehlers zweiter Ordnung ist dies die wichtigste Pflicht gegenüber kommenden Generationen.

Interessant ist in diesem Zusammenhang die These von der „reichen Zukunft". Sie besagt, dass die Zukunft immer besser sein werde als die Gegenwart. So schrieb schon *Immanuel Kant* zum Generationenverhältnis: „Befremdend bleibt es immer hierbei: dass die älteren Generationen nur scheinen um der späteren willen ihr mühseliges Geschäft zu treiben, um nämlich diesen eine Stufe zu bereiten, von der diese das Bauwerk, welches die Natur zur Absicht hat, höher bringen könnten; und das nur noch die spätesten das Glück haben sollen, in dem Gebäude zu wohnen, woran eine lange Reihe ihrer Vorfahren (zwar freilich ohne Absichten) gearbeitet hatten, ohne doch selbst an dem Glück, das sie vorbereiteten, Anteil nehmen zu können" (Kant 1949: 6). Auch *John Rawls* ging von einer „autonomen sozialen Sparrate" und damit von einer quasi naturgesetzlichen ständigen Verbesserung der Lebensbedingungen kommender Generationen aus (Rawls 1979: 319-335). Nach dieser Sichtweise ist das Argument, dass der abrupte Klimawandel kommende Generationen schlechter stelle, als sie ohne Klimawandel gestellt wären (Shue 2010: 150), wenig schlagkräftig. Da das Los der heute lebenden Generation *insgesamt* schwerer ist als das kommender Generationen, wäre es ungerecht, von der heutigen Generation einen Verzicht zu Gunsten kommender Generationen zu verlangen.[31] Es gibt durchaus empirische Tatsachen, die diese These stützen. Unerwähnt soll nicht bleiben, dass der HDI, der beste Indikator für das menschliche Wohl, in den letzten Jahrzehnten global gestiegen ist – trotz des schon einsetzenden Klimawandels. Für den durchschnittlichen Weltbürger, und um diesen geht es beim Prinzip der Generationengerechtigkeit, sind Pro-Kopf-Einkommen, Le-

30 Stellvertretend für die Zunft siehe Shue 1999a; Lienkamp 2009: 330-337 und Meyer 2009: 93-96. Für eine gegenteilige Meinung, siehe Hillerbrand / Ghil 2008.

31 Caney 2010: 220, formuliert es so: „The thought here is that future generations will be wealthier than current generations and hence more able to pay; as such an 'ability to pay' criterion should allocate duties to them. This, in effect, amounts to a policy of not preventing climate change for now and then trying at some point in the future both to prevent further climate change and also to adapt to the changes that have occurred."

benserwartung und Bildungsniveau heute höher als noch in der Vorgänger- oder Vorvorgängergeneration.[32]

Dennoch ist die These von der reichen Zukunft nicht überzeugend, denn sie unterstellt implizit, dass es gerecht sei, wenn es einer nachfolgenden Generation genau gleich gut gehe wie ihrer Vorgängergeneration. Auch wenn Generationengerechtigkeit bedeuten soll, späteren Generation nicht ein gleich gutes, sondern ein besseres Leben zu ermöglichen,[33] muss sich die heutige Generation nicht für die nächste aufopfern. Aus meiner Definition von Generationengerechtigkeit folgt *nicht*, dass die heutige Generation ihr Wohl einschränken solle, damit die Mitglieder der Nachfolgegeneration *dadurch* ein höheres Wohl bekommen. Wenn eine Ressource zwischen zwei gleich großen Generationen aufgeteilt werden muss, so ist es durchaus legitim, wenn jede Generation die Hälfte davon zugesprochen bekommt. Wie aber kann daraus ein höherer Lebensstandard für die spätere Generation erwachsen? Dieses scheinbare Paradoxon löst sich auf, wenn man die autonomen Fortschrittsfaktoren betrachtet. Auch wenn die frühere Generation weder spart noch Opfer bringt, wird sie beiläufig Erfindungen machen und Innovationen hervorbringen, die die Ressourcenproduktivität erhöhen. Die Angehörigen der heutigen Generation A müssen den Angehörigen der nächsten Generation B nicht mehr geben, als sie selbst bekommen, aber wenn sie ihnen gleichviel davon geben, so ermöglichen sie ihren Nachkommen dadurch implizit, sich ihre eigenen Bedürfnisse in einem höheren Ausmaß als A zu erfüllen. Voraussetzung ist allerdings, dass Katastrophen, die zu raschen und umfassenden großen Einbußen menschlichen Wohles führen können, von der heutigen Generation präventiv verhindert werden. Dies entspricht dem Grundsatz, auf den die Beteiligten sich unter dem *Rawls'*schen Schleier der Unwissenheit verständigen würden.

Der Klimawandel ist eine der potentiellen Katastrophen, die über kommende Generationen hereinbrechen können. Und die oben zitierten Aussagen von *Kant* und *Rawls* zur Besserstellung der Nachwelt beschreiben ja keine Naturgesetze; vielmehr ist das Los kommender Generationen von unserem Handeln abhängig. Beim Klimawandel sind ihre Kosten für die Anpassung in der Zukunft vermutlich viel höher als die Kosten heutiger Generationen für Vermeidung. Es ist sogar aufgrund der oben geschilderten Kippschalter sehr wahrscheinlich, dass gar keine Anpassung durch finanzielle Maßnahmen möglich sein wird, sondern dass unter den kommenden Generationen Tote und Verletzte in hoher Zahl zu beklagen sein werden.

Vor diesem Hintergrund, darauf weist der Politische Theoretiker *Simon Caney* hin (Caney 2010: 220), wäre es unmoralisch, kommende Generationen bewusst zu schädigen. Die Tatsache, dass jemand in der Lage ist, sich selbst zu helfen, etwa bei einem Diebstahl selbst für Ersatz zu sorgen, legitimiert nicht die ursprüngliche Tat.

Ein weiteres wichtiges Thema in diesem Zusammenhang ist die Zukunftsbewertung. Inzwischen hat sich unter Ethikern ein weitgehender Konsens herausgebildet, dass eine

32 Tremmel 2009: 126. Für das vom Treibhauseffekt besonders stark betroffene Bangladesh stieg der HDI zwischen 1975 und 2005 sogar überdurchschnittlich stark von 0,35 auf fast 0,55.

33 Mit ausführlicher Begründung Tremmel 2009; 2011.

Abdiskontierung der Nutzenwerte von in der Zukunft lebenden Individuen unzulässig ist (Tremmel 2009: 71). Zeitliche und räumliche Distanz haben viel gemeinsam. Ob ein Mord in einem km Entfernung oder in 100 km geschieht, ob er in einem Jahr oder in 100 Jahren geschieht: In allen vier Fällen ist eine gleich gelagerte Tat gleich schlecht. Eine Abdiskontierung der Schäden durch den Klimawandel in entfernter Zukunft ist also unzulässig.[34]

8. Von der Währung Treibhausgase zu monetären Verteilungsfragen

Es sollte nicht zu rasch von der Währung Treibhausgase zu monetären Verteilungsfragen übergangen werden, denn zunächst ist die gerechte Aufteilung einer knappen Ressource keine Frage von finanziellen Zahlungen, sondern eine Frage der Umverteilung von Treibhausgasemissionen, wie oben mit dem Einsatz von Grafiken verdeutlicht wurde. Inwiefern bedeutet eine „gerechte" Lösung des Klimaproblems trotzdem finanzielle Transfers, zwischen welchen Personen (-gruppen) und in welcher Höhe?

In der Sprache des IPCC wird zwischen „mitigation" (Vermeidung) und „adaptation" (Anpassung) unterschieden. Ohne an dieser Stelle in die komplizierte Methodik der Kosten- bzw. Opportunitätskostenberechnung einzusteigen (Stern 2007; Nordhaus 2007 und 2008), lässt sich festhalten, dass beide Aktivitäten Kosten verursachen. Für „Anpassung" fallen sie zum Beispiel für den Bau von Dämmen an, für Umsiedlung von Menschen in Küstengebieten, Bewässerungssysteme in Gebieten mit weniger Niederschlag als bisher, Veränderung der Kultivierung, Rettung von durch den abrupten Klimawandel bedrohten Tierarten und Ähnliches. Kosten für die Vermeidung entstehen zum Beispiel durch die Nachrüstung von Fabriken mit Kohlenstoffaufffanganlagen oder die bessere Isolierung von Gebäuden. Treibhausgase werden aber vor allem vermieden durch Verzicht, etwa auf Flugreisen, Autofahren, Fleischkonsum, Waldrodung und letztlich auch auf das Kinderkriegen – diese Arten von Verzicht können aber schwerlich als „Kosten" bezeichnet werden. Soweit diese ohne Umverteilungsprozesse in einzelnen Ländern anfallen, stellen sich wenig ethische Fragen. In der ethischen (und politischen) Debatte strittig sind die Kostentransfers, vor allem jene

34 Bernward Gesang (2011) weist aber darauf hin, dass es quasi-diskontierend Faktoren beim Klimawandel gibt, zum Beispiel die Möglichkeit, dass eine globale Erwärmung weniger schlimme Folgen hat als heute befürchtet oder die Aussicht auf Climate Engineering. Aber selbst wenn man diese Faktoren hoch ansetzt, ändert das in einer Nutzenwaage nichts daran, dass wir unser Wohl ungerechterweise über das Wohl kommender Generationen stellen, wenn wir abrupten Klimawandel zulassen, so Gesangs (und meine) Einschätzung.

von Nord nach Süd.[35] Grundsätzlich kann man in diesem Kontext unterscheiden zwischen (1) Zahlungsansprüchen, die historisch, und (2) solchen, die mit Blick auf die Zukunft begründet werden.

(1) Historisch begründete Zahlungsansprüche

Für die Nutzung der Senke „Atmosphäre" vor 1990 gilt: Das Konzept der historischen Gerechtigkeit fußt auf dem Gedanken, dass der Norden wegen seiner historischen Emissionen weniger Rechte auf die Rest-Kapazität der Atmosphäre hat. Vertritt man diese Position, so sind prinzipiell zwei Folgerungen daraus ableitbar, die in der politischen Debatte häufig vermischt werden, aber analytisch klar unterschieden werden sollten. Die erste, das Recht der Entwicklungsländer auf Overshooting, wurde bereits ausführlich erläutert. Eine davon zu unterscheidende Schlussfolgerung ist die Forderung nach finanziellen Kompensationen für die bisherigen Niedrigemissionsländer. Diese spielt in der politischen Debatte eine weit größere Rolle als die in Abbildung 7 dargestellte Option der Emissionsvermeidung. In jedem Fall gilt aber auch hier das für Overshooting ausführlich Begründete: Es gibt keinen Anspruch der Entwicklungsländer. Solche Zahlungen können die Industrieländer freiwillig aus Nächstenliebe leisten, sie schulden sie jedoch nicht den Entwicklungsländern aus Gründen der Gerechtigkeit.

Für die Zeit nach 1990 wurde oben ein moralischer Anspruch der Entwicklungsländer auf einen Ausgleich begründet. Dieser kann durch Overshooting oder durch Geld geleistet werden. Beides zu verlangen ist nicht gerechtfertigt.

Für bereits eingetretene direkte Schädigungen ist hervorzuheben, dass der Fall der gerechten Aufteilung der Senke „Atmosphäre" (Fall 1 des oben vorgestellten Win/Loss-Schemas) analytisch zu unterscheiden ist von Fall 3, also dem direkten Schädigen zum Beispiel durch herbeigeführte Extremwetterereignisse (bei dem der Schädiger keinen eigenen Vorteil hat). Überlegungen zur gerechten Nutzung von Senken – zum Beispiel die Apfelbaum-Analogien – beziehen sich auf eine indirekte Schädigung (Gardiner 2010: 14). Im Falle der direkten Schädigung gilt das Verursacherprinzip (polluter pays principle).[36] Sie kann nicht durch Umverteilung irgendeines Gutes (außer Geld) rückgängig gemacht werden. Bei der Anwendung des Verursacherprinzips

---

35 Ausgenommen wird nachfolgend auch der Zertifikatehandel mit Treibhausgasen. Wenn in der ethischen Diskussion festgestellt wurde, dass ein Land zu viel und ein anderes zu wenig Treibhausgase emittiert hat, so ist es prinzipiell möglich, diese Treibhausgase dort einzusparen, wo die Kosten am niedrigsten sind. Ein Entwicklungsland kann zu diesem Zweck Emissionszertifikate an ein Industrieland verkaufen. Dies ist die Grundidee des Zertifikatehandels, und sie ist grundsätzlich richtig. Angenommen, die Initialverteilung (Grandfathering) wurde zur Zufriedenheit aller vereinbart, der Markt funktioniert und Missbrauch wird verhindert (die Treibhausgase werden also de facto eingespart), dann ist es eine ökonomische, keine moralische Frage, wie der bestehende Anspruch eines Entwicklungslandes eingelöst werden kann – ob durch tatsächliche zusätzliche Emissionen oder durch den Verkauf von Emissionsrechten. Die Ethik kann sich darauf beschränken zu klären, welche legitimen Ansprüche zwischen wem es gibt.

36 Ich stimme mit Caney 2010: 205 überein, wenn er schreibt: „The Polluter Pays Principle is, note, a backward-looking or historical principle." Ich divergiere mit ihm in der Einschätzung, auf welche Fälle es angewandt werden sollte. Er möchte es auch auf die Fälle der Nutzung der Absorptionsfähigkeit der Atmosphäre anwenden.

im Kontext des Klimawandels stellen sich praktische Probleme. Die naturwissenschaftliche Forschung beschreibt typischerweise Bandbreiten, etwa dass zwischen 1990 und 2100 der Meeresspiegel zwischen 0,75 m und 1,90 m steigen wird (Vermeer / Rahmstorf 2009). Es liegt nahe, darin einen kausalen Faktor für aktuelle und künftige Flutkatastrophen zu sehen. Für eine juristische Bemessung der Entschädigungen reicht dies jedoch nicht aus. Die Berechnung der Schäden ist grundsätzlich ökonomisch möglich, auch wenn es hier sicher viel Streit im Detail geben wird. Um einen auf den Euro genauen Zahlungsanspruch vor Gericht durchzusetzen, müsste man aber zusätzlich den Anteil einzelner Treibhausgas-Emittenten an bestimmten Schadensereignissen ermitteln. Zwar erscheint dies beim gegenwärtigen Stand der Klimawissenschaft noch schwer vorstellbar. Dies spricht jedoch nicht gegen das Verursacherprinzip an sich; anstatt es gar nicht anzuwenden, sollte es mit der größtmöglichen Exaktheit praktiziert werden, die heute möglich ist.

Anders als das weiter unten behandelte „ability to pay principle" nimmt das „polluter pays principle" keine Rücksicht darauf, wie reich bzw. entwickelt der Emittent ist. China als Land mit dem größten absoluten Treibhausgasausstoß der Welt müsste einen erheblichen Anteil der globalen Schäden des Klimawandels bezahlen, wenn allein das Verursacherprinzip angewandt würde.

(2) Mit Blick auf die Zukunft begründete Zahlungsansprüche

Entsprechend dem Prinzip der Generationengerechtigkeit sollten alle Treibhausgasemittenten, die dazu in der Lage sind, heute für die Generationen, die in Zukunft die Erde bewohnen werden, vorsorgen. Dies gilt im ersten Denkschritt ohne internationale Umverteilungsprozesse.

Die zukünftigen Generationen in Teilen Afrikas, Asiens und Südamerikas sind aus geographischen und ökonomischen Gründen stärker von den Folgen des abrupten Klimawandels betroffen als jene in Industrieländern. Diese sollten, neben ihren eigenen Kosten für Einsparungs- und Anpassungsmaßnahmen, aus Gründen der Barmherzigkeit (nicht der Gerechtigkeit), den Menschen bzw. Ländern in diesen Regionen helfen, ihre Einsparungs- und Anpassungsmaßnahmen zu finanzieren. Wie bei allen ähnlich gelagerten Zahlungen bei Hunger- und Naturkatastrophen stehen die reicheren Länder (und in ihnen wiederum die reicheren Individuen) am stärksten in der Pflicht. *Caney* spricht vom „ability to pay principle", das es anzuwenden gelte (Caney 2010: 208). Dieses richtet sich im Gegensatz zu dem Verursacherprinzip in keiner Weise danach, wer einen Schaden verursacht hat, sondern allein nach der Zahlungsfähigkeit. Das korrespondierende Prinzip zum Zahlungsfähigkeitsprinzip ist das Bedürftigkeitsprinzip, das die Empfängerseite regelt: Je bedürftiger ein potentieller Empfänger ist, desto eher wird er bei den Zahlungen berücksichtigt.

9. Die Verwendung moralischer Argumente durch politische Akteure

Bei den Klimaverhandlungen der letzten Jahre hat ein tiefgreifender Perspektivenwechsel stattgefunden: „Diese Entwicklung spiegelt sich in der politischen Genesis der UN-Rahmenkonvention über den Klimawandel wider. (...) Die Erhaltung der natürlichen Systeme für zukünftige Generationen war das Hauptziel; so wie es auf der UN-Konferenz über Umwelt und Entwicklung formuliert worden war. Ganz im Gegensatz dazu wurde die Förderung von Anpassungsmaßnahmen als eine Form von Resignation (...) gewertet" (Rothe 2009: 102). Anfang der 1990er Jahre gab es zwei Rollen: die Verschmutzer (die Industriestaaten) und die Nichtverschmutzer (die Entwicklungsländer) (Paterson 1996: 133). Nur eine kleine Gruppe von verhandelnden Staaten betrachtete sich selbst als Opfer der Klimaerwärmung, (die kleinen Inselstaaten). Als Opfer galten allein die künftigen Generationen. Vor diesem Hintergrund sahen sich bei der Rio-Konferenz 1992 die meisten Entwicklungsländer als nicht wirklich von Fragen des Klimawandels betroffen. Für zukünftige Generationen Vorsorge zu leisten, war eine schöne Idee, aber die Armut im eigenen Land zu lindern, galt ihnen als vorrangig. Diese Selbsteinschätzung als „Nicht-Betroffene" änderte sich, als sich in der nächsten Dekade die Qualität der klimawissenschaftlichen Vorhersagen über die regionalen Folgen des Klimawandels immer weiter verbesserte. Den Entwicklungsländern wurde klar, dass sie die Hauptlast des Klimawandels tragen (werden): „Daraus ergab sich, dass die Entwicklungsländer die Vorstellung eines gemeinsamen Schicksals im Angesicht des Klimawandels zu teilen begannen: Sie sahen sich nicht länger als Nichtverschmutzer, sondern als Opfer. Diese neue kollektive Identität der Entwicklungsländer führte daher zu einer Veränderung ihrer Interessenlage. Aus ihrem Selbstbild als Opfer schöpften sie Kraft für ihre Argumentation für Kompensation und Unterstützung beim Anpassungsprozess."[37]

Bezogen auf die vier dargestellten Konzepte von Gerechtigkeit ist dies mit einer Aufwertung der historischen Gerechtigkeit gleichzusetzen. Der während der Kyoto-Verhandlungen 1997 von Brasilien eingebrachte Vorschlag, die kumulierten historischen Kohlendioxid-Emissionen seit 1840 einzubeziehen, war dafür ein erster Beleg.[38] Bei den gescheiterten Kopenhagener Verhandlungen 2009 und auch bei den teilweise erfolgreichen Verhandlungen in Cancun 2010 ist das Selbstverständnis des Südens als Opfer[39], verbunden mit der Frage der finanziellen Kompensationen, überaus stark in den Vordergrund getreten: In der entscheidenden Nacht von Kopenhagen wurde der chinesische Chefunterhändler *He Yafei* gedrängt, verbindlichen Klimaschutzzielen zuzustimmen. Daraufhin antwortete er: „In den letzten hundert Jahren haben die Industrienationen 80 Prozent aller Treibhausgasemissionen verursacht. Wer das Problem

37 Rothe 2009: 106. Nicht konform gehe ich allerdings mit Rothe, wenn er „mitigation" mit „Generationengerechtigkeit" und „adaption" mit „Intragenerationeller Gerechtigkeit" in Verbindung bringt. Generationengerechtigkeit ist primär ein anthropozentrisches Konzept, und es ist unklar, ob für das Wohl der Menschen Anpassung oder Vermeidung die bessere Strategie ist. Menschen sind sehr anpassungsfähig, Tiere und Pflanzen weit weniger; deshalb ist aus biozentrischer Sicht in jedem Fall die Vermeidung von Treibhausgasen (‚mitigation') vorzuziehen. Ansonsten ist mit einer massiven Beschleunigung der ohnehin hohen Aussterbensrate von Tieren und Pflanzen zu rechnen, wenn der Klimawandel an Fahrt gewinnt.

38 Proposed Elements of a Protocol to the UNFCCC. Presented by Brazil in Response to the Berlin Mandate (submitted May 1997), FCCC/AGBM/1997/MISC.1/ADD.3. Siehe auch La Rovere / de Macedo / Baumert 2002.

39 Vgl. auch das Statement von Lumumba Di-Aping, das diesen Artikel einleitet.

geschaffen hat, ist verantwortlich für die Katastrophe, der wir heute ins Auge blicken."[40] Die ausschließliche Berücksichtigung des Konzeptes historischer Gerechtigkeit – dies ist die politische Verhandlungsposition einer fast geschlossenen Phalanx von afrikanischen, südamerikanischen und asiatischen Ländern – ist ethisch nicht gerechtfertigt. Das Fazit dieses Beitrages lautet vielmehr:

Erstens spricht viel dafür, die Gebote intergenerationeller Gerechtigkeit, wie oben dargelegt, zu beachten. *Zweitens* sollten die kumulativen Emissionen zwischen 1850 und 1990 nicht im Rahmen von Gerechtigkeitsüberlegungen berücksichtigt werden; ein Ausgleich kann (und sollte) aber aus Gründen der Barmherzigkeit erfolgen. Dies kann durch Overshooting für eine begrenzte Zeit oder durch finanzielle Transfers vom Norden an den Süden erfolgen. *Drittens* sind die Emissionen ab 1990 aus Gründen der Gerechtigkeit voll anzurechnen. Dies zu tun, ist eine moralische Pflicht. Dies kann durch ein Overshooting der Entwicklungsländer für eine begrenzte Zeit oder eine finanzielle Kompensation der Industrieländer erfolgen. *Viertens* gilt für direkte Schädigungen durch Treibhausgasemissionen zwischen 1990 und der Gegenwart (damit ist nicht das Aufbrauchen der Absorptionsfähigkeit der Atmosphäre gemeint) das Verursacherprinzip. Alle Schäden, die dem Süden durch das Verhalten des Nordens entstanden sind, hat dieser nach bestem Wissen und Gewissen zu kompensieren. Die entstehenden Transfers von Nord nach Süd sollten in den Industrieländern idealerweise durch Steuern aufgebracht werden, die Bürger mit höheren Emissionen stärker treffen als solche mit niedrigen Emissionen. Und *fünftens* sollten die steigenden Bevölkerungszahlen des Südens bei einem Klimavertrag mit berücksichtigt werden. Als Referenzjahr sollte 1990 gewählt werden, also das Jahr, ab dem der Klimawandel der Weltöffentlichkeit bekannt wurde. Welchen Beitrag dazu das Bevölkerungswachstum leistet, war jedoch ein Tabuthema bei den Klimaverhandlungen in Kopenhagen und Cancun. Die UNFPA formuliert dies so: „Indeed, fear of appearing supportive of population control has until recently held back any mention of 'population' in the climate debate" (UNFPA 2009: 20).

10. Ausblick

Angesichts des relativen Bedeutungsverlustes des Konzeptes der Generationengerechtigkeit auf der internationalen Bühne stellt sich die Frage, wie die Interessen zukünftig lebender Menschen wirkungsvoll geschützt werden können. Die Auswirkungen des Klimawandels stellen eine ernste Bedrohung für die Bedürfnisse und Interessen heutiger wie zukünftiger Personen dar, und dies bedeutet, dass auch der Ruf nach Reformen bei den bestehenden politischen Institutionen ansetzen muss. Es wächst der Konsens, dass diese ungeeignet sind, den Klimawandel (aber auch andere Gefährdungen künftiger Generationen) zu verhindern (vgl. Dobson 1996, Goodin 1996, Stein 1998, Lafferty 1998, Kielmansegg 2003, Eckersley 2004, Tremmel 2006, Shearman / Smith 2007, Giddens 2009, Leggewie / Welzer 2009). Die alte Gewaltenteilung, wie

40 O.V. (2010): Das Kopenhagen-Protokoll, in: Der Spiegel, Nr. 18/2010. S. 131.

sie von *Montesquieu* entworfen wurde, ist nicht mehr zeitgemäß. Eine neue institutionelle Ebene, auf der die Interessen künftiger Generationen in heutige Entscheidungsprozesse eingebracht werden, wird nötig sein, um die politischen Systeme zukunftsorientiert zu machen. Dies gilt auch für die etablierten westlichen Demokratien: Ihre Weiterentwicklung zu nachhaltigen und zukunftsfähigen politischen Systemen ist eine Herkulesaufgabe, die allerdings schon in den nächsten Jahrzehnten bewältigt werden muss, denn die Zeit ist knapp. Bisher sind jedoch nicht nur die praktischen Reformen, sondern auch die theoretischen Erklärungsansätze unzureichend. Weder die liberale noch die pluralistische und auch nicht die partizipatorische Demokratietheorie ermöglichen die systematische Berücksichtigung der Interessen künftiger Generationen. Es besteht also nicht nur ein Umsetzungsdefizit, sondern auch ein theoretisches Defizit. Hier kommen auf die Politikwissenschaft neue Aufgaben und interessante Zeiten zu.

Literatur

Adger, W. Neil / Jouni Paavoli / Saleemul Huq / M. J. Mace (Hrsg.): Fairness in Adaptation to Climate Change, Cambridge Mass. 2006.

Agrawal, Anil / Sunita Narain: Global Warming in an Unequal World: A Case of Environmental Colonialism, New Delhi 1991.

Alexis, Fritz: Der naturalistische Fehlschluss, Freiburg 2009.

Athanasiou, Tom / Paul Baer: Dead Heat. Global Justice and Global Warming, New York 2002.

Baer, Paul / Tom Athanasiou / Sivan Kartha / Eric Kemp-Benedict: Greenhouse Development Rights: A Framework for Climate Protection that is 'More Fair' than Equal Per Capita Emission Rights, in: Stephan M. Gardiner / Simon Caney / Dale Jamieson / Henry Shue: Climate Ethics. Essential Readings, Oxford 2010, S. 215-230.

Baer, Paul: Equity, Greenhouse Gas Emissions, and Global Common Resources, in: Stephan H. Schneider / Armin Rosencranz / John O. Niles (Hrsg.): Climate Change Policy, Washington D.C. 2002, S. 393-408.

Baumert, Kevin A. / Timothy Herzog / Jonathan Pershing: Navigating the Numbers. Greenhouse Gas Data and International Climate Policy, Washington D.C. 2005, http://pdf.wri.org/navigating_numbers.pdf (Abruf am 27. August 2009).

Birg, Herwig: Die Weltbevölkerung. Dynamik und Gefahren, München 1996.

Caney, Simon: Climate Change and the Duties of the Advantaged, in: Critical Review of International Social and Political Philosophy, 13. Jg. (2010), H. 1, S. 203-228.

Caney, Simon: Cosmopolitan Justice, Responsibility and Global Climate Change, in: Leiden Journal of International Law, 18. Jg. (2005), H. 4, S. 747-775.

Dasgupta, Partha: Comments on the Stern Review's Economics of Climate Change, Cambridge 2006.

Destatis (Hrsg.): Bevölkerung Deutschlands bis 2060. Koordinierte Bevölkerungsvorausberechnung, Wiesbaden 2009.

DiMento, Joseph / Pamela Doughman (Hrsg.): Climate Change. What It Means for Us, Our Children, and Our Grandchildren, Cambridge 2007.

Dobson, Andrew: Representative Democracy and the Environment, in: William M. Lafferty / James Meadowcroft (Hrsg.): Democracy and the Environment, Cheltenham 1996, S. 124-139.

Eckersley, Robyn: The Green State: Rethinking Democracy and Sovereignty, Cambridge / London 2004.

Eilert, Herms: Sein und Sollen bei Hume, Kant und Schleiermacher, in: Wilfried Härle / Reiner Preul (Hrsg.): Woran orientiert sich Ethik?, Marburg 2001, S. 39-59.

Emanuel, Kerry: What We Know about Climate Change, Cambridge 2007.

Engels, Eve-Marie: Was und wo ist ein ‚naturalistischer Fehlschluss'? Zur Definition und Identifikation eines Schreckgespenstes der Ethik, in: Cordula Brand / Eve-Marie Engels / Arianna Ferrari / László Kovács (Hrsg.): Wie funktioniert Bioethik?, Paderborn 2008, S. 125-141.

Gardiner, Stephan M. / Simon Caney / Dale Jamieson / Henry Shue: Climate Ethics. Essential Readings, Oxford 2010.

Gardiner, Stephan M.: Ethics and Global Climate Change, in: Stephan M. Gardiner / Simon Caney / Dale Jamieson / Henry Shue: Climate Ethics. Essential Readings. Oxford 2010, S. 3-35.

Gardiner, Stephen M.: A Perfect Moral Storm: Climate Change, Intergenerational Ethics and the Problem of Moral Corruption, in: Environmental Values, 15. Jg. (2006), H. 3, S. 397-413.

Gesang, Bernward: Klimaethik, Frankfurt 2011 (im Erscheinen).

Giddens, Anthony: The Politics of Climate Change, Cambridge 2009.

Goodin, Robert: Enfranchising the Earth, and Its Alternatives, in: Political Studies, 44. Jg. (1996), H. 4, S. 835-849.

Gosseries, Axel: Historical Emissions and Free-Riding, in: Lukas H. Meyer (Hrsg.): Justice in Time. Responding to Historical Injustice, Baden-Baden 2004, S. 355-382.

Guggenberger, Bernd: Die neue Mehrheit der Lebenden, in: FAZ vom 27. Januar 1990, S. 1 (Tiefdruckbeilage).

Hansen, James / Makiko Sato / Pushker Kharecha / David Beerling / Robert Berner / Valerie Masson-Delmotte / Mark Pagani / Maureen Raymo / Dana Royer / James Zachos: Target Atmospheric CO_2. Where Should Humanity Aim?, in: The Open Atmospheric Science Journal, 2. Jg. (2008), H. 1, S. 217-231.

Heinrich-Böll-Stiftung: Deutschlands Vorreiterrolle auf dem Prüfstand. Klimagerechtigkeit nach dem Greenhouse Development Rights Model, Schriften zur Ökologie, Band 7, Berlin 2009.

Hillerbrand, Rafaela / Michael Ghil: Anthropogenic Climate Change. Scientific Uncertainties and Moral Dilemmas, in: Physica D, Nr. 237 (2008), S. 2132-2138.

Holden, Barry (Hrsg.): The Ethical Dimensions of Global Change, London 1996.

Holtug, Nils / Kasper Lippert-Rasmussen: An Introduction to Contemporary Egalitarianism, in: dies. (Hrsg.): Egalitarianism. New Essays on the Nature and Value of Equality, Oxford 2007, S. 1-38.

Howard-Hassmann / Rhoda E.: Reparations to Africa, Philadelphia 2008, http://www.pnas.org/content/early/2009/12/04/0907765106.full.pdf (Abruf am 29. April 2011).

Hume, David: Ein Traktat über die menschliche Natur, Hamburg 1978 (zuerst 1740), S. 195-212.

IPCC: Climate Change 2007 – Impacts, Adaptation and Vulnerability. Working Group II contribution to the Fourth Assessment Report, Cambridge 2007, http://www.ipcc.ch (Abruf am 29. April 2011).

Jamieson, Dale: Climate Change and Global Environmental Justice, in: Clark A. Miller / Paul N. Edwards (Hrsg.): Changing the Atmosphere: Expert Knowledge and Environmental Governance, Cambridge / London 2001, S. 247-286.

Kant, Immanuel: Idee zu einer allgemeinen Geschichte in weltbürgerlicher Absicht, Göttingen / Hamburg 1949 [1784].

Kielmansegg, Peter Graf: Können Demokratien zukunftsverantwortlich handeln?, in: Merkur, 57. Jg. (2003), H. 7, S. 583-594.

Kovats, R.S. / Campbell-Lendrun, D. / Matthies, F.: Climate Change and Human Health: Estimating Avoidable Deaths and Disease, in: Risk Analysis, 25. Jg. (2005), H. 6, S. 1409-1418.

Kraus, Katrin / Konrad Ott: Contraction and Convergence. Streitgespräch: Wie fair ist fair genug? Zwei Klimakonzepte im Vergleich, in: Böll.Thema (2009), H. 2, S. 33-35.

Kumar, Rahul / David Silver: The Legacy of Injustice. Wronging the Future, Responsibility for the Past, in: Lukas H. Meyer (Hrsg.): Justice in Time. Responding to Historical Injustice, Baden-Baden 2009, S. 145-159.

La Rovere, Emilio L. / Laura Valente de Macedo / Kevin A. Baumert: The Brazilian Proposal on Relative Responsibility for Global Warming, in: Kevin A. Baumert / Odile Blanchard / Silvia Llosa / James F. Perkaus (Hrsg.): Building on the Kyoto Protocol: Options for Protecting the Climate, Washington D.C. 2002, S. 157-173.

Lafferty, William M.: Democracy and Ecological Rationality: New Trials for an Old Ceremony, Aufsatz für CPSA/IPSA Roundtable, Quebec City 1998, http://www.prosus.uio.no/publikasjoner/Andre_pub/1.html (Abruf am 30. Januar 2009).

Leggewie, Claus / Harald Welzer: Das Ende der Welt, wie wir sie kannten. Klima, Zukunft und die Chancen der Demokratie, Frankfurt am Main 2009.

Lienkamp, Andreas: Klimawandel und Gerechtigkeit. Eine Ethik der Nachhaltigkeit in christlicher Perspektive, München 2009.

Locke, John: Two Treatises of Government, New York 1965 [1689].

Ludwig, Karl-Heinz: Eine kurze Geschichte des Klimas. Von der Entstehung der Erde bis heute, München 2006.

Lumer, Christoph: Klimawandel, Generationengerechtigkeit und Entwicklung, in: Intergenerational Justice Review, 9. Jg. (2009), H. 3, S. 88-95

Lyons, David: Unfinished Business. Racial Junctures in US History and Their Legacy, in: Lukas H. Meyer (Hrsg.): Justice in Time. Responding to Historical Injustice, Baden-Baden 2009, S. 271-299.

Meinshausen, Malte / Bill Hare / Tom Wigley / Detlef Van Vuuren / Michael Den Elzen / Rob Swart: Multi-Gas Emissions Pathways to Meet Climate Targets, in: Climatic Change, 75. Jg. (2006), H. 1, 151-194.

Meyer, Aubrey: Contraction & Convergence. The Global Solution to Climate Change, Totnes 2001.

Meyer, Lukas H. / Dominic Roser: Climate Justice and Historical Emissions, in: Critial Review of International Social and Political Philosophy, 13. Jg. (2010), H. 1, S. 229-253.

Meyer, Lukas H.: Compensating Wrongless Historical Emissions of Greenhouse Gases, in: Ethical Perspectives, 11. Jg. (2004), H. 1, S. 22-37.

Meyer, Lukas H.: Einleitung, in: ders. (Hrsg.): Justice in Time. Responding to Historical Injustice, Baden-Baden 2004, S. 9-52.

Meyer, Lukas H.: Historische Gerechtigkeit, Berlin / New York 2005.

Meyer, Lukas H.: Klimawandel und Gerechtigkeit, in: Transit, 36. Jg. (2009), H. 1, S. 80-106.

Miller, David: Global Justice and Climate Change. How Should Responsibilities be Distributed?, in: The Tanner Lectures on Human Values, 28. Jg. (2009), H. 1, S. 117-156.

Miller, David: National Responsibility and Global Justice, Oxford 2008.

Miller, Jon / Rahul Kumar (Hrsg.): Reparations. Interdisciplinary Inquiries, Oxford 2007.

Mintzer, Irving (Hrsg.): Confronting Climate Change. Risks, Implications and Responses, Cambridge 1992.

Nordhaus, William: A Question of Balance. Weighing the Options on Global Warming Policies, Yale 2008.

Nordhaus, William: Critical Assumptions in the Stern Review on Climate Change, in: Science, 317. Jg. (2007), H. 5835, S. 201-202.

Oleson K. / L. Hartzell / M. D. Mastrandrea: The Baker's Dozen: Key Nations Can and Should Act Together to Prevent Further Dangerous Climate Change, in: Intergenerational Justice Review, 3. Jg. (2009), H. 9, S. 106-112

Ott, Konrad: Ethische Aspekte des Klimawandels, in: Niels Gottschalk-Mazouz / Nadia Mazouz (Hrsg.): Nachhaltigkeit und Globaler Wandel. Integrative Forschung zwischen Normativität und Unsicherheit, Frankfurt / New York 2003, S. 169-201.

Page, Edward: Climate Change, Justice and Future Generations, Cheltenham 2006.

Partridge, Ernest: Just Provision for the Future, in: Intergenerational Justice Review, 8. Jg. (2008), H. 1, S. 4-8.

Paterson, Matthew: Global Warming and Global Politics, London / New York 1996.

Posner, Eric A. / Cass R. Sunstein: Climate Change Justice, in: University of Chicago Law & Economics, Olin Working Paper 2007, Nr. 354.

Rahmstorf, Stefan / Hans Joachim Schellnhuber: Der Klimawandel. Diagnose, Prognose, Therapie, München 2006.

Rawls, John: A Theory of Justice, Cambridge 1971 (deutschsprachige Ausgabe: Eine Theorie der Gerechtigkeit, Frankfurt am Main 1979).

Rogner, Holger u. a.: Introduction. Climate Change 2007: Mitigation, Contribution of Working Group III to the Fourth Assessment Report of the Intergovernmental Panel on Climate Change, Cambridge 2007.

Rothe, Delf: Gerechte Anpassung? Wie die Diffusion der Normen im globalen Klimaregime die internationale Klimapolitik beeinflusst, in: Journal für Generationengerechtigkeit, 9. Jg. (2009), H. 3, S. 102-108.

Santarius, Tilman: Contraction and Convergence. Streitgespräch: Wie fair ist fair genug? Zwei Klimakonzepte im Vergleich, in: Böll.Thema (2009). H. 2, S. 35-36.

Schefczyk, Michael: Der Unterschied zwischen historischem Unrecht und historischem Übel, in: Journal für Generationengerechtigkeit, 9. Jg. (2009), H. 1, S. 4-9.

Schneider, Stephan H. / Armin Rosencranz / John O. Niles (Hrsg.): Climate Change Policy, Washington D.C. 2002.

Schüssler, Rudolf: Climate Justice: A Question of Historic Responsibility?, Discussion Paper, Universität Bayreuth 2010 (unveröffentlicht).

Shearman, David / Joseph W. Smith: The Climate Change Challenge and the Failure of Democracy, Westport 2007.

Sher, George: Ancient Wrongs and Modern Rights, in: Peter Laslett / James S. Fishkin (Hrsg.): Justice between Age Groups and Generations, New Haven 1992, S. 48-61.

Shue, Henry: Bequeathing Hazards: Security Rights and Properity Rights of Future Humans, in: Mohammed H. I. Dore / Timothy D. Mount (Hrsg.): Global Environmental Economics: Equity and the Limits to Markets, Oxford 1999a, S. 38-53.

Shue, Henry: Climate, in: Dale Jamieson (Hrsg.): A Companion to Environmental Philosophy, Malden 2001, S. 449-459.

Shue, Henry: Deadly Delays, Saving Opportunities, in: Stephan M. Gardiner / Simon Caney / Dale Jamieson / Henry Shue: Climate Ethics: Essential Readings, Oxford 2010, S. 146-162.

Shue, Henry: Global Environment and International Inequality, in: International Affairs, 75. Jg. (1999b), S. 531-545.

Shue, Henry: Responsibility of Future Generations and the Technological Transition, in: Walter Sinnott-Armstrong / Richard Howarth (Hrsg.): Perspectives on Climate Change: Science, Economics, Politics, Ethics, Amsterdam 2005, S. 265-284.

Shue, Henry: Subsistence Emissions and Luxury Emissions, in: Law & Policy, 15. Jg. (1993), H. 1, S. 39-59.

Singer, Peter: One Atmosphere, in: Peter Singer (Hrsg.): One World: The Ethics of Globalization, New Haven 2002.

Solomon, Susan / Gian-Kasper Plattner / Reto Knutti / Pierre Friedlingstein: Irreversible Climate Change Due to Carbon Dioxide Emissions, in: Proceedings of the National Academy of Sciences, 106. Jg. (2009), H. 6, S. 1704-1709.

Stein, Tine: Demokratie und Verfassung an den Grenzen des Wachstums. Zur ökologischen Kritik und Reform des demokratischen Verfassungsstaates, Opladen 1998.

Stern, Nicolas: The Economics of Climate Change. The Stern Review, Cambridge 2007.

Thompson, Janna: Intergenerational Justice. Rights and Responsibilities in an Intergenerational Polity, New York 2009.

Tremmel, Jörg: A Theory of Intergenerational Justice, London 2009.

Tremmel, Jörg: Bevölkerungspolitik im Kontext ökologischer Generationengerechtigkeit, Wiesbaden 2005b.

Tremmel, Jörg: Establishment of Intergenerational Justice in National Constitutions, in: Jörg Tremmel (Hrsg.): Handbook of Intergenerational Justice, Cheltenham 2006, S. 187-214.

Tremmel, Jörg: Haben wir die Welt nur von unseren Kindern geborgt? Grundzüge einer Generationenethik, in: Johann Ach / Kurt Bayertz / Ludwig Siep (Hrsg.): Grundkurs Ethik. Band II. Die Bereichsethiken, Paderborn 2011, S. 99-116.

Tremmel, Jörg: Instrumente zur ethischen Beurteilung finanzieller Steuerungsmechanismen im Rahmen antinatalistischer Geburtenpolitiken. Die Vier-Fünftel-Regel in der Diskussion, in: Zeitschrift für Bevölkerungswissenschaft, 30. Jg. (2005), H. 4, S. 455-482.

UN Population Division: World Population Prospects. The 2008 Revision, 2009, http://esa.un.org/unpd/wpp2008/index.htm (Abruf am 29. April 2011).

UN Population Division: World Population to 2300, 2004, http://www.un.org/esa/population/publications/longrange2/WorldPop2300final.pdf (Abruf am 19. August 2009).

UNFCCC: Rahmenabkommen der Vereinten Nationen über Klimaänderungen 1992, http://unfccc.int/resource/docs/convkp/convger.pdf (engl.: United Nations Framework Convention on Climate Change, http://unfccc.int/resource/docs/convkp/conveng.pdf, Abruf am 19. August 2009).

UNFPA / IIED (Hrsg.): Population Dynamics and Climate Change herausgegeben von José Miguel Guzmán, George Martine, Gordon McGranahan, Daniel Schensul, Cecilia Tacoli, New York 2009.

UNFPA: State of the World Population 2009. Facing a Changing World: Women, Population and Climate, New York 2009.

Vanderheiden, Steve: Atmospheric Justice. Political Theory of Climate Change, Oxford 2008.

Vermeer, Martin / Stefan Rahmstorf: Global sea level linked to global temperature, in: Processings of the National Academy of Science 2009.

Waldron, Jeremy: Superseding Historic Injustice, in: Ethics, 103. Jg. (1992), H. 1, S. 4-28.

Wissenschaftlicher Beirat der Bundesregierung Globale Umweltveränderungen (WBGU): Kassensturz für den Weltklimavertrag – der Budgetansatz. Sondergutachten, Berlin 2009.

Das Transformationspotenzial des Emissionshandels – analysiert am Beispiel der Waxman-Markey-Vorlage im US-Kongress

Georg Simonis

Mit der erstaunlichen Fähigkeit der kapitalistischen Gesellschaft zur Selbsttransformation ihres institutionellen Gefüges, um selbst erzeugte soziale und ökonomische Krisen zu überwinden, beschäftigen sich seit Jahrzehnten Theorieansätze, die in der *Marx*'schen Tradition stehen, zum Beispiel die französische Regulationsschule (Aglietta 1979; Boyer / Saillard 1995), die Amsterdamer Variante der Internationalen Politischen Ökonomie (Overbeek 2008; van der Pijl 1998, 2007) oder in jüngster Zeit nun auch wieder der historische Institutionalismus (Streeck / Thelen 2005; Streeck 2009) im Anschluss an die klassischen Arbeiten von *Karl Polanyi* (1978/1944) und *Joseph Schumpeter* (2006/1912). Obwohl vom Gegenstand her geboten, steht eine offene und fruchtbare Diskussion zwischen diesen Theorietraditionen zumindest im Kontext der deutschen Politikwissenschaft immer noch aus. Seit Mitte der 1970er Jahre wurde die gesellschaftstheoretisch argumentierende Politikwissenschaft weitgehend marginalisiert, so dass sich für diesen Diskurs auf beiden Seiten keine oder nur sehr wenige Ansprechpartner fanden. Erst in der jüngsten Zeit scheint sich das Fach unter dem Druck aktueller Ereignisse (Krise der US-amerikanischen Hegemonie, Finanzkrise, Klimawandel) wieder gesellschaftstheoretischen Ansätzen zu öffnen und nach Erklärungen zu fragen, die den gesellschaftlichen Wandel historisch einzuordnen vermögen.

In diesem Zusammenhang könnte auch die Beschäftigung mit dem hier interessierenden Problem einigen Erkenntnisgewinn bringen. Die naturwissenschaftliche wie die ökonomische, vor allem aber die Politik beratende Klimaforschung gehen optimistischerweise davon aus, dass die Anpassung der regulativen Strukturen des post-fordistischen, neo-liberal geprägten Kapitalismus (Jessop 2002; Altvater 2005; Altvater / Brunnengräber 2008; Brunnengräber u.a. 2008) an die Funktionsbedingungen der Umwelt, speziell des globalen Klimasystems, nicht nur erforderlich ist, um die durch den anthropogen verursachten Klimawandel bedingten, regional allerdings stark differierenden Schädigungen der menschlichen Lebensverhältnisse in erträglichen Grenzen zu halten, sondern auch faktisch erreichbar sei, indem CO_2-intensive durch CO_2-arme Wirtschafts- und Lebensformen ersetzt werden (Stern 2007; Ott / Heinrich-Böll-Stiftung 2008). Zweifel an dem Realitätsgehalt dieser steuerungstheoretisch höchst voraussetzungsvollen Prämisse sind angebracht, können den Sozialwissenschaftler aber nicht davon abhalten zu beobachten, wie der Glaube an die Transformationsfähigkeit der die klimatischen Verhältnisse auf dem Globus destabilisierenden industriellen Wachstumsgesellschaften handlungsmächtig wird und die politischen Akteure dazu bringt, sich global, national, funktional und regional mit Transformationsprojekten zu befassen (Simonis 2009).

Die folgende Analyse fragt nach dem Transformationspotenzial des amerikanischen Kapitalismus am Beispiel des Klimaprojektes der *Obama*-Administration. Nachdem sich die *Bush*-Regierung einer aktiven Klimapolitik (vgl. Rabe 2004; Jordan 2006; Arimura / Burtraw / Krupnick / Palmer 2007; Mauren 2008; Schniering 2008; Selin / VanDeveer 2009; Mildner / Richert 2010; Rabe 2010) verweigert hatte, rückte bereits während des Wahlkampfes 2008 die Bewältigung der Klimaproblematik neben der Anti-Krisenpolitik und der Gesundheitsreform in das Zentrum der Washingtoner Reformpolitik. Daran interessieren speziell die folgenden Aspekte:

(1) Zur Abschätzung des Realitätsgehalts des klimapolitischen Steuerungsoptimismus ist eine Untersuchung der Reformfähigkeit der amerikanischen Energie- und Klimapolitik von nicht unerheblicher Bedeutung. Ohne einen größeren Beitrag der Vereinigten Staaten zur Senkung der globalen Emissionen von Treibhausgas (THG)[1] werden die internationalen Verhandlungen über die Ausgestaltung des Weltklimaregimes nach dem Auslaufen des Kyoto-Protokolls 2012 kaum Fortschritte machen (vgl. Biermann / Pattberg / Zelli 2010). Wie wirken sich die internationale Verhandlungssituation und der zunehmende internationale Druck auf die innenpolitischen Kräfteverhältnisse und die Bereitschaft der Vereinigten Staaten aus, ein wirksames nationales Regime[2] zur Minderung der nationalen THG-Emissionen zu institutionalisieren?[3]

(2) Den institutionellen Kern der neuen amerikanischen Klimapolitik bildet die Etablierung eines neuen Energieregimes mit einem sektorenübergreifenden, also umfassenden Emissionshandelssystem, dessen Obergrenze („cap“) bis 2050 eine Reduktion der amerikanischen THG-Emissionen um etwa 80 Prozent gegenüber dem Basisjahr 2005 vorsieht. Könnte das amerikanische politische System in der Lage sein, eine dermaßen tiefgreifende Selbsttransformation des auf der intensiven Nutzung fossiler Energieressourcen beruhenden amerikanischen Post-Fordismus und Fossilismus politisch zu organisieren?

(3) Das von der *Obama*-Administration vorgeschlagene neue Energieregime ist, wie könnte es auch anders sein, politisch und gesellschaftlich höchst umstritten. Nur wenn es der im Wahlprogramm angekündigten „Change“-Initiative gelingen sollte, die Anreize für die wirtschaftlichen Akteure so zu setzen, dass einerseits die alten, CO_2-emittierenden Industrien geordnet in ein nach-fossilistisches Zeitalter überführt werden und sich gleichzeitig eine stabile Gewinnerkoalition formieren kann, die ein grünes Wachstumsmodell durchzusetzen in der Lage ist, wird das neue

1 Die THG-Emissionen der USA stiegen von 6127 Teragramm CO_2e (1990) auf 7168 Tg CO_2e (2007), also um über 15 Prozent. Aufgrund der Wirtschaftskrise sind sie in den Jahren 2008 / 2009 nicht unerheblich gesunken (2008: 6957 Tg CO_2e). Vgl. EPA 2010a.

2 Der Begriff des nationalen Regimes wird hier in Anlehnung an die sehr hilfreichen Überlegungen von *Wolfgang Streeck* (2009: 239) und *Wolfgang Streeck / Kathleen Thelen* (2005: 13) verwendet, die den Institutionenbegriff akteurtheoretisch operationalisieren: “... to us the closest general concept for the kind of institution in whose dynamics of change we are interested is that of a social *regime*“ (Streeck / Thelen 2005: 12).

3 Zur Problematik und Erklärung der Umsetzung von internationalen Normen auf der nationalen Ebene (vgl. für den amerikanischen Fall die Studien von Schreurs 2004, Cass 2006 und Harrison 2010).

> Energieregime mit der erforderlichen gesellschaftlichen Unterstützung rechnen können. Wäre es also, entgegen der in Deutschland bei vielen NGOs verbreiteten Meinung über die strukturbedingte klimapolitische Bremserposition[4] der USA, nicht doch möglich, dass sich, ausgelöst durch die Reformpolitik *Barack Obamas*, eine Koalition zwischen unterschiedlichen politischen und gesellschaftlichen Kräften einschließlich aufgeklärter Kapitalgruppen herausbildet, die einen ökonomischen Aufschwung einzuleiten vermag, die Ausstrahlungskraft besitzt und daher Folgebereitschaft im Heimatland (innere Hegemonie) und in anderen Ländern (äußere Hegemonie) erzeugt?

Im Folgenden wird zunächst das vom Repräsentantenhaus am 26. Juni 2009 im Rahmen des „American Climate and Energy Security Act" (die so genannte *Waxman-Markey*-Vorlage) befürwortete Emissionshandelsregime als institutioneller Kern eines neuen energiepolitischen Regulierungssystems knapp skizziert. Dieses Reformprojekt scheiterte anschließend im Senat, obwohl bereits im November 2009 vom Umweltausschuss des Senats – allerdings unter großem Protest der Republikaner[5] – ein entsprechender Gesetzentwurf[6] verabschiedet worden war, um im Plenum behandelt zu werden, wozu es jedoch nicht kam. Im Anschluss an den Überblick über die strittigsten Aspekte des von der Mehrheitspartei intendierten „umfassenden" Regulierungsansatzes von Treibhausgasen wird der auf unterschiedlichen politischen Ebenen ausgefochtene Konflikt zwischen der Unterstützungs- und der Ablehnungskoalition untersucht, den letztere für sich entscheiden konnte. Dabei lässt sich die Analyse von der These leiten, dass zwischen der politischen Ebene (Kongress, Administration), auf der das neue Regulierungsregime konzipiert und zur Implementation frei gegeben wird, und der gesellschaftlichen Ebene der Akteure, die dem neuen Regime Folge leisten müssten, eine enge Interdependenz besteht. Diese hebt zwar weder die Autonomie des politischen Entscheidungsprozesses auf, noch schließt sie die Eigenlogik institutioneller Entwicklungen aus, ermöglicht es aber einer auf der gesellschaftlichen Ebene formierten hegemonialen Koalition, unter den institutionellen Bedingungen der Vereinigten Staaten ihre Macht- und Verwertungsinteressen auf der politischen Ebene institutionell abzusichern. Am Ende der Legislaturperiode des 111. Kongresses (6. Januar 2009 bis 3. Januar 2011) zeigt sich, dass der durch die *Obama*-Administration

4 Diese Bremserfunktion der USA wird auf der nationalen Ebene im Vergleich zu den westeuropäischen Staaten vor allem auf die schwächelnde grüne Bewegung (Normen-Aspekt), aber auch auf die höheren Umsetzungskosten in den USA sowie auf das vetoanfällige Institutionensystem der USA zurückgeführt (vgl. Schreurs 2004, Vig / Faure 2004, Harrison / Sundstrom 2010).

5 Die Abstimmung erfolgte am 5. November 2009 mit 11:1 Stimme bei Abwesenheit der sieben Senatoren der Republikaner. Vgl. http://epw.senate.gov/public/index.cfm?FuseAction=Majority.PressReleases&ContentRecord_id=c512ac4d-802a-23ad-4884-2b95a8405efe&Region_id=&Issue_id=; sowie http://epw.senate.gov/public/index.cfm?FuseAction=Minority.PressReleases&ContentRecord_id=bfcd7933-802a-23ad-4ba7-e280929e3c7c&Region_id=&Issue_id= (Zugriff am 18. November 2010).

6 „The Clean Energy Jobs and American Power Act", S. 1733. Vgl. die Zusammenfassung und Analysen des Gesetzes durch das Pew Center on Global Climate Change, http://www.pewclimate.org/federal/congress/111/clean-energy-jobs-american-power-act. (Zugriff am 18. November 2010).

ausgelöste klimapolitische Reformprozess (ganz im Sinne von Lowi 1964; siehe auch Pierson 1993/2000; Mares 2003) einen politischen und gesellschaftlichen Konflikt ausgelöst hat, in dem das fossilistische Bündnis den konservativen Backlash zu nutzen versucht, weitere Stellschrauben der Klimapolitik sowohl auf der Ebene der Bundesverwaltung (Regulierung durch die US Environmental Protection Agency EPA) als auch auf der Ebene der Einzelstaaten (zum Beispiel Kalifornien) zurückzudrehen.

1. Umrisse eines neuen US-amerikanischen Klima- und Energieregimes

Bereits am 24. Februar 2009, vier Wochen nach seiner Amtsübernahme, forderte Präsident *Barack Obama* in einer Rede vor beiden Häusern des Kongresses, in der er sein Regierungsprogramm und speziell sein Maßnahmenpaket zur Bekämpfung der Finanz- und Wirtschaftskrise erläuterte, die Legislative auf, ihm ein Gesetz vorzulegen, das die Einführung eines nationalen Emissionshandels mit einer gesetzlich festgelegten Obergrenze für die jeweils zulässigen Emissionen („cap“) vorsehen möge. Das von *Obama* geforderte Gesetz bildet für ihn und seine Administration einen Eckstein sowohl des langfristig angelegten Politikwandels („change“) als auch der im „American Recovery and Reinvestment Act“ zusammengefassten Anti-Krisenpolitik. Mit der neuen Energie- und Klimapolitik sollten gleichzeitig drei Ziele angestrebt werden[7]:

(1) Sicherung der nationalen Energieversorgung (Breaking Dependence on Oil, Producing More Energy at Home, Promoting Energy Efficiency);
(2) Förderung der Entstehung von neuen Arbeitsplätzen in CO_2-armen Wirtschaftssektoren (Creating New Jobs in the Clean Energy Economy, Investing in the Next Generation of Energy Technologies);
(3) Beendigung der Umweltverschmutzung durch die Emission von Treibhausgasen (Closing the Carbon Loophole) bei gleichzeitigem Schutz der Verbraucher und Sicherung der amerikanischen Wettbewerbsfähigkeit.

Mit dem neuen Energieregime des Emissionshandels sei es, so behauptete der Präsident, möglich, alle energiepolitischen Herausforderungen gezielt anzugehen – „curbing our dependence on foreign oil, reducing our use of fossil fuels and promoting new industries right here in America“[8] – um mit diesem Projekt den weltweiten Führungsanspruch der Vereinigten Staaten zu erneuern: „It is time for America to lead again.“[9] Neben der energiepolitischen Wende wird von Präsident *Obama* eine Restrukturierung der Automobilindustrie für erforderlich gehalten, um amerikanische Arbeitsplätze und den Aufschwung zu sichern: „We are committed to the goal of a retooled, re-imagined auto industry that can compete and win. Millions of jobs depend

7 Siehe Darstellung auf der Homepage des Weißen Hauses, http://www.whitehouse.gov/issues/energy-and-environment/ (Zugriff am 27. August 2009).
8 Ebenda.
9 Aus der Rede vor beiden Häusern des Kongresses am 24. Februar 2009, http://www.whitehouse.gov/the_press_office/Remarks-of-President-Barack-Obama-Address-to-Joint-Session-of-Congress/ (Zugriff am 27. August 2009).

on it. Scores of communities depend on it. And I believe the nation that invented the automobile cannot walk away from it.“[10]

Barack Obama entwarf in seiner Rede vor dem Kongress nichts weniger als die Vision eines reflexiven Neo-Fordismus (Begriffsbildung in Anlehnung an Beck / Giddens / Lash 1996) – eines Wachstumsmodells, das sich auf einen dekarbonisierten nationalen Energiesektor, auf eine dekarbonisierte, nationale und effiziente Automobilindustrie sowie auf eine fachlich qualifizierte (Erziehungsprojekt) und gesundheitlich abgesicherte (Gesundheitsprojekt) Arbeitnehmerschaft stützen kann.[11] Die neue amerikanische Klimapolitik – und dieser Hinweis muss hier genügen – ist als zentraler Bestandteil einer umfassenden Reformpolitik konzipiert. Die Dekarbonisierung des Energieversorgungssystems wird von der demokratisch geführten Regierung nicht als Kostenfaktor und Konsumbremse horrifiziert, sondern als unverzichtbare Antriebskraft zur Entstehung neuer Arbeitsplätze verstanden, als strategisches Projekt zur Sicherung der Energieversorgung und als Voraussetzung einer Erneuerung des globalen Führungsanspruchs.[12]

Eingebracht wurde der „American Clean Energy and Security Act“ 2009 (ACESA) im Repräsentantenhaus am 31. März 2009 von den demokratischen Abgeordneten *Henry Waxman*[13] und *Edward Markey*.[14] Der Gesetzentwurf[15] orientiert sich an einer Vorlage des 110. Kongresses, die noch im Oktober 2008 von den Demokraten *John Dingell* und *Rick Boucher*, damals die Vorsitzenden der beiden Ausschüsse, ausgearbeitet worden war.[16] Der Entwurf zum ACESA (H.R. 2454) regelt auf ca. 1450 Seiten fünf Governancebereiche[17] der Energiepolitik: (1) Förderung CO_2-armer Energietechnologien; (2) Steigerung der Energieeffizienz; (3) Senkung der CO_2-Emissionen durch die Etablierung eines verbindlichen Emissionshandelssystems; (4) Verbraucherschutz und Förderung von grünen Arbeitsplätzen sowie (5) Beteiligung des Agrarsektors am Emissionshandel durch Ausgabe von speziellen Emissionsrechten, den so genannten Offsets.

Obwohl bei Inkrafttreten des Gesetzes H.R. 2454 zahlreiche Unionsgesetze (insbesondere die Immissionsschutzgesetzgebung des Clean Air Act) verändert und ergänzt würden, besteht der institutionell innovative Kern des Gesetzentwurfs in der Schaffung eines staatlich kontrollierten Marktes zur verbindlichen Reduzierung und zukünftigen Vermeidung von klimaschädlichen THG-Emissionen. Das von der *Obama*-Adminis-

10 Ebenda.

11 Das „grüne Projekt“ von *Obama* kann hier nicht weiter diskutiert werden.

12 Die Demokratische Partei ist über dieses Projekt jedoch innerlich zerstritten.

13 Vorsitzender des mächtigen Ausschusses für Energie und Handel (House Energy and Commerce Committee).

14 Vorsitzender des Unterausschusses für Energie und Umwelt (Subcommittee on Energy and Environment).

15 Vgl. http://www.pewclimate.org/federal/congress/111/acesa (Zugriff am 18. November 2010).

16 Vgl. Memorandum vom 31. März 2009, mit dem *Waxman* und *Markey* die Gesetzesvorlage einbrachten, http://energycommerce.house.gov/index.php?option=com_content&task=view& id=1560. (Zugriff am 20. August 2009).

17 Erst im Ausschussverfahren wurde der Agrarsektor als fünfter Bereich hinzugefügt.

tration im Repräsentantenhaus eingebrachte Gesetzeswerk ist kein Schnellschuss, sondern Ergebnis intensiver Debatten des 109. und des 110. Kongresses. In den vier Jahren zwischen 2004 und 2008 beschäftigten sich beide Häuser mit zahlreichen Gesetzesinitiativen[18], die in der Mehrzahl von demokratischen Abgeordneten (unter anderem von *Waxman, Markey, Dingell, Boucher*) und Senatoren (unter anderem von *Barbara Boxer, John Kerry*), aber auch von Republikanern (unter anderem *John McCain, Mark Warner*) und unabhängigen Senatoren (*Joe Lieberman*) eingebracht worden waren. Jedoch konnte allein der von *Lieberman, Warner* und *Boxer* ausgearbeitete und im Plenum des 110. Senats erörterte Gesetzesvorschlag die Ausschusshürde überwinden. Der Antrag wurde schließlich über eine Abstimmung zum Verfahren („procedural vote") im Juni 2008 abgeschmettert.

Der im März 2009 im Repräsentantenhaus, in dem die Demokraten seit den Wahlen im November 2008 über eine starke Mehrheit verfügten, von *Waxman* und *Markey* eingebrachte „American Clean Energy and Security Act" überstand nur mit beträchtlichen Modifikationen die Ausschussphase und konnte am 26. Juni 2009 eine knappe Mehrheit der Abgeordneten (219:212) für sich gewinnen. Dieser Gesetzestext hätte anschließend im Senat behandelt werden können. Doch dieser machte von seinem Recht Gebrauch, einen eigenen Vorschlag auszuarbeiten, der im Falle einer Senatsmehrheit, die wegen des geltenden Verfahrensrechts (Filibuster) bei 60 Stimmen liegt, dann mit dem Repräsentantenhaus abzustimmen gewesen wäre, um beiden Häusern einen identischen Entwurf zur Endabstimmung zu unterbreiten. Mit der Entscheidung des Senats, ein eigenes Klimagesetz vorzulegen, das einerseits den Mehrheitsverhältnissen im Senat und andererseits den unterschiedlichen Interessen im demokratischen Lager[19] entsprechen sollte, war auch verbunden, dass das Gesetz nicht bis zum Gipfel von Kopenhagen im Dezember 2009 verabschiedet sein konnte, um die Verhandlungsposition der Administration zu stärken. Vor diesem Hintergrund konnte die amerikanische Delegation in Kopenhagen nur völkerrechtlich unverbindliche nationale Mitigationsverpflichtungen anbieten, die nicht über das im Repräsentantenhaus vereinbarte Zielniveau hinausgingen.

Mit der Einführung eines nationalen Emissionshandelsregimes gemäß H.R. 2454 sollten die landesweiten Emissionen der im Gesetz verbindlich festgelegten Emissionsquellen gegenüber dem Basisjahr 2005 bis 2012 um drei Prozent, bis 2020 um 17[20], bis 2030 um 42 und bis 2050 um 83 Prozent sinken. Von dem Handelssystem wären zunächst (ab 2012) etwa zwei Drittel der Emissionsquellen erfasst worden. Bis 2016 würde das Regime etwas 85 Prozent der amerikanischen THG-Emissionen einbeziehen. Das *Waxman-Markey*-Gesetz sah vor, dass die Verschmutzungsrechte teilweise

18 Vgl. die Zusammenfassung des Pew Center, http://www.pewclimate.org/what_s_being_done/in_the_congress/110thcongress.cfm (Zugriff am 1. September 2009).

19 Vgl. den Bericht von *Richard Cowan* vom 10. September 2009; zehn bis fünfzehn demokratische Senatoren repräsentieren Staaten mit fossilistischen Interessen (Cherson 2010).

20 Insgesamt sollen die THG-Emissionen bis 2020 um 20 Prozent abnehmen. Verbindlich werden aber nur 17 Prozent geregelt. Der Gesetzentwurf sah in seiner ersten Fassung eine verbindliche Reduktion der Emissionen um 20 Prozent vor.

kostenlos verteilt und teilweise auktioniert werden, wobei der Anteil der auktionierten Rechte bis 2050 deutlich zugenommen hätte. Der Handel sollte im Jahre 2012 mit der Ausgabe/Auktionierung der Emissionsrechte aufgenommen werden; dabei entspricht eine „emission allowance" einer Tonne CO_2e. Vorgesehen war, dass bis 2016 die Anzahl der Emissionsrechte von 4627 Millionen (2012) entsprechend der Zunahme der einbezogenen Emittenten auf 5482 Millionen steigt, um anschließend kontinuierlich bis auf den Zielwert von 1035 Millionen im Jahre 2050 zu sinken.[21] Die Implementation des neuen Regimes wäre höchst komplex gewesen, somit unübersichtlich und mit umfangreichen nicht-intendierten Konsequenzen verbunden, da

(1) die Emissionsrechte, was im Prinzip vernünftig ist, nicht nach dem Grandfathering-Prinzip verteilt werden, wodurch aber wichtige Emittentengruppen, insbesondere die Ölindustrie (Raffinerien), von Beginn an gezwungen sind, große Mengen an Emissionsrechten über den freien Handel zu kaufen;
(2) ein Teil der Emissionsrechte (ca. 20 Prozent) mit zunehmenden Anteilen versteigert wird und die kostenlos zugeteilten Rechte („allowances") teilweise mit Auflagen zu deren Verwendung, zum Beispiel Entlastung von Stromkunden, verbunden sind;
(3) das Regulierungsregime in großem Umfang, bis zu zwei Milliarden Tonnen CO_2e pro Jahr, Ersatz-Emissionsrechte (so genannte Offsets) anerkennt, die von ausländischen, Emissionen mindernden Projekten, vom heimischen Agrarsektor oder von ländlichen Erzeugern erneuerbarer Energien erworben werden können;
(4) der Marktwert der Emissionsrechte beachtlich hoch sein dürfte[22] und der Staat über die Versteigerung der Emissionsrechte große Einnahmen verbuchen wird, die er unter anderem zur Pflege des Systems, zur Entlastung von Konsumenten, zur Förderung CO_2-armer Technologien oder für den Schutz von Industriesektoren, deren internationale Konkurrenzfähigkeit durch die Erhöhung der Preise für fossile Energie abnehmen könnte, verwenden kann.

Diese und viele weitere Regelungen lassen einerseits keine sichere Prognose über die Funktionsfähigkeit des neuen Institutionensystems, zum Beispiel über die Entwicklung der Zertifikatepreise, zu, andererseits führen sie zu erheblichen Verteilungskonflikten, die auf Grund der unvermeidbaren Unschärfen über dessen Verteilungswirkung noch vergrößert werden. Umverteilungskonflikte bestehen vor allem zwischen den Industriesektoren und Unternehmen, die von der Dekarbonisierung negativ und jenen, die positiv betroffen sein werden, aber auch zwischen den Verbrauchern, die die steigenden Energiekosten bezahlen müssen und den Unternehmen, zum Beispiel im Handels- und Finanzsektor, die von den steigenden Preisen profitieren, zwischen den Exporteuren und Importeuren energieintensiver Produkte, zwischen der exportorientierten Landwirtschaft und dem Sektor der Landwirtschaft, der für den heimischen

---

21 Vgl. http://www.pewclimate.org/federal/policy-solutions/climate-policy-memo/allowance-distribution-under-waxman-markey (Zugriff am 18. November 2010).

22 Beispielsweise würde im Jahre 2016 der gesamte Wert der ausgegebenen Emissionsrechtezertifikate mit einem Volumen von ca. 5500 Millionen und bei einem geschätzten Preis von 15 US-Dollar pro Zertifikat („allowance") etwa 82 Milliarden US-Dollar betragen..

Bedarf Bio-Energien oder auch Windenergie erzeugen wird. Neben den Umverteilungskonflikten müssen im Gesetzgebungsverfahren zur Gründung des neuen Energieregimes eine Vielzahl von Verteilungskonflikten (unter anderem Verteilung der Emissionsrechte, Verteilung der staatlichen Einnahmen aus der Auktionierung) und prozedurale Konflikte (zum Beispiel Zuständigkeiten von neuen und alten Behörden, Registrierungs- und Kontrollverfahren, Einhaltungsverfahren) gelöst werden. Da das Dekarbonisierunsregime große Geldmengen in Bewegung setzt und die Verwertungschancen wichtiger Sektoren der Wirtschaft grundlegend verändert, befördert der Gesetzgebungsprozess eine breite Politisierung nicht nur der Parteien und Lobbyisten, sondern auch von einzelnen Unternehmen, Unternehmenskoalitionen und Wirtschaftsverbänden, der Gewerkschaften, der Umweltbewegung, der Kirchen, der beratenden Wissenschaft etc. Mit der Vorlage des American Clean Energy and Security Act 2009, der wegen der demokratischen Mehrheit in beiden Häusern des 111. Kongress nicht gänzlich chancenlos war, entbrannte innerhalb und außerhalb des Kongresses ein zäher Kampf um die zukünftige Ausgestaltung des amerikanischen Energieregimes.

2. Erklärungsfaktoren

Innerhalb der Politikwissenschaft wurden in den vergangenen Jahren aus institutionalistischer Perspektive (vgl. North 1990; Hall / Taylor 1996; Campbell 2004; Streeck / Thelen 2005; Steinmo 2008; Streeck 2009) zahlreiche Arbeiten publiziert, um den Wandel von Institutionen und die Reformulierung etablierter, also institutionalisierter, politischer Programme zu erklären. Die hier zu erörternde Innovations- und Veränderungsproblematik von Institutionen sperrt sich jedoch gegenüber den üblichen Erklärungsversuchen, die sich entweder auf äußere Krisen, die vom bestehenden Institutionensystem nicht bewältigt werden (vgl. Campbell / Hollingworth / Lindberg 1991) oder auf gerichteten inkrementellen Wandel mit weitreichender Restrukturierung von Institutionen (vgl. Streeck / Thelen 2005; Streeck 2009) beziehen. In dem hier untersuchten Fall passt ein Erklärungsansatz, der auf inkrementellen Wandel abstellt, schon deswegen nicht, weil bislang kein regulatives Regime (Institutionengefüge) zur Mitigation von THG in den Vereinigten Staaten existiert, das sich in Reaktion auf die Handlungsstrategien der eingebundenen Akteure verändern könnte. Die Modelle des „punctuated equilibrium" oder von „punctuated evolution" setzen reale Punktationen, im Sinne von dramatischen externen Ereignissen (Krisen), voraus, auf die ein stabiles oder sich evolutionär veränderndes Institutionengefüge mit Anpassung, Reform oder Transformation reagiert. Die Genese des externen Ereignisses wird dabei nicht Dysfunktionen des Regimes, sondern externen Faktoren, zum Beispiel Kriegen oder falsch konzipierten Friedensverträgen, zugeschrieben.

Mit den Modellen des historischen Institutionalismus zur Erklärung institutionellen Wandels sind die aktuellen Bemühungen in den Vereinigten Staaten, ein nationales Klimaregime zu etablieren, das als ein komplexes Institutionensystem zu begreifen ist, nicht erklärbar. In diesem Zusammenhang sind vier Schwachpunkte eines ausschließlich institutionalistisch argumentierenden Erklärungsansatzes erkennbar:

(1) Das amerikanische Klimaregime ist noch im Aufbau begriffen. Wir finden Bausteine eines zukünftigen Regimes auf der föderalen und vor allem auf der einzelstaatlichen und der lokalen/kommunalen Ebene. Der Bund hat außer der Institutionalisierung eines THG-Berichtswesens[23] keine neuen Institutionen geschaffen, sondern – während der ersten beiden Amtsjahre *Obama*s – versucht, bestehende Instrumente, wie die Forschungs- und Technologieförderung[24], und Einrichtungen / Regime, wie den von der Umweltbehörde EPA auf der rechtlichen Grundlage des Clean Air Act durchgeführten Emissionsschutzes[25], zu rejustieren. Für die Institutionalisierung eines Klimaregimes zeichnen in den Vereinigten Staaten insbesondere die Einzelstaaten verantwortlich, die damit begannen, gegen den von der klimawandelskeptischen *Bush*-Administration (2001 bis 2008) beherrschten Zentralstaat auf sehr unterschiedlichem Regulierungsniveau einzeln oder im Verbund, selbst über die amerikanischen Landesgrenzen hinaus[26], eigene Klimaregime aufzubauen (Rabe 2004, 2010). Neben den Staaten haben auch zahlreiche Gemeinden eine eigenständige Klimapolitik institutionalisieren können. Außerdem hat sich auf freiwilliger Basis ein landesweites Emissionshandelssystem etabliert. In ihrem Institutionalisierungsgrad, ihrem Regulierungsansatz und ihrer Leistungsfähigkeit unterscheiden sich diese noch unverbundenen Elemente des zukünftigen Klimaregimes stark. Die meisten dieser Teilregime haben noch keine etablierte Struktur erreicht, so dass der von *Wolfgang Streeck* und *Kathleen Thelen* (2005) formulierte Ansatz inkrementeller Transformation von Institutionen zur Erklärung nicht herangezogen werden kann. Mikropolitische Regimeprozesse (wie sie von Streeck / Thelen 2005 und Streeck 2009 untersucht werden), wird es erst in Zukunft zu beobachten geben.

(2) Dabei wird es darauf ankommen, ob und in welchen Formen in den Teilregimen Kontrollen stattfinden, die bei Nichterreichung der vorgegebenen Ziele korrigierende Aktivitäten der „Rule makers“ und der „Rule takers“ auslösen. Die Mitigationsleistung von regionalen und funktionalen Teilregimen ist jedoch nur im Zusammenhang mit der Leistungsfähigkeit des nationalen Regimes zu beurteilen. Solange Staaten die für ihren Herrschaftsbereich verantwortlichen Akteure für die Minderung der von ihrem Territorium ausgehenden THG-Emissionen sind, ist die nationale Mitigationsleistung bezogen auf die Einwohnerzahl die entscheidende

23 EPA: Greenhouse Gas Reporting Program, http://www.epa.gov/climatechange/emissions/ghgrulemaking.html (Zugriff am 18. November 2010) und EPA: Greenhouse Gas Emissions, http://www.epa.gov/climatechange/emissions/index.html (Zugriff am 19. November 2010).

24 Vor allem im Rahmen des American Recovery and Reinvestment Act von 2009 (vgl. Biden 2009).

25 Vgl. Environmental Protection Agency zum Clean Air Act allgemein http://www.epa.gov/air/caa/ sowie zu den neuen Regulierungen bezüglich des Klimawandels http://www.epa.gov/climatechange/ (Zugriff jeweils am 18. November 2010).

26 Hier sind sowohl die Western Climate Initiative (WCI) zu nennen, http://www.westernclimateinitiative.org/, die auch kanadische Staaten umfasst, als auch die Regional Greenhouse Gas Initiative, http://www.rggi.org/home (Zugriff jeweils am 18. November 2010).

Vergleichs- und Messgröße.[27] Im Rahmen der internationalen Verhandlungen zur Implementierung der Klimarahmenkonvention und zur Fortschreibung des Kyoto-Protokolls, deren vorläufiges Ergebnis in dem im Dezember 2009 ausgehandelten Kopenhagen Accord[28] besteht, hat sich die amerikanische Regierung auf völkerrechtlich unverbindliche, aber die nationale Politik bindende Mitigationsziele festgelegt.[29] Allerdings ist deren Umsetzung offen. Sie wird vor allem davon abhängen, ob sich innerhalb der politischen Gesellschaft in den USA eine mehrheitsfähige Unterstützungskoalition zu formieren vermag, die den wissenschaftlich diagnostizierten Klimawandel und die Wetterereignisse, die sich dem Klimawandel zuschreiben lassen, als potenziell reale Gefährdungslagen, die vorbeugendes Handeln erfordern, anerkennt. Spätestens seit dem Ausbruch der Weltwirtschaftskrise 2008 sind die Prioritäten anders gesetzt. Die Furcht vor der akuten Gefahr und die Aktivitäten, sie zu meistern, verdrängen die Wahrnehmung der unsicheren zukünftigen Bedrohung. Der Grad der Politisierung des Klimawandels stellt für das politisch-administrative System der USA keine politische Herausforderung dar, auf die es reagieren müsste, um im Gleichgewicht zu bleiben.

(3) In den Vereinigten Staaten bestehen bislang nur einzelne Bausteine eines nationalen Klimaregimes zur Reduktion und Unterbindung von THG-Emissionen. Es gibt kein alle Emissionsquellen umfassendes Regime, das, orientiert an klaren Zielen, ein kohärentes und kollektiv verbindliches Mitigationsprogramm implementieren könnte. Die Mitgliedschaft in der Klimarahmenkonvention (UNFCCC) verpflichtet zwar zum Aufbau eines nationalen Berichtswesens und zur Mitigation von THG, damit eine Stabilisierung der Treibhausgaskonzentrationen in der Atmosphäre auf einem Niveau erreicht wird, „auf dem eine gefährliche anthropogene Störung des Klimasystems verhindert wird" (Artikel 2, UNFCCC). Bislang verweigern sich die USA jedoch einem verbindlichen Abkommen, wie es das Kyoto-Protokoll darstellt, beizutreten.[30] Dadurch ist ein Spannungsverhältnis zwischen den Anforderungen des internationalen und des nationalen Regulierungssystems entstanden. Bislang haben die Anforderungen der internationalen politischen Umwelt nicht zur Etablierung eines umfassenden nationalen Mitigationssystems ausgereicht, das sich

27 Zu der Entwicklung der energetisch verursachten CO_2-Emissionen der USA vgl. die Analysen der EIA. Die CO_2-Emissionen der USA stiegen von ca. fünf Millionen metrischen Tonnen 1990 auf ca. sechs Millionen Tonnen 2007. Wegen der Wirtschaftskrise sanken sie in den Jahre 2008 / 2009 alleine im Jahre 2009 um sieben Prozent. Im Jahre 2007 entfielen auf die USA mit ca. sieben Millionen CO_2e etwa 20 Prozent der globalen anthropogenen THG-Emissionen, http://www.eia.doe.gov/oiaf/environment/emissions/carbon/. Die Pro-Kopf-Emissionen der USA betrugen zwischen 1990 und 2006 im Durchschnitt ca. 20 metrische Tonnen CO_2, http://www.eia.doe.gov/iea/carbon.html (Zugriff jeweils am 19. November 2010).

28 Siehe http://unfccc.int/resource/docs/2009/cop15/eng/l07.pdf (Zugriff am 19. November 2010).

29 Das Mitigationsangebot der USA beläuft sich auf 17 Prozent bis 2020 gegenüber 2005, vgl. http://unfccc.int/files/meetings/application/pdf/unitedstatescphaccord_app.1.pdf (Zugriff am 19. November 2010).

30 Zu der amerikanischen Verhandlungsposition vor dem Kopenhagener Gipfel siehe die Ausführungen von *Todd Stern* vor dem House Select Committee for Energy Independence and Global Warming am 10. September 2009: http://www.state.gov/g/oes/rls/remarks/2009/1292 04.htm (Zugriff am 19. November 2010).

an verbindlichen Reduktionszielen orientieren müsste. Wegen seiner Inkohärenz und normativen Unverbindlichkeit ist dieses Nicht-Regime gegenüber exogenen Herausforderungen – seien sie krisenhafter Natur (wie etwa der Hurrikan Katrina oder der Untergang von Deepwater Horizon) oder schleichend – resonanzlos und inaktiv. Das Nicht-Regime kann aufgrund seines schwachen Institutionalisierungsgrades externe Stimuli (Gefährdungslagen) nicht wahrnehmen und wird von ihnen auch nicht in seiner Verfasstheit bedroht. Somit kann auch keine Punktation eines stabilen Gleichgewichts stattfinden (North 1990; Campbell 2004; Fiorino 2006: 189 ff.).

(4) Nach *Sven Steinmo* (2008) lässt sich der Wandel von Institutionen am besten mit dem Faktor Wertewandel erklären. Soweit hier der Wertewandel nur als eine notwendige und nicht als eine hinreichende Bedingung eingestuft wird, hat dieser Erklärungsansatz des historischen Institutionalismus gewisse Plausibilität. Ohne gesellschaftliche Einbettung und damit Legitimität und Akzeptanz können sich Institutionen im Sinne von Regimen nicht reproduzieren. Und umgekehrt: Wertewandel ist eine wichtige Determinante, um grundsätzlich die Entstehung und Reproduktion neuer Regime zu ermöglichen. Aus der Studie von *Christopher P. Borick* (2010) zur Wahrnehmung des Klimawandels seitens der amerikanischen Bevölkerung ergeben sich keine Hinweise auf einen Wertewandel, obwohl: „Most U.S. Citizens believe not only that global warming exists but also that it is a seious problem facing the nation“(ebenda: 54). Seit der Wirtschaftskrise 2008 wird jedoch wieder verstärkt in Frage gestellt, dass es überhaupt einen durch menschliches Handeln verursachten Klimawandel gibt. Vor allem aber darf eine Politik zur Verhinderung des Klimawandels den Steuerzahler nichts kosten: „While any imposition of direct costs on the American public will likely face strong opposition ...“ (ebenda). Allerdings würde die Entwicklung und staatliche Förderung von grünen Energietechnologien „as a means to boost state economies“ (ebenda) akzeptiert werden. Beim Durchschnittsamerikaner scheint das (fordistische) Wachstumsmodell mit hohem pro Kopf $C0_2$e-Verbrauch noch weitgehend intakt zu sein. So konnte die climate-change-Politik *Obama*s zwar die durch die Klimadiskussion erzeugte Verunsicherung der Bevölkerung aufnehmen und dämpfen. Aber angesichts kurzfristig akut bedrohter Lebensentwürfe werden die zukünftig möglichen Gefährdungen als weniger bedrohlich wahrgenommen. Die traditionellen materiellen Werte gewinnen in der Krise wieder an Gewicht und wirken in Richtung der Stabilisierung des energieintensiven Lebensstils. So könnte mit *Steinmo* (2008) erklärt werden, warum der Versuch, ein umfassendes Klimaregime zu institutionalisieren, fehlschlug. Die politischen Auseinandersetzungen, die zum Scheitern der transformatorischen Klimapolitik führten, würden dabei jedoch ausgeblendet.

Für die Analyse und Erklärung der aktuellen amerikanischen Klimapolitik scheinen institutionalistische Ansätze wenig hilfreich zu sein. Daher orientiert sich die nachfolgende Untersuchung an einem konflikttheoretischen, politisch-ökonomischen Theorieansatz, was aber nicht bedeutet, dass Institutionen, Institutionalisierungsprozesse und von Institutionen gesteuertes Handeln (Governance) für unwichtig gehalten werden. Ganz im Gegenteil, denn es geht darum, die Prozesse der Etablierung eines neuen nationalen Energieregimes mit globaler Ausstrahlungswirkung zu dechiffrieren. Wegen der oben skizzierten Merkmale der Klimaproblematik ist für diese analytische Aufgabe ein konflikttheoretisch ausgerichteter Ansatz besser geeignet als eine institutionalistische Theorievariante. Er kombiniert problembezogen Erklärungsmomente der französischen Regulationsschule, die sich schon immer mit der Untersuchung historischer Phasen kapitalistischer Entwicklung beschäftigt hat, ohne dabei in eine historizistische Argumentation zu verfallen, mit Elementen des *Cox*'schen Gramscianismus und der Amsterdamer Variante neo-marxistischer IPÖ. Daher werden mit *Nicos Poulantzas* (1978) stabile institutionelle Arrangements (Regime) als „Kristallisationen" von sozio-politischen Kräfteverhältnissen verstanden. Dies bedeutet, dass die normative Struktur eines Regimes im Zeitraum seiner Gründung einen politischen Kompromiss zwischen einer gesellschaftlich verankerten Unterstützungs- und einer Ablehnungskoalition abbildet. Institutionen frieren gesellschaftliche Kräfteverhältnisse ein. Im Entscheidungsprozess und der nachfolgenden Implementation (Etablierung) von neuen Institutionen/Regimen muss gemäß dieser Konzeption nicht nur auf der politischen Ebene im Rahmen des Gesetzgebungsprozesses, sondern parallel dazu und interdependent verwoben mit den politischen Konsensbildungsprozessen auf der gesellschaftlichen Ebene eine entsprechende Willensbildung stattfinden. Wenn es den politischen Akteuren nicht gelingt, auf der gesellschaftlichen Ebene eine stabile Unterstützungskoalition zu finden, ist eine stabile Implementation des neuen Regimes höchst unwahrscheinlich.

Für eine befriedigende Erklärung des sich aktuell vollziehenden amerikanischen Willensbildungsprozess über ein klimagerechtes, nachhaltiges Energieregime reicht die Analyse der Interdependenzen zwischen politischen und gesellschaftlichen Konflikten und Konsensbildungsprozessen allerdings nicht aus. Auch die folgenden Faktoren sind zu berücksichtigen[31]:

(1) die Entwicklung der *wissenschaftlichen Erkenntnisse* über den globalen Klimawandel und insbesondere die Ergebnisse der Klimafolgenforschung, die es ermöglichen, Veränderungen in der Umwelt auf Klimaveränderungen zurückzuführen, sowie die Wahrnehmung und Bewertung dieser Ereignisse, zum Beispiel des Hurrikans Katrina, in der amerikanischen Gesellschaft;

(2) der im politischen System erzeugte *Problemdruck* auf die politischen Akteure (Administration, Präsident, Kongress), der Grad der Divergenz zwischen den bestehenden Politikprogrammen und den von der Öffentlichkeit, den Medien, den Umweltverbänden, der Wissenschaft, den Wirtschaftsverbänden für erforderlich gehaltenen Regelungen, die Divergenzen des institutionalisierten Regimes mit den Politikprogrammen konkurrierender politischer Akteure (auf der internationalen, der nationalen und der subnationalen Ebene) und der Handlungsdruck infolge von

31 Vgl. zum Beispiel die Arbeit von *Isabelle de Lovinfosse* (2008), die einige dieser Faktoren verwendet, um die Nutzung von regenerativen Energien in europäischen Ländern vergleichend zu erklären.

dem Klimawandel zugeschriebenen Katastrophen (zum Beispiel Wirbelstürme, Brände, Trockenheit, Überschwemmungen);

(3) der Wandel *der politischen Konstellation* durch nationale und internationale Machtverschiebungen, zum Beispiel durch Wahlen und Regimewechsel, aber auch durch Bündnisbildung und die Verabschiedung von klimapolitischen Handlungsprogrammen, und die Stärke der Unterstützungskoalition (unter anderem Mehrheitsverhältnisse im Kongress) sowie die Autorität des Präsidenten;

(4) die institutionellen Faktoren, wie die Veto-Anfälligkeit des Kongresses, die *autonome Entscheidungsfähigkeit* von Behörden, zum Beispiel der EPA, die Handlungsfähigkeit der Bundesstaaten und deren Aktionsprogramme sowie die Rechtsprechung des Supreme Court;

(5) der Umfang *der gesellschaftlichen Mobilisierung* sowie der direkten und indirekten Interventionen in den Gesetzgebungs- und exekutiven Willensbildungsprozess sowie die Stärke des politisch-gesellschaftlichen Netzwerkes der Ablehnungskoalition;

(6) die materialen und prozeduralen Normen der in das Gesetzgebungsverfahren eingebrachten *Gesetzgebungsinitiativen*, die Qualität der Vorlagen und die Kunst des Regierens.

Hier kann nicht die Gesamtheit dieser Faktoren, die auf den Institutionalisierungsprozess des neuen amerikanischen Energieregimes einwirken, abgehandelt werden. In einem ersten Schritt soll auf die Offenheit des amerikanischen Gesetzgebungsverfahrens für die Intervention gesellschaftlicher Interessen und im zweiten Schritt auf die Veto-Anfälligkeit des US-Kongresses eingegangen werden. Seine institutionelle Struktur ermöglicht und sichert die Beteiligung gesellschaftlicher Kräfte am Wandel wie an der Herausbildung gänzlich neuer regulativer Regime. Damit soll mein durchaus nicht neues, aber in der gegenwärtigen deutschen Fachdiskussion, die stark vom Institutionalismus, von deskriptivistischen oder normativen Ansätzen beeinflusst wird, weitgehend ausgeblendetes Argument, dass die politischen Institutionen im Sinne von regulativen Apparaten (Regimen) gesellschaftliche Machtverhältnisse abbilden und stabilisieren, plausibel gemacht werden.

2.1. Institutionelle Offenheit

Zur Vorbereitung der Gesetzentwürfe und während des Gesetzgebungsverfahrens werden im US-Kongress bei umstrittenen Gesetzen von beiden Häusern zahllose Expertenhearings abgehalten. Allein im Repräsentantenhaus wurden innerhalb von gut zwei Jahren (Februar 2007 bis April 2009) vom Ausschuss für Energie und Handel und seinem Unterausschuss für Energie und Umwelt an über 40 Tagen Hearings zum Themenfeld „energy and climate" durchgeführt. „During these hearings over 300 witnesses testified, including 130 in this year alone. These hearings have included testimony from numerous minority witnesses", schrieben *Henry A. Waxman* und *Edward J. Markey* an die republikanischen Obleute *Joe Barton* und *Fred Upton*, die noch weitere Hearings für die Minderheit gefordert hatten.[32] Nach der Verabschiedung von ACESA 2009 im Ausschuss für Energie und Handel wurde der Gesetzentwurf, bevor er am 26. Juni 2009 im Plenum behandelt wurde, in weiteren Ausschüssen beraten, die ihrerseits zu Spezialaspekten Hearings abhielten. So tagte insbesondere der Ausschuss für Landwirtschaft (Agricultural Committee) am 11. Juni 2009. Der Vorsitzende dieses Ausschusses, der Demokrat *Collins L. Peterson*, hatte zuvor noch eine umfangreiche Befragungsaktion bei 400 Agrar- und Forstverbänden gestartet, von denen 200 ihre Stellungnahmen dem Ausschuss einreichten.[33]

Um die Klimagesetzgebung zu beeinflussen, hat sich im Kongress eine große Anzahl von Lobbyistengruppen registrieren lassen. Im Jahre 2003, als im Senat zum ersten Mal eine umfassende Klimavorlage behandelt wurde, hatten sich lediglich 150 Interessengruppen in das Lobbyistenregister eingetragen (Lavelle 2009a); von diesen vertraten ca. 70 Prozent die Energiewirtschaft (Strom, Kohle, Öl), die Schwerindustrie (Zement, Stahl) und die Automobilhersteller. Bis zum Juni 2008, als im Senat das *Lieberman-Warner-Boxer*-Gesetz (Climate Security Act of 2008) mit 48:36 Stimmen in einer Verfahrensabstimmung[34] abgelehnt wurde, war die Zahl der an der Klimathematik interessierten Lobbyisten-Organisationen bereits auf 950 angewachsen (Lavelle 2009b). Im Juni 2009 setzten sich dann 1150 registrierte Unternehmen und Organisationen auf den Fluren des Kongresses für die Belange ihrer Mitgliedschaft ein. Während des ersten Quartals 2008 beschäftigten 770 Lobbyfirmen für ihre Arbeit im Kongress 2340 Personen (Lavelle 2009a). Wie hoch die von den Klima-Lobbyisten eingesetzten finanziellen Mittel waren, kann aus den Daten, die *Marianne Lavelle* für das Center for Public Integrity erhoben hat, nur vorsichtig abgeschätzt werden, da von den Lobbyfirmen keine themenspezifischen Angaben über ihre finanziellen Aufwendungen gemacht werden müssen. Allein für die Monate April bis Juni 2009 errechnet sie den Betrag von 27 Millionen US-Dollar.[35] Die zahlungskräftigsten Unternehmen, Verbände und Organisationen lassen sich durch spezialisierte und erfahrene Lobby-Firmen vertreten, die häufig von früheren Abgeordneten, Mitarbeitern von diesen oder ehemaligen Angehörigen der Administration organisiert und betreut werden (Lavelle 2009c).

Zur Vorbereitung des ACESA-Entwurfs des Repräsentantenhauses hatte sich bereits im Jahre 2006 eine schlagkräftige Unterstützungskoalition, die United States Climate Action Partnership (USCAP), unter Moderation des Pew Center on Global Climate Change, gebildet. In der USCAP haben sich nach anfänglich vierzehn Gründungsmitgliedern im Laufe des Jahres 2007 etwa 30 Großunternehmen aus unterschiedlichen

32 Brief von *Henry Waxman* und *Edward Markey* an *Joe Barton* und *Fred Upton* vom 27. April 2009, http://energycommerce.house.gov/Press_111/20090427/aceshearings.pdf (Zugriff am 20. September 2009).

33 Siehe die Zusammenstellung der Antworten: Committee on Agriculture 2009.

34 Siehe Pew Center (2008): Climate Action in Congress, http://www.pewclimate.org/federal/congress (Zugriff am 24. August 2009).

35 „If the issue consumed only 10 percent of their efforts, the cost would have been more than 27 million in just the second quarter – from April through June“ (Lavelle 2009b).

Branchen (unter anderem Alcoa, Dow, Duke Energy, DuPont, Ford, GE, GM) mit vier Umweltverbänden zusammengeschlossen, um eine effektive, effiziente und faire Klimagesetzgebung in den Vereinigten Staaten auf den Weg zu bringen. Das Bündnis trat im Januar 2007 mit einem „Call for Action" (USCAP o. J.) erstmals an die Öffentlichkeit. Im Januar legte USCAP eine Konsensempfehlung für eine zukünftige Klimaschutzgesetzgebung vor (USCAP 2009). Vierzehn Mitglieder der Klimakoalition konnten schon am 15. Januar 2009 in einer Anhörung dem Committee on Energy and Commerce ihre Konzeption eines Klimaregimes vorstellen. Gründungsmitglieder von USCAP schrieben am 22. Januar 2009 einen Brief an den Präsidenten sowie an die Spitzen von Senat und Repräsentantenhaus, in dem sie auf den zwischen ihnen erreichten Konsens verweisen, „to establish a coordinated, economy-wide, market-driven approach to climate protection".[36] Im Anschreiben (Memorandum) der Ausschussvorsitzenden *Waxman* und *Markey* an die Mitglieder des Energy and Commerce Committee vom 31. März 2009, mit dem sie den Gesetzgebungsprozess starten, verweisen sie auf die Vorarbeiten der Partnerschaft: „This draft ... closely tracks many of the recommendations of the U.S. Climate Action Partnership, a coalition of electric utilities, manufacturers, energy companies, car makers, and environmental organizations."[37] In den Hearings zum Gesetzentwurf (21. bis 24. April 2009) wurde USCAP ein ganzes Panel (sechs Stellungnahmen) unmittelbar nach den Statements der Regierung eingeräumt. Im Rahmen der weiteren sieben Anhörungspanels konnte jeweils mindestens ein Vertreter von USCAP eine Stellungnahme abgeben. Nach der entscheidenden Abstimmung am 21. Mai 2009 im Energie- und Handelsausschuss, bei der der Gesetzentwurf mit 33:25 Stimmen zur weiteren Behandlung im Repräsentantenhaus freigegeben wurde, gab das Klimabündnis die folgende Erklärung ab: „USCAP commends the members of the Committee for their diligence and hard work in crafting a bill that largely reflects the recommendations of the USCAP *Blueprint for Legislative Action.*"[38]

Die große Offenheit des Kongresses für gesellschaftliche Einflussnahme auf den Gesetzgebungsprozess, die auf Grund der Transparenzvorschriften heutzutage in ihrer formalen Dimension gut nachvollziehbar ist, erklärt aber noch nicht ausreichend, warum, in welchem Umfang, unter welchen Bedingungen und mit welchem Erfolg die Interventionen von Wirtschaft und Gesellschaft verlaufen. Die umfangreiche Forschung zum Kongress hat sich mit dieser Problematik ausführlich beschäftigt.[39] Deren

---

36 Vgl. http://www.us-cap.org/background-materials/letter-to-the-president/ (Zugriff am 25. November 2010).

37 Memorandum vom 31. März 2009, Committee on Energy and Commerce, www.energycommerce.house.gov (Zugriff am 25. August 2009).

38 USCAP Statement on Passage of the American Clean Energy and Security Act, http://www.us-cap.org/pdf/USCAP_Statement-on-PASSAGE-of-ACESA_5-21-09-FINAL.pdf (Zugriff am 28. November 2010).

39 Vgl. die Literaturhinweise in *Barry G. Rabe* (2010, 2010a), *Judith A. Layzer* (2007) und *Gary C. Bryner* (2007).

Ergebnisse lassen sich unter dem institutionellen Faktor der Vetoanfälligkeit[40] des Kongresses zusammenfassen.

2.2. Vetoanfälligkeit

Die Tatsache, dass auf das Gesetzgebungsverfahren im US-Kongress relativ leicht und erfolgreich von gesellschaftlichen Kräften eingewirkt werden kann, lässt sich auf das Zusammenspiel von drei Faktoren zurückführen:

(1) In das Gesetzgebungsverfahren sind innerhalb des Kongresses, noch bevor der Präsident von seinem Vetorecht Gebrauch machen kann, fünf Vetopunkte eingebaut. Gesetze kommen nur zustande, wenn jeweils in beiden Kammern ein federführender Ausschuss den Entwurf passieren lässt und beide Häuser getrennt sowie abschließend gemeinsam einen abgestimmten Entwurf verabschieden. Die meisten der in das Gesetzgebungsverfahren von Senatoren und Abgeordneten eingebrachten Initiativen überstehen diesen Hindernislauf nicht. Von zwölf Gesetzesinitiativen (vgl. Arimura / Burtaw / Krupnick / Palmer 2007)[41] zur Begrenzung der amerikanischen Treibhausgase, die dem 110. Kongress (2007 bis 2008) vorgelegt wurden, konnte lediglich der im Senat lancierte Gesetzentwurf von *Joe Lieberman* (Unabhängiger) und *John Warner* (Republikaner) die erste große Hürde, das positive Votum eines Ausschusses, durch den Einsatz der Vorsitzenden des Umweltausschusses, *Barbara Boxer* (Demokratin), überwinden, um danach im Senatsplenum, in diesem Falle der zweite Vetopunkt, zu scheitern. Die meisten Initiativen verlassen gar nicht erst die Ebene der Ausschüsse, da sich diese nur mit wenigen der zahlreichen Vorlagen beschäftigen können. Um die Ausschusshürde zu nehmen, müssen Entwürfe priorisiert und in der Regel überparteiliche Koalitionen geschmiedet werden, was erhebliche politische Ressourcen bindet. Der im Juni 2008 gescheiterte Climate Security Act (*Lieberman-Warner*) wurde vor allem von demokratischen Senatoren (unter anderem *Barbara Boxer*) unterstützt, obwohl er von einem unabhängigen (früher demokratischen) und einem republikanischen Senator eingereicht worden war. Der von der demokratischen Mehrheitsfraktion eingebrachte American Climate and Security Act 2009 konnte im Committee on Energy and Commerce auch Stimmen von Abgeordneten der Republikaner gewinnen.

(2) Die politische Mechanik des Kongresses wird wesentlich von der während des Gesetzgebungsprozesses geringen Fraktionsdisziplin bestimmt. Abgeordnete können ohne größeren politischen Schaden für ihre Partei und ihre zukünftige Karriere mit dem gegnerischen politischen Lager stimmen. Die Senatoren und Abgeordneten, die sich im 110. Kongress mit der Klimaproblematik beschäftigten (ungefähr

40 Zur Vetospielertheorie siehe *George Tsebelis* (1999, 2002), *Ellen M. Immergut* (1992), *Wolfgang Merkel* (2003) und *Heidrun Abromeit / Michael Stoiber* (2006).

41 Siehe auch Pew Center: Legislation in the 110th Congress Related to Global Climate Change. http://www.pewclimate.org/federal/congress/110 (Zugriff am 29. November 2010).

20)[42], bildeten eher eine Fachgemeinschaft als zwei sich bekämpfende politische Gruppierungen. Die vergleichende Untersuchung der dem 109. und 110. Kongress vorgelegten klimapolitischen Gesetzesinitiativen zur Reduzierung von THG-Emissionen (Arimura u.a. 2007) stellt zwischen den Entwürfen abnehmende Differenzen fest und führt diese Tendenz auf die sowohl von einzelnen Bundesstaaten (insbesondere Kalifornien, California Global Warming Solutions Act 2006) als auch auf die von Koalitionen von Bundesstaaten etablierten Klimaschutzprogramme mit der Einrichtung regionaler Emissionshandelssysteme (vor allem die Regional Greenhouse Gases Initiative, RGGI)[43] zurück. Für das Abstimmungsverhalten über Gesetze sind die politischen Konstellationen in den Wahlkreisen oder den „delegierenden“ Bundesstaaten bestimmender als die Parteizugehörigkeit. Mehrheitsbildung ist daher im Kongress unübersichtlich und kompliziert. Im Falle der Klimagesetzgebung sind Senatoren und Abgeordnete, die Staaten oder Wahlkreise vertreten, die von der Erzeugung fossiler Energien oder von niedrigen Energiepreisen (Landwirtschaft, Schwerindustrie) profitieren, tendenziell gegen jede Gesetzgebung eingestellt, die eine Erhöhung des Energiepreisniveaus bewirkt und eine Reduzierung des Anteils fossiler Energien anstrebt (Layzer 2007; Bryner 2007; Cherson 2010).

(3) In beiden Häusern konzentriert sich somit die politische Auseinandersetzung auf die Beeinflussung des Abstimmungsverhaltens der noch nicht entschiedenen Senatoren und Abgeordneten von materiell betroffenen Wahlkreisen und Staaten. Dies konnte bei dem Abstimmungsverhalten über die *Waxman-Markey*-Vorlage im Repräsentantenhaus gut beobachtet werden und spielte auch im Senat eine zentrale Rolle (Lizza 2010), da dort die Demokraten zwar über eine absolute Mehrheit von 59 Stimmen verfügten, aber 60 Senatorenstimmen erforderlich sind, um eine Dauerdebatte (Filibuster), mit der eine Abstimmung in der Sache verhindert werden kann, zu beenden. Ohne eine die Parteien übergreifende Unterstützungskoalition wird kein Klimagesetz den Kongress passieren, da in beiden Parteien die Verteidiger der fossilistischen Wirtschaft eine starke Stellung haben: „In both the House and the Senate, party lines are not a wholly accurate predictor of support for a climate bill. Ten Democratic Senators, representing coal – and manufacturing – heavy states, have signed a letter outlining principles that set a high bar for any cap-and-trade bill they might support. At least six other Democrats are believed to be in much the same place as these ten. At the same time, nine Republican Senators have signaled a willingness to support some form of cap-and-trade legislation.“[44] Bei der vorläufigen Endabstimmung am 26. Juni 2009 über ACESA 2009 im Repräsentantenhaus betrug das Stimmenverhältnis 219:212. 44 Abgeordnete der De-

42 *Toshi H. Arimura* u.a. (2007: 34) berichten von vierzehn Senatoren (sechs Demokraten, fünf Republikaner, drei Unabhängige) sowie sechs Abgeordneten (zwei Republikaner, vier Demokraten).

43 Vgl. http://www.pewclimate.org/what_s_being_done/in_the_states/regional_initiatives.cfm (Zugriff am 19. November 2010).

44 Vgl. die Analyse des Pew Center: 111th Congress Climate Change Legislation, http://www.pewclimate.org/federal/congress/111 (Zugriff am 25. November 2010).

mokraten stimmten gegen das Gesetz und acht Republikaner dafür.[45] Auch in der vorentscheidenden Abstimmung im Energy and Commerce Committee am 21. Mai 2009, in der der Entwurf mit 33:25 Stimmen verabschiedet wurde, gab es in beiden Parteien Abweichler.

Die institutionelle Struktur des US-Kongresses gibt den Senatoren und Abgeordneten, die nicht der eigenen Regierungs- und / oder Parteilinie folgen mögen, da sie die, wie auch immer definierten, Interessen ihres Staates, ihres Wahlkreises oder ihrer speziellen Wählerschaft gefährdet sehen, eine herausragende Machtstellung. Dies gilt vor allem bei knappen Mehrheitsverhältnissen. Um die unsicheren Kantonisten bei der Stange zu halten oder zu gewinnen, werden die Gesetzesvorlagen entsprechend dieser Sonderinteressen modifiziert, werden Tauschgeschäfte vereinbart, fließen Sonderzahlungen in den Wahlkreis oder werden Unterstützungsleistungen für den nächsten Wahlkampf in Aussicht gestellt. In diesem Kampf um Stimmen sehen die Lobbyistenfirmen ihr eigentliches Spielfeld. Im 111. Kongress bearbeiteten mehr als 2500 Aktivisten von 1150 Organisationen eine handvoll Senatoren und vielleicht 50 Abgeordnete. Da die Mitgliederzahlen der Ausschüsse niedrig sind, konzentriert sich dort die Lobbyarbeit, zumal die Zustimmung der Ausschüsse über das weitere Schicksal einer Vorlage entscheidet (Lavelle 2009b).

Da im Prozess der Klimagesetzgebung Senat und Repräsentantenhaus unterschiedliche Entwürfe debattierten, die in einem Vermittlungsverfahren abzustimmen gewesen wären, konnten die geballten Lobbyaktivitäten Vetopunkte beider Häuser nutzen, um im jeweiligen Macht- und Diskurskontext Sonderinteressen durchzusetzen. In der ersten Phase des Gesetzgebungsverfahrens im Repräsentantenhaus konnte vorrangig die Kohlefraktion ihre speziellen Interessen erfolgreich einbringen. Im Verhältnis zu den Unterstützungs- und den Ablehnungskoalitionen[46] bildet die Kohlewirtschaft ein strategisches Bündnis, dessen Verhalten im Rahmen der institutionellen Bedingungen und der gesellschaftlichen Machtverhältnisse für den Erfolg oder den Misserfolg der Klimaschutzgesetzgebung eine Schlüsselstellung einnimmt.

3. Klima und Interesse

In seiner Kritik an realistischen Theorieansätzen einschließlich des Rational-Choice-Institutionalismus, die das Konzept des Interesses für politikwissenschaftliche Analysen für unentbehrlich halten, schießt der historische Institutionalismus weit über das Ziel hinaus. Das Theorem des Eigeninteresses sei durch das Konzept der problemlösenden Idee zu ersetzen: „Seen in this way, institutional change comes about when powerful actors have the will and ability to change institutions in favor of new ideas" (Steinmo 2008: 131). Der Begriff des Interesses sei für empirische Studien entbehrlich,

45 Vgl. http://www.sourcewatch.org/index.php?title=Waxman-Markey_Climate_Bill (Zugriff am 21. November 2010).

46 Zum Konzept der Unterstützungskoalition vgl. die Arbeiten von *Paul A. Sabatier* (1993) sowie *Paul A. Sabatier / Hank Jenkins-Smith* (1993).

da „an individual's (or a group's) interest is fundamentally rooted in their beliefs (about how the world works), their values (what constitutes good outcomes) and how best to achieve these outcomes (problem solutions)" (Steinmo 2008: 132). Dass Interessen von den Akteuren erkannt, formuliert und in einen evaluativen Kontext eingebracht werden müssen, ist richtig, zwingt aber nicht dazu, die Denkfigur aufzugeben.

Der Begriff des Interesses stellt darauf ab, dass es in einer Gesellschaft unterschiedliche, jeweils strukturbestimmte Positionen gibt, und dass die Inhaber dieser Positionen, da sie gleichen oder zumindest sehr ähnlichen Zwängen unterliegen, zu ähnlichen Handlungsstrategien neigen. Beispielsweise haben Unternehmen der Ölindustrie, der Gasindustrie und der Kohlewirtschaft als CO_2-erzeugende Betriebe teilweise gleiche, teilweise aber auch differierende Interessen. ACESA 2009 unterteilt entsprechend die fossile Wirtschaft in unterschiedliche Kategorien / Positionen, mit unterschiedlichen Chancen, Fördermöglichkeiten und Belastungen, das heißt in Industrien mit je eigenen Handlungspotenzialen und Interessen. Die Ölindustrie unterliegt im geplanten Gesetz anderen Regulierungen als die Kohleindustrie und die Gaswirtschaft. Selbst bei einer identischen oder sehr ähnlichen „objektiven" Interessenlage können die wahrgenommenen Interessen sich deutlich unterscheiden. ExxonMobil, mit fast 460 Milliarden US-Dollar Umsatz im Jahre 2008 das größte Unternehmen der Welt, bekämpfte vehement das *Waxman-Markey*-Gesetz, während Royal Dutch / Shell, mit einem Umsatz von gut 458 Milliarden US-Dollar 2008 nur geringfügig kleiner, das Gesetz unterstützte und wie BP America (an vierter Position) und ConocoPhillips (fünfte Position) Mitglied der United States Climate Partnership ist.[47] Die großen Schwestern der Erdölindustrie sind über die Klimagesetzgebung ganz offensichtlich zerstritten.

Für politisch-ökonomische Erklärungsansätze ist der Interessenbegriff nicht nur wegen seiner Verwendung im institutionellen Steuerungskontext von Bedeutung. Das Theorem erlaubt, einen ersten, wenn auch ergänzungsbedürftigen Erklärungszusammenhang zum Verhältnis von ökonomisch-gesellschaftlicher und politischer Sphäre zu formulieren. Das Konzept impliziert, dass Akteure ein Interesse an sich selbst und damit an ihrer Selbsterhaltung besitzen. Ohne Handlungspotenziale lässt sich jedoch das Selbsterhaltungsinteresse nicht verfolgen und gegen andere Akteure durchsetzen. Daher werden Akteure, die um diesen Zusammenhang wissen, bestrebt sein, ihre Handlungspotenziale zu erweitern. Diese eröffnen Einflussmöglichkeiten, generieren Machtbeziehungen und sind erfahrungsgemäß sehr ungleich verteilt.

Die realistische Denkfigur des Eigeninteresses von Akteuren (Individuen wie kollektiven Akteuren) sollte der Institutionalismus nicht vorschnell aufgeben. Bereits vor Jahren hat *Claus Offe* (1975: 9-50) dargelegt, wie die Interdependenz zwischen der gesellschaftlichen (ökonomischen) und der politischen Sphäre trotz deren funktionaler

47 Insgesamt waren vier große Firmen der Energiewirtschaft (Shell, BP America, Conoco, NRG Energy Inc.) neben zahlreichen Versorgern Mitglieder von USCAP. Während der Auseinandersetzungen über die Klimagesetzgebung verließen allerdings BP und Conoco das Klimabündnis. Vgl. zu den Aktivitäten von USCAP die Pressemitteilung vom 21. Mai 2009 vom Committee on Energy and Commerce, http://energycommerce.house.gov/Press_111/20090515/hr2454_support.pdf, sowie die Homepage von USCAP, http://www.us-cap.org/ (Zugriff jeweils am 18. November 2010).

und institutioneller Trennung mit dem Konzept des Selbstinteresses von Akteuren analysierbar wird. Unternehmen, die ihr Selbsterhaltungsinteresse durch gesetzgeberische Maßnahmen gefährdet sehen, werden mit einiger Wahrscheinlichkeit auf den Gesetzgeber einwirken, um ihn zum Einlenken zu zwingen. Sie können dies entweder mit den ihnen zur Verfügung stehenden Mitteln direkt, zum Beispiel über Lobbyarbeit, und / oder indirekt über den Einsatz ihres Desorganisationspotenzials, zum Beispiel mittels der Unterstützung von Protestaktionen. Andere Unternehmen könnten, staatliche Handlungsprogramme antizipierend, geneigt sein, an der Gestaltung der Programme mitzuwirken, um möglichen Schaden von ihren Aktivitäten abzuwenden. Im Falle der amerikanischen Klimagesetzgebung lassen sich beide Strategien, die jeweils für sich beanspruchen können, rational zu sein, beobachten. Warum eine Gruppe von Unternehmen proaktiv und die andere Gruppe defensiv handelt, lässt sich letztlich nur mit einer akteurzentrierten Strategie- und Motivationsanalyse über Interviews und Expertengespräche mit den verantwortlichen Managern ermitteln. Diese Untersuchungsinstrumente standen für die vorliegende, daher in ihren Ergebnissen nur vorläufige, Untersuchung nicht zur Verfügung. Diese Arbeit stützt sich auf die Auswertung publizierten und über das Internet erreichbaren Materials.

Der vom Pew Center on Global Climate Change organisierte Zusammenschluss von vier großen zivilgesellschaftlichen Umweltorganisationen (Environmental Defense Fund, Natural Resources Defense Council, The Nature Conservancy, World Resources Institute) mit 30 amerikanischen und internationalen Großunternehmen, darunter sieben Unternehmen aus den Top 50 der Welt (Royal Dutch / Shell, BP America, ConocoPhillips, GM, Ford, Siemens), zentralen Unternehmen des Bergbau- und Energiesektors (Duke Energy, Exelon Corporation, NRG Energy, PG&E, PNM Resources, RioTinto) und der verarbeitenden Industrie (unter anderem GE, Alcoa, Caterpillar, DuPont, Dow Chemical) in der United States Climate Action Partnership repräsentiert nur einen Ausschnitt aus dem Kreis der amerikanischen Stakeholder mit Interesse an der Transformation des fossilistischen zu einem effizienteren und $C0_2$-armen Energiesystem und ist daher auch nicht in der Lage, alle ökonomischen und gesellschaftlichen Interessen, die sich für eine klimaneutrale Gesellschaftsformation einsetzen, wirksam zu homogenisieren. Dennoch hat dieses heterogene und überparteiliche Bündnis zwischen Ökologie und Ökonomie sowie zwischen Konzernen aus dem Transportsektor, der Elektro- und Chemieindustrie mit Energieversorgern einen klimapolitischen Kompromiss formuliert, der die gesellschaftliche und konzeptionelle Grundlage für den Gesetzgebungsprozess im 111. Kongress bildete. In ihrem „Call for Action“ vom Januar 2007 formulierte die USCAP sechs Grundprinzipien für ein umfassendes, also sektorenübergreifendes Emissionshandelssystem, die später von der *Obama*-Administration und der Demokratischen Partei im Kongress aufgegriffen wurden: (1) „Account for the global dimension of climate change; (2) recognize the importance of technology; (3) be environmentally effective; (4) create economic opportunity and advantage; (5) be fair to sectors disproportionately impacted; and (6) recognize and encourage early action."[48]

Auf der Basis dieser Prinzipien hat USCAP einen, dann von *Waxman* und *Markey* übernommenen, Regulierungsvorschlag formuliert. Er enthält einige Strukturmerkmale, die als Versuch einer interindustriellen Kompromissbildung unter Einschluss der Umweltbewegung gedeutet werden können:

(1) Der Emissionshandel ist umfassend angelegt. Alle Industriesektoren werden einbezogen. Allerdings werden kleine industrielle Emittenten, das Handwerk, der Handel sowie der Agrarsektor nicht unmittelbar erfasst.
(2) Der Transportsektor und der Wärmemarkt werden über eine Up-Stream-Regulierung integriert. Die Raffinerien werden für die Emissionen, die down-Stream erfolgen, in die Verantwortung genommen.
(3) Dem Kohlesektor, der vom Emissionshandel stark betroffen sein würde, wird eine massive Technologieförderung für die Entwicklung der CO_2 „Capture and Storage" Technologie (CCS), die sich mit der Vision einer Clean-Coal-Ökonomie verbindet, in Aussicht gestellt.
(4) Die Institutionalisierung des Emissionshandels wird von umfangreichen Maßnahmen zur Förderung der Energieeffizienz, von neuen Transporttechnologien (Elektroauto), der Entwicklung regenerativer Energietechnologien und deren breiter Nutzung, zum Beispiel über die Installierung eines „smart grid", begleitet.
(5) Auf dem Weltmarkt exponierte Industrien erhalten über einen langen Zeitraum kostenlose Emissionszertifikate.
(6) Über die Möglichkeit des Verkaufs von Emissionsminderungen („emission credits" und „offsets") wird der Agrarsektor in den Emissionshandel einbezogen.
(7) Den Verbrauchern werden von den Versorgungsunternehmen, die für einen bestimmten Zeitraum kostenlose Zertifikate erhalten, Preissteigerungen, zumindest teilweise, ausgeglichen.

Dieser Mix aus regulativen Maßnahmen will den Übergang in eine THG-arme Energiewirtschaft effektiv (durch politisch vorgegebene Mitigationsziele), effizient (durch möglichst geringe Kosten), unter Nutzung der Marktkräfte (durch den Wettbewerb zwischen den Energieträgern und den verfügbaren Technologien) und bei Schonung sozial schwacher Konsumenten bewerkstelligen. Trotz dieser hehren Prinzipien sehen sich zahlreiche Wirtschaftszweige als mögliche Verlierer der Dekarbonisierung. Deren Vertreter versuchen sowohl auf der politischen Ebene im Kongress als auch auf der gesellschaftlichen Ebene durch die Organisation von Protesten und des „spontanen" Volkszornes[49], das Gesetzesvorhaben noch zu korrigieren. Gegen ACESA 2009 opponierten insbesondere die großen Wirtschaftsverbände, wie die U.S. Chamber of Commerce und die National Association of Manufacturer, die vor allem mittelständische und Binnenmarkt orientierte Industrien vertreten, des Weiteren Unternehmen der

48 Siehe http://www.us-cap.org/media/release.pdf (Zugriff am 28. November 2010).
49 So zum Beispiel die Protestversammlungen von Mitarbeitern der Erdölindustrie.

Erdölindustrie, des Kohlebergbaus und der Stromwirtschaft sowie Teile der Landwirtschaft.

In ihrem Kampf gegen das neue Energieregime konnte diese Ablehnungskoalition bereits im Repräsentantenhaus erhebliche Modifikationen des Gesetzes erreichen. Als Kernpunkt der poltischen Willensbildung im demokratischen Lager stellte sich die Sicherung der Interessen der Beschäftigten im Kohlesektor sowie der mächtigen Industriegruppen dieses Sektors heraus.

Für die zukünftige Entwicklung der Dekarbonisierung der amerikanischen wie der globalen Energiewirtschaft ist von strategischer Bedeutung, ob es gelingt, mit der Kohlewirtschaft, die sich zu einer Koalition zusammengeschlossen hat, einen Kompromiss zu finden. Nahezu die Hälfte des amerikanischen Stroms wird aus sehr kostengünstig gewonnener heimischer Steinkohle erzeugt. In den Vereinigten Staaten befinden sich 29 Prozent der nachgewiesenen globalen Kohlereserven (Russland 19, China 14, Australien 9, Indien 7 Prozent). Von den durch die Verfeuerung von Kohle global verursachten CO_2-Emissionen stammten 19 Prozent (2005) aus amerikanischen Schloten (China 38 und Indien 7 Prozent).[50] Etwa ein Drittel aller THG-Emissionen der USA gehen zu Lasten der intensiven Kohlenutzung, und alleine für 40 Prozent der globalen CO_2-Emissionen ist die Kohle verantwortlich.

Vor diesem Hintergrund des breitflächigen Kohleeinsatzes in den USA zur Stromerzeugung steht jede Dekarbonisierungspolitik vor dem Problem, in diesem Segment die Emissionen drastisch absenken zu müssen, ohne gleichzeitig die Stromversorgung und Arbeitsplätze zu gefährden. Hierzu existieren drei strategische Ansätze: (1) gänzlicher Verzicht auf die Nutzung von Kohle und möglichst schneller Umstieg auf andere Technologien der Stromerzeugung; (2) Repowering alter Anlagen und deren Ersatz durch Kraftwerke mit einem höheren Wirkungsgrad und besserer CO_2-Bilanz; (3) Entwicklung einer weitgehend neuen Verbrennungstechnologie, die das Herauswaschen von CO_2 erlaubt, aber dessen Ablagerung in geeigneten Senken erfordert (Carbon Capture and Storage).

Die Kohleindustrie der USA setzt seit langem auf den inkrementellen technologischen Fortschritt und damit auf die Weiterentwicklung bekannter Kohleverstromungstechnologien (vgl. Rennings / Smidt 2008). Etwa 30 Prozent der in den USA installierten Kapazitäten wurden vor 1970 gebaut, haben daher einen geringen Wirkungsgrad und eine hohe CO_2-Intensität.[51] In den Jahren vor 2000 investierten die Stromerzeuger vor allem in Erdgas-Kraftwerke, so dass sich ein hoher Erneuerunsbedarf für Kohlekraftwerke aufbaute, sollte sich der Energiemix nicht zu Lasten der Kohle verschieben. Die Kohleindustrie reagierte zunächst mit einer massiven Unterstützung der 2000er Wahlkampagne von *George W. Bush*[52], um das politische Umfeld nach den Jahren der Präsidentschaft *Clinton*s für eine kohlefreundlichere Genehmigungspraxis zu gewinnen.

50 Nach Pew Center 2008 (S. 2) auf der Basis von EIA- und BP-Daten.

51 Vgl. Pew Center 2008 (dort zitiert nach Kuuskraa / Dipietro 2007).

52 Vgl. die Angaben von SourceWatch vom 23. Februar 2009, http://www.sourcewatch.org/index.php?title=U.S._coal_politics#Coal_and_the_Bush_Administration (Zugriff am 19. November 2010).

Im Ergebnis dieser Intervention, auch beflügelt von steigenden Öl- und Gaspreisen, stellten die Betreiber von Kohlekraftwerken zwischen 2000 und 2006 über 150 Anträge zur Genehmigung von neuen Anlagen. Diese wurden von der *Bush*-Administration zügig bewilligt. Doch bis Ende 2007 gingen nur zehn neue Kohlekraftwerke ans Netz. In Reaktion auf die Antragsflut einerseits und die zunehmende Wahrnehmung der möglicherweise drohenden Gefahren des Klimawandels in der Öffentlichkeit (Hurrikan Katrina, *Al Gore*s Film und Kampagne) andererseits hatte die Umweltbewegung Rückenwind[53] bekommen. Es formierte sich eine breite Anti-Kohlebewegung. SourceWatch berichtet: „During 2007 at least 59 coal plants were cancelled, abandoned, or put on hold. In 2008 an additional 19 proposals were cancelled, abandoned, or put on hold."[54]

Für die kohlebasierte Stromwirtschaft stellt die vor dem Hintergrund des Klimawandels an Zulauf gewinnende Anti-Kohlebewegung eine langfristig tödliche Gefahr dar, da sich Strom auch aus anderen Ressourcen (Gas, Atom) und regenerativen Quellen erzeugen lässt. In Reaktion auf diesen politischen Klimawandel schrieb *Stephen L. Miller*, Vorsitzender vom Center for Energy and Economic Development, einer der beiden führenden Lobby-Vereinigungen des Kohlesektors, nach einer Strategiessitzung des Centers einen im Netz veröffentlichten Brief an *Irl F. Engelhardt*, den Vorstandsvorsitzenden von Peabody, des weltweit größten Kohlekonzerns: „Our belief is that, on climate change like other issues, you must be for something rather against everything. The combination of carbon sequestration and technology is what we preach and we are looking for more members in the choir."[55]

Die strategische Neuorientierung der amerikanischen Kohleindustrie und ihrer Lobby-Organisationen führte im April 2008 zur Gründung der American Coalition for Clean Coal Electricity (ACCCE) mit *Stephen L. Miller* als Präsidenten. ACCCE repräsentiert ein breites Bündnis von 46 Unternehmen des Kohlebergbaus, der Kohlekraftwerksindustrie und deren Großkunden (unter anderem Peabody, BHP Billiton, Duke Energy, American Electric Power, aber auch Alstom Power und E.ON US).[56] Im Gegensatz zur früheren Position von CEED und ABEC waren die Unternehmen der ACCCE-Koalition jetzt bereit, die Etablierung eines amerikanischen Emissionshandelsregimes zu akzeptieren, wenn sich dieser Regulierungsansatz mit einem Entwicklungs- und Technologiepfad verbindet, der die weitere robuste Nutzung von Kohle erlaubt. In dem am 20. April 2009 letztmalig ergänzten Strategiepapier vom 4. April 2008 wurde dem

53 Immer mehr Amerikaner sahen in „global warming" eine ernsthafte Gefahr: Die Zahl stieg von 40 Prozent im Jahre 2004 auf 56 Prozent 2007. Vgl. Yale Center for Environmental Law & Policy 2007.

54 Ausgabe vom 3. Mai 2009, http://www.sourcewatch.org/index.php?title=Coal_plants_cancelled_in_2009 (Zugriff am 19. November 2010). Siehe auch die Seite http://www.sourcewatch.org/index.php?title=What_happened_to_the_151_proposed_coal_plants%3F (Zugriff am 19. November 2010). Sehr informativ ist auch die Seite des Sierra Club, http://www.sierraclub.org (Zugriff am 19. November 2010).

55 Siehe http://www.arizonaenergy.org/Barriers/coal_industry_strategy_letter_to.htm (Zugriff am 29. November 2010).

56 Vgl. die Homepage von ACCCE, http://www.cleancoalusa.org/about-us/members, (Zugriff am 20. August 2010).

amerikanischen Gesetzgeber mitgeteilt, dass „ACCCE supports timely adoption of federal carbon management legislation (and recognizes that a mandatory cap-and-trade program is one option for such legislation) so long as the principles set out below are appropriately addressed“.[57]

Die ACCCE-Koalition vermochte sich auf zwölf Prinzipien zu einigen, die sie von der föderalen Gesetzgebung beachtet sehen möchte. Diese Prinzipien formulieren klar, was die kohlebasierte Energiewirtschaft von der amerikanischen Politik erwartet: „Such federal legislation must:

(1) Guarantee, through public-private sector partnerships, aggressive, near- and long-term investments in new, advanced technologies that 1) avoid or reduce CO_2 emissions; 2) capture, transport, and safely store CO_2; and 3) use CO_2 in beneficial ways, whenever practical. ...
(2) Promote the deployment to other nations of advanced U.S.-developed technologies to avoid, reduce, capture, transport, and safely store CO_2. ...
(3) Ensure that any mandatory requirements (cap levels, compliance deadlines etc.) be reasonable and recognize that many of the technologies needed to reduce manmade greenhouse gas emissions from new or existing fossil-fueled generating stations are not yet commercially available. ...
(4) Promote energy security and realibility by encouraging maximum utilization of domestic resources to generate electricity. ...
(5) Maintain America's competitiveness in a global economy“ (ebenda).

Angeleitet von dieser Vision eines CO_2-armen, aber kohlebasierten nationalen Wettbewerbsstaates und ausgestattet mit einem ordentlichen Budget (45 Millionen US-Dollar jährlich)[58] setzte ACCCE folgende Instrumente ein: Anzeigenkampagnen, Wahlkampffinanzierung von *John McCain* (302.474 US-Dollar) und *Barack Obama* (241.870 US-Dollar), Gründung von „Political Action Committees“ zur Wahlkampfunterstützung von Abgeordneten und Senatoren in Bundesstaaten mit einer hohen Kohleförderung, Wahlkampffinanzierung von Senatoren und Abgeordneten beider Parteien im Verhältnis von 61:39 für die Republikaner, Lobbying-Aktivitäten im Kongress (9,95 Millionen US-Dollar 2008).[59]

Diese Lobby-Aktivitäten von ACCCE waren nicht vergeblich. Die Wahrnehmung der Kohle als eine „schmutzige“ Energieressource ohne Zukunft veränderte sich. Die fossile Kohle wurde zu einem Hoffnungsträger der Energiesicherheit und einer CO_2-armen Energiewirtschaft. Während der Tage der Inauguration *Obama*s schaltete ACCCE einen Werbespot mit einem Beitrag des neuen Präsidenten aus einer Wahlkampfrede in Virginia, die den technologischen Optimismus der Nation auf den Punkt brachte:

57 Siehe http://www.americaspower.org/accce%E2%80%99s-climate-principles (Zugriff am 14. September 2010).
58 Nach *Marianne Lavelle* (2009c: 1), http://www.sourcewatch.org/index.php?title=What_happened_to_the_151_proposed_coal_plants%E2%80%AF%3F, (Zugriff am 19. November 2010).
59 Angaben nach *Marianne Lavelle* (2009c), http://www.sourcewatch.org/index.php?title=What_ happened_to_the_151_proposed_coal_plants%E2%80%AF%3F (Zugriff am 19. November 2010).

„We figured out how to put a man on the moon in ten years; you can't tell me we can't figure out how to burn coal that we mine right here in the United States of America and make it work.“[60]

Zur Sicherung ihrer Zukunft unter den restriktiven Bedingungen eines Emissionshandelssystems mit einem von den Klimaforschern vorgegebenen effektiven „Cap“ einigte sich die amerikanische Kohlefraktion auf die großflächige Nutzung der CCS-Technologie – einer Technologie, die bislang nur in kleinem Maßstab erprobt ist (MIT 2007), bei der drei unterschiedliche Techniklinien miteinander konkurrieren, deren Wirtschaftlichkeit (zum Beispiel durch beachtliche Effizienzverluste und höhere Kapitalkosten), Risiken (Transport, Einlagerung) und Akzeptanz nur schwer einschätzbar sind. Trotz dieser Unwägbarkeiten wurde die CCS-Technologie zu einem Eckpfeiler der *Waxman-Markey*-Vorlage, die folgende Maßnahmen[61] vorsah:

(1) 13 Prozent der Einnahmen aus der Versteigerung von Emissionszertifikaten sollen bis zum Jahre 2025 für Investitionen in saubere Energie und Energieeffizienz verwendet werden, allein 60 Milliarden US-Dollar für die Entwicklung der CCS-Technologie.[62] Nach 2025 stehen fünf Prozent der Zertifikate für die Förderung von sauberer Kohle zur Verfügung.
(2) Alle nach 2020 genehmigten Kohlekraftwerke müssen die CCS-Technologie einsetzen. Bis 2025 müssen alle ab 2009 genehmigten Kraftwerke mit CCS-Technologie aus- beziehungsweise nachgerüstet sein. Für die zwischen 2009 und 2020 errichteten Kraftwerke gelten besondere Förderbedingungen.
(3) Zwischen 2014 und 2017 erhalten die E-Werke jeweils zwei Prozent der Emissionsrechte frei zugeteilt. Danach erhöht sich deren Anteil auf fünf Prozent „to cover the costs of installing and operating carbon capture and sequestration technologies“ (Committee on Energy and Commerce 2009: 6).

Mit diesem massiven Förderpaket der CCS-Technologie sollen die Klimaverträglichkeit des fossilen Energieträgers Kohle ermöglicht, Arbeitsplätze in den Kohlestaaten des mittleren Westens erhalten und die Energiesicherheit der Vereinigten Staaten garantiert werden. Mit seiner Hilfe gelang es dem Vorsitzenden des Committee on Energy and Commerce, *Henry Waxman*, eine hinreichende Anzahl der für eine erfolgreiche Abstimmung über den American Clean Energy and Security Act 2009 erforderlichen Stimmen von Abgeordneten, die Wahlkreise in den von der Kohlewirtschaft stark abhängigen Bundesstaaten besitzen, auf seine Seite zu ziehen, so zum Beispiel den einflussreichen Abgeordneten *Rick Boucher* (Demokrat) aus Virginia: „Boucher said Monday that a deal he worked out with Waxman and Markey is a major step toward meeting his goal of the preservation of coal-related jobs, the facilitation of growing

60 Zitiert nach *Marianne Lavelle* (2009c: 5).

61 Zusätzlich zu den Förderungsmaßnahmen des Konjunkturpakets mit 3,4 Milliarden US-Dollar „for clean coal development“ (Snyder 2009).

62 Von diesen 60 Milliarden sollen zehn durch eine Abgabe auf mit fossilen Brennstoffen erzeugten Strom finanziert werden. Vgl. Committee on Energy and Commerce 2009, 1: Zusammenfassung von H.R. 2454.

coal production, and keeping electricity rates affordable in regions like Southwest Virginia where most of the electricity is coal fired“ (Ward 2009).[63]

Trotz der erfolgreichen Verabschiedung von H.R. 2454 im Repräsentantenhaus blieb die Klimagesetzgebung im Senat stecken. Zwar verabschiedete das Committee on Environment and Public Works am 5. November 2009 in Abwesenheit seiner sieben republikanischen Mitglieder, die eine detaillierte Folgenabschätzung des Gesetzes durch die EPA verlangt hatten, den von den demokratischen Senatoren *John Kerry* und *Barbara Boxer* eingebrachten „Clean Energy Jobs and American Power Act of 2009“ (S. 1733) mit 11:1 Stimmen. Aber diese Gesetzesvorlage wurde vom demokratischen Mehrheitsführer, *Harry Reid*, nicht dem Plenum des Senats vorgelegt. Hintergrundsgespräche mit Repräsentanten beider Parteien ließen erkennen, dass die Vorlage nicht die Filibuster-Hürde von 60 Stimmen überwinden würde. Das Gesetz[64] hat mit ca. 900 Paragraphen ebenfalls einen gewaltigen Umfang und unterscheidet sich in seinem Inhalt nicht sehr wesentlich von H.R. 2454, wenn auch der fossilistischen Industrie sowie der Atomwirtschaft weitere Zugeständnisse gemacht werden. Insbesondere aber enthält S. 1733 ein detailliertes Programm zur Förderung, Regulierung, Einführung und Diffusion der CCS-Technologien.[65] Vorgesehen sind unter anderem ein mindestens zehnjähriges Forschungs- und Entwicklungsprogramm mit jährlich 1,1 Milliarden US-Dollar, ein Anreizprogramm für die Errichtung der ersten Anlagen bis 72 Gigawatt, Emissionsstandards für neue Kohlekraftwerke und vor allem ein Programm für den Bezug von Bonus-Emissionsrechten. Der Kohleindustrie erschienen aber die Fristen für den Aufbau einer CO_2-armen Elektrizitätserzeugung auf der Basis von Kohle als unrealistisch. Der Präsident der Ohio Coal Association, *Mike Carey*, lehnte daher die *Kerry-Boxer*-Vorlage ab: „While we applaud efforts to include provisions that aid the future and transition of coal into a carbon-constrained economy, nothing could be further from truth – this bill kills the coal industry. Simply throwing some funding at CCS is not going to make the technology available prior to 2020 or 2030.“[66]

Alle Bemühungen im Senat, doch noch eine kompromissfähige Vorlage eines umfassenden Klimagesetzes mit integriertem Emissionshandelssystem zu entwickeln, scheiterten. Einerseits erwies es sich als politisch nicht durchsetzbar, jene demokratischen Senatoren für eine Cap-and-Trade-Gesetzgebung zu gewinnen, die fossilistisch geprägte Einzelstaaten repräsentieren. Zwischen der Opposition gegen die Klimagesetz-

63 Vgl. auch Powermagazine vom 3. Juni 2009, http://www.powermag.com/POWERnews/Boucher-Federal-Climate-Legislation-Will-Keep-Coal-Industry-Prosperous_1969.html (Zugriff am 29. November 2010).

64 Vgl. http://frwebgate.access.gpo.gov/cgi-bin/getdoc.cgi?dbname=111_cong_bills&docid=f:s1733rs.txt.pdf sowie die Zusammenfassungen des PEW Center: http://www.pewclimate.org/federal/analysis/congress/111/summary-clean-energy-jobs-and-american-power-act und des WRI: http://pdf.wri.org/wri_summary_of_s1733.pdf (Zugriff jeweils am 6. November 2010).

65 Siehe die Zusammenfassung von *Sarah Forbes* (2009) für das WRI http://www.wri.org/stories/2009/10/carbon-dioxide-capture-storage-and-s-1733-clean-energy-jobs-american-power-act-2009 (Zugriff am 6. November 2010).

66 Testimony of *Mike Carey* of the Ohio Coal Association am 29. Oktober 2009 vor dem Senate Committee on Environment & Public Works, (http://epw.senate.gov/public/index.cfm?FuseAction=Files.View&FileStore_id=dec0a8cc-d350-4ade-9c5a-b22a591f0836 (Zugriff am 6. November 2010).

gebung und der Höhe des CO_2-Potenzials eines Staates besteht einer enger Zusammenhang, wie *Adam Cherson* (2010) ermittelte: „88,47 % of the Democratic senators who are opposed to the current climate change legislation are from the top 25 fossil fuel producing states (100 % are from the top 31 producers).“[67] Ein zentraler Faktor zur Erklärung des Scheiterns der Klimagesetzgebung im Senat war also die ablehnende Haltung jener Gruppe von demokratischen Senatoren, die Staaten mit mit einem hohen CO_2-Emissionspotenzial vertreten. Andererseits konnte aber auch keine parteiübergreifende Vorlage von Senatoren erarbeitet werden, die weniger von fossilistischen Interessen ihrer Wählerschaft, von Wirtschaft und Gesellschaft der von ihnen repräsentierten Staaten bestimmt sind. Zwar hatten die Senatoren *John Kerry* (D), *Joe Lieberman* (I) und *Lindsey Graham* (R) bereits am 11. Oktober 2009 in der New York Times angekündigt, sie würden einen überparteilichen Entwurf eines Klimagesetzes erarbeiten, aber kurz vor Einbringung des „American Power Act“ verließ *Graham* mit dem Argument, die Klimagesetzgebung habe in der Demokratischen Partei an Priorität verloren und sie wolle aus wahltaktischen Gründen schnell noch ein Einwanderungsgesetz beschließen, die Arbeitsgruppe.[68] *Kerry* und *Lieberman* legten am 12. Mai 2010 den American Power Act[69] vor. Für den Gesetzgebungsprozess im Senat erlangte er aber keine Bedeutung mehr, da *Harry Reid* die Notbremse zog und verkündete, dass in der laufenden Legislaturperiode des 111. Kongresses keine einzige Stimme der Republikaner für ein umfassendes Klimagesetz zu erwarten sei.[70] Die Ausarbeitung dieses Kompromissvorschlages war von dem Versuch bestimmt gewesen, einzelne Fraktionen des fossilistischen Lagers (Öl, Gas, Kohle, Kraftwerke) durch Zugeständnisse (Ausnahmeregeln, Fristen, Zuwendungen) doch noch für ein Klimagesetz zu gewinnen. Die Verhandlungen wurden nicht gerade professionell geführt. Es kam zu einer Reihe von Abstimmungsproblemen mit der Administration, die beispielsweise dem Ölsektor (Förderrechte in küstennahen Gewässern) und der Nuklearindustrie (staatliche Kredite) Zugeständnisse machte, die Gegenstand von Aushandlungsprozessen im Senat waren (Lizza 2010).

Dennoch überrascht die geschlossene Ablehnung einer umfassenden Klimagesetzgebung seitens der Republikaner, deren Herzstück in der Etablierung eines Emissionshandelssystems bestanden hätte. Denn es waren die Republikaner, die zur Bekämpfung des Sauren Regens in den Vereinigten Staaten ein Emissionshandelssystem institutionalisierten, die darauf drangen, im Kyoto-Protokoll die Möglichkeit für die Schaffung von flexiblen Mechanismen – also eines rudimentären Emissionshandels – vorzusehen,

67 Vgl. Politicalecology vom 7. August 2010, http://politicalecology.xyvy.info/rumination-whats-holding-back-greenhouse-gas-legislation-in-the-us-a-political-economic-analysis-3/ (Zugriff am 5. November 2010).

68 Presseerklärung vom 12. Mai 2010, http://lgraham.senate.gov/public/index.cfm?FuseAction=PressRoom.PressReleases&ContentRecord_id=8d9f9450-802a-23ad-4ab8-6dc8a0ec7e72&Region_id=&Issue_id= (Zugriff am 29. November 2010).

69 Vgl. die Zusammenfassung des PEW-Centers, http://www.pewclimate.org/federal/congress/111/kerry-lieberman-american-power-act (Zugriff am 29. November 2010).

70 Vgl. Pressekonferenz vom 22. Juli 2010, http://www.nytimes.com/2010/07/23/us/politics/23cong.html (Zugriff am 29. November 2010).

und deren Präsidentschaftskandidat *John McCain* im Wahlkampf 2008 die Etablierung eines Emissionshandelsregimes ankündigte.[71] Doch im Verlaufe der Legislaturperiode verhärtete sich die Opposition der Republikaner; unter dem Druck der Wirtschaftskrise, der innerparteilich das Washingtoner Establishment herausfordernden Teaparty-Bewegung[72] und der Mobilisierung der konservativen Wirtschaftsverbände gegen die geplante Klimagesetzgebung vermochte sie es, entgegen der amerikanischen Tradition überparteilicher Kooperation im Kongress eine parteiliche und politisch-ideologische Geschlossenheit ihrer Kongressabgeordneten herzustellen. Doch es wäre zu oberflächlich argumentiert, das Scheitern der Klimagesetzgebung nur der zunehmenden Kompromissunfähigkeit der republikanischen Senatoren anzulasten. Die starke fossilistische Minderheitsfraktion innerhalb der demokratischen Senatsfraktion machte es den Republikanern leicht, ideologische Geschlossenheit zu demonstrieren.

Beide Parteien standen im Senat unter dem zunehmenden Druck der fossilistischen Industrie, der großen Wirtschaftsverbände, einer wachsenden Unzufriedenheit an der gesellschaftlichen Basis in Regionen mit steigender Arbeitslosigkeit und vor allem in den Staaten, die von Auflagen zur Beschränkung der $C0_2$-Emissionen besonders betroffen worden wären. Insbesondere die Ölindustrie (American Petroleum Institute), die Bergbauindustrie (National Mining Association), die Kraftwerksindustrie (Edison Electric Institute), aber auch die exportorientierte Landwirtschaft (American Farm Bureau) und vor allem die großen konservativen Wirtschaftsverbände, die National Association of Manufacturers und die U.S. Chamber of Commerce, kämpften innerhalb und außerhalb des Kongresses gegen die Klimagesetzgebung. In dieser Auseinandersetzung gelang es der Verhinderungskoalition, wichtige Bündnispartner der Unterstützungskoalition wie BP, ConocoPhillips und Caterpillar zu veranlassen, die Mitgliedschaft in der U.S. Climate Action Partnership aufzugeben.[73] Unter den Kontextbedingungen der Wirtschaftskrise und der das Land politisch spaltenden Diskussionen über die Gesundheitsgesetzgebung und die Regulierung des Finanzsektors konnte das fossilistische Lager seine hegemoniale Position verteidigen, indem es die Klimagesetzgebung (den Emissionshandel) als Programm zur Zerstörung von Arbeitsplätzen, zur Erhöhung von Steuern und zur Vernichtung der amerikanischen Konkurrenzfähigkeit darstellte, das die Bürokratie in Washington ermächtige, die Preise für Energie ins Unermessliche steigen zu lassen und den armen Durchschnittsbürger vollends auszurauben (neue Regelungen für den Kraftstoffverbrauch, höhere Stromtarife, steigende Benzinpreise, steigende Mieten, Verlust von Arbeitsplätzen an China und Indien). Senator *James M. Inhofe*, der einflussreiche Sprecher der Republikaner im Senatsausschuss für Environment and Public Works, fasste diesen Diskursstrang für seine Partei

71 Vgl. Washington Post vom 21. Februar 2010, (http://views.washingtonpost.com/climate-change/post-carbon/2010/02/mccain_backtracks_on_climate_change.html, (Zugriff am 7. November 2011); siehe auch *Ryan Lizza* (2010: 2).

72 So wurde *John McCain* in Arizona, das er seit einigen Wahlperioden im Senat vertrat, von einem konservativen innerparteilichen Gegner und Anhänger der Tea Party (*J. D. Hayworth*) herausgefordert (Lizza 2010).

73 Vgl. Washington Post vom 17. Februar 2010, A09.

in folgender Stellungnahme zusammen: „In sum, after a slew of hearings and three unsuccessful votes on the Senate floor, the Democrates taught us that cap-and-trade is a great big tax that will raise electricity prices on consumers, enrich Wall Street traders, and send jobs to China and India – all without any impact on global temperature.“[74]

Als ein Beispiel für die angeheizte Debatte außerhalb des Kongresses sei hier auf die Aktivitäten der Graswuzelorganisation Freedom Works, die enge Beziehungen zu den Republikanern und dem fossilistischen Lager unterhält, hingewiesen (Duffy 2007: 78 f.). Freedom Works betreibt einen „Online War Room“ mit einem „Freedomworks Cap and Trade War Room“, in dem die Aktivisten zu Email-Protesten an den Kongress und die EPA aufgefordert werden. Vor allem aber wird auf der Seite auch zu „Boots on the Ground“ ermuntert, zu Demonstrationen auf der kommunalen Ebene.[75] In Vorbereitung auf die Kongresswahlen im November 2010 wurde Freedom Works ein aktiver Baustein der Tea-Party-Bewegung, die sich erfolgreich dafür eingesetzt hat, dass die Grand Old Party in ihrer Wahlplattform den Emissionshandel als neue Steuer verurteilt und sich generell gegen eine umfassende Klimagesetzgebung positioniert, die das Regulierungsniveau des Unternehmenssektors weiter anheben könnte.[76]

4. Fazit: Kein nachhaltiges Energieregime ohne Kompromisse in Politik und Gesellschaft

Eine politikwissenschaftliche Analyse der Klimapolitik der ersten beiden *Obama*-Jahre, die die Auseinandersetzungen innerhalb von Wirtschaft und Gesellschaft in Wechselwirkung mit der politischen Sphäre des Kongresses einbezieht, kommt zusammenfassend also zu folgenden Antworten auf die eingangs gestellten Fragen:

(1) Zwischen der internationalen und der nationalen Handlungsebene besteht im amerikanischen Falle ein deutlich erkennbarer Zusammenhang: Die innenpolitische Debatte bestimmt das außenpolitische Handeln. Auf der internationalen Regimeebene des UNFCCC hat die Administration nur einen engen Spielraum, da die amerikanische Regierung dem Senat bei den dort obwaltenden Mehrheitsverhältnissen keinen völkerrechtlich bindenden Vertrag zur Mitigation von CO_2e zur erfolgversprechenden Ratifikation vorlegen kann. Das im Kopenhagener Accord angepeilte Reduktionsziel von 17 Prozent gegenüber 2005 stellt für die gegenwärtige Regierung lediglich eine Selbstverpflichtung dar, da der Kongress kein Klimagesetz verabschieden konnte, das dieser Zielsetzung eine gesetzliche Grundlage ver-

74 Opening Statement of Senator *James M. Inhofe* am 6. August 2009 vor dem Committee on Environment and Public Works, http://epw.senate.gov/public/index.cfm?FuseAction=Minority.PressReleases &ContentRecord_id=f00c25c0-802a-23ad-4f96-ad1f99ff974c (Zugriff am 29. November 2010).

75 Siehe die Internetseite http://www.freedomworks.org/online-war-room-cap-and-trade (Zugriff am 17. November 2010).

76 Vgl. http://pledge.gop.gov/resources/library/documents/pledge/a-pledge-to-america.pdf (Zugriff am 17. November 2010).

schafft.[77] Die Anforderungen aus der internationalen Umwelt beeinflussen den innenpolitischen Diskurs wohl auf der Elitenebene, können aber den gesellschaftlichen Willensbildungsprozess nicht modifizieren. Vielmehr wirkt der innenpolitische Diskurs, insbesondere die allgegenwärtige *Byrd-Hagel*-Resolution[78] des Senats von 1997, auf die Agenda des internationalen Klimaregimes zurück und zwingt die US-Regierung dazu, auf der internationalen Regimeebene Vereinbarungen und Kooperationen außerhalb des Kyoto-Protokolls zu suchen. Mit dieser Politik werden die Vereinigten Staaten zur entscheidenden Triebkraft für die Etablierung neuer internationaler Governance-Formen zur Bewältigung des drohenden Klimawandels.

(2) Die Frage nach der Fähigkeit zur endogenen Transformation des fossilistischen Energieversorgungssystems und des CO_2e-intensiven Lebensstils kann auf der Grundlage der im Rahmen dieses Artikels untersuchten politischen Prozesse zwar nicht umfassend oder gar abschließend beantwortet werden, aber die Evidenz reicht aus, um eine Blockierung des Übergangs in eine weniger fossilistisch geprägte Gesellschaftsformation zu diagnostizieren. In der kommenden Legislaturperiode wird es mit hoher Wahrscheinlichkeit keine umfassende Klimapolitik mit einer Obergrenze (Cap) für CO_2e-Emissionen und definierten jährlichen Reduktionszielen geben. Das Scheitern der Klimagesetzgebung bedeutet jedoch nicht, dass die *Obama*-Administration oder die Vereinigten Staaten insgesamt in den kommenden Jahren keine Klimapolitik betreiben werden. Diese wird allerdings inkohärent (EPA-Regulierung, Technologieförderung auf der Bundesebene, konkurrierende Ansätze auf der Ebene der Einzelstaaten), ineffektiv (bestenfalls geringer Rückgang der THG-Emissionen) und ineffizient (ohne Preismechanismus) sein.

(3) Die Unterstützungskoalition für die Etablierung eines CO_2e-armen Energiesystems konnte im Bündnis mit der Mehrheit der Demokraten im Kongress und der Administration die Hegemonie der alten Kräfte nicht brechen. Eher im Gegenteil: In der Wirtschaftskrise ist es den fossilistischen Wirtschaftszweigen gelungen, alle wichtigen traditionellen Wirtschaftsverbände mit dem Argument auf ihre Seite zu ziehen, die Institutionalisierung eines umfassenden Emissionshandelssystems, wie im *Waxman-Markey*-Gesetz vorgesehen, würde wie eine hohe Steuer wirken, Arbeitsplätze gefährden, den Konsum belasten und die Konkurrenzfähigkeit noch weiter reduzieren; darüber hinaus konnten die von der Krise bedrohten Bürger mobilisiert werden. Im Verlaufe der Energie- und Klimadebatte verlor USCAP wichtige Mitstreiter aus der fossilistischen Industrie, während die strategische Koalition der kohlebasierten Energieversorgungsunternehmen (ACCCE) auf Zeit spielte, sich bedeckt hielt und derzeit lieber die CCS-Förderprogramme des Bundes

77 Siehe die Rede von *Todd Stern*, dem Klimabeauftragten der *Obama*-Administration am 8. Oktober2010 in der University of Michigan Law School, http://www.state.gov/g/oes/rls/remarks/2010/149429.htm (Zugriff am 18. November 2010).

78 Mit 95:0 Stimmen wurde die Resolution am 25. Juli 1997 verabschiedet. Sie definiert bis heute die Konditionen, die der Senat für die Ratifizierung eines internationalen Klimaabkommens festgelegt hat, siehe http://www.senate.gov/legislative/LIS/roll_call_lists/roll_call_vote_cfm.cfm?congress=105 &session=1&vote=00205 (Zugriff am 18. November 2010).

anstelle der sehr viel höheren Subventionen, die alle Varianten der Klimagesetzgebung vorgesehen hätten, in Anspruch nimmt. Das Bündnis aus „aufgeklärten", modernisierungswilligen Kapitalgruppen mit den pragmatischen Umweltorganisationen (Environmental Defense Fund, Natural Resources Defense Council, Pew Center on Global Climate Change, The Nature Conservancy, World Resources Institute) erwies sich trotz der breiten demokratischen Kongressmehrheit als zu schwach, um im Senat und in der öffentlichen Meinung eine Mehrheit für die Transformation in ein THG-armes Energieversorgungssystem zu organisieren.

Die Genese eines nachhaltigen amerikanischen Energieregimes müsste sich, gemäß der hier vorgelegten Analyse, sowohl auf der politischen Ebene, vor allem im Kongress, als auch auf der gesellschaftlichen Ebene und in der Abstimmung zwischen beiden vollziehen. Hierbei geht es einerseits um die Berücksichtigung mächtiger gesellschaftlicher Interessen in den Normen des neuen Energieregimes, wie diese auch immer begründet werden (Arbeitsplätze, Energiesicherheit, Konkurrenzfähigkeit, soziale Gerechtigkeit). Andererseits müssen auf der gesellschaftlichen Ebene Kompromisse, zum Beispiel zwischen der amerikanischen Industrie und der Umweltbewegung, innerhalb des Kohlesektors, zwischen der Kohlefraktion und der Umweltbewegung, ausgearbeitet, vereinbart und institutionalisiert werden. Beide Ebenen sind interdependent, so dass Entscheidungen auf der einen zu Reaktionen auf der anderen führen. Institutionalisierungsprozesse finden eingebettet in gesellschaftliche Konflikte und Auseinandersetzungen statt. Der historische Institutionalismus könnte von der Anerkennung dieser Beobachtung, die wirklich nicht neu ist, aber immer wieder, aus welchen Gründen auch immer, in Vergessenheit gerät, stark profitieren. Er würde seinen gleichgewichtstheoretischen Bias endgültig aufgeben und an Anschlussfähigkeit gegenüber gesellschaftstheoretisch orientierten Analysen gewinnen.

Literatur

Abromeit, Heidrun / Michael Stoiber: Demokratien im Vergleich. Einführung in die vergleichende Analyse politischer Systeme, Wiesbaden 2006.

Aglietta, Michel: A Theory of Capitalist Regulation. The US Experience, London 1979.

Altvater, Elmar: Das Ende des Kapitalismus wie wir ihn kennen, Münster 2005.

Altvater, Elmar / Achim Brunnengräber (Hrsg.): Ablasshandel gegen Klimawandel? Marktbasierte Instrumente in der globalen Klimapolitik und ihre Alternativen, Hamburg 2008.

Arimura, Toshi H. / Dallas Burtraw / Alan J. Krupnick / Karen L. Palmer: U.S. Climate Policy Developments. Resources for the future, Discussion Papers, RFF DP 07-45, Washington, DC 2007, RFF Press. http://www.rff.org/RFF/Documents/RFF-DP-07-45.pdf, Stand: 29. November 2010.

Beck, Ulrich / Anthony Giddens / Scott Lash: Reflexive Modernisierung. Eine Kontroverse, Frankfurt / Main 1996.

Biden, Joe: Progress Report: The Transformation to A Clean Energy Economy. Memorandum for the President, Washington, DC 2009, 15. Dezember 2009, http://www.whitehouse.gov/sites/default/files/administration-official/vice_president_memo_on_clean_energy_economy.pdf, Stand: 27. November 2010.

Biermann, Frank / Philipp Pattberg / Fariborz Zelli (Hrsg.): Global Climate Governance Beyond 2012. Architecture, Agency and Adaption, Cambridge 2010.

Borick, Christopher P.: American Public Opinion and Climate Change, in: Barry G. Rabe (Hrsg.): Greenhouse Governance. Addressing Climate Change in America, Washington, DC 2010, S. 24-57.

Boyer, Robert / Yves Saillard: Théorie de la régulation. L'état des savoirs, Paris 1995.

Brunnengräber, Achim / Kristina Dietz / Bernd Hirschl / Heike Walk / Melanie Weber: Das Klima neu denken. Eine sozial-ökologische Perspektive auf die lokale, nationale und internationale Klimapolitik, Münster 2008.

Bryner, Gary C.: Congress and Clean Air Policy, in: Michael E. Kraft / Sheldom Kamieniecki (Hrsg.): Business and Environmental Policy. Corporate Interests in the American Political System, Cambridge 2007, S. 127-151.

Campbell, John L.: Institutional Change and Globalization, Princeton / Oxford 2004.

Campbell, John L. / Rogers Hollingsworth / Leon N. Lindberg (Hrsg.): Governance of the American Economy, New York 1991.

Cass, Loren R.: The Failures of American and European Climate Policy. International Norms, Domestic Politics, and Unachievable Commitments, Albany 2006.

Cherson, Adam: Rumination: What's Holding Back Greenhouse Gas Legislation in the US? A Political-Economic Analysis, in: politicalecology vom 7. August 2010, http://politicalecology.xy-vy.info/rumination-whats-holding-back-greenhouse-gas-legislation-in-the-us-a-political-economic-analysis-3/, Stand: 29. November 2010.

Committee on Agriculture, House of Representatives: Compilation of Responses to Climate Change Questionnaire, Washington, DC, Mai 2009. Teil 1: http://agriculture.house.gov/inside/pubs/Questionnaire-P1.pdf, Teil 2: http://agriculture.house.gov/inside/pubs/Questionnaire-P2.pdf, Stand: 20. November 2010.

Committee on Energy and Commerce, House of Representatives: The American Clean Energy and Security Act (H.R. 2454), Washington, DC 2009, http://energycommerce. house.gov/Press_111/20090724/hr2454_housesummary.pdf, Stand: 29. November 2010.

Cowan, Richard: Senate Democrats skeptical about climate bill, Meldung von Reuters vom 10. September 2009, http://in.reuters.com/article/idINN0934966220090909, Stand: 29. November 2010.

Duffy, Robert J.: Business, Elections, and the Environment, in: Michael E. Kraft / Sheldom Kamieniecki (Hrsg.): Business and Environmental Policy. Corporate Interests in the American Political System, Cambridge 2007, S. 61-90.

EPA: Inventory of U.S. Greenhouse Gas Emissions and Sinks: 1990 – 2008, Executive Summary, Washington, DC 2010a, http://www.epa.gov/climatechange/emissions/ downloads10/US-GHG-Inventory-2010_ExecutiveSummary.pdf, Stand: 27. November 2010.

Fiorino, Daniel J.: The New Environmental Regulation, Cambridge 2006.

Hall, Peter A. / Rosemary Taylor: Political Science and the Three New Institutionalisms, in: Political Studies, 44. Jg. (1996), H. 5, S. 936-957.

Harrison, Kathryn: The United States as Outlier: Economic and Institutional Challenges to US Climate Policy, in: Kathryn Harrison / Lisa McIntosh Sundstrom (Hrsg.): Global Commons, Domestic Decisions. The Comparative Politics of Climate Change, Cambridge 2010, S. 67-103.

Harrison, Kathryn / Lisa McIntosh Sundstrom (Hrsg.): Global Commons, Domestic Decisions. The Comparative Politics of Climate Change, Cambridge 2010.

Immergut, Ellen M.: The rules of the game: The logic of health policy-making in France, Switzerland, and Sweden, in: Sven Steinmo / Kathleen Theleen / Frank Longstreth (Hrsg.): Structuring Politics. Historical Institutionalism in Comparative Analysis, Cambridge 1992, S. 57-89.

Jessop, Bob: The Future of the Capitalist State, Cambridge 2002.

Jordan, Katrin: Neue Initiativen in der amerikanischen Energiepolitik – aber keine Neuorientierung, SWP-Studie S18, Berlin 2006, http://www.swp-berlin.org/common/get_document.php?asset_id=3183, Stand: 29. November 2010.

Kuuskraa, Vello / Phil Dipietro: CO2-EOR and Technology Progress: The Smart Pathway for Making CCS Affordable in the Near Term, Sixth Annual Conference on Carbon Capture & Sequestration, 2007, http://www.netl.doe.gov/publications/proceedings/07/carbon-seq/data/papers/VelloKuuskraa.pdf, Stand: 17. November 2010.

Lavelle, Marianne: The Climate Change Lobby Explosion, in: The Center for Public Integrity, Washington, DC 2009a, http://www.publicintegrity.org/investigations/climate_change/articles/entry/1171/, Stand: 29. November 2010.

Lavelle, Marianne: Tally of Interests on Climate Bill Tops a Thousand, in: The Center for Public Integrity, Washington, DC 2009b, http://www.publicintegrity.org/articles/entry/1609/, Stand: 29. November 2010.

Lavelle, Marianne: The „Clean Coal" Lobbying Blitz, in: Center for Public Integrity, Washington DC 2009c, http://www.publicintegrity.org/investigations/climate_change/articles/entry/1280/, Stand: 15. August 2010.

Layzer, Judith A.: Deep Freeze: How Business Has Shaped the Global Warming Debate in Congress, in: Michael E. Kraft / Sheldom Kamieniecki (Hrsg.): Business and Environmental Policy. Corporate Interests in the American Political System, Cambridge 2007, S. 93-125.

Lizza, Ryan: As The World Burns. How the Senate and the White House misses their best chance to deal with climate change, in: The New Yorker vom 11. Oktober 2010.

Lovinfosse, Isabelle de: How and Why Do Policies Change? A Comparison of Renewable Electricity Policies in Belgium, Denmark, Germany, the Netherlands and the UK, Brüssel u.a. 2008.

Lowi, Theodore: American business, public policy, case-studies and political theory, in: World Politics, 16. Jg. (1964), H. 4, S. 677-715.

Mares, Isabella: The Politics of Social Risk. Business and Welfare State Development, Cambridge 2003.

Mauren, Norbert: Klimaschutzpolitik in den USA. Ein Vergleich der national- und bundesstaatlichen Ebene am Beispiel von Kalifornien, Saarbrücken 2008.

Merkel, Wolfgang: Institutionelle Reformpolitik: Drei Fallstudien zur Vetospieler-Theorie, in: Christoph Egle / Tobias Ostheim / Reimut Zohlnhöfer (Hrsg.): Das rot-grüne Projekt. Eine Bilanz der Bundesregierung Schröder 1998-2002, Wiesbaden 2003, S. 163-190.

Mildner, Stormy-Annika, / Jörn Richert: Obamas neue Klimapolitik. Möglichkeiten und Grenzen eines klimapolitischen Wandels in den USA, SWP-Studie S4, Berlin 2010, http://www.swp-berlin.org/common/get_document.php?asset_id=6840, Stand: 29. November 2010.

MIT: The future of Coal. Options for a Carbon-Constrained World. An interdisciplinary, MIT study, Summary Report, 2007, http://web.mit.edu/coal/The_Future_of_Coal_ Summary_Report.pdf, Stand: 29. November 2010.

MIT: Retrofitting of Coal-Fired Power Plants for CO2 Emissions Reductions. An MIT Energy Initiative Symposium, 23. März 2009, http://web.mit.edu/mitei/docs/reports/coal-paper.pdf, Stand: 29. November 2010.

North, Douglas C.: Institutions, Institutional Change and Economic Performance, New York 1990.

Offe, Claus: Berufsbildungsreform. Eine Fallstudie über Reformpolitik, Frankfurt am Main 1975.

Ott, Hermann E. / Heinrich-Böll-Stiftung (Hrsg.): Wege aus der Klimafalle. Neue Ziele, neue Allianzen, neue Technologien – was eine zukünftige Klimapolitik leisten muss, München 2008.

Overbeek, Henk: Rivalität und ungleiche Entwicklung. Einführung in die internationale Politik aus der Sicht der Internationalen Politischen Ökonomie, Wiesbaden 2008.

Pierson, Paul: When Effects Becomes Cause. Policy Feedback and Political Change, in: World Politics, 25. Jg. (1993), H. 4, S. 595-628.

Pierson, Paul: The Limits of Design: Explaining Institutional Origings and Change, in: Governance, 13. Jg. (2000), H. 4, S. 475-499.

Pijl, Kees van der: Transnational Classes and International Relations, London 1998.

Pijl, Kees van der: Nomads, Empires, States, London 2007.

Polanyi, Karl: The Great Transformation, Frankfurt am Main 1978 [1944].

Poulantzas, Nicos: Staatstheorie. Politischer Überbau, Ideologie, Sozialistische Demokratie, Hamburg 1978.

Rabe, Barry G.: Statehouse and Greenhouse. The Emerging Politics of American Climate Change Policy, Washington, DC 2004.

Rabe, Barry G. (Hrsg.): Greenhouse Governance. Addressing Climate Change in America. Washington, DC 2010.

Rabe, Barry G.: Can Congress Govern the Climate?, in: Barry G. Rabe (Hrsg.): Greenhouse Governance. Addressing Climate Change in America, Washington, DC 2010a, S. 260-285.

Rennings, Klaus / Wilko Smidt: A Lead Market Approach Towards the Emergence and Diffusion of Coal-fired Power Plant Technology, ZEW-Discussion Paper 08-058, Mannheim 2008, http://ftp.zew.de/pub/zew-docs/dp/dp08058.pdf, Stand: 29. November 2010.

Sabatier, Paul A.: Advocacy-Koalitionen, Policy-Wandel und Policy-Lernen: Eine Alternative zur Phasenheuristik, in: Adrienne Héritier (Hrsg.): Policy-Analyse. Kritik und Neuorientierung, Sonderheft 24 der Politischen Vierteljahresschrift (PVS), Wiesbaden 1993, S. 116-148.

Sabatier, Paul A. / Hank Jenkins-Smith (Hrsg.): Policy Change and Learning: An Advocacy Coalition Approach, Boulder 1993.

Schniering, Peter: U.S. Climate Policy and Technology. The Bush Administration and American Conceptions of Environmental Challenges, Baden-Baden 2008.

Schreurs, Miranda A.: The Climate Change Divide: The European Union, the United States and the Future of the Kyoto Protocol, in: Norman J. Vig / Michael G. Faure (Hrsg.): Green Giants? Environmental Policies of the United States and the European Union, Cambridge 2004, S. 207-230.

Schumpeter, Joseph: Theorie der wirtschaftlichen Entwicklung, Berlin 2006 [1912].

Selin, Henrik / Stacy D. Van Deveer (Hrsg.): Changing Climates in North American Politics. Institutions, Policymaking, and Multilevel Governance, Cambridge 2009.

Simonis, Georg: Governanceprobleme der Zukunftsforschung. Die internationale Klimapolitik als Beispiel, in: Reinhold Popp / Elmar Schüll (Hrsg.): Zukunftsforschung und Zukunftsgestaltung. Beiträge aus Wissenschaft und Praxis, Berlin / Heidelberg 2009, S. 605-617.

Snyder, Jim: Legislators seek role for coal in carbon-constrained world, in: The Hill vom 10. März 2009, http://thehill.com/business-a-lobbying/3959-legislators-seek-role-for-coal-in-carbon-constrained-world, Stand: 29. November 2010.

Steinmo, Sven: Historical Institutionalism, in: Donatella Della Porta / Michael Keating (Hrsg.): Approaches and Methodologies in the Social Sciences. A Pluralist Perspective, Cambridge 2008, S. 118-138.

Stern, Nicholas: The Economics of Climate Change, The Stern Review, Cambridge 2006.

Stern, Todd: A New Paradigm: Climate Change Negotiations in the Post-Copenhagen Era, Rede in der University of Michigan Law School, Ann Arbor am 8. Oktober 2010, http://www.state.gov/g/oes/rls/remarks/2010/149429.htm, Stand: 29. November 2010.

Streeck, Wolfgang: Re-Forming Capitalism. Institutional Change in the German Political Economy, Oxford 2009.

Streeck, Wolfgang / Kathleen Thelen (Hrsg.): Beyond Continuity. Institutional Change in Advanced Political Economies, Oxford 2005.

Tsebelis, George: Veto Players and Law Production in Parliamentary Democracies: An Empirical Analysis, in: American Political Science Review, 93. Jg. (1999), H. 3, S. 591-608.

Tsebelis, George: Veto Players: How Political Institutions Work, Princeton 2002.

USCAP: A Call for Action, Washington (o. J.), http://www.us-cap.org/USCAPCallForAction.pdf, Stand: 28. November 2010.

USCAP: A Blueprint for Legislative Action. Consensus Recommendations for U.S. Climate Protection Legislation, Washington, DC 2009, http://www.us-cap.org/PHPages/wp-content/uploads/2010/05/USCAP_Blueprint.pdf, Stand: 28. November 2010.

Vig, Norman J. / Michael G. Faure (Hrsg.): Green Giants? Environmental Policies of the United States and the European Union, Cambridge 2004.

Ward, Ken: Climate bill packed with protections for coal industry, in: Sunday Gazette vom 20. Mai 2009, http://sundaygazettemail.com/News/200905200789, Stand: 21. August 2009.

Yale Center for Environmental Law & Policy: Environmental Survey, Yale, 7. März 2007, http://envirocenter.research.yale.edu/uploads/epoll/YaleEnvironmentalPoll2007Keyfindings.pdf, Stand: 29. November 2010.

International Regime Formation Revisited: Explaining Ratification Behavior with Respect to Long-Range Transboundary Air Pollution Agreements in Europe[1]

Sophie Perrin and Thomas Bernauer

International treaties are crucial building blocks in most efforts to solve security, environmental, economic or social problems that extend beyond national boundaries. While the study of bargaining processes that lead to formal international agreements is obviously important, events that unfold after negotiations have been concluded are crucial for international regime formation as well. To become effective in legal terms, international treaties usually require not only signing, but also ratification. While ratification per se does not imply that a treaty will be effective in changing behavior in ways that solve the problem in question, it is usually a necessary condition for problem solving.

Existing research on international regime formation concentrates heavily on bargaining processes and their outcomes (e.g. Young 1994; Miles et al. 2002; Mitchell 2009). With very few exceptions (e.g. Neumayer 2002a, b; Roberts et al. 2004; von Stein 2008; Bernauer et al. 2010) variation in ratification behavior across treaties and countries has not been studied in detail.

Ratification behavior of countries is important from a policy-making viewpoint, but it also raises interesting analytical questions. Following the two-level game logic, one may be tempted to assume that negotiators are faithful and fully informed agents of their respective government, and that governments have full information on what kinds of international bargains will be acceptable to parliament, the median voter, pivotal interest groups, or domestic veto-players more generally. If these assumptions held true, we should observe that most treaties in whose negotiation a given country participated are ratified without much delay by that country (Hovi et al. 2008).

In reality, there are strong differences in ratification behavior in virtually all areas of international policy-making. That is, some countries ratify a given treaty earlier than others do, some countries do not ratify it at all, and there is significant variation in ratification rates between treaties. Besides idiosyncratic factors (e.g. an unforeseen change of government), principal-agent and informational problems that are hard to model empirically (Mitchell 2009: 145), there are two main types of drivers of variation in ratification behavior: domestic and international.

---

1 The original version of this paper was first published in European Union Politics 2010, Volume 11, No 3, p. 405-426. An earlier version of this paper was presented at the DVPW conference in Kiel on September 24, 2009. We are very grateful to *Stefanie Bailer, Michael Bechtel, Xun Cao, Pamela Chasek, Fabrizio Gilardi, Frank Grundig, Jon Hovi, Detlef Jahn, Anna Kalbhenn, Vally Koubi, Ron Mitchell, Gabi Ruoff, Todd Sandler, Lena Schaffer, Gerald Schneider, Detlef Sprinz, Arild Underdal, Hugh Ward*, and the anonymous reviewers of EUP for very helpful comments on previous versions of this paper.

Domestic factors are conceptualized in terms of country characteristics, such as features of political institutions or socio-economic conditions; international factors are linkages of any given country with the international system as a whole and with other specific units (countries). Of special interest is the extent to which the ratification behavior of any given country is affected by the ratification behavior of (particular) other countries.

Explaining ratification behavior along these lines is reminiscent of what *Sir Francis Galton* postulated in the late 19th century in his criticism of *Sir Edward Tylor*'s work on institutions of marriage (Jahn 2008). Transposed into the realm of international treaty ratification, *Francis Galton*'s idea is the following: If two countries exhibit similar or identical ratification behavior with respect to a given international treaty, this could be due to a common external stimulus, similar domestic characteristics, or interdependent behavior of the two countries.

In the following analysis the literature on international cooperation is connected with that of policy diffusion, which has been strongly inspired by *Francis Galton*'s idea. Comparative politics scholars have, in the context of policy diffusion research, argued that it is, in many cases, not appropriate to treat units of analysis (e.g., countries, provinces/states, cities) as independent (e.g. Shipan / Volden 2008). Similarly, most international relations scholars subscribe to the view that international politics is characterized by interdependent behavior. In both realms, therefore, the behavior of one unit of analysis is influenced not only by domestic characteristics, but also by factors that affect the unit from the outside, including the behavior of other units. However, large-N empirical research in international relations has, surprisingly, paid rather little attention to interdependent behavior and has only recently started to build on insights from policy diffusion research to that end (Vreeland 2008; Bernauer et al. 2010).

How can ratification behavior be studied within the conceptual framework of policy diffusion analysis? The typical analytical setup in policy diffusion research is to pick a policy area (e.g. anti-smoking or social policy) and to account for policy variation across units on the basis of variables that capture unit characteristics and variables that measure the behavior of (particular) other units in the policy area of interest. The latter variables – mostly labeled as policy diffusion variables – are usually measured in terms of how all other units combined behave. In addition, studies on policy diffusion mechanisms (e.g., learning, competition, emulation, coercion; Gilardi 2010) conceptualize those mechanisms in terms of how specific other units behave.

The circumstances of treaty ratification differ from the typical circumstances analyzed so far in policy diffusion research. In cases such as anti-smoking or social policies, political units respond to a given social problem in various ways, driven by domestic and international conditions. The main analytical difference between international treaty ratification and, for instance, anti-smoking policies of US cities is that the units do not, in most cases, explicitly and formally coordinate policies *prior* to deciding whether to formally enact the respective domestic policies and implement them. In the international treaty ratification case, countries negotiate legal provisions. Once all or a subset of government delegates agree, normally in close consultation with their respective government, on these rules the treaty is opened for signature and ratification.

Compared to policy diffusion processes without previous formal coordination efforts, that is, situations without prior collective bargaining and agreement on specific legal provisions, coordinated policy-making is associated with a narrower range of choices for countries (in many cases, ratification or non-ratification) and also lower ambition levels if international bargaining produces lowest-common denominator provisions. We submit that this difference between uncoordinated and coordinated policy does not rule out a policy diffusion perspective on treaty ratification. From a methodological viewpoint, the double role of countries as negotiators of agreements and as ratifiers of these agreements creates the potential for selection (screening) bias. However, as long as factors that may affect both bargaining and ratification outcomes can be controlled for, the focus on the ratification phase alone does not produce biased results. This issue will be dealt with further in the results section.

The empirical example for examining the extent to which, ceteris paribus, ratification behavior by all other countries, by neighbor countries, by powerful countries, and by economic competitor countries influences ratification behavior, are the UN Economic Commission for Europe's international agreements for reducing long-range transboundary air pollution (LRTAP agreements). These agreements are widely heralded as important achievements in efforts to reduce air pollution in Europe (e.g. Levy 1993; Murdoch et al. 1997). Moreover, there is strong variation in ratification behavior, both over time and across countries and treaties, making these agreements an interesting testing ground for our hypotheses.

1. The effects of diffusion mechanisms on ratification behavior

Only few large-N studies have examined the determinants of ratification behavior, that is, factors that motivate countries to enter into legally binding commitments at the international level (e.g. Neumayer 2002a, b; Roberts et al. 2004; von Stein 2008; Bernauer et al. 2010). Most of the explanatory factors refer to the country level. They include, for instance, political institutions and socio-economic conditions.

According to *Eric Neumayer* (2002b), *Per G. Fredrikson / Noel Gaston* (2000), and other authors, democracies are more likely to ratify international environmental agreements. *Eric Neumayer* (2002a) also finds some empirical support for the hypothesis that trade openness promotes international environmental cooperation. *Timmons J. Roberts* et al. (2004) have undertaken a cross-sectional study of the determinants of ratification rates of 22 international environmental treaties by 177 countries between 1946 and 1999. They observe that variation in environmental treaty ratifications is explained mainly by "disadvantaged insertion into the world economy" (2004: 43, they define this concept as a narrow export base), voice and accountability through domestic institutions, and civil society pressure (number of NGOs in the country).

With some exceptions (for example von Stein 2008; Bernauer et al. 2010), most existing studies do not address potentially important temporal dynamics (they are cross-sectional) nor do they examine in detail the influence of factors external to the country under examination in the sense of internationally interdependent ratification behavior. Recent work on international cooperation, policy diffusion and networks (e.g. Ward 2006; Jahn 2008) suggests, however, that cooperative behavior is likely to be influenced by international interdependency (policy diffusion) effects. For instance *Thomas Bernauer* et al. (2010), who studied ratification behavior vis-à-vis global environmental treaties, find that international factors play an important role in ratification decisions.

At the most general level, our explanation of ratification behavior concentrates on opportunities or constraints as well as on willingness. While the existing literature focuses largely on problem structures, costs and benefits of cooperation, domestic institutional constraints or opportunities, income levels, or trade openness, country-external factors have been dealt with much less systematically. We contribute to filling this gap by focusing on one particular, but important category of international factors, namely how ratification choices by other countries, or specific other countries, affect those of a given country. In essence, it shall be tested if countries, when deciding on whether or not to ratify a treaty and when, pay attention to what other countries do. This implies that ratification choices by one country send various types of "signals" to other countries. Those signals may affect, both in material and normative terms, the utility calculus of other countries when they decide on the same issue.

As noted by *Beth Simmons* et al., "(...) domestic political and economic factors cannot alone predict when governments adopt new policies" (2006: 789) Indeed, the influence of international factors on ratification behavior can be examined from a policy diffusion perspective. This approach explicitly models interdependencies between the international and the domestic level and illuminates mechanisms through which international interdependencies may affect national policy choices. It also takes into account time-dynamics. Thus, policy diffusion is conceptualized similar to *Beth Simmons* et al.: "International policy diffusion occurs when government policy decisions in a given country are systematically conditioned by prior policy choices made in other countries (sometimes mediated by the behavior of international organizations or even private actors or organizations)." (2006: 787; see also Braun / Gilardi 2006).

Some of the policy diffusion literature seeks to distinguish between particular types of diffusion mechanisms. However, while this literature agrees that the behavior of other political actors matters, there is much less agreement on how other actors influence any given actor's behavior; that is, what types of diffusion mechanisms are at work under what circumstances. Moreover, there are obvious problems in translating quite nuanced conceptual differences between the various diffusion mechanisms into distinct hypotheses and empirically measurable variables. It seems, for instance, that existing work does not clearly distinguish, empirically, learning from competition or emulation. In developing our hypotheses, we rely largely on assumptions about diffusion mechanisms by other authors (e.g. Gilardi 2010; Simmons et al. 2006). These mechanisms include, in particular, coercion, competition, learning and emulation.

Diffusion through coercion occurs when "powerful countries can explicitly or implicitly influence the probability that weaker nations adopt the policy they prefer by manipulating the opportunities and constraints encountered by target countries, either directly or through the international and non-governmental organizations they influence" (Simmons et al. 2006: 11). Diffusion through competition takes place when governments consider the economic effects of adopting a particular policy and act strategically in order to become or remain competitive in international markets. If the adoption of a new policy is harmful to the policy-maker's own economy, he will not adopt this policy. If adoption is likely to affect positively the competitive position of his country, he is likely to adopt the respective policy (e.g. Shipan / Volden, 2008: 6-7). Policy diffusion can also be driven by a learning process. *Beth Simmons* et al., (2006: 19) define learning as "a change in beliefs or change in one's confidence in existing beliefs [e.g. about an alternative policy], which can result from exposure to new evidence, theories or behavioral repertoires". The adoption of similar practices or policies does not necessarily have to involve a previous change in the beliefs of policy-makers. Sometimes, a political unit can also copy a practice from another unit to gain credibility or legitimacy (e.g. Braun / Gilardi 2006). In this case, the new policy is adopted primarily as an instrument of legitimization and not necessarily to solve a specific problem. This policy diffusion mechanism is often labeled emulation; here this term is used synonymously with imitation and symbolic imitation. As noted in most studies on policy diffusion, the aforementioned concepts emphasize particular types of effects, but are not mutually exclusive, particularly at the empirical level.

The goal is not to compare in detail the effects of particular types of policy diffusion mechanisms, but, primarily, to assess the extent to which international factors as a whole matter in comparison with domestic factors. If it turns out that international factors play an important role, follow up research can illuminate the importance of particular types of policy diffusion mechanisms in treaty ratification processes. In view of this particular research focus, it needs to be ascertained that our explanatory model includes international variables that capture a broad set of potential diffusion mechanisms. Thus empirical proxies can be used that capture various diffusion mechanisms in partly overlapping ways. However, our diffusion variables are in fact very similar to those used in other policy diffusion research, though we refrain from arguing that each of these variables captures exclusively one particular type of diffusion mechanism.

How plausible is it that international factors matter in explaining choices of countries on whether or not to join formally international agreements to reduce transboundary air pollution? Such international effects should be important, though a solid reason cannot be identified to argue that, in relative terms, they should be more, or less, or equally important than domestic factors. If principal-agent problems in negotiating international agreements exist and ratification, which brings countries closer to implementation, is costly, we should expect that domestic ratification processes in any given political unit are not taking place in isolation. Rather, the behavior by any given country is likely to be influenced by the ratification decisions of other countries. Hitherto, national environmental policies are coordinated or even harmonized through international bargaining and regime formation. In most cases, including the international LRTAP regime, such efforts aim at reducing externalities that can cross international borders, establishing an economic level playing field by distributing burdens in a way that does not increase production cost differentials across countries, or at facilitating the spread of best available practices and technologies. These are rather strong reasons for claiming that ratification processes should be characterized by interdependent behavior.

The four hypotheses outlined below rest on the assumption that policy diffusion mechanisms can be captured in terms of what other countries do, and, in our specific case, in very simple terms of whether other countries ratify a LRTAP agreement. Depending on what type of other country ratifies, the behavior of others can send different types of information to the country that decides on whether to ratify. We are particularly interested in what all other countries, neighbor countries, big countries, and economic competitor countries do. The effects of signals that emanate from ratification choices by those reference groups or peer groups can, by-and-large, be conceptualized as learning, emulation, coercion and competition effects.

1.1. All other countries

International regimes, such as the one constituted by the LRTAP agreements, are arenas in which new knowledge and ideas can develop and spread among the participating countries. New information revealed during negotiations and also during the ratification phase can motivate domestic actors to re-evaluate their policy positions, thereby facilitating or slowing down the regime formation process. As noted by *Arild Underdal* (2000: 377), domestic decision-makers can be regarded as information-seekers and persuaders. Learning and policy diffusion are thus likely to play an important role in the development of international regimes.

The number of other countries that ratify a treaty conveys two important types of information: The first type concerns implementation costs and technical feasibility (a), the second concerns reputational implications of ratification choices (b).

(a) Environmental policy-making and policies to reduce long-range transboundary air pollution in particular are characterized by considerable uncertainty about mitigation costs and environmental benefits from pollution reduction. Incomplete information usually continues to exist beyond the point where international bargaining is concluded and an agreement becomes open for ratification or accession. By implication, we should not assume that mitigation cost and benefit differences across countries are fully internalized in the design of a treaty – in the sense that countries with higher marginal abatement costs (in absolute terms or relative to national economic capacity) receive "softer" obligations. If such cost and benefit differences (as well as other factors that determine state preferences) were fully internalized in the treaty design there should not occur much variation in ratification behavior. Uncertainty about implementation costs and benefits and about technical feasibility should diminish with the number of ratifications by other countries. The more other countries have ratified, the more the decision-calculus of the not-yet-ratifiers becomes one of 'if others can do it, we can do it, too'.

(b) The more other countries have ratified, the greater the reputational implications for the not-yet-ratifiers are likely to be. One example is that Italy appears to have ratified two LRTAP agreements (the Sofia Protocol on NOx and the VOC Protocol) despite high costs, not so much for ecological reasons, but mainly in order not to "lose face" (Lewanski 2000: 273). Ratification decisions are not only based on material cost-benefit calculations (these are covered by the first type), but are also driven by a logic of appropriateness (March / Olsen 1998). That is, not-yet-ratifiers experience growing tacit or open reputational problems the more other countries formally join a given agreement that is also open to the country of concern. The decision-calculus of the not-yet-ratifiers is one of "if other countries join our reputation will suffer if we don't join as well". These arguments lead to hypothesis H1. The diffusion effects captured in this hypothesis pertain primarily to learning and emulation.

H1: The probability of treaty ratification by a given country increases with the number of other countries that have ratified this treaty.

In principle, the effect stipulated by hypothesis H1 could cut in the opposite direction if there is a free-rider problem. In that case, countries not joining and implementing the respective agreement could benefit from the collective good (cleaner air), whose production increases with growing membership. In the extreme, the holdout country could achieve the maximum net benefit once all other countries have joined the agreement. This scenario, however, is unlikely because transportation matrices of air pollutants in Europe show that, depending on the particular pollutant and climatic and geographic conditions, air pollution can only, to some extent, be exported and clean air can only, to some extent, be imported (Tarrasón et al. 2000). Moreover, as argued above, reputational costs emanating from norms of appropriateness cut against free-riding incentives. This makes it unlikely that incentives not to join the agreement will increase with growing treaty membership. Nonetheless, our empirical models will control for the possibility of free-riding by including a control variable that captures national import/export ratios of air pollution.

1.2. Neighbor countries

When deciding whether to ratify a treaty countries are likely to pay varying degrees of attention to the choices of other countries. That is, depending on which other country (countries) ratifies the respective agreement, diffusion effects are likely to differ. We submit that neighboring countries, i.e. countries sharing a border, are likely to influence each other's ratification choices. There are two reasons for this:

First, such neighborhood effects may involve a positive externality: to the extent countries A and B share a border and at least some pollution from A flows into B, ratification of a pollution reducing treaty by A creates, to the extent the international regime is effective, an improvement in environmental conditions in B. In the worst case, such a positive externality may induce country B not to ratify the treaty because it can benefit from cleaner air without investing in costly pollution reduction in its own country (see also Murdoch et al. 1997). However, this scenario is rather unlikely and a positive diffusion effect is more probable. We expect the latter because, in most cases, self-inflicted pollution in country B will, in comparison to "imported" pollution, be sufficiently large to prevent country B from obtaining important environmental improvements solely through a positive externality emanating from country A. Moreover, positive externalities are likely to enhance a diffusion effect.

Second, in most cases, joint borders correlate with geographic distance between capitals and/or major population centers, and shorter distances are usually associated with more social, economic, and political interaction.[2] One manifestation of this geographic distance effect is international trade, whose size can be quite well explained with gravity models that emphasize the size of economies as well as geographic proximity. More social, economic, and political interactions, in turn, allow for stronger learning and emulation effects.

H2: The probability of treaty ratification by a given country increases with the share of neighbor countries that have ratified this treaty.

1.3. Large countries

Reminiscent of the gravity logic in models explaining trade flows we expect that not only geographic distance matters for explaining ratification behavior, but also the size of other countries. What large countries do is likely to influence the ratification choices of other countries. It is particularly likely to generate learning and emulation effects, and (potentially) coercion effects. Similar to the arguments underlying hypothesis H1, we assume that ratification by large countries conveys the information to holdouts that the cost-benefit ratio of joining the treaty is, overall, acceptable. Moreover, ratification by large countries increases the reputational costs for holdout countries: To the extent these countries pay attention not only to the number of ratifiers, but also to their economic and ecological importance, ratification by a few large countries can have a similar effect as a larger number of ratifications by smaller countries.

In some cases, ratification by large countries may also generate risks of coercion by those ratifiers vis-à-vis smaller countries. If implementation of a treaty is costly, large countries are likely to demand ratification by smaller countries in order to avoid "leakage" (relocation of polluting economic activity from large ratifiers to smaller hold-outs) or free-riding (if smaller countries benefit from cleaner air without contributing to it). Because larger countries carry more weight in international economic relations and international politics, they can credibly threaten costly action against holdouts (coercion). However, it is also possible that large countries are more reluctant to ratify a treaty because they are less likely to be "punished" by other countries. We

2 Economic interactions will be considered separately (hypothesis 4). To keep the model simple, we do not include other, more specific driving forces, such as cultural similarity or communication flows, that may also be captured implicitly by the joint borders variable.

consider this possibility by including a country's economic size as a control variable (see below).

H3: The probability of treaty ratification by a given country is higher when large other countries have ratified this treaty.

1.4. Competitor countries

Clean air policies – whether they are purely national or internationally coordinated, such as in the LRTAP case – come with non-trivial implementation costs. Even if such policies target air pollution that does not flow beyond national boundaries, they may have effects on the international competitive position of industry (Vogel 2005). Those effects may not be very large: Environmental protection costs are in most cases in the order of very few percentages of production costs. However, firms are usually unable to estimate implementation costs with precision. But, they can easily observe whether another country in which its main competitors are located has ratified a clean air treaty. In simplified form, these assumptions can be translated into a "level playing field" argument. This argument holds that ratification behavior by a given country is affected by the ratification behavior of its economic competitors. Hypothesis H4 thus captures diffusion effects that pertain primarily to competition.

H4: The probability of treaty ratification by a given country decreases with the share of economic competitor countries that have not ratified this treaty.

The determinants of treaty ratification identified by the four hypotheses will be examined in comparison to a set of other determinants that have thus far dominated the relevant literature (e.g. Grossman / Krueger 1995, Bernauer / Koubi 2009). The latter determinants include, notably, economic characteristics (e.g. income per capita, economic size of countries, trade openness), domestic political system characteristics (e.g. veto players), and other factors (e.g. whether a country is a net exporter or importer of air pollution, EU membership, treaty characteristics, time trend).

2. Dataset and Statistical Approach

To test the four hypotheses developed above a new panel dataset is used. It includes information on all nine LRTAP-agreements and all countries on the Eurasian continent that have (eventually) ratified the first agreement, that is, the 1979 LRTAP-Convention. The USA and Canada are excluded as they are not geographically contiguous with the other countries and, therefore, are, from a geophysical viewpoint, not part of the same transboundary pollution problem. The dependent variable measures treaty ratifications. The source of our data for the dependent variable is the LRTAP secretariat. Data for the explanatory and control variables is taken from existing datasets (see below). The analysis is restricted to the time period from 1979 (opening for ratification of the first LRTAP agreement) to 2007 because data for many explanatory and control variables is not available beyond 2007.

The unit of analysis is the treaty-country dyad per year. Each of the nine treaties is paired with each of the 47 countries whose treaty membership is measured, and those treaty-country pairs are included in the data set with times-series. Each times-series starts as early as the year in which the treaty was opened for ratification, provided the country concerned existed at that time. Each treaty-country pair then stays in the dataset with annual observations until the year when the respective country ratified the treaty and then drops out (the reasons are given below). This approach controls for differences in "exposure" time. For example, a country that already existed when a treaty was concluded has probably had more opportunities to ratify that treaty than a country that came into existence some years after the treaty was concluded. The dependent variable for a treaty-country pair in a given year takes the value zero if the country did not ratify the treaty in that year, and one if it ratified.

The main explanatory variables are defined as follows. For hypothesis H1, the lagged (previous year) share of other countries that have ratified the respective treaty is applied (others, #). The lag structure, used for independent variables in H1 to H4, controls for potentially reverse causality. One might argue that diffusion effects emanating from all other countries cannot be fully captured in a simple additive form. For example, if ten other countries have ratified a treaty it may well matter whether five of these countries are large or whether all of the ten countries are small. To take this possibility into account we also use two alternative indicators: the sum of the populations of those countries that have ratified divided by the total population of all countries that could ratify (others, pop); the sum of the GDPs of all countries that have ratified divided by the sum of all potential treaty members' GDPs (others, gdp). These two indicators take into account the size and economic importance of countries that have ratified.

The explanatory variable in H2 is measured as the lagged (previous year) share of neighbor countries that have ratified the respective treaty (neighbors). The share seems more appropriate than the number of neighbor countries because countries have varying numbers of neighbors. Using the absolute number could thus bias statistical effects with respect to countries with more neighbors.

The explanatory variable in H3 is measured as a dummy variable that indicates whether France, Germany, or the United Kingdom, the three largest economies in Europe, have ratified the respective treaty (big countries). This variable takes the value 1 if one of the three countries has ratified, and zero otherwise. This particular definition was chosen because ratification decisions by these three countries are quite strongly correlated. To test the robustness of the results, we also employ alternative specifications (e.g. a dummy that switches to 1 once all three big countries have ratified).[3]

The explanatory variable in H4 is measured as the lagged share of the five biggest trade partners of a country that have not (yet) ratified the respective treaty (competitors). The five biggest trade partners of each country are identified by ranking all other countries in terms of the sum of exports to and import from those countries (constant US Dollars).

3 See the companion materials 7 in the Web appendix or at http://www.ib.ethz.ch/research/data.

The control variables are measured as follows: for country size, the log value of a country's population (population) is used and, alternatively, the log value of its GDP (gdp); for income, the log value of GDP per capita (gdp p.c.); for trade openness, the log value of the sum of imports and exports divided by GDP (trade openness); political system characteristics are controlled with an indicator for political constraints (veto players) (Henisz 2009) that captures how easy/hard it is to adopt policies that change the status quo (this indicator exhibits more variation than the standard democracy indicators, e.g. the Polity IV index, which in our sample is highly skewed towards democracy); in addition, we control for EU membership because the EU has also established clean air rules separately from the LRTAP process (EU affiliation). Abatements costs and benefits as well as free-riding incentives are also controlled for by including a variable that captures the emission-deposition ratio of transboundary pollution in each country (pollution exporter). A small ratio indicates that the country is primarily a victim of pollution imported from other countries; a large ratio indicates that the country exports more pollution than it imports. We model the time dynamics by controlling for the age of the treaty as well as the squared and cubic value of treaty age (age of treaty, age of treaty^2, age of treaty^3). Potential structural shifts associated with the end of the Cold War are also tested (dummy variable for the post-Cold War period, post 1989). Finally, treaty variables are included (treaty) to control for unspecific treaty characteristics. In other words, we use a wide range of controls for country characteristics, treaty characteristics and time effects to avoid *Galton*'s problem.

The approach chosen here also controls in different ways for the possibility that ratification may be affected by variation in implementation costs across treaties and across countries within a given treaty. First, the variables for time-effects control for the possibility that treaties on a similar environmental problem may become stricter (and thus more costly to ratifiers) over time. Second, treaty and country effects are subjected to our robustness checks. Third, the implications of differential obligations are examined (i.e. different obligations for different countries within the same treaty). Fourth, our models include several variables that capture, indirectly, how costly it might be for individual countries to join a treaty (for example, pollution deposition rates, ratification constraints in terms of veto-players, economic capacity in terms of income levels).[4]

We apply the binary-time-series-cross-sectional (BTSCS) approach (described in Carter / Signorino 2007) which treats binary-time-series-cross-sectional data as grouped duration data where the interval of observing the data is fixed to one year. This is why any given treaty-country pair is dropped from the dataset after ratification took place, i.e. after the value of the dependent variable changed from zero to one. Although the standard approach is to include splines or time dummies, we include the time (*age of treaty*) as well as its squared and cubic terms in the regression to model time dependencies. This approach avoids problems associated with using time dummies (ineffi-

4 A summary table of all variables in the analysis, the sources of the data, descriptive statistics, correlations, simulated probabilities, and results of robustness checks can be found in the companion materials at http://www.ib.ethz.ch/research/data.

ciency, quasi-complete separation issues). Experimental and empirical evidence suggest that the chosen approach performs as well or better than splines by increasing, decreasing and non-monotonic hazard (Carter / Signorino 2007: 18 ff.). To cross-examine the robustness of the results conditional logit models are also applied that allow for a fixed effects procedure to account for variations in the particular characteristics of the nine LRTAP treaties. Note that standard spatial lag models, which are frequently used in policy diffusion research, cannot be used in this case because our unit of analysis is the treaty-country dyad per year, and not the country dyad per year.

3. Results

The baseline model shown in Table 1, Model 1, includes all domestic and time variables. Except for income (GDP p.c.), country size (population), and political constraints (veto players), all independent variables in this model have a significant effect on treaty ratification behavior.

The results for the baseline model show that significant free-riding incentives are present, in the sense that net exporters of pollution are less likely to ratify clean air agreements. There are also some indications that larger countries (measured by population size) are less likely to ratify agreements, though the negative coefficients for this variable are significant only in some models. This finding suggests that larger countries may be less exposed to reputational costs and international political pressure resulting from non-ratification. Countries more open to international trade are more likely to ratify agreements, suggesting that "competition in laxity" is not a problem in the LRTAP case.

The post-Cold War dummy has a negative sign. This effect may be due to the fact that new countries such as the former Soviet Republics, which tend to be environmental laggards, enter the dataset after 1989. An additional interpretation is that the LRTAP treaties concluded in the 1990s became more demanding, which in turn had a negative effect on ratification. The EU variable has no significant effect in any of the models and was thus dropped.[5]

Table 1, models 2 to 5, show the estimates that include international determinants of treaty ratification. As discussed above, the aim is not to compare the relative effects of particular policy diffusion mechanisms, but to examine the extent to which international determinants matter, overall, in comparison to other determinants. For that reason, and because the indicators for international determinants capture partly overlapping types of effects[6], we include each international variable separately.

5 In companion materials 6 (at http://www.ib.ethz.ch/research/data) a figure shows the substantive time effects.

6 Some of these variables are in fact highly correlated, see companion materials.

Table 1: Main results

	Model 1 Baseline model	Model 2 Hypothesis H1	Model 3 Hypothesis H2	Model 4 Hypothesis H3	Model 5 Hypothesis H4
Others (pop)		0.03***			
		(0.01)			
Neighbors			0.01**		
			(0.004)		
Big countries				0.94***	
				(0.26)	
Competitors					-0.008*
					(.004)
Population	-0.52	-0.54*	-0.49	-0.56*	-0.71*
	(.33)	(.33)	(.33)	(.33)	(.37)
GDP p.c.	-0.21	-0.22	-0.33	-0.26	-0.71
	(.72)	(.73)	(.71)	(.73)	(.72)
Trade openness	.88**	.93**	.89**	.94**	1.13***
	(.39)	(.38)	(.39)	(.39)	(.41)
Veto players	.92	.84	.64	.83	1.12
	(1.14)	(1.08)	(1.07)	(1.08)	(1.12)
Pollution exporter	-0.82***	-0.87***	-0.89***	-0.87***	-0.80***
	(.24)	(.25)	(.24)	(.24)	(.25)
Post 1989	-1.77***	-1.49***	-1.62***	-1.44***	-1.72***
	(.23)	(.24)	(.22)	(.25)	(.25)
Age of treaty	0.76***	-0.07	.17	.06	.18
	(.18)	(.27)	(.23)	(.23)	(.23)
Age of treaty^2	-0.09***	-0.02	-0.03	-0.03	-0.04
	(.02)	(.03)	(.02)	(.02)	(.02)
Age of treaty^3	.00***	.00	.00	.00	.00*
	(.00)	(.00)	(.00)	(.00)	(.00)
Constant	-16.06***	-15.92***	-14.16***	-15.68***	-13.74***
	(2.39)	(2.37)	(2.11)	(2.32)	(2.11)
Observations	2235	1967	1967	1967	1829
chi2	152.9	161.1	192.1	195.6	138.4
ll_0	-613.7	-571.6	-571.6	-571.6	-528.4
Ll	-484.5	-439.3	-439.8	-437.8	-409.4
N_clust	40	40	40	40	38

Note: Robust standard errors in parentheses, *** p<0.01, ** p<0.05, * p<0.1.

Including the international determinants improves the fit and explanatory power of the models (the BIC and AIC improve, see companion materials 5). The coefficients of the main explanatory variables in Models 2 to 5 all point in the expected direction. With the exception of the competitor variable (Model 5), which is significant only at the ten-percent level, the coefficients are significant at one-percent (others (#), big countries) or five-percent (neighbors) levels.

In Model 2, the effect of the share of other countries that have ratified previously is positive and highly significant. In this model, the ratifications of other countries are measured in terms of the sum of the populations of countries that ratified one year prior divided by the sum of populations of all potential ratifiers. As shown in Model 2 of Table 2, the result is very similar if the ratifications of other countries are weighed by GDP (economic size of countries) rather than population. The same applies when we use the non-weighed share of potential ratifiers that have in fact ratified (Model 1 in Table 2).

The ratification behavior of neighbor countries (measured as the percentage of neighbor countries that ratified one year prior) has a significant, positive effect, albeit only at the five-percent level. One of the reasons might be that it is, conceptually, difficult to capture neighborhood effects because the number of neighbor countries varies greatly (between one and eight). This may cause biases particularly in cases where countries have only one or two neighbors and the share of neighbor ratifiers can thus quickly jump from zero to very high shares.

As expected, ratification behavior is influenced positively by whether France, Germany or the UK (big countries), the largest economies in Europe, has ratified previously. Moreover, as expected, non-ratification by a country's main trade partners has a significant negative effect on ratification behavior, though the coefficient is significant only at the ten-percent level. We examined the robustness of the aforementioned findings in various ways; the main results survived.[7]

Simulated probabilities help in assessing the substantive effects of international in comparison with domestic variables. The analysis of such probabilities is useful also because multicollinearity (even though it is not a problem in our models) affects standard errors and thus statistical significance, but does not affect the direction and size of coefficients on which the estimation of substantive effects relies. Without this additional analysis one might argue that the international variables turn out to have comparatively strong effects only because we have "stacked the deck" in favor of these variables by including all domestic variables together in the models (exposing them to multicollinearity problems) while including the unit-external variables one-by-one.

7 These robustness checks are reported in the companion materials, see at http://www.ib.ethz.ch/research/data.

Table 2: Additional results and robustness checks

	Model 1 Hypothesis H1 (IV=others)	Model 2 Hypothesis H1 (IV=others_GDP)	Model 3 Clogit, group: cow-code	Model 4 Clogit, group: trea-tyno
Others (#)	0.04***			
	(0.01)			
Others (pop)			2.13***	0.37
			(0.75)	(0.99)
Others (gdp)		1.14*		
		(0.58)		
Population	-0.55*	-0.57	-7.32**	-0.46***
	(0.33)	(0.35)	(3.51)	(0.18)
GDP p.c.	-0.23	-0.30	0.15	0.13
	(0.73)	(0.75)	(1.16)	(0.37)
Trade openness	0.94**	0.97**	0.05	0.69***
	(0.38)	(0.40)	(.53)	(0.20)
Veto players	0.84	1.02	-2.89**	0.55
	(1.08)	(1.07)	(1.23)	(0.68)
Pollution exporter	-0.87***	-0.92***		
	(0.25)	(0.27)		
Post 1989	-1.49***	-1.75***		
	(0.24)	(0.24)		
Age of treaty	-0.07	0.13	0.87***	0.20
	(0.27)	(0.25)	(0.21)	(0.19)
Age of treaty^2	-0.02	-0.04	-0.13***	-0.04**
	(0.03)	(0.03)	(0.02)	(0.01)
Age of treaty^3	0.00	0.00	0.00***	0.00***
	(0.00)	(0.00)	(0.00)	(0.00)
Constant	-15.92***	-15.81***		
	(2.38)	(2.35)		
Observations	1967	1947	1561	1967
Ll_0	-571.6	-565.0	-362.1	-527.8
chi2	161.1	152.6	85.36	195.2
Ll	-439.3	-428.7	-319.5	-430.2
N_clust	40	40		

Note: Robust standard errors in parentheses, *** p<0.01, ** p<0.05, * p<0.1. The variable pollution exporter was dropped from the Clogit models because of time-invariant data for most of our period of analysis.

Figure 1 illustrates the effects of two international and two domestic variables: ratification by other countries, non-ratification by major trade partners, deposition rate of pollution (free rider effect), and trade openness.[8]

Figure 1: Predicted probabilities, illustrations

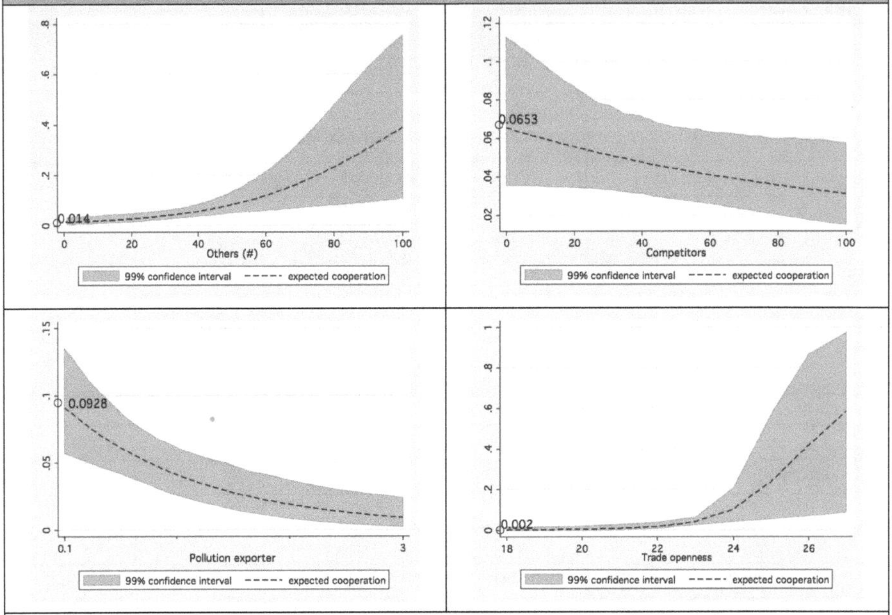

Note: The models on which the simulated probabilities are based are shown in Table 1 and 2.

Overall, these results suggest that international effects are as important in influencing ratification behavior as domestic effects. The strongest effects emanate from the ratification behavior of other countries most broadly defined. Depending on the specific definition of that variable, the probability of ratification increases by up to 35 percent, starting from a baseline probability of around one percent (when all other variables are set to their mean values), if ratifications by other countries change from the minimum to the maximum. This effect is non-linear, in that it kicks in primarily once 30 to 50 percent of the other countries have joined.

The effects of the other three international variables (neighbors, big countries, competitors) are smaller than those of the most broadly defined international variable (others (#), others (pop), others (gdp)), but still similar to domestic variables, particularly when one takes into account the confidence intervals. One of the reasons why the international effect emanating from ratification of other countries broadly defined clearly dominates may be that all potential ratifiers are located on the same continent.

8 Similar figures for the other explanatory variables are shown in the companion materials, see at http://www.ib.ethz.ch/research/data.

This geographic proximity may motivate countries to pay attention primarily to what other countries as a whole do, rather than what specific types of other countries do.

As an additional illustration of substantive effects, we simulated the probability of treaty ratification by specific countries.[9] All variables that are not country specific were kept at their mean values. The domestic variables were set to the country-specific value of the respective variable in 2000. The results indicate that some countries, for instance Norway and Switzerland, can be considered ratification leaders, whereas other countries, such as Romania and Estonia, are clearly among the laggards. The simulated probability of Norway and Switzerland ratifying a treaty is around 40 percent, whereas the corresponding probability of Romania and Estonia is around three percent.

4. Conclusion

Existing theories of international regime formation concentrate quite heavily on the bargaining stage. Very few studies have thus far examined treaty ratification processes, and these focus primarily or even exclusively on domestic determinants of ratification behavior. As treaties are in most cases the backbone of international regimes, and as ratification is usually required to start the implementation of international commitments at national levels, closing this research gap is important. The empirical findings, based on the example of agreements on long-range transboundary air pollution in Europe, the most important international clean air agreements on that continent, demonstrate that international effects are as important in influencing ratification choices as domestic effects. In substantive terms, the effect of ratification choices of other countries as a whole, turn out to be most important, though the other three international variables are also relevant.

Future research could use a similar analytical framework and methodological approach to investigate whether our results are relevant for other areas of international cooperation as well, for instance arms control, human rights, trade and investment. It will be particularly interesting to see whether diffusion effects differ across bilateral, minilateral and multilateral or global treaties as well as problem structures.

Future research should also concentrate on empirically identifying specific diffusion mechanisms and establishing the conditions under which particular types of diffusion mechanisms are influential. Qualitative case study work focusing on legislative ratification debates and decision-making in executives will be particularly useful because large-N studies are too crude to really capture in detail, and in a dynamic way, the motivations that attract or deter countries from ratifying international treaties.

Furthermore, the linkages between the bargaining and the ratification phase should be taken into account more explicitly. For example, if some types of countries (e.g. poorer countries or more powerful countries) were able to obtain systematically different treaty obligations compared to other countries this could reduce the effects of domestic determinants at the ratification stage. If, for instance, poor countries were able to obtain

9 See companion materials 6 at http://www.ib.ethz.ch/research/data.

treaty obligations implicating lower implementation costs, this could make ratification by poorer countries more likely, or it could obfuscate the income (GDP per capita) effect on ratification.

In our rather parsimonious analytical setup, we did not find convincing evidence for systematically "cheaper" obligations in the nine LRTAP agreements for poorer or more powerful countries. Poorer as well as smaller countries are subject to somewhat less ambitious obligations in some (but not all) LRTAP agreements. But when considered in terms of relative ability to pay for pollution abatement and relative marginal abatement costs it is far from clear that poorer countries should find it easier (cheaper, relative to their national capabilities) to implement any given LRTAP agreement.[10]

Nonetheless, it would be interesting to study both the treaty design (bargaining) and ratification stages of international regime formation, and to investigate to what extent the effects of domestic and international determinants differ across the two phases. Such research could provide important insights into "constraining vs. screening" and "enforcement vs. participation" issues that have thus far been studied primarily with respect to compliance in the post-ratification phase (e.g. von Stein 2005).

Ratification processes are important stages in international regime formation and deserve analysis in their own right. The dynamics that unfold during this phase matter considerably in determining whether an international regime gets off to a good start or not. International factors are important in shaping these dynamics. By implication, countries interested in accelerating international cooperation can form coalitions with like-minded states and time their ratification behavior so that it sends strong cooperation-promoting signals to the holdouts.

Bibliography

Bernauer, Thomas / Anna Kalbhenn / Vally Koubi / Gabriele Ruoff: A Comparison of International and Domestic Sources of Global Governance Dynamics: Explaining Global Environmental Treaty Ratifications, 1950-2000, in: British Journal of Political Science, Vol. 40 (2010), No. 3, 487-508.

Bernauer, Thomas / Vally Koubi: Effects of Political Institutions on Air Quality, in: Ecological Economics, Vol. 68 (2009), 1355-1365.

Braun, Dietmar / Fabrizio Gilardi: Taking 'Galton's Problem' Seriously: Towards a Theory of Policy Diffusion, in: Journal of Theoretical Politics, Vol. 18 (2006), No. 3, 298-322.

Cao, Xun / Asseem Prakash: Trade competition and domestic pollution: A panel study, 1980–2003, in: International Organization, Vol. 64 (2010), No. 3, 481-503.

Carter, David / Curtis S. Signorino: Back to the Future: Modeling Time Dependence with binary Data. Working Paper 2007.

Fredriksson, Per G. / Noel Gaston: Ratification of the 1992 Climate Change Convention: What Determines Legislative Delay?, in: Public Choice, Vol. 104 (2000), 345-368.

Gilardi, Fabrizio: Who learns from what in policy diffusion processes?, in: American Journal of Political Science, Vol. 54 (2010), No. 3, 650-666.

Grossman, Gene / Alan B. Krueger: Economic Growth and the Environment, in: The Quarterly Journal of Economics, Vol. 110 (1995), No. 2, 353-377.

10 See companion materials 7 at http://www.ib.ethz.ch/research/data.

Haas, Peter M.: Introduction: Epistemic Communities and International Policy Coordination, in: International Organization, Vol. 46 (1992), No. 1, 1-35.

Henisz, Witold J.: POLCON_2005 Codebook, 2009 (http://www.management.wharton.upenn.edu/henisz/).

Hovi, Jon / Detlef F. Sprinz / Guri Bang: Why the United States Became a Non-Party to the Kyoto Protocol: German, Norwegian and US perspectives, European Journal of International Relations, 11. Jg. (2010), H. 3, S. 405-426.

International Monetary Fund (IMF): The Direction of Trade Statistics (DOTS) Online Database, 2008 (http://www.imfstatistics.org/DOT/).

Jahn, Detlef: Globalization as 'Galton's Problem': The Missing Link in the Analysis of Diffusion Patterns in Welfare State Development, in: International Organization, Vol. 60 (2008), No. 2, 401-431.

Levy, Marc: European Acid Rain: The Power of Tote-Board Diplomacy, in: Peter Haas / Robert O. Keohane / Marc Levy (eds.): Institutions for the Earth: Sources of Effective International Environmental Protection, Cambridge 1993, 75-131.

Lewanski, Rodolfo: Italy: Learning from international co-operation or simply 'following suit'?, in: Arild Underdal / Kenneth Hanf (eds.): International Environmental Agreements and Domestic Politics The Case of Acid Rain, Aldershot 2000, 255-277.

March, James G. / Johan P. Olsen: The Institutional Dynamics of International Political Orders, in: International Organization, Vol. 52 (1998), No. 4, 943-969.

Miles, Edward L. / Arild Underdal / Steinar Andresen / Jørgen Wettestad / Birger Skjærseth / Elaine M. Carlin: Environmental Regime Effectiveness. Confronting Theory with Evidence, Cambridge 2002.

Mitchell, Ronald B.: International Politics and the Environment, Los Angeles 2009.

Murdoch, James C. / Todd Sandler / Keith Sargent: A Tale of Two Collectives: Sulphur versus Nitrogen Oxides Emission Reduction in Europe, in: Economica, Vol. 64 (1997), 281-301.

Neumayer, Eric: Does Trade Openness Promote Multilateral Environmental Cooperation?, in: The World Economy, Vol. 25 (2002a), 815-832.

Neumayer, Eric: Do Democracies Exhibit Stronger International Environmental Commitment? A Cross-Country Analysis, in: Journal of Peace Research, Vol. 39 (2002b), No. 2, 139-164.

Roberts, J. Timmons / Bradley C. Parks / Alexis A. Vásquez: Who Ratifies Environmental Treaties and Why? Institutionalism, Structuralism and Participation by 192 Nations in 22 Treaties, in: Global Environmental Politics, Vol. 4 (2004), No. 3, 22-64.

Shipan, Charles R. / Craig Volden: The Mechanisms of Policy Diffusion, in: American Journal of Political Science, Vol. 52 (2008), No. 4, 840-857.

Simmons, Beth / Zachary Elkins: The Globalization of Liberalization: Policy Diffusion in the International Political Economy, in: American Political Science Review, Vol. 98 (2004), No. 1, 171-189.

Simmons, Beth / Frank Dobbin / Geoffrey Garrett: Introduction: The International Diffusion of Liberalism, in: International Organization, Vol. 60 (2006), No. 4, 781-810.

Tarrasón, Leonor / Hilde Fagerli / Heiko Klein / David Simpson / Anna Carlin Benedictow / Vigdis Vestreng / Elisabeth Rigler / Lisa Emberson / Maximilian Posch / Till Spranger: Trends of Air-concentrations and depositions since 1990 to 2004: Transboundary Acidification, Eutrophication and Ground Level Ozone in Europe since 1990 to 2004, EMEP Status Report 1/2006 (http://www.emep.int/SR_data/sr_tables.html).

Underdal, Arild: Conceptual Framework: Modelling Supply and Demand for Environmental Regulation, in: Arild Underdal / Kenneth Hanf (eds.): International Environmental Agreements and Domestic Politics: The Case of Acid Rain, Aldershot 2000, 49-86.

Vogel, David: Trading Up, Cambridge 1995.

von Stein, Jana: International Law and Politics of Climate Change, in: Journal of Conflict Resolution, Vol. 52 (2008), No. 2, 243-268.

von Stein, Jana: Do Treaties Constrain or Screen? Selection Bias and Treaty Compliance, in: American Political Science Review, Vol. 99 (2005), No. 4, 611-622.

Vreeland, James Raymond: Political Institutions and Human Rights: Why Dictatorships Enter into the United Nations Convention Against Torture?, in: International Organization, Vol. 62 (2008), No. 1, 65-101.

Ward, Hugh: International Linkages and Environmental Sustainability: The Effectiveness of the Regime Network, in: Journal of Peace Research, Vol. 42 (2006), No. 2, 149-66.

World Bank: World Development Indicators 2008, World Bank 2008.

Young, Oran R.: International Governance: Protecting the Environment in a Stateless Society, Ithaca 1994.

Klimawandel in der Perspektive verschiedener Sicherheitsdiskurse: Drei Interpretationen und ihre Folgen für die Politik

*Tatjana Reiber und Fariborz Zelli**

In der internationalen Politik wird Klimawandel zunehmend als Sicherheitsproblem und Ursache gewaltsamer Konflikte diskutiert. So beschäftigte sich im April 2007 erstmals der UN-Sicherheitsrat mit dem Problemfeld der globalen Erderwärmung und erörterte die Zusammenhänge zwischen Energie, Sicherheit und Klima. UN-Generalsekretär *Ban Ki-moon* führt den Krieg in Darfur auf eine ökologische Krise und die anthropogene Erderwärmung zurück (Ban 2007), während UNEP-Generalsekretär *Achim Steiner* die Bekämpfung des Klimawandels als zentrales Thema für Frieden und Sicherheit im 21. Jahrhundert bezeichnet (UNEP 2007). Ähnlich lautete auch die Begründung des Nobelpreiskomitees zur Vergabe des Friedensnobelpreises 2007 an *Al Gore* und das Intergovernmental Panel on Climate Change (IPCC) (Norwegian Nobel Committee 2007).

In der wissenschaftlichen Literatur gibt es bereits seit Mitte der 1990er Jahre eine intensive Diskussion über die Wechselwirkungen und Zusammenhänge zwischen Umweltdegradation und gewaltsamen Konflikten. Schon sehr früh haben sich mit diesem Themenfeld die Forschungsgruppen von *Thomas Homer-Dixon* (exemplarisch: Homer-Dixon 1994) und *Günther Bächler* (Bächler u.a. 1996) beschäftigt. In den letzten Jahren hat sich der Untersuchungsfokus zunehmend auf die sicherheitspolitischen Auswirkungen des Klimawandels verschoben (Breitmeier 2009; Gleditsch / Nordås 2009; Raleigh / Urdal 2007; Salehyan 2008).

Gemeinsam ist der wissenschaftlichen wie der politischen Diskussion, dass die Perzeption des Klimawandels als Sicherheitsproblem aus ganz unterschiedlichen Perspektiven erfolgt, wie beispielsweise nationale Sicherheit, menschliche Sicherheit, innerstaatliche und zwischenstaatliche Konfliktanfälligkeit, Staatszerfall und erweiterte Sicherheit (vgl. zum Beispiel BMU 2002; Barnett / Adger 2007; Brown et al. 2007; Carius / Tänzler 2005; CNA 2007; Gleditsch / Nordås 2009; GTZ 2008: Klare 2007; Podesta / Ogden 2007; Schwartz / Randall 2003; Smith / Vivekananda 2007; UNDP 2007; WBGU 2007). Zugleich gibt es zahlreiche kritische Stimmen, die vor einer Erweiterung des Sicherheitsbegriffes auf Umweltfragen warnen (u.a. Brock 1991, 2004;

* Für hilfreiche Kommentare und Hinweise bedanken wir uns bei *Steffen Bauer*, *Hans Günter Brauch*, *Robert Falkner*, *Katrin Radtke*, *Jörn Richert*, *Hannes Stephan* und *Boris Wilke*.

Deudney 1990; Gleditsch 2007), da sie eine Militarisierung im Zuge der Versicherheitlichung[1] (Buzan / Wæver/ de Wilde 2007) befürchten.

Bisher fehlt ein Überblick, der die verschiedenen Sicherheitsbegriffe, ihre Interpretation des Klimawandels und die möglichen Implikationen der Versicherheitlichung gegenüberstellt: Welchen Unterschied macht es, wie das Sicherheitsproblem Klimawandel erfasst wird? Welche Auswirkungen können sich daraus für die Klima- Entwicklungs- und Friedenspolitik ergeben? Ziel dieses Beitrages ist es, eine solche Systematisierung zu bieten, wobei als wesentliches Strukturierungskriterium das Referenzobjekt (um wessen Sicherheit geht es?) dient. Davon ausgehend lassen sich idealtyptisch drei Sicherheitsverständnisse unterscheiden: erweiterte Sicherheit (Staat); menschliche Sicherheit (Mensch); und ökologische Sicherheit (Umwelt) (siehe auch Oswald Spring / Brauch / Dalby 2009).

Diese Dreiteilung dient der Vereinfachung. Deshalb sei gleich zu Beginn auf mehrere Einschränkungen verwiesen: Letztlich wird keiner dieser drei Begriffe in der jeweiligen Literatur einheitlich verstanden und kohärent verwendet; so werden insbesondere unter dem „human security"-Begriff eine Vielzahl unterschiedlicher Ansätze zusammengefasst (vgl. Brauch u.a. 2008). Zudem schließen sich die Begriffe nicht wechselseitig aus. Dies zeigt sich in häufigen Überlappungen bei deren Verwendung, zum Beispiel im WBGU-Bericht (WBGU 2007), der von erweiterter Sicherheit ausgeht, aber weitestgehend Aspekte menschlicher Sicherheit einbezieht; oder in der Literatur zu „environmental security", die zu großen Teilen mit erweiterter Sicherheit zusammenfällt. Außerdem hat diese Trias keinen Anspruch auf Vollständigkeit. Jenseits der drei Begriffe gibt es weitere Sicherheitskonzepte. Einigen von diesen – beispielsweise „kollektiver Sicherheit" (Opitz 2002) oder „gemeinsamer Sicherheit" (Independent Commission on Disarmament and Security Issues 1982) – fehlt jedoch der direkte Bezug zu Umweltfragen. Von anderen, wie insbesondere dem traditionellen nationalen Sicherheitsverständnis, könnte ein solcher Bezug hergeleitet werden. Da solche Konzepte eine vergleichsweise kleine Rolle spielen, konzentriert sich der vorliegende Beitrag auf eine Systematisierung der zur Zeit prägenden Literatur im Klima-Sicherheits-Diskurs.[2]

---

1 Der Begriff der Versicherheitlichung („securitization") geht auf die Kopenhagener Schule der kritischen Sicherheitsstudien zurück. Demnach ist Sicherheit kein objektiv gegebener, materieller Tatbestand, sondern wird sozial konstruiert. Grundlage für die Versicherheitlichung ist ein Sprechakt, durch den Akteure einen Gegenstand (zum Beispiel den Klimawandel) zu einer Sicherheitsgefahr erklären. Durch diese Erklärung können außergewöhnliche Maßnahmen gerechtfertigt und Themen von der Sphäre der „normalen" Politik in die Sphäre des Außergewöhnlichen und Dringlichen erhoben werden. Voraussetzung für die Versicherheitlichung eines Themas ist die Akzeptanz des Sprechakts (Buzan / Wæver / de Wilde 1997: 21-47).

2 Zur weiteren Eingrenzung schließen wir Literatur zu sicherheitsverwandten Begriffen aus. Begriffe wie Risiko, Stabilität und „safety" sind zum Teil im Zuge einer Abkehr vom Sicherheits- bzw. „security"-Begriff stärker in den Blickpunkt gerückt – etwa, um zwischen intentionalen und nicht-intentionalen Bedrohungen zu unterscheiden oder die Auswirkungen auf die Referenzobjekte stärker zu betonen (vgl. Richert 2009a).

1. Sicherheitsbegriffe im Vergleich

In den Internationalen Beziehungen herrschte lange Zeit ein Sicherheitsbegriff vor, der sich auf den Staat konzentrierte. Sicherheit existierte demnach, wenn der Staat – und somit seine physische, politische und kulturelle Identität – vor existentiellen Bedrohungen geschützt und sein Überleben somit nicht gefährdet war. In dieser, insbesondere von (neo-)realistischen Theorien geprägten Sichtweise sind Bedrohungen zumeist militärischer Art. Sie kommen von außen, und Staaten begegnen diesen Gefährdungen in der Regel mit militärischen Instrumenten. Ende der 1980er Jahre setzte ein Wandel des Sicherheitsverständnisses ein. Der traditionelle Begriff wurde vom Konzept der „erweiterten Sicherheit" verdrängt, das die möglichen Gefährdungen der Sicherheit sektoral ausweitet und deutlich über militärische Bedrohungen hinausgeht. Diesem Verständnis nach sind auch nicht-militärische Politikfelder und Herausforderungen sicherheitsrelevant. Bedrohungen können politischer, wirtschaftlicher, militärischer, sozialer und ökologischer Natur sein und umfassen Phänomene wie Unterentwicklung, Migration, Epidemien, Umweltzerstörung, Bevölkerungswachstum und wirtschaftliche Krisen (Tuchman Mathews 1989; Shepherd / Weldes 2008: 529 ff.).

Eine noch deutlichere Abkehr vom klassischen Sicherheitsbegriff vollzog sich mit dem Aufkommen des „human security"-Ansatzes. Im Vergleich zur erweiterten Sicherheit zeichnet sich menschliche Sicherheit durch die Veränderung des Referenzobjekts aus. Es geht nicht mehr um den Staat, dessen Sicherheit gefährdet ist, sondern soziale Gruppen und Individuen rücken in den Mittelpunkt. Impulsgeber für diese Fokusverschiebung waren vor allem politische Akteure. Erstmals erwähnt wurde „human security" vom Entwicklungsprogramm der Vereinten Nationen (UNDP), das in seinem Weltentwicklungsbericht 1994 die zu enge Fixierung des Sicherheitskonzeptes kritisierte. Stattdessen forderte UNDP eine Umorientierung auf „legitimate concerns of ordinary people who sought security in their daily lives" (UNDP 1994: 22). Menschliche Sicherheit umfasst demnach zweierlei: erstens „safety from such chronic threats as hunger, disease and repression" sowie zweitens „protection from sudden and hurtful disruptions in the patterns of daily life – whether in homes, in jobs or in communities" (UNDP 1994: 23). In einem solch breiten Verständnis umfasst Sicherheit nicht nur „Freiheit von Furcht", sondern auch „Freiheit von Not". Als einzelne Komponenten von Sicherheit werden im Weltentwicklungsbericht 1994 sieben Aspekte genannt: wirtschaftliche Sicherheit, Ernährungs-Sicherheit, gesundheitliche Sicherheit, ökologische Sicherheit, persönliche Sicherheit, gemeinschaftliche Sicherheit und politische Sicherheit.

Das Konzept der menschlichen Sicherheit unterstützen auch Staaten wie Kanada, Norwegen und Japan sowie zahlreiche NGOs. Während die japanische Regierung die breite Konzeption im Sinne des UNDP-Reports vertritt, favorisieren Kanada und Norwegen ein engeres Verständnis, das lediglich den Schutz vor jeglicher Art physischer Gewalt umfasst (Debiel / Werthes 2005: 9 f.). Auch in der wissenschaftlichen Diskussion ist der Begriff der menschlichen Sicherheit mittlerweile weit verbreitet, wird jedoch, insbesondere wegen seiner fehlenden analytischen Trennschärfe, deutlich kritisiert (Paris 2001).[3] Die vage Definition, so die Beanstandung, öffne die Tür für die Berücksichtigung aller möglichen physischen und nicht-physischen Bedrohungsaspekte und bleibe Maßgaben für die Priorisierung spezifischer Aspekte und Sicherheitsstrategien schuldig (Amouyel 2006: 13-16; Owen 2004: 378 f.). Spiegelbildlich zur politischen Auseinandersetzung ist auch der akademische Diskurs von einer großen Heterogenität geprägt. Verfechter enger und weiter Definitionen stehen sich gegenüber. Doch anders als in der politischen Debatte – wo es zumindest vordergründig darum geht, bestimmte Themen auf die Agenda zu bringen – ist diese Begriffspluralität stärker philosophisch motiviert: Sie geht zurück auf unterschiedliche anthropologische, ethische oder auch religiöse Kontexte der Konzeptionalisierung menschlicher Sicherheit (vgl. verschiedene Beiträge in Brauch u.a. 2008).

Ein Blick auf die zum Begriff der „ökologischen Sicherheit" („environmental security" oder „ecological security") veröffentlichte Literatur offenbart rasch, dass dieser nicht einheitlich verwendet wird. Unterschiede ergeben sich hinsichtlich des Bezugsobjekts und der Art der Bedrohung. So legt ein Strang der Forschung den Fokus auf umweltbedingte Bedrohungen menschlicher oder staatlicher Sicherheit, zum Beispiel durch Ressourcenverknappung (vgl. Barnett 2000: 272 ff.; Buzan / Wæver / de Wilde 1997: 71 ff.; Homer-Dixon 1994: 6 ff., 36 ff.). Ein zweiter Strang betrachtet die Umwelt nicht als Subjekt, sondern als Objekt von Bedrohungen und rückt damit Gefährdungen der natürlichen Umwelt durch militärische Aktivitäten oder Industrialisierung in den Mittelpunkt der Analyse (Gaan 2004: 69-72; Græger 1996: 110; Westing 1988: 257-259; für eine Übersicht Brock 1991: 410 f). Das Gros der Literatur fällt unter die zuerst genannte Variante, die allerdings nicht trennscharf von umweltbezogenen Auseinandersetzungen mit menschlicher und erweiterter Sicherheit zu unterscheiden ist. Daher wird diese Literatur, soweit möglich, unter diesen beiden Sicherheitsbegriffen behandelt. Nur die zweite Variante der Veröffentlichungen zu ökologischer Sicherheit fällt somit in die dritte Kategorie unserer Gliederung nach Referenzobjekten. Sie operiert mit dem schützenswerten Bezugsobjekt Umwelt. Zwar gibt es dafür keine einheitliche Definition, doch dominiert ein holistisch-systemisches Verständnis von Umwelt als physische und biologische rückgekoppelte Systeme (Levy 1995: 39).[4]

Vergleicht man die drei Sicherheitsbegriffe, so fällt als der zentrale Unterschied das Referenzobjekt ins Auge: Wessen Sicherheit ist bedroht? Dabei ist innerhalb des Ansatzes der menschlichen Sicherheit noch zwischen einer weiten und engen Konzeptionalisierung zu unterscheiden. Die Differenz ergibt sich hier in Bezug auf das Ausmaß der Sicherheit des Referenzobjekts: Geht es nur um den Schutz vor physischer Gewalt oder um die Abwesenheit von Not in einem weit allgemeineren Sinne? Hinsichtlich der Art der Bedrohungen jedoch gleichen sich die drei Sicherheitsbegriffe in ihrer Abgrenzung vom traditionellen Sicherheitsverständnis: Die Form der Bedrohun-

3 Einen guten Überblick über die Diskussion vermittelt die Debatte in der Zeitschrift Security Dialogue 35. Jg. (2004), Heft 3.

4 Konsequent zu Ende gedacht würde auch ein solcher holistischer Ansatz zentrale Aspekte von „human security" integrieren: Menschliches Leben ist Bestandteil des ökologischen Systems und Gefährdungen der Umwelt betreffen daher immer auch den Menschen (Brock 1991: 417; Richert 2009: 8).

gen hat sich über die militärische Dimension hinaus erweitert und umfasst unterschiedliche Sektoren (siehe Tabelle 1).

In der sozialwissenschaftlichen Diskussion gibt es außerdem unterschiedliche ontologische Auffassungen darüber, ob Sicherheit objektiv oder subjektiv zu bemessen ist. Nach *Arnold Wolfers* (1962: 150) ist beides denkbar: „Security, in an *objective* sense, measures the absence of threats to acquired values, in a *subjective* sense, the absence of fear that such values will be attacked." Die Möglichkeit, objektiv bewerten oder gar messen zu können, was Sicherheit ausmacht und welche Bedrohungen es gibt, streiten Konstruktivisten hingegen ab. Aus ihrer Sicht ist Sicherheit ein soziales Konstrukt und keine objektiv gegebene Tatsache. Relevant ist dabei, dass Sicherheit intersubjektiv hergestellt wird: Themen werden nicht durch die Einschätzung von Individuen sicherheitsrelevant, sondern erst, wenn diese Perzeption von einer größeren Gruppe anerkannt wird und somit von sozialer Qualität ist (Buzan / Wæver / de Wilde 1997: 31). Dieses intersubjektive Verständnis von Sicherheit wird hier geteilt. Uns interessiert nicht, ob die Erderwärmung „objektiv" eine Bedrohung der Sicherheit darstellt und welche Folgen des Klimawandels Menschenleben gefährden oder Gewaltkonflikte bedingen können. Stattdessen steht die Frage im Mittelpunkt, was passiert, wenn sich die Wahrnehmung des Klimawandels verändert und dieser zu einem intersubjektiv konstruierten Sicherheitsproblem wird.

Tabelle 1: Abgrenzung der Sicherheitsbegriffe

<table>
<tr><th rowspan="2"></th><th rowspan="2">Erweiterte Sicherheit</th><th colspan="2">Menschliche Sicherheit</th><th rowspan="2">Ökologische Sicherheit</th></tr>
<tr><th>Enges Verständnis</th><th>Weites Verständnis</th></tr>
<tr><td rowspan="2">Referenzobjekt</td><td rowspan="2">Staat</td><td colspan="2">Individuum, soziale Gruppe</td><td rowspan="2">Umwelt, ökologisches System</td></tr>
<tr><td>Physische Unversehrtheit</td><td>Physische Unversehrtheit und Abwesenheit sozialer Not</td></tr>
<tr><td>Bedrohung</td><td>Sektorale Vielfalt der Bedrohungen: Militärisch, sozial, politisch, wirtschaftlich, ökologisch, gesundheitlich</td><td colspan="2">Sektorale Vielfalt der Bedrohungen: Militärisch, politisch, wirtschaftlich, sozial, ökologisch und gesundheitlich</td><td>Menschliche Aktivitäten, beispielsweise Industrialisierung, Militäreinsätze, Bevölkerungswachstum</td></tr>
</table>

2. Klimawandel als Bedrohung erweiterter Sicherheit

2.1. Konzeptionelle Erfassung

In der Literatur, die Klimawandel aus der Perspektive eines erweiterten Sicherheitsbegriffes betrachtet, werden folgende Zusammenhänge zwischen Klimawandel und Sicherheit genannt: (1) direkte Auswirkungen auf das Überleben eines Staates; (2) Überforderung der Leistungsfähigkeit eines Staates und daraus folgender Legitimitätsverlust; (3) Klimawandel als Ursache, Auslöser oder Verstärker gewaltsamer innerstaatlicher oder zwischenstaatlicher Konflikte.

Die eklatanteste Gefährdung staatlicher Sicherheit, die als Folge des Klimawandels diskutiert wird, ist die Verletzung oder gar der Verlust der territorialen Integrität (Carius / Tänzler 2005: 519). Steigt der Meeresspiegel als Folge der Klimaerwärmung um beispielsweise 45 cm, so verliert ein Staat wie Bangladesh 10,9 Prozent an Land und Siedlungsraum für 5,5 Millionen Einwohner (IPCC 2001: 49). Insbesondere tief liegende Inselstaaten wie beispielsweise die Malediven, Tuvalu oder die Marschall-Inseln sind von einem Anstieg des Meeresspiegels existenziell gefährdet und könnten unbewohnbar werden (vgl. IPCC 2007: 687-716). *John Podesta* und *Peter Ogden* (2007: 113) sehen zwar nicht das Überleben, aber zumindest die Verteidigungsfähigkeit eines Staates durch die Klimaveränderungen potenziell gefährdet. Sie weisen darauf hin, dass durch ansteigende Meeresspiegel das US-Militär dazu gezwungen sein könnte, neue Militärbasen einzurichten.

Ein anderer Bezug zwischen Klima und staatlicher Sicherheit thematisiert die Reduzierung der staatlichen Leistungsfähigkeit. Durch den Klimawandel bedingte Katastrophen wie Stürme, Überschwemmungen und Dürren können insbesondere in fragilen Staaten Governance-Systeme überfordern. Scheitert der Staat bei der Erfüllung seiner Kernfunktionen, so kann dies destabilisierende Auswirkungen haben und seine Legitimität untergraben. Mit der Schwächung staatlicher Fähigkeiten, politische Konflikte zu kanalisieren und zu bearbeiten, kann ferner eine erhöhte Anfälligkeit für gewaltsame Konflikte einhergehen (Barnett 2001: 4; Klare 2007: 359; WBGU 2007: 43-48).

Zahlreiche Studien beschäftigen sich mit der Frage, inwiefern der Klimawandel eine Ursache für gewaltsame inner- oder zwischenstaatliche Konflikte ist (exemplarisch: Gleditsch / Nordås 2009). Der dabei diskutierte Kausalzusammenhang kreist um die Annahme, dass in Folge der Klimaerwärmung Verteilungskonflikte entstehen oder bereits bestehende weiter verschärft werden könnten. Die dargestellten Szenarien betreffen beispielsweise Konflikte um knapper werdende Süßwasserressourcen, Nahrungsmittel oder Siedlungsräume als Folge von Dürren, Flut- oder Sturmkatastrophen. Ressourcenkonflikte können ferner durch klimabedingte Migration ausgelöst werden (Bauer 2009: 77-80; Klare 2007: 357-361; WBGU 2007: 31-41).

Die Diskussion eines möglichen Nexus zwischen Klimawandel und Gewalt schließt an ältere Debatten über den Zusammenhang von Umweltzerstörung und Gewaltkonflikten an (Homer-Dixon 1994; Bächler u.a. 1996) und kommt zu ähnlichen Ergebnissen. Ein eindeutiger kausaler Zusammenhang zwischen Klimaerwärmung und Krieg oder bewaffneten Konflikten kann nicht nachgewiesen werden: „So far there is little if any solid evidence that we are going to see an increase in armed conflicts as a result of climate change“ (Gleditsch / Nordås 2009: 22). Vielmehr scheint der Klimawandel nur ein Konfliktverschärfer oder ein Erklärungsfaktor unter vielen zu sein. So zeigen empirische Studien, dass Ressourcenknappheit nur im Zusammenspiel mit anderen politischen, sozialen, ökonomischen oder kulturellen Faktoren zu gewaltsamen Konflikten führt (Breitmeier 2009: 31-35; Brock 1991: 408-411; WBGU 2007: 27-31). Nicht-klimatische Faktoren haben demnach wesentlichen Einfluss darauf, ob durch den Klimawandel induzierte Verteilungskonflikte gewaltsam ausgetragen werden oder nicht. Zu diesen nicht-klimatischen Faktoren gehören unter anderem die Leistungsfähigkeit der staatlichen Strukturen, die Menge an finanziellen Ressourcen und wirtschaftlichen Handlungskapazitäten zum Umgang mit Krisen und das generelle Konfliktniveau in der Gesellschaft (Breitmeier 2009a: 21).

2.2. Politische Implikationen

In der internationalen Politik gibt es die Tendenz, Umweltprobleme aus einer „best case"-Perspektive zu sehen, während sicherheitsrelevante Fragen aus einem „worst case"-Blickwinkel betrachtet werden (Eberwein / Chojnacki 2001: 3). Verschiedene Autoren erwarten daher, dass die Versicherheitlichung des Klimawandels auch konkrete Auswirkungen auf die Klimapolitik haben wird. Ein prominentes Argument ist beispielsweise, dass die Platzierung des Klimawandels auf der sicherheitspolitischen Agenda – dem Bereich der „high politics" – der internationalen Klimapolitik mehr Aufmerksamkeit bescheren könnte (Barnett 2001: 11; Brock 2004: 325; Buzan / Wæver / de Wilde 1997; Dabelko 2008: ix). In diesem Sinne wird argumentiert (Brown / Hammill / McLeman 2007: 1144), dass die Versicherheitlichung des Klimawandels eine bewusste Strategie europäischer Staaten gewesen sei, um Klimaschutz-Bremser wie beispielsweise die USA, China und Russland zu mobilisieren und zu stärkeren Zusagen im Post-Kyoto-Prozess zu bewegen. *Marc Levy* (1995: 45 f.) kritisiert allerdings, dass eine prominentere Position auf der Agenda noch nicht automatisch geeignetere Problemlösungen hervorbringe. Ganz im Gegenteil ist er der Meinung, dass Umweltfragen am besten auf der „low politics"-Ebene bearbeitet werden können. Ein konkreter Einwand gegen den Nutzen einer „Aufwertung" des Klimawandels zum Sicherheitsproblem lautet, die vermeintliche Dramatisierung könne zu einer Reizüberflutung durch die Klimaproblematik führen – und langfristig gar eine gewisse Klimamüdigkeit und Resignation der Öffentlichkeit provozieren (Brown / Hammill / McLeman 2007: 1153).

Auch die Hoffnung, dass in Folge einer gestiegenen Aufmerksamkeit für den Klimawandel zusätzliche finanzielle Mittel in die Klimapolitik fließen könnten, kann schnell ins Gegenteil verkehrt werden. Denkbar ist, dass Gelder nicht aufgestockt, sondern nur verschoben werden, es also keine Additionalität gibt. Im Extremfall kann Versicherheitlichung sogar dazu führen, dass mehr Geld für militärische oder polizeiliche Schutzmaßnahmen ausgegeben wird und diese Ressourcen in der Folge für Klimapolitik fehlen (Barnett 2001: 10; Brzoska 2009: 138).

In einer ganz ähnlichen Weise argumentieren viele Autoren, dass die enge Verknüpfung des Problemfelds Klimawandel mit Fragen der erweiterten Sicherheit zu einer Militarisierung führen könnte. Gewarnt wird vor einer Verschiebung von Zuständigkeiten hin zu Militärpolitikern und Sicherheitsexperten, in deren Folge klimapolitische Fragestellungen zunehmend mit ungeeigneten, kurzfristigen und militärischen Instrumenten bearbeitet werden könnten (Allenby 2000; Brock 1991: 419; Brzoska 2009: 138; Detraz / Betsill 2009: 314).

Doch selbst wenn das Gewicht nicht so stark auf militärische Strategien gelegt würde, würde ein sicherheitspolitischer Fokus, etwa auf die Prävention bewaffneter Konflikte, nichtsdestoweniger eine Verengung darstellen. *Nicole Detraz* und *Michele Betsill*

(2009: 313) sehen darin eine Reduzierung von Handlungsoptionen, die an den wesentlichen sozialen, ökologischen und politischen Herausforderungen, die in der internationalen Klimapolitik zu bewältigen seien, vorbeilaufen.

Eine sicherheitspolitische Akzentverlagerung zieht auch einen wachsenden Einfluss von nationalen und internationalen Institutionen nach sich, die bisher keine oder kaum Kompetenzen im Problemfeld Klimawandel hatten. Dies kann zu Überlappungen oder Zuständigkeitskollisionen mit etablierten Klima-Institutionen wie der UN-Klimarahmenkonvention (UNFCCC) führen (Biermann u.a. 2009; Zelli u.a. 2010). Von dieser institutionellen Dimension der Versicherheitlichung zeugt die erstmalige Debatte zum Klimawandel im UN-Sicherheitsrat im April 2007. Die Mehrheit der Entwicklungsländer sprach sich gegen eine Fortsetzung dieser Debatte aus und verwies auf die UNFCCC als geeigneteres Forum (Deen 2007). Ein Beweggrund dieser Forderungen war, dass im Sicherheitsrat nicht alle vom Klimawandel betroffenen Staaten gleichermaßen mitbestimmen können. Abgesehen von diesem Ungleichgewicht an Stimmen würde eine Verlagerung in den Sicherheitsrat zentrale Elemente der Klimawandel-Problematik ausblenden. *Frank Biermann* und *Ingrid Boas* (2008: 11 f.) warnen zum Beispiel davor, dass eine mögliche künftige Sicherheitsratsdebatte zu Klimaflüchtlingen menschenrechtliche Aspekte zugunsten von sicherheitspolitischen Bedenken vernachlässigen könnte.

Ähnlich verhält es sich mit einer anderen thematischen Schwerpunktsetzung, nämlich wenn Klimapolitik auf Energiesicherheitspolitik verengt wird. In seiner „State of the Union"-Rede 2007 betonte zum Beispiel der damalige US-Präsident *George W. Bush* die Notwendigkeit zur Förderung sauberer heimischer Technologien (CNA 2007: 45). Einerseits würden sie der Herausforderung des globalen Klimawandels begegnen. Andererseits würden sie die Abhängigkeit von ausländischem Öl verringern – und damit die Verletzlichkeit gegenüber feindlichen Regimen und von diesen geförderten Terroristen.[5] Als Konsequenz dieser Konzentration auf Energiesicherheit haben die USA unter der *Bush*-Regierung eine Reihe multilateraler energiepolitischer Partnerschaften mit anderen Industrieländern und führenden Entwicklungsländern wie China und Indien initiiert. Hierzu zählt etwa die Asia-Pacific-Partnership on Clean Development and Climate (APP). Zeitgleich zogen sich die USA aus den Verhandlungen des Kyoto-Protokolls zurück. Auch hier führte eine Akzentverlagerung also zu institutionellen Überlappungen. *Harro van Asselt* (2007: 25) sowie *Jeffrey McGee* und *Ros Taplin* (2006: 181-191) argumentieren, dass diese Überlappungen klimapolitische Anstrengungen im Rahmen der UNFCCC-Verhandlungen unterminieren, denn neben das UN-Klima-Regime sind nun eine Reihe energiepolitischer Foren mit stark begrenzter

5 Genauer betrachtet ist es jedoch nicht der Klimawandel, der in dieser Argumentation als Sicherheitsbedrohung verstanden wird. Es handelt sich vielmehr um eine militärische Bedrohung von staatlichen oder nicht-staatlichen Akteuren, die sich einem traditionellen nationalen Sicherheitsbegriff zuordnen lässt. Daher fällt die Literatur zu Energiesicherheit auch nicht in den Kernbereich dieses Beitrags und wurde im konzeptionellen Teil oben ausgespart. Wir erwähnen sie nur beispielhaft unter politischen Implikationen, da hier die institutionelle Fragmentierung schon weiter fortgeschritten ist.

Mitgliedschaft getreten, die zum Beispiel das Prinzip gemeinsamer, aber differenzierter Verantwortlichkeiten oder Themen wie Anpassung an den Klimawandel ignorieren.

Von der Wahrnehmung des Klimawandels als Sicherheitsbedrohung für Staaten werden überwiegend negative Folgen für die Entwicklungspolitik erwartet. Denkbar ist zwar eine Aufstockung des entwicklungspolitischen Haushalts, um den Bereich der Konfliktprävention zu stärken, wahrscheinlicher ist jedoch, dass Ressourcen innerhalb des Etats verschoben werden und an anderer Stelle – etwa der Bekämpfung von HIV/Aids oder dem Zugang zu Bildung – gespart wird. Dementsprechend wird befürchtet (Brown / Hammill / McLeman 2007: 1154), dass die Fokussierung auf die Verhütung von Gewaltkonflikten zu einer Vernachlässigung der Haupthindernisse für Entwicklung führen könnte. Ebenso kann eine solche Verengung der Perspektive zu einer Ausrichtung der Entwicklungszusammenarbeit auf besonders konfliktanfällige beziehungsweise konfliktbereite Gruppen führen, womit möglicherweise andere, stärker vom Klimawandel betroffene und somit hilfsbedürftigere Gruppen vernachlässigt werden (Detraz / Betsill 2009: 315).[6]

Für die Friedenspolitik kann aus der erhöhten Aufmerksamkeit für die Probleme des Klimawandels und die damit verbundenen Gewaltrisiken ein Ausbau der Konfliktprävention sowie eine Stärkung des friedenspolitischen Engagements, auch in finanzieller Hinsicht, folgen (Breitmeier 2009: 39 f.).[7] Studien weisen außerdem darauf hin, dass Konflikte um knappe Ressourcen, beispielsweise Wasser, sehr häufig friedlich und innerhalb von Institutionen bearbeitet werden können (Breitmeier 2009: 35-37; Floyd 2008: 57-59). *Lothar Brock* (1991: 413) nennt als Beispiel unter anderem den KSZE-Prozess, in dem die gemeinsame Bearbeitung von Umweltkonflikten Ausgangspunkt für eine weitergehende zwischenstaatliche Kooperation war. In diesem Sinne könnte auch die Wahrnehmung einer gemeinsamen Bedrohung durch den Klimawandel und die kooperative Bearbeitung dieses Problems eine vertrauensbildende Maßnahme sein, die sich positiv auf das generelle Konfliktniveau auswirkt.[8]

Einer Stärkung der Friedenspolitik und der zivilen Konfliktprävention steht die bereits oben genannte Gefahr einer Militarisierung weiterer Politikfelder entgegen. Je mehr sich Experten aus der traditionellen Sicherheitspolitik in die Debatte einschalten, desto mehr ist zu befürchten, dass nicht Maßnahmen der zivilen Konfliktbearbeitung, sondern militärische oder politische Instrumente der Gefahrenabwehr ausgebaut werden. Eine Dominanz der Perspektive auf die staatliche Sicherheit drückt sich auch in der

6 Ob eine Gruppe konfliktbereit ist oder nicht, hängt nicht allein vom objektiven Ausmaß eines Missstandes ab. Vielmehr muss die Wahrnehmung eines Widerspruchs einhergehen mit der Bereitschaft und Fähigkeit, aktiv zu handeln, und gegebenenfalls auch Gewalt einzusetzen. Hierzu sind eine Reihe von Voraussetzungen nötig, beispielsweise die Beschaffung von Ressourcen und Waffen sowie die Rekrutierung kampfbereiter Anhänger (Jung / Schlichte / Siegelberg 2003: 25).

7 *Lothar Brock* (2004) diskutiert die Hoffnung auf den Ausbau der zivilen Konfliktbearbeitung im Zuge der Erweiterung des Sicherheitsbegriffes, kommt jedoch zu dem Schluss, dass diese Fokusverschiebung nicht erfolgt ist.

8 Diese kooperationsfördernde Wirkung von Umweltkonflikten ist allerdings auch ohne Versicherheitlichung denkbar. *Rita Floyd* (2008: 61) stellt hierzu die These auf, dass Kooperation wahrscheinlicher und erfolgreicher ist, wenn Umweltprobleme nicht als Sicherheitsproblem wahrgenommen werden.

Problemperzeption aus: Demnach steht nicht die Sicherheit *für* Menschen im Vordergrund, sondern die Sicherheit *vor* Menschen wie beispielsweise Migranten (von Braunmühl 2007: 36, 40). Die Ausweitung von Bedrohungswahrnehmungen kann ferner dazu führen, dass militärische Interventionen eine wachsende Akzeptanz in der Öffentlichkeit erfahren und Politiker den Hinweis auf die Sicherheitsbedrohung Klimawandel zur Legitimation des Einsatzes militärischer Gewalt nutzen (Brock 1991: 419; Brock 2005; Duffield 2001).

3. Klimawandel als Bedrohung menschlicher Sicherheit

3.1. Konzeptionelle Erfassung

Die oben beschriebene Heterogenität der „human security"-Literatur spiegelt sich auch in unterschiedlichen Perzeptionen von Klimawandel als Sicherheitsbedrohung wider. Der zentrale Unterschied basiert darauf, ob menschliche Sicherheit eng oder weit gefasst wird.

Unter einem engen Begriff menschlicher Sicherheit, der sich auf den Schutz vor physischer Gewalt konzentriert, stehen direkte physische Effekte des Klimawandels sowie ein dadurch bedingtes indirektes Konfliktpotenzial im Mittelpunkt. Solche konkreten Bedrohungen sind laut *Steffen Bauer* (2009: 77-80) unter anderem: (1) klimabedingte Abnahme der Nahrungsmittelproduktion, das heißt die Gefährdung von Ernährungssicherheit; zum Beispiel durch Knappheit von Ackerland und Süßwasser; (2) klimabedingte Zunahme von Krankheiten bis hin zu Epidemien; (3) klimabedingte Zunahme von Sturm- und Flutkatastrophen.

Unter einem weiten Begriff, der auf die Abwesenheit von Not im Allgemeinen rekurriert, kommen nicht-physische Bedrohungen von Individuen und sozialen Gruppen durch den Klimawandel hinzu. Die bereits unter einem engen „human security"-Begriff erfassten Probleme (zum Beispiel Ressourcenknappheit) tauchen hier erneut auf. Sie werden allerdings nicht nur als Konfliktauslöser oder unmittelbare Bedrohung für Leib und Leben betrachtet, sondern es wird eine breitere Palette möglicher Konsequenzen diskutiert. *Jon Barnett* und *Neil Adger* (2007: 643) zählen zu den Gefährdungen menschlicher Sicherheit demnach auch: (1) Verstärkung von Armut, zum Beispiel durch Verschlechterung des Zugangs zu natürlichem Kapital; (2) Verschlechterung der Lebensqualität (insbesondere bei stark ausgeprägter Ressourcenabhängigkeit), zum Beispiel durch Auswirkungen auf landwirtschaftliche Produktivität, Infrastruktur etc.; (3) Beeinträchtigung von Governance-Strukturen, zum Beispiel durch Minderung staatlicher Kapazitäten im Bildungsbereich, bei der Gesundheitsversorgung oder der Garantie von Menschenrechten; (4) Verstärkung von Migration, die zum Beispiel den Siedlungsdruck in Zielregionen verstärkt und dadurch möglicherweise die dortige Grundversorgung gefährdet.

Während sich die Formen der Bedrohung durch den Klimawandel unterscheiden, herrscht in der Literatur weitestgehend Konsens darüber, dass die Stärke dieser Bedrohungen nicht nur von klimatischen, sondern auch von nicht-klimatischen Faktoren beeinflusst wird. Dieser Grad der Bedrohung von Individuen oder sozialen Gruppen wird zumeist unter dem Begriff der Vulnerabilität diskutiert (GTZ 2008: 34-47; McGray u.a. 2007: 17-20). Diese ist abhängig von drei Aspekten (Barnett / Adger 2007: 648-650; Smit / Wandel 2006): (1) Ausgesetztheit gegenüber physischen Effekten des Klimawandels (zum Beispiel Überschwemmungen, Dürre oder Stürme); (2) Empfindlichkeit oder Robustheit gegenüber physischen Effekten (zum Beispiel Abhängigkeit von betroffenen natürlichen Ressourcen und Ökosystem-Leistungen); (3) Anpassungsfähigkeit gegenüber physischen Effekten.

Der erste Aspekt der Exposition wird vorrangig vom Ausmaß der physischen Effekte des Klimawandels – also von klimatischen Faktoren – geprägt. Die Robustheit und Anpassungsfähigkeit von Individuen und sozialen Gruppen wird hingegen auch durch eine Reihe sozialer und politischer Faktoren mitbestimmt. Erstere umfassen unter anderem Armut, wirtschaftliche Entwicklung, Handelsabhängigkeit und soziale Kohäsion (Barnett / Adger 2007: 642). Zu den politischen Faktoren zählen unter anderem die staatliche Unterstützung für Individuen und Gemeinden, zum Beispiel Schutz von Menschenrechten und wirtschaftliche Freiheiten sowie Maßnahmen zur Katastrophenvorsorge (Bauer 2009: 79). Hinzu kommt die Stärke oder auch Schwäche von Governance-Strukturen, etwa die Effektivität von anpassungsrelevanten Entscheidungs- und Implementationsprozessen.

Bemerkenswert an diesen politischen und sozialen Faktoren ist, dass sie teils identisch sind mit den oben aufgeführten nicht-physischen Bedrohungen, die unter einem weiten „human security"-Begriff mit Klimawandel assoziiert werden (neben schwachen Governance-Strukturen zum Beispiel auch Armut und wirtschaftliche Abhängigkeit). Mit anderen Worten: Es kann zu Rückkopplungsschleifen kommen, bei denen Effekte des Klimawandels das Bedrohungspotenzial stetig verstärken. Damit ist auch die Frage verbunden, inwiefern (durch den Klimawandel mit bedingte) menschliche Unsicherheit zu gewaltsamen Konflikten führt und so die physische Bedrohung des Individuums weiter intensiviert. Dies bleibt freilich eine offene Frage: Die Präzisierung von Kausalmechanismen zwischen Armut, Migration, fragiler Staatlichkeit und anderen Faktoren einerseits und Konflikten andererseits ist nach wie vor ein zentrales Desiderat für die weitere Forschung (Barnett / Adger 2007: 643; Breitmeier 2009).[9]

3.2. Politische Implikationen

Fürsprecher einer „human security"-Perspektive auf den Klimawandel erhoffen sich, dass verstärktes Gewicht auf Klimapolitik gelegt und diese – durch Mainstreaming in andere Politikfelder – in einen breiteren, ressort-übergreifenden Kontext gestellt wird (Huq u.a. 2003). Insbesondere betonen sie die Notwendigkeit zur rechtzeitigen Ergreifung von Maßnahmen zur Anpassung an den Klimawandel (Brown / Hammill / McLeman 2007: 1150-1153; Carius / Tänzler 2005: 523-526). Dieser Fokus auf An-

9 Eine andere Lesart dieser Vermischung von Bedrohung und Bedingungsfaktoren ist hingegen mit einer oben genannten, fundamentalen Kritik am weiten Begriff menschlicher Sicherheit verbunden: Da er nicht trennscharf zwischen Ursache und Wirkung unterscheiden könne, sei er für eine politikrelevante Bedrohungsanalyse und die Genese konkreter Handlungsempfehlungen zu abstrakt und systemisch (von Braunmühl 2007: 39-40; Paris 2001).

passung würde in der Praxis auch eine stärkere Überschneidung – und im besten Falle eine Synergie – von klima- und entwicklungspolitischen Strategien bedingen (GTZ 2008: 54 f.), denn Anpassungsmaßnahmen lassen sich nur in einer Minderheit der Fälle eindeutig von Maßnahmen der Entwicklungszusammenarbeit trennscharf unterscheiden (Horstmann 2008: 32 f.; McGray u.a. 2007: 14). *Nicole Detraz* und *Michele Betsill* (2009: 313) hegen hingegen Zweifel daran, dass solche Synergieeffekte und integrierte Strategien vermehrt auftreten werden. Sie befürchten eher, dass der Fokus auf Anpassung die klimapolitische Debatte auf ‚Konfliktvermeidung durch Anpassung' verengen könnte.

Wie die jüngere Literatur zur institutionellen Fragmentierung globaler Klimapolitik (Biermann u.a. 2009; Zelli u.a. 2010) argumentiert, kann eine Akzentuierung als Querschnittsthema auch zu einer Überschneidung beziehungsweise zu Konflikten institutioneller Mandate führen.[10] Dies gilt etwa für die Abstimmung zwischen klassischen Klima-Institutionen wie UNFCCC und Kyoto-Protokoll einerseits und entwicklungspolitischen Institutionen wie Weltbank und UNDP andererseits.

Das Scheinwerferlicht, das in den letzten Jahren auf die verschiedenen internationalen klimapolitischen Debatten fiel, kann auch ein politisches Momentum für damit verwandte entwicklungspolitische Verhandlungen erzeugen, gar einen „entry point to revisit longstanding development problems" abgeben (Brown / Hammill / Mc Lemon 2007: 1152). Das Resultat einer „human security"-Perspektive könnte ein stärkeres Verantwortungsgefühl sein, das heißt eine wachsende Bereitschaft, in (durch den Klimawandel verstärkten) Krisensituationen humanitäre Hilfe zu leisten. Demgegenüber wird aber auch eine begriffliche Konfusion und damit verbundene perspektivische Verengung befürchtet. Gewarnt wird insbesondere vor einer Vermischung von Diskursen zu menschlicher Sicherheit, menschlicher Entwicklung und Menschenrechten. *Taylor Owen* (2008: 120-122) sieht diese Gefahr für die entwicklungspolitische Debatte im UN-Kontext. Diese könnte sich von ihrer Orientierung an Ursachen und langfristigen Prozessen weg bewegen und sich stattdessen vermehrt am Begriff der menschlichen Sicherheit ausrichten. Diesen interpretiert er vorrangig als outcome-orientiert, das heißt auf Notlagen und kurzfristige Strategien zu deren Vermeidung fixiert. Mit Blick auf den Klimawandel bedeutet dies: Die Praxis der Entwicklungszusammenarbeit könnte weniger auf langfristige Strategien für eine kohlenstoffarme wirtschaftliche Entwicklung setzen; stattdessen würde sie sich stärker auf durch den Klimawandel bedingte Bedrohungen und humanitäre Hilfe konzentrieren.

Eine Verknüpfung von Anpassungs- und Entwicklungsstrategien muss auch nicht zwingend zu einer Stärkung des entwicklungspolitischen Engagements von Geberländern führen. Statt zusätzlicher Mittel könnten Länder auch weniger Netto-Unterstützung erfahren. Ein solches Additionalitätsproblem würde sich dann einstellen, wenn Teile der bisherigen finanziellen oder technischen Entwicklungshilfe einfach als Hilfe zur Anpassung an den Klimawandel umgewidmet oder gar doppelt deklariert

10 Vgl. oben Abschnitt 2.2. für Überschneidungen mit sicherheitspolitischen und energiepolitischen Institutionen.

würden (Deutsche Welthungerhilfe / Terre des Hommes 2009: 32; Horstmann 2008: 14-20, 32 f.).

Die Deutung des Klimawandels als Bedrohung der menschlichen Sicherheit wirkt sich nach Einschätzung einiger Autoren auch auf die globalen Machtverhältnisse aus. So werden arme Länder des Südens zunehmend als „krisengeschüttelter und gewalttätiger Risikofaktor wahrgenommen“ (von Braunmühl 2007: 35; ferner Duffield 2001: 85). Im Bereich der Friedenspolitik könnte diese Perzeption eine wachsende Einmischung in innere Angelegenheiten von Staaten und eine Relativierung ihrer Souveränität nach sich ziehen. So ist bereits seit den 1990er Jahren eine Tendenz westlicher Staaten zu beobachten, in Krisenregionen zu intervenieren und Staaten nach westlichen Ordnungsvorstellungen zu reformieren, um von außen identifizierte Probleme zu beheben (Bellamy / Williams / Griffin 2004: 76-81). Der Verweis auf durch den Klimawandel induzierte Gewaltrisiken könnte somit zukünftig als Rechtfertigung weiterer Interventionen dienen. Humanitäre Hilfe, Entwicklungszusammenarbeit und Krisenprävention würden in dieser Lesart zunehmend zu einer Form von Eindämmungspolitik werden, um Gefahren abzuwehren, die von weltpolitischen Randgebieten ausgehen (von Braunmühl 2007: 35). Ein Resultat könnte eine weitere Polarisierung zwischen Nord und Süd sein. Während der Norden den Süden stärker als Risikofaktor wahrnehmen würde, könnte sich auch umgekehrt die Perzeption des Nordens durch den Süden verschlechtern, denn Entwicklungsländer könnten sich gleich doppelt durch den Norden bedroht sehen: Dieselben Staaten, die den Klimawandel hauptsächlich verursachen, würden diesen nun auch als einflusspolitische Legitimation nutzen.

4. Klimawandel als Bedrohung ökologischer Sicherheit

Mit Blick auf den Klimawandel ist die begriffliche Differenzierung zwischen Umwelt im Allgemeinen als Objekt oder Subjekt von Bedrohung nicht vollends frei von Überschneidung. Hier gilt es noch weiter zu unterscheiden, ob das globale Klima im Besonderen – als Bestandteil des ökologischen Systems – als Objekt oder Subjekt verstanden wird (vgl. Græger 1996: 109-111). Daraus ergeben sich zwei verschiedene Verständnisse:

(1) Als Subjekt bedroht das globale Klimasystem durch seinen Wandel eine Reihe anderer ökologischer Elemente und Prozesse. Physische Effekte wie Dürren, Überschwemmungen, Stürme und nicht zuletzt der Anstieg der Durchschnittstemperaturen beeinträchtigen Lebensräume und können zur Verringerung der Artenvielfalt führen (IPCC 2007). Indirekt können solche Effekte durch politische Faktoren verstärkt werden, etwa dann, wenn durch Strategien gegen den Klimawandel negative Nebeneffekte für andere Umweltbereiche erzeugt werden. Einige Autoren (Kim 2004; Rosendal 2001, 2006) beobachten dies zum Beispiel für die in den Klimaverhandlungen diskutierten finanziellen Anreize zur Aufforstung oder zum bevorzugten Erhalt solcher Wälder, die sich zwar durch Biomasse und starke Kohlenstoffbindung, aber relativ geringe Artenvielfalt auszeichnen.

(2) Als Objekt von Bedrohung ist das globale Klima hingegen durch menschliches Handeln beeinträchtigt, nämlich durch den anthropogenen Anteil an globaler Erwärmung durch Emissionen von Treibhausgasen (Buzan / Wæver / de Wilde 1997: 80; WBGU 2007: 20).[11]

Doch während sich beide Varianten logisch aus dem Fokus auf Umwelt als Referenzobjekt ableiten lassen, spielen sie de facto im Klima-Sicherheits-Diskurs kaum eine Rolle. Einerseits blendet die klassische Literatur zur ökologischen Sicherheit beziehungsweise zum ökologischen Frieden Klimawandel als Bedrohungssubjekt für andere Umweltbereiche größtenteils aus (hier steht der Mensch als eigentlicher Verursacher im Mittelpunkt); andererseits wird der Objektcharakter des globalen Klimas selten getrennt von der Betroffenheit anderer Umweltbereiche behandelt (Oswald Spring 2008: 117-120). Ein wesentlicher Grund hierfür ist der systemische, ganzheitliche Charakter dieser größtenteils ökozentrisch argumentierenden Literatur (vgl. Oswald Spring / Brauch / Dalby 2009). Ihr geht es primär um die Bewahrung des Ökosystems als Ganzem vor negativen Folgen menschlichen Handelns.[12]

Aus diesem Grunde wird hier auch auf eine Diskussion politischer Implikationen verzichtet. Zwar könnte man solche ableiten, zum Beispiel ein starker Fokus auf Emissionsminderungen als langfristiger Umweltschutz sowie eine erhöhte Aufmerksamkeit für die Auswirkungen des Klimawandels auf andere ökologische Problemfelder. Doch würde dies nicht den Stand der „ecological security"-Literatur widerspiegeln, denn gemessen an Vertretern von menschlicher und erweiterter Sicherheit steht diese in deutlicher Distanz zu entwicklungs- oder sicherheitspolitischen Debatten und konzentriert sich in ihren politischen Implikationen fast gänzlich auf Fragen des Umweltschutzes (zum Beispiel Bookchin 1996; Naess 1995). Ohnehin erschwert dieser systemische Ansatz in ontologischer Sicht das Herunterbrechen auf akteurbasierte politische Handlungsempfehlungen (von Beyme 1992: 186).

5. Vergleich und Ausblick

Die verschiedenen konzeptionellen Erfassungen des Klimawandels als Sicherheitsproblem weisen durchaus Gemeinsamkeiten auf. So betonen alle drei die wachsende Interdependenz zwischen dem schützenswertem Bezugsobjekt (Mensch, Staat, ökologisches System) und seiner Umwelt. Ebenso gleichen sich alle drei in der Annahme, dass es in Zukunft zu einer Zunahme der Sicherheitsbedrohungen durch den Klimawandel kommen wird. Weitere Überschneidungen gibt es insbesondere zwischen den Konzepten der erweiterten und der menschlichen Sicherheit. Dazu zählt die Erwartung

11 Wir klammern hiervon die Literatur aus, die sich mit Gefährdungen und Zerstörungen der natürlichen Umwelt durch das Militär oder Kriege beschäftigt (Brock 1991: 410 f.; Græger 1996: 110; Westing 1988: 257-259). Die logische Verknüpfung zum globalen Klima wäre hier bestenfalls indirekt. Nicht das Klima ist unmittelbar durch Kriege betroffen, sondern andere ökologische Bereiche wie Artenvielfalt, deren Beeinträchtigung ihrerseits Klimaveränderungen hervorrufen könnte.

12 In einer noch konsequenter systemischen Sichtweise wie etwa dem Gaia- oder dem „deep ecology"-Ansatz, wird der Mensch nicht mehr getrennt als Verursacher, sondern als Teil des Systems gesehen (zum Beispiel Deval / Sessions 1985; Naess 1972, 1989).

klimainduzierter Gewaltkonflikte. Konsens herrscht auch darüber, dass die Zunahme von Migration, Ressourcen-, Süßwasser- und Nahrungsmittelverknappung Faktoren sind, die diese Gewaltkonflikte (mit) antreiben. Außerdem wird dem Staat von Vertretern beider Perspektiven eine wesentliche Rolle bei der Bereitstellung individueller und kollektiver Sicherheit zugeschrieben – sind Staaten schwach, dann erhöht dies das Bedrohungs- und Konfliktpotenzial.

Die Unterschiede der drei Blickwinkel liegen einerseits im Referenzobjekt, wie bereits oben ausführlich dargestellt wurde. Je nachdem, welche „Sicherheitsbrille" der Betrachter aufsetzt, geraten zudem unterschiedliche Probleme und Auswirkungen des Klimawandels in den Blick. So betrachtet eine weite „human security"-Perspektive beispielsweise auch die nicht-physischen Auswirkungen des Klimawandels, die von den anderen Konzeptionen ausgeblendet werden (vgl. Tabelle 2).

Tabelle 2: Klimawandel in der Perspektive der drei Sicherheitsbegriffe

<table>
<tr><th rowspan="2"></th><th rowspan="2">Erweiterte Sicherheit</th><th colspan="2">Menschliche Sicherheit</th><th rowspan="2">Ökologische Sicherheit</th></tr>
<tr><th>Enges Verständnis</th><th>Weites Verständnis</th></tr>
<tr><td>Klimawandel als Bedrohung</td><td>• Gefährdung territorialer Integrität
• Schwächung des Staates
• Krieg</td><td>• Nahrungsmittelknappheit
• Zunahme von Krankheiten
• Zerstörung von Lebensraum
• Krieg</td><td>• Nahrungsmittelknappheit
• Zunahme von Krankheiten
• Zerstörung von Lebensraum
• Krieg
• Armut
• Verschlechterung d. Lebensqualität
• Rückgang staatlicher Leistungen
• Migration</td><td>• anthropogene Treibhausgas-Emissionen
• klimapolitische Maßnahmen
• Beeinträchtigung von Lebensräumen & Artenvielfalt</td></tr>
<tr><td>Problembearbeitung</td><td>• Mitigation und Anpassung
• Stärkung von Frühwarnung und Konfliktanalyse
• Zivile und militärische Krisenreaktion</td><td colspan="2">• Fokus auf Anpassung und Reduzierung der sozialen Vulnerabilität</td><td>• Mitigation und Anpassung
• Umweltschutz</td></tr>
<tr><td>Zukunftserwartungen</td><td>• Zunahme von Sicherheitsbedrohungen für den Staat</td><td colspan="2">• Zunahme von Sicherheitsbedrohungen für Individuen und soziale Gruppen</td><td>• Zunahme von Sicherheitsbedrohungen für die Umwelt / das ökologische System</td></tr>
</table>

Anmerkung: In dieser Tabelle sind nicht alle im Text diskutierten politischen Implikationen abgebildet. Wir beschränken uns auf Empfehlungen zur Problembearbeitung, während Befürchtungen und negative Implikationen nicht aufgeführt sind.

Mit der jeweiligen Problemerfassung lassen sich ferner Unterschiede in den Empfehlungen zur Problembearbeitung erklären (Brzoska 2009: 144). So werden Fragen der

Anpassung an den Klimawandel und der sozialen Vulnerabilität am stärksten in der „human security"-Perspektive betont. Bei der erweiterten Sicherheit werden gleichermaßen Emissionsminderungen wie auch Anpassungsmaßnahmen als Handlungsempfehlungen diskutiert, zudem werden von manchen Autoren der Ausbau von Frühwarn-Systemen, Konfliktanalyse sowie die Stärkung der zivilen und militärischen Krisenreaktion empfohlen (Breitmeier 2009: 39 f.; Podesta / Ogden 2007: 133). Mit den Handlungsoptionen verbunden ist eine unterschiedliche Betonung von Verantwortlichkeiten beziehungsweise Handlungsdruck: Für den Bereich der Mitigation, das heißt Emissionsminderungen, sind die Industrieländer und die großen Schwellenländer nicht nur die zentralen Akteure, sondern auch die lokalen Schwerpunkte; Anpassung hingegen sollte größtenteils durch diese Verursacherländer finanziert werden, ist aber eine universale Aufgabe, die sich allen Staaten, insbesondere den ärmsten Ländern, stellt (vgl. Tabelle 2).

Die Gegenüberstellung der verschiedenen politischen Implikationen der Klima-Sicherheits-Debatte offenbart auch, dass in der Literatur für die drei untersuchten Politikfelder Klimapolitik, Entwicklungszusammenarbeit und Friedenspolitik sowohl stärkende als auch schwächende Entwicklungen für möglich erachtet werden. Als potenziell positive Folge der Versicherheitlichung wird vor allem die Mobilisierung zusätzlicher politischer Aufmerksamkeit genannt, die der Klima-, Entwicklungs- und Friedenspolitik zugute kommen könnte, und zwar unabhängig vom verwendeten Sicherheitsbegriff. Als mögliche negative Tendenz warnen Kritiker hingegen hauptsächlich vor einer Militarisierung der Politik und einer Fokussierung auf ungeeignete Mittel der Problembearbeitung, wenn Klimawandel als Gefährdung staatlicher Sicherheit wahrgenommen wird. Bei einer Versicherheitlichung des Klimawandels sowohl im Sinne von erweiterter als auch von menschlicher Sicherheit wird die Möglichkeit einer (missbräuchlichen) Legitimation militärischer Interventionen problematisiert. Auffallend ist ferner das wiederholte Auftreten einiger dialektischer Argumentationsstränge – ungeachtet der Politikfelder und Sicherheitsbegriffe. So steht der Hoffnung auf zusätzliche finanzielle Ressourcen beispielsweise das Argument der ausbleibenden Additionalität entgegen. Und mögliche Vorteile von Arbeitsteilung und wachsender Kohärenz über Politikfelder hinweg können durch die Nachteile von Fragmentierung und einer Verengung von Handlungsoptionen nivelliert werden. Ob die Optimisten oder die Pessimisten hier mit ihren Erwartungen richtig liegen, wird sich erst anhand von profunden und komparativen empirischen Untersuchungen entscheiden lassen.

Die hier geleistete Systematisierung der politikwissenschaftlichen Klima-Sicherheits-Debatte ist ein erster Schritt, der den Blick auf die unterschiedlichen konzeptionellen und politischen Implikationen schärfen soll. Mit der Frage, welche Aspekte des Klimawandels und welche Handlungsoptionen durch drei Typen der Versicherheitlichung jeweils an Bedeutung gewinnen und welche eher marginalisiert werden, ist noch nichts über das „cui bono" gesagt. Mit anderen Worten: Welche Akteure profitieren von der jeweiligen Akzentverschiebung oder Schwerpunktverlagerung, vom Fokussieren oder Ausblenden bestimmter Aspekte und Optionen? Hier konnte beispielhaft gezeigt werden, dass im Kontext von erweiterter Sicherheit die Sicherheitsexperten als Profiteure betrachtet werden.[13] Ein wichtiges Desiderat für die künftige Forschung wäre somit, die Diskussion der Wirkung von Sicherheitsperspektiven einer kritischen Analyse zu unterziehen. Zentrale Fragen dabei wären unter anderem: Mit welchen Motiven treiben welche Akteure die Versicherheitlichung voran? Welche Grundannahmen, Interessen oder Wertungen stehen hinter den jeweiligen Perspektiven? Welche neuen Akteurskoalitionen bilden sich? Welche Auswirkungen hat die Versicherheitlichung des Klimawandels auf die Verteilung von Macht und Einfluss?

Offen ist auch, inwiefern die hier zusammengetragenen Erwartungen tatsächlich in der politischen Praxis ihren Niederschlag finden. Ein solch umfassender empirischer Test steht noch aus. Die in der Literatur diskutierten Implikationen geben ausreichend Forschungsfragen für solche empirischen Untersuchungen vor, zum Beispiel: Gibt es eine Fokusverengung auf bestimmte sicherheitspolitische Aspekte? Spielen polizeiliche und militärische Instrumente eine stärkere Rolle? Gibt es Anzeichen für mehr politische Kohärenz oder eher für mehr institutionelle Fragmentierung und Zuständigkeitskonflikte? Wird Entwicklungsländern zusätzliche finanzielle und technische Hilfe zur Anpassung an den Klimawandel zugesagt?

Abschließend sollen einige Beispiele verdeutlichen, dass die politische Praxis der Forschung bereits ausreichend Material zur Bearbeitung dieser und anderer Fragestellungen bietet. Dies gilt zum Beispiel für die Gründung von multilateralen energiepolitischen Partnerschaften durch die US-amerikanische Regierung unter *George W. Bush*, motiviert durch eine wachsende Aufmerksamkeit für Klimawandel im Kontext von Energiesicherheit. Ebenso zeigt die Debatte der globalen Erwärmung im UN-Sicherheitsrat, dass der Klimawandel als Sicherheitsbedrohung einen Platz auf der internationalen Agenda eingenommen hat. Nicht nur im wissenschaftlichen, sondern auch im politischen Diskurs findet der Klima-Sicherheits-Nexus mittlerweile breite Akzeptanz und wird von ganz unterschiedlichen Akteuren (mit-)konstruiert – so beispielsweise von Diplomaten auf der Klimakonferenz in Bali (Howden 2007), von NGOs aus der Entwicklungs-, Menschenrechts- und Friedensarbeit (Mabey / Morgan 2007), von ehemaligen Generalen aus NATO-Mitgliedstaaten (Naumann u.a. 2007), von hochrangigen Vertretern der Vereinten Nationen wie dem UNEP-Chef *Achim Steiner* (UNEP 2007), dem ehemaligen UN-Generalsekretär *Kofi Annan* und seinem Nachfolger *Ban Ki-moon* (Ban 2007a) sowie von der Europäischen Kommission und dem Hohen Vertreter der EU (Hoher Vertreter/Europäische Kommission 2008). Die Liste ließe sich beliebig fortsetzen.

---

13 Das ist bemerkenswert, weil auch andere Akteure wie NGOs aus dem Bereich der Friedensarbeit oder klimapolitisch engagierte europäische Staaten die Klima-Sicherheits-Debatte angetrieben haben. Eine Studie der NGO International Alert argumentiert beispielsweise, dass in 46 Staaten ein hohes Risiko für gewaltsame und durch den Klimawandel induzierte Konflikte bestehe (Smith / Vivekananda 2007: 17) und fordert daher einen stärkeren Fokus auf Anpassung und Konfliktprävention. Stimmen die Einschätzungen in der wissenschaftlichen Debatte, werden jedoch vor allem Sicherheitsexperten von dieser Fokusverschiebung profitieren.

In der öffentlichen Diskussion wird Klimawandel zumeist als eine Bedrohung menschlicher Sicherheit dargestellt.[14] In der US-amerikanischen Debatte betonen allerdings insbesondere Militärs und Militärpolitiker die indirekten Auswirkungen des Klimawandels auf die staatliche Sicherheit. Dabei wird Klimawandel als Bedrohungsmultiplikator bewertet, der Massenmigration, die gewaltsame Eskalation von Ressourcenkonflikten, Staatszerfall und die Verbreitung rechtsfreier Räume, in denen Terroristen Unterschlupf finden, zur Folge haben könne (CNA 2007; Department of Defense 2008; Schwartz / Randall 2003; vgl. auch Richert 2009).

Die von Kritikern befürchtete Verschiebung von Zuständigkeiten zu Sicherheitsexperten ist zumindest ansatzweise zu beobachten. So regte das US-Verteidigungsministerium bereits 1996 eine Untersuchung an, wie Verteidigungskomponenten eine Rolle in der Umweltpolitik spielen könnten (Barnett 2001: 10).[15] Einschlägige internationale Sicherheitsdokumente wie die Nationale Sicherheitsstrategie und die Nationale Verteidigungsstrategie der USA, die Europäische Sicherheitsstrategie oder das Weißbuch des Bundesministeriums der Verteidigung nennen Klimawandel als eine der zentralen Herausforderungen für die Sicherheitspolitik. Eine ähnliche Bedrohungsanalyse findet sich in einem Bericht zur Zukunft der NATO (Naumann et al. 2007) und in einer Studie des Center for Naval Analyses, einem Think Tank der US-Marine (CNA 2007).

Zumindest in der Programmatik lässt sich darüber hinaus nachzeichnen, dass militärische und polizeiliche Mittel zunehmend als geeignete Instrumente für den Umgang mit der Sicherheitsbedrohung Klimawandel empfohlen werden. So rät das Papier des Hohen Vertreters und der Europäischen Kommission, EU-Kapazitäten zur Überwachung und Frühwarnung auszubauen sowie die Planungskapazitäten und die Anwendung ziviler und militärischer Krisenbewältigungs- und Katastrophenschutzinstrumente zu stärken. Ebenso müsse die Migrationspolitik unter Berücksichtigung einer steigenden Zahl von Umweltflüchtlingen weiterentwickelt werden (Hoher Vertreter / Europäische Kommission 2008: 9 f.). Die Empfehlungen der CNA-Studie umfassen sogar die Forderung, die Klimafolgenforschung stärker in die Verteidigungspolitik zu integrieren und die militärischen Kapazitäten in Bezug auf die Anforderungen des Klimawandels zu überprüfen. Ferner werden Leitlinien für Militärplaner angemahnt, damit diese auf neue Einsatzfelder wie klimainduzierte Naturkatastrophen vorbereitet werden (CNA 2007: 46).

Diese Beispiele belegen einen deutlichen Trend zur Versicherheitlichung des Umgangs mit Klimawandel in der politischen Praxis. Sie zeigen auch, dass sich einige Befürchtungen der Kritiker dieser Entwicklung zumindest ansatzweise bewahrheiten, zum Beispiel eine Akzentverschiebung von Klimapolitik auf sicherheitspolitische Aspekte.

14 Diese Perspektive prägt beispielsweise die Europäische Sicherheitsstrategie sowie das Papier „Klimawandel und Internationale Sicherheit" des Hohen Vertreters und der Europäischen Kommission. Ebenso betont der UN-Weltentwicklungsbericht 2007/2008 mit dem Schwerpunktthema Klimawandel die Bedrohung der menschlichen Sicherheit durch die globale Erwärmung (UNDP 2007).

15 Ein weiteres Beispiel sind US-Senatoren mit sicherheitspolitischer Expertise, die sich zunehmend in Kongressdebatten zur nationalen Klima- und Energiegesetzgebung einbringen (vgl. Richert 2009).

Angesichts der pessimistischen Zukunftserwartungen in der Literatur (siehe Tabelle 2) und der Prognosen des Weltklimarates über den weiteren Verlauf des Klimawandels (IPCC 2007a: 43-54, 63-70) ist damit zu rechnen, dass dieser Trend zur Versicherheitlichung in den nächsten Jahren weiter zunehmen wird. Die Herausforderung für die Forschung wird sein, mit dieser Entwicklung Schritt zu halten, sie kritisch zu begleiten und ihre Ergebnisse über den wissenschaftlichen Diskurs hinaus auch für politische Debatten nutzbar zu machen.

Literatur

Allenby, Braden R.: Environmental Security: Concept and Implementation, in: International Political Science Review, 21. Jg. (2000), H. 1, S. 5-21.

Amouyel, Alexandra: What is Human Security?, in: Human Security Journal, 1. Jg. (April 2006), S. 10-21.

Asselt, Harro van: From UN-ity to Diversity? The UNFCCC, the Asia-Pacific Partnership, and the Future of International Law on Climate Change, in: Carbon and Climate Law Review, 1. Jg. (2007), H. 1, S. 17-28.

Bächler, Günther / Volker Böge / Stefan Klötzli / Stepan Lipiszewski / Kurt R. Spillmann: Kriegsursache Umweltzerstörung: Ökologische Konflikte in der Dritten Welt und Wege ihrer friedlichen Bearbeitung, Band 1, Zürich 1996.

Ban, Ki-moon: A Climate Culprit in Darfur, in: Washington Post vom 16. Juni 2007, S. A15.

Ban, Ki-moon: Statement at the Security Council debate on energy, security and climate, http://www.un.org/apps/news/infocus/sgspeeches/search_full.asp?statID=79 (Zugriff am 10. Oktober 2010).

Barnett, Jon: Destabilizing the Environment-Conflict Thesis, in: Review of International Studies, 26. Jg. (2000), H. 2, S. 271-288.

Barnett, Jon: Security and Climate Change. Tyndall Centre Working Paper No. 7, Norwich 2001.

Barnett, Jon / Neil Adger: Climate Change, Human Security and Violent Conflict, in: Political Geography, 26. Jg. (2007), H. 6, S. 639-655.

Bauer, Steffen: Weltpolitik in aufgeheizter Atmosphäre: Frieden und Sicherheit in Zeiten des Klimawandels und der Multipolarität, in: Die Friedens-Warte, 84. Jg. (2009), H. 2, S. 73-98.

Bellamy, Alex J. / Paul Williams / Stuart Griffin: Understanding Peacekeeping, Cambridge 2004.

Beyme, Klaus von: Theorie der Politik im 20. Jahrhundert. Von der Moderne zur Postmoderne, Frankfurt am Main 1992.

Biermann, Frank / Ingrid Boas: Protecting Climate Refugees. The Case for a Global Protocol, in: Environment, 50. Jg. (2008), H. 6, S. 8-16.

Biermann, Frank / Pattberg Philipp / Harro van Asselt / Fariborz Zelli: The Fragmentation of Global Governance Architectures: A Framework for Analysis, in: Global Environmental Politics, 9. Jg. (2009), H. 4, S. 14-40.

BMU (Bundesministerium für Umwelt, Naturschutz und Reaktorsicherheit): Klimawandel und Konflikte, Berlin 2002.

Bookchin, Murray: The Third Revolution. Volume One. Popular Movements in the Revolutionary Era, London 1996.

Brauch, Hans Günter / Úrsula Oswald Spring / Czeslaw Mesjasz / John Grin / Pal Dunay / Navnita Chadha Behera / Béchir Chourou / Patricia Kameri-Mbote / P. H. Liotta (Hrsg.): Globalization and Environmental Challenges. Reconceptualizing Security in the 21st Century, Berlin 2008.

Braunmühl, Claudia von: Menschliche Sicherheit – Nachdenkliches zu einem Referenzrahmen, in: Ansgar Klein / Silke Roth (Hrsg.): NGOs im Spannungsfeld von Krisenprävention und Sicherheitspolitik, Wiesbaden 2007, S. 29-45.

Breitmeier, Helmut: Klimawandel und Gewaltkonflikte: Das unsichere Wissen über den Kausalzusammenhang und die Notwendigkeit von Maßnahmen zur Anpassung und Gewaltprävention, in: Die Friedens-Warte, 84. Jg. (2009), H. 2, S. 29-44.

Breitmeier, Helmut: Klimawandel und Gewaltkonflikte. Forschungsbericht Deutsche Stiftung Friedensforschung, Osnabrück 2009.

Brock, Lothar: Peace through Parks: The Environment on the Peace Research Agenda, in: Journal of Peace Research, 28. Jg. (1991), H. 4, S. 407-423.

Brock, Lothar: Der erweiterte Sicherheitsbegriff: Keine Zauberformel für die Begründung ziviler Konfliktbearbeitung, in: Die Friedens-Warte, 79. Jg. (2004), H. 3-4, S. 323-343.

Brock, Lothar: Neue Sicherheitsdiskurse. Vom „erweiterten Sicherheitsbegriff" zur globalen Konfliktintervention, in: Wissenschaft und Frieden, (2005), H. 4, http://www.wissenschaft-und-frieden.de/seite.php?artikelIID=0395 (Zugriff am 30. September 2010).

Brown, Oli / Anne Hammill / Robert McLeman: Climate Change as the 'New' Security Threat: Implications for Africa, in: International Affairs, 83. Jg. (2007), H. 6, S. 1141-1154.

Brzoska, Michael: The Securitization of Climate Change and the Power of Conceptions of Security, in: Sicherheit und Frieden, 27. Jg. (2009), H. 3, S. 137-208.

Buzan, Barry / Ole Wæver / Jaap de Wilde: Security. A New Framework for Analysis, Boulder 1997.

Carius, Alexander / Dennis Tänzler: Wandelt Klima Sicherheit? Eine Diskussion konfliktiver und konfliktpräventiver Aspekte internationaler Klimapolitik, in: Martin H. W. Möllers / Robert C. van Ooyen (Hrsg.): Jahrbuch Öffentliche Sicherheit 2004/2005, Frankfurt am Main 2005, S. 515-530.

CNA (Center for Naval Analyses): National Security and the Threat of Climate Change, Alexandria 2007, http://securityandclimate.cna.org/report/Securityandclimate_final.pdf (Zugriff am 17. Oktober 2010).

Dabelko, Geoffrey D.: Foreword, Environmental Security Heats Up, in: Environmental Change and Security Program Report, 13 (2008/2009), S. viii-x.

Debiel, Tobias / Sascha Werthes: Human Security – Vom politischen Leitbild zum integralen Bestandteil eines neuen Sicherheitskonzepts?, in: Sicherheit und Frieden, 23. Jg. (2005), H. 1, S. 7-14.

Deen, Thalif: Security Council Accused of Overstepping Bounds, in: Inter Press Service news Agency vom 12. April 2007, http://ipsnews.net/news.asp?idnews=37334 (Zugriff am 11. Oktober 2010).

Department of Defense: National Defense Strategy, 2008, http://www.defense.gov/news/2008%20national%20defense%20strategy.pdf (Zugriff am 11. Oktober 2010).

Detraz, Nicole / Michele M. Betsill: Climate Change and Environmental Security: For Whom the Discourse Shifts, in: International Studies Perspectives, 10. Jg. (2009), H. 3, S. 303-320.

Deudney, Daniel: The Case Against Linking Environmental Degradation and National Security, in: Millennium, 19. Jg. (1990), H. 3, S. 461-476.

Deutsche Welthungerhilfe / Terre des Hommes: Die Wirklichkeit der Entwicklungshilfe. Siebzehnter Bericht 2009. Eine kritische Bestandsaufnahme der deutschen Entwicklungspolitik, Bonn 2009.

Devall, Bill / George Sessions: Deep Ecology, Salt Lake City 1985.

Duffield, Mark: Governing the Borderlands: Decoding the Power of Aid, in: Disasters, 25. Jg. (2001), H. 4, S. 216-229.

Eberwein, Wolf-Dieter / Sven Chojnacki: Stürmische Zeiten? Umwelt, Sicherheit und Konflikt. Wissenschaftszentrum Berlin für Sozialforschung (Arbeitspapier P01-303), Berlin 2001.

Floyd, Rita: The Environmental Security Debate and Its Significance for Climate Change, in: International Spectator, 43. Jg. (2008), H. 3, S. 51-65.

Gaan, Narottam: Environmental Security. Concept & Dimensions, Delhi 2004.

Geiger, Gebhard: Klimawandel – ein Fall für die internationale Sicherheitspolitik?, Stiftung Wissenschaft und Politik, Diskussionspapier FG 3, 2009/02, Berlin 2009.

Gleditsch, Nils Petter: Environmental Change, Security and Conflict, in: Chester Crocker / Fen Osler Hampson / Pamela Aall (Hrsg.): Leashing the Dogs of War: Conflict Management in a Divided World, Washington D.C. 2007, S. 175-193.

Gleditsch, Nils Petter/ Ragnhild Nordås: Climate Change and Conflict: A Critical Overview, in: Die Friedens-Warte, 84. Jg. (2009), H. 2, S. 11-28.

Græger, Nina: Review Essay: Environmental Security?, in: Journal of Peace Research, 33. Jg. (1996), H. 1, S. 109-116.

GTZ (Deutsche Gesellschaft für Technische Zusammenarbeit): Klimawandel und Sicherheit. Herausforderungen für die deutsche Entwicklungszusammenarbeit, Eschborn 2008.

Hoher Vertreter / Europäische Kommission: Klimawandel und Internationale Sicherheit. Papier des Hohen Vertreters und der Europäischen Kommission für den Europäischen Rat, Brüssel 14. März 2008, S. 113/08.

Homer-Dixon, Thomas F.: Environmental Scarcities and Violent Conflict: Evidence from Cases, in: International Security, 19. Jg. (1994), H. 1, S. 5-40.

Horstmann, Britta: Framing Adaptation to Climate Change – a Challenge for Building Institutions. German Development Institute Discussion Paper 23/2008, Bonn 2008.

Howden, Daniel: Bali Conference: Diplomats warned that climate change is security issue, not a green dilemma, in: The Independent vom 6. Dezember 2007, http://license.icopyright.net/user/viewFreeUse.act?fuid=MTAyNTc1Mzk%3D (Zugriff am 8. Oktober 2010).

Huq, Saleemul / Rahman Atiq / Mama Konate / Youba Sokona, / Hannah Reid: Mainstreaming Adaptation to Climate Change in Least Developed Countries, International Institute for Environment and Development, London 2003.

Independent Commission on Disarmament and Security Issues: Common Security: A Programme for Disarmament. The Report of the Independent Commission on Disarmament and Security Issues, London / Sydney 1982.

IPCC (Intergovernmental Panel on Climate Change): Climate Change 2001: Impacts, Adaptation and Vulnerability. A Report of Working Group II of the Intergovernmental Panel on Climate Change. Technical Summary, Genf 2001, http://www.grida.no/climate/ipcc_tar/wg2/pdf/wg2TARtechsum.pdf (Zugriff am 17. Oktober 2010).

IPCC (Intergovernmental Panel on Climate Change). Climate Change 2007: Impacts, Adaptation and Vulnerability. Contribution of Working Group II to the Fourth Assessment Report of the Intergovernmental Panel on Climate Change, Genf 2007.

IPCC (Intergovernmental Panel on Climate Change): Climate Change 2007: Synthesis Report, Genf 2007a, http://www.ipcc.ch/pdf/assessment-report/ar4/syr/ar4_syr.pdf (Zugriff am 17. Oktober 2010).

Jung, Dietrich / Klaus Schlichte / Jens Siegelberg: Kriege in der Weltgesellschaft. Strukturgeschichtliche Erklärung kriegerischer Gewalt 1945-2002, Opladen 2003.

Kim, Joy Aeree: Regime Interplay: the Case of Biodiversity and Climate Change, in: Global Environmental Change, 14. Jg. (2004), H. 4, S. 315-324.

Klare, Michael T.: Global Warming Battlefields: How Climate Change Threatens Security, in: Current History, 106. Jg. (November 2007), S. 355-361.

Levy, Marc: Is the Environment a National Security Issue?, in: International Security, 20. Jg. (1995), H. 2, S. 35-62.

Mabey, Nick / Jennifer Morgan: Unprecedented NGO Coalition calls for EU Heads of State to deliver on Climate and Energy Security, 2007, http://www.e3g.org/about/news-articles/unprecedented-ngo-coalition-calls-for-eu-heads-of-state-to-deliver/ (Zugriff am 7. Oktober 2010).

McGee, Jeffrey / Ros Taplin: The Asia-Pacific Partnership on Clean Development and Climate. A Complement or Competitor to the Kyoto Protocol?, in: Global Change, Peace and Security, 18. Jg. (2006), H. 3, S. 173-192.

McGray, Heather / Anne Hammill / Rob Bradley, with E. Lisa Schipper / Jo-Ellen Parry: Weathering the Storm: Options for Framing Adaptation and Development, Washington D.C. 2007.

Naess, Arne: The Shallow and the Deep, Long-Range Ecology Movement. A Summary, in: Inquiry, 16. Jg. (1973), S. 95-100.

Naess, Arne: Ecology, Community and Lifestyle: Outline of an Ecosophy, Cambridge 1989.

Naess, Arne: The Deep Ecological Movement, in: George Sessions (Hrsg.): Deep Ecology for the Twenty-First Century, Boston 1995, S. 64-84.

Naumann, Klaus / John Shalikashvili / The Lord Inge / Jacques Lanxade / Henk van den Breemen: Towards a Grand Strategy for an Uncertain World. Renewing Transatlantic Partnership, Lunteren 2007, http://www.csis.org/media/csis/events/080110_grand_strategy.pdf (Zugriff am 7. Oktober 2010).

Norwegian Nobel Committee: The Nobel Peace Prize for 2007, Press release, Oslo, 12. Oktober 2007, http://nobelprize.org/nobel_prizes/peace/laureates/2007/press.html (Zugriff am 13. Dezember 2008).

Opitz, Peter J.: Kollektive Sicherheit, in: Mir A. Ferdowsi (Hrsg.): Internationale Politik im 21. Jahrhundert, München 2002, S. 53-70.

Oswald Spring, Úrsula: Peace and Environment: Towards a Sustainable Peace as Seen From the South, in: Hans Günter Brauch u.a. (Hrsg.): Globalization and Environmental Challenges. Reconceptualizing Security in the 21st Century, Berlin 2008, S. 113-126.

Oswald Spring, Úrsula / Hans Günter Brauch / Simon Dalby: Linking Anthropocene, *HUGE* and HESP: Fourth Phase of Environmental Security Research, in: Hans Günter Brauch u.a. (Hrsg.): Facing Global Environmental Change. Environmental, Human, Energy, Food, Health and Water Security Concepts, Berlin 2009, S. 1277-1294.

Owen, Taylor: The Uncertain Future of Human Security in the UN, in: International Social Science Journal, 59. Jg. (2008), H. 1, S. 113-127.

Paris, Roland: Human Security: Paradigm Shift or Hot Air?, in: International Security, 26. Jg. (2001), H. 2, S. 87-102.

Podesta, John / Peter Ogden: The Security Implications of Climate Change, in: The Washington Quarterly, 31. Jg. (2007), H. 1, S. 115-138.

Raleigh, Clionadh / Henrik Urdal: Climate change, environmental degradation and armed conflict, in: Political Geography, 26. Jg. (2007), H. 6, S. 674-694.

Richert, Jörn: Klimawandel und Sicherheit in der amerikanischen Politik, Stiftung Wissenschaft und Politik, Diskussionspapier FG 8, 2009/05, Berlin 2009.

Richert, Jörn: Sicherheit und Stabilität im Kontext des Klimawandels, Stiftung Wissenschaft und Politik, Diskussionspapier FG 8, 2009/03, Berlin 2009a.

Rosendal, G. Kristin: Impacts of Overlapping International Regimes: the Case of Biodiversity, in: Global Governance, 7. Jg. (2001), H. 1, S. 95-117.

Rosendal, G. Kristin: The Convention on Biological Diversity: Tensions with the WTO TRIPS Agreement over Access to Genetic Resources and the Sharing of Benefits, in: Oberthür, Sebastian / Thomas Gehring (Hrsg.): Institutional Interaction in Global Environmental Governance: Synergy and Conflict among International and EU Policies, Cambridge 2006, S. 79-102.

Salehyan, Idean: From climate change to conflict? No consensus yet, in: Journal of Peace Research, 45. Jg. (2008), H. 3, S. 417-434.

Schwartz, Peter / Doug Randall: An Abrupt Climate Change Scenario and Its Implications for United States National Security, 2003, http://www.edf.org/documents/3566_AbruptClimateChange.pdf (Zugriff am 8. Oktober 2010).

Shepherd, Laura /Weldes, Jutta: Security: The State (of) Being Free From Danger?, in: Hans Günter Brauch u.a. (Hrsg.): Globalization and Environmental Challenges. Reconceptualizing Security in the 21st Century, Berlin 2008, S. 529-536.

Smit, Barry / Johanna Wandel: Adaptation, Adaptive Capacity and Vulnerability, in: Global Environmental Change, 16. Jg. (2006), H. 3, S. 282-292.

Smith, Dan / Janani Vivekananda: A Climate of Conflict: The Links Between Climate Change, Peace and War, London 2007.

Tuchman Mathews, Jessica: Redefining Security, in: Foreign Affairs, 68. Jg. (1989), H. 2, S. 162-177.

UNDP: Human Development Report 1994, New York 1994.

UNDP: Human Development Report 2007/2008: Fighting climate change: Human solidarity in a divided world, Houndmills 2007, http://hdr.undp.org/en/media/hdr_20072008_en_complete.pdf (Zugriff am 9. Oktober 2010).

UNEP: Climate Change and Conflict – New Report Weighs the Risks and Pin Points Likely Hotspots, 2007, http://www.unep.org/Documents.Multilingual/Default.asp?DocumentID=523&ArticleID=5720&l=en (Zugriff am 11. Oktober 2010).

WBGU (Wissenschaftlicher Beirat der Bundesregierung Globale Umweltveränderungen): Welt im Wandel. Sicherheitsrisiko Klimawandel, Berlin 2007.

Westing, Arthur H.: The Military Sector vis-à-vis the Environment, in: Journal of Peace Research, 25. Jg. (1988), H. 3, S. 257-264.

Wolfers, Arnold: National Security as an Ambiguous Symbol, in: ders.: Discord and Collaboration. Baltimore 1962, S. 147-165.

Zelli, Fariborz / Frank Biermann / Philipp Pattberg / Harro van Asselt: The Consequences of a Fragmented Climate Governance Architecture: a Policy Appraisal, in: Frank Biermann / Philipp Pattberg / Fariborz Zelli (Hrsg.): Global Climate Governance beyond 2012: Architecture, Agency and Adaptation, Cambridge 2010, S. 25-34.

Zwischen Entpolitisierung von Politik und Politisierung von Wissenschaft: Die wissenschaftliche Stellvertreterdebatte um Klimapolitik*

Silke Beck

1. Der Klimawandel als Vexierbild

Der vom Menschen verursachte oder anthropogene Klimawandel ist mehr als eine rein natürliche „Tatsache", die empirisch messbar oder mit Hilfe von Modellen quantifizierbar ist und in den Gegenstandsbereich der naturwissenschaftlichen Klimamodellierung fällt. Diese Problematik bietet vielmehr einen Spiegel und ein Vergrößerungsglas für die zentralen politischen Probleme unserer Zeit, die von der Energieversorgung, Entwicklung, Ernährungssicherheit bis hin zur globalen Verteilung von Wachstumsrechten und -chancen zwischen Nord und Süd reichen (Hulme 2009). Im Hinblick auf die politischen Dimensionen gleicht die Problematik des anthropogenen Klimawandels einem Vexierbild. Auf den ersten Blick sind diese marginal; auf den zweiten Blick erweisen sie sich als außerordentlich komplex, weitreichend und umfassend:

- Die zentralen Sektoren moderner Industriegesellschaften wie Verkehr und Energieversorgung sind an der Verursachung von Treibhausgasemissionen, die zum Klimawandel führen, maßgeblich beteiligt.
- Die Folgen des Klimawandels treffen nahezu alle Lebens- und Wirtschaftsbereiche sowie die Umwelt in räumlich, sozial und zeitlich differenzierter Weise (Paavola / Adger 2007).

Die internationalen Verhandlungen zur Klimapolitik zeichnen sich dadurch aus, dass sich Konflikte um die Externalisierung und die Minimierung ökologischer Belastungen mit ihrer regionalen und sozialen Ungleichverteilung und Verteilungskonflikten im nationalen und internationalen Maßstab überlappen, wodurch die Lösung des einen tendenziell an die des anderen gebunden wird.

Für Vertreter der kulturalistischen Sichtweise eröffnet der Klimawandel auch Chancen zur Restrukturierung von Raum, Zeit und politischer Ordnung (polity) (U. Beck 2010; Giddens 1996; 2009; Hulme 2009; Jasanoff / Wynne 1998; Rayner / Malone 1998). In den Verhandlungen zur Klimapolitik geht es aus dieser Perspektive nicht mehr nur um eine adäquate politische Lösung selbst, sondern auch um die zugrunde liegenden Kriterien, Werte und Normen: „Climate change offers a site ... to reflect on deeper questions of rights and responsibilities, the criteria and correlates of citizenship, and the rebuilding of constitutional norms around a threat that cuts at the foundations of all civilized societies" (Jasanoff 2010: 17).

---

* Überarbeitete und aktualisierte Fassung des Kapitels 7, in: *Silke Beck*, Das Klimaexperiment und der IPCC. Schnittstellen zwischen Wissenschaft und Politik in den internationalen Beziehungen, Marburg 2009.

Sobald jedoch die sozialen, politischen und kulturellen Dimensionen des Klimawandels auf der politischen Agenda Konturen annehmen, mehren sich die Versuche, diese von der Bildfläche verschwinden zu lassen (Meyer-Abich 1990: 59). Die Sozialwissenschaften spielen bis heute in der internationalen Forschung zum Klimawandel eine marginale Rolle. Es ist an der Zeit, diese Ausgangsbeobachtung anhand des Verlaufs der internationalen Kontroversen um den Klimawandel zu rekonstruieren.

2. Die heuristische Funktion von Wissenschaft in der Politik

Um die Rolle von Wissenschaft in der internationalen Klimapolitik zu beleuchten, werden im Folgenden Konzepte und Befunde der Wissenschaftsforschung kombiniert (zum Stand der Forschung siehe Jasanoff / Wynne 1998; S. Beck 2009; Jasanoff / Martello 2004; Miller / Edwards 2001; Pielke 2007).

2.1. Neue Dimensionen der Verwissenschaftlichung von Politik

Der anthropogene Klimawandel steht für neue Dimensionen der Verwissenschaftlichung von Politik (Weingart 2001). In diesem Fall gewinnt Wissenschaft an Bedeutung, da sich das, was heute unter anthropogenem Klimawandel diskutiert wird, der unmittelbaren Wahrnehmung entzieht und aufgrund der bisher unbekannten räumlichen, zeitlichen und sozialen Reichweite, Komplexität und Interdependenz nur schwer zurechen- und nachweisbar ist. Die Definition des Problems ist in hohem Maße von wissenschaftlichen Erklärungsangeboten abhängig. Um Veränderungen des globalen Klimasystems zu erfassen und menschlichen Ursachen zuzurechnen, muss auf voraussetzungsreiche wissenschaftliche Modelle rekurriert werden. Gleichzeitig können ohne diese Modelle und darauf aufbauende Szenarien weder die sozialen und ökonomischen Folgen des Klimawandels noch die Kosten und Nutzen sowie die Effektivität von politischen Maßnahmen abgeschätzt werden. Auch die Formulierung, Bewertung und Erfolgskontrolle von politischen Entscheidungen ist in hohem Maße an wissenschaftliche Instrumente gebunden. Dieser Trend wird in den englischsprachigen Ländern mit „science“ oder „evidence based policy“ überschrieben (Rayner 2006).

2.2. Die heuristische Funktion von Forschung in der internationalen Klimapolitik

In kritischer Auseinandersetzung mit dem technokratischen Modell der Politikberatung[1] heben Vertreter sozialkonstruktivistischer Ansätze hervor, dass der Einfluss von

1 Das strukturelle Merkmal und Problem des linearen, technokratischen Modells der Politikberatung besteht darin, dass der Einfluss von (Konsens-)Wissen auf Politik deterministisch gedacht wird. Das Modell beruht auf der linearen Sequenz „first get the facts right, than act“ (Pielke 2005). Wissenschaftlicher Konsens ist notwendige und hinreichende Bedingung von Politik. Das Problem der politischen Entscheidungsfindung wird damit in einem wissenschaftlich begründeten Entscheidungsdeterminismus aufgelöst. Es ist der wissenschaftliche Konsens über einen wissenschaftlich definierten Kausalzusammenhang, der die einzige und rationale politische Lösung vorgibt. Das bedeutet, erst dann, wenn

Wissenschaft auf Politik nicht deterministischer, sondern heuristischer Natur ist (Edwards 1999). Die Funktion von wissenschaftlichen Modellen und Szenarien besteht darin, Heuristiken zu entwickeln und Entscheidungsträger über das generelle Ausmaß und die Struktur des Problems zu informieren. Expertisen funktionieren weniger als eine Art „Wahrheitsmaschine", sondern im Sinne eines Wegweisers oder einer Daumenregel für die wahrscheinliche Richtung und Natur des Klimawandels. Im Hinblick auf die heuristische Funktion von Forschung gewinnen Prozesse der Zurechnung von Ursachen und Wirkungen eine hervorragende Bedeutung, da die Definition von Kausalrelationen auch die Verteilung von politischer Verantwortung und von materiellen und symbolischen Ressourcen folgenreich verändern kann. Aus dieser Perspektive wird Forschung politisch bedeutender, wenn sie sich als die Instanz etabliert hat, die Ursachen und Folgen von Veränderungen zurechnet, Gewinner und Verlierer identifiziert, Verantwortliche und Betroffene benennt sowie Ziele und Strategien der politischen Problembewältigung aufzeigt. Wissenschaftliche Erklärungsangebote verfügen in diesem Kontext über eine signifikante Rolle, da sie die kognitive Grundlage der politischen Kontroverse bilden und ihr kognitives Feld vorstrukturieren.[2]

Im Kontext der internationalen Beziehungen gewinnt der Sachverhalt an Relevanz, dass die Arbeitsweise, das Verfahren und das institutionelle Arrangement von Expertengremien sowie ihre Rolle und Einbettung in Wissenschaft und Politik nicht vorgegeben, sondern offen sind. Kulturalistische Ansätze lenken die Betrachtung darauf, dass auf keine universal anerkannten Modelle, standardisierten Verfahren oder rechtlich sanktionierten Regelungen zurückgegriffen werden kann, wie Politikberatung auf globaler Ebene zu organisieren wäre (Giddens 1996). Aus vergleichender Perspektive zeigt sich, dass die Organisation von Politikberatung weder uniform ist noch formelle Regeln oder rechtliche Rahmenbedingungen existieren, die bei der Produktion, Bewertung und Anwendung von politisch relevantem Wissen zu befolgen wären (Jasanoff 2010).

Das Intergovernmental Panel on Climate Change (IPCC) wird damit zu einem Pionier von Politikberatung auf globaler Ebene, da es immer auch das Forum für Verhandlungen darüber geboten hat, welche Rolle Expertengremien in den internationalen Beziehungen grundsätzlich übernehmen, wie sie organisiert und institutionalisiert werden sollen. Eine besondere Herausforderung für das IPCC besteht nicht nur darin, gemeinsame Ansätze zu finden, um den Klimawandel zu analysieren, sondern auch geeignete Regelungen zu entwickeln, wie in der internationalen Klimapolitik zu verfahren ist

wissenschaftlicher Konsens besteht, kann politisch gehandelt werden (Haas 1992: 2 f.). Umgekehrt muss dann, wenn der wissenschaftliche Konsens erreicht ist, gleichsam automatisch politisch gehandelt werden. Dieses Modell wird von zahlreichen, prominenten IPCC-Vertretern wie *Bert Bolin* und *Bob Watson* selbst verwendet und liegt auch dem Konzept der „epistemischen Gemeinschaften" von *Peter M. Haas* zugrunde (1992).

2 Das Konzept der Ko-Produktion lenkt die Aufmerksamkeit auf den Sachverhalt, dass in Expertisen Annahmen über Politik – vom politischen Handlungsbedarf über Möglichkeiten und Grenzen der politischen Gestaltbarkeit bis hin zur wünschenswerten politischen Ordnung – reproduziert werden („world building") (Jasanoff 2004). In den Fokus rücken damit Formen der (wechselseitigen) Legitimation von Wissenschaft und Politik.

(Miller 2001). Dabei steht es vor der Herausforderung, Prinzipien dezentraler wissenschaftlicher Selbstorganisation mit Prinzipien hierarchischer politischer Steuerung – und damit wissenschaftliche Grundsätze mit politischen Maximen – zu vereinbaren. Dieser Sachverhalt spiegelt die besondere Ansiedlung des IPCC als Grenzorganisation an der Schnittstelle zwischen Wissenschaft und Politik (Miller 2001). Der Weltklimarat muss sich sowohl gegenüber der wissenschaftlichen Gemeinschaft als auch seinen politischen und gesellschaftlichen Adressaten legitimieren und damit gleichzeitig Forderungen nach wissenschaftlicher Glaubwürdigkeit und politischer Relevanz Rechnung tragen (S. Beck 2009).

Vertreter der kulturalistischen Sichtweise heben auch hervor, dass auf globaler Ebene nicht mehr von universal gültigen beziehungsweise unter den Experten geteilten Normen und gemeinsamen Grundlagen ausgegangen werden kann (Giddens 1996). Nimmt man an, dass Wertvorstellungen pfadabhängig und in nationale politische Kulturen eingebettet sind (S. Beck 2004) und daher in beträchtlichem Maße variieren, dann treffen im Falle des Klimawandels unterschiedliche Denk- und Politikstile aufeinander und müssen dort neu verhandelt werden. Eine der Herausforderungen an Politikberatung auf globaler Ebene besteht aus dieser Perspektive darin, kulturell unterschiedliche Denk- und Politikstile zu überbrücken.

Verschiedene Ansätze heben im Anschluss an *Michel Foucault* auf den Zusammenhang von Wissen und Macht ab. In dem Maße, in dem diese Expertengremien politisch an Einfluss und Gewicht gewinnen, politische Funktionen übernehmen und eine Form von „delegated authority" ausüben, werden auch Fragen ihrer demokratischen Legitimität aufgeworfen. Bei Verhandlungen im Rahmen des IPCC geht es immer auch um Fragen, wer über das Recht verfügt, das „Klima" zu repräsentieren und für Nationen zu sprechen. Expertengremien wie das IPCC stellen aus dieser Perspektive das „Auge der Macht" (Ashley 1983) dar, da sie auch ein Forum eröffnen, auf dem die entsprechende natürliche, epistemische und politische Ordnung verhandelt wird (Jasanoff / Wynne 1998). Gleichzeitig sind die neu entstandenen Grenzorganisationen auf globaler Ebene, obwohl sie beträchtlichen politischen Einfluss ausüben, kaum der demokratischen Kontrolle zugänglich (Jasanoff 2010).

3. Die Definitionsmacht von Wissenschaft

3.1. Wissenschaftliche Risikokonstitution durch die Zuschreibung von Klimaänderungen auf humane Ursachen

Seit den 1970er Jahren zeichnet sich innerhalb der wissenschaftlichen Kontroverse um den Klimawandel ein folgenreicher Wandel der Zurechnung von Ursachen ab, der für die politischen Diskussionen von großer Bedeutung ist. Bis in die 1960er Jahre konzentrierte sich die Forschung vor allem auf Möglichkeiten natürlicher Klimafluktuationen. Seither wächst das Interesse an menschlichen Einflüssen auf das Klima in beachtlichem Maße. In dem Moment, in dem Wissenschaftler beginnen, Klimavariationen auf Aktivitäten der Menschen zurückzuführen, wird die Problematik des Klimawandels auch politisch relevant, wird von einer naturgegebenen Gefahr in ein entscheidungsabhängiges Risiko transformiert (Krohn und Weyer 1990; Giddens 1996). Die Klimaforschung steht allerdings vor dem Problem, die empirische Evidenz der wissenschaftlichen Hypothese des anthropogenen Klimawandels nachzuweisen (detection). Weder können empirisch beobachtbare Klimaveränderungen eindeutig menschlichen Aktivitäten zugerechnet werden, noch ist ein anthropogenes Klimaänderungssignal empirisch eindeutig zu identifizieren.

Diese wissenschaftlichen Unsicherheiten haben für die politische Entscheidungsfindung fundamentale Konsequenzen. Die Frage, welche politischen Schlussfolgerungen aus dem Stand der Forschung zu ziehen sind und wie im Hinblick auf die wissenschaftlichen Unsicherheiten politisch gehandelt werden soll, lässt sich wissenschaftlich nicht mehr eindeutig beantworten, sondern ist offen und in hohem Maße umstritten. Politiker können nicht mehr – wie im technokratischen Modell der Politikberatung vorgesehen – auf wissenschaftliches Wissen zurückgreifen, das eindeutige Antworten dafür gibt, was genau Politiker in einer spezifischen Situation konkret tun sollen. Im Falle der Klimaforschung liegt folglich kein logisch unumstrittener Kausalzusammenhang vor, der die beste politische Lösung vorgibt. Stattdessen lassen sich aus dem Stand der Forschung prinzipiell konträre Handlungsalternativen ableiten. Das bedeutet, dass sowohl mehr Forschung als auch die Einleitung konkreter politischer Maßnahmen im Rekurs auf wissenschaftliche Unsicherheiten gestützt werden können. Damit rückt – auf kognitiver Ebene – die Schnittstelle zwischen wissenschaftlichen Unsicherheiten und politischen Entscheidungsalternativen in den Mittelpunkt der Kontroversen um den Klimawandel. Betrachtet man den faktischen Verlauf der Diskussionen um diese Frage, zeigt sich, dass Wissenschaftler selbst unterschiedliche Schlussfolgerungen aus dem Stand der Forschung ziehen. Auf der Ersten Weltklimakonferenz 1979 kamen Wissenschaftler zu dem Schluss, dass die wissenschaftlichen Unsicherheiten zu hoch seien, um konkrete Maßnahmen einzuleiten. Sie optierten zu diesem Zeitpunkt mehrheitlich für eine Politik des Abwartens, bis wissenschaftliche Befunde hinreichend sicher seien, und forderten mehr Forschung. Diese Position verfolgte auch die US-amerikanische Regierung bis 2007.

3.2. Transformation des Klimawandels von einem wissenschaftlichen in ein politisches Risiko

Eine entscheidende Wendung der Kontroverse um den Klimawandel zeichnete sich Mitte der 1980er Jahre ab: Seither verdichtet sich der wissenschaftliche Konsens über die Gefährdung des globalen Klimas, und es häufen sich prononcierte Appelle an die Adresse der Politik, konkrete Maßnahmen einzuleiten. In diesen Appellen wird der Klimawandel von einem wissenschaftlichen in ein politisches Risiko transformiert (Krohn / Weyer 1990), wird zu einem Thema, das nicht nur in der öffentlichen Diskussion einen relativ hohen Stellenwert genießt, sondern auch innerhalb kurzer Zeit höchste politische Priorität gewinnt. Im Kontext der internationalen Umweltdiplomatie wird die Klimaproblematik auf dem G-7-Gipfel 1988 in Toronto erstmals auf höchster politischer Ebene thematisiert.

Noch im selben Jahr wurde das IPCC von der Weltorganisation für Meteorologie (WMO) in Kooperation mit dem Umweltprogramm der Vereinten Nationen (UNEP) ins Leben gerufen und mit der Aufgabe betraut, den Stand der Forschung zum zusätzlichen Treibhauseffekt, zu seinen beobachteten und projizierten Auswirkungen und zu den politischen Reaktionsmöglichkeiten (Anpassungs- und Minderungsoptionen) umfassend, objektiv, offen und transparent zusammenzutragen und zu bewerten.[3] Das IPCC beabsichtigt, im Namen der Wissenschaft weltweit mit einer Stimme zu sprechen und wissenschaftliche Expertisen im demokratischen Konsens vorzulegen. Diese vermeintlich paradoxe Strategie lässt sich als Versuch interpretieren, demokratische Prinzipien mit wissenschaftlichen Grundsätzen zu vereinbaren. IPCC-Vertreter versuchen, aus früheren Kontroversen, in denen Experten sich permanent widersprachen (zum Beispiel die Kontroverse um die Kernenergie), Lehren zu ziehen. Durch die Bildung eines Wissensmonopols soll die Zufuhr von Expertisen in den politischen Prozess verknappt, ihre Interpretation kontrolliert und damit die Definitionsmacht und Deutungshoheit von Forschung wieder hergestellt werden (S. Beck 2009; Weingart 2001).

Auf der Zweiten Weltklimakonferenz in Genf 1990 legte das IPCC seinen Ersten Sachstandsbericht (FAR) vor. Darin kommt es zu dem Schluss, dass wissenschaftlicher Konsens darüber besteht, dass der anthropogene Klimawandel stattfindet und dass die wissenschaftliche Grundlage robust genug ist, um politische Maßnahmen einzuleiten. Zwischen 1988 und 1990 bildet das IPCC auch das Forum für politische Verhandlungen, entwickelte sich zum Cockpit der internationalen Klimaschutzpolitik und legte das Skelett für die Klimarahmenkonvention vor. Diese orientierte sich an den völkerrechtlichen Regelungssystemen zum Schutz der Ozonschicht, vor Saurem Regen und Nuklearwaffen (Benedick 1991). Die politische Lösung wurde auch hier in der globalen Reduktion von verursachenden Treibhausgasen und einer entsprechenden Rahmenkonvention gesehen, unter der möglichst weitreichende verbindliche Ziele und Zeithorizonte vereinbart und möglichst viele Länder in das Vertragswerk einbezogen werden sollten. Dem IPCC ist es nicht nur gelungen, das Thema Klimawandel auf die Agenden der nationalen und internationalen Politik zu setzen, sondern auch das wissenschaftliche Fundament, den Rahmen für die Klimarahmenkonvention und die entsprechenden Instrumente – wie beispielsweise der Treibhausgasinventare – zu entwickeln.

3.3. Die Politisierung der internationalen Klimadiskussion

Die Kehrseite dieser Erfolgsgeschichte besteht darin, dass das IPCC in dem Maße, in dem es in Politik und Öffentlichkeit Resonanz erzeugte und damit politisch an Einfluss gewann, in die Kritik geriet. Gerade zu dem Zeitpunkt, als die politischen Dimensionen der Klimaproblematik, insbesondere die Reduktion der Emission von Treibhausgasen in Verbindung mit globalen Verteilungskonflikten auf die politische Agenda kamen, bildete sich eine Koalition aus Bremsern des aktiven Klimaschutzes, die sich aus Ver-

3 Vgl. Selbstdarstellung des IPCC, http://www.de-ipcc.de/de/119.php#Wer_ist_IPCC (Abruf am 28. Juni 2010).

tretern der OPEC-Staaten und Lobbyisten von US-amerikanischen Energie- und Automobil-Konzernen zusammensetzt (McCright / Dunlap 2000). Die politischen Unterhändler und Lobbyisten erkannten relativ schnell die eminent wichtige Rolle des IPCC für die internationale Klimapolitik. Da es zwischen 1988 und 1990 auch das Forum für die politischen Verhandlungen bot und damit die politische Entscheidungsfindung zur Klimapolitik hier zum großen Teil vorweg genommen wurde, war der Anreiz für alle von diesen Entscheidungen betroffenen Akteure und Organisationen relativ hoch, auf das IPCC Einfluss zu nehmen (Agrawala 1998). Insbesondere die Gruppe, die zu den politischen Dimensionen arbeitete, war seinerzeit massiven Angriffen und Formen der Einflussnahme ausgesetzt. Diese Bremser-Koalition versuchte, – ähnlich wie die Tabakindustrie – Wissenschaftler für ihre Zwecke zu rekrutieren. Sie sollten nachweisen, dass das Problem des vom Menschen gemachten Klimawandels eigentlich gar nicht existiere, sondern eine Erfindung von ökologisch oder sozialistisch motivierten Wissenschaftlern sei (Klimaschwindel-These). Je näher die politischen Verhandlungen an den Rio-Gipfel 1992 rückten, desto stärker polarisierte sich das politische Umfeld. Mit dem Eintritt dieser „Händler des Zweifels" wurden die Weichen für den Verlauf der weiteren US-amerikanischen und internationalen Kontroverse gestellt (Oreskes / Conway 2010). Nach dem Motto: „Wenn Sie die Nachricht nicht mögen, dann machen Sie den Boten unglaubwürdig" (Agrawala 1998) griffen sie das IPCC als Überbringer der „unbequemen" Botschaft an, um den menschlichen Einfluss auf den Klimawandel zu leugnen. Damit wendeten sie sich nicht mehr unmittelbar gegen politische Maßnahmen selbst, sondern versuchten, deren wissenschaftliches Fundament zu untergraben. Diese Verlaufsform indiziert einen Aspekt der engen Kopplung zwischen Wissenschaft und Politik (Weingart 2001): In dem Maße, in dem es dem IPCC gelang, umfassende politische Maßnahmen auf die politische Agenda zu setzen und diese wissenschaftlich zu fundieren, versuchte die gegnerische Koalition, die wissenschaftliche Legitimation der Klimaschutzpolitik auszuhöhlen. Diese Strategie bestimmte auch den Verlauf der weiteren Kontroversen um den Klimawandel im internationalen Kontext. Die Bremser-Koalition zielte darauf ab, die Diskussion von der Politik in die Wissenschaft zurückzuverlagern, um politische Entscheidungen mit gravierenden Konsequenzen in den betroffenen Sektoren wie Verkehr und Energie hinauszuzögern oder zu verhindern.

3.4. Die Stellvertreter-Diskussion um den „Beweis"

Das IPCC ließ sich auf die Logik seiner Gegner ein, indem es versuchte, den eindeutigen wissenschaftlichen Beweis zu erbringen, dass Klimawandel auf menschliche Aktivitäten zurückgeht und bereits eingetreten ist (Oreskes 2004). Dies ist umso überraschender, als das Vorsorgeprinzip, auf das sich die Klimarahmenkonvention stützt, theoretisch Alternativen zum klassischen Risk Assessment und dem Nachweis eines konkreten Schadens eröffnet (Pielke 2005). Damit konzentrierte sich die Diskussion auf die Frage, ob das wissenschaftliche Fundament sicher genug sei, um konkrete politische Maßnahmen zu legitimieren.

Um ihren Stellungnahmen empirisch an Gewicht zu verleihen, nutzen Wissenschaftler häufig Extremereignisse wie Hochwasser, Stürme oder Hitzewellen.[4] Beispielsweise deuteten prominente Wissenschaftler Extremereignisse wie die „Jahrhundertdürren" im Sommer 1988 und 2003 oder auch den Hurrikan Katrina 2005 medienwirksam als Vorboten einer sich anbahnenden „Klimakatastrophe". Obwohl diese Extremereignisse nicht eindeutig auf den vom Menschen gemachten Klimawandel zurückgeführt werden können (Pielke 2005) und Wissenschaftler nicht in der Lage sind, die notwendigen Beweise zu liefern, bewirken diese Warnungen oftmals weltweite Schlagzeilen. Gleichzeitig lösen sie wissenschaftliche Kontroversen aus: „Die Toten waren noch nicht beerdigt, da kochte schon der rituelle Streit hoch, ob die Katastrophe natürliche oder anthropogene Ursachen habe" (DIE ZEIT vom 5. Januar 2000). Damit kristallisiert sich das Muster heraus: Die politischen Kontroversen um die adäquate Politik zur Reaktion auf den Klimawandel und seine Folgen werden stellvertretend als Kontroverse um den wissenschaftlichen Nachweis des Klimawandels ausgetragen.

Der Zweite IPCC-Bericht (AR2), der 1995 erschien, erbrachte den Nachweis, dass der anthropogene Klimawandel mit Hilfe statistischer Methoden nachweisbar ist: „The balance of evidence suggests a discernible human influence on climate change" (IPCC 1995: 22). IPCC-Autoren traten damit den Nachweis an, der Mensch sei der Hauptverantwortliche. Als entscheidenden Beweis präsentierten sie die Temperaturschwankungen der vergangenen Jahrhunderte. Der „Fingerabdruck des Menschen" diente als Beweis dafür, dass die wissenschaftlichen Warnungen nicht übertrieben, sondern letztlich gerechtfertigt seien (Engels / Weingart 1997: 97). Damit wurde die Dringlichkeit unterstrichen, das Problem politisch zu lösen.

Der Zweite Bericht entfachte die politische Debatte um den Klimawandel wieder und belebte die eingefahrenen politischen Verhandlungen nach dem Rio-Gipfel von 1992, die schließlich in die Verabschiedung des Kyoto-Protokolls mündeten. Die Veröffentlichung des Zweiten Berichts wurde von einem massiven Gegenangriff amerikanischer Wissenschaftler im Wall Street Journal und der New York Times überschattet. Diese warfen dem IPCC vor, dass seine Autoren bewusst wissenschaftliche Begutachtungsverfahren unterlaufen und Berichte aus politischen Gründen „verfälscht" hätten (Edwards und Schneider 2001). Dieses Beispiel zeigt, dass die Kritiker des IPCC aus Mangel an wissenschaftlichen Alternativen nicht auf inhaltliche Aussagen zielten, sondern in erster Linie Standards der wissenschaftlichen Beweisführung angriffen oder regelrechte Hetzkampagnen gegen einzelne IPCC-Autoren wie *Ben Santer* oder *Michael Mann* führten, die mit Formen der politischen Verfolgung in der *McCarthy*-Ära verglichen wurden.[5] Die informelle wissenschaftliche Kultur beziehungsweise das Fehlen formaler Regelungen beispielsweise für die Begutachtung und Qualitätskontrolle machen das IPCC für Angriffe dieser Art verletzlich. Gleichzeitig wird auch deutlich, dass die wissenschaftliche Integrität für die politische Glaubwürdigkeit des

4 Vgl. http://www.politico.com/news/stories/0710/39664.html#ixzz0tbNjwMYY (Abruf am 28. Februar 2011).

5 Vgl. Climate Change and the Integrity of Science, Lead Letter, in: Science Magazine am 7. Mai 2010, http://www.pacinst.org/climate/climate_statement.pdf (Abruf am 28. Juni 2010).

IPCC als intergouvernementaler Organisation von zentraler Bedeutung ist. Seine Berichte zählen in der Politik nur dann, wenn sie mit dem Siegel der Wissenschaftlichkeit ausgezeichnet werden können. Zu diesem Zweck hat das IPCC begonnen, seine Verfahren der wissenschaftlichen Qualitätskontrolle zu revidieren.

Nicht zuletzt hat der Vierte IPCC-Bericht (AR4) von 2007 am Umschwung der Kontroverse in den USA mitgewirkt (IPCC 2007). Darin verdichtete sich der wissenschaftliche Konsens, dass der anthropogene Klimawandel existiert. Auf diese Weise hat das IPCC maßgeblich dazu beigetragen, eine zentrale Wende in der Diskussion um Klimapolitik einzuleiten. Während bestimmte Wissenschaftler und Politiker (beispielsweise die Regierung *George W. Bush*) lange Zeit die anthropogenen Einflüsse für nicht erwiesen hielten oder die Gefahren des Klimawandels als übertrieben ansahen, stellten diese spätestens ab 2007 die Existenz des anthropogenen Klimawandels und entsprechenden Handlungsbedarf nicht mehr offen in Frage. Nach dem Scheitern der 15. Vertragsstaatenkonferenz in Kopenhagen 2009 mehren sich wiederum die Versuche, die Diskussion um Klimapolitik von den politischen Verhandlungen in den IPCC zurückzuverlagern. Vielen Akteuren in Wirtschaft und Politik kommt diese Wiedereröffnung der Stellvertreterdebatte gelegen, um sich „unbequemer" Entscheidungen – wie etwa diejenige um die Energiewende in Deutschland – zu entledigen, indem sie Zweifel an ihrer Dringlichkeit erzeugen.

4. Paradoxe Folgen der Stellvertreterdiskussion: die Entpolitisierung der Klimapolitik und die Politisierung von Wissenschaft

Die Angriffe der Kritiker führten nicht – wie zu erwarten – zu einem Glaubwürdigkeits- und Autoritätsverlust von Wissenschaft. Paradoxerweise verliehen sie dem IPCC mehr an öffentlicher Aufmerksamkeit und politischem Gewicht, als dieser ohne ihre Angriffe gewonnen hätte. Alle beteiligten Parteien in diesen Stellvertreterkontroversen handelten so, als ob Politik tatsächlich in der Wissenschaft entschieden werde (Pielke 2007). Dieses Selbstverständnis legt eine beträchtliche Vormachtstellung von Wissenschaft in der Politik nahe.

4.1. Formen der Entpolitisierung der Klimapolitik

Interessanterweise spielen humane Dimensionen, obwohl ihnen für die Verursachung des Problems erhebliche Bedeutung beigemessen wird, bislang in der Klimaforschung eine untergeordnete Rolle. Dies ist darauf zurückzuführen, dass sich die Diskussion auf den Nachweis konzentriert, dass Veränderungen des Klimas beziehungsweise Extremereignisse wie Stürme, Hochwasser und Hitzewellen menschlichen Aktivitäten zurechenbar sind. Dieser Nachweis stellt das wissenschaftliche Fundament für politische Maßnahmen dar. Auch die Klimarahmenkonvention folgt diesem Muster. Politische Maßnahmen können nur dann legitimiert werden, wenn wissenschaftlich erwiesen ist, dass Klimafolgen auf menschliche Aktivitäten zurückgehen (Pielke 2005; S. Beck 2010). Bei diesen Versuchen der (statistischen) Zurechnung mit Hilfe von Klimamodellen beziehungsweise des empirischen Nachweises anhand von Messdaten der beobachtbaren Klimafolgen (wie Anstieg der Temperatur oder des Meeresspiegels) geraten die genuin humanen, politischen, sozialen und kulturellen Dimensionen aus dem Blickfeld.

Erstens wird Klimawandel – auf globalen Klimamodellen basierend – als ein einziges, globales und allumfassendes Risiko definiert. Die Globalisierung der wissenschaftlichen Problemstellung geht mit der Abstraktion von lokalen Witterungsmustern und mit der Universalierung des Begriffsverständnisses einher: In diesem Kontext ist nicht mehr von lokalen Witterungsmustern, sondern nur noch vom globalen Klimawandel die Rede, der in einem einzigen numerischen Wert, dem der globalen mittleren Erdoberflächentemperatur, berechnet werden kann (Demeritt 2001). Diese Vormachtstellung der Klimamodelle führt dazu, dass unterschiedliche Wissensquellen ausschließlich als Input in globale Modelle verwendet werden. Damit werden auch alternative Ansätze, Wissensformen und Problemdefinitionen systematisch vernachlässigt.

Zweitens geht die Globalisierung mit der Naturalisierung der Betrachtung einher. Obwohl der Versuch im Vordergrund steht, die Menschheit als Verursacher des Klimawandels zu identifizieren, rückt in den Satellitenbildern oder Modellsimulationen das zerbrechliche System natürlicher Zusammenhänge (myth of global fragility) in den Vordergrund der Betrachtung, wodurch die humanen Dimensionen verschwinden (Thompson / Rayner 1998).

Drittens führt der globale Ansatz der Klimamodelle zur Dekontextualisierung von Informationen. Diese werden von ihren lokalen Zusammenhängen und Rahmenbedingungen abstrahiert. Gleichzeitig werden die Ergebnisse von Modellrechnungen (zu Klimafolgen), die auf der globalen Ebene gewonnen werden, auf die regionale Ebene übertragen, wodurch alternative Befunde und Sichtweisen – beispielsweise die bottom-up-Perspektive – ausgeblendet werden (down-scaling). Bereits erste Versuche, die regionalen Folgen des Klimawandels zu simulieren, lassen die ungleiche regionale und soziale Verteilung von Klimafolgen sowie mögliche Gewinner und Verlierer hervortreten. In seinen frühen Berichten (AR1 und AR2) beschäftigte sich das IPCC ausschließlich mit natürlichen Auswirkungen wie die Veränderungen von Niederschlagsmustern und Wasserkreisläufen (S. Beck 2010).

Viertens konzentriert sich die Diskussion um Klimafolgen auf die Frage, ob diese auf menschliche Einflüsse zurückgeführt werden können. Auf diese Weise werden sozioökonomische Konsequenzen oder solche zweiter Ordnung – wie der Grad der Betroffenheit durch Klimafolgen und entsprechende soziale Verteilungswirkungen und Anpassungsoptionen – systematisch ausgeklammert (O'Brien u.a. 2004). Damit wird auch die Diskussion um konkrete politische Reaktionsmöglichkeiten vernachlässigt und die Thematik der Anpassung an Klimafolgen, die bereits eingetreten sind, marginalisiert (Pielke 2005).

Fünftens neigte das IPCC bei seiner Diskussion um politische Reaktionsmöglichkeiten lange Zeit dazu, technische Lösungen zu suchen (O'Brien u.a. 2004). Genährt wird damit auch die „gefährliche" Annahme, dass technische Innovationen quasi automatisch Probleme der Klimapolitik lösen würden (Pielke u.a. 2008). In seinem letzten

Sachstandsbericht unterstreicht das IPCC, dass die notwendigen Technologien zur Emissionsminderung – zum Beispiel durch höhere Energieeffizienz, erneuerbare Energiequellen oder bessere Abfallbewirtschaftung – bereits existieren oder in absehbarer Zeit zur Verfügung stehen.[6] Technologische Innovationen bieten hier den Schlüssel zu Energie- und Kosteneffizienz, Wirtschaftswachstum und Wettbewerbsfähigkeit. Sie sollen Lösungen ermöglichen, so die trügerische Erwartung, mit denen sich auf den ersten Blick divergierende Optionen vereinbaren lassen und alle Beteiligten einen Nutzen erzielen können (Mickwitz u.a. 2009).

Diese Sichtweise, die von westlichen Wissenschaftlern und Diplomaten maßgeblich unterstützt wird, stellen Repräsentanten der Entwicklungs- und Schwellenländer wie Indien und China hingegen infrage. Die Verhandlungen zum Klimaschutz zeichnen sich dadurch aus, dass an ihnen – im Unterschied zu den Ozon-Verhandlungen, die auf eine kleine Zahl von Ländern des Nordens begrenzt waren – Staaten des Südens von Anfang an teilgenommen haben. Aus ihrer Perspektive ist das Klimaproblem weniger in den ökologischen Grenzen des Planeten als in der Übernutzung und Verschwendung von Ressourcen im industrialisierten Norden zu suchen. Sie heben auf die historische Verantwortung der Industriestaaten für den Klimawandel ab. Vertreter der Entwicklungsländer versuchen immer wieder, die Klimaproblematik zu politisieren, die Kontroverse wieder zurück in die Politik zu verlagern und Fragen der Betroffenheit, Verursachung, Verantwortlichkeit und Haftung auf die politische Agenda zu bringen und damit der Naturalisierung der Klimaproblematik durch westliche Wissenschaftler und Diplomaten entgegenzuwirken. Sie argumentieren, dass die Ursachen des Klimawandels nicht wissenschaftlich-technischer, sondern politischer „Natur" sind. Aus ihrer Sicht umfasst die Klimaproblematik in erster Linie Fragen der Armut, Unterentwicklung und des Zugangs zu technologischen und finanziellen Ressourcen. In diesem Lager wächst die Unsicherheit in beträchtlichem Maße darüber, ob das IPCC aufgrund seiner wissenschaftlich-technischen Ausrichtung den geeigneten Rahmen für ihr Anliegen bieten kann und soll. Die Entwicklungsländer stimmten mit überwältigender Mehrheit dafür, ein weiteres zwischenstaatliches Gremium einzurichten, um die Klimarahmenkonvention auszuhandeln. 1990 setzte die UN-Vollversammlung das Intergovernmental Negotiation Committee (INC) ein. Damit wurden die wissenschaftlichen und politischen Verhandlungen entkoppelt. Das IPCC lehnt es seither prinzipiell ab, politische Verhandlungen auszutragen und politische Handlungsempfehlungen zu geben und versteht seine politische Rolle als „policy relevant but not prescriptive".

Dieses Selbstverständnis spiegelt die (technokratische) Vorstellung wider, dass Wissenschaft die Aufgabe eines neutralen Schiedsrichters übernehmen und linear zur Versachlichung und Rationalisierung von Problemen beitragen kann. Als problematisch erweist sich vor allem die Vorstellung, dass das IPCC auch die Funktion erfüllt, divergierende Standpunkte anzunähern und zu einer einzigen, einvernehmlichen Lösung zu kommen (Haas 1992). Diese Erwartung führt dazu, dass das relativ breite Spektrum

6 Zitiert nach http://ec.europa.eu/environment/climat/campaign/news/news08_de.htm (Abruf am 14. Juni 2010).

an Reaktionsmöglichkeiten und Handlungsalternativen auf eine einzige politische Option – die Vermeidung von Treibhausgasemissionen und die entsprechenden völkerrechtlichen Regelungen – beschränkt wird. Auf diese Weise wird die Diskussion um politische Alternativen im Ansatz erstickt, was dazu führt, dass andere, politisch anschlussfähige und effektive Alternativen (beispielsweise die der Anpassung an Klimafolgen) lange Zeit systematisch außer Acht gelassen wurden (Pielke u.a. 2007; Prins / Rayner 2007). Auch alternative Formen der Governance und der politischen Ordnung wurden nicht offen thematisiert (Giddens 2009). Diese Engführung manifestiert sich darin, dass die politischen, sozialen und kulturellen Dimensionen in den Diskussionen um die Klimaproblematik vernachlässigt werden:

Erstens werden die sozialpolitischen Folgen, mögliche Gewinner und Verlierer sowie entsprechende Fragen der Verteilungsgerechtigkeit in der Regel ausgeblendet. Die regionale und soziale Ungleichverteilung von Klimafolgen wird durch die Entkopplung von Ursache und Wirkung in räumlicher, zeitlicher und sozialer Hinsicht überlagert und verschärft. Dieses Problem gewinnt in der Politik an Bedeutung, da viele Länder oder Regionen bereits heute existenziell mit Klimafolgen (wie Dürre oder Hochwasser) konfrontiert werden, obwohl sie nur marginal zu deren Verursachung beigetragen haben. Allerdings wird damit nicht nur das Thema der intergenerativen und internationalen Verteilungsgerechtigkeit aufgeworfen, sondern es stellt sich auch die Frage, welche sozialpolitischen Wirkungen, Instrumente und Maßnahmen im Rahmen der nationalen Klimapolitik – von der „Öko-Steuer" über Solardach-Subventionen bis zur Ausweisung von Retentionsflächen vor Ort – haben, welche Gruppen betroffen sind und am stärksten belastet werden (Weidner 2007).

Zweitens werden individuelle und gesellschaftliche Verhaltensweisen, soziale, politische und kulturelle Rahmenbedingungen und damit auch Fragen der Akzeptanz, Gestalt- und Umsetzbarkeit von politischen Maßnahmen vernachlässigt. Um die zugrunde liegenden Probleme ursächlich zu lösen, müssen klimapolitische Ziele in Sektoren wie Verkehr, Mobilität und Energieversorgung, die maßgeblich zu Treibhausgasemissionen beigetragen haben, integriert und zur Verantwortung gezogen werden. Klimapolitik, konsequent umgesetzt, geht dabei an das „Eingemachte". Die Integration von klimapolitischen Zielen kann latente Konflikte – beispielsweise um Kernenergie – wieder eröffnen. Überall da, wo lieb gewordene Gewohnheiten wie im Bereich Mobilität oder Ernährung auf dem Spiel stehen, ist mit massivem Widerstand von Seiten der betroffenen Industrien und der Bevölkerung zu rechnen (Weidner 2007; Giddens 2009). Die Diskussionen um den Flottenverbrauch oder auch andere Steuern und Abgaben zeigen, dass eine Politik der Verbote und eine Kultur des Verzichts politisch kaum durchsetzbar ist (S. Beck u.a. 2009).

Drittens führt die Fixierung auf technische Innovationen und ihre ökonomischen Potenziale auch dazu, dass die Problematik der unbeabsichtigten Folgen nicht hinreichend in die Betrachtung einbezogen wird. Der Klimawandel bedingt durch Treibhausgasemissionen stellt selbst eine nicht-intendierte Folge von Techniknutzung, Lebensstilen, Konsum- und Produktionsmustern sowie Landnutzung dar. Auch neue technologische Optionen, die als Alternativen – wie der vermehrte Anbau von Biokraftstoffen als regenerative Energiequelle – diskutiert werden, können – relativ unerwartet – zu Nebeneffekten führen: Die Konkurrenz um Anbauflächen geht beispielsweise mit der Steigerung von Lebensmittelpreisen einher, die vor allem ärmere Länder und Bevölkerungsschichten treffen. Nebenwirkungen und nicht-intendierte Folgen werden auch in der Debatte um Geo-Engineering an Bedeutung gewinnen, bei der es darum geht, ob es beabsichtigte großflächige, technisch gestützte Maßnahmen gibt, mit denen man die genannten nicht-intendierten Folgen besser in den Griff bekommen kann. Bei Technologien wie der Kohlenstoffspeicherung oder dem Geo-Engineering spielen wirtschaftliche Machbarkeit und Effizienz, politische Gestaltung und Haftung eine nachgeordnete Rolle und sind bis heute weitgehend ungeklärt. Zugleich stellt sich die Frage, ob diese Technologien vor Ort umsetzbar sind oder ob sie – ähnlich wie die Kernkraft – auf den Widerstand der lokalen Bevölkerung treffen.

Zusammenfassend bleibt festzuhalten, dass diese Stellvertreterdebatten zur Entpolitisierung führen. Indem politische Kontroversen stellvertretend von und im IPCC ausgetragen werden, treten die konkreten, kontextspezifischen Probleme und politisch relevanten Fragen in den Hintergrund. Der politische Kontext und der Verwendungszusammenhang der Expertisen werden dabei weitgehend ignoriert. Dies wird durch die (technokratisch belehrte) Abneigung verstärkt, sich die „Finger schmutzig zu machen" und die politischen, sozialen und kulturellen Implikationen und Konsequenzen wissenschaftlicher Ergebnisse explizit anzusprechen (Agrawala 1998a; Sarewitz 2010). Dieser Zug erweist sich im Hinblick auf die politische Relevanz und Anschlussfähigkeit als problematisch. Die Stellungnahmen des IPCC laufen bei politisch umstrittenen Problemen häufig auf den kleinsten gemeinsamen Nenner hinaus. Viele Schlussfolgerungen bleiben generell abstrakt und vage. Sie enthalten wenige für die politische Umsetzung einschlägige Informationen (Agrawala 1998a; 1998b; Hulme 2009; Sarewitz 2010). Folglich fragen verschiedene Kommentatoren, ob politische Probleme nicht besser gelöst werden, wenn die moralischen und politischen Fragen, die diesen Konflikten zugrunde liegen, offen gelegt und in Angriff genommen werden.

4.2. Die Politisierung von Wissenschaft

Betrachtet man die Verhandlungen um die Verabschiedung das IPCC-Berichte, zeigt sich, dass die technokratische Idee, politische Probleme zu rationalisieren, indem sie in die Wissenschaft verlagert werden, empirisch kaum haltbar ist. Im Falle des IPCC führt diese Vorstellung dazu, dass die politischen Interessenkonflikte nicht ausgeblendet, sondern im Gegenteil damit erst in die Politikberatung hineingetragen und „internalisiert" werden. Das IPCC steht damit auch vor der Herausforderung, die latenten politischen Konflikte zu lösen. Die Idee, dass Experten aufgrund ihrer Objektivität und Distanz zur Politik die Funktion eines Schiedsrichters übernehmen können, erweist sich im Fall des Weltklimarats nicht als die Lösung, sondern als Teil des Problems selbst (Jasanoff / Martello 2004). Dem IPCC ist es in der Regel nämlich nicht gelungen, eine wissenschaftlich eindeutige und politisch unumstrittene Lösung für politisch relevante Probleme zu liefern. Ein Beispiel bietet die Kontroverse um den ökonomischen Wert des Lebens. Dieses Beispiel zeigt, dass normative und politische Probleme – wie die der Verteilung von Wachstumschancen und der historischen und zukünftigen Verantwortung für CO_2-Emissionen – nicht im Rahmen von wissenschaftlichen Verhandlungen gelöst werden können.

Diese Stellvertreterkontroversen führen nicht zur Versachlichung, sondern im Gegenteil zur Politisierung der Wissenschaft. In den internationalen Verhandlungen nutzen die gegnerischen politischen Fraktionen den durch die wissenschaftlichen Unsicherheiten eröffneten Spielraum und verwenden diesen offen und strategisch als Ressource zur Legitimation ihrer konträren politischen Optionen (Edwards 1999). Selbst in Fällen, in denen Konsens über den Stand der Forschung besteht, versuchen die Kritiker dorthin zu zielen, wo das Wissen unsicher, umstritten und offen für Prozesse der Dekonstruktion ist (Weingart 2001). Dies führt auch zum rein instrumentellen Gebrauch von wissenschaftlichen Ergebnissen und hat zur Folge, dass politische Kontroversen stellvertretend als Deutungskonflikte hinsichtlich der Relevanz von wissenschaftlichen Ergebnissen für politische Entscheidungen ausgetragen werden. Die Form der Politisierung von wissenschaftlichen Verhandlungen führt dazu, dass Wissenschaft wie auf dem „Bazar" verhandelt wird. Ihre Ergebnisse werden nur noch daraufhin abgeklopft, ob und in welcher Weise sie eine bestimmte politische Agenda –beispielsweise ein verbindliches Vertragswerk zur Reduktion von CO_2-Emissionen – unterstützen. Damit verbunden neigen Wissenschaftler dazu, wissenschaftliche mit politischen Stellungnahmen gleichzusetzen, wodurch sie zu heimlichen Advokaten werden. Diese Parteinahme findet nicht offen, sondern eben heimlich statt, da Wissenschaftler das Privileg der Unparteilichkeit in Anspruch nehmen, das ihre besondere Autorität in politischen Auseinandersetzungen begründen soll (Pielke 2007: 143). Das strukturelle Merkmal und Problem von Stellvertreterkontroversen besteht darin, dass es in dieser Konstellation den heimlichen Advokaten überlassen bleibt, wissenschaftliche Ergebnisse in die Politik zu übersetzen, da Politiker und Stakeholder dazu neigen, umstrittene Entscheidungen an die Wissenschaft zu delegieren und Wissenschaftler selbst sich aus dem politischen Tagesgeschäft heraushalten.

5. Alternativen auf dem Weg vom Stellvertreter zum ehrenhaften Vermittler

Diese paradoxen Folgen der Stellvertreterdiskussion machen den Reformbedarf im Hinblick auf die politische Rolle des IPCC und das Verhältnis von Wissenschaft und Politik in der internationalen Politik deutlich. Innerhalb des IPCC selbst wurde eine umfassende Diskussion um seine politische Rolle, seine Managementstruktur und seine Verfahren der Qualitätskontrolle begonnen (Tollefson 2007). Das IPCC nimmt für sich bei den Vorbereitungen zu seinem Fünften Bericht (AR5) die Position eines ehrenhaften Vermittlers (honest broker; Pielke 2007) in Anspruch (IPCC 2009: 18). Um diese Rolle in die Tat umzusetzen, sind jedoch eine Reihe von Revisionen notwendig.

5.1. Politischer Informationsbedarf

Die politische Bedeutung der Klimaforschung besteht bis dato im Wesentlichen darin, den eindeutigen „Beweis" für den anthropogenen Klimawandel zu liefern. Damit verfügt das IPCC in erster Linie über eine Agenda-Setting- und Warnfunktion, die im Vorfeld der politischen Entscheidungsfindung anzusiedeln ist. In dieser Ausrichtung ist es kaum für die Politikformulierung, die Umsetzung und Evaluierung von politischen Maßnahmen relevant. Die Wendung der internationalen Diskussion von der Wissenschaft in die Politik, die sich nach 2007 abzeichnet, schafft allerdings auch neue Rahmenbedingungen für Wissenschaft und Politik, womit sich auch die Nachfrage nach Wissen verändert. Wenn die Diskussion von Ursachen zu Folgen des Klimawandels und entsprechenden Reaktionsmöglichkeiten verlagert und der Klimawandel von einem wissenschaftlichen in ein politisches Problem transformiert wird, ist nicht mehr ausschließlich der naturwissenschaftlich zu erbringende Nachweis der Existenz des Klimawandels wichtig, sondern die Nachfrage nach Wissen, das für die Politikformulierung und Umsetzung von politischen Strategien und Maßnahmen im Bereich der Vermeidung und Anpassung erforderlich ist, nimmt zu. Um seine politische Bedeutung aufrechtzuerhalten, hat das IPCC auch begonnen, Brückenkonzepte für die politischen Verhandlungen wie die „Klimasensitivität" und das „2-Grad-Ziel" zu liefern. Mit Hilfe dieser Konzepte wird die Klimaproblematik politisch verhandel- und in die politischen Verhandlungen integrierbar. Darüber hinaus legt das IPCC auch Instrumente wie die Treibhausgasinventare vor, mit denen die Wirkungen politischer Maßnahmen nachvollzieh- und kontrollierbar werden. Diese Ausrichtung wird in Zukunft an Bedeutung gewinnen.

Die Analysen von Extremereignissen wie der Hurrikan Katrina zeigen übereinstimmend, dass sowohl die Anfälligkeit und Widerstandsfähigkeit als auch der volkswirtschaftliche Schaden im Wesentlichen durch soziale und politische Triebkräfte wie Bevölkerungsentwicklung, Urbanisierung und Landnutzung verursacht werden. Diese Trends wurden bislang von Klimawirkungen „nur" verstärkt. Das bedeutet, dass die natürlichen im Vergleich zu den politischen und sozialen Ursachen bis heute volkswirtschaftlich und politisch marginal bleiben (Pielke u.a. 2007). Im Falle von Klimafolgen und -anpassung steigt auch der Bedarf an Wissen über regionale und soziale Konsequenzen des Klimawandels, über die Anfälligkeit und Widerstandsfähigkeit von Regionen und Gruppen. Für Entscheidungsträger auf nationaler und regionaler Ebene sind vor allem Informationen über kontextspezifische Auswirkungen auf die für sie relevante Ebene der Entscheidungsfindung, über entsprechenden Handlungsbedarf und Handlungsmöglichkeiten und deren Kosten und Nutzen von Interesse.

Allerdings stellt sich die Frage, ob diesem Informationsbedarf im Rahmen bestehender wissenschaftlicher Ansätze und Verfahren hinreichend Rechnung getragen werden kann. Auch in der neu entstehenden Anpassungsforschung und -politik dominiert die Forderung nach genaueren, räumlich und zeitlich aufgelösten Modellen, die exakte Prognosen der Auswirkungen des Klimawandels vor Ort erlauben (Pielke u.a. 2007). Diese Ansätze stoßen gerade dann an Grenzen, wenn es um die Regionalisierung von Klimafolgen und das für die Umsetzung von politischen Maßnahmen relevante Wissen geht. Im Zuge der Politik der Anpassung an Klimafolgen dürfte die Kluft zwischen dem, was auf Seiten der politischen Entscheidungsträger an Wissen nachgefragt wird, und dem, was Klimamodellierung leisten kann, in beträchtlichem Maße wachsen.

5.2. Trügerische Sicherheitserwartungen

Zugleich werden die epistemologischen und methodischen Grenzen und der entsprechende Anpassungsbedarf von bestehenden wissenschaftlichen Ansätzen immer deutlicher sichtbar (Dessai u.a. 2009). Von Seiten des IPCC wird die Erwartung aufrechterhalten, dass diese Probleme durch mehr Forschung gelöst werden können und dass mehr Forschung linear zu mehr wissenschaftlicher Sicherheit, Neutralität und damit auch Rationalität von Entscheidungen führt. Um die Klimaproblematik (inklusive Wechselwirkungen zwischen Vermeidung und Anpassung an den Klimawandel) in ihrer Komplexität, Größenordnung und Vielschichtigkeit zu verstehen und dem Informationsbedarf der verschiedenen Akteure und Institutionen auf unterschiedlichen Ebenen der politischen Entscheidungsfindung Rechnung zu tragen, wird die gesamte Breite an wissenschaftlichen Ansätzen, verfügbarem Wissen und Expertisen erforderlich. Die Problematik der wissenschaftlichen Diversität, die sich in der Pluralität von wissenschaftlichen Sichtweisen und Interpretationen von Forschungsergebnissen niederschlägt, wird sich dann verschärfen, wenn beispielsweise neue Forschungstraditionen und Ansätze zu denen der Klimamodellierung hinzugezogen werden. Eine der zentralen Herausforderungen bleibt, wie mit der Pluralisierung von wissenschaftlichen Ansätzen und der Vielstimmigkeit wissenschaftlicher Aussagen in Forschung und Politikberatung umzugehen ist und welche Formen der Schließung notwendig und möglich sind (Oreskes 2004; Hulme 2009). Eine der zentralen Leistungen des IPCC besteht darin, dass es ihm immer wieder gelungen ist, Konsens über den Stand der Forschung herzustellen und auf diese Weise das robuste Fundament für politische Entscheidungen bereitzustellen. Gleichzeitig kann davon ausgegangen werden, dass die Kontroverse über die wissenschaftlichen Grundlagen der Klimapolitik – wie nach der gescheiterten Klimakonferenz in Kopenhagen im Dezember 2009 – wieder ausbrechen kann. Angesichts dieser komplexen methodologischen und epistemologischen Probleme ist zu fragen, ob es weiterhin sinnvoll ist, die Sicherheits- und Neutralitätserwartungen an Wissenschaft aufrechtzuerhalten, die dann systematisch durch die immanenten (epistemologischen) Unsicherheiten der Forschung unterlaufen werden.

5.3. Von der Sicherheit wissenschaftlichen Wissens zur Entscheidung unter Unsicherheit

Als problematisch erweist sich in erster Linie die technokratische Erwartung, dass wissenschaftliche Sicherheit unbedingt notwendig ist, um politisch zu handeln. Dies beeinträchtigt und verzögert den Prozess der politischen Entscheidungsfindung beträchtlich. Gerade im Falle der Anpassung an Klimafolgen, die bereits eingetreten sind, stellt sich die Frage, ob man tatsächlich warten kann und soll, bis letzte wissenschaftliche Sicherheit darüber besteht, dass diese Folgen auf den anthropogenen Klimawandel zurückgeführt werden können (Dessai u.a. 2009). Eine der politisch fatalsten Konsequenzen besteht darin, dass Klimapolitik dadurch blockiert wird und zum Stillstand kommen kann, dass Wissenschaft nicht in der Lage ist, politische Konflikte zu schlichten (Pielke 2007). Stattdessen besteht Bedarf, die Diskussion von der Sicherheit wissenschaftlichen Wissens hin auf die Problematik der Entscheidung unter Unsicherheit zu lenken.

Das bedeutet auch, dass die Übersetzung und Kommunikation von wissenschaftlichen Ergebnissen und ihrer politischen Auswirkungen nicht mehr den (heimlichen) Advokaten überlassen werden können, sondern als eigenständige Aufgabe von Politikberatung anerkannt werden müssen, für die Wissenschaftler selbst die Verantwortung übernehmen sollten. Diese Prozesse der Übersetzung von wissenschaftlichen Ergebnissen in direkter Auseinandersetzung mit ihren politischen Adressaten erweisen sich als notwendig, um wissenschaftliche Befunden zu „verdauen", kritisch zu hinterfragen und auf diese Weise auch ein öffentliches Forum zu schaffen, durch das dem Legitimationsdefizit entgegen gewirkt werden kann. Um diese Aufgabe effektiv erfüllen zu können, müssen eigenständige Räume geschaffen und neue Verfahren entwickelt werden. Dies erfordert in erster Linie Verfahren der Qualitätskontrolle für politisch relevantes Wissen und der öffentlichen Kommunikation von Unsicherheit (Sarewitz 2010).

Damit verbunden wird auch die Frage nach der politischen Funktion von Politikberatung aufgeworfen. Angesichts der wissenschaftlichen Unsicherheiten auf der einen und den teilweise unüberbrückbaren politischen Interessenkonflikten und kulturellen Differenzen auf der anderen Seite kann die Aufgabe von Politikberatung nicht mehr darin bestehen, den eindeutigen wissenschaftlichen Beweis und die entsprechende universal gültige Lösung zu liefern. Sie soll nicht die Diskussion um politische Handlungsmöglichkeiten schließen (closing down) und damit die Entscheidungsfindung vorwegnehmen, sondern als „ehrenhafter Vermittler" die Diskussion eröffnen (opening up) (Stirling 2008). Anstatt die Auseinandersetzung auf eine politische Option – wie auf das Kyoto-Protokoll – zu reduzieren, sind robuste politische Alternativen anzubieten und die gesamte Bandbreite an politischen Entscheidungsalternativen und Wahlmöglichkeiten aufzuzeigen, die mit dem Stand der Forschung vereinbar sind (Pielke 2007: 142). Wissenschaft kann aber nicht von Entscheidungen nach Kopenhagen entlasten. Dafür muss Politik selbst die Verantwortung übernehmen.

Einer der Gründe dafür, dass das IPCC seine wissenschaftliche und politische Glaubwürdigkeit aufrechterhalten kann, ist in seiner Lern- und Reformfähigkeit zu sehen (S. Beck 2009). Diese lässt sich darauf zurückführen, dass das IPCC über eine Arena in Gestalt der Vollversammlungen verfügt, um die Funktion und die Verfahren der Politikberatung selbst auszuhandeln und den Beratungsprozess entsprechend anzupassen. Dadurch, dass die potenziellen Adressaten die Möglichkeit erhalten mitzuverhandeln, was politisch relevantes Wissen ist, und dabei die Prinzipien der Selbststeuerung des Panels mitzubestimmen, wird nicht nur die Resonanz und Anschlussfähigkeit, sondern auch die Legitimität und Robustheit seiner Ergebnisse gefördert. Die Zukunft des Weltklimarats hängt davon ab, ob und wie es ihm gelingt, auf neue Herausforderungen zu reagieren, für ihn „unbequeme Wahrheiten" ernst zu nehmen und entsprechende organisatorische Lösungen zu entwickeln.

Literatur

Agrawala, Shardul: Context and Early Origins of the Intergovernmental Panel on Climate Change, in: Climatic Change, 39. Jg. (1998a), H. 4, S. 605-620.

Agrawala, Shardul: Structural and Process History of the Intergovernmental Panel on Climate Change, in: Climatic Change, 39. Jg. (1998b), H. 4, S. 621-642.

Ashley, Richard K.: The Eye of Power: The Politics of World Modeling, in: International Organization, 37. Jg. (1983), H. 3, S. 495-536.

Beck, Silke: Localizing Global Change in Germany, in: Sheila Jasanoff / Marybeth Long Martello (Hrsg.): Earthly Politics, Cambridge 2004, S. 173-194.

Beck, Silke: Das Klimaexperiment und der IPCC. Schnittstellen zwischen Wissenschaft und Politik in den internationalen Beziehungen, Marburg 2009.

Beck, Silke: Moving Beyond the Linear Model of Expertise? IPCC and the Test of Adaptation, Regional Environmental Change, accepted for publication 2010.

Beck, Silke / Christian Kuhlicke / Christoph Görg: Climate Policy Integration, Coherence, and Governance in Germany. PEER Climate Change Initiative – Project 2, UFZ-Bericht 1/2009, Leipzig 2009.

Beck, Ulrich: Climate for Change, or How to Create a Green Modernity?, in: Theory, Culture and Society, 27. Jg. (2010), H. 2-3, S. 254-266.

Benedick, Richard Elliot: Ozone Diplomacy: New Directions, in: Safeguarding the Planet, Cambridge 1991.

Demeritt, David: The Construction of Global Warming and the Politics of Science, in: Annals of the Association of American Geographers, 91. Jg. (2001), H. 2, S. 307-337.

Dessai, Suraje / Mike Hulme / Robert Lempert / Roger A Pielke Jr.: Climate Prediction: A Limit to Adaptation?, in: W. Neil Adger / Irene Lorenzoni / Karen L. O´Brien (Hrsg.): Adapting to Climate Change: Thresholds, Values, Governance, Cambridge 2009, S. 64-78.

Edwards, Paul N.: Global Climate Science. Uncertainty and Politics: Data-Laden Models, Model Filtered Data, in: Science as Culture, 8. Jg. (1999), H. 4, S. 437-472.

Edwards, Paul N. / Stephen H Schneider: Self-Governance and Peer Review in Science-for-Policy: The Case of the IPCC Second Assessment Report, in: Clark A. Miller / Paul N. Edwards (Hrsg.): Changing the Atmosphere, Cambridge 2001, S. 219-246.

Engels, Anita / Peter Weingart: Die Politisierung des Klimas. Zur Entstehung von anthropogenem Klimawandel als politischem Handlungsfeld, in: Petra Hiller / Georg Krücken (Hrsg.): Risiko und Regulierung, Frankfurt am Main 1997, S. 90-115.

Giddens, Anthony: Risiko, Vertrauen und Reflexivität, in: Ulrich Beck / Anthony Giddens / Scott Lash: Reflexive Modernisierung. Eine Kontroverse, Frankfurt am Main 1996, S. 316-337.

Giddens, Anthony: The Politics of Climate Change, Cambridge 2009.

Haas, Peter M.: Introduction: Epistemic Communities and International Policy Coordination, in: International Organization, 46. Jg. (1992), S. 1-35.

Hulme, Mike: Why We Disagree About Climate Change: Understanding Controversy, Inaction and Opportunity, Cambridge 2009.

Intergovernmental Panel on Climate Change: IPCC Second Assessment. Climate Change 1995. A Report of the Intergovernmental Panel on Climate Change, Genf 1995.

Intergovernmental Panel on Climate Change: Climate Change 2007: Synthesis Report. Contribution of Working Groups I, II and III to the Fourth Assessment Report of the Intergovernmental Panel on Climate Change, Genf 2007.

Intergovernmental Panel on Climate Change: Chairman's vision paper, AR5 Scoping Meeting Venice, 13–17 July 2009, AR5–SCOP/Doc, http://www.ipcc.ch/scoping_meeting_ar5/documents/doc02.pdf (Abruf am 30. Oktober 2009).

Jasanoff, Sheila (Hrsg.): States of Knowledge: The Co-Production of Science and Social Order, London 2004.

Jasanoff, Sheila: A New Climate for Society, in: Theory, Culture and Society, 27. Jg. (2010), H. 2-3, S. 233-253.

Jasanoff, Sheila / Marybeth Long Martello (Hrsg.): Earthly Politics: Local and Global in Environmental Governance, Cambridge 2004.

Jasanoff, Sheila / Brian Wynne: Science and Decisionmaking, in: Steve Rayner / Elizabeth L. Malone (Hrsg.): Human Choice and Climate Change. The Societal Framework, Columbus / Ohio 1998, S. 1-87.

Krohn, Wolfgang / Johannes Weyer: Die Gesellschaft als Labor. Risikotransformation und Risikokonstitution durch moderne Forschung, in: Jost Halfmann / Klaus Peter Japp (Hrsg.): Riskante Entscheidungen und Katastrophenpotentiale. Elemente einer soziologischen Risikoforschung, Opladen 1990, S. 89-122.

McCright, Aaron M. / Riley E. Dunlap: Challenging global warming as a social problem: an analysis of the conservative movement's counter-claims, in: Social Problems, 47. Jg. (2000), H. 4, S. 499-522.

Meyer-Abich, Klaus-Michael: Political Perception on Climate Change. Still Chalk on the White Wall?, in: Hans J. Karpe / Dieter Otten, / Sergio C. Trinidade (Hrsg.): Climate and Development. Climatic Change and Variability and the Resulting Social, Economic and Technological Implications, Berlin 1990, S. 54-59.

Mickwitz, Per / Francisco Aix / Silke Beck / David Carss / Nils Ferrand / Christoph Görg / Anne Jensen / Paula Kivimaa / Christian Kuhlicke / Wiebren Kuindersma / María Máñez / Matti Melanen / Suvi Monni / Anders Branth Pedersen / Hugo Reinert / Séverine van Bommel: Climate Policy Integration, Coherence and Governance, PEER Report Nr. 2, Helsinki 2009.

Miller, Clark: Hybrid Management: Boundary Organizations, Science Policy, and Environmental Governance in the Climate Regime, in: Science, Technology and Human Values, 26. Jg. (2001), S. 478-500.

Miller, Clark / Paul N. Edwards (Hrsg.): Changing the Atmosphere: Expert Knowledge and Environmental Governance, Cambridge 2001.

Oreskes, Naomi: Science and Public Policy: What's Proof Got to Do With It?, in: Environmental Science and Policy, 7. Jg. (2004), H. 5, S. 369-383.

Oreskes, Naomi / Eric M. Conway: Merchants of Doubt: How a Handful of Scientists Obscured the Truth on Issues from Tobacco Smoke to Global Warming, London 2010.

O'Brien, Karen / Linda Sygna / Jan Haugen: Vulnerable or Resilient? A Multi-Scale Assessment of Climate Impacts and Vulnerability in Norway, in: Climatic Change, 64. Jg. (2004), H. 1, S. 193-225.

Paavola, Jouni /, W. Neil Adger, Fair adaptation to climate change, in: Ecological Economics, 56. Jg. (2006), H. 4, S. 594-609.

Pielke, Roger / Gwyn Prins / Steve Rayner / Daniel Sarewitz: Lifting the taboo on adaptation, in: Nature (2007), H. 445, S. 597-598.

Pielke, Roger A. Jr.: Misdefining "Climate Change": Consequences for Science and Action, in: Environmental Science and Policy, 8. Jg. (2005), H. 6, S. 548-561.

Pielke , Roger A. Jr.: The Honest Broker. Making Sense of Science in Policy and Politics, Cambridge 2007.

Pielke, Roger A. Jr / Tom Wigley / Christopher Green: Dangerous Assumptions, in: Nature (2008), H. 452, S. 531-532.

Prins, Gwyn / Steve Rayner: Time to Ditch Kyoto, in: Nature (2007), H. 449, S. 973-975.

Rayner, Steve: Editorial. What Drives Environmental Policy?, in: Global Environmental Change, 16. Jg. (2006), H. 1, S. 4-6.

Rayner, Steve / Elizabeth L. Malone. (Hrsg.): Human Choice and Climate Change, Bd. 1: The Societal Framework, Columbus / Ohio 1998.

Sarewitz, Daniel: Curing Climate Backlash, in: Nature (2010), H. 464, S. 28-29.

Stirling, Andy: "Opening Up" and "Closing Down". Power, Participation, and Pluralism in the Social Appraisal of Technology, in: Science, Technology and Human Values, 33. Jg. (2008), H. 2, S. 262-294.

Thompson, Michael / Steve Rayner: Cultural Discourses, in: Steve Rayner / Elizabeth L. Malone (Hrsg.): Human Choice and Climate Change, Bd. 1: The Societal Framework, Columbus / Ohio 1998, S. 265-343.

Tollefson, Jeff: What Comes Next for the IPCC? Now Their Fourth Assessment Is Complete, Should This Climate–Science Advisory Panel Change?, in: Nature published online (2007).

Weidner, Helmut: Deutsche Klimapolitik: Erfolgreich und gerecht? Zur Rolle von Fairnessnormen, in: Klaus Jacob / Frank Biermann / Per-Olof Busch / Peter H. Feindt (Hrsg.): Politik und Umwelt, in: Politische Vierteljahresschrift, Sonderheft 39, Wiesbaden 2007, S. 452-478.

Weingart, Peter: Die Stunde der Wahrheit? Zum Verhältnis der Wissenschaft zu Politik, Wirtschaft und Medien in der Wissensgesellschaft, Weilerswist 2001.

Teil III

Politischer Klimawandel: Politics and Policies

Die Regierungsbildung nach der Bundestagswahl 2009: Wie wahrscheinlich ist eine Neuauflage der Großen Koalition?

Thomas Bräuninger und Marc Debus

Bereits im Dezember 2008 und damit zehn Monate vor der Bundestagswahl im September 2009 beschlossen CDU/CSU und SPD, mit keiner formellen Koalitionsaussage in den Wahlkampf zu ziehen. Hintergrund dieser Strategie war die sich nach der Landtagswahl in Hessen im Januar 2008 ergebende Patt-Situation zwischen Christdemokraten und Liberalen auf der einen, Sozialdemokraten und Bündnis 90/Die Grünen auf der anderen Seite, die in einer monatelangen Hängepartei und schließlich in Neuwahlen endete. Dennoch haben alle fünf im Bundestag vertretenen Parteien deutliche Koalitionspräferenzen: So bevorzugt die Union ein Bündnis mit der FDP, während die SPD – im Gegensatz zu ihrer Strategie in manchen Bundesländern wie etwa dem Saarland – eine Koalition mit der Linken ausschließt und eine „Ampelkoalition" mit Grünen und Freidemokraten befürwortet.

Nun sind solche vor der Wahl getätigten Aussagen nicht die alleinigen Determinanten des Ergebnisses von Koalitionsbildungsprozessen. Gängige Koalitionstheorien schreiben vor allem der Sitzstärke der Parteien im Parlament, ihren programmatischen Ausrichtungen auf den relevanten Politikfeldern sowie der Bedeutung der jeweiligen Policy-Dimensionen für die verschiedenen Parteien eine entscheidende Funktion bei der Bildung von Regierungsbündnissen zu (vgl. Laver / Schofield 1998; Martin / Stevenson 2001; Warwick 2006; Humphreys 2008). Auch besteht eine Präferenz, bereits bestehende Koalitionen zu erneuern, so dass der Amtsbonus vollständig ausgenutzt werden kann (vgl. Bäck / Dumont 2007, 2008). Aus dem deutschen Mehrebenensystem resultiert zudem, dass die Parteien zur Bildung solcher Koalitionen in den Bundesländern neigen, die kongruent zur parteipolitischen Zusammensetzung von Regierung und Opposition auf Bundesebene sind (vgl. Pappi u.a. 2005; Bräuninger / Debus 2008; Däubler / Debus 2009). Eine ähnliche Motivation kann man den Bundesparteien unterstellen: Um einen effizienten Gesetzgebungsprozess zu gewährleisten, sollten solche Bündnisse von den Bundesparteien präferiert werden, die auch über eine Mehrheit im Bundesrat verfügen (vgl. etwa König 2001).

Im Folgenden wird unter Berücksichtigung dieser Faktoren die Wahrscheinlichkeit aller möglichen Koalitionen nach der Bundestagswahl 2009 ermittelt (im Anschluss an Pappi 2009). Als Grundlage dafür dienen die aus aktuellen Umfragen ermittelte Sitzverteilung im Parlament sowie – im Gegensatz zur Analyse von Pappi (2009) – die sich aus einer Inhaltsanalyse der Bundestagswahlprogramme ergebende parteispezifische Wichtigkeit („Salienz") der zentralen Politikfelder und Policy-Positionen der Parteien, deren positiv wie negativ ausgerichtete Koalitionspräferenzen und schließlich die Kongruenz zu den Mehrheitsverhältnissen im Bundesrat. Die Schätzungen basieren auf einem Datensatz, der alle nach Wahlen stattfindenden Regierungsbildungen in Bund und Ländern seit Januar 1990 umfasst. Die Ergebnisse zeigen, dass bei einer parlamentarischen Mehrheit von CDU/CSU und FDP ein Regierungsbündnis dieser Parteien mit einer Wahrscheinlichkeit von mehr als 90 Prozent zu erwarten ist, wohingegen eine Neuauflage der Großen Koalition aus Christ- und Sozialdemokraten der wahrscheinlichste Ausgang des Regierungsbildungsprozesses ist, falls Union und Liberale keine absolute Mehrheit der Mandate im Bundestag erreichen. Diese Wahrscheinlichkeit von 96 Prozent nimmt zwar ab, wenn man der CDU/CSU-SPD-Koalition keinen Amtsbonus unterstellt sowie die Absage der Sozialdemokraten an die Linke nicht berücksichtigt. Jedoch bleibt nach wie vor die Große Koalition das wahrscheinlichste Ergebnis. Hätten jedoch zusätzlich Bündnis 90/Die Grünen ein schwarz-gelbgrünes Bündnis nicht vor der Wahl ausgeschlossen, wäre die Bildung einer solchen Parteienkombination nicht wesentlich unwahrscheinlicher als die Formierung einer Großen Koalition in einem Bundestag, in dem Christ- und Freidemokraten über keine gemeinsame Mehrheit verfügen.

1. Parteienwettbewerb und Koalitionsbildungsmuster während der Großen Koalition 2005 bis 2009

Regierungsbündnisse der beiden großen Parteien stellen in der Bundesrepublik Deutschland – wenn man es etwa mit der Situation in Österreich vergleicht – eine Ausnahme dar. Sie werden nur dann gebildet, wenn andere Alternativen nicht mehrheitsfähig sind oder eine – aus den entsprechenden zeithistorischen Rahmenbedingungen betrachtet – als „nicht regierungsfähig" erachtete Partei mit einbezogen werden müsste. Dieses Muster gilt insbesondere für die Bundesebene, aber auch – mit Abstrichen – für die Bundesländer. Aus dieser Perspektive stellt die Bildung einer Koalition aus Christ- und Sozialdemokraten nach der vorgezogenen Bundestagswahl 2005 einerseits eine Überraschung dar, da dies auf Bundesebene erst das zweite Bündnis der beiden Parteien[1] seit der im Dezember 1966 formierten Koalition unter Bundeskanzler *Kurt-Georg Kiesinger* (CDU) und Vizekanzler *Willy Brandt* (SPD) war. Auf der anderen Seite überraschte das Zustandekommen eines schwarz-roten Bündnisses insofern nicht, als eine alternative Parteienkombination, die vorher von mindestens einer an der entsprechenden „Protokoalition" (Grofman 1982) beteiligten Partei a priori nicht abgelehnt wurde, sich auf keine Mehrheit im Bundestag hätte stützen können. Die Bildung einer „Ampel" aus SPD, FDP und Bündnis 90/Die Grünen wurde seitens der Liberalen vor und nach der Wahl kategorisch ausgeschlossen, was auch für das am Wahlabend als „Jamaika-Koalition" getaufte Zusammengehen von CDU/CSU, FDP und Grünen sowie für ein Linksbündnis aus SPD, Grünen und der aus PDS und „Wahlalternative Arbeit und soziale Gerechtigkeit" (WASG) neu gebildeten „Linkspartei.PDS" galt (vgl. Debus 2007: 45-46; Niedermayer 2007: 35-40). Somit blieb die Große Koalition die einzige Alternative zur – wiederum vorgezogenen – Neuwahl des Bundestages, bei der sich weder das rot-grüne noch das schwarz-gelbe Koalitionslager einer Mehrheit hätte sicher sein können (vgl. Pappi / Shikano 2005).

1 CDU und CSU werden im Folgenden als eine Partei betrachtet.

Die Bildung einer Großen Koalition auf Bundesebene hatte einen deutlichen Einfluss auf die Muster des Parteienwettbewerbs und die Koalitionsstrategien der im Bundestag vertretenen Parteien, die nicht nur in der sich zunächst aufweichenden Blockbildung eines bürgerlichen Lagers aus CDU/CSU und FDP einerseits sowie eines rot-grünen Lagers inklusive der Linken andererseits mündeten, sondern auch in der realen Umsetzung neuer Koalitionen, die in den 1990er Jahren noch als nahezu vollständig ausgeschlossen galten. Die FDP, die seit der Etablierung der Grünen als vierte parlamentarische Kraft auf Bundesebene 1983 ihre Schlüsselrolle als „pivotal player" (Keman 2002; Rudzio 2002) verloren hat, schloss im Bundestagswahlkampf 2009 zunächst nur Bündnisse mit der Linken aus, um somit die Chancen zu erhöhen, nach elf Jahren wieder an einer Bundesregierung beteiligt zu sein. Um hingegen zu unterstreichen, dass eine Koalition aus Union und FDP seitens der Liberalen klar präferiert wurde, hatte die FDP-Parteiführung ein Bündnis mit SPD und Bündnisgrünen vier Wochen vor der Bundestagswahl ausdrücklich ausgeschlossen. Allerdings beruhte diese Koalitionsaussage auf keinem Parteitagsbeschluss.

Mit der Bildung der ersten schwarz-grünen Koalition in einem Bundesland in Folge der Hamburger Bürgerschaftswahl vom Frühjahr 2008 hatten Christdemokraten und Bündnis 90/Die Grünen ihre „Doktrin" eines wechselseitigen Koalitionsausschlusses beendet. Ein Bündnis dieser beiden Parteien war bis dahin lediglich in Baden-Württemberg eine halbwegs realistische Option gewesen, da die Grünen im Südwesten als einer der am stärksten pragmatisch ausgerichteten Landesverbände gelten, was sich auch in den programmatischen Positionen ihrer Landtagswahlprogramme nachweisen lässt (vgl. Bräuninger / Debus 2008, 2011). So wurden dort nach den Landtagswahlen 1992, 2001 und 2006 zumindest Sondierungsverhandlungen zwischen der CDU und den Grünen geführt (vgl. Schneider 2001: 392; Wehling / Wehling 2007: 21), die nach den beiden letztgenannten Wahlen wohl aber eher Druck auf den seinerzeitigen Koalitionspartner der CDU im Südwesten – die FDP – ausüben sollten. Zwar wurde vor allem auf Drängen des linken Flügels innerhalb der Bündnisgrünen ein etwaiges Jamaika-Bündnis nach der Bundestagswahl 2009 abgelehnt; dennoch zeigt die Offenheit der Grünen zur Bildung einer Koalition mit der CDU im Saarland, in Sachsen und auch in Thüringen, wo Ende August 2009 und damit unmittelbar vor der Bundestagswahl gewählt wurde, dass schwarz-grüne Bündnisse nicht mehr als a priori auszuschließende Koalitionsoption angesehen werden dürfen.

Ein für die Koalitionsstrategien der bundesdeutschen Parteien und hier insbesondere für die SPD zentrale Rolle nahm der nach der Landtagswahl in Hessen vom Februar 2008 einsetzende Regierungsbildungsprozess ein. Mit der seit den 1970er Jahren nationalkonservativ ausgerichteten hessischen CDU und der vom insbesondere in Südhessen starken linken Flügel dominierten SPD standen sich seit dem Koalitionsbruch von Sozialdemokraten und Liberalen im Jahr 1982 zwei annähernd gleich starke Blöcke aus CDU und FDP auf der einen und SPD und Grünen auf der anderen Seite gegenüber (vgl. etwa Strünck 2008; Bräuninger / Debus 2011). Die Polarisierungsstrategie von Ministerpräsident *Roland Koch* (CDU), der vor allem mit seiner Kampagne gegen die doppelte Staatsbürgerschaft im Landtagswahlkampf 1999 die Gräben zwischen den Blöcken noch weiter vertieft hatte, sowie die in Hessen fest an der Seite der Union stehende FDP führten zur Unfähigkeit der vier Parteien, untereinander eine auf einer parlamentarischen Mehrheit beruhende Koalition zu bilden. Entscheidend trug dazu auch der erstmalige Einzug der Linken in ein westdeutsches Landesparlament bei.[2] Dadurch erreichten CDU und FDP, die zusammen mehr Stimmen als SPD und Grüne bekamen, keine parlamentarische Mehrheit; ebenso hätten Sozialdemokraten und Bündnis 90/Die Grünen die Unterstützung der Linken benötigt, um die seit 2003 amtierende CDU-Alleinregierung aus dem Amt zu wählen. Eine solche Zusammenarbeit mit der Linken oder gar eine Koalition wurden von der hessischen SPD und ihrer zum linken Parteiflügel zählenden Spitzenkandidatin *Andrea Ypsilanti* im Wahlkampf klar abgelehnt. Da nun die FDP die Teilnahme an einer Ampel rigoros ablehnte und auch die Grünen nicht zu einer Jamaika-Koalition unter der Führung von *Roland Koch* zu bewegen waren, sah sich die SPD mit dem Dilemma konfrontiert, entweder mit der etwas stärkeren CDU zu koalieren und *Koch* als Ministerpräsidenten zu akzeptieren oder ihr zentrales Wahlkampfversprechen zu brechen, keine wie auch immer geartete Zusammenarbeit mit der Linken einzugehen (vgl. zum hessischen Landtagswahlkampf und zum Verlauf der gescheiterten Regierungsbildung Schmitt-Beck / Faas 2009a). Nach intensiven parteiinternen Debatten entschloss sich die hessische SPD zu letzterem, was jedoch kurz vor der geplanten Wahl von *Ypsilanti* zur Ministerpräsidentin mit Stimmen von SPD, Grünen und Linken aufgrund des Widerstandes eines Teils des rechten Parteiflügels der hessischen Sozialdemokraten scheiterte. Die Neuwahl im Januar 2009 führte zu einer drastischen Wahlniederlage der SPD und einem klaren Wahlsieg von FDP und Grünen mit der Konsequenz einer parlamentarischen Mehrheit für CDU und Liberale (vgl. Schmitt-Beck / Faas 2009b).

Der Regierungsbildungsprozess in Hessen macht deutlich, in welchem Dilemma sich die Sozialdemokraten befinden, seit die Linke auf Bundesebene bemerkenswerte Stimmenanteile erzielt und sich auch in westdeutschen Bundesländern parlamentarisch etablieren konnte. Schließen sie ein Bündnis mit der ehemaligen PDS aus, dann sind sie mit der Situation konfrontiert, entweder als Juniorpartner der CDU in eine Große Koalition eintreten oder aber den Weg in die Opposition gehen zu müssen. Wird hingegen ein solches Bündnis nicht ausgeschlossen – wie es in den ostdeutschen Bundesländern seit Mitte der 1990er Jahre eher die Regel als die Ausnahme ist –, besteht zwar für die SPD die Chance, als stärkste Partei in der Regierungskoalition den Ministerpräsidenten zu stellen, jedoch muss sie dann empfindliche Einbußen bei moderaten, in der politischen Mitte lokalisierten Wählersegmenten fürchten. Die innerparteiliche Diskussion um den Umgang mit der Linkspartei sowie die von der zweiten rotgrünen Regierung *Schröder* von 2002 bis 2005 implementierten wirtschafts- und sozialpolitischen Reformen sorgten nicht nur in der hessischen SPD, sondern auch in der Bundespartei für Konflikte. So trat etwa der ehemalige Bundeswirtschaftsminister und frühere nordrhein-westfälische Ministerpräsident *Wolfgang Clement* aus der Partei

2 Am selben Wahlabend übersprang Die Linke auch bei den Wahlen zum Niedersächsischen Landtag deutlich die Fünfprozenthürde.

aus, da seiner Auffassung nach die SPD den von ihr eingeschlagenen Reformkurs verlasse. Die Parteiführung, zunächst noch um den Vorsitzenden *Kurt Beck*, nach dessen Rücktritt um den wieder ins Amt zurückgekehrten *Franz Müntefering*, gab schließlich der hessischen SPD im Spätsommer 2008 wie auch den saarländischen und thüringischen Sozialdemokraten für die Landtagswahl im August 2009 freie Hand für Koalitionen mit der Linken (vgl. Debus 2009: 285).

Die Abschwächung beziehungsweise das Wegfallen vormals ausgeschlossener Bündnisvarianten markiert eine der bemerkenswertesten Schlussfolgerungen der Bundesparteien seit dem Amtsantritt der Großen Koalition. Dies geschah nicht nur aufgrund des Wunsches der Grünen und insbesondere der FDP, politische Ämter zurückzugewinnen, sondern vor allem wegen Verschiebungen im Parteiensystem durch die Etablierung der Linken auch im Westen der Republik und ihre Stärkung auf Bundesebene im Laufe der letzten zehn Jahre.

2. Theoretische Zugänge zu Regierungsbildungen in Deutschland

Es gibt eine Vielzahl theoretisch begründeter Faktoren, die bei der Bildung einer Regierung eine Rolle spielen können. Dazu zählen etwa die Erwartungen der Parteien bezüglich des langfristigen Outputs einer Koalition (z.B. Austen-Smith / Banks 1988), die Berücksichtigung der Koalitionspräferenzen der Parteien durch die Wähler in Form strategischen Koalitionswählens (z.B. Pappi / Gschwend 2005) oder der Einfluss von Bundespolitik auf Zwischen- oder Regionalwahlen in einem durch seinen Mehrebenencharakter gekennzeichneten politischen System (z.B. Dinkel 1977; Erikson 1988; Burkhart 2005). Im Folgenden werden nur die vier Faktoren beziehungsweise Prozesse berücksichtigt, die der Regierungsbildung unmittelbar vorgelagert sind: das numerische Wahlergebnis beziehungsweise die Sitzstärke der Parteien, ihre sachpolitische Positionierung, der kontextuelle Faktor des Regierens im (bundesdeutschen) Mehrebenensystem und die eventuell geäußerten, positiv wie negativ formulierbaren Vorwahlallianzen von Parteien. Im Falle der Vorwahlallianzen wird in Rechnung gestellt, dass diese nicht unabhängig von den restlichen Faktoren geschlossen werden; Vorwahlallianzen sind zukünftige Regierungen im Entstehen und sollten deshalb in ähnlicher Weise von denselben Faktoren abhängen.

Numerisches Wahlergebnis: Anzahl und Sitzstärke der im Parlament vertretenen Parteien bestimmen zunächst einmal die Menge der möglichen Koalitionen, die über eine Mehrheit für die Regierungsbildung verfügen. Insofern die Parteien lediglich an Ämtern interessiert sind, sind Sitzstärke und Anzahl der Koalitionspartner von Interesse. Entsprechend gehen sogenannte office-orientierte Ansätze der (kooperativen) Koalitionstheorie davon aus, dass sich minimale Gewinnkoalitionen bilden (von Neumann / Morgenstern 1944) beziehungsweise Gewinnkoalitionen mit einer möglichst geringen Anzahl an Parteien, so dass Verhandlungskosten gering ausfallen (Leiserson 1968). Auch in nicht-kooperativen Ansätzen kommt der Mandatsstärke der Parteien große Bedeutung zu, sowohl bei der Wahl des „Formateurs" oder Regierungsbildners als auch bei den Koalitionsverhandlungen. So wird die Verhandlungsmacht der sitzstärksten Partei betont (Austen-Smith / Banks 1988), die beispielsweise in einem aus drei Fraktionen bestehenden Parlament ein Bündnis mit der kleinsten Partei bilden kann (ähnlich Baron / Ferejohn 1989; Baron / Diermeier 2001).[3]

Sachpolitische Parteipositionen: Unabhängig von der Zugehörigkeit zu parteipolitischen Lagern nehmen Parteien programmatische Standpunkte zu sachpolitischen Fragen ein. Diese Positionen bilden sowohl die Grundlage für die themenabhängige Entscheidung der Wähler als auch für die Koalitionspräferenzen von sachpolitisch motivierten Parteien, die Koalitionen anhand ihres zu erwartenden Outputs bewerten. Im Allgemeinen wird eine Partei solche Bündnisse anstreben, deren erwartbare Politik der eigenen Position nahe kommt. Daher beziehen policy-orientierte Ansätze der Koalitionstheorien die ideologischen beziehungsweise politikfeldspezifischen Positionen der Parteien ein und prognostizieren die Wahl von Bündnissen mit geringer Heterogenität (vgl. Axelrod 1970). Koalitionsbildung ist aus der policy-orientierten Perspektive jedoch nicht nur abhängig von den programmatischen Positionen der Parteien. Ein weiterer Faktor ist das Gewicht, das die Parteien den jeweiligen Politikfeldern zumessen (Hinich / Munger 1997: 77 f.). So ist anzunehmen, dass beispielsweise für eine wirtschaftsliberale Partei wie die FDP das sozioökonomische Politikfeld von größerer Bedeutung ist als gesellschaftspolitische Fragen, während für die Grünen als einer explizit auf eine progressive Innen-, Rechts- und Familienpolitik ausgerichteten Partei das letztgenannte Politikfeld – trotz einer seit den 1990er Jahren zunehmenden Professionalisierung gerade im Bereich Wirtschaft, Soziales und Finanzen – eine vergleichsweise große Bedeutung hat. Dementsprechend sollte die FDP weniger kompromissbereit in wirtschafts- und sozialpolitischen, Bündnis 90/Die Grünen in gesellschaftspolitischen Fragen sein, was wiederum die wahrgenommene Distanz zur Position der anderen Parteien beeinflusst.[4]

Regieren im Mehrebenensystem: Im föderalen Mehrebenensystem stehen allgemeine Wahlen auf bundes- und gliedstaatlicher Ebene selten unverbunden nebeneinander. So können Wähler, die etwa mit der Arbeit der Bundesregierung unzufrieden sind, die Wahlen zu den Landesparlamenten dazu nutzen, die im Bund regierenden Parteien

3 Wir gehen an dieser Stelle nicht weiter auf die Literatur ein, die die Rolle des „Formateurs" in den Vordergrund rückt (vgl. für solche Ansätze etwa Warwick 1996; Diermeier u.a. 2003; Bäck / Dumont 2008). Der Bundespräsident ernennt zwar den Bundeskanzler, erteilt jedoch keinen Auftrag zur Regierungsbildung (vgl. Schmidt 2007: 176). Die Vorverhandlungen und Sondierungsgespräche zur Regierungsbildung werden vielmehr von den Vertretern der im Parlament vertretenen Parteien selbst organisiert. Auf Ebene der Bundesländer, deren Regierungsbildungsprozesse neben denjenigen auf Bundesebene seit 1990 mit die Grundlage für die Prognose zum Ausgang des Regierungsbildungsprozesses nach der Bundestagswahl 2009 dienen, findet sich zudem kein Staatsoberhaupt, das einen „Formateur" einsetzen könnte.

4 Im Anlehnung an diesen Ansatz hat *Paul V. Warwick* (2006) so genannte Politikhorizonte („policy horizons") als einen weiteren relevanten Faktor der Koalitionsbildung vorgeschlagen. Diesem Ansatz zufolge akzeptieren Parteien nicht automatisch alle Politikvorschläge, die ihrem Idealpunkt näher kommen als der Status quo, wie dies in gängigen polit-ökonomischen Modellen der Fall ist (vgl. Laver / Shepsle 1996: 46 f.; Hinich / Munger 1997: 52 ff.). Stattdessen weist jede Partei eine – nach Politikfeld variierende – begrenzte Bereitschaft auf, Kompromisse einzugehen. Die Grenze dieser Bereitschaft markiert den Politikhorizont jeder Partei. Für eine Anwendung dieses Konzepts auf die deutschen Landesparteien fehlen jedoch geeignete Daten.

abzustrafen und damit der bundespolitischen Opposition zu mehr Einfluss im Bundesrat verhelfen. Eine solche Form strategischen Wählens bei Landtagswahlen ist bereits mehrfach nachgewiesen worden (vgl. z.B. Dinkel 1977; Hough / Jeffery 2003; Burkhart 2005). Gleichzeitig wirken die bundespolitischen Mehrheitsverhältnisse auf die Regierungsbildung in den Bundesländern ein (vgl. Fabritius 1976; Lehmbruch 1976; Jun 1994; Kropp 2001). Um ihre Politikziele auch im Bundesrat durchsetzen zu können, sollten die die Bundesregierung tragenden Parteien versuchen, parteipolitisch gleiche Landesregierungen zu installieren, um damit das Lager der Regierungsländer im Bundesrat zu stärken. Zumindest aber wären solche Parteikonstellationen zu verhindern, die nur bundespolitische Oppositionsparteien beinhalten und die Gruppe der Oppositionsländer vergrößerten. Umgekehrt ist zu erwarten, dass die Oppositionsparteien auf Bundesebene die Schwächung des Regierungslagers zum Ziel haben. Generell gilt also, dass sowohl die Regierung als auch die Opposition solche Landesregierungen bevorzugen, die kongruent zur parteipolitischen Zusammensetzung von Regierung und Opposition auf Bundesebene sind. Für diese Erwartungen finden sich in einer Reihe von Studien empirische Belege nicht nur für das deutsche Mehrebenensystem (vgl. etwa Pappi u.a. 2005; Bräuninger / Debus 2008), sondern auch für die Regierungsbildung in weiteren westeuropäischen Staaten, deren Mehrebenencharakter zudem unterschiedlich stark ausgeprägt ist (vgl. Bäck u.a. 2009; Stefuriuc 2009).

Analog zu diesem Muster der Einflussnahme der nationalen Ebene des Parteienwettbewerbs auf die Regierungsbildungen in den sub-nationalen Einheiten eines Landes (Regionen, Provinzen oder Bundesländer) ist mit Hinblick auf die Maximierung der Wiederwahlchancen der Regierungsparteien zusätzlich in Betracht zu ziehen, dass die zu Beginn der Wahlperiode im Koalitionsabkommen abgesteckten Policy-Ziele bis zur nächsten nationalen Wahl weitestgehend umgesetzt werden sollten (Müller / Strøm 2008). Diese Orientierung an Policy Outcomes sollte – insbesondere im Falle des deutschen Bikameralismus (König 2001) – dazu führen, dass die Bundesparteien die gegebenen Mehrheitssituationen im Bundesrat bei der Regierungsbildung berücksichtigen und damit solchen Parteienbündnissen den Vorzug geben, die von einer Mehrheit in der Länderkammer unterstützt werden. Angesichts der Situation vor der Bundestagswahl 2009 würde dies die Bildung einer Koalition aus Union, Liberalen und Bündnisgrünen begünstigen, da diese Variante im Gegensatz zur amtierenden Großen Koalition eine Mehrheit in der Länderkammer besaß. Für ein Zweiparteienbündnis aus CDU/CSU und Freidemokraten konnte sich dies jedoch in Folge der Landtagswahlen in Brandenburg und Schleswig-Holstein im September 2009 noch ändern.

Kontextuelle Faktoren: Aus dem Blickwinkel der behaviouralistischen Schule der Politikwissenschaft kommt weniger den Office- und Policy-Faktoren als vielmehr kontextuellen Merkmalen ein entscheidender Einfluss auf die parteipolitische Zusammensetzung von Regierungen zu (vgl. Strøm 1990a; Strøm u.a. 1994; Kropp u.a. 2002: 26 ff.). Als Kontextfaktor kann der Amtsbonus gelten, der bestehenden Koalitionen zugute kommt, auch hier sowohl bei der Unterstützung durch Wähler als auch bei der Regierungsbildung. So weisen Koalitionsoptionen mit Parteien, mit denen in der Vergangenheit bereits Erfahrungen im gemeinsamen Regieren gesammelt werden konnten, im Allgemeinen weniger Unsicherheiten und geringere Transaktionskosten auf (vgl. Franklin / Mackie 1983; Warwick 1996; Bäck / Dumont 2007). Zu den Kontextmerkmalen zählt auch der Ausschluss von einer oder mehreren Parteien aus den Koalitionskalkulationen aufgrund ihres Status als „Anti-System-Partei“ (vgl. Powell 2000). Einzelne Parteien können zum einen generell, also von allen anderen Mitbewerbern, von der Regierungsbildung a priori ausgeschlossen werden, zum anderen aber auch nur von einigen Parteien als von vornherein „nicht regierungsfähig“ deklariert werden. Gleiches gilt – mit umgekehrtem Vorzeichen – für positiv formulierte Koalitionsaussagen oder Vorwahlallianzen (vgl. jüngst Decker 2009). Solche werden in der Literatur häufig im Hinblick auf das Wahlsystem im jeweiligen Land untersucht (Golder 2005; für Deutschland vgl. Pappi u.a. 2006; Linhart 2007), vereinzelt auch hinsichtlich ihres Einflusses auf die Koalitionsbildung (vgl. Martin / Stevenson 2001; Debus 2007; für die deutschen Bundesländer vgl. Jun 1994; Bräuninger / Debus 2008). Die letztgenannten Studien weisen auf den eigenständigen Effekt hin, der von Koalitionsaussagen, die vor den Wahlen getroffen wurden, auf das Ergebnis des Regierungsbildungsprozesses ausgeht.

Wie die Beschreibung des bundesdeutschen Parteienwettbewerbs seit der Bundestagswahl 2005 und damit seit der Großen Koalition unter Kanzlerin *Angela Merkel* (CDU) gezeigt hat, scheint zusätzlich zu positiv formulierten Koalitionsaussagen vor allem der Ausschluss bestimmter Parteikombinationen im Vorfeld von Bundes- und Landtagswahlen mit entscheidend für den Ausgang des Regierungsbildungsprozesses gewesen zu sein. Beide Faktoren – positiv wie negativ formulierte Koalitionsaussagen – sind daher in der Analyse zu berücksichtigen. Allerdings mahnt Abbildung 1 gerade bei der Einbeziehung von Informationen zu Vorwahlallianzen zur Vorsicht. Sie macht deutlich, dass die Bildung einer Vorwahlallianz von ähnlichen Faktoren abhängt wie die Bildung der Regierung nach der Wahl. Damit liegt auch bei weitgehender Kongruenz von Vorwahlallianz und Nachwahlkoalition nicht notwendig ein eigenständiger Einfluss ersterer vor. Gleichzeitig würde der Stellenwert der programmatischen Positionen der beteiligten Parteien oder der bundespolitischen Konstellation unterschätzt, da diese Information bereits im Faktor Vorwahlallianz eingeschlossen ist. Eine solche Endogenitätsproblematik gilt jedoch – wenn überhaupt – nur in abgeschwächter Form für die a priori von mindestens einer an einer „Protokoalition“ teilnehmenden Partei abgelehnten Koalition: Eine solche Koalitionszurückweisung kann, muss aber nicht mit großen programmatischen Unterschieden zusammenhängen.[5] Auch muss eine a priori erfolgte Ablehnung einer Koalitionsbildung nicht zwangsläufig negativ mit einer vorherigen Zusammenarbeit der entsprechenden Parteien korrelieren. So schloss die FDP nach der „Bonner Wende“ 1982 und damit nach dem Ende der 13 Jahre andau-

5 Ein Beispiel hierfür ist der wechselseitige Ausschluss einer Koalition seitens der FDP und der Linken, bei dem vor allem unterschiedliche wirtschaftspolitische Positionen maßgebend sind, sowie die auf Bundesebene bestehende Weigerung der SPD, ebenfalls nicht mit der Linken zusammenzuarbeiten. Im letztgenannten Fall stehen weniger unterschiedliche Policy-Positionen als vielmehr die Vergangenheit der Linkspartei als Nachfolgepartei der SED sowie der Wechsel ehemals führender Sozialdemokraten zur Linken im Vordergrund.

Abbildung 1: Determinanten der Regierungsbildung auf Bundesebene im deutschen Mehrebenensystem

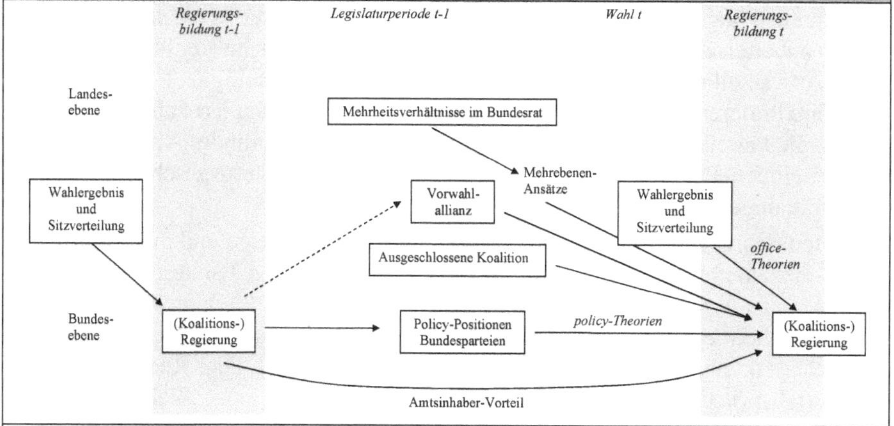

Quelle: Eigene Darstellung.

ernden sozial-liberalen Koalition ein Bündnis mit der SPD nach den Bundestagswahlen 1983 aus.

3. Operationalisierung und Methoden

Zur Beantwortung der Fragestellung müssen drei Gruppen von unabhängigen Variablen identifiziert werden. Informationen über den prospektiven Wahlausgang der Bundestagswahl 2009 und damit die Zusammensetzung des Parlaments basieren auf den Ergebnissen aktueller Umfragen. Die Anzahl und die relative Stärke der Parteien in den Landesparlamenten sowie im Bundestag von 1990 bis 2009 sind relativ leicht über gängige Datenhandbücher (vgl. Andersen / Woyke 2003) und etablierte Studien zum politischen System und Parlamentarismus in Bund und Ländern (vgl. Mielke / Reutter 2006; Schmidt 2007; Jun u.a. 2008) zugänglich. Wir nutzen hier einen Datensatz, mit dem wir bereits die Determinanten der Regierungsbildung in den deutschen Bundesländern analysiert haben (Bräuninger / Debus 2008; 2011). Auf dieser Grundlage kann für jede mögliche Parteienkonstellation bestimmt werden, ob sie die Charakteristika einer kleinen Gewinnkoalition (von Neumann / Morgenstern 1944) oder die der „bargaining proposition“ (Leisersons 1968) aufweist. Des Weiteren liefern diese Daten Informationen darüber, ob die stärkste Fraktion an den möglichen Koalitionen beteiligt ist (vgl. Austen-Smith / Banks 1988) und ob die jeweilige Parteienkombination über eine Mehrheit im Parlament verfügt oder nicht (vgl. Strøm 1990b).

Zweitens müssen Informationen über die Kontextfaktoren gesammelt werden, die für die Koalitionsbildung von Relevanz sein können. Dies ist zum einen die parteipolitische Zusammensetzung der jeweils amtierenden Regierung. Zum anderen muss eine Variable gebildet werden, die Auskunft darüber gibt, ob die jeweilige Koalition – im Fall der Bundesländer – mit der Zusammensetzung von Regierung oder Opposition auf Bundesebene übereinstimmt oder ob die möglichen Koalitionen im Bundestag sich auf eine Mehrheit im Bundesrat stützen können oder nicht. Für die Bildung der dritten kontextuellen Variable werden Informationen über die vor der Wahl seitens der Parteien geäußerten Koalitionspräferenzen benötigt. Eine mögliche Koalition stellt dann eine „Vorwahlallianz“ dar, wenn alle an dieser Koalition beteiligten Parteien vor der Wahl ihre Präferenz zur Bildung eben dieses Bündnisses artikuliert haben. Außerdem müssen die Parteikombinationen identifiziert werden, die zumindest von einer der jeweils beteiligten Parteien von vorneherein als spätere Koalition ausgeschlossen werden (vgl. Bräuninger / Debus 2008: 317 f.).

Im dritten Schritt müssen die Positionen der deutschen Parteien und die Wichtigkeit, die sie einzelnen Politikfeldern beimessen, auf Bundes- und Landesebene ermittelt werden. Dazu wird auf das von *Laver*, *Benoit* und *Garry* (2003) entwickelte Wordscore-Verfahren zurückgegriffen. Es geht von der Beobachtung aus, dass die Wortwahl politischer Akteure in ihren programmatischen Dokumenten oder Reden nicht nach dem Zufallsprinzip erfolgt. Vielmehr senden Parteien in ihren Wahlprogrammen „ideologische Signale“ (Pappi / Shikano 2004), um ihre Anhängerschaft vor der Wahl zu mobilisieren. Daher nehmen *Laver*, *Benoit* und *Garry* (2003) an, dass man allein aufgrund der relativen Worthäufigkeit eines Dokuments auf dessen programmatische Position oder auch die jeweilige Bedeutung eines Politikfeldes schließen kann. Das Grundprinzip von Wordscore ist daher, die relative Worthäufigkeit eines Textes, dessen programmatische Position belannt ist (so genannte „Referenztexte“), mit der relativen Häufigkeit jedes Wortes eines unbekannten Textes zu vergleichen. Dadurch kann auf die inhaltlich-programmatische Ausrichtung des neuen Textes geschlossen werden. Als Referenzwerte können beispielsweise Ergebnisse von Expertenbefragungen dienen (vgl. Benoit / Laver 2006).

Eine große Bedeutung kommt der Auswahl der Referenztexte zu. Diese sollten erstens über eine ähnliche Wortstruktur wie die unbekannten Texte verfügen, zweitens sich inhaltlich auf die Politikfelder beziehen, die Gegenstand der Analyse sind, und drittens möglichst umfangreich sein, um den Anteil informationstragender Wörter zu erhöhen (vgl. Laver u.a. 2003: 314 f.). Diese Kriterien werden in der Regel von den Wahlprogrammen der Parteien erfüllt. Um die Positionen der deutschen Parteien auf der Bundes- und Landesebene zwischen 1990 und 2009 zu bestimmen, werden als Referenztexte die Wahlprogramme von CDU/CSU, SPD, FDP, Bündnis 90/Die Grünen und der PDS zur Bundestagswahl 2002 verwendet. Die Referenzpositionen zu den beiden hier berücksichtigten Politikfeldern – Wirtschafts- und Sozialpolitik sowie Gesellschaftspolitik – werden den Expertenbefragungen von *Benoit* und *Laver* (2006) entnommen, die dann den Bundestagswahlprogrammen der Parteien von 2002 zugewiesen werden.[6]

6 Die durch das Wordscore-Verfahren bestimmten Rohwerte der Positionen können nicht unmittelbar mit den entsprechenden Referenzwerten verglichen werden. *Laver*, *Benoit* und *Garry* (2003) schlagen deshalb eine affine Transformation der Rohwerte vor, so dass im Ergebnis Mittelwert und Standardabweichung von geschätzten und Referenzwerten übereinstimmen. Im vorliegenden Fall ist dies unangemessen, da beispielsweise die Streuung der landespolitischen Positionen zwischen 1990 und 2009 nicht

Mit Hilfe des Wordscore-Verfahrens können sowohl die Parteipositionen als auch die relative Bedeutung der den deutschen Parteienwettbewerb maßgeblich prägenden Konfliktlinien – der sozioökonomische Links-Rechts-Konflikt einerseits und der Gegensatz zwischen progressiven und konservativen Positionen in gesellschaftspolitischen Fragen andererseits (vgl. Lipset / Rokkan 1967; Pappi 1973) – bestimmt werden.[7] Der Beobachtungszeitraum umfasst auf Landesebene alle Wahlen zwischen den Landtagswahlen im Saarland vom 28. Januar 1990 und in Hessen vom 18. Januar 2009 sowie alle Bundestagswahlen seit 1990. Somit liegen der Analyse 79 Regierungsbildungsprozesse in Deutschland zugrunde.[8] Das Ziel ist nun zunächst, ein Maß zu bestimmen, das die programmatische Distanz zwischen den Parteien adäquat angibt. Dazu werden die mit der Wordscore-Methode gewonnenen Positionen und Wichtigkeitszuschreibungen der Parteien verwendet, um die gewichteten euklidischen Distanzen zwischen den an allen potentiellen Koalitionen beteiligten Parteien zu messen (vgl. Hinich / Munger 1997: 76-83). Je geringer diese Distanz ist, desto wahrscheinlicher sollte die Bildung einer Koalition zwischen den entsprechenden Parteien sein. Die gewichtete ideologische Heterogenität *h* einer beliebigen Parteienkombination *S* ergibt sich aus:

$$h(S) = \frac{1}{\#S(\#S-1)} \sum_{\substack{(k,l)\in S\times S \\ k\neq l}} d_{kl}^{s},$$

wobei $\#S$ die Anzahl der Parteien angibt, die der Koalition *S* angehören, und *d* die gewichtete ideologische Distanz zwischen Partei *k* und Partei *l* darstellt.[9]

notwendig mit der Streuung der bundespolitischen Positionen von 2002 übereinstimmen muss. Wir verwenden deshalb eine Standardisierung, mit der Mittelwert und Standardabweichung der Bundestagswahlprogramme von 2002 (Referenzwerte) mit denen der (geschätzten) Bundestagswahlprogramme 1994 und 1998 übereinstimmen. Für eine detaillierte Beschreibung des Analyseverfahrens und der Daten vgl. *Bräuninger / Debus* 2008 und 2011.

7 Eine alle Politikbereiche, die durch Ministerien auf Ebene von Bund und Ländern abgedeckt werden, umfassende Analyse bieten *Pappi* und *Seher* (2009; vgl. Schmitt 2008), die die von *Slapin* und *Proksch* (2008) entwickelte, ebenfalls auf reinen Worthäufigkeiten beruhende Technik „Wordfish" verwenden.

8 Im Untersuchungszeitraum gibt es eine geringe Anzahl von Regierungsbildungen, die nicht unmittelbar auf Bundes- beziehungsweise Landtagswahlen folgten. Da sämtliche dieser Regierungen nur für kurze Zeit – bis zum regulären oder vorgezogenen Ende der Wahlperiode – im Amt waren, werden diese Übergangsregierungen im Weiteren nicht berücksichtigt. Da zum Zeitpunkt der Analyse die Ergebnisse der Koalitionsverhandlungen im Saarland sowie in Sachsen und Thüringen noch nicht vorlagen (in diesen drei Bundesländern wurde am 30. August 2009 ein neuer Landtag gewählt), können diese nur in Form der Überlegung in die Analyse einbezogen werden, welche etwaigen Auswirkungen die Bildung bestimmter Koalitionsregierungen in diesen drei Ländern auf die Koalitionsbildung auf Bundesebene hätten.

9 Die Berechnung der gewichteten ideologischen Distanz zwischen einer Partei *k* und einer Partei *l* ergibt sich aus

$$d_{kl}^{s} = \sqrt{\sum_{j=1}^{m} s_{kj}(x_{kj} - x_{lj})^2},$$

Das statistische Schätzmodell, das für die Analyse verwandt wird, beruht auf bedingten Wahrscheinlichkeiten („conditional logit"; vgl. McFadden 1974; Alvarez / Nagler 1998). Die abhängige Variable umfasst Informationen darüber, welche von allen möglichen Parteikombinationen sich nach einer Wahl auf Bundesebene oder in einem Bundesland gebildet hat. Mit Hilfe dieser Methode wird die Bedeutung der eben beschriebenen unabhängigen Variablen in Form von Regressionskoeffizienten empirisch geschätzt. Alle möglichen Parteikombinationen, die gebildet werden können, werden in der bedingten logistischen Regression mit bestimmten Merkmalen wie der gewichteten ideologischen Heterogenität, den office-orientierten koalitionstheoretischen Kriterien oder der möglicherweise bestehenden Vorwahlallianz beschrieben. Die geschätzten Koeffizienten geben dann Aufschluss darüber, wie stark der Einfluss der eingeschlossenen Merkmale unter Kontrolle der übrigen unabhängigen Variablen auf die Koalitionsbildung insgesamt ist.

4. Analyse: Wie wahrscheinlich ist welche Koalition?

4.1. Policy-Positionen der Parteien 2009

Die Bildung der Großen Koalition nach der vorgezogenen Bundestagswahl 2005 sowie die für den Wahlkampf maßgeblichen exogenen Einflussfaktoren wie die Wirtschafts- und Finanzkrise haben nur zu einer geringen, statistisch jedoch signifikanten Verschiebung in den Positionen der Parteien auf dem wirtschafts- und sozialpolitischen Politikfeld einerseits, dem gesellschaftspolitischen andererseits geführt (vgl. Abbildung 2). Auf der sozioökonomischen Links-Rechts-Dimension hat lediglich die Union ihre Programmatik deutlich gegenüber derjenigen von vier Jahren zugunsten einer moderateren, die Distanz zum Koalitionspartner SPD auf dieser Politikdimension verkleinernden Haltung abgeändert. Alle übrigen im 16. Deutschen Bundestag vertretenen Parteien änderten ihre wirtschafts- und sozialpolitische Haltung hingegen so gut wie gar nicht. Somit markiert die FDP weiterhin den marktliberalen Rand dieser Dimension, während die Linke staatsinterventionistische Positionen vertritt. Sozialdemokraten und Grüne sind mit den inhaltlichen Aussagen in ihren Wahlprogrammen leicht links der Mitte zu verorten und unterscheiden sich in ihren wirtschaftspolitischen Ansichten nach wie vor nur sehr geringfügig voneinander.

Deutlichere Verschiebungen hat es hingegen auf der gesellschaftspolitischen Dimension gegeben, die allerdings nicht die ordinale Anordnung der Bundesparteien von „progressiv" nach „konservativ" verändert haben. Sowohl Sozial- als auch Freidemokraten haben ihre gesellschaftspolitischen Positionen gegenüber jenen, die sie in ihren Wahlprogrammen 2005 vertreten haben, in die progressive Richtung bewegt. Dies gilt auch für CDU und CSU. Die Linke, die unserer Analyse zufolge 2005 wie auch 2009 der gesellschaftspolitisch progressivste parteipolitische Akteur auf Bundesebene war,

wobei der Faktor s_{kj} die relative Bedeutung der Politikdimension j aus der Perspektive von Partei k wiedergibt (vgl. Hinich / Munger 1997: 80). Eine genauere Beschreibung der Herleitung der Distanzmessung findet sich bei *Bräuninger* und *Debus* (2008: 319-320).

veränderte ihre Position nicht. Bündnis 90/Die Grünen hingegen milderten im Gegensatz zu Union, SPD und FDP ihre gesellschaftspolitisch sehr progressive Haltung aus dem Jahr 2005 zu den Bundestagswahlen im September 2009 leicht ab, so dass die Distanz zwischen den ehemaligen Koalitionspartnern SPD und Grüne im hier betrachteten zweidimensionalen Policy-Raum gegenüber 2005, als beide Parteien noch die Regierung stellten, deutlich zurückgegangen ist. Der Abstand zwischen den Partnern der Großen Koalition blieb aufgrund der Positionsverschiebungen beider Parteien in die annähernd gleiche Richtung stabil.

Abbildung 2: Positionen der Parteien zu den Bundestagswahlen 2005 und 2009 in einem zweidimensionalen Politikraum

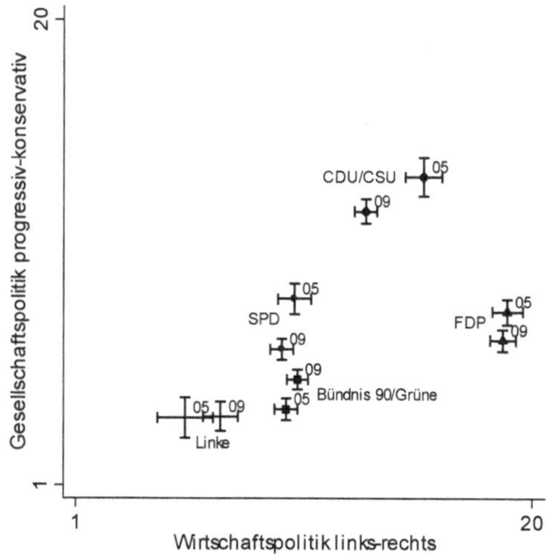

Quelle: Eigene Darstellung.

Nimmt man die ideologische Konstellation der fünf Parteien, die mit ziemlicher Sicherheit in den Bundestag einziehen werden, als Ausgangspunkt für eine deskriptive Analyse der Regierungsbildung nach der Bundestagswahl, tritt vor allem ein homogener Pol in Form eines hypothetischen Bündnisses aus Sozialdemokraten, Bündnisgrünen und Linken hervor. Ungeachtet des Wahlausgangs für den 17. Bundestag ist ein solches Linksbündnis programmatisch deutlich geschlossener als andere Dreierbündnisse wie etwa zwischen SPD, FDP und Grünen, deren unterschiedlichen Positionen auf der wirtschafts- und sozialpolitischen Links-Rechts-Dimension einem Bündnis im Wege stehen würden. Der Bildung einer so genannten Jamaika-Koalition aus CDU/CSU, FDP und Bündnisgrünen widersprechen erhebliche Distanzen zwischen den Parteien auf beiden Dimensionen. Aber auch das von Union und Liberalen präferierte Zweierbündnis ist – zumindest auf der Grundlage der Wahlprogramme beider Parteien – programmatisch nicht so kohäsiv, dass von Koalitionsverhandlungen in großer Eintracht ausgegangen werden konnte. Die Geplänkel, die im August 2009 insbesondere zwischen Spitzenpolitikern von CSU und FDP hinsichtlich wirtschafts-, finanz- und sozialpolitischen Fragen als auch gesellschaftspolitischer Themen stattfanden, konnten schon vor der Wahl als Beleg für ihre durchaus unterschiedlichen Policy-Positionen auf den beiden den deutschen Parteienwettbewerb kennzeichnenden Dimensionen gelten. Insofern konnte – gerade mit Hinblick auf die programmatische Verschiebung der Union in Richtung Mitte der wirtschaftspolitischen Links-Rechts-Dimension – eine Neuauflage der Großen Koalition nicht völlig ausgeschlossen werden.

4.2. Regierungsbildung nach der Bundestagswahl 2009: Zwei Szenarien

Es werden zwei, aufgrund der Umfragewerte realistische Szenarien unterschieden. In Szenario 1 erhalten CDU/CSU und FDP die absolute Mehrheit der Mandate im 17. Deutschen Bundestag. Insbesondere aufgrund der vorab seitens der Parteien angekündigten Koalitionspräferenzen sowie ihrer politikfeldspezifischen Positionen aus den Wahlprogrammen erwarten wir, dass ein christlich-liberales Bündnis die klar wahrscheinlichste Variante ist. Im zweiten Szenario erzielen Union und Freidemokraten keine Mehrheit im Bundestag. Dies sollte in einer anderen, ein Bündnis zwischen CDU/CSU und FDP aufgrund einer fehlenden parlamentarischen Mehrheit nicht eindeutig dominierenden Wahrscheinlichkeitsverteilung resultieren. Tabelle 1 gibt die in den Szenarien zugrunde gelegte Sitzverteilung wieder.

Tabelle 1: Angenommene Mandatszahl und Sitzanteile der Parteien im zu wählenden 17. Deutschen Bundestag

	Szenario I		Szenario II	
CDU/CSU	227	38,0 %	210	35,1 %
SPD	157	26,3 %	185	30,9 %
FDP	94	15,7 %	80	13,4 %
Bündnis 90/Die Grünen	63	10,5 %	68	11,4 %
Linke	57	9,5 %	55	9,2 %

Quelle: Eigene Berechnungen.

Szenario I: Union und FDP gewinnen die absolute Mandatsmehrheit

Verfügen CDU/CSU und FDP zusammen über eine absolute Mehrheit der Mandate, sollte – allein gemäß den Erklärungen beider Parteien, nach der Wahl wenn möglich eine „bürgerliche Koalition" bilden zu wollen – diese Parteienkombination sehr wahrscheinlich sein. Dies ist größtenteils auch unser Ergebnis auf der Grundlage der in Tabelle 2 dargestellten, auf bedingten Wahrscheinlichkeiten basierenden Regressionsmodelle. In dieser Form der quantitativen Analyse stellt jede Situation der Regierungsbildung einen einzelnen Untersuchungsfall dar. Die geschätzten Koeffizienten ergeben sich aus dem Vergleich von tatsächlich gebildeter und allen anderen, möglichen Koalitionen (oder Einparteiregierungen) und zeigen an, ob bestimmte Koalitionseigenschaften wie der Einschluss der größten Partei oder die Übereinstimmung mit der Mehrheit in der Länderkammer die Wahrscheinlichkeit für die Koalition erhöht (mit positivem Koeffizienten) oder verringert (mit negativem Koeffizienten). Während die Bedeutung der Richtung der ausgewiesenen Koeffizienten eindeutig ist, erschließt sich ihre absolute Größe nicht unmittelbar, da bei einer (bedingten) logistischen Regression Koeffizienten und Wahrscheinlichkeiten in einem exponentiellen, also nichtlinearen Zusammenhang stehen. Daher werden in einem zweiten Schritt die ermittelten Wahrscheinlichkeiten dargestellt, die sich anhand der Regressionsmodelle für die verschiedenen Koalitionsvarianten ergeben.

In den acht unterschiedenen Modellen werden von Modell 1 bis Modell 5 sukzessive weitere Erklärungsfaktoren hinzugefügt. Die Modelle 6, 7 und 8 variieren die Ausprägungen einzelner Variablen. In Modell 6 nehmen wir an, dass der Amtsinhaber-Vorteil nicht für die seinerzeit amtierende Koalition aus Union und SPD gilt, was vor dem Hintergrund der Äußerungen beider Parteien im Wahlkampf hinsichtlich der Bevorzugung einer Alternative – der christlich-liberalen Koalition im Falle der CDU/CSU und eines Ampelbündnisses aus Sicht der SPD – keine allzu abwegige Modifikation darstellt. In Modell 7 wird zusätzlich mit Hinblick auf das Verhalten der hessischen SPD nach der dortigen Landtagswahl 2008 die Variable „Koalitionsablehnung" in der Form abgeändert, dass die Sozialdemokraten auf Bundesebene eine Zusammenarbeit mit der Linken nicht a priori ausschlossen, so dass die Koalitionsoption aus SPD, Grünen und Linken als nicht mehr von vorneherein unmöglich in die Analyse eingeht. Das achte Regressionsmodell modifiziert schließlich die Daten dahingehend, dass die Ergebnisse der drei Landtagswahlen vom 30. August 2009 einbezogen werden und der Ausgang der dortigen Regierungsbildungsprozesse vorweggenommen wird. Im Fall des Saarlands sind wir davon ausgegangen, dass sich – auch aufgrund der Differenzen in der zentralen Frage der Fortführung des Bergbaus zwischen Grünen und der Linken an der Saar einerseits sowie personeller Konflikte zwischen beiden Parteien andererseits – eine Koalition aus CDU, FDP und Bündnisgrünen im Saarbrücker Landtag bilden wird. Für Sachsen erwarteten wir die Bildung eines christlich-liberalen Bündnisses und damit die Ablösung der bisherigen CDU/SPD-Koalition, für Thüringen, dass nach dem Rückzug von *Dieter Althaus* als Ministerpräsident und thüringischem CDU-Vorsitzenden eine Koalition aus Union und Sozialdemokraten zustande kommen würde.[10]

Die in Tabelle 2 abgetragenen Ergebnisse der Berechnungen machen für den Fall der ersten vier Modelle deutlich, dass neben Bündnissen, die die Eigenschaften kleiner Gewinnkoalitionen besitzen, solche Parteikombinationen wahrscheinlicher sind, deren gewichtete programmatische Heterogenität geringer ist und die die stärkste Partei mit

10 Eine derartige Zusammensetzung der Landesregierungen hätte Auswirkungen auf die Mehrheitsverhältnisse im Bundesrat. Wenn sich die Landesregierungen in den drei Bundesländern wie beschrieben bilden, gäbe es im Bundesrat weder eine Mehrheit für Länder, die von CDU/CSU beziehungsweise CDU/CSU und FDP regiert werden, noch für Länder, die entweder von der Union, der SPD oder eine Großen Koalition geführt werden. Lediglich ein Jamaika-Bündnis könnte sich auf eine Mehrheit in der Länderkammer stützen. Die Landtagswahlen in Brandenburg und Schleswig-Holstein, die gleichzeitig mit der Bundestagswahl stattfinden, können hier nicht berücksichtigt werden. Sollte sich in Schleswig-Holstein eine Regierung aus CDU und FDP bilden, wäre hingegen eine Mehrheit für Union und Liberale im Bundesrat wieder erreicht.

einschließen. Auch kontextuelle Merkmale wie der Amtsinhaberstatus, die wechselseitige Kongruenz zu den Mehrheitsverhältnissen in Bundestag und Bundesrat sowie die Existenz einer Vorwahlallianz erhöhen signifikant die Chancen, dass eine Parteienformation, die über die entsprechenden Eigenschaften verfügt, auch tatsächlich die künftige Regierung bildet. Fügt man noch Informationen zu den a priori ausgeschlossenen Koalitionen hinzu (Modell 5), zeigt sich nicht nur deren signifikant negativer Effekt, sondern es geht auch der zuvor statistisch signifikante Einfluss der Variable „Gewichtete wirtschaftspolitische Heterogenität" verloren. Dass die Einbeziehung weiterer Variablen zum Grundmodell, das nur office- und policy-orientierte Variablen beinhaltet, sinnvoll ist, machen die sinkenden Werte der Log pseudolikelihood sowie von Akaikes Informationskriterium (AIC) deutlich. Auch der Anteil korrekt vorhergesagter Zusammensetzungen der Regierungen erhöht sich stetig von 58,2 Prozent in Modell 1 auf 84,2 Prozent in Modell 8.

Auf der Grundlage der ersten drei Modelle ist ein Bündnis aus Union und Liberalen nicht der wahrscheinlichste Ausgang des Koalitionsbildungsprozesses, und zwar obwohl in diesem Szenario der Sitzverteilung die beiden Parteien zusammen über eine Mehrheit verfügen. Erst wenn Informationen zu den Vorwahlallianzen mit in die Analyse einbezogen werden, ändert sich die Wahrscheinlichkeitsverteilung zugunsten eines christlich-liberalen Bündnisses – beide Parteien haben ja vor der Wahl relativ deutlich erklärt, gemeinsam regieren zu wollen – und zu Lasten der Großen Koalition. Auf der Grundlage des Ausgangsmodells, das nur an der Besetzung politischer Ämter sowie policy-orientierte Variablen umfasst, ergibt sich eine Wahrscheinlichkeit von knapp 44 Prozent für eine Große Koalition, während sich für eine Koalition aus Union und FDP ein Wert von 29,4 Prozent ergibt. Modelle 2 und 3 favorisieren – bedingt durch die Einführung des Amtsbonus – eindeutig ein Bündnis aus Christ- und Sozialdemokraten. Nachdem den Modellen sukzessive Informationen zu Vorwahlkoalitionen und bereits vorab ausgeschlossenen Bündnissen hinzugefügt werden, dominiert ein Zusammengehen von Union und Liberalen die Verteilung der Wahrscheinlichkeiten mit jeweils über 90 Prozent, wenn man der Koalitionsregierung aus CDU/CSU und SPD keinen Amtsbonus zuweist, und mit über 80 Prozent, wenn dieser Bonus gilt. Eine Fortführung der Koalition aus Union und SPD kann damit als sehr unwahrscheinlich bis nahezu ausgeschlossen gelten, wenn CDU/CSU und FDP eine Mehrheit der Bundestagsmandate auf sich vereinigen.

Tabelle 2: Bedingte logistische Regression der Koalitionsbildung im Bundestag und in den Landtagen von 1990 bis 2009 (Szenario I)

	(1)	(2)	(3)	(4)	(5)	(6)	(7)	(8)
Office-Faktoren								
Minderheitsregierung	0.70	-0.05	-0.39	-0.25	-0.48	-0.48	-0.48	-0.16
	(1.34)	(1.22)	(1.21)	(1.35)	(1.56)	(1.57)	(1.57)	(1.61)
Kleine Gewinnkoalition	3.87	3.67	3.56	4.32	5.12	5.13	5.13	5.69
	(1.20)***	(1.24)***	(1.26)***	(1.50)***	(1.80)***	(1.81)***	(1.81)***	(1.86)***
Bargaining proposition	1.17	1.09	1.00	0.92	0.05	0.05	0.05	-0.34
	(0.66)*	(0.69)	(0.73)	(0.65)	(0.68)	(0.68)	(0.68)	(0.66)
Stärkste Partei	1.71	1.42	1.47	1.68	1.39	1.39	1.39	1.78
	(0.73)**	(0.62)**	(0.62)**	(0.63)***	(0.73)*	(0.73)*	(0.73)*	(0.75)**
Policy-Faktoren								
Wirtschafts- und	-0.27	-0.29	-0.23	-0.30	-0.13	-0.13	-0.13	-0.14
Sozialpolitik	(0.11)**	(0.10)***	(0.10)**	(0.12)**	(0.13)	(0.13)	(0.13)	(0.13)
Gesellschaftspolitik	-0.14	-0.03	-0.03	0.04	0.32	0.32	0.32	0.34
	(0.10)	(0.10)	(0.10)	(0.11)	(0.20)	(0.20)	(0.20)	(0.20)*
Kontextuelle Faktoren								
Amtierende Regierung		2.29	2.30	2.53	2.24	2.26	2.26	2.29
		(0.50)***	(0.50)***	(0.46)***	(0.53)***	(0.53)***	(0.53)***	(0.55)***
Kongruenz			0.68	0.66	0.76	0.76	0.76	0.73
			(0.34)**	(0.37)*	(0.45)*	(0.45)*	(0.45)*	(0.45)
Vorwahlallianz-Residuum				1.25	1.04	1.04	1.04	1.14
				(0.36)***	(0.35)***	(0.35)***	(0.35)***	(0.33)***
Ausgeschlossene Koalition					-19.04	-19.03	-19.03	-19.78
					(0.71)***	(0.71)***	(0.71)***	(0.76)***
N	1509	1509	1509	1509	1509	1509	1509	1634
Log pseudolikelihood	-80.31	-66.82	-65.03	-55.08	-38.18	-38.19	-38.19	-39.60
Pseudo R^2	0.63	0.69	0.70	0.75	0.82	0.82	0.82	0.83
AIC	172.62	147.64	146.06	128.16	96.36	96.38	96.38	99.19
Anteil korrekt vorhergesagter Koalitionen	58.2	70.9	76.0	77.2	83.5	83.5	83.5	84.2

Anmerkungen: Robuste Standardfehler in Klammern. * $p \leq .10$, ** $p \leq .05$, *** $p \leq .01$.

Quelle: Eigene Berechnungen.

Tabelle 3: Wahrscheinlichkeitsverteilung ausgewählter Koalitionsoptionen auf der Grundlage von Szenario I								
	(1)	(2)	(3)	(4)	(5)	(6)	(7)	(8)
CDU/CSU-SPD	43,8	89,3	83,5	15,5	16,9	5,0	5,0	4,1
CDU/CSU-FDP	29,4	5,7	11,5	82,1	83,0	94,8	94,3	95,4
CDU/CSU-Grüne	1,9	0,2	0,2	0,0	0,0	0,0	0,0	0,0
CDU/CSU-FDP-Grüne	0,2	0,3	0,1	0,0	0,0	0,0	0,0	0,0
CDU/CSU-Grüne-Linke	12,2	2,7	2,8	1,3	0,0	0,0	0,0	0,0
SPD-Grüne	0,9	0,1	0,0	0,5	0,1	0,1	0,1	0,0
SPD-FDP-Grüne	2,2	0,4	0,5	0,1	0,0	0,0	0,0	0,0
SPD-Grüne-Linke	0,2	0,1	0,1	0,0	0,0	0,0	0,0	0,0

Anmerkung: Die jeweils wahrscheinlichste Koalitionsoption ist grau hinterlegt.
Quelle: Eigene Berechnungen.

Szenario II: Union und FDP verpassen den Gewinn der absoluten Mandatsmehrheit

Da sich ein nicht unbeträchtlicher Anteil von Wählern bei den letzten Wahlen auf Bundes-, Landes- und Europaebene erst in den letzten Tagen vor der Wahl auf eine Entscheidung (a) hinsichtlich der Wahlteilnahme und (b) der Partei festlegt hat, kann es trotz der im August/September 2009 in den Umfragen führenden Vorwahlkoalition aus Union und FDP nicht ausgeschlossen werden, dass beide Parteien keine Mehrheit der Mandate erzielen. Auch das schwache Abschneiden der CDU bei den Landtagswahlen im Saarland und in Thüringen deutet darauf hin, dass eine Mehrheit für Union und Liberale bei den Bundestagswahlen nicht sicher ist. Würde in diesem Fall die Bildung eines Dreierbündnisses aus Union, FDP und Grünen, SPD, FDP und Grünen oder Sozialdemokraten, Grünen und Linken wahrscheinlicher sein als die Fortführung der CDU/CSU-SPD-Koalition? Die auf den Regressionsmodellen, die in Tabelle 4 wiedergegeben sind[11], basierenden Wahrscheinlichkeiten verneinen dies im Großen und Ganzen (Tabelle 5a). Dies gilt auch, wenn man die kurz vor der Wahl durch die FDP-Führung ausgeschlossene Ampelkoalition nicht in der Analyse berücksichtigt (Tabelle 5b). Bereits die Berechnung auf Grundlage des Ausgangsmodells ergibt eine Wahrscheinlichkeit für die Fortführung der Großen Koalition von knapp 48 Prozent, während Koalitionen aus drei Parteien Wahrscheinlichkeitswerte von weniger als 14 Prozent erzielen (vgl. Tabelle 5a). Hier führt überraschenderweise eine Protokoalition aus CDU/CSU, Grünen und Linken mit 13,3 Prozent vor einer Jamaika-Koalition mit 10,7 Prozent. Die von SPD-Kanzlerkandidat *Frank-Walter Steinmeier* favorisierte rot-gelb-grüne Koalition erreicht nur eine Wahrscheinlichkeit von 2,4 Prozent, während

11 Aufgrund der sich ändernden logistischen Regressionsergebnisse mit den Vorwahlallianzen als abhängiger Variable unterscheiden sich die Ergebnisse der bedingten logistischen Regression für die Modelle 4 bis 8 in Tabelle 4 leicht von denjenigen aus Tabelle 2. Dieser Unterschied rührt daher, dass sich aufgrund der diesem Szenario zugrunde gelegten Sitzverteilung im 17. Deutschen Bundestag Verschiebungen in den Ausprägungen der an Ämtergewinnung ausgerichteten unabhängigen Variablen ergeben.

sogar eine Linkskoalition mit einer Wahrscheinlichkeit von 5 Prozent eher eintreten würde. Werden alle kontextuellen Variablen unverändert in das Modell mit aufgenommen (Modell 5), dann liegt die Wahrscheinlichkeit einer schwarz-roten Neuauflage bei knapp 98 Prozent.

Dieser Wert geht zurück, wenn man die Wahrscheinlichkeiten auf Grundlage von Modell 6 berechnet, wo der bestehenden Regierungskoalition kein Amtsinhabervorteil unterstellt wird. Dennoch ergibt sich eine Wahrscheinlichkeit von 92,1 Prozent für die Fortführung der Großen Koalition, während ein Dreierbündnis keine Chance aufgrund der wechselseitigen Ausschlüsse dieser Konstellationen hätte. Geht man einen Schritt weiter und schließt – entgegen den Äußerungen der SPD-Führung – zusätzlich eine Zusammenarbeit von SPD und Linken nicht a priori aus, wächst die Wahrscheinlichkeit einer rot-rot-grünen Koalition zwar von null auf einen Wert von 9,5 Prozent an, jedoch ist ein erneutes CDU/CSU-SPD-Bündnis mit 76,5 Prozent noch immer klar der wahrscheinlichste Ausgang des Regierungsbildungsprozesses. Wenn man zudem im Saarland von der Bildung einer Jamaika-Koalition ausgeht, in Thüringen die Bildung einer CDU/SPD-Regierung sowie in Sachsen ein christlich-liberales Bündnis erwartet, steigt die Wahrscheinlichkeit der Bildung einer Großen Koalition sogar gegenüber Modell 7 noch leicht auf 78 Prozent, während die Chancen zur Formierung einer Linkskoalition bei rund 9 Prozent stagnieren. Somit kann – zumindest auf der Grundlage der hier vorgenommenen Modellanalysen – damit gerechnet werden, dass sich weder eine Ampel- noch eine Linkskoalition nach der Bundestagswahl 2009 bildet, selbst wenn man den Sozialdemokraten unterstellt, dass sie insgeheim ein Bündnis mit der Linken nicht vollkommen ausschließen. An den Wahrscheinlichkeiten für die einzelnen Koalitionsoptionen ändert sich auch nicht viel, wenn man die Absage der FDP an eine Ampelkoalition zurücknimmt. Die in Tabelle 5b abgetragenen Ergebnisse räumen einem rot-gelb-grünen Bündnis unter diesen Umständen nur Chancen zwischen 5,1 und 6,4 Prozent ein, während die Wahrscheinlichkeit der Bildung einer Koalition aus Union und SPD zwischen 72 und 86 Prozent liegt.

Tabelle 4: Bedingte logistische Regression der Koalitionsbildung im Bundestag und in den Landtagen von 1990 bis 2009 (Szenario II)

	(1)	(2)	(3)	(4)	(5)	(6)	(7)	(8)
Office-Faktoren								
Minderheitsregierung	0.70	-0.05	-0.39	-0.22	-0.44	-0.44	-0.44	-0.12
	(1.34)	(1.22)	(1.21)	(1.35)	(1.57)	(1.57)	(1.57)	(1.62)
Kleine Gewinnkoalition	3.87	3.67	3.56	4.30	5.11	5.12	5.12	5.67
	(1.20)***	(1.24)***	(1.26)***	(1.50)***	(1.80)***	(1.80)***	(1.80)***	(1.86)***
Bargaining proposition	1.17	1.09	1.00	0.93	0.05	0.06	0.06	-0.33
	(0.66)*	(0.69)	(0.73)	(0.65)	(0.68)	(0.68)	(0.68)	(0.66)
Stärkste Partei	1.71	1.42	1.47	1.69	1.40	1.40	1.40	1.79
	(0.73)**	(0.62)**	(0.62)**	(0.63)***	(0.73)*	(0.73)*	(0.73)*	(0.75)**

Fortsetzung Tabelle 4								
Policy-Faktoren								
Wirtschafts- und Sozialpolitik	-0.27 (0.11)**	-0.29 (0.10)***	-0.23 (0.10)**	-0.30 (0.12)**	-0.13 (0.13)	-0.13 (0.13)	-0.13 (0.13)	-0.14 (0.13)
Gesellschafts-politik	-0.14 (0.10)	-0.03 (0.10)	-0.03 (0.10)	0.04 (0.11)	0.32 (0.20)	0.32 (0.20)	0.32 (0.20)	0.35 (0.20)*
Kontextuelle Faktoren								
Amtierende Regierung		2.29 (0.50)***	2.30 (0.50)***	2.53 (0.46)***	2.24 (0.53)***	2.26 (0.53)***	2.26 (0.53)***	2.28 (0.55)***
Kongruenz			0.68 (0.34)**	0.65 (0.37)*	0.74 (0.45)	0.74 (0.45)	0.74 (0.45)	0.71 (0.45)
Vorwahlallianz-Residuum				1.25 (0.37)***	1.05 (0.35)***	1.05 (0.35)***	1.05 (0.35)***	1.15 (0.34)***
Ausgeschlossene Koalition					-20.14 (0.71)***	-20.14 (0.71)***	-20.14 (0.71)***	-19.86 (0.76)***
N	1509	1509	1509	1509	1509	1509	1509	1634
Mc Fadden's Pseudo R^2	0.63	0.69	0.70	0.75	0.83	0.83	0.83	0.83
Log Pseudolikelihood	-80.31	-66.82	-65.03	-55.02	-38.14	-38.15	-38.15	-39.55
AIC	172.62	147.64	146.06	128.05	96.27	96.29	96.29	99.10
Anteil korrekt vorhergesagter Koalitionen	58.2	70.9	76.0	77.2	83.5	83.5	83.5	84.2

Anmerkungen: Robuste Standardfehler in Klammern. * p ≤ .10, ** p ≤ .05, *** p ≤ .01.
Quelle: Eigene Berechnungen.

Tabelle 5a: Wahrscheinlichkeitsverteilung ausgewählter Koalitionsoptionen auf der Grundlage von Szenario II

	(1)	(2)	(3)	(4)	(5)	(6)	(7)	(8)
CDU/CSU-SPD	47,7	90,6	89,5	76,3	97,8	92,1	76,5	78,2
CDU/CSU-FDP	1,3	0,1	0,2	3,0	1,4	4,9	4,1	3,9
CDU/CSU-Grüne	2,0	0,2	0,2	0,2	0,1	0,4	0,4	0,2
CDU/CSU-FDP-Grüne	10,7	2,0	2,4	4,5	0,0	0,0	0,0	0,0
CDU/CSU-Grüne-Linke	13,3	2,7	3,0	6,4	0,0	0,0	0,0	0,0
SPD-Grüne	1,0	1,1	0,1	2,7	0,3	1,1	0,9	0,6
SPD-FDP-Grüne	2,4	0,5	0,5	0,7	0,0	0,0	0,0	0,0
SPD-Grüne-Linke	5,0	1,1	1,0	1,7	0,0	0,0	9,5	9,1

Anmerkung: Die jeweils wahrscheinlichste Koalitionsoption ist grau hinterlegt.
Quelle: Eigene Berechnungen.

Tabelle 5b: Wahrscheinlichkeitsverteilung ausgewählter Koalitionsoptionen auf der Grundlage von Szenario II - FDP schließt eine Ampel-Koalition nicht aus			
	(6)	(7)	(8)
CDU/CSU-SPD	86,1	72,3	74,2
CDU/CSU-FDP	4,6	3,8	3,7
CDU/CSU-Grüne	0,4	0,4	0,3
CDU/CSU-FDP-Grüne	0,0	0,0	0,0
CDU/CSU-Grüne-Linke	0,0	0,0	0,0
SPD-Grüne	1,0	0,9	0,6
SPD-FDP-Grüne	6,4	5,4	5,1
SPD-Grüne-Linke	0,0	9,0	8,6

Anmerkung: Die jeweils wahrscheinlichste Koalitionsoption ist grau hinterlegt.
Quelle: Eigene Berechnungen.

Die Verteilung der Wahrscheinlichkeit auf die Koalitionsoptionen würde sich hingegen wesentlich deutlicher ändern, wenn man den Fokus weniger auf die Vorwahlaussagen der SPD und FDP als vielmehr auf diejenigen der Grünen richtet und diese modifiziert. Bündnis 90/Die Grünen haben nach innerparteilichen Debatten und vor allem auf Drängen des linken Parteiflügels eine Beteiligung an einer Jamaika-Koalition nach der Wahl ausgeschlossen. Wenn die Grünen dies nicht getan hätten, würden die Chancen für eine Neuauflage der CDU/CSU-SPD-Koalition deutlich zu Gunsten einer Jamaika-Koalition sinken. Tabelle 5c weist die Wahrscheinlichkeiten auf Grundlage der Regressionsmodelle 6 bis 8 aus, wenn die Option Jamaika seitens der Bündnisgrünen nicht ausgeschlossen worden wäre.[12] Demnach hat eine Rücknahme der Vorwahlaussage der Grünen zu einer Jamaika-Koalition wesentlich größere Effekte als eine Nichtberücksichtigung der Ablehnung der SPD, mit der Linken zusammenzuarbeiten. Bereits auf Grundlage von Modell 6, das der schwarz-roten Bundesregierung noch einen Amtsbonus zuweist, ergibt sich eine Wahrscheinlichkeit von knapp 37,2 Prozent für ein schwarz-gelb-grünes Bündnis, während die Chance auf Erneuerung der Großen Koalition auf rund 58 Prozent absinkt. Zwar ist auch im Folgemodell 7 die Große Koalition der wahrscheinlichste Ausgang des Regierungsbildungsprozesses unter der angenommenen Sitzverteilung in Szenario II, jedoch scheint ein Bündnis aus Union, FDP und Grünen eine klare zweite Option der Parteien zu sein, wenn sich der ehemalige Koalitionspartner von Kanzler *Schröder* dieser Option nicht vorab selbst beraubt hätte. Dies gilt insbesondere dann, wenn sich im Saarland ebenfalls eine Koalition aus Christdemokraten, Liberalen und Grünen vor dem Beginn der Koalitionsverhandlungen auf Bundesebene bildete: In diesem Fall wäre ein Jamaika-Bündnis auf Bundesebene sogar deutlich wahrscheinlicher als die Fortsetzung der Großen Koalition.

12 Wir beziehen in Gegensatz zu den Analysen in Tabelle 5b die Information mit ein, dass die FDP eine Ampelkoalition ausschließt.

Tabelle 5c: Wahrscheinlichkeitsverteilung verschiedener Koalitionsoptionen auf der Grundlage von Szenario II – Bündnis 90/Die Grünen schließen eine Jamaika-Koalition nicht aus			
	(6)	(7)	(8)
CDU/CSU-SPD	57,8	51,2	36,4
CDU/CSU-FDP	3,1	2,7	1,8
CDU/CSU-Grüne	0,3	0,2	0,1
CDU/CSU-FDP-Grüne	37,2	33,0	53,5
CDU/CSU-Grüne-Linke	0,0	0,0	0,0
SPD-Grüne	0,7	0,6	0,3
SPD-FDP-Grüne	4,1	0,0	0,0
SPD-Grüne-Linke	0,0	6,4	4,2

Anmerkung: Die jeweils wahrscheinlichste Koalitionsoption ist grau hinterlegt.
Quelle: Eigene Berechnungen.

5. Nutzen und Grenzen der Modelle zur Koalitionsbildung

Kontextuelle, aber auch an Ämtergewinnung und programmatischen Schnittmengen orientierte Indikatoren haben einen ausschlaggebenden Einfluss auf die parteipolitische Zusammensetzung von Regierungen in Deutschland. Auf der Grundlage der Parameterschätzungen der einzelnen Regressionsmodelle ist für die Regierungsbildung nach der Bundestagswahl 2009 bei einer Mehrheit der Bundestagsmandate für Union und FDP eine Koalition beider Parteien und damit ein Kabinett *Merkel / Westerwelle* nahezu sicher. Sollten CDU/CSU und FDP die absolute Mandatsmehrheit jedoch verfehlen, wird mit großer Wahrscheinlichkeit die Große Koalition fortgesetzt. Selbst wenn der Beschluss der SPD, nicht mit den Linken auf Bundesebene zu paktieren, sowie der FDP, keine Koalition mit SPD und Grünen zu schließen, in der Analyse ignoriert und der schwarz-roten Regierung zudem kein Amtsbonus zugesprochen wird, ist noch immer eine Koalition aus CDU/CSU und SPD weitaus wahrscheinlicher als alle Dreierbündnisse aus (1) SPD, Grünen und Linken, (2) Union, FDP und Grünen oder (3) SPD, Liberalen und Grünen. Hätten die Grünen jedoch eine Jamaika-Koalition nicht a priori abgelehnt und würde sich ein solches Bündnis im Saarland bilden, hätten sich nicht nur keine allzu weit auseinander liegenden Wahrscheinlichkeiten für das letztgenannte Bündnis und eine Große Koalition ergeben, sondern eine schwarz-gelb-grüne Koalition wäre sogar wahrscheinlicher als die Fortführung der Großen Koalition.

Die hier angewandten Modelle können natürlich nicht alle Faktoren, die den Ausgang des Koalitionsbildungsprozesses beeinflussen, umfassen. Dazu zählt etwa die Erlangung bestimmter Ministerämter bei gleichzeitiger Durchsetzung von spezifischen Policy-Positionen (vgl. etwa Linhart / Pappi 2009). Auch können persönliche Animositäten zwischen zentralen Akteuren der Koalitionsverhandlungen nicht berücksichtigt werden, wie sie etwa zwischen dem hessischen Ministerpräsidenten *Roland Koch* und dem grünen Oppositionsführer *Tarek Al-Wazir* bestanden und durchaus die Chancen auf eine Regierungsbeteiligung der Grünen an einem Kabinett mit der CDU unter *Koch* nach den Wahlen 2008 minimiert haben (vgl. zum polarisierenden Wahlkampf und „negative campaigning“ der hessischen CDU Schmitt-Beck / Faas 2009a: 19-21).

Gleiches gilt für den Einfluss innerparteilicher Fraktionalisierung und Konflikte, die im deutschen Fall die Ministerienvergabe mit determinieren (Debus / Bräuninger 2008; vgl. Bernauer / Bräuninger 2009). So sollte der Christlich-Demokratischen Arbeitnehmerschaft (CDA) als der Arbeitnehmerorganisation der Union ein Bündnis mit der SPD aufgrund ähnlicher wirtschaftspolitischer Präferenzen lieber sein als mit der marktliberalen FDP. Umgekehrtes sollte für die Mittelstandsvereinigung der CDU/ CSU gelten. Es bleibt somit für die Koalitionstheorie und ihre empirische Überprüfung ein gutes Stück Arbeit, das theoretisch modelliert werden muss.

Literatur

Alvarez, R. Michael / Jonathan Nagler: When Politics and Models Collide: Estimating Models of Multiparty Elections, in: American Journal of Political Science, 42. Jg. (1998), H. 1, S. 55-96.

Andersen, Uwe / Wichard Woyke (Hrsg.): Handwörterbuch des politischen Systems der Bundesrepublik Deutschland, Bonn 2003.

Austen-Smith, David / Jeffrey Banks: Elections, Coalitions, and Legislative Outcomes, in: American Political Science Review, 82. Jg. (1988), H. 2, S. 405-422.

Axelrod, Robert: Conflict of Interest, Chicago 1970.

Bäck, Hanna / Patrick Dumont: Combining Large-n and Small-n Strategies: The Way Forward in Coalition Research, in: West European Politics, 30. Jg. (2007), H. 3, S. 467–501.

Bäck, Hanna / Patrick Dumont: Making the First Move. A Two-Stage Analysis of the Role of Formateurs in Parliamentary Government Formation, in: Public Choice, 135. Jg. (2008), H. 3-4, S. 353 – 373.

Bäck, Hanna / Marc Debus / Henry Bäck: Regional Government Formation in Varying Multi-Level Contexts. A Comparison of Germany, Netherlands, Spain and Sweden, Präsentiert auf dem IPSA World Congress of Political Science, Santiago, Chile, am 12.-16. Juli 2009.

Baron, David P. / John A. Ferejohn: Bargaining in Legislatures, in: American Political Science Review, 83. Jg. (1989), H. 4, S. 1181-1206.

Baron, David P. / Daniel Diermeier: Elections, Governments, and Parliaments in Proportional Representation Systems, in: Quarterly Journal of Economics, 116. Jg. (2001), H. 3, S. 933-967.

Bernauer, Julian / Thomas Bräuninger: Intra-Party Preference Heterogeneity and Faction Membership in the 15th German Bundestag. A Computational Text Analysis of Parliamentary Speeches, in: German Politics, 18. Jg. (2009), H. 3, S. 385-402.

Bräuninger, Thomas / Marc Debus: Der Einfluss von Koalitionsaussagen, programmatischen Standpunkten und der Bundespolitik auf die Regierungsbildung in den deutschen Ländern, in: PVS, 49. Jg. (2008), H. 2, S. 309-338.

Bräuninger, Thomas / Marc Debus: Parteienwettbewerb in den deutschen Bundesländern, Wiesbaden 2011.

Benoit, Kenneth / Michael Laver: Party Policy in Modern Democracies, London 2006.

Burkhart, Simone: Parteipolitikverflechtung. Über den Einfluss der Bundespolitik auf Landtagswahlentscheidungen von 1976 bis 2000, in: PVS, 46. Jg. (2005), H. 1, S. 14-38.

Däubler, Thomas / Marc Debus: Government Formation and Policy Formulation in the German States, in: Regional & Federal Studies, 19. Jg. (2009), H. 1, S. 73-95.

Debus, Marc: Pre-Electoral Alliances, Coalition Rejections, and Multiparty Governments, Baden-Baden 2007.

Debus, Marc: Analysing Party Politics in Germany with New Approaches for Estimating Policy Preferences of Political Actors, in: German Politics, 18. Jg. (2009), H. 3, S. 281-300.

Debus, Marc / Thomas Bräuninger: Intraparty Factions and Coalition Bargaining in Germany, in: Daniela Giannetti / Kenneth Benoit (Hrsg.), Intra-Party Politics and Coalition Governments in Parliamentary Democracies, London / New York 2008, S. 121-145.

Decker, Frank: Koalitionsaussagen der Parteien vor Wahlen. Eine Forschungsskizze im Kontext des deutschen Regierungssystems, in: ZParl, 40. Jg. (2009), H. 2, S. 431-453.

Deschouwer, Kris: Political parties in multi-layered systems, in: European Urban and Regional Studies, 10. Jg. (2003), H. 3, S. 213-226

Diermeier, Daniel / Randolph T. Stevenson: Cabinet Survival and Competing Risks, in: American Journal of Political Science, 43. Jg. (1999), H. 4, S. 1051-1068.

Diermeier, Daniel / Hülya Eraslan / Antonio Merlo: A Structural Model of Government Formation, in: Econometrica, 71. Jg. (2003), H. 1, S. 27-70.

Dinkel, Rainer: Der Zusammenhang zwischen Bundes- und Landtagswahlergebnissen, in: PVS, 18. Jg. (1977), H. 2-3, S. 348-360.

Downs, William M.: Coalition Government, Subnational Style: Multiparty Politics in Europe's Regional Parliaments, Columbus 1998.

Erikson, Robert S.: The Puzzle of Mid-term Loss, in: Journal of Politics, 50. Jg. (1988), H. 4, S. 1011-1029.

Fabritius, Georg: Der Bundesrat: Transmissionsriemen für die Unitarisierung der Bundesrepublik. Geschichte der Koalitionsbildung in den Bundesländern, in: ZParl, 7. Jg. (1976), H. 4, S. 448-460.

Franklin, Mark N. / Thomas T. Mackie: Familiarity and Inertia in the Formation of Governing Coalitions in Parliamentary Democracies, in: British Journal of Political Science, 13. Jg. (1983), H. 3, S. 275-298.

Golder, Sona: Pre-electoral coalitions in comparative perspective: A test of existing hypotheses, in: Electoral Studies, 24. Jg. (2005), H. 4, S. 643-663.

Grofman, Bernard: A Dynamic Model of Protocoalition Formation in Ideological N-Space, in: Behavioural Science, 27. Jg. (1982), H. 1, S. 77-90.

Hinich, Melvin J. / Michael C. Munger: Analytical Politics, Cambridge 1997.

Hough, Daniel / Charlie Jeffery: Landtagswahlen: Bundestestwahlen oder Regionalwahlen?, in: ZParl, 34. Jg. (2003), H. 1, S. 79-94.

Humphreys, Macartan: Coalitions, in: Annual Review of Political Science, 11. Jg. (2008), S. 351-386.

Jun, Uwe: Koalitionsbildung in den deutschen Bundesländern. Theoretische Betrachtungen, Dokumentation und Analyse der Koalitionsbildungen auf Länderebene seit 1949, Opladen 1994.

Jun, Uwe / Melanie Haas / Oskar Niedermayer (Hrsg.): Parteien und Parteiensysteme in den deutschen Bundesländern, Wiesbaden 2008.

Keman, Hans: Koalitionen in Belgien und in den Niederlanden, in: Sabine Kropp / Suzanne S. Schüttemeyer / Roland Sturm (Hrsg.): Koalitionen in West- und Osteuropa, Opladen 2002, S. 107-135.

König, Thomas: Bicameralism and Party Politics in Germany: An Empirical Social Choice Analysis, in: Political Studies, 49. Jg. (2001), H. 3, S. 411-437.

Kropp, Sabine: Regieren in Koalitionen. Handlungsmuster und Entscheidungsbildung in deutschen Länderregierungen, Wiesbaden 2001.

Kropp, Sabine / Suzanne S. Schüttemeyer / Roland Sturm: Koalitionen in West- und Osteuropa. Theoretische Überlegungen und Systematisierung des Vergleichs, in: Sabine Kropp / Suzanne S. Schüttemeyer / Roland Sturm (Hrsg.): Koalitionen in West- und Osteuropa, Opladen 2002, S. 7-41.

Laver, Michael / Kenneth Benoit / John Garry: Extracting Policy Positions from Political Texts Using Words as Data, in: American Political Science Review, 97. Jg. (2003), H. 2, S. 311-331.

Laver, Michael / Norman Schofield: Multiparty Government. The Politics of Coalition in Europe, Ann Arbor 1998.

Laver, Michael / Kenneth Shepsle: Making and Breaking Governments, Cambridge 1996.

Lehmbruch, Gerhard: Parteienwettbewerb im Bundesstaat. Regelsysteme und Spannungslagen im Institutionengefüge der Bundesrepublik Deutschland, Stuttgart 1976.

Leiserson, Michael: Factions and Coalitions in One-Party Japan: An Interpretation Based on the Theory of Games, in: American Political Science Review, 62. Jg. (1968), H. 3, S. 770-787.

Linhart, Eric: Rationales Wählen als Reaktion auf Koalitionssignale am Beispiel der Bundestagswahl 2005, in: PVS, 48. Jg. (2007), H. 3, S. 461-484.

Linhart, Eric / Franz U. Pappi: Koalitionsbildungen zwischen Ämter- und Politikmotivation. Konstruktion einer interdependenten Nutzenfunktion, in: PVS, 50. Jg. (2009), H. 1, S. 21-49.

Lipset, Seymour M. / Stein Rokkan: Cleavage Structures, Party Systems and Voter Alignments: An Introduction, in: Seymour M. Lipset / Stein Rokkan (Hrsg.): Party Systems and Voter Alignments: Cross-National Perspectives, New York / London 1967, S. 1-64.

Martin, Lanny W. / Randolph T. Stevenson: Government Formation in Parliamentary Democracies, in: American Journal of Political Science, 45. Jg. (2001), H. 1, S. 33-50.

McFadden, Daniel: Conditional Logit Analysis of Qualitative Choice Behaviour, in: Paul Zarembka (Hrsg.), Frontiers in Econometrics, New York 1974, S. 105-142.

Mielke, Siegfried / Werner Reutter (Hrsg.): Länderparlamentarismus in Deutschland. Geschichte – Struktur – Funktion, Wiesbaden 2006.

Müller, Wolfgang C. / Kaare Strøm: Coalition Agreements and Cabinet Governance, in: Kaare Strøm / Wolfgang C. Müller / Torbjörn Bergman (Hrsg.): Cabinets and Coalition Bargaining: The Democratic Life Cycle in Western Europe, Oxford 2008, S. 159-199.

Neumann, John von / Oskar Morgenstern: Theory of Games and Economic Behavior, Princeton 1944.

Niedermayer, Oskar: Der Wahlkampf zur Bundestagswahl 2005: Parteistrategien und Kampagnenverlauf, in: Frank Brettschneider / Oskar Niedermayer / Bernhard Wessels (Hrsg.): Die Bundestagswahl 2005. Analysen des Wahlkampfs und der Wahlergebnisse, Wiesbaden 2007, S. 21-42.

Pappi, Franz U.: Parteiensystem und Sozialstruktur in der Bundesrepublik, in: PVS, 14. Jg. (1973), H. 3, S. 191-213.

Pappi, Franz U.: Regierungsbildung im deutschen Fünf-Parteiensystem, in: PVS, 50. Jg. (2009), H. 2, S. 187-202.

Pappi, Franz U. / Axel Becker / Alexander Herzog: Regierungsbildung in Mehrebenensystemen: Zur Erklärung der Koalitionsbildung in den deutschen Bundesländern, in: PVS, 46. Jg. (2005), H. 3, S. 432-458.

Pappi, Franz U. / Thomas Gschwend: Partei- und Koalitionspräferenzen der Wähler bei den Bundestagswahlen 1998 und 2002, in: Jürgen W. Falter / Oscar W. Gabriel / Bernhard Weßels (Hrsg.): Wahlen und Wähler. Analysen aus Anlass der Bundestagswahl 2002, Wiesbaden 2005, S. 284-305.

Pappi, Franz U. / Alexander Herzog / Ralf Schmitt: Koalitionssignale und die Kombination von Erst- und Zweitstimmen bei den Bundestagswahlen 1953 bis 2005, in: ZParl, 37. Jg. (2006), H. 3, S. 493-513.

Pappi, Franz U. / Nicole Seher: Party election programs signaling policies and saliencies of specific policy domains. The German parties from 1990 to 2005, in: German Politics, 18. Jg. (2009), H. 3, S. 403-425.

Pappi, Franz U. / Susumu Shikano: Ideologische Signale in den Wahlprogrammen der deutschen Bundestagsparteien 1980 bis 2002, MZES Working Papers Nr. 76, Mannheim 2004.

Pappi, Franz. U. / Susumu Shikano: Regierungsabwahl ohne Regierungsneuwahl?, in: PVS, 46. Jg. (2005), H. 4, S. 513-526.

Powell, G. Bingham: Elections as Instruments of Democracy: Majoritarian and Proportional Visions, New Haven / London 2000.

Rudzio, Wolfgang: Koalitionen in Deutschland: Flexibilität informellen Regierens, in: Sabine Kropp / Suzanne S. Schüttemeyer / Roland Sturm (Hrsg.): Koalitionen in West- und Osteuropa, Opladen 2002, S. 41-67.

Schmidt, Manfred G., Das politische System Deutschlands. Institutionen, Willensbildung und Politikfelder, Bonn 2007.

Schmitt, Ralf: Die politikfeldspezifische Auswertung von Wahlprogrammen am Beispiel der deutschen Bundesländer. Arbeitspapier Nr. 114 des Mannheimer Zentrums für Europäische Sozialforschung, Mannheim 2009.

Schmitt-Beck, Rüdiger / Thorsten Faas: Die hessische Landtagswahl vom 27. Januar 2008: Wiederkehr der „hessischen Verhältnisse", in: ZParl, 40. Jg. (2009a), H. 1, S. 16-34.

Schmitt-Beck, Rüdiger / Thorsten Faas: Die hessische Landtagswahl vom 18. Januar 2009: der ‚ewige Koch', in: ZParl, 40. Jg. (2009b), H. 2, S. 358-370.

Schneider, Herbert: Parteien in der Landespolitik, in: Oscar W. Gabriel / Oskar Niedermayer / Richard Stöss (Hrsg.): Parteiendemokratie in Deutschland, Bonn 2001, S. 385-405.

Slapin, Jonathan B. / Sven-Oliver Proksch: A Scaling Model for Estimating Time-Series Party Positions from Texts, in: American Journal of Political Science, 52. Jg. (2008), H. 3, S. 705–722.

Ştefuriuc, Irina: Government formation in multi-level settings: Spanish regional coalitions and the quest for vertical congruence, in: Party Politics, 15. Jg. (2009), H. 1, S. 93-115.

Strøm, Kaare: A Behavioural Theory of Competitive Political Parties, in: American Journal of Political Science, 34. Jg. (1990a), H. 2, S. 565-598.

Strøm, Kaare: Minority Government and Majority Rule, Cambridge 1990b.

Strøm, Kaare / Ian Budge / Michael Laver: Constraints on Cabinet Formation in Parliamentary Democracies, in: American Journal of Political Science, 38. Jg. (1994), H. 2, S. 303-335.

Strünck, Christoph: Das Parteiensystem Hessens, in: Uwe Jun / Melanie Haas / Oskar Niedermayer(Hrsg.): Parteien und Parteiensysteme in den deutschen Bundesländern, Wiesbaden 2008, S. 247-264.

Warwick, Paul V.: Coalition Government Membership in West European Parliamentary Democracies, in: British Journal of Political Science, 26. Jg. (1996), H. 4, S. 471-499.

Warwick, Paul V.: Policy horizons and parliamentary government, Houndmills 2006.

Wehling, Hans-Georg / Rosemarie Wehling: Politische Kultur und Geschichte im deutschen Südwesten, in: Josef Schmid / Udo Zolleis (Hrsg.): Wahlkampf im Südwesten. Parteien, Kampagnen und Landtagswahlen 2006 in Baden-Württemberg und Rheinland-Pfalz, Münster 2007, S. 13-31.

Liberale Parteien zwischen linkem und rechtem Lager[1]

Simon Franzmann

Die Liberalen gehören zu den ältesten unter den demokratischen Parteifamilien. Doch während insbesondere sozialdemokratische und grüne Parteien, zunehmend sogar die lange vernachlässigten christdemokratischen und insbesondere extremistische Parteien im politikwissenschaftlichen Forschungsinteresse stehen, fristet die Analyse liberaler Parteien ein Schattendasein. Sucht man nach aktuellen Forschungsbeiträgen, wird man kaum fündig. Im englischsprachigen Raum dominieren Abhandlungen zu der recht gut durchleuchteten Liberaldemokratischen Partei, und im französischsprachigen Bereich existieren insbesondere Analysen der bei Wahlen erfolgreichen belgischen Liberalen. Hervorzuheben ist der Sammelband von *Emil Kirchner* (1988), der bis heute als einer der Referenzpunkte für die Untersuchung liberaler Parteien gelten kann. Auf Grund der dünnen Literaturlage an international vergleichenden Studien über die kontinentaleuropäischen Liberalen wird der Beitrag überwiegend explorativen Charakter haben.

Die geringe Aufmerksamkeit, die liberale Parteien in der Politikwissenschaft genießen, erstaunt umso mehr, als ihnen häufig eine pivotale ideologische Position auf dem Links-Rechts-Kontinuum zugesprochen wird (Kirchner 1988; Keman 1994). In einigen Ländern, wie Belgien und Dänemark, gehören sie zu den stimmenstärksten ihres politischen Systems. Grundsätzlich gelten liberale Parteien insofern als ideologisch flexibel, als sie auf Grund ihres traditionellen Säkularismus Anknüpfungspunkte zur politischen Linken und ihrer sozialen Verankerung im (Besitz)-Bürgertum stärkere Affinität zur politischen Rechten besitzen (Seiler 1980). Wegen ihrer wechselnden Koalitionszugehörigkeit zum linken und zum rechten Lager wurde liberalen Parteien teilweise ideologischer Opportunismus vorgeworfen: Sie schlössen sich nämlich je nach Veränderung der Stimmenverhältnisse dem jeweils anderen politischen Lager an. Tatsächlich konnte für Dänemark, Deutschland, Österreich und die Niederlande gezeigt werden, dass liberale Parteien im Vergleich zu sozial- und christdemokratischen in der Vergangenheit eine gewisse programmatische Beliebigkeit an den Tag gelegt haben (Franzmann 2006). Doch ist dieser Vorwurf tatsächlich berechtigt? Gilt er für alle liberalen Parteien? Oder sind es vielmehr konkrete inhaltliche Gründe, die im Zeitverlauf dafür sorgen, dass sie stärker zu dem einen oder anderen Lager tendieren? Welche Systematik steckt im internationalen Vergleich hinter ihrer Positionierung?

Diesen Fragen soll auf Basis von Wahlprogrammdaten nachgegangen werden, die sich besonders gut eignen, um mittel- und langfristige programmatische Schwerpunktset-

1 Dieser Beitrag wurde mit Mitteln der Deutschen Forschungsgemeinschaft im Rahmen des Projektes „The Dynamics of Interparty Competition – The Effects of Intraparty Politics and Office-Seeking on Policy Formulation" (Die Dynamik des Parteienwettbewerbs – Effekte der innerparteilichen Dimension und der Koalitionsorientierung auf die Policyformulierung von Parteien) erstellt. Für die Unterstützung bei der Zusammenstellung der Daten möchte ich *Julian Garritzmann* und *Gregor Zons* herzlich danken.

zungen zu analysieren. Die Analysen erfolgen dabei nicht nur in Hinblick auf eine eindimensionale Links-Rechts-Skala, sondern getrennt für eine ökonomische und eine gesellschaftspolitische Dimension. *Gordon Smith* (1988) hat solche Analysen für liberale Parteien früh angemahnt, da auf Grund ihres besonderen Charakters in Verbindung von ökonomischen und gesellschaftspolitischen Themen das eindimensionale Links-Rechts-Schema nicht angemessen sei. Der vorliegende Beitrag erfüllt, soweit ersichtlich, als erster diese Forderung. Ferner wird die Analyse mit einem salienztheoretisch begründeten Übereinstimmungsindex ergänzt (Franzmann 2008), der Entwicklungen jenseits der ideologischen Richtungsbegriffe in den Blick nimmt.

Zum derzeitigen Stand des Forschungsvorhabens zeigt sich, dass die ideologische Positionierung liberaler Parteien klaren Mechanismen folgt und keineswegs einem willkürlichen Machtprinzip unterworfen ist. Fundamental zum Verständnis ist die Identifikation der Subtypen dieser Parteifamilie und ihrer unterschiedlichen Eigenschaften. Weniger als die ökonomische Basis ihrer Wählerschaft bestimmen die weltanschaulichen Eigenschaften und die historische Stellung im Kirche-Staat-Konflikt im jeweils betrachteten Land die ideologisch-programmatische Stellung der liberalen Parteien.

1. Liberale Parteien in Westeuropa

1.1. Liberale Parteien und die Richtungsbegriffe Links und Rechts

Als sich im Laufe des 19. Jahrhunderts liberale Parteien fast überall in Westeuropa als eine der ersten Parteifamilien etablierten, nahmen ihre Parlamentarier ganz selbstverständlich auf der linken Parlamentsseite Platz. Dementsprechend benannten sich vor allem die skandinavischen Parteien: Sowohl die dänischen als auch die norwegischen Liberalen heißen bis heute „Venstre" – die Linken. Dennoch kam seit Mitte des 20. Jahrhunderts kein Wähler und kein Parteifunktionär auf die Idee, Venstre im Parteienspektrum als links zu verorten. In Norwegen heißt die große konservative Partei „Hoyre" (Rechte). Doch ist der einstige Gegner heute ein bevorzugter Koalitionspartner. Vor allem das norwegische Beispiel führt vor Augen, dass die Richtungsbegriffe links und rechts einem zeitlichem Wandel unterliegen. Ihre Bedeutung richtet sich nach den zeithistorischen Umständen. Im 19. Jahrhundert kämpften liberale Parteien vor allem für die Beseitigung der letzten Reste der mittelalterlichen Ständeordnung. Liberale und Konservative stritten sich um die „Statusanerkennung auf Grund von Zuschreibung versus Statusansprüche auf Grund von Leistung und Unternehmergeist" (Rokkan 2000: 348). Die Liberalen waren somit zumeist Gegner der sich auf Gottes Gnadentum berufenden Monarchisten. Wie zuvor schon in der englischen und französischen Revolution platzierten sich die Anhänger des Königs entsprechend der christlichen Symbolik rechts vom König, die Gegner der göttlich oder religiös begründeten monarchischen Ordnung nach links (von Beyme 1984; Laponce 1981; Ignazi 2003). Auf Grund dieser Symbolik setzte sich die Sitzordnung als abstraktes und von der ursprünglichen Bedeutung weitgehend befreites Einordnungsprinizip von Ideologien in Westeuropa schnell durch. Über verschiedene Zeiträume und Länder hinweg hat sich dabei als Gemeinsamkeit herausdestilliert, dass „links" mit Gleichheit oder dem Streben nach mehr Gleichheit in Verbindung gebracht wird, während „rechts" mit Hierarchie oder dem Beharren auf mehr Ungleichheit verbunden wird (Inglehart 1984; Bobbio 1994).

Im 19. Jahrhundert waren die Liberalen mit ihrem Eintreten für Individualismus, für Ideen der Aufklärung, der Bildung von Nationalstaaten, des Freihandels und der Industrialisierung sicherlich diejenige politische Kraft, die sich im Gegensatz zu den Konservativen für eine Veränderung der Gesellschaft hin zu mehr Gleichheit einsetzte. Doch schon damals war die Vielschichtigkeit und Unterschiedlichkeit der liberalen Ideologie erkennbar. Der bekennende Konservative *Carl Schmitt* (1932) arbeitete im Rückblick auf die Liberalen des 19. Jahrhunderts analytisch klar heraus, dass liberales Denken „eine immer wiederkehrende Polarität von zwei heterogenen Sphären, nämlich von Ethik und Wirtschaft, Geist und Geschäft, Bildung und Besitz" schaffe. Entscheidend hierfür sei die Verbindung eines „humanitär-moralischen und intellektuellen, also ‚geistigen' Fortschrittsglaubens mit der wirtschaftlich-industriell-technischen Entwicklung des 19. Jahrhunderts" gewesen. „Die Wirtschaft" fühle sich als Träger dieser in Wahrheit sehr komplexen Größe. Wirtschaft, Handel und Industrie, technische Vervollkommnung, Freiheit und Rationalisierung seien Verbündete gegen Feudalität, Reaktion und Polizeistaat, doch im Wesen friedlich und im Gegensatz zur kriegerischen Gewalttätigkeit. So entstehen die für das 19. Jahrhundert charakteristischen Gruppierungen, die Liberalen auf der linken und die Konservativen auf der rechten Seite (Schmitt 1932: 74).

Schmitt (1932: 68-78) stört sich insbesondere an der Verknüpfung inhaltlich verschiedener Sphären durch den Liberalismus. Modern formuliert: Die Mehrdimensionalität des politischen Raumes sieht er als einen die politische Sphäre aushöhlenden Trick des Liberalismus an, weniger als eine Folge gesellschaftlichen Wandels und der fortschreitenden Modernisierung. *Georg Simmel* (1908) hingegen hatte schon vor *Schmitt* die Trennung unterschiedlicher Sphären, insbesondere von Politik und Religion, überhaupt erst als Grundvoraussetzung zur Entstehung von Demokratien identifiziert, und kein moderner Politikwissenschaftler würde hier von einem Trick sprechen. Die Mehrdimensionalität des politischen Raumes scheint vielmehr fast ein Allgemeingut geworden zu sein, wenn auch die Deutungshoheit der sprachlichen Links-Rechts-Dichotomie über diese verschiedenen Dimensionen hinweg bestehen geblieben ist (Sartori 1976; Bobbio 1994; Fuchs / Klingemann 1990; Mair 2007). *Schmitts* pointierte Formulierungen und analytische Schärfe eröffnen trotzdem den Blick auf einige interessante Aspekte. Im Grunde hat er die Mehrdimensionalität des politischen Raumes und sein strategisches Potential erkannt. Er identifiziert ähnlich wie heute die so genannte Salienztheorie (z.B. Budge / Farlie 1983) die Kombination aus bestimmten Kernthemen als sinnstiftend für ein politisches Lager. Das Kernthema „Wirtschaft", das nach wie vor den meisten liberalen Parteien zugeordnet wird, lässt diese heute aber nicht mehr als „links" erscheinen. Bei der Analyse des Klassenkonfliktes setzt *Stefano Bartolini* (2000) links mit sozialistisch gleich, und diese Gleichsetzung trifft wohl für die meisten Staaten während des 20. Jahrhunderts zu. Doch je mehr postmaterielle und ökologische Themen mit links identifiziert werden (Inglehart 1984; Flanagan / Lee

2003), wird sich wohl auch diese Zuschreibung wandeln oder zumindest pluralisieren (Kitschelt / Hellemans 1990).

Der politisch organisierte Liberalismus steht somit klassischerweise im Spannungsfeld zwischen den beiden Polen links und rechts: Ursprünglich links, gelten heute zumindest liberale Ökonomiekonzepte als rechts. Es stellt sich die Frage, welche strategischen Optionen sich aus dieser Spannung ergeben und wie liberale Parteien damit umgehen. Sind sie wirklich nur zynische Postenjäger, die sich als natürliche Regierungspartei verstehen, oder ist die Flexibilität, die liberalen Parteien bei der Lagerbildung im Allgemeinen zugeschrieben wird, vielmehr Ergebnis der programmatischen Mehrdimensionalität und historischer Pfade?

1.2. Die Identifizierung liberaler Parteien

Zur Identifikation genuin liberaler Parteien scheint eine Gleichsetzung von ideengeschichtlichem oder philosophischem Liberalismus mit dem politischen Liberalismus wenig ratsam. Im Grunde, so stellte *Giovanni Sartori* (1976: 13) fest, beherbergen alle demokratischen Parteien in irgendeiner Form die Weltanschauung des Liberalismus; erst mit der liberalen Akzeptanz von politischer Diversität und Dissens als etwas, das nicht der politischen Ordnung entgegengesetzt ist, könnten sich Parteien überhaupt erst bilden.

Einfach ist die Klassifikation von Parteien über ihre Selbstzuschreibung. Doch wird heute zum Beispiel die österreichische FPÖ durchgängig nicht mehr zum liberalen Lager gezählt (Gallagher / Laver / Mair 2005: 248). Vielversprechender erscheint die Mitgliedschaft in internationalen Organisationen und Parteiverbindungen. Gerade bei einer Analyse der westeuropäischen Parteiensysteme kann man sich an der Fraktionszugehörigkeit im Europäischen Parlament oder der dauerhaften Zugehörigkeit zu den Europäischen Parteien orientieren. Für die Liberalen wäre hier die Mitgliedschaft in der ELDR (European Liberal Democrats) oder LI (Liberal International) zu nennen. Doch ist auch damit nicht ausgeschlossen, dass einzelne liberale Parteien aus den verschiedensten Gründen eben nicht Mitglied der ELDR sind. Somit kann ein solches Kriterium nur eine hinreichende, aber keine notwendige Bedingung zur Identifikation einer liberalen Partei sein.

Eine notwendige Bedingung könnte sich auf thematische Gemeinsamkeiten stützen. *Gordon Smith* (1988: 20) orientiert sich an einem ideologischen Minimum, das allen liberalen Parteien gemeinsam wäre: „At the heart of liberal ideology is the creed of individualism, and, as a complement, a mistrust of the power of the state." Aufbauend auf Individualismus und Misstrauen gegenüber dem Staat hätten sich zwei Grundströmungen herauskristallisiert, die *Smith* als „liberal-conservative" und „liberal-radical" bezeichnet. Erstere orientiere sich stark an den klassischen liberalen Idealen Individualismus und Stärkung der Marktkräfte in der Wirtschaft, während die liberal-radikale stärker interventionistisch und kollektivistisch handele (Smith 1988: 21). Er bleibt damit eigentümlicherweise der eindimensionalen Links-Rechts-Achse des Parteienwettbewerbs verhaftet, obwohl er sie ausdrücklich als ungenügend zur Erfassung liberaler

Parteien bezeichnet (Smith 1988: 24-26). Trotz dieser Schwäche ist *Smith*s Zweiteilung bis heute recht populär. Wird jedoch im Sinne von *Herbert Kitschelt* (1994) oder *Gary Marks / Lisbeth Hooghe* (2002) und vielen anderen Autoren zumindest eine ökonomische von einer gesellschaftlichen Achse unterschieden, ergeben sich mindestens vier sinnvolle Untertypen liberaler Parteien: „a) Left-liberalism (or: liberal democracy), b) Social Liberalism, c) Economic Liberalism, d) National Liberalism" (Fleck 2006: 234).

Als westeuropäische Beispiele führt *Fleck* für die Linksliberalen die britischen LibDems an, für die sozial-liberalen Parteien die holländische D66 und die dänische „Radikale Venstre", für den ökonomischen Liberalismus die holländische VVD und die deutsche FDP, für die National-Liberalen die französische UDF (2006: 234). Die ersten beiden Typen können nach *Smith* als radikal-liberale, die letzen beiden als konservativ-liberale zusammengefasst werden. Die Abgrenzung der einzelnen Typen stellt sich in der Praxis etwas schwieriger dar, da die meisten aktuellen liberalen Parteien mehrere dieser Strömungen umfassen. Aber die Unterscheidung der Idealtypen hilft, sich die grundlegenden inhaltlichen Anliegen des politisch organisierten Liberalismus zu vergegenwärtigen.

Mit der Erkenntnis, dass im internationalen Vergleich sinnvollerweise vier Typen liberaler Parteien unterschieden werden, ist noch nicht bestimmt, nach welchen Kriterien die Parteien dem Ober- oder einem der Subtypen angehören. Im französischen Sprachraum hat sich der Vorschlag von *Daniel-Louis Seiler* (1980) durchgesetzt, Parteien anhand der vier klassischen idealtypischen Konfliktlinien (Lipset / Rokkan 1967) zu definieren. Der Charme dieses Vorschlags liegt darin, dass insbesondere *Stein Rokkan* eine Großtheorie der (west-)europäischen Nationalstaaten und ihrer historischen Wurzeln mit der Cleavage-Theorie verband. Da liberale Parteien ihre Gründung und ihren Aufstieg im 19. Jahrhundert während der Nationalstaatsbildung erlebten, müssten sich die grundlegenden Konfliktkonstellationen prägend auf sie ausgewirkt haben. *Seiler* (1980: 74-138) hält sich fast sklavisch an die vier Konfliktlinien und identifiziert je nach Positionierung zu diesen Konflikten eine Parteifamilie. Obwohl er diesen Ansatz selbst als multidimensional bezeichnet, kommt er somit zu eindimensionalen Bestimmungen: Liberale Parteien sind bei ihm Organisationen der Bourgeoisie, die den Arbeiterparteien gegenüberstehen. Weitere Familien sind Zentralisten und (in der Peripherie agierende) Populisten, Christdemokraten und Anti-Klerikale sowie Agrarier. Eine Kombination aus bürgerlicher und anti-klerikaler Partei ist nicht vorgesehen, wäre aber für liberale Parteien häufig kennzeichnend (Steed / Humphreys 1988: 400). *Rokkan* (2000: 371) selbst hat ausdrücklich darauf hingewiesen, dass die Konfliktlinien und ihre Folgen für die Parteiensysteme nicht isoliert, sondern nur in Interdependenz zueinander interpretiert werden können. Somit erscheint es angezeigt, solche Kombinationen zuzulassen.

Der nächste Fallstrick bei Anwendung der Cleavage-Theorie zur Identifizierung liberaler Parteien lauert darin, sich betreffend des Stadt-Land- beziehungsweise des Primär-Sekundär-Konfliktes zu sehr an die Vorlage von *Rokkan* (2000) zu halten. Dieser ging grundsätzlich davon aus, dass wie in England auch auf dem Kontinent überall der landwirtschaftliche Sektor für Schutzzölle eintrat und der industrielle Sektor für Freihandel. Dies trifft für Preußen und das im Entstehen befindliche Deutsche Reich nicht zu. *Rokkan* (2000: 349) verweist auf die Rolle der ost-elbischen Großgrundbesitzer, ignoriert dabei aber, dass sich die englischen Bauern vor den Getreideimporten der nordwestdeutschen Bauern schützen wollten. Diese profitierten nämlich vom Freihandel. Mit dem Übergang vom Schutzzoll zum Freihandel im 19. Jahrhundert konstituierten sich erstmals liberale Interessen jenseits der Aufklärung und gezielt für ökonomische Themen in Deutschland. Die Abschaffung der Schutzzölle war in Norddeutschland kein Anliegen der gerade erst entstehenden Industrie, sondern der Landwirtschaft, die vom Export nach England profitierte und Maschinen aus England importieren wollte (Eisfeld 1969: 17). Anders verhielt es sich in Süddeutschland und insbesondere in Österreich, wo die Landwirte den Freihandel als Bedrohung erlebten (Eisfeld 1969: 17-23).

Die Gründungsgeschichte des Deutschen Reiches begründet eine weitere Besonderheit bei der Konstellation der politischen Konfliktlinie Kirche-Staat. Das Eintreten für den Staat – und hier ist der Nationalstaat gemeint – ist Kennzeichen praktisch aller liberalen Gruppierungen des 19. Jahrhunderts. In katholischen Ländern führte es dazu, dass die Liberalen gleichbedeutend mit dem anti-klerikalen Lager waren. In den nordischen Staaten mit lutherischen Staatskirchen gestaltete sich dieser Konflikt – insbesondere bei der Bildungs- und Sprachhoheit – naturgemäß deutlich sanfter. Der König und die Staatskirche waren nicht Gegner, sondern Begründer des Nationalstaates. Hier waren die Liberalen meist identisch mit dem anti-konservativen und anti-monarchistischen Lager mit dem Ziel, das feudale Prinzip der Abstammung durch das bürgerliche Prinzip der Leistung zu ersetzen. In der Schweiz und den Niederlanden setzten die konfessionell Reformierten den Gedanken des Individualismus durch und betrieben die Gründung eines eigenen Nationalstaates. Durch die lange Geschichte der religiösen Verfolgung hatte sich in diesen Gruppen eine tiefe Abneigung gegen den Obrigkeitsstaat entwickelt, die sich in der Gestaltung ihrer liberalen Nationalstaaten niederschlug (Müller-Armack 1941). In Skandinavien und Großbritannien waren die Anhänger reformiert-protestantischer Freikirchen Gegner der lutherischen beziehungsweise anglikanischen Staatskirche und ebenfalls eine der tragenden Gruppen des politisch organisierten Liberalismus (Rokkan 2000: 347).

In Preußen hingegen waren Calvinisten und Reformierte keiner Verfolgung ausgesetzt. Hier gab es die Besonderheit eines reformiert geprägten Staatskirchentums mit der weiteren Besonderheit, dass die calvinistisch beeinflusste Elite des Adels und des Bürgertums sich in der Minderheit gegenüber der zumeist lutherischen Bevölkerung befand. Der preußische Obrigkeitsstaat schützte somit diejenigen, die als Anhänger des Calvinismus anderswo Gegner des Staates waren. Gespeist mit den liberalen Ideen ihrer ausländischen Glaubensbrüder gab es somit keine Grundlage für den deutschen Liberalismus, sich vom monarchischen Kaiser- und Königtum zu emanzipieren (Winkler 2002: 21, 69). Wesentliche Begründer des deutschen Liberalismus wie *Wilhelm von Humboldt* mit seiner Schrift über die „Ideen zu einem Versuch, die Gränzen der Wirksamkeit des Staats zu bestimmen" (1792) waren nicht Gegner, sondern Teil des existierenden Staatswesens. Die Etablierung eines evangelisch geprägten Nationalstaates war sowohl Anliegen des liberalen Bürgertums als auch des preußischen Staates. Wie überall in Europa waren im 19. Jahrhundert Nationalismus und Liberalismus miteinander untrennbar verbunden, nur war der preußische Staat zwar Gegner des Liberalismus, aber Verbündeter im Kampf für den Nationalstaat. Dies erklärt, warum der politisch organisierte Liberalismus Preußens und später des Deutschen Reiches im Zweifelsfall für den starken Staat und die nationale Einheit und nicht für das liberale Prinzip des Individualismus und den ökonomischen Freihandel stimmte. Dies war 1866 bei der Zustimmung zum Indemnitätsgesetz der Fall, als insbesondere der Wirtschaftsflügel innerhalb der Fortschrittspartei, bestehend aus Mitgliedern des Kongresses der Volkswirte, die verfassungswidrigen Haushalte *Bismarck*s legitimierte. Ein anti-liberales Abstimmungsverhalten wurde später selbst von der linksliberalen Deutschen Staatspartei als Nachfolger der Deutschen Demokratischen Partei an den Tag gelegt, als sie 1933 dem Reichsermächtigungsgesetz zustimmte, weil sie den Staat gestärkt sehen wollte (Winkler 2002b: 12-13). Dieser Ausflug in die Geschichte ist wichtig um zu verstehen, dass die Unterscheidung von Links- und Rechtsliberalen nicht ausreicht, um die Lagerzugehörigkeit bestimmen zu können. Vielmehr sind die besonderen, historisch gewachsenen Konflikte in den einzelnen Ländern bedeutsam.

Für den deutschsprachigen Raum ergab sich aus der Verbindung des konfessionellen Konfliktes mit der Frage der Nationalstaatsbildung die eigentümliche Konstellation, dass sich ein staatsnaher und ein staatsferner Liberalismus etablierte, wobei ersterer ein evangelisch geprägtes Kleindeutschland und Freihandel, letzterer Großdeutschland und Schutzzölle unterstützte. Als nach der Gründung des Deutschen Reiches der Nationalismus nicht mehr Kernthema der Liberalen, sondern der Konservativen wurde, konnte sich dieser Wandel in Österreich nicht vollziehen. Hier blieben liberales und (deutsch-)nationales Lager identisch. Der ideologische Wandel der FPÖ unter *Jörg Haider* in den 1980er Jahren setzte eigentlich nur einen bestehenden ideologischen Pfad fort, der zuvor öffentlich nicht in Erscheinung getreten, in der österreichischen Bevölkerung hingegen tief verwurzelt war (Luther 1988). In Anbetracht dieser historischen Konstellation erscheint es nicht mehr sonderlich erstaunlich, warum sich die FPÖ vergleichsweise problemlos weg vom Liberalismus hin zu einer rechtspopulistischen Partei entwickeln konnte.

Die Entstehung des Nationalstaats und der Kirche-Staat-Konflikt waren also für viele liberale Parteien konstituierend, führten jedoch zu unterschiedlichen Positionierungen im Parteiensystem. Ferner resultierte die liberale Idee des Freihandels nicht überall in einer Interessenkoalition mit der entstehenden Großindustrie, sondern gelegentlich auch mit den Landwirten.

Deutlich einfacher gestaltet sich die Einordnung liberaler Parteien im Rahmen des Arbeit-Kapital-Konfliktes. Hier besteht in der Literatur Einigkeit, sie als Nicht-Arbeiterparteien und Vertreter des Bildungs- oder Besitzbürgertums zu verorten. Liberale Parteien sind somit in keiner Weise sozialistisch oder sozialdemokratisch. Die Einordnung in den Zentrum-Peripherie-Konflikt erfordert wiederum länderspezifische Einzelfallbetrachtungen. Liberale Parteien sind überall eng mit der Entstehung von

Nationalstaaten verbunden. Doch manche Kulturnation ist historisch eine Peripherie und liberale Parteien dann Gegner des kulturellen Zentrums.

Gelegentlich werden ökologische Parteien als die neuen liberalen oder links-liberalen Parteien bezeichnet. Dem ist Folgendes entgegen zu halten: Ökologische oder links-libertäre Parteien beruhen auf einem Wertekonflikt, der in den 1960er und 1970er Jahren erstmals manifest wurde (Inglehart 1971; 1984). Liberale Parteien haben ihre Wurzeln im 19. Jahrhundert, als zugleich die Entstehung der Nationalstaaten und die gesellschaftliche Bewältigung der Industriellen Revolution die politische Landschaft prägten. Wie oben unter Bezug auf *Carl Schmitt* gezeigt, stehen sie für Fortschritt, Technik und Wachstum. Ökologische Parteien legen hingegen eine wachstums- und technikkritische Haltung an den Tag. Je nach Konstellation werden in einzelnen nationalen Parteiensystemen liberale Parteien diese Positionen mehr oder weniger in ihr Programm integrieren oder post-materialistische Werte vertreten. Sie unterscheiden sich aber weiterhin deutlich von den ökologischen Parteien. Auch die zunehmende Einkommensgleichheit der Wähler beider Parteifamilien rechtfertigt keine Gleichsetzung ökologischer mit liberalen Parteien, da das Einkommen in der Regel aus unterschiedlichen Wirtschaftssektoren bezogen wird. Liberale Parteien repräsentieren die im 19. Jahrhundert aufgekommenen bürgerlichen Berufe, während links-libertäre und ökologische Parteien ihren Wählerrückhalt in Berufsgruppen finden, die zahlenmäßig mit der schleichenden Deindustrialisierung und der Ausweitung des Dienstleistungssektors gestiegen sind.

1.3. Die liberalen Parteien Westeuropas

Wegen der unterschiedlichen Konfliktkonstellationen in den unterschiedlichen Staaten erscheint es nicht ratsam, liberale Parteien allein anhand einer identischen, transnationalen Ideologie zu identifizieren. Vielmehr geht es darum, die funktionalen Äquivalente zu finden, also Parteien, die aus ähnlichen Grundüberzeugungen heraus im Parteiensystem die Funktion liberaler Parteien übernommen haben. Das ist heute in Westeuropa – mutmaßlich im Zuge der europäischen Integration – fast identisch mit der Zugehörigkeit zu internationalen, liberalen Organisationen. Dies ist in der Vergangenheit nicht immer der Fall gewesen.

Die regional orientierte katalanische CiU und die Schwedische Minderheitspartei in Finnland sind relativ unstrittige Fälle und werden auch sonst zu den liberalen Parteien gezählt (Steed / Humphreys 1988). Umstrittener ist die Situation bei den skandinavischen Bauernparteien, die hier aber auf Grund ihrer historischen Wurzeln im 19. Jahrhundert und ihrer politischen Eigenverortung ebenfalls zu den liberalen Parteien gezählt werden. Schwierig ist der Fall Irlands. Relativ konsensual werden die 2009 aufgelösten Progressive Democrats als liberale Partei eingeordnet. Hingegen wird in den älteren Werken Fianna Fail selten zu den liberalen Parteien gezählt (mit Ausnahme von Lane / Ersson 1987), obwohl sie seit 2009 Mitglied der ELDR ist. Entsprechend der Argumentation oben – nämlich die historische Verortung und die Suche nach funktionalen Äquivalenten – gehört sie aber in die Familie der liberalen Parteien. Sie hat keine Basis im industriellen Bürgertum im eigentlichen Sinne, ist aber Symbol für die Entstehung des Nationalstaates, der Etablierung einer Republik und Konkurrent der Christdemokratie, was sie zu einem funktionalen Äquivalent für eine liberale Partei macht. Die fehlende Basis im industriell geprägten Bürgertum erklärt sich aus der in Irland nicht stattgefundenen Industriellen Revolution.

Die portugiesische PSD, seit 1996 nicht mehr Mitglied der ELDR, wird hier wegen ihres christdemokratischen Einschlages nicht zu den Parteien gezählt, die sich innerhalb eines katholischen Landes im Kirche-Staat-Konflikt klar gegen die Kirche positionieren und somit das Äquivalent zu einer liberalen Partei darstellen. *Michael Steed* und *Peter Humphreys* (1988: 429-432) ordneten die PSD schon während ihrer Mitgliedschaft in der ELDR nicht den genuin liberalen Parteien zu und sehen sie ebenfalls eher als funktionales Äquivalent zu Christdemokraten. Ihre zeitweilige Klassifizierung als liberal ist mehr aus dem besonderen portugiesischen Kontext der Transitionszeit zu verstehen denn für international vergleichende Studien maßgebend. In den anderen südeuropäischen Transitionsländern – Spanien und Griechenland – konnte sich auf nationaler Ebene dauerhaft keine liberale Partei etablieren. Ein möglicher Grund ist, dass in diesen Ländern liberale Parteien historisch kein wirksames Gegengewicht zu den autoritären Regimen zu sein vermochten und bei der späten Demokratisierung der Kirche-Staat-Cleavage für die entstehenden Parteiensysteme nicht konstituierend war. Zusätzlich haben die sich in der Transitionszeit gründenden Parteien liberale Ideen aufgenommen und den strategischen Raum für liberale Parteien endgültig eliminiert (Steed / Humphreys 1988: 420-421).

Wurden diese Länder zu spät zu liberalen Demokratien, um eine große liberale Partei hervorzubringen, könnte für Frankreich das Gegenteil geschlussfolgert werden. Frankreich besitzt eine reiche Tradition starker liberaler Parteien. In der Fünften Republik sind UDF und MRG aber elektoral mit den Konservativen verbunden, so dass sie praktisch nicht mehr eigenständig in Erscheinung getreten sind. Daher werden die liberalen Parteien Frankreichs in den folgenden Analysen nicht berücksichtigt (entsprechend dem Vorgehen bei Gallagher / Laver / Mair 2005: 249). Ferner wurde keine der Parteien in Malta, Zypern und Island als zur liberalen Parteifamilie zugehörig eingestuft.

Als Land mit den meisten liberalen Parteien kann Finnland gelten. Neben der Schwedischen Minderheitspartei wurde die Liberale Volkspartei sowie die Zentrumspartei als solche identifiziert. Die ursprüngliche Bauernpartei SMP wurde in den Analysen als national-liberale Partei berücksichtigt. Ihre Nachfolger, die sich heute „Wahre Finnen" nennen, sind wohl eher eine rechts-populistische als eine liberale Partei.

In Tabelle 1 sind die liberalen Parteien Westeuropas mit ihren jeweiligen Stimmenanteilen und der durchschnittlichen Links-Rechts-Positionierung in allen drei Dimensionen aufgeführt.

Tabelle 1: Wählerstimmenanteil und Links-Rechts-Positionierung liberaler Parteien in Westeuropa

Land	Partei[1]	CMP-Code[2]	Typ[3]	Wählerstimmenanteile[2]					LR[4]	ECO[4]	SOC[4]
				1945-59	1960-69	1970-79	1980-89	1990-2003			
Schweden	FP	11420	3	22.30	16.24	11.82	10.78	8.60	4.84	5.42	4.16
	CP	11810	1	11.31	14.16	21.79	12.97	6.86	5.32	5.84	4.51
Norwegen	Venstre	12420	1	12.02	9.37	2.48	3.36	3.99	4.75	3.21	6.13
Dänemark	Radikale Venstre	13410	2	7.91	8.35	8.35	5.60	4.30	2.81	3.44	2.31
	Venstre	13420	4	23.75	19.93	15.14	11.44	23.59	6.07	5.79	6.18
Finnland	LKP	14420	3	5.71	6.21	4.79		5.71	5.01	5.23	4.67
	SK (Centre)	14810	1	23.20	22.09	17.11	17.63	22.94	3.36	2.01	4.76
	SMP	14820	4			1.03	6.96	8.01	3.98	1.98	5.67
	SFP	14901	1	7.48	6.20	5.16	5.28	5.36	4.21	2.85	5.60
Belgien- Flandern	LP-PVV-VLD	21421	4	12.04	18.28	9.49	11.73	13.70	6.27	7.56	4.81
Belgien-Wallonien	PLP-PRL-FDF	21422	4			5.59	9.40	9.20	5.71	8.08	3.29
Niederlande	D66	22330	2		4.48	5.46	7.34	8.42	3.58	4.40	2.99
	VVD	22420	3	8.83	10.51	14.25	18.10	19.51	6.83	7.90	5.53
Luxemburg	PD	23420	1	16.62	15.10	22.60	18.80	20.85	4.93	5.72	3.94
Italien	PRI	32410	1	2.56	1.67	2.99	4.39	4.39	4.49	6.01	2.93
	PLI	32420	4	4.29	6.40	2.38	2.50	2.86	5.41	6.68	4.15
Spanien	CDS	33512	3			2.69	4.6	4.6	6.03	7.94	3.16
	CiU	33611	3				6.67	1.77	7.07	8.43	5.51
Deutschland	FDP	41420	3	9.72	9.34	8.14	8.89	7.89	4.82	6.83	3.45
Österreich	FPÖ	42420	4	9.21	6.20	5.61	7.36	19.59	5.72	6.29	5.72
	LIF	42421	1					4.05	5.20	6.17	4.21
Schweiz	FDP	43420	3	23.33	23.37	22.65	23.15	19.58	5.42	7.44	3.78
Großbritannien	Liberals	51420	1	5.85	9.88	14.74	13.28	18.72	4.77	5.57	4.02

Fortsetzung Tabelle 1

Irland	Progressive Democrats	53420	3						6.23	6.77	5.54
	Fianna Fail	53620	4	44.96	45.72	48.44	45.20	39.97	6.37	6.08	6.34
MITTELWERT				13.85	13.59	11.49	11.61	11.85	5.17	5.75	4.53
STABW				10.08	9.79	10.74	9.31	9.32	1.07	1.85	1.15

1 FP: Folkpartiet Liberalerna; CP: Centerpartiets Riksorganisation; LKP: Liberaalinen Kansanpuolue; SK: Suomen Keskusta ; SMP: Suomen Maaseudun Puolue; SFP: Svenska Folkpartiet; LP: Liberale Partij; PVV: Partij voor Vrijheid en Vooruitgang; VLD: Vlaamse Liberalen en Democraten; PLP: Parti de la Liberté et du Progrès; PRL: Parti Réformateur Libéral; FDF: Front démocratique des francophones; D66: Democraten 66; VVD: Volkspartij voor Vrijheid en Democratie; PD: Parti démocratique; PRI: Partito Repubblicano Italiano; PLI: Partito Liberale Italiano; CDS: Centro Democrático y Social; CiU: Convergència i Unió; FDP: Freie Demokratische Partei (Deutschland); FPÖ: Freiheitliche Partei Österreichs; LIF: Liberales Forum; FDP: Freisinnig-Demokratische Partei (Schweiz).

2 Wahlergebnisse wurden *Budge* (2001) und *Klingemann* (2006) entnommen, ebenso wie der CMP Parteiencode.

3 Die Subtypen der liberalen Parteien sind: 1 – Radikal- beziehungsweise Links-Liberale, 2 – Sozial-Liberale, 3 – Ökonomisch-Liberale, 4 – National-Liberale.

4 LR: Arithmetisches Mittel aller Links-Rechts-Werte auf der allgemeinen Skala; ECO: Arithmetisches Mittel aller Links-Rechts-Werte auf der ökonomischen Skala; SOC: Arithmetisches Mittel aller Links-Rechts-Werte auf der gesellschaftspolitischen Skala. Die ideologischen Positionswerte sind immer auf einer Skala von 0 bis 10 angegeben, wobei 0 das extreme „linke", 10 das extreme „rechte" Ende der Skala repräsentiert. Die Links-Rechts-Werte wurden auf der Basis von *Franzmann* / *Kaiser* (2006) berechnet, die Werte für die ökonomische und gesellschaftspolitische Subskala nach *Franzmann* (2009) und sind im Internet unter www.politik.uni-koeln.de/kaiser/left-right-positions abrufbar.

Bei den Wählerstimmenanteilen ist auffällig, dass es neben sehr stimmenstarken Parteien in Belgien, Finnland, den Niederlanden, der Schweiz und in Großbritannien sowie beim Sonderfall der Fianna Fail sehr viele liberale Parteien mit Wahlergebnissen zwischen fünf und zehn Prozent gibt. Die liberale Parteifamilie ist innerhalb Westeuropas somit schon im Wählerrückhalt recht heterogen. Bei den ideologischen Positionierungen ergeben sich je nach Untertyp zwar klare Unterschiede in der Links-Rechts-Positionierung, die jedoch bei den kontinentaleuropäischen Parteien ein klares Muster aufweisen: Auf der gesellschaftlichen Skala weisen alle einen zur ökonomischen Skala vergleichsweise linkeren Wert auf, ungeachtet dessen, wie links oder rechts sich die Partei insgesamt verortet. In Skandinavien ist das außer bei der dänischen Radikale Venstre und der schwedischen FP genau umgekehrt. Eine weitere Ausnahme ist die irische Fianna Fail, die sich allerdings seit 1990 dem Muster der Kontinentaleuropäer angeglichen hat.[2]

Die Zuordnung zu den Subtypen liberaler Parteien erfolgte auf Grund der zentralen Konfliktlinie in einem Parteiensystem. Liberale Parteien, die am stärksten im Kampf um die Etablierung des Nationalstaates wurzeln, wurden entsprechend als national-liberale gekennzeichnet; bei einer historischen Dominanz des Klassenkonfliktes als ökonomisch-liberal; bei einer Prägung der Partei durch Opposition gegen die dominante Staatskirche oder säkularisierter Gegner der katholischen Kirche als links- oder radikal-liberal; bei einem starken Bezug zu Berufsgruppen aus dem erstarkenden Dienstleistungssektor auf Grund einer der klassisch-liberalen entgegengesetzten Haltung im Arbeit-Kapital-Konflikt als sozial-liberal.

Eine Aufspaltung der ideologischen Positionierung nach diesen Subtypen erbringt ein zu erwartendes Ergebnis. Wie Tabelle 2 entnommen werden kann, weicht keiner der Subtypen von dem eben beschriebenen Schema ab, dass sich liberale Parteien ungeachtet ihrer generellen Lokalisierung auf der Links-Rechts-Skala in gesellschaftspolitischen Fragen weiter links positionieren als in ökonomischen Sachfragen. Die Gruppe der national-liberalen Parteien ist die einzige, deren gesellschaftspolitischer Mittelwert „rechts" des virtuellen Scheidewertes von 5 liegt. Daher wird die Terminologie von *Gordon Smith* (1988), ökonomisch- und national-liberale Parteien als „konservativ-liberal" zu bezeichnen, verworfen, denn die ökonomisch-liberalen Parteien sind in gesellschaftspolitischen Fragen eben nicht konservativ. Zu erwähnen ist, dass der Unterschied zwischen beiden Teilskalen bei den ökonomisch-liberalen am stärksten ausgeprägt ist, während bei den radikal-liberalen dieser Unterschied eher im Zufallsbereich liegt. Auffallend ist die vergleichsweise stark linke Positionierung der sozialliberalen Parteien. Entsprechend wurde hier die Terminologie von *Hans-Georg Fleck* (2006) nicht komplett übernommen und der Begriff „Links-Liberale" durch den älteren, von *Smith* (1988) vorgeschlagenen „Radikal-Liberale" ersetzt, weil die Links-Liberalen ansonsten rechts von den Sozial-Liberalen ideologisch verortet würden und

2 Im Anhang sind die Links-Rechts-Werte nach Dekaden für alle berücksichtigen liberalen Parteien einzeln für die allgemeine, die ökonomische und die gesellschaftspolitische Links-Rechts-Skala aufgeführt.

sich dieser Subtyp zudem theoretisch nicht zwingend auf eine Position links der Mitte bestimmen lässt.

Tabelle 2: Die Links-Rechts-Positionierung liberaler Parteien nach Subtypen

Typ	LR		ECO		SOC	
	MW	STABW	MW	STABW	MW	STABW
Radikal-Liberale	4.63	.62	4.67	1.68	4.51	1.00
Sozial-Liberale	3.20	.55	3.92	.68	2.65	.48
Ökonomisch-Liberale	5.78	.89	7.00	1.17	4.48	.98
National-Liberale	5.65	.81	6.07	1.98	5.17	1.13

Quelle: Eigene Berechnungen; Abkürzungen vgl. Tabelle 1.

Soweit lässt sich festhalten, dass die präsentierten deskriptiven Statistiken zur ideologischen Positionierung liberaler Parteien systematische Muster offenbaren. Die ideologische Varianz innerhalb der liberalen Parteifamilie ist sehr groß. Inwieweit diese Varianz sich auf systematische Mechanismen im Parteienwettbewerb gründet, den historischen Wurzeln entspringt oder doch auf opportunistische Office-Seeking-Strategien zurückgeht, wird im Folgenden eingehender untersucht.

1.4. Hypothesen

Den liberalen Parteien wird als relevante Akteure selbstverständlich ein eigenständiger Handlungsspielraum zugestanden, den sie zur Verfolgung ihrer Strategien nutzen können. Sein Ausmaß ist jedoch vorgeprägt – historisch erworbene Wählerverbindungen lassen sich nicht so schnell dauerhaft wandeln. Zudem sind die Angehörigen der Parteieliten nicht vollkommen sozialisationslose Geschöpfe; die historischen Prägungen der nationalen liberalen Parteien werden von diesen Eliten also ebenfalls verkörpert. Entsprechend werden sie stärker zum linken oder zum rechten Lager tendieren, sich selbst und ihre Partei eher als national-liberal, ökonomisch-liberal, sozial- oder linksliberal verorten.

Die zu erklärende Variable ist die ideologische Nähe der liberalen Partei zu der jeweils größten Partei der politischen Linken beziehungsweise Rechten innerhalb eines politischen Systems. Wie oben gesehen, ist es relativ unstrittig, liberale Parteien im Arbeit-Kapital-Konflikt nicht auf Seiten der Arbeiter zu verorten. Wie stark diese Opposition zur Arbeiterschaft ist, bestimmt, in welchem Ausmaß die Liberalen vom linken Lager entfernt sind und wie leicht diese Kluft überbrückt werden kann. Dies führt zur ersten Hypothese:

(H1) Je stärker Selbstständige in der Wählerschaft der Liberalen überrepräsentiert sind, desto eher wird die liberale Partei zum rechten Lager tendieren. Dies gilt vor allem für die ökonomische Dimension.

Im Kirche-Staat-Konflikt repräsentieren liberale Parteien das Lager, das für die Etablierung des demokratischen Nationalstaates stand, was nicht immer gleichbedeutend mit Opposition zur Kirche war. Dort, wo liberale Parteien das säkulare Lager gegenüber einer der Kirchen repräsentieren, sollten sie jedoch vom klerikalen, rechten Lager insbesondere in gesellschaftspolitischen Fragen weiter entfernt sein:

(H2) Eine liberale Partei tendiert je eher zum rechten Lager, desto gleichmäßiger die Konfessionszugehörigkeit zwischen den Parteifamilien verteilt ist und die liberale Partei diese Gleichverteilung in der Wählerschaft abbildet. Andernfalls – als Repräsentant einer Konfession oder des säkularen Lagers – wird sie sich gesellschaftspolitisch weiter links verorten.

Die Liberalen waren häufig maßgeblich an der politischen Etablierung der Nationalstaaten beteiligt. Je früher dies geschah, desto eher wurden sie mit einer linken Opposition in Folge der Industriellen Revolution innerhalb des neu verfassten Nationalstaates konfrontiert. Als klassische Staatspartei waren sie somit schnell Koalitionspartner der Konservativen.

(H3) Eine liberale Partei tendiert eher zum rechten Lager, wenn sie auf Grund der historischen Entwicklung als klassische Staatspartei gilt oder sich als solche versteht.

Neben diesen klassischen Konfliktlinien entstanden durch den Wertewandel in den westeuropäischen Gesellschaften neue, libertäre Themen. Diese werden häufig von ökologischen Parteien vertreten, sind aber grundsätzlich durchaus mit klassischen liberalen Politikinhalten kompatibel. Je stärker die Wählerschaft einer liberalen Partei postmaterielle Werte vertritt, desto größer wird, so ist anzunehmen, der Druck auf die Partei sein, sich stärker nach links zu orientieren, oder andersherum:

(H4) Eine liberale Partei tendiert je eher zum rechten Lager, desto geringer der Anteil an Postmaterialisten in der liberalen Wählerschaft ist.

Gordon Smith (1988) hat darauf hingewiesen, dass das eindimensionale Links-Rechts-Schema der liberalen Ideologie nicht gerecht wird. Die hier zu präsentierenden zweidimensionalen Daten dürften die ideologische Positionierung liberaler Parteien besser erklären, als dies ein eindimensionaler Ansatz kann.

(H5) Bei der Erklärung der ideologischen Positionierung liberaler Parteien ist die Analyse von mindestes zwei Dimensionen der Analyse einer einzigen, allgemeinen Links-Rechts-Dimension überlegen.

Liberale Parteien gelten als genuine Regierungsparteien. Der deutschen FDP hing lange das Etikett einer Umfallerpartei an, die ihre Entscheidungen allein am Machterhalt und nicht an politischen Sachfragen ausrichtete. Dominiert die Office-Seeking-Strategie die Policy-Seeking-Strategie, würde sich die inhaltliche Ausrichtung ein wenig an der Stärke der anderen politischen Lager orientieren:

(H6) Liberale Parteien richten sich in ihrer inhaltlichen Positionierung primär nach der Regierungsbeteiligung aus und somit nach der Ideologie des stimmenstärksten Lagers oder des wahrscheinlichsten Koalitionspartners.

2. Operationalisierung

Zur empirischen Analyse der entwickelten Hypothesen stehen verschiedene Datensätze zur Verfügung. Das Problem liegt darin, international vergleichende Datensätze für möglichst viele Länder über einen großen Zeitraum nutzbar zu machen. Für die unabhängigen Variablen wurde auf den Eurobarometer Trendfile zurückgegriffen, der allerdings die unterschiedlichen Staaten in sehr verschiedenen Zeiträumen abdeckt. Die abhängige Variablen lassen sich hingegen gut über den Wahlprogrammdatensatz des Comparative Manifestos Project (CMP; Budge u.a. 2001; Klingemann u.a. 2006) erfassen.

2.1. Abhängige Variablen

Als abhängige Variable dient die ideologische Distanz zu der größten rechten und der größten linken Partei, die mit Hilfe von Links-Rechts-Skalen bestimmt wird. Das Begriffspaar Links-Rechts ist als allgemeine Informationsheuristik in Öffentlichkeit und Wissenschaft zur Einordnung ideologischer Positionen anerkannt (Fuchs / Klingemann 1990; Mair 2007). Die Messung soll nicht auf eine einzelne, allgemeine Dimension beschränkt bleiben, sondern die Mehrdimensionalität des politischen Raumes berücksichtigen. In der Literatur hat sich die Auffassung durchgesetzt, dass eine zweidimensionale Verortung der Parteien auf einer ökonomischen und einer gesellschaftspolitischen Links-Rechts-Skala meist ein hinreichendes Bild der ideologischen Positionierungen liefert, obwohl der politische Raum sich häufig in weitere Subdimensionen einteilen lassen könnte (Kitschelt 1994; Marks / Steenbergen 2002; Kriesi u.a. 2008).

Am populärsten für die Messung ideologischer Positionen sind Experteneinschätzungen, Massenumfragen und Dokumentenauswertungen. Experteneinschätzungen weisen – neben einigen anderen Defiziten wie der unterschiedlichen Auffassung der Befragten, was unter links und rechts zu verstehen sei – das Problem auf, dass sie nicht in durchgehenden Zeitreihen vorliegen und sich daher nicht für Längsschnittstudien eignen. Da sich der vorliegende Beitrag auf die Angebotsseite der Politik als abhängige Variable konzentriert, kommen auf Wählerumfragen basierende Links-Rechts-Einstufungen ebenfalls nicht in Frage. Bei der Auswertung von Dokumenten bieten sich zur Analyse mittelfristig wirksamer Ideologien Wahlprogramme an. Aus Medien lassen sich meist nur kurzfristige Reaktionen auf Ereignisse im Wahlkampf entnehmen. Daher werden diese hier nicht berücksichtigt (Frey 2009). Wahlprogramme können entweder computerbasiert mit Wordscore-Verfahren (Laver / Benoit / Garry 2003) oder von Codierern erfasst werden. Ohne an dieser Stelle zu sehr auf die Unterschiede beider Methoden eingehen zu können, erfolgt der Rückgriff auf die von Menschen codierten Daten im Rahmen des genannten Projektes CMP schon allein aus dem Grund, dass dieser Datensatz bislang als einziger eine beinah komplette, international vergleichende und durchgängige Zeitreihe seit 1945 bietet. Er basiert auf je nach Land bis zu 56 Einzelkategorien, deren Ergebnisse „saliences", also in Prozent gemessene Themenhervorhebungen im Wahlprogramm sind. Relativ häufig wird zur Links-Rechts-Verortung auf einen Vorschlag von *Michael Laver* und *Ian Budge* (1992) zurückgegriffen, der über alle Länder und Zeitpunkte ein einheitliches, aus marxistischen Überlegungen abgeleitetes Schema anwendet. Hier soll das Verfahren von *Simon Franzmann* und *André Kaiser* (2006) angewendet werden, weil es das einzige ist, das für jedes Land ein eigenes Schema an linken, rechten und Valenz-Issues bestimmt, zeit- und landesspezifische Besonderheiten berücksichtigt sowie für einmalige Signaleffekte ein Glättungsverfahren vorsieht. Im Vergleich zu anderen Verfahren liefert es zudem die besten Validitätsergebnisse (Dinas / Geminis 2009; Franzmann 2010).[3]

Die ideologische Nähe der liberalen Parteien zum linken beziehungsweise rechten Lager wird aus dem Absolutbetrag (ABS) der Differenz zwischen der ideologischen Distanz der liberalen zur größten rechten Partei einerseits und der größten linken Partei andererseits wie folgt berechnet:

DiffLR= ABS (Pr – Pb) – ABS (Pl – Pb),

wobei Pr die Position der größten rechten Partei, Pl die Position der größten linken Partei und Pb die Position der größten liberalen Partei repräsentiert. Diese Berechnungen erfolgen getrennt für die allgemeine, eine ökonomische und eine gesellschaftspolitische Links-Rechts-Dimension. Bei negativen Werten ist die Distanz zur linken, bei positiven die Distanz zur rechten Partei größer.

Grundsätzlich ist es denkbar, dass die Fokussierung auf ideologische Dimensionen die eigentliche programmatische Nähe oder Distanz zwischen den Parteien überlagern oder verstärken könnte. Daher wird neben dem klassischen Links-Rechts-Positionsmaß ein salienztheoretisch basierter Übereinstimmungsindex herangezogen (Franzmann 2008). Der Vorteil dieser zusätzlichen Variablen ist, dass programmatische Nähe jenseits der klassischen Links-Rechts-Begriffe sichtbar gemacht werden kann. Der Übereinstimmungsindex gibt an, wie viel Prozent Übereinstimmung in den inhaltlichen Hervorhebungen zwei miteinander verglichene Parteien aufweisen. Die Formel lautet (Franzmann 2008: 82):

$Ü = 100 - \frac{1}{2} \Sigma |Sa - Sb|$,

wobei Sa und Sb die in Prozenten gemessenen Salienzwerte der Parteien a und b in der jeweils selben Kategorie sind.

Für die christ- und sozialdemokratischen Parteien konnte ein Anwachsen der programmatischen Übereinstimmung von weniger als 50 Prozent in der Nachkriegszeit auf fast 70 Prozent zur Jahrtausendwende festgestellt werden (Franzmann 2008: 88). Es wird zu ermitteln sein, ob sich für die liberale Parteifamilie eine ähnliche Entwicklung diagnostizieren lässt.

2.2. Unabhängige Variablen

Entsprechend der oben formulierten Hypothesen werden unabhängige Variablen zu den Berufsgruppen, der Konfession und den Werteeinstellungen berücksichtigt. Als qualitative Dummy-Variable geht ferner entsprechend der Hypothese 3 ein, ob die betrachtete liberale Partei als staatsgründende Partei gilt oder nicht.

3 Die Daten können im Internet unter http://www.politik.uni-koeln.de/kaiser/partypositions.html eingesehen und heruntergeladen werden.

Zur Analyse der Berufsgruppen wird die Ungleichverteilung über die Eurobarometer-Kategorien in der liberalen Wählerschaft gegenüber allen Befragten herangezogen. Zur Vereinheitlichung wurden die 15 Originalkategorien in fünf Unterkategorien eingeteilt: (1) Selbstständige, (2) leitende Angestellte, (3) Arbeiter und nicht-leitende Angestellte, (4) nicht als arbeitslos geltende Transferempfänger (zum Beispiel Rentner) (5) Arbeitslose.[4] Sowohl innerhalb der Wählerschaft der liberalen Partei als auch für die Gesamtbefragten eines Landes wurden die Prozentanteile ausgerechnet. Da im Rahmen des Arbeit-Kapital-Konfliktes interessiert, wie stark die Seite der Besitzenden repräsentiert wird, wurde in den Analysen der Anteil an Selbstständigen in der Wählerschaft der liberalen Partei mit dem in der Gesamtwählerschaft verglichen. Dies erfolgte über die einfache Differenz, indem der Anteilswert der Selbstständigen in der liberalen Wählerschaft von dem Anteilswert in der Gesamtwählerschaft abgezogen wurde. Negative Werte zeigen somit an, dass Selbstständige innerhalb der liberalen Wählerschaft überrepräsentiert sind, während positive Werte auf eine Unterrepräsentierung hindeuten.

In ähnlicher Weise wird die Konzentration von unterschiedlichen Konfessionen in einer liberalen Partei im Vergleich zur Gesamtwählerschaft untersucht. Hierbei wird verglichen, wie stark die Verteilung in der liberalen Wählerschaft von den Gesamtbefragten abweicht. Als Gruppen wurden Katholiken, Protestanten, weitere evangelische Gruppen (Freikirchen), Orthodoxe und sonstige Religionsgemeinschaften unterschieden.[5]

Zur Messung des Anteils der Postmaterialisten wurde der im Trendfile existierende Materialismus-Postmaterialismus-Index herangezogen. Auf Basis dieser Befragteneinstufung wurde mit folgender Formel eine Skala geschaffen, die das Verhältnis von Postmaterialisten und Materialisten zueinander abbildet und die gemischten Typen als mäßigend berücksichtigt:

$$PMS = (PMAT - MAT)/(PMAT+MIX+MAT),$$

wobei PMAT der prozentuale Anteil an Postmaterialisten, MAT an Materialisten und MIX an gemischten Typen ist. Dieser Index (PMS) nimmt den Wert 1 an, wenn alle Wähler Postmaterialisten sind, und den Wert -1, wenn alle Wähler Materialisten sind. Die Skalenwerte der liberalen Parteien wurden mit dem aller Befragten des jeweiligen Landes verglichen und so ermittelt, in welchem Ausmaß Postmaterialisten bei der jeweiligen liberalen Partei über- oder unterrepräsentiert sind.

Als Kontrollvariablen werden ferner der Stimmenunterschied sowie der unterschiedliche Stimmenzuwachs der größten rechten und größten linken Partei als Indikator dafür berücksichtigt, ob sich liberale Parteien inhaltlich nach den Verschiebungen der Stimmengewichte zwischen den politischen Lagern ausrichten. Dies erfolgte über die

4 Die genaue Umkodierung kann beim Autor angefragt werden.

5 In einem späteren Forschungsschrittsoll die Kirchgangshäufigkeit zur Messung der Säkularisierung der liberalen Wählerschaft im Vergleich zu den Gesamtbefragten mit berücksichtigt werden.

Differenz zwischen dem Stimmenanteil der größten rechten Partei (VOTEr) und dem der größten linken Partei (VOTEl):

Diff_Vote = VOTEr – VOTEl.

3. Empirische Ergebnisse

Bei der Zusammenstellung des Datensatzes kann für die ideologischen Positionierungen und die Wahlergebnisse auf komplette, international vergleichbare Zeitreihen seit 1945 zurückgegriffen werden. Für die meisten unabhängigen Variablen gilt dies nicht. Die Eurobarometer-Erhebungen existieren erst seit den 1970er Jahren und auch nur für die jeweiligen Mitglieder der Europäischen Gemeinschaft und später der Europäischen Union. In einem ersten Schritt wird untersucht, ob sich im Gesamtverlauf die liberalen Parteien ideologisch am stimmenstärksten Lager ausgerichtet haben. Im zweiten Abschnitt wird die Analyse dann mit Hilfe der Eurobarometer-Daten verfeinert, und die vorläufigen Ergebnisse werden überprüft.

3.1. Bivariate Ergebnisse

Die Ergebnisse des Übereinstimmungsindexes und der Distanz auf den ideologischen Skalen zwischen den liberalen Parteien und jeweils der größten rechten und der größten linken Partei sind in Tabelle 3 zusammengefasst, und zwar nach den vier identifizierten Untertypen innerhalb der liberalen Parteifamilie. Solche Subtypen mitteln die Besonderheiten einzelner liberaler Parteien. So wird zum Beispiel nicht der besondere Verlauf der deutschen FDP erkennbar. Diese erzielte insbesondere in den 1960er Jahren sehr hohe Werte beim Übereinstimmungsindex mit der SPD, die sich allerdings nicht gleichermaßen in den ideologischen Positionswerten widerspiegeln. Die inhaltliche Nähe zu Beginn der Ära der sozial-liberalen Koalition ist somit gut aus den unterschiedlichen Themenhervorhebungen („Salienzen"), weniger aber aus den ideologischen Positionen heraus erkennbar. Ein weiterer interessanter Ausreißer ist das Jahr 1972, als die FDP plötzlich einen recht geringen Übereinstimmungswert mit der SPD aufweist, der aber ab 1976 wieder fast das Niveau aus den 1960er Jahren erreicht. Insgesamt zeigt die FDP sowohl mit den Christ- als auch mit den Sozialdemokraten im internationalen Vergleich eine relativ hohe und im Zeitverlauf praktisch kontinuierlich steigende programmatische Übereinstimmung, so wie es für CDU und SPD untereinander auch berichtet wird (Franzmann 2008). Bei den übrigen ökonomisch-liberalen Parteien fällt hingegen nach 1990 die Übereinstimmung zu beiden Parteilagern beachtlich. Dies ist deswegen besonders erwähnenswert, weil für alle anderen Subtypen, aber auch für die ökonomisch-liberalen Parteien, bis zu dieser Periode im Mittel ein kontinuierlicher Anstieg der programmatischen Übereinstimmung mit beiden Parteilagern festzustellen ist.

Über den gesamten Untersuchungszeitraum sind radikal-liberale und sozial-liberale Parteien näher an den Linken als an den Rechten, bei den ökonomisch-liberalen und den national-liberalen ist es erwartungsgemäß genau umgekehrt. Sehr hohe Übereinstimmungswerte mit beiden Lagern zeigen die (lediglich) zwei sozial-liberalen Parteien. Auf den unterschiedlichen Links-Rechts-Skalen sieht das Bild nicht so einheitlich aus. Hier waren in den 1950er und 1970er Jahren die radikal-liberalen Parteien jeweils näher am rechten Lager. Auffallend ist auch, dass in den 1970er Jahren sowohl die radikal- als auch die ökonomisch-liberalen in gesellschaftspolitischen Fragen den Rechten näher standen, was über den Zeitverlauf ein eher untypisches Ergebnis ist.

Die national-liberalen Parteien tendieren auf allen Dimensionen stärker zum rechten Lager und sind in der wirtschaftlichen Dimension sogar näher an den rechten Parteien als die ökonomisch-liberalen. Das scheint auf den ersten Blick dem obigen Befund zu widersprechen, dass letztere auf der ökonomischen Skala den am weitesten rechts platzierten Subtyp darstellen. Allerdings berechnet sich die Distanz aus dem Wert der liberalen Partei und ihren jeweiligen Mitbewerbern im Parteiensystem. Der hohe Wert kann sich somit daraus erklären, dass in Ländern mit national-liberalen Parteien entweder die linken Parteien auf der ökonomischen Skala sehr weit links platziert sind und/oder die Parteien des rechten Lagers sich ökonomisch eher zentral verorten, wie es für christdemokratische Parteien typisch ist. Dies alles sind erste Hinweise darauf, dass die ideologische Verortung liberaler Parteien sowohl ihre historischen Wurzeln als auch die aktuelle Wettbewerbssituation im Parteiensystem widerspiegelt, allerdings nicht unbedingt Ergebnis eines extremen Strebens nach Regierungsteilhabe ist.

Die bivariaten Analysen untermauern diesen Eindruck. Tabelle 4 fasst die Korrelationsergebnisse für die Variablen zusammen, die durchgängig seit 1945 verfügbar sind. Die Veränderung des Wählerstimmenanteils zwischen den politischen Lagern ist für die Gruppe der radikal-liberalen Parteien sowie bei der Berechnung für alle liberalen Parteien lediglich im Hinblick auf das salienztheoretisch fundierte Übereinstimmungsmaß signifikant, nicht jedoch für irgendeines der ideologischen Distanzmaße. Das negative Vorzeichen bedeutet hier, dass bei einem Anstieg des Stimmenanteils des rechten Lagers die relative Übereinstimmung mit diesem zunimmt (und mit dem linken Lager abnimmt und umgekehrt). Für die Gruppe der radikal-liberalen Parteien kann also eine gewisse Orientierung am stimmenstärksten Lager nicht ausgeschlossen werden. Dies schlägt sich aber nicht in Links-Rechts-Positionen, sondern in der stärkeren Hervorhebung der gemeinsamen Themen mit dem stimmengewinnenden Lager nieder. Auffallend ist ferner die vergleichsweise niedrige Korrelation des Übereinstimmungsindexes mit den Links-Rechts-Differenzen für die Gruppe der radikal-liberalen Parteien. Berücksichtigt man ferner, dass diese verglichen mit den anderen Subtypen grundsätzlich leicht niedrigere Übereinstimmung sowohl mit dem rechten als auch mit dem linken Lager aufweisen, liegt die Schlussfolgerung nahe, dass ihre „radikale" Liberalität ihnen ein eigenständiges programmatisches Profil verleiht, während bei den anderen drei Subtypen eine starke Zugehörigkeit zum linken oder rechten Lager vorhanden ist.

Tabelle 3: Programmatische Übereinstimmung und ideologische Distanz liberaler Parteien zum rechten und linken Parteienlager

Subtyp	Zeitraum	Ü_rechts	U_links	**diff_Ü**	diffLR	**diffECO**	diffSOC
Radikal-Liberal	1945-59	44.54	45.93	**-1.39**	-0.82	**-1.06**	0.42
	1960-69	53.27	54.36	**-1.09**	0.11	**-0.47**	0.33
	1970-79	50.83	52.24	**-1.41**	-0.07	**0.49**	-0.71
	1980-89	54.14	58.88	**-4.74**	0.61	**0.96**	0.69
	1990-2003	56.17	61.43	**-5.26**	0.25	**0.76**	0.60
	Mittelwert	51.79	54.57	**-2.78**	0.02	**0.14**	0.27
Sozial-Liberal	1945-59	57.78	62.73	**-4.95**	0.97	**-2.10**	1.47
	1960-69	54.50	66.37	**-11.87**	2.22	**1.34**	2.85
	1970-79	58.48	65.83	**-7.34**	1.82	**0.68**	2.26
	1980-89	62.94	68.04	**-5.09**	1.38	**-0.82**	2.58
	1990-2003	59.70	69.75	**-10.05**	2.18	**1.33**	2.69
	Mittelwert	58.68	66.54	**-7.86**	1.71	**0.09**	2.37
Ökonomisch-Liberal	1945-59	46.73	45.34	**1.38**	-1.18	**-2.23**	0.25
	1960-69	51.40	48.47	**2.92**	-0.36	**-1.00**	1.08
	1970-79	55.70	47.09	**8.60**	-1.26	**-1.56**	-0.97
	1980-89	65.85	61.82	**4.03**	-0.85	**-1.69**	0.09
	1990-2003	61.51	59.92	**1.58**	-0.92	**-1.42**	-0.10
	Mittelwert	56.23	52.53	**3.70**	-0.91	**-1.58**	0.07
National-Liberal	1945-59	52.77	49.70	**3.07**	-1.09	**-0.95**	-0.72
	1960-69	50.83	44.97	**5.86**	-1.17	**-1.42**	-0.52
	1970-79	51.85	49.50	**2.35**	-2.10	**-2.27**	-0.98
	1980-89	58.19	48.16	**10.04**	-1.93	**-2.04**	-0.72
	1990-2003	59.15	53.53	**5.04**	-1.40	**-1.84**	-1.07
	Mittelwert	54.56	49.17	**5.27**	-1.54	**-1.71**	-0.80

Fortsetzung Tabelle 3

Alle	1945-59	48.63	48.16	**0.47**	-0.88	**-1.36**	0.04
	1960-69	52.09	50.84	**1.25**	-0.26	**-0.77**	0.43
	1970-79	53.13	51.56	**1.57**	-0.85	**-0.93**	-0.54
	1980-89	60.13	57.45	**2.69**	-0.57	**-1.06**	0.28
	1990-2003	59.09	59.71	**-0.77**	-0.42	**-0.64**	0.09
	Mittelwert	54.62	53.54	**1.04**	-0.60	**-0.95**	0.06
	Bei diff_Ü: Negative Werte: größere Übereinstimmung mit Linke; Positive Werte: größere Übereinstimmung mit Rechte				Bei diffLR; diffECO; diffSOC: Negative Werte: näher an Rechte; Positive Werte: Näher an Linke		
Quelle: Eigene Berechnungen.							

Tabelle 4: Korrelationen der abhängigen Variablen getrennt nach Subtypen

	diffLR	diffECO	diffSOC	diff_cong	Wähler-stimmen	Staatspartei
Radikal-Liberal						
diffLR	1					
diffECO	0.5448**	1				
diffSOC	0.5150**	-0.1233	1			
diff_cong	-0.1926**	-0.1922**	-0.1756	1		
Wählerstimmen	-0.1225	0.0825	-0.0809	-0.2289**	1	
Staatspartei	-0.0573	0.1318	-0.1268	0.0359	0.0196	1
Sozial-Liberal						
diffLR	1					
diffECO	0.6453**	1				
diffSOC	0.8336**	0.5240**	1			
diff_cong	-0.3580**	-0.3590**	-0.2297	1		
Wählerstimmen	0.1235	0.1249	0.0121	-0.0585	1	
Staatspartei	n	n	n	n	n	n
Ökonomisch-Liberal						
diffLR	1					
diffECO	0.7572**	1				
diffSOC	0.6574**	0.2646**	1			
diff_cong	-0.5060**	-0.4561**	-0.4039**	1		
Wählerstimmen	0.0988	0.0892	-0.0211	-0.0421	1	
Staatspartei	-0.0871	0.1484	-0.3575**	0.1291	-0.0957	1
National-Liberal						
diffLR	1					
diffECO	0.8204**	1				
diffSOC	0.7131**	0.5026**	1			
diff_cong	-0.2595**	-0.1801	-0.2275**	1		
Wählerstimmen	-0.0522	-0.0069	-0.0017	-0.0858	1	
Staatspartei	-0.1244	-0.1866**	0.1806**	0.0226	-0.0574	1
Alle						
diffLR	1					
diffECO	0.7359**	1				
diffSOC	0.7361**	0.3484**	1			
diff_cong	-0.4305**	-0.3705**	-0.3596**	1		
Wählerstimmen	-0.0032	0.0565	-0.0204	-0.1185**	1	
Staatspartei	-0.2771**	-0.1316**	-0.2423**	0.1834**	-0.0283	1

Quelle: Eigene Berechnungen.

Auffallend sind ferner die Werte für den „Staatsparteien-Dummy". Durchgängig signifikant ist er in der Rechnung für alle Parteien, was ein deutlicher Hinweis darauf ist, dass sich in der Subtypenbildung diese Eigenschaft schon versteckt. Umso interessanter ist der gegenläufige Effekt auf der gesellschaftspolitischen Skala zwischen ökonomisch-liberalen und national-liberalen Parteien. Ökonomisch-liberale Staatsparteien haben in gesellschaftspolitischen Fragestellungen erwartungsgemäß deutlich größere programmatische Schnittmengen mit dem rechten Lager, während dieser bei den national-liberalen Parteien in die andere Richtung weist. Dafür orientieren sie sich in ökonomischen Fragen stärker am rechten Lager, so dass sich dieser Effekt für die national-liberalen Parteien in der Summe aufhebt. Die Trennung der Dimensionen kann also Effekte offen legen, die im Aggregat der eindimensionalen Links-Rechts-Skala verborgen bleiben würden.

Tabelle 5: Bivariate Korrelationen der unabhängigen Variablen

	PMAT	Religon	Beruf	Staatspartei
PMAT	1			
Religion	0.1103	1		
Beruf	0.2569**	0.125	1	
Staatspartei	-0.3557**	-0.2440**	-0.2668**	1
radikal	0.1628	0.2697**	0.0581	-0.1458**
sozial	0.4720**	0.1318	0.2641**	-0.3349**
ökonomisch	-0.2027**	-0.0858	0.0293	0.2071**
national	-0.3062**	-0.2600**	-0.2645**	0.1556**

Quelle: Eigene Berechnungen.

Zum Abschluss der bivariaten Analysen fasst Tabelle 5 die Korrelation zwischen den Subtypen und den erklärenden Variablen zusammen. Da sowohl die Variablen als auch die Zugehörigkeit zu den Subtypen mit Hilfe der Cleavage-Theorie hergeleitet wurden, sollten entsprechend hohe Korrelationen auftreten. Postmaterielle Werthaltungen sind am stärksten in der Wählerschaft der sozial-liberalen Parteien vertreten und besonders gering bei den national-liberalen Parteien. Die Radikalen zeigen hier keinen signifikanten Zusammenhang, während sie aber bestimmte Religionsgruppen überrepräsentieren. Die Selbstständigen sind nicht bei den ökonomisch-liberalen, sondern vielmehr bei den national-liberalen Parteien über- und bei den sozial-liberalen Parteien unterrepräsentiert. Somit ist für die ökonomisch-liberalen Parteien lediglich ein negativer Zusammenhang mit postmaterieller Werthaltung in ihrer Wählerschaft festzustellen. In der Längsschnittbetrachtung gibt es innerhalb dieses Subtyps die Besonderheit der deutschen FDP, die in den 1970er Jahren deutlich das protestantische Lager repräsentierte, jedoch seit den 1980er Jahren ein zunehmend ausgeglichenes Konfessionsverhältnis in ihrer Wählerschaft aufweist. In Deutschland ist aber das Wahlverhalten nach wie vor latent von der Konfessionszugehörigkeit geprägt. Die christdemokratischen Parteien werden überproportional von Katholiken gewählt, während sich in der Wählerschaft von SPD und Grünen überproportional viele Protestanten finden. Hätte man auf Grund der konfessionellen Struktur ihrer Wählerschaft die deutsche FDP zunächst auch als radikal-liberal bezeichnen können, so wäre das seit den 1980er Jahren unangebracht.

3.2. (Vorläufige) Multivariate Modelle

Entsprechend der bei der Hypothesenbildung angestellten Überlegungen wird folgende Modellstruktur entworfen:

Differenz LR oder Ü = Konstante + B1 * Stimmendifferenz der politischen Lager,
+ B2 * Liberale als Staatspartei,
+ B3 * Anteil Postmaterialisten,
+ B4 * Verteilung der Konfessionen,
+ B5 * Anteil der Selbstständigen,
+ Störterm,

wobei die abhängige Variable jeweils die Differenz des Unterschiedes der liberalen Partei zur größten rechten beziehungsweise linken Partei auf einer der drei Links-Rechts-Skalen oder bezüglich des Übereinstimmungsindexes ist. „B" repräsentiert den jeweiligen Koeffizienten. Die in Tabelle 6 aufgeführten Modelle weisen alle keine Heteroskedastizität auf. Auf eine zeitverzögerte abhängige Variabel und auf Dummys für die Parteien wurde hier verzichtet, weil sie ein Großteil der interessierenden Varianz auf sich ziehen würden. Eine Unterscheidung nach den Subtypen innerhalb der liberalen Parteifamilie wurde auf Grund der hohen Korrelationen (Problem der Varianzinflation und Multikollinearität) mit den Variablen basierend auf dem Eurobarometer verworfen. Die Ergebnisse dieser einfachen Regressionen sollen lediglich erste Zusammenhänge illustrieren. Für die Zukunft stehen Verfeinerungen des Modells bezüglich der Gewichtung einzelner Fälle und Sensitivitätsanalysen an. Bislang zeigten sich die Ergebnisse der einfachen Modelle als robust. Sowohl die Berechnung mit nach Parteien und Ländern geclusterten Standardfehlern erbrachten keine Veränderungen in den Signifikanzniveaus der Koeffizienten.

Allen Modellen ist gemeinsam, dass die Änderung der Stimmendifferenz zwischen rechtem und linkem Lager keinerlei Einfluss auf die ideologische Distanz der liberalen Parteien zu den anderen Mitbewerbern hat. Die höchste Varianzaufklärung erreicht das Modell für die allgemeine Links-Rechts-Skala. Hoch signifikant ist der Dummy der liberalen Partei als „Staatspartei", der in allen drei Links-Rechts-Modellen erwartungsgemäß eine Annäherung an das rechte Lager offenbart. Ebenfalls hochsignifikant ist der Anteil der Postmaterialisten in der liberalen Wählerschaft. Je stärker Wähler mit postmateriellen Werthaltungen in der liberalen Wählerschaft überrepräsentiert sind, desto stärker tendieren die liberalen Parteien nach links. Bei der Konfessionsvariablen zeigt sich überraschenderweise, dass sie zwar für die allgemeine und die ökonomische Skala, jedoch nicht für die gesellschaftspolitische relevant ist. Die Repräsentanz des Kirche-Staat-Konfliktes führt also zu einer linkeren Positionierung in ökonomischen, aber nicht in gesellschaftspolitischen Sachfragen. Der Anteil der Selbstständigen wirkt sich in keinem der Modelle signifikant aus.

Tabelle 6: Ergebnisse der Regressionsmodelle (OLS)

	Koeffizient	Standardfehler	t-Wert	P>|t|	Beta
Distanz auf Links-Rechts-Skala					
Änderung Stimmendifferenz Rechts-Links	0.00	0.02	0.00	1.00	0.00
Dummy: Liberale als Staatspartei	-1.73**	0.29	-5.95	0.00	-0.46
Postmaterialisten in Relation zur Gesamtwählerschaft	6.06**	1.43	4.25	0.00	0.33
Verteilung Konfessionen in Relation zur Gesamtwählerschaft	4.73**	1.76	2.68	0.01	0.20
Anteil der Selbstständigen in Relation zur Gesamtwählerschaft	-0.68	2.00	-0.34	0.73	-0.03
Konstante	-1.05**	0.35	-3.02	0.00	.
N			110		
R^2			0.4712**		
Unterschied im Übereinstimmungsindex[1]					
Änderung Stimmendifferenz Rechts-Links	0.00	0.13	-0.02	0.98	0.00
Dummy: Liberale als Staatspartei	3.68*	2.03	1.82	0.07	0.17
Postmaterialisten in Relation zur Gesamtwählerschaft	-36.95**	9.97	-3.71	0.00	-0.35
Verteilung Konfessionen in Relation zur Gesamtwählerschaft	-22.01*	12.32	-1.79	0.08	-0.16
Anteil der Selbstständigen in Relation zur Gesamtwählerschaft	4.85	14.58	0.33	0.74	0.03
Konstante	7.36	2.45	3.01	0.00	
N			108		
R^2			0.22**		
Distanz auf ökonomischer Skala					
Änderung Stimmendifferenz Rechts-Links	-0.02	0.02	-1.07	0.29	-0.09
Dummy: Liberale als Staatspartei	-0.88**	0.31	-2.84	0.01	-0.25
Postmaterialisten in Relation zur Gesamtwählerschaft	4.50**	1.53	2.94	0.00	0.26
Verteilung Konfessionen in Relation zur Gesamtwählerschaft	5.28**	1.89	2.79	0.01	0.24
Anteil der Selbstständigen in Relation zur Gesamtwählerschaft	2.81	2.14	1.31	0.19	0.12
Konstante	-1.68**	0.37	-4.50	0.00	
N			110		
R^2			0.32**		

Fortsetzung Tabelle 6					
	Koeffizient	Standardfehler	t-Wert	P>|t|	Beta
Distanz auf gesellschaftspolitischer Skala					
Änderung Stimmendifferenz Rechts-Links	0.00	0.02	-0.09	0.93	-0.01
Dummy: Liberale als Staatspartei	-1.83**	0.36	-5.14	0.00	-0.45
Postmaterialisten in Relation zur Gesamtwählerschaft	5.15**	1.75	2.94	0.00	0.26
Verteilung Konfessionen in Relation zur Gesamtwählerschaft	0.87	2.17	0.40	0.69	0.03
Anteil der Selbstständigen in Relation zur Gesamtwählerschaft	-1.33	2.46	-0.54	0.59	-0.05
Konstante	0.35	0.43	0.81	0.42	
N			110		
R^2			0.31**		

1 Die Abweichung bei der Fallanzahl geht auf ein Fehlen der Überstimmungswerte des Liberalen Forums 1994 und der wallonischen Liberalen 1999 zurück. Der Nachtrag der beiden Werte war bei Fertigstellung dieser vorläufigen Version noch nicht abgeschlossen.

Quelle: Eigene Berechnungen.

Die Erklärungswerte für die Unterschiede im Übereinstimmungsindex sind durchweg geringer. Hoch signifikant ist lediglich der Einfluss des Anteils der Postmaterialisten, der wie in den anderen Modellen mit einer stärkeren Orientierung hin zum linken Lager einhergeht.

In die gleiche Richtung, wenngleich nur mit einem schwach signifikanten Effekt auf dem (umstrittenen) 0,1-Niveau, wirkt die Konfessionsvariable. Ebenfalls schwach signifikant auf dem 0,1-Niveau ist der Effekt des Dummys einer liberalen Staatspartei ausgeprägt, hier allerdings mit einem Annäherungseffekt an die Programmatik der größten rechten Partei.

4. Ergebnisse: Keine Orientierung am stimmenstärksten Lager und die FDP als Sonderfall

Die empirischen Analysen ergeben – vorbehaltlich der noch folgenden Modifikationen der Modelle – ein klares Bild: Die wesentlichen Annahmen der Hypothesen werden bestätigt, allerdings mit einigen nennenswerten Ausnahmen. Unter der international vergleichenden Perspektive erscheinen liberale Parteien nicht mehr als eine Parteifamilie, die sich vor allem auf die Regierungsteilhabe konzentriert. Ihre ideologische Nähe zum rechten oder linken Lager entspricht ihren historischen Wurzeln. Die Hypothese, dass sich liberale Parteien am stimmenstärksten Lager orientieren, muss weitestgehend abgelehnt werden.

Eine Ausnahme bilden die radikal-liberalen Parteien, die in der bivariaten Analyse einen solchen Zusammenhang aufscheinen lassen. Sie sind wiederum diejenigen, die sich am stärksten von ihren Konkurrenten unterscheiden und somit als ideologisch eigenständigste Gruppe innerhalb der liberalen Parteifamilie erscheinen. Ihre Schwerpunktsetzungen werden im Rahmen der üblichen Links-Rechts-Dichotomie offenbar nicht so gut erfasst wie unter salienztheoretischen Gesichtspunkten.

Eine weitere Ausnahme ist, dass die gesellschaftlichen Unterscheidungsmerkmale liberale Programmatik besser erklären als die berufliche Struktur ihrer Wählerschaft. Das ist erst einmal überraschend und widerspricht Hypothese H1. Zur Erhärtung dieses Befundes soll in zukünftigen Analysen noch die Einkommensstruktur als weiterer Indikator herangezogen werden. Sollte sich der Befund für diese Variable bestätigen, müsste man liberale Parteien – und hier insbesondere die ökonomisch-liberalen – eher als Anwalt einer ökonomisch geprägten Ideologie denn von einer bestimmten ökonomischen Lage geprägten Wählerschaft verstehen. Die ökonomisch-liberalen Parteien sind – das enthüllen die deskriptiven Statistiken bezüglich ihrer Positionierung auf der ökonomischen Links-Rechts-Skala – historisch im selbstständigen Bürgertum verwurzelt, diesem heute jedoch nicht mehr zwingend stärker verbunden als ihre Konkurrenten.

Der fehlende signifikante Einfluss der Religionsvariablen auf die gesellschaftspolitische Skala sollte solange mit Vorsicht interpretiert werden, solange er noch nicht allgemein für die Säkularisierung der Wählerschaft kontrolliert wurde. So ist es durchaus denkbar, dass viele Wähler liberaler Parteien formal einer Konfession angehören, diese aber nicht praktizieren, weitgehend säkularisiert sind und daher liberale Parteien bevorzugen. Diese Frage wird sich erst in einer (schon in Angriff genommenen, aber noch nicht abgeschlossenen) Modifikation der Modelle durch die Hinzufügung der Variable Kirchgangshäufigkeit klären lassen. Zum jetzigen Zeitpunkt erscheint es so, dass im Zweifelsfall bestehende konfessionelle Konflikte die Positionierung liberaler Parteien besser erklären als die ökonomische Klasse. Am stärksten ausgeprägt ist der Zusammenhang zwischen Postmaterialismus und einer programmatischen Nähe zu den linken Parteien. Es ist durchaus vorstellbar, dass sich ein Teil des Säkularisierungseffektes schon in dieser Variablen verbirgt.

Schließlich ist hervorzuheben, dass die deutsche FDP im internationalen Vergleich als Sonderfall innerhalb der liberalen Parteifamilie erscheint. Außer in Spanien gibt es in keinem anderen westeuropäischen Parteiensystem die Konstellation einer ökonomisch-liberalen Partei, die allein die liberale Parteifamilie repräsentiert. Ansonsten konkurriert jede ökonomisch-liberale Partei mit einer liberalen Partei der anderen Subtypen. Die deutsche FDP und die katalanische CiU weisen eine ähnlich hohe Spreizung zwischen den Links-Rechts-Werten auf der ökonomischen und der gesellschaftspolitischen Skala auf. Der wesentliche Unterschied zwischen beiden ist jedoch, dass die CiU diese Spannung über den asymmetrischen Föderalismus in Spanien bewältigen kann. Die FDP hat diese Ressource nicht. Von ihrer Wählerstruktur her schwankt sie historisch zwischen dem radikal- und dem ökonomisch-liberalen Typus, wobei sie heutzutage klar dem letzteren zuzuordnen ist. Der internationale Vergleich legt nahe, dass dies mittelfristig zur Etablierung einer weiteren, nicht-ökonomisch-liberalen Partei führen, oder dass diese Rolle von anderen Parteifamilien in Deutschland ausgefüllt werden könnte.

5. Zusammenfassung

Als geborene „Regierungsparteifamilie" haftet den Liberalen häufig der Ruf an, dass sie ihre Programmatik der Möglichkeit zur Regierungsteilhabe allzu leichtfertig opfern. Aus der international vergleichenden Perspektive lässt sich ein solcher Opportunismus für die liberale Parteifamilie nicht in besonderem Maße feststellen. Vielmehr folgen die ideologischen Positionierungen ganz klaren Mustern, die sich zum Teil aus der Wettbewerbssituation, aus der historischen Genese, und aus der erreichbaren Wählerschaft erklären. Das Image der opportunistischen Parteifamilie scheint durch den bislang unzureichenden Forschungsstand und unklare Zuordnungen einzelner liberaler Parteien zu bestimmten liberalen Strömungen begünstigt worden zu sein. Die hier vorgenommene Verortung liberaler Parteien anhand der grundlegenden historischen Konfliktkonstellationen in einem Parteiensystem sowie die Erweiterung der ideologisch-programmatischen Analysen über das eindimensionale Links-Rechts-Schema hinaus haben insofern das Wissen über liberale Parteien vertieft. Die wesentlichen Befunde lassen sich – vorbehaltlich der noch ausstehenden Ergänzungen der multivariaten Modelle – wie folgt zusammenfassen:

(1) Es lassen sich anhand des Arbeit-Kapital-Konfliktes, des Kirche-Staat-Konfliktes, der Entstehung der Nationalstaaten im 19. Jahrhundert sowie dem Wertewandel in der zweiten Hälfte des 20. Jahrhunderts idealtypisch vier Subtypen klar voneinander unterscheiden: (1) Radikal-Liberale, (2) Sozial-Liberale, (3) Ökonomisch-Liberale und (4) National-Liberale. Der Zentrum-Peripherie-Konflikt sowie der sektorale Konflikt zwischen Landwirtschaft und Industrie sind lediglich für die Unterschiede zwischen den liberalen Parteien im Ländervergleich von Bedeutung. Sie liefern jedoch nicht die ideologische Basis für liberale Parteien und sind somit für ihre Genese weniger wichtig.

(2) Die radikal-liberalen Parteien stellen in ihren jeweiligen Parteiensystemen am ehesten einen von den rechten und linken Parteien programmatisch unabhängigen Pol dar. Die häufig anzutreffende Kennzeichnung als links-liberal ist insofern irreführend, als gerade radikal-liberale Parteien sich eben nicht dem linken (oder rechten) Lager zuordnen lassen.

(3) Die kontinentaleuropäischen liberalen Parteien zeichnen sich durchgängig dadurch aus, dass sie sich in gesellschaftspolitischen Fragen deutlich weiter links verorten als in ökonomischen Fragen, und zwar unabhängig davon, wie weit rechts (oder links) die Partei insgesamt steht. Dieses Muster gilt in Skandinavien hingegen nicht.

(4) Ein hoher (niedriger) Anteil an Wählern mit postmaterieller Werthaltung erklärt am besten, in welchem Ausmaß liberale Parteien programmatisch Überschneidungen mit ihren linken (rechten) Konkurrenten haben.

(5) Je stärker liberale Parteien konfessionelle Konflikte in ihrer Wählerschaft abbilden, desto größer ist die Nähe zum linken Lager. Dies gilt aber lediglich für die ökonomische, nicht für die gesellschaftspolitische Dimension. Dieser – zuvor nicht erwartete – Befund könnte darauf zurückzuführen sein, dass der konfessionelle Konflikt in all diesen Fällen den ökonomischen Konflikten in der Art überlagert,

dass die liberale Partei keine „neo-liberale“ Wirtschaftspolitik verfolgt. Als Beispiel kann hier die deutsche FDP dienen, deren ökonomisch „rechte“ Orientierung erst zur vollen Entfaltung gekommen ist, seitdem in ihrer Wählerschaft Katholiken und Protestanten ausgeglichen repräsentiert sind.

(6) Entgegen der ursprünglichen Vermutung konnte bislang kein systematischer Zusammenhang zwischen der Überrepräsentation von Selbstständigen und der ideologisch-programmatischen Verortung liberaler Parteien gefunden werden.

(7) Es war auch keine Ausrichtung der Ideologie am stimmenstärksten Lager festzustellen. Allerdings zeigen bivariate Korrelationen für die radikal-liberalen Parteien einen signifikanten Zusammenhang der inhaltlichen Übereinstimmung mit dem Lager, das Stimmengewinne zu verzeichnen hat. Die strategischen Optionen von radikal-liberalen Parteien äußern sich somit nicht in Links-Rechts-Positionen, sondern in der Hervorhebung einzelner Themen.

(8) Versteht sich eine liberale Partei auf Grund ihrer Geschichte als Staatspartei, so verortet sie sich grundsätzlich etwas näher am rechten Lager. Allerdings ist der Effekt auf den beiden analysierten inhaltlichen Dimensionen gegenläufig. Unter Kontrolle mit allen anderen Variablen gibt es auf der ökonomischen Dimension eine größere Nähe zu den Rechten, auf der gesellschaftspolitischen zu den Linken. Ein Grund könnte darin liegen, dass das Verständnis als Staatspartei auf der von Liberalen erkämpften Demokratie beruht und hier häufig linke Parteien als Bündnispartner dienten.

Die hier analysierte ideologisch-programmatische Nähe liberaler Parteien zu den linken und rechten Konkurrenten sagt nichts aus über tatsächliches Koalitionsverhalten. Dazu ist weitere Forschung nötig, die auch untersuchen sollte, ob liberale Parteien ihre Ausrichtung auf das rechte oder linke Lager im Rahmen ihrer historischen Einbettung auf Initiative der Parteielite oder auf Wandel der Wählerschaft hin betreiben, und wie sie sich durch die Hervorhebung einzelner Themen jenseits der Links-Rechts-Dichotomie strategisch zwischen linkem und rechtem Lager platzieren können.

Anhang 1: Die Entwicklung der ideologischen Positionen auf der allgemeinen Links-Rechts-Skala (nach Franzmann / Kaiser 2006)

Land	Partei	CMP-Code	Klassifizierung	1945-59	1960-69	1970-79	1980-89	1990-2003	MW
Schweden	FP	11420	3	6.01	5.56	3.33	3.80	5.49	4.84
	CP	11810	1	6.23	5.76	5.33	4.60	4.69	5.32
Norwegen	Venstre	12420	1	4.76	5.11	4.90	4.60	4.38	4.75
Dänemark	Radikale Venstre	13410	2	3.26	2.37	3.25	2.78	2.37	2.81
	Venstre	13420	4	5.26	6.81	5.66	6.38	6.23	6.07
Finnland	LKP	14420	3	5.17	5.14	4.89	4.83		5.01
	SK (Centre)	14810	1	4.57	4.19	2.75	2.43	2.88	3.36
	SMP	14820	4		4.04	4.52	4.30	3.05	3.98
	SFP	14901	1	5.54	4.38	3.36	3.42	4.35	4.21
Belgien- Flandern	LP-PVV-VLD	21421	4	7.30	6.76	5.84	6.02	5.23	6.27
Belgien-Wallonien	PLP-PRL-FDF	21422	4	6.67	6.35	5.46	5.66	4.39	5.71
Niederlande	D66	22330	2		4.47	2.99	2.56	4.31	3.58
	VVD	22420	3	6.21	6.81	6.85	7.08	7.21	6.83
Luxemburg	PD	23420	1	5.24	5.13	4.47	4.33	5.48	4.93
Italien	PRI	32410	1	4.19	4.57	4.86	4.45	4.39	4.49
	PLI	32420	4	6.09	6.27	5.38	4.15	5.17	5.41
Spanien	CDS	33512	3				6.05	5.97	6.03
	CiU	33611	3				6.71	7.42	7.07
Deutschland	FDP	41420	3	5.12	5.15	5.02	4.52	4.31	4.82
Österreich	FPÖ	42420	4	5.06	6.42	5.50	5.40	6.21	5.72
	LIF	42421	1					5.20	5.20
Schweiz	FDP	43420	3	5.41	5.82	5.98	5.53	4.35	5.42
Großbritannien	Liberals	51420	1	5.96	5.06	4.46	4.25	4.12	4.77
Irland	Progressive Democrats	53420	3					6.23	6.23
	Fianna Fail	53620	4	5.59	6.46	6.84	7.45	5.53	6.37
MITTELWERT				5.45	5.36	4.84	4.84	4.95	5.17
STABW				0.92	1.13	1.17	1.38	1.28	1.07

Quelle und Legende: Vgl. Anmerkungen zu Tabelle 1.

Anhang 2: Die Entwicklung der ideologischen Positionen auf der ökonomischen Links-Rechts-Skala (nach Franzmann / Kaiser 2006)

Land	Partei	CMP-Code	Klassifizierung	1945-59	1960-69	1970-79	1980-89	1990-2003	MW
Schweden	FP	11420	3	6.40	6.48	4.00	3.96	6.29	5.42
	CP	11810	1	6.76	6.91	5.41	4.41	5.69	5.84
Norwegen	Venstre	12420	1	3.53	4.02	3.42	2.67	2.39	3.21
Dänemark	Radikale Venstre	13410	2	3.30	3.25	3.61	3.43	3.59	3.44
	Venstre	13420	4	4.50	5.81	6.09	6.70	5.86	5.79
Finnland	LKP	14420	3	5.81	5.56	5.13	4.43		5.23
	SK (Centre)	14810	1	3.80	3.02	1.62	1.02	0.58	2.01
	SMP	14820	4		2.24	1.99	2.28	1.43	1.98
	SFP	14901	1	4.56	2.80	2.63	1.94	2.32	2.85
Belgien- Flandern	LP-PVV-VLD	21421	4	8.67	7.88	7.93	7.77	5.41	7.53
Belgien-Wallonien	PLP-PRL-FDF	21422	4	8.89	8.01	8.33	8.10	7.08	8.08
Niederlande	D66	22330	2		5.04	3.63	3.31	5.63	4.4
	VVD	22420	3	6.92	7.36	8.15	8.66	8.40	7.9
Luxemburg	PD	23420	1	5.55	6.25	5.41	5.19	6.18	5.72
Italien	PRI	32410	1	4.96	6.75	5.90	5.46	6.98	6.01
	PLI	32420	4	6.59	8.20	6.46	5.25	6.89	6.68
Spanien	CDS	33512	3				7.87	8.17	7.94
	CiU	33611	3				8.98	7.88	8.43
Deutschland	FDP	41420	3	6.64	6.82	7.17	6.72	6.78	6.83
Österreich	FPÖ	42420	4	5.13	6.22	6.25	6.62	7.23	6.29
	LIF	42421	1					6.17	6.17
Schweiz	FDP	43420	3	6.36	7.81	8.14	7.62	7.25	7.44
Großbritannien	Liberals	51420	1	6.57	5.64	5.98	4.63	5.02	5.57
Irland	Progressive Democrats	53420	3					6.77	6.77
	Fianna Fail	53620	4	5.64	6.65	5.80	6.47	5.85	6.08
MITTELWERT				5.82	5.84	5.38	5.37	5.64	5.74
STABW				1.54	1.81	2.03	2.28	2.16	1.85

Quelle und Legende: Vgl. Anmerkungen zu Tabelle 1.

Anhang 3: Die Entwicklung der ideologischen Positionen auf der gesellschaftspolitischen Links-Rechts-Skala (nach Franzmann / Kaiser 2006)

Land	Partei	CMP-Code	Klassifizierung	1945-59	1960-69	1970-79	1980-89	1990-2003	MW
Schweden	FP	11420	3	5.66	4.82	2.19	3.61	4.53	4.16
	CP	11810	1	4.53	4.27	4.79	5.02	3.96	4.51
Norwegen	Venstre	12420	1	6.74	5.97	6.28	6.14	5.52	6.13
Dänemark	Radikale Venstre	13410	2	3.14	1.81	2.69	2.10	1.82	2.31
	Venstre	13420	4	6.69	7.35	4.75	5.93	6.18	6.18
Finnland	LKP	14420	3	4.53	4.81	4.41	4.93		4.67
	SK (Centre)	14810	1	5.73	5.36	3.89	4.27	4.55	4.76
	SMP	14820	4		5.29	5.68	6.45	5.27	5.67
	SFP	14901	1	6.44	5.53	5.49	4.92	5.63	5.60
Belgien- Flandern	LP-PVV-VLD	21421	4	5.31	5.62	3.83	4.07	5.13	4.79
Belgien-Wallonien	PLP-PRL-FDF	21422	4	3.32	3.84	2.80	3.18	3.34	3.29
Niederlande	D66	22330	2		4.08	2.61	2.07	3.20	2.99
	VVD	22420	3	5.54	6.12	5.30	5.23	5.45	5.53
Luxemburg	PD	23420	1	4.87	3.79	3.14	3.34	4.57	3.94
Italien	PRI	32410	1	3.42	2.76	3.22	2.54	2.73	2.93
	PLI	32420	4	5.36	4.97	4.81	2.80	2.79	4.15
Spanien	CDS	33512	3				3.20	3.02	3.16
	CiU	33611	3				4.22	6.81	5.51
Deutschland	FDP	41420	3	3.86	3.47	3.78	3.41	2.75	3.45
Österreich	FPÖ	42420	4	5.06	6.42	5.50	5.39	6.21	5.72
	LIF	42421	1					4.21	4.21
Schweiz	FDP	43420	3	4.35	4.31	4.05	3.67	2.52	3.78
Großbritannien	Liberals	51420	1	5.05	4.11	3.30	4.11	3.51	4.02
Irland	Prorgressive Democrats	53420	3					5.54	5.54
	Fianna Fail	53620	4	5.33	6.18	7.74	7.73	4.72	6.34
MITTELWERT				5.00	4.80	4.30	4.28	4.34	4.53
STABW				1.07	1.31	1.39	1.45	1.39	1.15

Quelle und Legende: Vgl. Anmerkungen zu Tabelle 1.

Literatur

Bartolini, Stefano: The Political Mobilization of the European Left 1860-1980: The Class Cleavage, Cambridge 2000.

Beyme, Klaus von: Parteien in westlichen Demokratien, München 1984.

Bobbio, Norberto: Rechts und Links. Gründe und Bedeutungen einer politischen Unterscheidung, Berlin 1994.

Budge, Ian: Theory and Measurement of Party Policy Positions, in: ders. u.a. (Hrsg.): Mapping Policy Preferences. Estimates for Parties, Electors, and Governments 1945 – 1998, Oxford 2001, S. 75-92.

Budge, Ian / Dennis Farlie: Explaining and Predicting Elections. Issue Effects and Party Strategies in Twenty-Three Democracies, Essex 1983.

Dinas, Elias / Kostas Gemini: Measuring Parties' Ideological Positions with Manifesto Data: A Critical Evaluation of the Competing Methods, KEPRU Working Paper 26 (2009).

Eisfeld, Gerhard: Die Entstehung liberaler Parteien in Deutschland 1858-1870. Studie zu den Organisationen und Programmen der Liberalen und Demokraten, Dissertation, Bonn 1969.

Flanagan, Scott / Aie-Ree Lee: The New Politics, Culture Wars, and The Authoritarian-Libertarian Value Change in Advanced Industrial Democracies, in: Comparative Political Studies, 36. Jg. (2003), H. 3, S. 235-270.

Fleck, Hans-Georg: In Search of a Liberal Identity: Transition to Democracy, Liberal Heritage, and Liberal Parties in Eastern Europe, in: Jahrbuch zur Liberalismus-Forschung, Nr. 18 (2006), S. 203-238.

Franzmann, Simon: Parteistrategien auf oligopolistischen Issue-Märkten. Eine empirische Analyse der Wahlprogrammatik in Deutschland, Dänemark, Österreich und den Niederlanden mit Hilfe des Gutenberg-Modells, in: PVS, 47. Jg. (2006), H. 4, S. 571-594.

Franzmann, Simon: Programmatische Konvergenz innerhalb der westeuropäischen Parteienfamilien? Ein Vergleich von christ- und sozialdemokratischen Parteien in Europa, in: Österreichische Zeitschrift für Politikwissenschaft, 37. Jg. (2008), H. 1, S. 79-98.

Franzmann, Simon: Der Wandel der Ideologien: Die Transformation des Links-Rechts-Gegensatzes in einen themenbasierten Parteienwettbewerb. Eine Analyse von Parteiensystemen auf der Basis von Wahlprogrammdaten, Dissertation, Köln 2010.

Franzmann, Simon / André Kaiser: Locating Parties in Policy Space. A Reanalysis of Party Manifesto Data, in: Party Politics, 12. Jg. (2006), H. 2, S. 163-188.

Frey, Timotheus: Die Christdemokratie in Westeuropa. Der schmale Grat zum Erfolg, Zürich 2009.

Fuchs, Dieter / Hans-Dieter Klingemann: The Left-Right Schema, in: M. Kent Jennings u.a. (Hrsg.): Continuities in Political Action. A Longitudinal Study of Political Orientations in Three Western Democracies, Berlin / New York 1990, S. 203-234.

Gallagher, Michael / Michael Laver / Peter Mair: Representative Government in Modern Europe, London 2005.

Kitschelt, Herbert / Staf Hellemans: The Left-Right Semantics and the New Politics Cleavage, in: Comparative Political Studies, 23. Jg. (1990), H. 2, S. 210-238.

Humboldt, Wilhelm von: Ideen zu einem Versuch, die Gränzen der Wirksamkeit des Staats zu bestimmen, Berlin 1792.

Ignazi, Piero: Extreme Right Parties in Western Europe, Oxford 2003.

Inglehart, Ronald: The Silent Revolution in Europe: Intergenerational Change in Post-Industrial Societies, in: American Political Science Review, 65. Jg. (1971), H. 4, S. 991-1017.

Inglehart, Ronald: The Changing Structure of Political Cleavages in Western Society, in: Russel J. Dalton / Scott C. Flanagan / Paul Allen Beck (Hrsg.): Electoral Change in Advanced Industrial Democracies: Realignment or Dealignment?, Princeton 1984, S. 25-69.

Kirchner, Emil J.: Liberal Parties in Western Europe, Cambridge u.a. 1988.

Kitschelt, Herbert: The Transformation of European Social Democracy, Cambridge 1994.

Klingemann, Hans-Dieter u.a.: Mapping Policy Preferences II. Estimates for Parties, Electors, and Governments in Eastern Europe, European Union and OECD 1990-2003, Oxford 2006.

Kriesi, Hanspeter u.a.: West European Politics in the Age of Globalization, Cambridge 2008.

Lane, Jan-Erik / Svantje O. Ersson: Politics and Society in Western Europe, London 1987.

Laponce, Jean: Left and Right: The Topography of Political Perceptions, Toronto 1981.

Laver, Michael / Kenneth Benoit / John Garry: Estimating the policy positions of political actors using words as data, in: American Political Science Review, 97. Jg. (2003), H. 2, S. 311-331.

Laver, Michael / Ian Budge: Measuring Policy Distances and Modelling Coalition Formation, in: Michael Laver / Ian Budge (Hrsg.): Party Policy and Government Coalitions, New York 1992, S. 15-40.

Lipset, Seymour Martin / Stein Rokkan (Hrsg.): Party Systems and Voter Alignments: Cross-National Perspectives, New York 1967.

Luther, Kurt Richard: The Freiheitliche Partei Österreichs: protest party or governing party?, in: Emil J. Kirchner (Hrsg.): Liberal Parties in Western Europe, Cambridge 1988, S. 213-251.

Mair, Peter: Left-Right Orientations, in: Russel J. Dalton / Hans-Dieter Klingemann (Hrsg.): The Oxford Handbook of Political Behaviour, Oxford 2007, S. 206-222.

Marks, Gary / Marco Steenbergen: Understanding Political Contestation in the European Union, in: Comparative Political Studies, 35. Jg. (2002), H. 8, S. 879-892.

Müller-Armack, Alfred, Genealogie der Wirtschaftsstile. Die geistesgeschichtlichen Ursprünge der Staats- und Wirtschaftsformen bis zum Ausgang des 18. Jahrhunderts, Stuttgart 1941.

Rokkan, Stein: Staat, Nation, und Demokratie in Europa. Die Theorien Stein Rokkans aus seinen gesammelten Werken rekonstruiert und eingeleitet von Peter Flora, übersetzt von Elisabeth Fix, Frankfurt am Main 2000.

Sartori, Giovanni: Parties and party systems. A framework for analysis, Cambridge 1976.

Schmitt, Carl: Der Begriff des Politischen, Berlin 1932.

Seiler, Daniel-Louis: Partis et familles politiques, Paris 1980.

Simmel, Georg: Soziologie: Untersuchung über die Formen der Vergesellschaftung, Berlin 1908.

Smith, Gordon: Between left and right: the ambivalence of European liberalism, in: Emil J. Kirchner (Hrsg.): Liberal Parties in Western Europe, Cambridge 1988, S. 16-28.

Steed, Michael / Peter Humphreys: Identifying liberal parties, in: Emil J. Kirchner (Hrsg.): Liberal Parties in Western Europe, Cambridge 1988, S. 396-435.

Winkler, Heinrich August: Der lange Weg nach Westen, Band 1, München 2002.

Unternehmen als sozialpolitische Akteure und die Auffangverantwortung des Staates

Tanja Klenk, Joachim Lange und Frank Nullmeier

Privatisierung und Vermarktlichung gelten als die dominanten Trends, die den gegenwärtigen Umbau des Sozialstaats bestimmen. Die sozialwissenschaftliche Sozialpolitikforschung hat diesen Umbauprozess in den vergangen Jahren intensiv diskutiert. So sind Entstehungsprozess und Ursachen der Vermarktlichung ebenso beschrieben worden wie das erreichte Ausmaß privater Produktion von sozialer Sicherheit. Die Entwicklungen wurden mit den Begriffen „regulatory state" sowie „welfare markets" interpretiert, und es wurden Typen von Regulierung und Märkten konzipiert, um die neuen, zum Teil sehr heterogenen empirischen Phänomene einzuordnen. Außerdem ist die Bedeutung der Vermarktlichung für die Gesamtkonstellation der Wohlfahrtsstaaten erörtert worden, insbesondere die Frage, ob damit ein Paradigmenwechsel verbunden ist, der den jeweiligen Wohlfahrtsstaatstypus im Kern verändert. Doch sind noch nicht alle erforderlichen Konsequenzen für die Forschung aus dieser Entwicklung gezogen worden. Vor allem zwei Beobachtungen zwingen aus unserer Sicht zu Erweiterungen:

(1) Die Schaffung von Wohlfahrtsmärkten hat nicht nur die Anteile von öffentlicher, privater und gemeinnütziger Wohlfahrtsproduktion zugunsten der privaten Wohlfahrtsproduktion verschoben. Die Schaffung von Wohlfahrtsmärkten ging vielmehr auch einher mit einem Wandel *innerhalb* des privaten Unternehmenssegments: Wohlfahrtsmärkte haben den Aufstieg privater, profitorientierter Großunternehmen, die sich über den Kapitalmarkt refinanzieren, begünstigt. Diese Veränderung innerhalb der Branche der privaten Wohlfahrtsproduzenten wiederum hat Folgen für das staatliche Handeln: Mit der steigenden Bedeutung dieses Unternehmenstypus verändert sich die Finanzierungsstruktur des Sozialstaates: Die Produktion sozialer Sicherung und sozialer Dienstleistungen wird zunehmend abhängiger von Finanzmarktentwicklungen, und es entstehen neue Zonen der Unsicherheit.

(2) Die Aufgaben des Staates auf Wohlfahrtsmärkten sind mit dem Terminus Regulierungsstaat nur teilweise beschrieben. Angesichts klar vorhandener Grenzen der privaten Produktion sozialer Sicherheit sollen Markt und Privatunternehmen gleichwohl gefördert und unterstützt werden. Dieses riskante Spiel verlangt eine grundlegende Absicherung, eine letzte Garantie – eine Rolle, die der Staat als „the lender of the last resort" übernimmt (guarantee function).

In der Sozialpolitikforschung wurden private Unternehmen bislang vor allem in ihrer Funktion als Arbeitgeber diskutiert. Untersucht wurde vor allem die Frage, welches Ausmaß der Wohlfahrtsproduktion von Seiten der finanzierenden gesellschaftlichen Kräfte zugelassen wird und welche Interessen sich politisch durchsetzen (Korpi 1983; Esping-Andersen 1990; Pierson 1994; Hacker 2002). Umstritten war dabei allerdings, wie die Interessenlage der Arbeitgeber einzuschätzen und empirisch zu identifizieren sei (Hacker / Pierson 2002, 2004; Iversen / Soskice 2001; Iversen 2005, 2006; Kitschelt 2006; Soskice 2006; Stephens 2006; Swenson 2002, 2004a, 2004b). Mit dem Aufkommen von Wohlfahrtsmärkten verändert sich nun die Analyseperspektive der unternehmensbezogenen Sozialpolitikforschung: Relevant ist nun nicht mehr die Gesamtheit aller Unternehmen als Vertreter der Kapitalinteressen, sondern nur noch die Unternehmen, die als Produzenten von Gütern der sozialen Sicherung auftreten. Diese interessieren sich nicht aufgrund von Beschäftigungsstrategien für Sozialpolitik, sondern sind auf der Suche nach neuen Absatzmärkten, auf denen sie ihre sozialen Sicherungsgüter unter profitablen Bedingungen mit der Möglichkeit zur Expansion anbieten können (Berner 2007, 2009; Berner / Leisering / Buhr 2009; Bönker 2005; Leisering 2007; Leisering / Vitic 2009; Nullmeier 2007). Für die Sozialpolitikforschung bedeutet dies, dass sie die Forschungsperspektive einer sektoralen Unternehmensanalyse einnehmen muss, um neuere Entwicklungen adäquat analysieren zu können (vgl. Iversen / Soskice 2001; Hall / Soskice 2001; Iversen 2005, 2006; Mares 2003).

Diese beiden Entwicklungen – die zunehmende Finanzmarktabhängigkeit der Wohlfahrtsproduktion sowie das Entstehen neuer Staatsaufgaben (die „Garantiefunktion“) – sollen im Folgenden an zwei unterschiedlichen Politikfeldern erläutert werden. Die zunehmende Finanzmarktabhängigkeit der Wohlfahrtsproduktion wird am Beispiel der stationären Krankenversorgung beschrieben. Bislang wurden in der Sozialpolitikforschung der Wandel der Finanzierungsgrundlagen und die gestiegene Bedeutung von Kapitalmärkten vor allem mit Blick auf die Alterssicherung diskutiert (Béland 2005; Blackburn 2003, 2006; Clark 2004; Ehrenraud 2007; Heiss 2006; Howard 1997; Orenstein 2008; Sass 1997; Wehlau 2009); dass ähnliche Entwicklungen auch im Bereich der stationären Krankenversorgung zu beobachten sind, fand bislang hingegen nur wenig Aufmerksamkeit. Mit zunehmender Privatisierung und Vermarktlichung, und vor allem mit der zunehmenden Finanzmarktabhängigkeit der Wohlfahrtsproduktion entstehen auch neue regulative Aufgaben. So sind beispielsweise Unternehmen, die öffentliche Güter bereitstellen, vor Konjunktureinbrüchen, Insolvenz oder anderen Krisen zu schützen. In der Alterssicherung, wo private Unternehmen schon deutlich länger eine wichtige Rolle einnehmen, ist das staatliche Instrumentarium zur Regulation derartiger Konflikte deutlich weiter entwickelt. Die staatliche Garantiefunktion wird daher an diesem Beispiel erörtert.

1. Der Krankenhaussektor im Umbruch: Privatisierung der Eigentümerschaft und „Privatisierung“ der Finanzierung

1.1. Neue Akteure im Krankenhaussektor

Private Unternehmen als Anbieter von wohlfahrtsstaatlichen Leistungen gibt es nicht nur in liberalen oder residualen Wohlfahrtsstaatstypen. Auch für den konservativen Typus, zu dem Deutschland zu rechnen ist, ist ein Mix aus öffentlicher, privater und gemeinnütziger Wohlfahrtsstaatsproduktion typisch. Allerdings spielten private Akteure bis zu den 1990er Jahre bei der Bereitstellung von wohlfahrtsstaatlichen Leistungen nur eine untergeordnete Rolle: Sie besetzten nur bestimmte Nischen und boten sehr spezialisierte oder zusätzlichen Leistungen an.

Im deutschen Krankenhaussektor war der Wohlfahrtsmix vom Ende des 2. Weltkriegs bis 1990 ausgesprochen stabil. Öffentliche (ca. 45 Prozent) und gemeinnützige Krankenhäuser (ca. 40 Prozent) dominierten. Nur ungefähr 15 Prozent aller Kliniken waren in privater Eigentümerschaft. Die marginale Rolle, die private Krankenhäuser in diesem Zeitraum für die Allgemeinversorgung spielten, wird noch deutlicher, wenn man als Vergleich die Zahl der zur Verfügung gestellten Betten heranzieht: Lediglich vier Prozent der Krankenhausbetten waren im Jahr 1991, zu Beginn des Untersuchungszeitraums, in der Verantwortung von privaten Betreibern. Die Zahlen machen deutlich, dass es sich bei den privaten Krankenhäusern vor allem um kleinere Kliniken mit einem sehr spezialisierten Vorsorgungsangebot handelte.

Seit den 1990er Jahren hat sich der Wohlfahrtsmix im Bereich der stationären Krankenhausversorgung jedoch grundlegend verändert. Treibende Faktoren sind insbesondere Veränderungen auf Seiten der beiden Hauptfinanzierer: die Krankenkassen und die Bundesländer. In Deutschland ist die Krankenhausfinanzierung nach § 4 Krankenhausfinanzierungsgesetz (KHG) durch das System der dualen Finanzierung gesichert: Die Betriebskosten von Krankenhäusern werden demnach von den Krankenkassen getragen, die Investitionskosten werden durch die Bundesländer aufgebracht. Die Krankenhaus-Investitionsmittel seitens der Bundesländer entwickeln sich jedoch seit gut zwei Dekaden rückläufig. Veränderungen hat es auch bei der Finanzierung der Krankenhausbetriebskosten durch die Krankenkassen gegeben: Hier wurde das Kostenerstattungsprinzip abgeschafft und durch die Finanzierung mit diagnosebezogenen Fallpauschalen (DRGs, „Diagnosis Related Groups") ersetzt (Mosebach 2009).

Der Wandel der Krankenhausfinanzierung hat nicht nur die innere Organisation und betriebswirtschaftliche Kalkulation von Krankenhäusern grundlegend verändert. Er hat vor allem auch Folgen für den Grad der Privatisierung und das Verhältnis der Relation zwischen privaten und öffentlichen beziehungsweise gemeinnützigen Kliniken. Zwischen 1991 und 2008 hat sich der Marktanteil renditeorientierter Krankenhäuser verdoppelt. Es sind nunmehr 31 Prozent aller Häuser, die sich in privater Trägerschaft befinden. Dieses Wachstum geht im Wesentlichen auf Kosten des Anteils öffentlicher Krankenhäuser, der im gleichen Zeitraum von ca. 46 auf 32 Prozent gesunken sind. Der Anteil des gemeinnützigen Sektors blieb demgegenüber stabil bei knapp unter 40 Prozent.

Neben dieser Dimension materieller Privatisierung ist auch eine Veränderung im Bereich der Rechtsformen zu vermelden. Die öffentlichen Krankenhäuser werden mittlerweile zu einem Anteil von 57,7 Prozent in privatrechtlicher Form geführt (siehe Abbildung 1). Die materielle Privatisierung wird also begleitet von einer formellen Privatisierung im Bereich der öffentlichen Krankenhäuser.

Eine dritte Dimension der Privatisierung, die so genannte funktionale Privatisierung, also die Verbindung von öffentlichen und privaten Einrichtungen im Rahmen von

Outcontracting und Outsourcing oder Public Private Partnerships, lässt sich in ihren quantitativen Ausmaßen bislang nur schwer fassen lässt (Freise 2009: 235).

Tabelle 1: Entwicklung der Trägerschaften im Krankenhaussektor 1991 bis 2008

	öffentlich				Privat gemeinnützig				Privat gewerblich			
Jahr	H	%	B	%	H	%	B	%	H	%	B	%
1991	996	46,0	367	61,4	838	38,7	207	34,6	330	15,2	24	4,0
1995	863	41,5	320	56,7	845	40,6	213	37,6	373	17,9	32	5,7
1996	831	40,7	307	55,6	835	40,9	212	38,3	374	18,3	34	6,1
1997	818	40,5	305	56,3	820	40,6	205	37,9	382	18,9	32	5,8
1998	788	38,8	295	55,3	823	40,5	202	37,9	419	20,6	36	6,8
1999	753	37,4	287	54,3	832	41,3	204	38,6	429	21,3	38	7,1
2000	744	37,1	284	54,2	813	40,6	201	38,3	446	22,3	39	7,4
2001	723	36,2	277	53,6	804	40,3	198	38,4	468	23,5	41	8,0
2002	712	37,5	272	54,2	758	39,9	188	37,4	428	22,6	42	8,4
2003	689	36,9	266	53,1	737	39,5	187	37,5	442	23,7	47	9,4
2004	671	36,7	256	52,3	712	39,0	180	36,7	444	24,3	54	11,0
2005	647	35	250	51,5	712	38,6	176	36,3	487	26,4	59	12,2
2006	614	33,9	238	50,3	692	38,3	171	36,2	503	27,8	64	13,5
2007	587	32,8	230	49	678	37,9	168	35,8	526	29,4	71	15,1
2008	571	32,0	225	48,6	673	37,8	168	36,2	537	30,2	71	15,3

Legende: H = Häuser; B = Betten (in 1.000).
Quelle: Statistisches Bundesamt, mehrere Jahrgänge Fachserie 12, Reihe 6.1.1. (allgemeine Krankenhäuser).

Abbildung 1: Rechtsformen öffentlicher Krankenhäuser (2008, in Prozent)

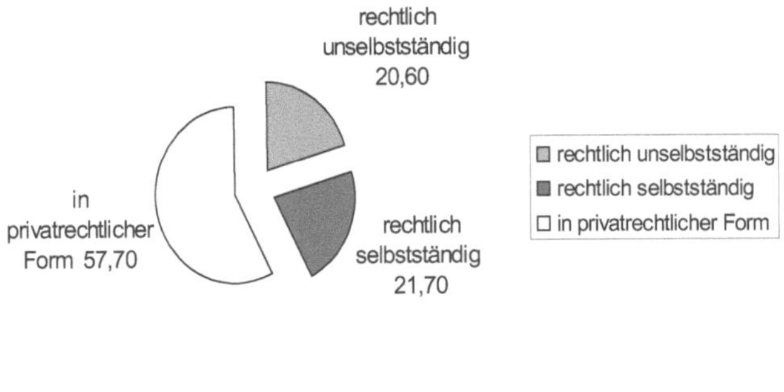

Quelle: Statistisches Bundesamt 2009.

1.2. Neue Finanzierungsquellen

Der Trend zur Privatisierung der Eigentümerschaft wird begleitet von einem zweiten Trend, der eng mit dem Eigentümerwechsel und Rechtsformwandel verbunden, gleichwohl von ihm zu unterscheiden ist: der Wandel der Finanzierung der stationären Krankenversorgung, und zwar insbesondere hinsichtlich der Finanzierung von Krankenhausinvestitionen. Die rückläufigen öffentlichen Investitionsmittel von Seiten der Länder werden zunehmend ersetzt beziehungsweise ergänzt durch privates, am Finanzmarkt akquiriertes (Eigen- oder Fremd-)Kapital. Im Falle der materiellen Privatisierung geschieht dies dadurch, dass private Krankenhausbetreiber, die beispielsweise als börsennotierte AG geführt werden und die sich unter anderem über Aktienemissionen Kapital besorgen können, an die Stelle der ehedem öffentlichen Krankenhausbetreiber treten. Im Vergleich zu öffentlichen Trägern verfügen sie aufgrund ihres einfacheren Zugangs zum Kapitalmarkt über eine größere Investitionsautonomie, können Investitionen, die aufgrund der rückläufigen staatlichen Förderung nicht mehr erbracht werden können, selbständig tätigen (Augurzky u.a. 2009: 12). So sind beispielsweise die Rhön-Klinikum AG wie auch die Fresenius Helios Gruppe, die beide zu den wichtigsten privaten Krankenhausbetreibern in Deutschland gehören[1], börsennotierte Aktiengesellschaften (siehe hierzu auch Stumpfögger 2009).

Auch die formelle und funktionale Privatisierung haben vor allem die Funktion der Erschließung neuer Finanzierungsquellen. So zeigen beispielsweise Untersuchungen zu Public Private Partnerships (PPP) im Gesundheitssektor, dass hier vor allem die Form der „Finanzierungspartnerschaften" überwiegt (Freise 2009). Es sind nicht im originären Sinne „gemeinsame" Projekte, die in Partnerschaftsbeziehungen übernommen werden. PPPs haben im Krankenhaussektor vor allem die Funktion, privates Kapital für öffentliche Aufgaben zu gewinnen. Sie sind ein Instrument der Ressourcenbeschaffung, mit dem sich die Verschuldungsregeln öffentlicher Haushalte und das Verbot neuer Kreditaufnahmen elegant umgehen lassen. Ein Beispiel für Finanzierungs-PPPs sind etwa so genannte Sale-and-Lease-back-Verträge. Dabei verkaufen Kommunen und Städte ihre öffentlichen Einrichtungen an Anleger, meist aus den USA, und mieten sie für einen sehr langen Zeitraum sofort zurück. Der Vorteil für die Kommune ist, dass sie durch den Verkauf der Güter sehr rasch über eine vergleichsweise hohe finanzielle Summe verfügen kann – sich dafür jedoch auch langfristig in Form eines Rückmietvertrags an einen bestimmten Vertragspartner binden muss. Beispielhaft sind hier die Vorgänge in Leipzig, wo insgesamt sieben Leasing-Verträge in den Bereichen Schienennetz, Kongressmanagement, Trinkwasser und eben im Kran-

1 Die Rhön-Klinikum AG hat im Geschäftsjahr 2009 53 Kliniken betrieben und gehört mit einem Marktanteil von 3,5 Prozent bezogen auf Kapazitäten und Umsatzerlöse nach eigenen Angaben zu den führenden privaten Anbietern in der akuten stationären Krankenversorgung (Rhön-Klinikum AG Geschäftsbericht 2009: 102). Als einziges privates Unternehmen betreibt die Rhön-Klinikum AG auch ein Universitätsklinikum: Im Januar 2006 hat das Unternehmen das zuvor fusionierte Universitätsklinikum Gießen und Marburg übernommen (Klenk 2008). Die Helios Kliniken Gruppe ist breiter aufgestellt als die Rhön-Klinikum AG: Ihr gehören 61 Kliniken, darunter 42 Akutkrankenhäuser und 19 Rehabilitationskliniken. Darüber hinaus betreibt die Klinikgruppe 24 Medizinische Versorgungszentren (MVZ) und vier Seniorenresidenzen (Helios Kliniken Geschäftsbericht 2009: 20).

kenhaussektor geschlossen worden sind. Der Vertragspartner war ein US-amerikanisches Versicherungsunternehmen, weshalb hier auch von „Cross-Border-Verträgen" gesprochen wird. Das Städtische Klinikum St. Georg beispielsweise ist als städtischer Eigenbetrieb im Rahmen eines solchen Vertrages mit einem Transaktionsvolumen von 344,4 Millionen US-Dollar an einen US-Investor vergeben worden. Der Mietvertrag läuft bis ins Jahr 2101, ein Rückmietvertrag ist bis 2036 abgeschlossen.

Abbildung 2: Entwicklung der öffentlichen und privaten Investitionen in Krankenhäuser

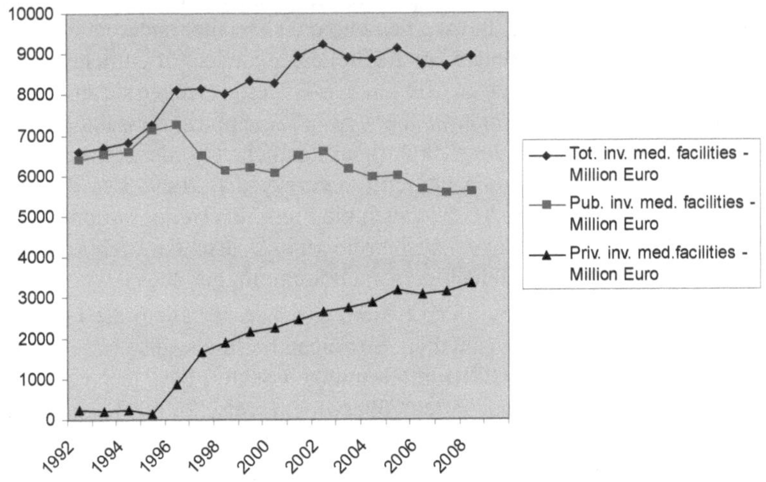

Quelle: OECD Health Data 2010.

Während in den politischen Reformdiskussionen darüber verhandelt wird, die alte duale Krankenhausfinanzierung durch ein monistisches System zu ersetzen, in dem die Krankenkassen sowohl Betriebs- als auch Investitionskosten zu tragen hätten (Böhm 2009), findet real ein Übergang zu einer triadischen Finanzierung statt. Dies bedeutet, dass Finanzierungsquellen außerhalb des Krankenhausfinanzierungsgesetzes zunehmend wichtiger werden. Die Finanzierung des Krankenhaussektors wird de facto getragen von Krankenkassen, Bundesländern und privaten Akteuren. Wichtig zum Verständnis des Ausmaßes dieser „Privatisierung der Finanzierung" ist, dass von dieser Entwicklung sowohl öffentliche als auch private gewinnorientierte Krankenhäuser betroffen sind. Kliniken, die in privater Rechtsform geführt sind, nutzen den leichteren Zugang zum Finanzmarkt, um zusätzliche Mittel zu gewinnen, öffentliche Eigentümer hingegen greifen unter anderem auf Techniken der verdeckten Privatisierung im Rahmen von PPPs zurück. Abbildung 2 veranschaulicht diese Entwicklung: Insgesamt betrachtet haben die finanziellen Mittel für Krankenhausinvestitionen von 1992 bis 2008 zugenommen. Der Anteil der öffentlichen Mittel ist jedoch im gleichen

Zeitraum deutlich gesunken; der Investitionsaufschwung kommt von Seiten des Privatsektors.

1.3. Neue Konflikt- und Krisenpotentiale

Fasst man die beschriebenen Entwicklungen zusammen, so kann man im Krankenhaussektor eine Privatisierung in zwei Dimensionen konstatieren: Zum einen verändern sich die Akteurskonstellationen und neue, private Eigentümer gewinnen in dem Politikfeld an Bedeutung. Zum anderen erschließen beide, die alten ebenso wie die neuen Eigentümer, neue private Finanzierungsquellen jenseits der öffentlichen Mittel, die im Rahmen des KHGs zur Verfügung gestellt werden.

Die Veränderungen im deutschen Krankenhaussektor können vor dem Hintergrund des Wandels des staatlichen Leitbilds vom produzierenden hin zum gewährleistenden Staat interpretiert werden (Schuppert 2005). Die Organisation und Bereitstellung von öffentlichen Gütern muss demnach nicht (mehr) durch den Staat erfolgen – das können auch Unternehmen und Märkte oder aber zivilgesellschaftliche Assoziationen übernehmen. Ein wichtiges Motiv für den Wandel des staatlichen Leitbilds ist die damit verbundene Hoffnung auf Staatsentlastung. Der Staat muss nicht länger als produktiver Staat auftreten und im bisherigen Umfange Güter und Dienstleistungen allein bereitstellen; er überlässt dies in dem hier beschriebenen Beispiel des Krankenhaussektors (teilweise) dem Markt – einschließlich der Finanzierung. Allerdings: der Wandel vom produzierenden zum gewährleistenden Staat schafft zugleich auch neue Konflikt- und Krisenpotentiale und damit neue Formen der staatlichen *Be*lastung. So sind Privatisierungsprozesse gerade in wohlfahrtsstaatlichen Feldern mit hohem öffentlichen Konfliktpotential verbunden. Man denke im Fall von Krankenhäusern etwa an das Beispiel Hamburg, wo der Landesbetrieb Krankenhäuser Hamburg von einer konservativen Regierung gegen das sehr klare Votum eines Volksentscheids am 1. Januar 2005 an die Asklepios Kliniken GmbH verkauft wurde (Ries-Heidtke / Böhlke 2009).

Es gibt weitere Aspekte, die die Frage aufwerfen, ob Entstaatlichung mit Staatsentlastung gleichgesetzt werden kann. So hat die Staatsentlastung in dem hier beschriebenen Beispiel der Privatisierung von Krankenhäusern allenfalls kurzfristigen Charakter, insbesondere was die finanzielle Entlastung betrifft. Langfristig betrachtet steigen die Kosten, weil mit dem Schuldendienst, den Renditeerwartungen von privaten Banken oder Investoren oder auch durch die juristischen Beratungskosten für PPP-Verträge neue Kostenarten entstehen, die bei einer ausschließlichen öffentlichen Leistungsproduktion nicht (oder nicht in dem Maße) angefallen wären. Es handelt sich also nicht um ein Lösung, sondern lediglich um eine Verschiebung der Finanzierungsproblematik in die Zukunft – was die Basis für neue Generationenkonflikte schafft.

Die staatliche Entlastung ist darüber hinaus an ganz bestimmte Bedingungen gebunden, die der Staat aber nicht (oder nur sehr begrenzt) selbst beeinflussen kann. Wie prekär und voraussetzungsvoll die neuen marktbasierten Governance-Formen sind, wurde durch die Finanzmarktkrise 2008/9 sehr deutlich, die den Krankenhaussektor gleich in mehrfacher Hinsicht getroffen hat. Zum einen hat sie die Budgets der beiden

Hauptfinanzierer von Kliniken – Krankenkassen und Bundesländer – in Mitleidenschaft gezogen. Steigende Arbeitslosen- beziehungsweise Kurzarbeit-Quoten haben zu einer rückläufigen Entwicklung sowohl der Sozialversicherungsbeiträge als auch der Steuereinnahmen geführt und die ohnehin schon knappen Budgets der Krankenkassen und der Bundesländer beziehungsweise Kommunen weiter schrumpfen lassen. Was die jüngste Krise jedoch von früheren unterschied, war, dass Krankenhäuser aufgrund der gestiegenen Bedeutung des dritten Finanzierungselementes mit deutlich höheren Zinssätzen für ihre Kredite, mit niedrigeren Habenzinssätzen, mit negativen Auswirkungen beim Rating durch die Banken sowie schlechterer Bewertung des Finanzanlagevermögens konfrontiert waren (DKI 2009). Die stärkere Abhängigkeit des Krankenhaussektors von den Entwicklungen des Finanzmarktsektors hat – anders als erwartet – nicht zu einer Erweiterung, sondern im Gegenteil zu einer Einengung des Handlungsspielraums der Krankenhausbetreiber geführt.

Das Konzept des Gewährleistungsstaats betont, dass der Staat sicherstellen muss, dass die öffentlichen Aufgaben auch wirklich erfüllt werden (Schuppert 2005). Er garantiert die Bereitstellung bestimmter öffentlicher Güter, auch wenn sie durch andere geliefert werden. Die „last resort function" liegt beim Staat: Im Zweifel muss er die gewünschten Güter bereitstellen. Dass der Ausfall von privaten Akteuren nicht nur ein theoretisches Konstrukt ist, ist ebenfalls mit der Finanzmarktkrise 2008/9 deutlich geworden. Für einige Kommunen ist in der Tat im Verlauf dieser Krise der Gewährleistungsfall eingetreten, und sie wurden unfreiwillig zu Krisenrettern im Krankenhaussektor, so etwa im oben beschriebenen Fall der Finanzierungs-PPP im städtischen Klinikum Leipzig: In die „Sale-and-Lease-Back-Verträge" war unter anderem das US-amerikanische Versicherungsunternehmen AIG involviert, das im Zuge der Finanzmarktkrise in die Insolvenz geriet und nur durch einen Bailout durch die US-amerikanische Regierung gerettet werden konnte. Für die deutschen Kommunen – neben Leipzig hatten noch weitere knapp 100 ähnliche Leasing-Verträge mit AIG oder anderen US-Investoren abgeschlossen – hatte der Ausfall des Versicherungsunternehmens erhebliche Folgen, ungeachtet der Stützungsaktionen durch die US-Regierung (LVZ 2009). Um sich den schnellen Zugriff auf Bargeld zu sichern, hatten die Kommunen nahezu das gesamte Risiko der Verträge übernommen. Die Risiken solcher Finanzierungspartnerschaften liegen beispielsweise in der Herabstufung der Bonität des Vertragspartners durch Rating-Agenturen – was im Fall des Versicherers AIG auch geschah. Den betroffenen Kommunen ist es in solchen Fällen vertraglich nicht erlaubt, die Leasing-Verträge zu kündigen. Sie müssen sich vielmehr je nach Vertragsgestaltung entweder einen neuen Versicherer als Vertragspartner suchen, eine Vertragsstrafe bezahlen oder aber als neue Sicherheiten eine Art Kaution hinterlegen – in jedem Fall wird aus dem Public-Private-Partnership, das eigentlich dem Ziel der Staats*ent*lastung dienen sollte, eine neue Staats*be*lastung.

2. Der Garantie-Staat

2.1. Markt- und Unternehmensgarantien

Die Entwicklungen im Krankenhaussektor zeigen, dass Prozesse der Vermarktlichung weniger als Rückzug des Staates, sondern vielmehr als Wandel seiner Aufgaben interpretiert werden müssen. Der Staat lässt sich in einem viel stärkeren Maße auf Marktprozesse ein; er schafft nicht nur neue Märkte, sondern muss auch deren Funktionsfähigkeit garantieren – und sei es dadurch, dass er im Gewährleistungsfall selbst wieder die Güter und Dienstleistungen her- beziehungsweise bereitstellt. Er muss zugleich versuchen, die Märkte in bestimmter Hinsicht zu steuern. Der Wandel der Staatsaufgaben im Zuge von Privatisierung und Vermarktlichung verläuft daher vom produzierenden zum regulierenden Staat. Die Politik muss die neu geschaffenen Märkte dauerhaft so regulieren, dass die Zwecke erfüllt werden, die mit der Vermarktlichung verfolgt wurden. Im Falle von Wohlfahrtsmärkten reicht es jedoch nicht, sich nicht auf die üblichen marktregulativen Funktionen wie Wettbewerbssicherung, technische Sicherheit und Verbraucherschutz zu beschränken. Bei der Schaffung von Wohlfahrtsmärkten tritt ein weiteres regulatives Motiv hinzu: die sozialpolitische Regulierung (Hippe 2007; Leisering 2007; Rieckhoff 2007). Die Märkte sollen im Dienste sozialpolitischer Ziele stehen, sie sollen Wohlstand, Sicherheit und den Zugang zu sozialen Dienstleistungen gewährleisten. Die Regulation muss also erweitert werden. Es werden neue regulative Instrumente erforderlich, die in den Dienst der sozialpolitischen Zusatzfunktionen treten. Für das Verständnis sozialpolitischer Regulationen ist ausschlaggebend, dass durch regulative Instrumente bestimmte politisch gesetzte Niveaus der sozialen Vorsorge und der sozialen Dienstleistungen auch bei privater marktwirtschaftlicher Bereitstellung gesichert werden sollen.

Damit ist die Veränderung des Aufgabenspektrums des Staates aber noch nicht hinreichend beschrieben. Es kommt eine weitere Funktion hinzu, die in dem oben beschriebenen Beispiel der Finanzierungs-PPPs im Krankenhaussektor schon angeklungen ist: Der Staat muss Märkte und die auf diesen Märkten agierenden Unternehmen aus sozialpolitischen Gründen gegen extreme Konjunkturausschläge, Krisen und Insolvenzen absichern. Er muss garantieren, dass die Wohlfahrtsmärkte nicht in Schwierigkeiten geraten und Auffangvorrichtungen schaffen für den Fall, dass einzelne Unternehmen insolvent werden sollten. Er muss Korruption und Unternehmenszusammenbrüche, aber auch Übernahmeschlachten verhindern – zumindest insoweit dadurch die Kunden dieser Firmen geschädigt werden könnten. Jede Gefährdung des Marktes wird aufgrund der sozialpolitischen Funktion dieser Märkte auch zur Belastung des Staates. Der Verweis auf das normale Funktionieren von Märkten mit dem Gesetz des Verschwindens von Unternehmen bei zu geringer Profitabilität kann hier nicht genügen. Der Staat als derjenige, der die Wohlfahrtsmärkte geschaffen hat, gilt auch als Treuhänder / „trustee", als Schützer und Bewahrer dieser Märkte.

In *Gunnar Folke Schuppert*s Konzept des Gewährleistungsstaates wird betont, dass die „last resort function", die Gewährleistungsfunktion, beim Staat liegt. Im Zweifel muss der Staat die Funktionsfähigkeit von Märkten dadurch aufrecht erhalten, dass er die gewünschten Güter selbst bereitstellt. In Abgrenzung zu dieser Funktion wird hier eine andere Variante der staatlichen Regulation von Wohlfahrtsmärkten beschrieben, die als „Garantiefunktion" bezeichnet werden soll und bedeutet, dass der Staat den Markt aufrecht erhält, die Güter und Dienstleistungen bereitstellt und gerade *nicht* die Güterproduktion wieder übernimmt. Die Garantie für die Funktionsfähigkeit der Märkte soll verhindern, dass der Staat wieder als Produzent ins Spiel kommt. Durch die Garantie der Wohlfahrtsmärkte soll das Aktivwerden des Gewährleistungsstaates verhindert werden.

Diese neue Garantiefunktion belastet den Staat stark, denn er muss die Stabilität einer ökonomischen Struktur sichern, die auf Flexibilität und schnelle Anpassungsfähigkeit, aber auch auf große Umbrüche und schöpferische Zerstörungen ausgelegt ist: Märkte sind weit fluider als staatliche Einrichtungen – und gerade daher werden sie geschätzt. Sie reagieren auf Veränderungen der Nachfrage und der Kapitalbedingungen und stehen in der Interdependenz zu anderen Märkten. Schwankungen auf diesen Märkten sind daher im Sinne der Effizienz gewünschte Effekte. Zu ihnen gehört auch, dass einzelne Märkte verschwinden, in Krisen geraten oder schrumpfen. Bestimmte Branchen können andere verdrängen und damit bisher leidlich stabile Märkte in den Niedergang führen. Wenn der Staat aber Wohlfahrtsmärkte garantieren muss, kann er dies nur in einem bestimmten Umfang zulassen. Sobald die sozialpolitischen Zielsetzungen tangiert werden, muss ein Marktschrumpfen oder eine Krise einer ganzen Wohlfahrtsbranche verhindert werden.

Die Garantiefunktion erstreckt sich aber nicht nur auf einzelne Märkte oder Branchen. Sie umfasst auch die einzelnen Unternehmen auf diesen Märkten. Da es sich zum Beispiel bei Altersvorsorge um ein Gut handelt, dessen Nutzen erst in der Zukunft entsteht, kann ein Zusammenbruch eines Unternehmens in der Gegenwart nicht akzeptiert werden, da die gesamte Altersvorsorge des Kunden damit gefährdet wäre. Es muss mithin Auffangeinrichtungen geben, die jede Insolvenz abfedern und die sozialen Güter und Dienstleistungen den Kunden dieses Unternehmens auch nach dessen Verschwinden vom Markt zukommen lassen.

Diese doppelte Garantie für einzelne Unternehmen wie für die Marktentwicklung stellt eine potentiell recht hohe Belastung des Staates, insbesondere des Staatshaushaltes dar. So ist die staatliche Seite einerseits daran interessiert, dass es Auffangeinrichtungen für einzelne Unternehmen gibt, andererseits möchte sie die Kosten auf die jeweilige Branche abwälzen. Eine Lösung, die alle Unternehmen der Branche dazu zwingt, ein Unternehmen, das zu dieser Branche gehört und insolvent geworden ist, mit ihren eigenen Mitteln zu retten, ist staatlicherseits durchaus attraktiv. Die Wohlfahrtsindustrie ist wiederum daran interessiert, staatlichen Einfluss abzuwehren, zugleich aber bei Insolvenzfällen, die das Image der Branche negativ beeinflussen könnten, die Kosten der Unternehmensrettung dem Staat zuzuschieben. Die Frage der Kostenverteilung und der Organisation der Auffangvorrichtung (staatlich oder durch die Branche selbst) sind typische Streitpunkte zwischen den Akteuren am Wohlfahrtsmarkt. Wie sich der Staat von Produktions- und Leistungsaufgaben über Privatisierungen zu entlasten suchte, so muss er sich nach erfolgter Privatisierung nun von den Folgekosten der verbleibenden sozialpolitischen Garantiefunktion entlasten. Die Rückverlagerung der Garantie- und Absicherungsfunktionen auf die Wirtschaft ist daher ein neues Feld regulatorischer Auseinandersetzungen („regulatory conflicts“).

Komplizierter als die Unternehmensrettung ist die Garantie des Funktionierens des gesamten Wohlfahrtsmarktes. Bei dieser Aufgabe geht es nicht um einzelne Unternehmen, sondern um eine Krise der gesamten Branche, um eine Entwicklung, die die sozialpolitische Aufgabe des Marktes insgesamt betrifft. Hier kann es im Fall des Eintretens einer Krise keine Kostenübernahme durch die Unternehmen dieser Branche mehr geben. Sind alle Unternehmen in der Krise, ist auch ein Branchenverband, ein Zusammenschluss aller Unternehmen, nicht mehr in der Lage, etwas zu retten. Alle Kosten einer akuten Branchenkrise werden daher höchstwahrscheinlich beim Staat anfallen. Um dies zu vermeiden, bleibt nur eine Lösung: Prävention. Der Staat wird, um gar nicht erst in die Lage zu kommen, Krisenmanagement betreiben zu müssen, Regelungen versuchen zu implementieren, die die Wahrscheinlichkeit einer Branchenkrise minimieren. An die Stelle des Krisenmanagements rückt damit aber die Krisenprävention, die ständige Beobachtung des Branchengeschehens und möglicher Fehlentwicklungen. Mit dem Präventionsgedanken lassen sich zudem viele Regulationen rechtfertigen, die weit im Vorfeld möglicher Krisen angesiedelt sind. Die Garantiefunktion kann über das Konzept der Prävention sich zum allgegenwärtigen Aufsichtsinstrument entwickeln. Auch in dieser Hinsicht entfalten sich regulatorische Konflikte zwischen Staat und Unternehmen auf Wohlfahrtsmärkten.

Wie die Finanzmarktkrise recht deutlich am Beispiel der Banken gezeigt hat, die zu groß waren, um zu sterben, so ist auch auf Wohlfahrtsmärkten die Instrumentalisierung der Garantiefunktion durch Unternehmen möglich. Auf Wohlfahrtsmärkten ist es zwar nicht die pure Größe, die den Staat erpressbar macht, aber die sozialpolitische Sicherungsfunktion bildet hier ein Äquivalent. Die Regierung kann Lebensversicherungen nicht pleite gehen lassen, will sie nicht ihr Modell der Teilprivatisierung der Altersvorsorge (in Deutschland: Riester-Rente) grundlegend gefährden. Also muss sie, falls keine anderen Sicherungen existieren, im Zweifelsfalle immer für die Verluste einzelner Unternehmen eintreten. Dieser politische Zwang kann von Unternehmen ausgebeutet werden, um akut anfallende Belastungen auf den Staat zu überwälzen – und in besseren Zeiten wieder die Vorteile des Marktes zu genießen.

2.2. Regulatorische Konflikte auf dem Altersvorsorgemarkt

Die Garantiefunktion übernimmt der Staat nicht erst seit Beginn der Teilprivatisierungen in der Sozialpolitik in den letzten fünfzehn Jahren. Er hat diese Funktion bereits dort ausüben müssen, wo Betriebe wichtige sozialpolitische Sicherungsaufgaben wahrgenommen haben, so auf dem Feld der betrieblichen Alterssicherung. Bereits seit Ende der 1960er Jahre wird in der Bundesrepublik Deutschland die Frage diskutiert, wie die Sicherheit der betrieblichen Altersversorgung gewährleistet werden kann, die insbesondere im Falle der Direktzusage (als einer der Durchführungsformen der betrieblichen Alterssicherung) bei Insolvenz des Arbeitgebers hochgradig bedroht ist.

Unter dem Druck des zuständigen Bundesministeriums entwickelte die Wirtschaft einen Pensionssicherungsverein auf Gegenseitigkeit, der 1974 als Sicherungsfonds für die von Insolvenz betroffenen Pensionszusagen eingerichtet wurde (Pensions-Sicherungs-Verein Versicherungsverein auf Gegenseitigkeit – PSVaG). Nur wenige Wochen später wurde dessen Stellung in einem Gesetz zur Verbesserung der betrieblichen Altersversorgung (Betriebsrentengesetz – BetrAVG) rechtlich verankert. Um das naheliegende Problem der „adverse selection", das heißt nur jene Unternehmen versichern ihre Zusagen, die auch tatsächlich von Insolvenz bedroht sind, zu vermeiden, wurde eine gesetzlich verpflichtende Mitgliedschaft eingeführt. Um für den Fall eines Scheiterns des PSVaG alle Risiken abzusichern, wurde damals zudem die Lastenausgleichsbank auserkoren, bei Bedarf dessen Funktion zu übernehmen, heute obliegt dies der KfW. Um den zusätzlichen organisatorischen Aufwand und Kosten zu begrenzen – sicherlich aber auch um Konkurrenz zu bestehenden Unternehmen zu vermeiden – wurde die Abwicklung von übernommenen Zahlungsansprüchen an ein großes Konsortium privater Lebensversicherungen übergeben, während der PSVaG für die Gewährleistung und die erforderlichen Entscheidungen zuständig blieb. Dabei unterliegt der PSVaG der staatlichen Aufsicht.

Insgesamt handelt es sich bei dieser Konstruktion also um die staatlich regulierte Selbstregulierung einer Branche. Selbstregulativen Charakter hat diese Lösung, weil die PSVaG eine Selbsthilfeeinrichtung der gesamten deutschen Wirtschaft ist. Als Träger der gesetzlichen Insolvenzsicherung im Bereich der betrieblichen Altersversorgung arbeitet sie aber im staatlichen Auftrag und schützt alle gesetzlich unverfallbaren Anwartschaften und laufenden Leistungen, die aufgrund von Direktzusagen, bei einigen Direktversicherungen oder über Unterstützungskassen und Pensionsfonds anfallen. Immer wenn die Solvenz des Arbeitsgebers ausschlaggebend ist für die finanzielle Stabilität einer Durchführungsform der betrieblichen Alterssicherung, ist der PSVaG zuständig. Regulatorische Konflikte hat es nicht nur bei Einführung dieser Organisation gegeben. Bereits vor der Finanzmarktkrise wurde klar, dass der Sicherungsumfang eventuell nicht reichen könnte. Entsprechend wurde durch staatliches Gesetz die Finanzierung der Sicherung betrieblicher Alterssicherung verändert. Im Gesetz zur Änderung des Betriebsrentengesetzes aus dem Jahre 2006 wurde das Finanzierungsverfahren vom so genannten Rentenwertumlageverfahren auf vollständige Kapitaldeckung umgestellt, womit nicht nur laufende Leistungen, sondern auch Anwartschaften in die Finanzierung einbezogen wurden. Daher und wegen der Wirtschaftskrise musste der Beitragssatz, den alle Unternehmen für den PSVaG aufbringen, deutlich von 1,8 Promille im Jahre 2008 auf 14,2 Promille erhöht werden.

Lebensversicherungen sind seit ihrer Entstehung immer von einer starken Versicherungsaufsicht reguliert worden. Aber erst 2002 kam es zur Gründung einer Auffanggesellschaft, die die potentielle Insolvenz einzelner Unternehmen durch die gesamte Branche ausgleichen sollte. Vorausgegangen war dieser Entwicklung der Börsenboom der späten 1990er Jahre, der auch die Lebensversicherungen erfasste, die allerdings erst spät in den bereits überbewerteten Markt eintraten. Entsprechend entstanden mit dem Platzen der Börsenblase im März 2000 ernsthafte Probleme. Um zu verhindern, dass Lebensversicherungen gezwungen würden, ihre nicht-realisierten Verluste sofort erfolgswirksam zu erfassen oder – für die Branche noch schlimmer – ihre Aktien zu verkaufen und so den Kursrückgang an den Börsen weiter zu verstärken, ermöglichte es der Gesetzgeber den Lebensversicherungen, ihre Wertpapiere nicht mehr wie bislang nach dem strengen Niederstwertprinzip zu bilanzieren. Dadurch mussten Verluste in wohl zweistelliger Milliardenhöhe nicht in den Jahresabschlüssen berücksichtigt werden. Dennoch standen einige Lebensversicherer am Rande der Insolvenz. In dieser bedrohlichen Lage, gründete die deutsche Versicherungswirtschaft im Jahre 2002 die „Protektor AG" als Auffanggesellschaft für notleidende Lebensversicherungsunternehmen. Gründer ist der Gesamtverband der Deutschen Versicherungswirtschaft (GDV), der im November 2002 mittels Satzungsänderung beschloss, dass sich alle Mitgliedsunternehmen an der Protektor AG als Gesellschafter beteiligen müssen. 2003 musste Protektor den Vertragsbestand der insolventen Mannheimer Lebensversicherung mit 344.000 Policen übernehmen und indirekt dazu beitragen, dass die restlichen Versicherungssparten des Konzerns überleben konnten.

Angesichts der einsetzenden Erholung an den Kapitalmärkten verbesserte sich die finanzielle Lage der Lebensversicherungen in Deutschland in den Folgejahren zwar wieder, so dass Protektor bislang keine weiteren Lebensversicherungsunternehmen auffangen musste. Allerdings hatten einige Lebensversicherungsunternehmen intensiven Kontakt mit der Versicherungsaufsicht, was in Einzelfällen die Geschäftsleitung der Versicherer um ihre Position brachte. Der erste und einzige Fall der Inanspruchnahme der Auffangeinrichtung, die notwendig gewordene Übernahme der Verträge der Mannheimer Lebensversicherung durch die Protektor AG, hatte aber eine derart hohe Bedeutung, dass die Bundesregierung nicht mehr allein auf die Selbstorganisationskräfte der Lebensversicherungsbranche vertraute. Ende 2004 verpflichtete der Bundestag mit der Änderung des Versicherungsaufsichtsgesetzes die Branche zur Einrichtung eines Sicherungsfonds. Die Protektor AG übernahm schließlich im Mai 2006 die Befugnisse des gesetzlichen Sicherungsfonds in der Lebensversicherung (per Beleihung) zusätzlich zu ihren bisherigen Aufgaben als Auffanggesellschaft. Aus der freiwilligen Einrichtung einer Branche wird damit eine verpflichtende, aus der staatsfreien Branchenorganisation eine mit öffentlichen Aufgaben beliehene Einrichtung.

Kommt es dazu, dass Lebensversicherer Not leiden, dann werden deren Vertragsbestände von der staatlichen Versicherungsaufsicht (BaFin) an Protektor als Sicherungsfonds übertragen und von diesem verwaltet. Der Sicherungsfonds wird über Jahresbeiträge der Mitglieder in Höhe von 0,2 Promille der versicherungstechnischen Netto-Rückstellungen der deutschen Lebensversicherer finanziert, bis ein Vermögen von insgesamt einem Promille der versicherungstechnischen Netto-Rückstellungen (Stand 12/2008: ca. 680 Millionen Euro) erreicht ist. Sonderbeiträge im Falle von weiteren Insolvenzen sind möglich. Staatlicherseits werden also verpflichtende Beitragszahlungen festgelegt, die ausschließlich die Branche aufbringen muss, um Mitbewerber – und damit Konkurrenten – im Notfall aufzufangen. Damit wird zum einen der Wettbewerbsprozess verändert. Das normale Ausscheiden von ineffizienten Anbietern kommt als Wettbewerbsmechanismus nicht mehr wirklich in Betracht, denn dafür müssen alle Unternehmen aufkommen. Fusion und Übernahme könnten so attraktiver werden, da der Kostenbelastung dann zumindest die Übernahme des Versichertenbestandes gegenübersteht. Diese staatliche Verpflichtung zur Sicherung der Versicherungsverträge ist umfassend ausgestaltet: Selbst bereits gewährte Gewinnbeteiligungen, Dynamisierungen und Vertragsanpassungen bleiben erhalten und werden durch den Sicherungsfonds gewährleistet. Nur für den Fall, dass die Mittel des Sicherungsfonds nicht ausreichen, kann maximal eine fünfprozentige Absenkung der Verpflichtungen aus den Versicherungsverträgen zugelassen werden. Dass die Lebensversicherungsunternehmer die Bedeutung des Sicherungsfonds für die Marktfähigkeit ihrer Branche erkannt haben (und nicht nur als unangenehme sozialpolitische Regulierung verstehen), drückt sich darin aus, dass über die Rücklagen des Sicherungsfonds hinaus eine Selbstverpflichtung der Versicherungswirtschaft vorliegt, für Insolvenzfälle aufzukommen.

Selbstorganisation und staatliche Regulierung gehen hier eine ganz enge Verbindung ein. Auf eine aus Staatssicht freiwillige Selbstorganisation, die allerdings brancheninternverpflichtend ist, folgt eine gesetzliche Verpflichtung. Das Versicherungsaufsichtsgesetz sieht vor, dass im Zweifel ein solcher Sicherungsfonds auch in öffentlicher Hand – bei der Kreditanstalt für Wiederaufbau – geführt werden kann, lässt aber die Möglichkeit der Beleihung an eine private Gesellschaft offen. Diese Möglichkeit wird von der Lebensversicherungsbranche genutzt. Die private Protektor AG übernimmt die Aufgabe des staatlich vorgeschriebenen Sicherungsfonds. Die unmittelbare staatliche Verwaltung der von der Branche verlangten Beiträge für den Sicherungsfonds wird derart vermieden. So sind heute fünf externe Vermögensverwalter für die Einlagen der Protektor AG zuständig, darunter Kapitalverwaltungsgesellschaften, die in Beziehung stehen zu den Lebensversicherungen. Auf diese Weise fließen die Beitragszahlungen zunächst in gewissem Umfang wieder zurück an die beitragszahlenden Gesellschaften beziehungsweise an andere Zweige desselben Konzerns. Die Selbstverwaltung sichert die zwischenzeitliche Verfügung, im Schadensfall übernimmt aber die Versicherungsaufsicht die entscheidende Rolle und weist die Verwaltung von Versicherungsbeständen zu. Im Insolvenzfall entscheidet die BaFin, und die Protektor AG ist nur ausführendes Organ. Der Staat hat sich zur Sicherung einer Branche, die nach der Teilprivatisierung der Alterssicherung eine größere Bedeutung für das Gesamtgefüge der sozialen Sicherung erhalten hat, ein Instrumentarium verschafft, das im Krisenfall alle zentralen Entscheidungen beim Staat ansiedelt, die Finanzierung und Finanzverwaltungsfragen aber der Branche überlässt. Der Garantie-Staat hat hier einen Weg gefunden, die sozialpolitische Regulierung strikt auszuüben, ohne selbst die finanzielle Verantwortung übernehmen zu müssen. Die Insolvenz der Mannheimer Lebensversicherung praktisch parallel zur Einführung der Riester-Rente hat dazu beigetragen, dass sehr schnell Lösungen gefunden werden mussten und der Staat sich eine gute Ausgangssituation in den regulatorischen Auseinandersetzungen sichern konnte.

Seit September 2008 hat die Finanzmarktkrise in der deutschen Lebensversicherungsbranche zu großen Umschichtungen in der Kapitalanlage und zum Übergang zu noch stärker auf Sicherheit und Risikobegrenzung ausgerichteten Anlagestrategien geführt.

Allerdings haben eine recht breite Streuung der Anlagen sowie die relativ strikten Auflagen zum Anlageverhalten der Versicherungen dazu geführt, dass die Branche das Jahr 2009 ohne spektakuläre Zusammenbrüche überleben konnte. Zwar wurde in der Öffentlichkeit verstärkt über die Sicherungseinrichtungen der Branche berichtet, doch ein Eingreifen des Sicherungsfonds beziehungsweise der Auffangeinrichtung Protektor war nicht erforderlich.

Den Schwierigkeiten auf dem Gebiet des Kapitalanlagenmanagements standen sogar Zuwächse auf der Seite der Beitragseinnahmen gegenüber. So haben die deutschen Lebensversicherer im ersten Halbjahr 2009 einen Zuwachs der Beitragseinnahmen um 6,6 Prozent gegenüber dem Vorjahreszeitraum verbuchen können (GDV 2009). Dieser resultierte jedoch nicht aus Neuverträgen oder laufenden Beitragszahlungen. Verantwortlich für die erstaunlichen Zugewinne waren so genannte Einmalzahlungen. Die Finanzmarktkrise hat bei vielen Verbrauchern zur Umschichtung ihres Vermögens geführt. Auf der Suche nach sicheren Anlagen sind Lebensversicherungen offensichtlich als günstiger eingeschätzt worden als Aktien, Fonds oder andere Wertpapiere, und Versicherte entschieden sich zu zusätzlichen Sonder-Einzahlungen in bestehende Lebens- beziehungsweise Rentenversicherungsverträge. Im Bereich dieser Einmalzahlungen ist es zu einem Zuwachs von 44 Prozent im ersten Halbjahr 2009 gegenüber dem Vorjahreszeitraum gekommen (GDV 2009). Umschichtungsprozesse bei ängstlich gewordenen Privatanlegern haben das Geschäft der Lebensversicherungen stabilisiert und dazu beigetragen, dass die Garantiefunktionen der Sicherungsfonds gerade nicht aktiviert werden mussten.

3. Fazit: Entstaatlichung der Wohlfahrtsproduktion und Staatsentlastung?

Als Resultat der neuen Politik im Bereich der stationären Krankenversorgung und der Altersvorsorge kann festgehalten werden: Der Staat kann sich mit der Teilprivatisierung sozialpolitischer Aufgaben nur bedingt entlasten. Zwar geht die Funktion der Bereitstellung sozialer Güter auf private Wirtschaftsunternehmen und Wohlfahrtsmärkte über. Jedoch entstehen durch diese Verschiebung neue staatliche Aufgaben in der Regulation dieser Märkte. Vermarktlichung ist kein einseitiger Prozess, er zieht vielmehr eine wechselseitige Steigerung von Marktlichkeit und Staatlichkeit nach sich.

Eine dieser neuen Regulationsfunktionen ist die Übernahme einer staatlichen Letztgarantie für die Funktionsfähigkeit der neuen Märkte. Der Staat kann sich – setzt er sich bei den regulatorischen Konflikten durch – von potentiellen finanziellen Folgen entlasten, jedoch kann es ihm nicht gelingen, die Letztverantwortung zu übertragen. Obwohl der Staat eine Aufgabe an Märkte überantwortet hat, bleibt bei ihm die Last, deren Funktionsfähigkeit zu sichern. Damit wird jede grundlegendere Funktionsstörung des Wohlfahrtsmarktes aber zum Anlass staatlicher Intervention. Der Markt wird gerade nicht zum selbst tragenden Governance-Modus zur Produktion sozialer Sicherheit. Wohlfahrtsmärkte bleiben in staatlicher Obhut, auch wenn sich diese auf letzte Garantien beschränkt.

Damit sind aber Unternehmen, die sich in den neuen Wohlfahrtsmärkten engagieren, in ihrer Geschäftspolitik weit mehr als früher der öffentlichen Auseinandersetzung ausgesetzt. Gerade weil der Staat präventiv tätig werden muss, um den Fall der Insolvenz und der Marktgefährdung zu verhindern, gilt diese erhöhte politische Aufmerksamkeit nicht nur für Krisenzeiten. Unternehmen in Wohlfahrtsmärkten übernehmen öffentliche Aufgaben und produzieren Güter und soziale Dienstleistungen, die in der bundesdeutschen Verfassung als Staatsaufgabe festgeschrieben sind. Die Frage ist, ob es gelingen wird, die Anforderungen an Transparenz und Verantwortlichkeit („accountability"), die bisher nur an öffentliche Einrichtungen gestellt wurden, zukünftig auch an die Unternehmen der Wohlfahrtsbranche zu richten. Müssen sie sich zukünftig in ähnlicher Weise legitimieren, wie sich sonst nur öffentliche Institutionen legitimieren mussten? Für das Funktionieren von Märkten und Unternehmen wird ihre Anerkennungswürdigkeit zu einem wichtigen Faktor (Moran 2008; Diaz-Bone / Krell 2009). Damit unterliegen Wohlfahrtsbranchen und Wohlfahrtsmärkte in besonders intensivem Maße dem Prozess der Politisierung der Marktökonomie (Stehr 2007; Zürn 2008). Die Finanzmarktkrise hat die Legitimationserfordernisse und den politischen Druck auf Unternehmen und Märkte sicherlich erhöht. Aber die Politisierung der Märkte und die gesteigerten Legitimationsanforderungen gerade an Wohlfahrtsmärkte und die dort agierenden Unternehmen haben den Staat nicht entlastet. Dieser muss nämlich nicht nur die Letztgarantie für das ökonomische Funktionieren der Wohlfahrtsmärkte übernehmen, sondern auch noch für die Legitimität des marktlichen Arrangements sorgen, falls die Unternehmen selbst den Anforderungen nicht gerecht werden. Trotz erhöhter politischer Verantwortlichkeit von Unternehmen wird im Fall des Versagens nach dem Staat gerufen. Ob es um Effektivität, soziale Sicherung oder Legitimität geht, die Letztverantwortung verbleibt beim Staat: Die Vermarktlichung vermag den Staat letztlich nicht zu entlasten.

Literatur

Augurzky, Boris / Andreas Beivers / Günter Neubauer / Christoph Schwierz: Bedeutung der Krankenhäuser in privater Trägerschaft, in: RWI Materialien 52 (2009).

Bèland, Daniel: Social Security. History and Politics from the New Deal to the Privatization Debate, Lawrence 2005.

Berner, Frank: Das Zusammenspiel der drei Säulen der Alterssicherung und die Entstehung einer staatlichen Alterssicherungspolitik, in: Deutsche Rentenversicherung, 62. Jg. (2007), H. 8-9, S. 562-575.

Berner, Frank: Der hybride Sozialstaat. Die Neuordnung von öffentlich und privat in der sozialen Sicherung, Frankfurt am Main / New York 2009.

Berner, Frank / Lutz Leisering / Petra Buhr: Innenansichten eines Wohlfahrtsmarkts. Strukturwandel der privaten Altersvorsorge und die Ordnungsvorstellungen der Anbieter, in: Kölner Zeitschrift für Soziologie und Sozialpsychologie, 61. Jg. (2009), H. 1, S. 56-89.

Blackburn, Robin: Banking on Death – or, Investing in Life. The History and Future of Pensions, London / New York 2003.

Blackburn, Robin: Age Shock – How Finance Is Failing Us, London / New York 2006.

Böhm, Katharina: Federalism and the New Politics of Hospital Financing, in: German Policy Studies, 5. Jg. (2009), H. 1, S. 99-118.

Bönker, Frank: Der Siegeszug des Mehrsäulenparadigmas in der bundesdeutschen Rentenpolitik. Eine Analyse auf Grundlage der „Ideenliteratur", in: Zeitschrift für Sozialreform, 51. Jg. (2005), H. 3, S. 337-362.

Clark, Gordon L. (Hrsg.): Pension Fund Capitalism, New York 2004.

Deutsches Krankenhaus Institut: Krankenhaus Trends. Kurzfristige Investitionsmaßnahmen der Krankenhäuser im Jahr 2009, Erhebung Januar 2009, Düsseldorf 2009.

Diaz-Bone, Rainer / Gertraude Krell (Hrsg.): Diskurs und Ökonomie. Diskursanalytische Perspektiven auf Märkte und Organisationen, Wiesbaden 2009.

Ehrentraut, Oliver: Alterssicherung in Deutschland – das Zusammenspiel der drei Säulen, in: Deutsche Rentenversicherung, 62. Jg. (2007), H. 8-9, S. 576-589.

Esping-Andersen, Gösta: Politics against Markets. The Social Democratic Road to Power, Princeton 1985.

Esping-Andersen, Gösta: The Three Worlds of Welfare Capitalism, Princeton 1990.

Freise, Matthias: Innovationsmotoren oder Danaergeschenke? Zur Legitimität Öffentlicher-Privater Partnerschaften in Governancearrangements der kommunalen Gesundheitspolitik, in: ZSR, 55. Jg. (2009), H. 3, S. 231-251.

GDV: Gesamtverband der Deutschen Versicherungswirtschaft – Pressemitteilung vom 18. August 2009, http://www.gdv.de/Presse/Pressearchiv_Linkliste/Pressemeldungen_2009_Uebersichtsseite/inhaltsseite24484.html.

Hacker, Jacob S.: The Divided Welfare State, Cambridge 2002.

Hacker, Jacob S. / Paul Pierson: Business Power and Social Policy. Employers and the Formation of the American Welfare State, in: Politics and Society, 30. Jg. (2002), H. 2, S. 277-326.

Hacker, Jacob S. / Paul Pierson: Varieties of Capitalist Interests and Capitalist Power. A Response to Swenson, in: Studies in American Political Development, 18. Jg. (2004), H. 2, S. 186-195.

Hall, Peter / David Soskice (Hrsg.): Varieties of Capitalism. The Institutional Foundations of Comparative Advantage, New York 2001.

Heiss, Sonja: Die Institutionalisierung der deutschen Lebensversicherung, Berlin 2006.

Helios Kliniken: Geschäftsbericht 2009, http://www.helios-kliniken.de/ueber-helios/publikationen/geschaeftsbericht.html (Zugriff am 19. Oktober 2010).

Hippe, Thorsten: Märkte, Wohlfahrtsstaaten oder Wohlfahrtsmärkte? Typen der Regulierung kapitalgedeckter Altersvorsorge im Vergleich, in: Deutsche Rentenversicherung, 62. Jg. (2007), H. 8-9, S. 492-504.

Howard, Christopher: The Hidden Welfare State – Tax Expenditures and Social Policy in the United States, Princeton 1997.

Iversen, Torben: Capitalism, Democracy, and Welfare, New York / Cambridge 2005.

Iversen, Torben: Responses and Some Agenda Items for the Future Study of Democratic Capitalism, in: Labor History, 47. Jg. (2007), H. 3, S. 439-449.

Iversen, Torben / David Soskice: An Asset Theory of Social Policy Preferences, in: American Political Science Review, 95. Jg. (2001), H. 4, S. 875-893.

Kitschelt, Herbert: Collective Group Interests and Distributive Outcomes. Competing Claims about the Evolution of the Welfare State, in: Labor History, 47. Jg. (2006), H. 3, S. 411-420.

Klenk, Tanja: Modernisierung der funktionalen Selbstverwaltung. Universitäten, Krankenkassen und andere öffentliche Körperschaften, Frankfurt am Main 2008.

Korpi, Walter: The Democratic Class Struggle, London 1983.

Leipziger Volkszeitung (LVZ): Cross-Border-Leasing-Geschäfte: Leipzig bangt mit AIG, Printausgabe vom 4. März 2009.

Leisering, Lutz: Privatisierung der Alterssicherung als komplexe Ordnungsbildung – Zur Entstehung von Wohlfahrtsmärkten und regulativer Staatlichkeit, in: Ulrich Becker u.a. (Hrsg.): Alterssicherung in Deutschland. Festschrift für Franz Ruland zum 65. Geburtstag, Baden-Baden 2007, S. 189-220.

Leisering, Lutz / Ines Vitic: Die Evolution marktregulativer Politik. Normbildung in hybriden Bereichen sozialer Sicherung – das Beispiel der Unisex-Tarife für die Riester-Rente, in: Zeitschrift für Sozialreform, 55. Jg. (2009), H. 2, S. 97-123.

Mares, Isabela: The Politics of Social Risk. Business and Welfare State Development, Cambridge 2003.

Moran, Michael: Representing the Corporate Elite in Britain. Capitalist Solidarity and Capitalist Legitimacy, in: Sociological Review, 56. Jg. (2008), H. 1, S. 44-63.

Mosebach, Kai: Comercializing German Hospital Care? Effects of Nue Public Management and Manged Car under Neoliberal Conditions, in: Germany Policy Studies, 5. Jg. (2009), H. 1, S. 65-98.

Nullmeier, Frank: Vermarktlichung des Sozialstaats?, in: Detlef Aufderheide / Martin Dabrowski (Hrsg.): Markt und Wettbewerb in der Sozialwirtschaft. Wirtschaftsethische und moralökonomische Perspektiven für den Pflegesektor, Berlin 2007, S. 97-108.

Orenstein, Mitchell A.: Privatizing Pensions. The Transnational Campaign for Social Security Reform, Princeton 2008.

Pierson, Paul: Dismantling the Welfare State? Reagan, Thatcher, and the Politics of Retrenchment, Cambridge 1994.

Rieckhoff, Christian: Regulierungserfordernisse für die Einbindung der Wohnimmobilie in die zusätzliche Altersvorsorge, in: Deutsche Rentenversicherung, 62. Jg. (2007), H. 8-9, S. 590-600.

Ries-Heidtke, Katharina / Nils Böhlke: Vom LBK Hamburg zur Asklepios Klinken Hamburg GmbH, in: Nils Böhlke / Thomas Gerlinger / Kai Mosebach / Rolf Schmucker / Thorsten Schulten (Hrsg.): Die Privatisierung von Krankenhäusern in Deutschland und ihre Auswirkungen auf Beschäftigte und Patienten, Hamburg 2009, S. 127-140.

Rhön-Klinikum AG: Geschäftsbericht 2009, http://www.rhoen-klinikum-ag.com/rka/cms/rka_2/deu/27483.html (Zugriff am 19. Oktober 2010).

Sass, Steven A.: The Promise of Private Pensions – The First Hundred Years, Cambridge / London 1997.

Schuppert, Gunnar Folke: Der Gewährleistungsstaat. Ein Leitbild auf dem Prüfstand, Baden-Baden 2005.

Soskice, David: Skill Specificity and the Modern Macroeconomics of Unemployment. Using the Iversen Tool-Kit, in: Labor History, 47. Jg. (2006), H. 3, S. 429-439.

Stehr, Nico: Die Moralisierung der Märkte. Eine Gesellschaftstheorie, Frankfurt am Main 2007.

Stephens, John D.: Partisan Government, Employers Interests, and the Welfare State. A Critical Review of Torben Iversen's 'Capitalism, Democracy, and Welfare', in: Labor History, 47. Jg. (2006), H. 3, S. 421-429.

Stumpfögger, Niko: Wenn die Gründerzeit zu Ende geht. In Privatisierung von Krankenhäusern. Erfahrungen und Perspektiven aus Sicht der Beschäftigten, in: Nils Böhlke / Thomas Gerlinger / Kai Mosebach / Rolf Schmucker / Thorsten Schulten (Hrsg.): Die Privatisierung von Krankenhäusern in Deutschland und ihre Auswirkungen auf Beschäftigte und Patienten, Hamburg 2009, S. 199-219.

Swenson, Peter A.: Capitalists against Markets. The Making of Labor Markets and Welfare States in the United States and Sweden, New York 2002.

Swenson, Peter A.: Varieties of Capitalist Interests. Power, Institutions, and the Regulatory Welfare State in the United States and Sweden, in: Studies in American Political Development, 18. Jg. (2004a), H. 1, S. 1-29.

Swenson, Peter A.: Yes, and Comparative Analysis Too. Rejoinder to Hacker and Pierson, in: Studies in American Political Development, 18. Jg. (2004b), H. 3, S. 196-200.

Wehlau, Diana: Lobbyismus und Rentenreform. Der Einfluss der Finanzdienstleistungsbranche auf die Teilprivatisierung der Alterssicherung, Wiesbaden 2009.

Zürn, Michael: The Politicization of Economization? On the Current Relationship between Politics and Economics, in: Guido Palazzo / Andreas G. Scherer (Hrsg.): Handbook of Research on Global Corporate Citizenship, Cheltenham 2008, S. 293-311.

Prioritätensetzung und explizite Rationierung in der Gesundheitspolitik: Entscheidungsverfahren und Leistungskataloge im internationalen Vergleich[1]

Claudia Landwehr und Katharina Böhm

Gesundheitssysteme stehen permanent unter Druck, sich an wandelnde Rahmenbedingungen anzupassen und sind ein Feld beständiger, wenn auch häufig erfolgloser Reformbemühungen. Obwohl der Übergang von Leistungsausweitung zu Kostendämpfung und Budgetierung in die 1970er Jahre zurückdatiert, ist der explizite Ausschluss einzelner Behandlungsmethoden und Arzneimittel aus den Leistungskatalogen staatlich kontrollierter Gesundheitssysteme ein relativ neues Phänomen. Aus Sicht der betroffenen Patienten und Leistungserbringer findet hier in der Tat ein „Klimawandel" in der Gesundheitspolitik statt, der sich zum Teil auch in erstaunlich tiefgreifenden institutionellen Reformen niederschlägt. So wurden in fast allen OECD-Ländern Gremien mit der Bewertung medizinischer Leistungen beauftragt beziehungsweise neu geschaffen und mit weitreichenden Kompetenzen in der Definition von Leistungskatalogen – und damit der Verteilung von Gesundheitsgütern – ausgestattet. Sowohl hinsichtlich der Entscheidungsverfahren als auch der Leistungskataloge sind im OECD-Vergleich sowohl gemeinsame Trends als auch interessante Varianzen festzustellen.

Hier werden erste Ergebnisse aus einem Forschungsprojekt präsentiert, das am Beispiel der Rationierung von Gesundheitsleistungen den Zusammenhang zwischen Entscheidungsverfahren, in ihnen zur Anwendung kommenden Verteilungsprinzipien und Verteilungsergebnissen untersucht.[2] Dabei stehen folgende Fragen im Vordergrund: Entspricht der wahrgenommene „Klimawandel" in der Finanzierung von Leistungen der Realität, werden also tatsächlich zunehmend Leistungen rationiert? In welcher Weise werden Entscheidungsgremien für politische Ziele der Einschränkung oder vielleicht auch Ausweitung des Leistungskataloges instrumentalisiert? Gibt es einen Trend zur verstärkten Anwendung von Effizienzkriterien in der Allokation von Gesundheitsleistungen? Schlägt sich der verbreitete Ruf nach mehr Eigenverantwortung im Ausschluss von Behandlungen (vermeintlich) selbstverschuldeter Erkrankungen nieder?

---

1 Beitrag im Panel „Alles nur heiße Luft? Reformen in Politikfeldern" des Forums Junge Staats- und Verwaltungswissenschaft, 24. Kongress der Deutschen Vereinigung für Politische Wissenschaft, Christian-Albrechts-Universität Kiel, 21.-25. September 2009.

2 Das Projekt trägt den Titel „Entscheidungsverfahren und Verteilungseffekte. Die Allokation von Gesundheitsleistungen in den OECD-Ländern" und wird von der VolkswagenStiftung gefördert.

1. Hintergrund: Prioritätensetzung und Rationierung in der Gesundheitspolitik

In Deutschland wird die Ausgabensteigerung im Gesundheitswesen häufig in erster Linie mit dem demographischen Wandel begründet: Die Lebenserwartung steigt, während die Geburtenrate unterhalb der Reproduktionsgrenze liegt; die Zahl der Beitragszahler sinkt, während die große Zahl der in der Gesetzlichen Krankenversicherung (GKV) versicherten Rentner in besonderem Maße medizinische Leistungen benötigt beziehungsweise diese in Anspruch nimmt. In Anbetracht einer im internationalen Vergleich weiterhin geringen Frauenerwerbsquote und einer auf hohem Niveau schwankenden Arbeitslosenquote lässt sich jedoch argumentieren, dass Deutschland sich in Bezug auf das Verhältnis von Beitragszahlern zu Anspruchsberechtigten heute schon in einer Situation befindet, die der demographische Wandel erst in Jahrzehnten produzieren würde (Kühn 2004). So ist die Hauptursache für die hohen und steigenden Gesundheitsausgaben an anderer Stelle zu finden. Die GKV hat sich wie andere staatlich sanktionierte Gesundheitssysteme in ihrer Funktion grundlegend gewandelt: von der Absicherung von Verdienstausfällen durch Arbeitsunfähigkeit zur Finanzierung der Diagnose, Behandlung und Heilung von Krankheiten.

Der technologische Fortschritt in der Medizin trifft zum Teil auf echten Bedarf, zum Teil auf eine von der Industrie gezielt induzierte Nachfrage. Weltweit agierende Konzerne erwerben heute auf nahezu täglicher Basis Patente und Zulassungen für ihre neuen Produkte. Patentgeschützte Arzneimittel machen einen erheblichen Teil der Gesamtausgaben aus.[3] Auf diese Entwicklung haben viele Länder und insbesondere die EU bereits mit einer restriktiveren Marktzulassungspolitik reagiert, die sicherstellen soll, dass nur Produkte mit erwiesenem Zusatznutzen zugelassen werden. Diese zunächst rein regulative Maßnahme bleibt jedoch unzureichend: Um Gesundheitsausgaben wirksam zu kontrollieren, scheint es notwendig, auch Arzneimittel und Leistungen mit nachweislichem Nutzen von der Finanzierung auszuschließen. Wo dies geschieht, kann von der Rationierung von Gesundheitsleistungen gesprochen werden.

Bis heute ist die offizielle Version der deutschen Politik, dass Rationierung nicht notwendig und notwendige Einsparungen stattdessen durch eine effizientere Verwendung der vorhandenen Mittel zu erreichen seien. Diese bis in die 1990er Jahre auch von vielen Gesundheitsökonomen vertretene These (zum Beispiel *Reagan* 1990) hat sich in der Gesundheitssystemforschung aber als nicht haltbar herausgestellt. So argumentierten *Henry Aaron* und *William Schwartz* bereits vor fast 20 Jahren überzeugend, dass die Kombination von anhaltender technologischer Innovation und tendenziell exzessivem Konsum von Gesundheitsgütern zu einem Kostenanstieg führt, dem mit Rationalisierung allein nicht beizukommen ist (Aaron / Schwartz 1990). Es stellt sich somit für den Gesetzgeber, letztlich aber für ganze Gesellschaften die Frage, welche Prioritäten in der Gesundheitsversorgung gesetzt werden und welche Erkrankungen, Behandlungsformen und Patientengruppen vorrangig behandelt werden sollen. Bei einem begrenzten Budget (und nur dann ist sie notwendig) ist Prioritätensetzung gleich-

3 Generika machen nur ca. zehn Prozent des globalen Marktes, gemessen am Wert, aus, obwohl rund 40 Prozent der Arzneimittel auf den größten Märkten Generika sind (OECD 2007).

bedeutend mit Rationierung. Zu unterscheiden ist zudem zwischen impliziter und expliziter Rationierung. Erstere erfolgt über Budgetierung und Pauschalisierung von Leistungen und äußert sich zum Beispiel in Wartezeiten. Explizite Rationierung, mit der wir hier befasst sind, erfolgt über den verbindlichen Ein- beziehungsweise Ausschluss von Arzneimitteln oder medizinischen Leistungen über Positiv- oder Negativkataloge.

Während implizite Rationierungsmaßnahmen insbesondere in steuerfinanzierten Gesundheitsdiensten eine lange Tradition haben und seit den späten 1970er Jahren auch in Deutschland vermehrt zur Anwendung kamen, ist die explizite Rationierung von Gesundheitsleistungen ein relativ neues Phänomen. In den späten 80er und frühen 90er Jahren wurden einige Länder zu Vorreitern in der Politisierung des Themas: Norwegen setzte 1985 die erste „Lønning Commission" zur Prioritätensetzung in der Gesundheitsversorgung ein, Neuseeland initiierte 1992 ein umfassendes Bürgerbeteiligungsverfahren, und in den Niederlanden prägte der 1992 veröffentlichte Bericht der „Dunning Commission" den Diskurs. Einzig der US-Staat Oregon versuchte sich jedoch an der Definition einer expliziten Rangordnung von „Condition Treatment Pairs" (Paare von Gesundheitszuständen und entsprechenden Behandlungsmethoden); in den übrigen Fällen hoffte man, über die konsensuelle Bestimmung von Grundprinzipien der gerechten Verteilung einen Leitfaden für Entscheidungen über konkrete Leistungen zu schaffen. Spätestens um die Jahrtausendwende setzte sich jedoch die Einsicht durch, dass die Vorstellung „objektiv korrekter" Verteilungsprinzipien und -ergebnisse illusorisch ist, und der Fokus verschob sich in der Folge von Gerechtigkeitsprinzipien auf Entscheidungsverfahren (Holm 2000).

In dieser zweiten Phase der Rationierungsdebatte haben die Arbeiten von *Norman Daniels* und *James E. Sabin* sowohl in der Forschung als auch in der Praxis großen Einfluss erlangt (Daniels / Sabin 2002). In ihrem Modell der „Accountability for Reasonableness" benannten sie Kriterien für ein faires Verfahren: Öffentlichkeit, nachvollziehbare Begründung von Entscheidungen, Einspruchs- und Revisionsmöglichkeiten sowie die verbindliche Regulierung eines Verfahrens (Daniels 2008: 117-139). Dieses normative Modell hat zahlreiche Regierungen, insbesondere in Entwicklungs- und Schwellenländern, bei der Ausgestaltung von Verfahren beeinflusst, und *Norman Daniels* ist heute einer der einflussreichsten Politikberater in diesem Bereich.

Auch wenn „Accountability for Reasonableness" einen wichtigen Rahmen für die normative Bewertung von Verfahren bietet, fehlen derzeit ein systematischer Überblick über Verfahren sowie Studien über die Auswirkungen unterschiedlicher Verfahrens- und Gremienmerkmale auf Entscheidungen über Leistungskataloge und damit die Verteilung von Gesundheitsgütern. An dieser Stelle setzt unser Forschungsprojekt an: Mit einer quantitativen und qualitativen Untersuchung der OECD-Staaten sollen Erkenntnisse über Entscheidungsverfahren in der Rationierung von Gesundheitsgütern und die Verteilungswirkungen unterschiedlicher Verfahren gewonnen werden.

2. Typen von Entscheidungsverfahren und Gremien

Bei der Analyse von Entscheidungsverfahren und Gremien in der Rationierung von Gesundheitsleistungen muss zunächst zwischen temporären, die zumeist der Verständigung über Grundprinzipien der Verteilung dienen, und permanenten, in denen konkrete Rationierungsentscheidungen getroffen werden, unterschieden werden. Erstere werden hier als „Prinzipienkommissionen" bezeichnet; sie schaffen in erster Linie öffentliche Aufmerksamkeit für das Problem und tragen zu seiner Politisierung bei. Für Leistungskataloge und die resultierende Verteilung von Gesundheitsgütern sind dauerhafte und formalisierte Verfahren und Gremien von Bedeutung, weshalb sich die Analyse auf deren Vergleich konzentriert.

Von großer Bedeutung ist zunächst, ob überhaupt explizite Kataloge für Arzneimittel und andere medizinische Leistungen existieren und ob diese positiv oder negativ definiert sind. Bei Negativdefinition gilt der Einschlussvorbehalt: Alles, was nicht explizit ausgeschlossen ist, wird finanziert. Bei Positivdefinition gilt der Ausschlussvorbehalt: Alles, was nicht explizit eingeschlossen ist, wird nicht finanziert. Die Mehrzahl der OECD-Länder verfügt über Positivlisten für Arzneimittel, Deutschland und Großbritannien bilden mit Negativlisten eine Ausnahme.[4] Die Finanzierung nicht-pharmazeutischer Leistungen wird seltener über explizite Kataloge geregelt, und wenn, dann meist wie in Deutschland nur im ambulanten Sektor.[5] Einige Länder verwenden jedoch eigene Verfahren für hochtechnologische Geräte, die etwa in der Tumordiagnostik und Strahlentherapie angewandt werden.

Der Entscheidungsprozess zur Finanzierung neuer und Bewertung bestehender Leistungen ist in den meisten Ländern nicht in einem einzelnen Gremium konzentriert, sondern separiert, und zwar horizontal und vertikal. Horizontal separiert ist der Prozess, wenn Entscheidungen über unterschiedliche Leistungstypen (Arzneimittel, nicht-pharmazeutische Behandlungen, Geräte) in parallelen Verfahren und Gremien getroffen werden, vertikal, wenn die einzelnen Stufen der Entscheidung – die Prüfung einer Leistung durch Effektivitäts- und Kosten/Nutzen-Analysen, ihre Bewertung im Vergleich zu anderen Leistungen und die letztlich verbindliche Finanzierungsentscheidung – auf unterschiedliche Gremien verteilt sind. Oft sind Prozesse zugleich horizontal und vertikal separiert.

Patienten direkt betreffende Rationierungsentscheidungen werden, trotz des Trends zu expliziter Rationierung, in den meisten Ländern weiterhin nicht allein auf der politischen Makroebene, sondern oft auch lokal oder regional getroffen. Ein interessantes Cluster bilden hier Staaten mit steuerfinanzierten nationalen Gesundheitsdiensten, in denen die Leistungserbringung zugleich stark dezentralisiert ist, wie Großbritannien,

4 Spanien, das häufig als Beispiel für Länder mit Negativliste genannt wird, hat 2006 eine Positivliste eingeführt. Griechenland hatte eine Positivliste, die aber nach einem Urteil des Verfassungsgerichts außer Kraft ist. Das griechische Verfahren zur Definition von Leistungskatalogen befindet sich aktuell im Umbruch und wird daher hier und im weiteren nicht berücksichtigt.

5 Die Kostenerstattung über „Diagnosis-Related-Groups (DRGs)" in der stationären Versorgung stellt ein mittlerweile weit verbreitetes Steuerungsinstrument dar, das explizite Rationierung vermeidet und zugleich Anreize zur impliziten Rationierung schafft.

Italien, Spanien und Schweden. In diesen Ländern findet sich ein starker Trend zur Institutionalisierung eines Grundleistungskataloges auf der nationalen (Makro-)Ebene. Hauptaufgabe dieser Kataloge ist es, das Recht auf Gesundheitsversorgung trotz dezentralisierter Organisation für alle Bürger gleichwertig zu verwirklichen, weshalb der „Grundleistungskatalog" in der Praxis auch sehr umfassend ausfällt. Auf der lokalen beziehungsweise regionalen Ebene kann es umfangreichere Zusatzkataloge geben, wegen in der Regel knapper Budgets müssen die Untereinheiten jedoch implizit rationieren. Großbritannien hat mit der Einrichtung des National Institute of Clinical Excellence (NICE) eine Vorreiterrolle in der Institutionalisierung des Entscheidungsprozesses auf der Makroebene inne, Italien, Spanien und Schweden schlagen derzeit denselben Weg ein.

Die auf der Makroebene mit Entscheidungen über Leistungskataloge befassten Gremien sind in ihrer Zusammensetzung recht unterschiedlich. Konzentriert man sich auf solche, die mit der Bewertung von Leistungen befasst sind, lassen sich hinsichtlich der Zusammensetzung Expertengremien, bürokratische, korporatistische und pluralistische Gremien unterscheiden. Erstere sind in der Regel mit Medizinern aus unterschiedlichen Fachrichtungen und Gesundheitsökonomen besetzt, bürokratische Gremien mit Vertretern betroffener Ministerien (Gesundheitsministerium sowie häufig Finanzministerium) und / oder Verwaltungsmitgliedern nationaler Gesundheitsdienste. In steuerfinanzierten Systemen finden sich (in der OECD-Welt) entweder Expertengremien (zum Beispiel Australien, Neuseeland), bürokratische Gremien (zum Beispiel Irland, Finnland) oder Mischformen (etwa Norwegen). Korporatistische Gremien finden sich in Ländern mit starker Selbstverwaltung, so etwa in Deutschland und Belgien; sie sind mit Vertretern von Leistungserbringern auf der einen und Krankenkassen auf der anderen Seite besetzt. Pluralistische Gremien umfassen neben oder statt korporatistischen Vertretern auch Betroffene (Patienten, Pflegepersonal), Industrievertreter und organisierte Interessen (etwa Kirchen), Beispiele sind die Schweiz und Israel. Das britische NICE, das international als Vorbild und Referenz gelten kann, lässt sich als Expertengremium mit starken pluralistischen Elementen charakterisieren.

Für die Zusammensetzung von Gremien und den Einfluss der beteiligten Akteure auf Entscheidungen bieten Vetospieler- und Principal-Agent-Theorien sowie Organisationstheorien Erklärungsmodelle und plausible Hypothesen. Die im vorliegenden Zusammenhang wichtigste ist schlicht die, dass eine hohe Inklusivität von Gremien und Entscheidungsprozessen Transaktionskosten erhöht und damit kontroverse Entscheidungen (in diesem Fall über Rationierungen) erschwert. Die Inklusivität steigt mit der Anzahl der beteiligten Interessengruppen oder „stakeholder". Als solche sind Akteure mit materiellen Interessen an Entscheidungen anzusehen, je nach Systemtyp also Leistungserbringer, Vertreter der Pharmaindustrie und Patientengruppen. Auch Krankenkassen (in Sozialversicherungssystemen) haben ein materielles Interesse an Entscheidungen, das jedoch eher dahin geht, Leistungen auszuschließen beziehungsweise die

Aufnahme weiterer Leistungen in den Leistungskatalog zu verhindern.[6] Experten dagegen sollten keine materiellen Interessen an Entscheidungen haben.

Neben der Besetzung von Gremien sind weitere institutionelle Merkmale für Entscheidungsprozesse und aus ihnen resultierende Finanzierungsentscheidungen von Bedeutung. Wichtig scheint insbesondere die Entscheidungsregel (Einstimmigkeit oder Mehrheit). Die Möglichkeit von Mehrheitsentscheidungen senkt die Transaktionskosten erheblich, weshalb Rationierungsentscheidungen wahrscheinlicher werden dürften. Nicht immer ist die Entscheidungsregel in einer Geschäftsordnung explizit festgelegt. Häufig lässt sie sich jedoch an der Mitgliederzahl ablesen: Bei einer ungeraden sind Mehrheitsentscheidungen leichter als bei einer geraden. Gerade in kleineren Gremien kann auch eine Form der impliziten Abstimmung unterstellt werden, in der sich die Minderheit der Mehrheitsmeinung beugt. In Folge ist davon auszugehen, dass eine ungerade Mitgliederzahl Rationierungsentscheidungen wahrscheinlicher macht.

Wichtig sind auch der Kompetenzzuschnitt und die institutionelle Anbindung eines Gremiums. Je weiter es von der verbindlichen Entscheidung institutionell entfernt ist, desto wahrscheinlicher sind kontroverse Entscheidungen beziehungsweise Empfehlungen zur Rationierung von Leistungen. Ein unmittelbar dem zuständigen Ministerium oder einer anderen Institution[7] unterstelltes Gremium entscheidet „im Schatten der Hierarchie". Es wird eher der Linie der übergeordneten Institution folgen, die in den meisten Fällen explizite oder zumindest deutlich sichtbare Rationierungsentscheidungen zu vermeiden sucht.[8] Ein weiterer wichtiger Punkt ist die Frage, ob ein Gremium oder Teile von ihm zugleich Budgetverantwortung tragen. In diesem Fall ist das Interesse an und damit die Wahrscheinlichkeit von Rationierungsentscheidungen höher.

Ein letztes besonders relevantes Gremienmerkmal ist die Öffentlichkeit beziehungsweise Transparenz von Sitzungen, Dokumenten und Berichten. Sie stellt einerseits eine gewichtige normative Anforderung im Sinne einer deliberativen und demokratischen Entscheidungsfindung dar (siehe Daniels / Sabin 1997). Im Sinne der deliberativen Demokratietheorie lässt sich auch die Hypothese aufstellen, dass die öffentliche Begründung von Entscheidungen deren Akzeptanz befördert, was schmerzhafte Einschnitte leichter machen könnte. Allerdings macht die Angst vor einem Gesichtsverlust in der Öffentlichkeit es Akteuren schwerer, von ihrer ursprünglich eingenommenen Position abzurücken (Elster 1995) und kann dadurch Verhandlungs- und Kompromisslösungen behindern (Elster 1998). Nicht zuletzt kann Öffentlichkeit auch zu einer

6 Die Interessengruppe der Krankenkassen stellt sich deutlich komplizierter dar als die der anderen Stakeholder und ist abhängig von Art und Umfang des Kassenwettbewerbs, von der Höhe staatlicher Zuschüsse aus Steuermitteln sowie davon, ob Beitragssätze politisch festgesetzt oder von den Kassen (in Abhängigkeit von ihren Ausgaben) selbst festgelegt werden.

7 In Frankreich sind die für die Bewertung von Leistungen zuständigen Gremien etwa dem Spitzenverband der Krankenversicherungen (UNCAM) unterstellt.

8 Im Sinne einer Begrenzung der Gesundheitsausgaben haben Regierungen zwar ein (teilweise auch offen bekundetes) Interesse an Leistungseingrenzungen, gleichzeitig müssen sie konkrete Ausschlüsse politisch verantworten. Im Einzelfall können diese sogar zum Machtverlust führen (siehe das Beispiel Neuseelands). Hier liegt auch eine Ursache für den Trend zur bedingten Rationierung.

Politisierung und Emotionalisierung von Entscheidungen beitragen (Chambers 2004) – alle drei Punkte machen Rationierungsentscheidungen eher unwahrscheinlich.

Tabelle 1: Gremienmerkmale und abgeleitete Hypothesen

Institutionelle Merkmale (Gremien)	Hypothesen
Zusammensetzung (beteiligte Akteure)	H1: Wo Stakeholder beteiligt sind, sind Rationierungsentscheidungen unwahrscheinlicher als in bürokratischen beziehungsweise Expertengremien.
Entscheidungsregel	H2: Wenn Konsenszwang besteht, sind Rationierungsentscheidungen unwahrscheinlicher, insbesondere dort, wo zugleich Stakeholder beteiligt sind.
Anzahl der Mitglieder eines Gremiums	H3: Bei ungerader Mitgliederzahl sind Rationierungsentscheidungen wahrscheinlicher (weil implizite oder explizite Mehrheitsentscheidung möglich sind).
Kompetenzen des Gremiums	H4: Wenn ein Gremium unmittelbar verbindliche Entscheidungen trifft, sind Rationierungsentscheidungen unwahrscheinlicher als wenn es nur Empfehlungen abgibt.
Institutionelle Anbindung	H5: Für institutionell unabhängige Gremien ist die Wahrscheinlichkeit kontroverser Rationierungsentscheidungen höher.
Budgetverantwortung	H6: Wenn das Gremium oder Teile des Gremiums zugleich Budgetverantwortung haben, ist die Wahrscheinlichkeit von Rationierungsentscheidungen höher.
Öffentlichkeit / Transparenz	H7: Öffentlichkeit von Sitzungen und Berichten erschwert Rationierungsentscheidungen.

3. Leistungskataloge und explizite Rationierung im internationalen Vergleich

Betrachtet man Leistungskataloge und auch tatsächliche Leistungserbringung in staatlich kontrollierten Gesundheitssystemen entwickelter Demokratien, so muss festgestellt werden, dass trotz der vermeintlichen Zunahme expliziter Rationierungsmaßnahmen weiterhin eine umfassende Versorgung besteht. Explizite, aber auch implizite Rationierung auf diesem hohen Niveau scheint keine Auswirkungen auf die an Indikatoren wie Lebenserwartung, Kinder- und Müttersterblichkeit oder Überlebensdauer bei schweren Erkrankungen gemessene Leistung eines Systems zu haben (Andersen / Hussey 2001). Neuseeland, das mit einem Bruttoinlandsprodukt (BIP) pro Kopf von 27.060 Euro (IMF 2008) zu den weniger wohlhabenden Industrieländern zählt, erzielt mit Gesundheitsausgaben von 9,3 Prozent des BIP dieselbe Lebenserwartung wie Deutschland, das über ein um die Hälfte höheres BIP pro Kopf verfügt und annähernd elf Prozent davon für Gesundheit aufwendet. In der Tat besteht Grund zu der Annahme, dass Umverteilung von Ressourcen außerhalb des Gesundheitssektors erheblich mehr zur Reduzierung von Gesundheitsrisiken und Angleichung von Gesundheitschancen beitragen kann als die Ausweitung oder Verbesserung von Gesundheitsleistungen (Daniels 2007: 4 f.).

Ingesamt werden in den hochentwickelten OECD-Staaten relativ selten Leistungen kategorisch ausgeschlossen. Stattdessen findet sich ein Trend zur bedingten Rationierung, was bedeutet, dass bestimmte Leistungen nur unter restriktiven Bedingungen finanziert werden, etwa wenn kostengünstigere Therapien nicht angeschlagen haben, Unverträglichkeiten bestehen oder der Patient ein genau bestimmtes Krankheitsbild aufweist. Darüber hinaus haben praktisch alle Industrieländer spätestens in den 90er Jahren Zuzahlungen zu Medikamenten und/oder Selbstbeteiligungen eingeführt. Nicht verschreibungspflichtige Arzneimittel sind in den meisten OECD-Ländern nicht mehr erstattungsfähig. Ein großer Teil der Rationierungsmaßnahmen betrifft dabei die Behandlung „banaler" Erkrankungen sowie die diagnostische Abklärung bei fehlender oder geringer Symptomatik, nicht die Behandlung schwerer Krankheiten.

Der in Anbetracht wegbrechender Staatseinnahmen beziehungsweise rückläufiger Lohnsummen und anhaltender Innovationsfreude der pharmazeutisch-technischen Industrie zunehmende Kostendruck lässt jedoch für die kommenden Jahre und Jahrzehnte explizite Rationierungsmaßnahmen erwarten, deren Ausgestaltung auch vom Design der hierfür geschaffenen Institutionen bestimmt sein wird. Grundsätzlich lassen sich vier Kriterien für den Ausschluss von Leistungen finden, die auch schon ansatzweise zur Anwendung kommen.

(1) *Fehlender Effektivitätsnachweis*: Zwar muss die Wirkung von Arzneimitteln schon für ihre Marktzulassung nachgewiesen werden, die überlegene Wirksamkeit im Vergleich zu alternativen Therapien lässt sich jedoch in der Regel erst nach vielen Jahren der verbreiteten Anwendung zeigen. Leistungen werden in der Regel nur dann aufgrund eines fehlenden Effektivitätsnachweises ausgeschlossen, wenn kostengünstigere Alternativen bestehen. Aktuell bereits von Ausschlüssen betroffen sind insbesondere Medikamente, die bei schwer behandelbaren Krankheiten wie Multipler Sklerose eingesetzt werden.

(2) *Fehlende Effizienz*: Effizienzvergleiche können zwischen Arzneimitteln beziehungsweise Behandlungsmethoden für dasselbe Krankheitsbild getroffen werden oder aber zwischen solchen für unterschiedliche Krankheitsbilder. Im letzteren Fall, wenn man etwa eine Blinddarmentfernung (bei Entzündung) mit einer Zahnüberkronung vergleicht, muss man auf Kosten-Nutzen-Analysen zurückgreifen, die den erzielten Nutzen zu objektivieren versuchen. Ein Beispiel hierfür ist das „Quality Adjusted Life Year (QALY)"-Kalkül, bei dem die Kosten eines durchschnittlich gewonnenen Lebensjahres mit besserer Lebensqualität erfasst werden. Effizienzvergleiche zwischen prinzipiell austauschbaren Behandlungen für dasselbe Krankheitsbild sind einfacher und weitaus verbreiteter:[9] Leistungen werden zunehmend von der Finanzierung ausgeschlossen, wenn sie bei im Vergleich identischer oder geringerer Wirksamkeit höhere Kosten verursachen als Alternativen, aber auch, wenn sie nur eine geringfügig höhere Wirksamkeit bei gleichzeitig enorm höheren Kosten aufweisen. Ein Beispiel hierfür sind Generika (wirkstoff-

9 Das deutsche Institut für Qualität und Wirtschaftlichkeit im Gesundheitswesen (IQWiG) führt Effizienzvergleiche nur innerhalb von Indikationen, also für Behandlungen desselben Krankheitsbildes, durch und lehnt indikationsübergreifende Kosten-Nutzen-Analysen, etwa durch QALYs, ab (Koch / Dintsios u.a. 2009). Das britische National Institute for Health and Clinical Excellence (NICE) bekennt sich dagegen zur Verwendung von QALYs (Rawlins / Dillon 2005; Bryan 2009).

gleiche Kopien von Originalpräparaten): Wenn innerhalb einer Wirkstoffgruppe Generika existieren, erstatten die meisten Länder nur noch den Preis des kostengünstigsten Generikapräparates. Verlangt der Patient das Originalpräparat, muss er die zusätzlichen Kosten selbst tragen. Nicht immer jedoch ist die Effizienz so einfach zu ermitteln, insbesondere wenn die Leistung nur einen geringen Zusatznutzen bietet, aber erheblich höhere Kosten verursacht.

(3) *Fehlende Krankheitswertigkeit*: Viele Produktinnovationen zielen auf die Therapie von Gesundheitszuständen, die nach verbreiteter Ansicht keinen Krankheitscharakter haben. In fast allen Ländern sind sogenannte Lifestyle-Medikamente (zum Beispiel zur Behandlung von Potenzstörungen oder erblich bedingtem Haarausfall) und Schönheitsoperationen von der Finanzierung ausgeschlossen. Dabei wird der Bereich rein „kosmetischer“ Behandlungen jedoch zunehmend weiter gefasst und die fehlende Krankheitswertigkeit beispielsweise auch zum Argument für den Ausschluss von Zahnersatz. Ein weiterer Leistungsbereich, der vor diesem Hintergrund zum Gegenstand von Rationierungen wird, ist die künstliche Befruchtung. Die Mehrzahl der untersuchten Länder fordert hier hohe Selbstbeteiligungen und legt Beschränkungen in Hinblick auf Alter der Mutter und Anzahl der Versuche fest.[10]

(4) *Fehlende Eigenverantwortung*: Die Verantwortung von Patienten für ihren Gesundheitszustand wird zunehmend als Rationierungskriterium angeführt. In Deutschland ist etwa die Behandlung infizierter Tätowierungen und Piercings von der Finanzierung durch die GKV ausgeschlossen. Weniger explizit spielt die Zuschreibung von Verantwortung aber auch bei Entscheidungen gegen die Finanzierung nachweislich effektiver Magenband- beziehungsweise -bypassoperationen bei extremem Übergewicht eine Rolle.

Zudem fallen große Bereiche auf, in denen wenig oder gar nicht rationiert wird, obgleich es gewichtige Argumente für eine Einschränkung von Leistungen gibt. In der Krebstherapie werden neue Wirkstoffe und Behandlungen meist schon auf der Grundlage geringer Effektivitätsindizien finanziert. Eine der ersten Ausnahmen in den Industriestaaten schien die Entscheidung des neuseeländischen Gremiums Pharmac zu sein, die adjuvante Brustkrebstherapie mit dem Medikament Herceptin aufgrund fehlender Effektivitätsnachweise einzuschränken (siehe unten).

Ein weiterer Bereich, in dem Einschränkungen trotz der in vielen Fällen fraglichen Effektivität beziehungsweise Effizienz von Leistungen selten sind, ist die Früherkennung und Prävention. In fast allen untersuchten Ländern gibt es umfassende Krebsfrüherkennungsprogramme, die jedoch meist aus Mitteln der öffentlichen Gesundheitsförderung und nicht über das Krankenversicherungssystem finanziert werden. Auch die Finanzierung von Impfungen wird selten in Frage gestellt, wie zuletzt der Fall der HPV-Impfung zeigte.

10 Wie *Stefan Huster* überzeugend argumentiert, zeigt jedoch gerade dieses Beispiel, dass der Krankheitsbegriff kein Steuerungspotenzial besitzt (Huster 2009).

4. Klimawandel in der Gesundheitsversorgung?

Betrachtet man die expliziten Leistungskataloge staatlich organisierter Gesundheitssysteme, so kann von einem Klimawandel in der Gesundheitspolitik offenbar keine Rede sein. Gerade bei schweren Erkrankungen und Unfällen ist die Versorgung umfassend und in den meisten Fällen qualitativ hochwertig. Die Unterschiede in der Performanz von Gesundheitssystemen sind in erster Linie historisch und systemimmanent zu begründen, wobei die absolute und relative Höhe der Gesundheitsausgaben ab einem gewissen Punkt für die an harten Indikatoren wie Lebenserwartung gemessene Leistung des Systems offenbar unerheblich werden (Andersen / Hussey 2001). Zunehmender Politik-Transfer, etwa im Falle der „Diagnosis-Related Groups (DRG)" (Gilardi / Füglister u.a. 2008), sowie der Trend zu Benchmarking und internationalen Vergleichen lassen hier eine Annäherung der OECD-Staaten auf hohem Niveau erwarten. Im Zuge der Europäisierung erzwingt außerdem zum einen die Arzneimittelgesetzgebung eine Konvergenz von Verfahren, während zum anderen die Rechtsprechung des EuGH zur Patientenmobilität einen Druck zur Anpassung von Leistungskatalogen erzeugen könnte.

Wenn Patienten subjektiv dennoch einen neuen Wind in der Gesundheitsversorgung spüren, so ist dies zum einen in steigenden Zuzahlungen und Selbstbehalten, vor allem aber in den Konsequenzen von Budgetierungen und Pauschalisierungen begründet. So besteht Grund zu der Vermutung, dass niedergelassene Ärzte versuchen werden, die Verantwortung für auf der Mikroebene notwendig gewordene Rationierungsentscheidungen auf die Makroebene abzuschieben. Dies ist insofern nachvollziehbar, als die den Ärzten vorgegebenen Praxisbudgets oder Kopfpauschalen auf der Makroebene bestimmt wurden; es verschleiert aber die Tatsache, dass die konkrete Entscheidung zur Nichtgewährung einer Leistung vom Arzt selbst getroffen wurde. Resultierende Vertrauensverluste in der Bevölkerung verstärken den Druck zur Erstellung verbindlicher Leistungskataloge.

Der Verdacht eines Klimawandels in der Gesundheitspolitik (und Sozialpolitik insgesamt) beschränkt sich jedoch nicht auf den Leistungsumfang; er betrifft auch, oder sogar in erster Linie, die zur Verteilung von Leistungen verwendeten Prinzipien und Kriterien. Befürchtet wird insbesondere, dass Effizienz- zulasten von Bedarfskriterien an Einfluss gewinnen. In der Tat nimmt die Bedeutung von „Health Technology Assessment (HTA)", einer häufig ökonomiezentrierten Form der evidenzbasierten Analyse von Kosten und Wirkung medizinischer Leistungen, zu. Entsprechende Gremien sind international vernetzt und tauschen Berichte aus.[11] Auch wenn HTA nicht gleichbedeutend ist mit der Verwendung eines Effizienzkalküls zur Verteilung von Leistungen, wie etwa dem der QALYs (siehe Loomes / McKenzie 1989), bietet es durch die Erhebung von Kosten und Wirkung einer Leistung die Grundlage für entsprechende vergleichende Bewertungen. Die Tatsache, dass das britische NICE, das international die Rolle einer Referenzinstitution eingenommen hat, auf Grundlage von HTA-Be-

11 Auf europäischer Ebene etwa durch das EUnetHTA (www.eunethta.net).

richten mit Hilfe eines QALY-Grenzwertes entscheidet (Rawlins / Dillon 2005), scheint für einen Trend zu Effizienzkriterien zu sprechen.

Allerdings finden sich in der Zusammenschau von Finanzierungsentscheidungen in den OECD-Ländern wenige Belege dafür, dass Leistungen allein aufgrund schlechter Kosten-Nutzen-Bewertungen ausgeschlossen wurden. Ausschlaggebend für den Ausschluss oder die Einschränkung von Leistungen scheinen im Wesentlichen der fehlende Effektivitätsnachweis beziehungsweise -vorsprung gegenüber Alternativen zu sein. So verwies etwa der Gemeinsame Bundesausschuss bei seiner Entscheidung gegen die Finanzierung neuer Analog-Insuline auf die nicht nachgewiesenen Vorteile dieser Behandlungsform gegenüber der hergebrachten Behandlung mit Humaninsulin und ermöglichte die Finanzierung durch die GKV erst, nachdem der Anbieter den Preis entsprechend angepasst hatte. Diese Entscheidung wurde teilweise heftig als von Kostenerwägungen geleitet kritisiert, hat sich jedoch im Lichte neuerer Studien als gerechtfertigt erwiesen (Hemkens / Grouven u.a. 2009).

Wie ein Beispiel aus Neuseeland zeigt, führt das durch den diskursiven Fokus auf Effizienzsteigerung sowie implizite Rationierungsmaßnahmen beförderte Misstrauen auf Seiten der Patienten jedoch dazu, dass bei Ausschlüssen aufgrund fehlender Effektivitätsnachweise fast immer Kostenerwägungen unterstellt werden (siehe Fenton 2010). Das neuseeländische Gremium Pharmac hatte die adjuvante Behandlung von Brustkrebs mit dem Medikament Herceptin (Hersteller Roche) auf zwölf Wochen statt wie international üblich auf ein Jahr begrenzt. Grundlage der Entscheidung waren Wirksamkeitsstudien, die keinen Beleg für den Zusatznutzen einer längeren Behandlung finden konnten. Die Entscheidung führte zu massiven Protesten in der Öffentlichkeit und wurde von der Opposition zum Wahlkampfthema gemacht. Betroffene Patientinnen versuchten öffentlichkeitswirksam, aber erfolglos, die längere Behandlung einzuklagen, mit dem Argument, dass ihnen eine lebensnotwendige Therapie aus Kostengründen vorenthalten werde. Nach ihrem Erfolg bei den Parlamentswahlen ermöglichte die neue konservative Regierung eine Finanzierung der längeren Behandlungsdauer. Hierfür wurde jedoch weder die Entscheidung des Pharmac formell zurückgenommen noch das Gesamtarzneimittelbudget, das Pharmac verteilt, erhöht, sondern es wurden unabhängig Mittel freigemacht.

Ein weiteres Kriterium, das in Finanzierungsentscheidungen vermeintlich an Einfluss gewinnt und in Politik wie Öffentlichkeit große Popularität genießt, ist die Eigenverantwortung der Patienten. So sollen in Deutschland nach der Gesundheitsreform 2007 Patienten, die Früherkennungsuntersuchungen versäumt haben, höhere Zuzahlungen leisten und entzündete Piercings oder Tätowierungen nicht mehr auf Kosten der GKV behandelt werden. Dass es bei diesen Entscheidungen aber vielmehr darum geht, eine (überaus populäre) Botschaft zu vermitteln, als darum, ein sinnvolles und handhabbares Verteilungskriterium zur Anwendung zu bringen, zeigt der Umgang des NICE mit der Behandlung von Piercings und Tätowierungen. NICE hat die Befassung mit dieser Frage abgelehnt, da die insgesamt durch entzündete Piercings und Tätowierungen verursachten Kosten zu gering seien. Auch in Deutschland steht der durch die entsprechende Regelung entstandene Verwaltungsaufwand mit seinen Folgekosten in keinem

Verhältnis zu den eingesparten Kosten, da entsprechende Behandlungen zugleich relativ selten und hocheffizient sind.[12]

Dennoch hat der diskursive Klimawandel, der mit der Popularität von Eigenverantwortungsargumenten einhergeht, letztlich wohl auch Auswirkungen auf die Verteilung. So macht etwa die zunehmende Diffamierung von Übergewichtigen, die häufig mit entsprechenden Argumenten verschleiert wird, die Durchsetzung neuer Behandlungsmethoden (etwa Magenbypassoperationen) für diese Patientengruppe schwierig. Hier ist ein Trend zum „blaming the victim", der auch im Umgang mit sozial randständigen Gruppen deutlich wird, zu erkennen.

Der Überblick über die entwickelten Demokratien zeigt bei der Verteilung von Ressourcen im Gesundheitssektor insgesamt starke Konvergenztrends. Mit den DRGs hat sich ein Steuerungs- und Verteilungsinstrument in der Krankenhauspolitik, wenn auch in unterschiedlichen Varianten, international durchgesetzt. In der Arzneimittelpolitik fordert das EU-Recht explizite und verbindliche Finanzierungsentscheidungen, für die in allen Mitgliedstaaten entsprechende Entscheidungsgremien eingerichtet werden müssen. Über die so genannten Twinning-Programme, in denen Kommissionen aus den älteren Mitgliedsländern den Aufbau entsprechender Institutionen in den neueren, insbesondere in den osteuropäischen Mitgliedstaaten begleiten, findet dabei ein starker Institutionentransfer statt.

Dennoch zeigen sich in den Leistungskatalogen und in der Verteilung von Gesundheitsgütern Unterschiede zwischen den OECD-Staaten. Diese sind zum Teil historisch und kulturell bedingt. So war Zahnersatz in vielen Ländern auch in der Vergangenheit nicht Teil des Leistungsumfangs nationaler Gesundheitsdienste, weshalb in der Bevölkerung keinerlei Erwartungen in dieser Hinsicht bestehen. In Ländern mit einer ehemals großzügigen zahnmedizinischen Versorgung werden Einschränkungen hingegen als Rationierung deutlich wahrgenommen. Auch mit der zumindest punktuellen Finanzierung alternativer Heilmethoden, wie etwa der Misteltherapie bei Brustkrebs, bildet Deutschland im internationalen Vergleich eine Ausnahme, die sich in erster Linie aus gewachsenen Erwartungen der Bevölkerung erklären lässt.

Wir halten jedoch an der These fest, dass Unterschiede in der Verteilung zu einem erheblichen Teil auch in der Ausgestaltung der Entscheidungsverfahren und entsprechenden Gremien begründet sind. Eine Konvergenz von Verfahren durch internationale Zusammenarbeit, Referenzinstitutionen (wie NICE) und Referenzentscheidungen auf der Grundlage in internationalen Kooperationen erarbeiteter und weltweit zugänglicher HTA-Berichte könnte hier in der Zukunft zu einer Konvergenz von Entscheidungen führen. Wenn aber die Verfahrensauswahl und -ausgestaltung politisiert und Alternativen deutlicher werden, könnte sich auch die Divergenz in Verfahren ebenso wie in resultierenden Entscheidungen verstärken.

12 Die Regelung lässt sich insbesondere deshalb nicht durchsetzen, weil Ärzte entsprechende Behandlungen nicht wie angestrebt an die Krankenkassen melden, da sie hierin einen Verstoß gegen die Schweigepflicht sehen.

5. Fazit: Verbesserte Informationen über die Wirkung von Entscheidungsverfahren

Weht in der Verteilung von Gesundheitsleistungen ein neuer Wind? Eine Diskursverschiebung von bedarfszentrierten Argumentationen zu solchen von Effizienz und Eigenverantwortung ist fraglos festzustellen. Dieser diskursive Wind stößt jedoch in den entwickelten Demokratien auf etablierte Ansprüche und institutionelles Beharrungsvermögen. Auch wenn der Kostendruck zu zunehmend restriktiveren Finanzierungsentscheidungen, insbesondere zu höherer Selbstbeteiligung und bedingter Rationierung führt und die Einrichtung von Entscheidungsverfahren zur expliziten Rationierung befördert, finden bislang nirgendwo Leistungsausschlüsse in größerem Umfang statt.

Die ungleiche Verteilung von Gesundheitschancen, die in Deutschland etwa dazu führt, dass das unterste sozioökonomische Fünftel der Bevölkerung in jedem Lebensalter ein doppelt so hohes Erkrankungs- und Sterberisiko hat wie das oberste Fünftel (Rosenbrock / Gerlinger 2004: 41 f.), ist keine Folge expliziter Rationierungsentscheidungen. Neben Unterschieden in Gesundheitsbelastung (insbesondere am Arbeitsplatz) und Gesundheitsverhalten (zum Beispiel Ernährung) sind es eher Maßnahmen der Budgetierung und impliziten Rationierung, die Benachteiligungen verstärken. Wo explizite Rationierung verbindliche Ansprüche begründet (etwa durch Positivkataloge) und die Folgen impliziter Rationierung begrenzt, kann sie Gerechtigkeit in der Verteilung befördern und Vertrauen in das System stärken.[13]

Angesichts der Tatsache, dass auch der rein diskursive Wind zu einem Klimawandel führt, der Ängste schürt und benachteiligte Gruppen weiter an den Rand drängt, wächst der Bedarf für eine Verständigung über Prinzipien einer gerechten Verteilung essentieller Güter und über die chancenrelevanten Folgen konkreter Entscheidungen. Hierzu sind Informationen über die Verteilungseffekte etablierter und neu zu schaffender Entscheidungsverfahren nötig – und dafür möchte unser Forschungsprojekt einen Beitrag leisten.

Literatur

Aaron, Henry J. / William B. Schwartz: Rationing health care – the choice before us, in: Science, 247. Jg. (1990), H. 4941, S. 418-422.

Andersen, Gerard / Peter Sotir Hussey: Comparing Health System Performance in OECD Countries. Cross-national comparisons can determine whether additional health care spending results in better outcomes, in: Health Affairs, 20. Jg. (2001), H. 3, S. 219-232.

Barrett, Ann / Tom Roques / Matthew Small / Richard D. Smith: How much will Herceptin really cost?, in: British Medical Journal, Nr. 333 (2006), S. 1118-1120.

13 Dass explizite Rationierung implizite Rationierung sogar noch bestärken kann, zeigt jedoch das britische Beispiel. Hier führen Entscheidungen des NICE, insbesondere zur Finanzierung neuer Arzneimittel, bei gleichbleibenden Budgets auf der lokalen Ebene („Primary Care Trusts") zu Finanzierungsengpässen, denen mit impliziten Rationierungsmaßnahmen begegnet werden muss (Barrett / Roques u.a. 2006).

Bryan, S.: Balancing Cost-Effectiveness with other Values. Experiences of the National Institute for Health and Clinical Excellence, in: Gesundheitswesen, 71. Jg. (2009), H. 1, S. 30-33.

Chambers, Simone: Behind Closed Doors. Publicity, Secrecy, and the Quality of Deliberation, in: The Journal of Political Philosophy, 12. Jg. (2004), H. 4, S. 389-410.

Daniels, Norman: Just Health. Meeting Health Needs Fairly, Cambridge 2008.

Daniels, Norman / James E.Sabin: Setting Limits Fairly. Can We Learn to Share Medical Resources?, Oxford 2002.

Elster, Jon: Strategic Uses of Argument, in: Kenneth J. Arrow (Hrsg.): Barriers to Conflict Resolution, New York 1995, S. 236-257.

Elster, Jon: Deliberation and Constitution Making, in: Jon Elster, Deliberative Democracy, Cambridge 1998, S. 97-122.

Fenton, Elizabeth: Making Fair Funding Decisions for High Cost Cancer Care. The Case of Herceptin in New Zealand, in: Public Health Ethics, 3. Jg. (2010), H. 2, S. 137-146.

Gilardi, Fabrizio / Katharina Füglister / Stéphane Luyet: Learning from others. The diffusion of hospital financing reforms in OECD countries, in: Comparative Political Studies, 42. Jg. (2008), H. 4, S. 549-573.

Hemkens, Lars G. / Ulrich Grouven / Ralf Bender / Christian Günster / Sven Gutschmidt / Gisbert W. Selke / Peter T. Sawicki: Risk of malignancies in patients with diabetes treated with human insulin or insulin analogues. A cohort study, in: Diabetologica, 52. Jg. (2009), H. 9, S. 1732-1744.

Holm, Soren: Developments in the Nordic countries – goodbye to the simple solutions, in: Angela Coulter / Chris Ham (Hrsg.): The Global Challenge of Health Care Rationing, Buckingham / Philadelphia 2000, S. 29-37.

Huster, Stefan: Die Leistungspflicht der GKV für Maßnahmen der künstlichen Befruchtung und der Krankheitsbegriff, in: Neue Juristische Wochenzeitschrift, 62. Jg. (2009), H. 24, S. 1713-1716.

Koch, Klaus / Charalabos-Markos Dintsios / Peter T. Sawicki: Methodenvorschlag des IQWiG zur Kosten-Nutzen-Bewertung von medizinischen Verfahren, in: Gesundheitswesen, 71. Jg. (2009), H. 1, S. 34-40.

Kühn, Hagen: Demographischer Wandel und demographischer Schwindel. Zur Debatte um die gesetzliche Krankenversicherung, in: Blätter für deutsche und internationale Politik, 49. Jg (2004), H. 6, S. 742-751.

Loomes, Graham / Lynda McKenzie: The Use of QUALYs in Health Care Decision Making, in: Social Science and Medicine, 28. Jg. (1989), H. 4, S. 299-308.

OECD: Pharmaceutical Pricing Policies in a Global Market, OECD Health Policy Studies, 2007.

Rawlins, Michael / Andrew Dillon: NICE discrimination, in: Journal of Medical Ethics, 31. Jg. (2005), H. 12, S. 683-684.

Reagan, Michael D.: Health Care Rationing and Cost Containment Are Not Synonymous, in: Policy Studies Review, 9. Jg. (1990), H. 2, S. 219-231.

Rosenbrock, Rolf / Thomas Gerlinger: Gesundheitspolitik. Eine systematische Einführung, Bern 2004.

Die Finanzmarktkrise und die Rolle des Staates

Andreas Busch

Die Finanzmarkt- und Wirtschaftskrise, die seit dem Sommer 2007 und verschärft seit dem Herbst 2008 – dem Zeitpunkt des Zusammenbruchs der Firma Lehman Brothers – zahlreiche Länder betroffen hat, wird allgemein als die schwerste ökonomische Krise seit den 1930er Jahren eingeschätzt.[1] Sicher ist sie ohne Parallelen in Bezug auf ihre globale Reichweite, ihre Synchronizität und ihre Kostspieligkeit. Und ganz sicher wäre vieles von dem, was in der Krise geschehen ist, bis vor kurzem noch als Fantasterei abgetan und für undenkbar gehalten worden:

- dass die Elite der Finanzwelt – die großen Investmentbanken der Wall Street wie Goldman Sachs, Morgan Stanley, Merrill Lynch, Bear Stearns und Lehman Brothers – untergeht, sich aufkaufen lässt beziehungsweise (unter Änderung ihrer Lizenz) sich als normale Geschäftsbanken dem Schutz der amerikanischen Bankenaufsicht unterstellt;
- dass Staaten Unternehmen des Finanzmarktes durch gigantische Rettungspakete, Garantien und direkte Kapitalinjektionen vor dem Zusammenbruch retten;
- oder dass ausgerechnet Großbritannien und die Vereinigten Staaten erhebliche Teile ihres Bankensystems verstaatlichen.

Welche politischen Folgen diese Krise auslösen wird, ist weder auf der nationalen noch auf der internationalen Ebene bereits abschließend einzuschätzen; denn weder ist gegenwärtig (Herbst 2010) klar, ob weitere Episoden der Krise noch bevorstehen noch ob diese (angesichts sich wieder verbessernder wirtschaftlicher Indikatoren) bereits überwunden ist. Noch kann davon ausgegangen werden, dass sich die durch den dramatischen wirtschaftlichen Einbruch initiierten politischen Konsequenzen bereits manifestiert haben. Erfahrungen mit Krisen aus der Vergangenheit legen nahe, dass solche Folgen eventuell erst mit erheblicher Verzögerung auftreten. Auch die Kosten der Krise können aus demselben Grund noch nicht angegeben werden. Zudem sind diese prinzipiell sehr schwer abzuschätzen. Methodisch können solche Schätzungen entweder bei der Höhe der zur Rekapitalisierung des Finanzsystems notwendigen fiskalischen Kosten ansetzen, oder es können die durch die Krise ausgelösten negativen Abweichungen des Sozialprodukts vom Trendwachstum gemessen werden. Berechnungen der Bank of England nach der ersten Methode für die Vereinigten Staaten von Amerika haben etwa 100 Milliarden Dollar ergeben, was etwas weniger als einem Prozent des Bruttoinlandsprodukts (BIP) entspricht. Für Großbritannien werden diese direkten Kosten auf knapp unter 20 Milliarden Pfund geschätzt, oder etwas mehr als

1 Der vorliegende Beitrag ist eine überarbeitete und aktualisierte Version des Vortrages, den der Verfasser am 22. September 2009 auf dem DVPW-Kongress in Kiel gehalten hat. Den Mitdiskutanten im Panel „Die Finanzkrise und die (staatlichen) Reaktionen" auf dem Podium sowie im Publikum gilt mein Dank für ihre Kommentare und Anregungen zu diesem Thema.

ein Prozent des BIP (Bank of England 2010: 3 ff.). Der deutsche Sachverständigenrat zur Begutachtung der gesamtwirtschaftlichen Entwicklung (SVR) schätzt die reinen Verluste der Banken auf etwa 2,8 Billionen US-Dollar (SVR 2009: 117). Aber die gesamtwirtschaftlichen Kosten gehen über die Einbußen der Banken weit hinaus. Untersuchungen zu Finanzmarktkrisen der Vergangenheit haben ergeben, dass oft mehr als zehn Prozent des BIP der Vorkrisenzeit verloren gingen (Reinhart / Rogoff 2009). Blickt man deshalb weiter und fragt nach den Kosten, die durch den veränderten Verlauf der Entwicklung des Sozialprodukts entstanden sind, so fallen diese noch einmal deutlich höher aus: Weltweit wird geschätzt, dass das Sozialprodukt im Jahr 2009 etwa 6,5 Prozent niedriger ausgefallen ist, als dies ohne die Krise der Fall gewesen wäre[2]; für Großbritannien wird dieser Verlust sogar auf zehn Prozent geschätzt. Umgerechnet bedeutet dies für die gesamte Welt einen Verlust von vier Billionen Dollar und für Großbritannien von 140 Milliarden Pfund. Hinzu kommt, dass große Teile davon dauerhaft sind und somit auch das zukünftige Sozialprodukt beeinflussen. Je nachdem, ob man den Anteil dieser bleibenden Verluste auf 100 , 50 oder 25 Prozent schätzt, ergeben sich Gesamtkosten der Krise zwischen 100 und 500 Prozent des BIP – also zwischen 60 und 200 Billionen Dollar für die gesamte Weltwirtschaft (ebd.).

Man kann demnach keine eindeutigen oder „besten“ Antworten auf die Frage nach den Kosten der Krise geben. Die bevorzugte Betrachtungsperspektive kann zudem mit politischen Interessen zusammenhängen: Die astronomischen Summen, die der Direktor der Abteilung Finanzmarktstabilität bei der Bank of England in dem eben zitierten Vortrag vom März 2010 diesbezüglich nennt, haben ihm (vermutlich unerwarteten) Beifall von kapitalismuskritischer Seite eingetragen[3], und auf der anderen Seite des politischen Spektrums, wo man bemüht ist, die Kosten eher als gering darzustellen, wird darauf hingewiesen, dass die von den Regierungen aufgebrachten Rettungsgelder ja Gegenwerte in Form von Unternehmensbeteiligungen an Banken und Finanzmarktfirmen erbracht hätten, die nach dem Ende der Krise durch Verkauf dazu führen könnten, dass die Steuerzahler ohne Verlust – und eventuell sogar mit Gewinn – aus der Krise hervorgingen. Die US-Regierung erwartete im Herbst 2010 beispielsweise, die Beteiligungen an dem geretteten Versicherungskonzern AIG mit Profit verkaufen zu können.[4]

Zudem hat die Krise zwar mehr oder weniger alle Länder getroffen, aber Ausmaß und Folgen scheinen doch erheblichen Variationen zu unterliegen. Dies lässt sich gut am Beispiel der Bundesrepublik Deutschland illustrieren, die zwar im ersten Halbjahr 2009 eine Exportentwicklung von -23,5 Prozent sowie im ganzen Jahr 2009 einen

2 Der Internationale Währungsfonds (IMF 2009b: xii) schätzte den Rückgang im April 2009 lediglich auf 1,3 Prozent.

3 Vgl. dazu die Website „In Defense of Marxism“ unter http://www.marxist.com/britain-real-cost-of-banking-crisis.htm (Abruf am 30. September 2010).

4 Vgl. SPIEGEL Online-Meldung „Erfolgreiche Sanierung: US-Regierung erwartet Profit aus AIG-Rettung“, http://www.spiegel.de/wirtschaft/soziales/0,1518,726651,00.html (Abruf am 4. November 2010). Wegen eines Kursrückganges der AIG-Aktie wurde der Verkauf der Anteile dann allerdings verschoben.

Rückgang des BIP in Höhe von 5,0 Prozent (Statistisches Bundesamt 2010: 635) hinnehmen musste, bei der aber mehrere Faktoren im internationalen und intertemporalen Vergleich positive Wirkungen entfalteten. So verhinderte beispielsweise die Existenz der Gemeinschaftswährung Euro eine Aufwertung für die Bundesrepublik Deutschland, wie sie in vergangenen Krisen aufgrund steigender wirtschaftlicher Unsicherheit und einer Flucht in die als am stabilsten angesehene Währung stattgefunden hatte – mit erheblichen negativen Effekten für die internationale Wettbewerbsfähigkeit und entsprechendem Abbau von Arbeitsplätzen (detaillierter siehe Busch 2010). Auch gab es hier keine Immobilienkrise (wie etwa in Spanien oder Großbritannien), die parallel zur Finanzmarktkrise auftrat und über die negativen Effekte auf das Konsumentenverhalten zusätzlich verschärfend wirkte. Stattdessen wurde die in diesem Sektor lange beklagte mangelnde Dynamik nun plötzlich zu einer als positiv eingeschätzten Stabilität – und die Preise fielen nicht um 20 oder 30 Prozent, wie das in anderen Ländern der Fall war. Schließlich funktionierten auch die sozialstaatlichen Puffer auf dem Arbeitsmarkt: Instrumente wie die Kurzarbeit verhinderten zahlreiche Entlassungen trotz massiver Auftragseinbrüche bei den Unternehmen und führten dazu, dass die Arbeitslosenquote weniger stark anstieg als in vielen anderen Ländern.

1. Die (Debatte um die) Ursachen der Krise

Angesichts der geschilderten Breite und Tiefe der Krise ist es nicht verwunderlich, dass die Frage nach den Ursachen und Verbreitungsmechanismen mit großer Dringlichkeit gestellt wurde. Schließlich ist das Wissen um die Ursachen eine notwendige (wenn auch nicht hinreichende) Voraussetzung dafür, dass Maßnahmen ergriffen werden können, die die Wiederholung verhindern. Doch der Versuch, die Gründe zu verstehen, ist nicht nur auf das reine Streben nach Wissen reduzierbar; gerade weil die Diagnose der Ursachen Folgen hinsichtlich der zu ergreifenden Maßnahmen haben wird und diese sehr konkrete politische und wirtschaftliche Interessen betreffen werden, ist auch der Prozess der „Wahrheitsfindung" essenziell umstritten. In der umfangreichen einschlägigen Literatur finden sich daher neben akademischen Stimmen aus Bereichen wie Wirtschaftswissenschaften, Politik- und Rechtswissenschaften auch Stellungnahmen von Interessengruppen und Parteien sowie eine große Vielzahl journalistischer Publikationen von stark unterschiedlicher Qualität. Es erstaunt nicht, dass angesichts der Vielzahl dieser Perspektiven gegenwärtig sicher nicht von einem Konsens hinsichtlich der Ursachen der Krise gesprochen werden kann.[5] Zwar gibt es auslösende und begünstigende Faktoren, die mehr oder weniger allgemein als richtig akzeptiert werden; doch hinsichtlich der Gewichtung, der Sequenz und auch der Richtung der Kausalität besteht keine Einigkeit. Ein paar ausgewählte Beispiele, je von einem Finanzmarktaufseher, einem Politikwissenschaftler und einem Ökonomen, sollen das im folgenden verdeutlichen.

5 *Gamble* (2010) konstatiert Übereinstimmung hinsichtlich der „Auslöser" der Krise, betont jedoch ebenfalls die Umstrittenheit hinsichtlich der Ursachen.

(1) Der langjährige Vorsitzende des US-amerikanischen Zentralbanksystems, *Alan Greenspan*, verfolgt die Kette der Gründe für die Krise zurück bis zum Ende des Kalten Krieges. Der Zusammenbruch des Kommunismus habe zu einer Ausweitung von Marktsystemen geführt, die ihrerseits einen erheblichen Anstieg der globalen Arbeitskraft bewirkt habe. In der Folge hätten die Wachstumsraten der sich entwickelnden Länder über längere Zeit erheblich über denjenigen der entwickelten Welt gelegen. Da jedoch ein großer Teil der zusätzlichen Einkommen nicht in den Konsum geflossen sei, sei die Sparquote deutlich angestiegen und habe durch Investitionen nicht absorbiert werden können. Der Überschuss an Kapital habe zu einem weltweiten Absinken der Zinssätze geführt, wodurch letztlich eine praktisch weltweite Blase im Bereich der Immobilienpreise entstanden sei.[6] „In short, geo-political events ultimately led to a fall in long-term mortgage interest rates that in turn led, with a lag, to the boom in house prices globally." (Greenspan 2010: 204). Diese Entwicklung sei durch eine Ausweitung von Verbriefungen auf den Finanzmärkten ebenso verstärkt worden wie durch die Aktivitäten der „regierungsgestützten Unternehmen" Fannie Mae und Freddie Mac in den USA, die von Regierung und Kongress zur Ausweitung günstigen Hausbesitzes gedrängt worden seien und sich deshalb im Bereich der „sub-prime"-Hypotheken engagiert hätten (ebd.: 205 f.). Die verbrieften Wertpapiere hätten willige Käufer vor allem in Europa gefunden, und weltweit sei es durch eine lange Zeit hohen Wachstums bei niedriger Inflation zu einer stark fallenden Risikoaversion gekommen – mit dem Resultat einer großen Finanzmarktblase, deren Platzen die Krise ausgelöst habe. Rückblickend schließt *Greenspan*, dass Finanzmarktinnovationen für eine moderne globale Wirtschaft unverzichtbar seien, ihre Folgen jedoch letztlich nicht vorhergesagt werden könnten. Gesetzliche Vorsorge gegen Krisen sei deshalb nur sehr beschränkt möglich und solle vor allem beim Schutz der Steuerzahler ansetzen, denen man nicht die Lasten exzessiver, von Investoren eingegangener Risiken aufbürden dürfe.

(2) *Andrew Gamble*, Professor für Politikwissenschaft an der University of Cambridge, beginnt seinen Erklärungsversuch für die Krise mit der grundsätzlichen Frage, ob die Ereignisse tatsächlich mit der Bezeichnung „Krise" belegt werden sollten (Gamble 2010: 6). Er argumentiert, dass es eine lange Geschichte von Finanzkrisen gebe, die bis zur „South Sea Bubble" von 1720 zurückreiche und in der sich jeweils eine psychologische Haltung, die an einen Aufschwung ohne Ende glaubte, gegen warnende Stimmen durchgesetzt habe. Auch vor dem jetzigen Zusammenbruch hätten viele Akteure auf den Finanzmärkten – unter ihnen auch *Alan Greenspan* – geglaubt, man habe alle Risiken im Griff und sei gegen jeden Schock gefeit. Doch noch jedes Mal sei auf diese Hybris das Platzen der spekulativen Blase gefolgt, und somit handele es sich auch dieses Mal lediglich um einen weiteren Fall von finanziellem Überschwang auf den Märkten. Als konkrete Ursachen sieht *Gamble* eine Überschuldung sowie zu geringes Sparen im öffentlichen wie im privaten Sektor (ebd.). Daneben sei krisenauslösend vor allem ein regulativer Ansatz gewesen, nach dem Deregulierung die Vorteile

6 *Greenspan* nennt als einzig relevante Ausnahmen von dieser Entwicklung Japan, Deutschland und die Schweiz.

der nationalen Finanzindustrie gegenüber den internationalen Konkurrenten erhöhen und so zum Wachstum in diesem Bereich beitragen sollte. Die wichtige Rolle, die die verbreitete Deregulierung der Finanzmärkte als Ursache der Krise spiele, belegten Fälle wie Kanada und Indien, die diese Strategie nicht verfolgt hätten und deutlich weniger von der Krise betroffen seien (ebd.: 7). Deren Folgen, so *Gamble*, würden vermutlich langwierig sein; noch gebe es keine Hinweise auf ein grundlegendes Umsteuern im ökonomischen Denken, und ob es zu einem fundamentalen Wandel komme oder die „alte Ordnung" wieder hergestellt werde, hänge von politischen Entscheidungen ab (ebd.: 13).

(3) *John Taylor*, Ökonom an der Stanford University, sieht die Ursachen für die Krise (sowie die Gründe für deren Dauer und Tiefe) vor allem im – politisch motivierten – Handeln von Regierungen (Taylor 2009). *Taylor*, dessen Spezialgebiet die monetäre Ökonomik ist und der auch über Erfahrungen als Under Secretary im amerikanischen Finanzministerium verfügt, macht die zu lockere Geldpolitik der Jahre 2002 bis 2006 verantwortlich. In dieser Phase habe es in der Geldpolitik der amerikanischen Zentralbank (Federal Reserve) eine deutliche Abweichung von seit den 1970er Jahren erfolgreich angewandten Praktiken gegeben, und die Politik niedriger Zinsen habe zu einem Boom im Immobiliensektor geführt, dessen schlagartiges Ende dann die Krise im Finanzsystem ausgelöst habe. *Taylor* bringt empirische Belege für den Zusammenhang zwischen geldpolitischer Vorgabe sowie der Entwicklung von Preisen und Bautätigkeit im Immobiliensektor und argumentiert, dass der Kurs der Federal Reserve auch die Geldpolitik der Europäischen Zentralbank in expansive Richtung beeinflusst und so die Effekte internationalisiert habe. Die konkurrierende Erklärung eines globalen Sparüberschusses hält *Taylor* für unglaubwürdig, da sich ein solcher nicht in den empirischen Daten finden lasse. Zahlen des IWF belegten zwar, dass es zwischen 2002 und 2004 außerhalb der USA einen Überschuss von Ersparnissen gegenüber Investitionen gegeben habe; dieser sei jedoch durch ein entsprechendes Defizit der Sparquote in den USA ausgeglichen worden (ebd.: 6 f.). Die ungewöhnlich lockere Geldpolitik sei vielmehr dafür verantwortlich, dass im Immobilienbereich exzessive Risiken eingegangen worden seien: Hypotheken mit variablem Zinssatz verzerrten unter diesen Bedingungen die Wahrnehmung der wirklichen Lage auf dem Wohnungsmarkt und ermutigten viele Niedrigverdiener zum Immobilienerwerb, die bei steigenden Zinsen die Hypotheken nicht mehr bedienen konnten und in die Zwangsvollstreckung mussten. „In this case, the rapidly rising housing prices and the resulting low delinquency rates likely threw the underwriting programs off track and misled many people" (Taylor 2009: 12). Regierungsprogramme, die ebenfalls den Hauserwerb für sozial schlechter gestellte Schichten erleichtern sollten, beförderten den kurzsichtigen Exzess auf dem Immobilienmarkt zusätzlich. Durch die Komplexität der Verbriefungsprodukte[7] wurden deren Risiken von den Rating Agenturen unterschätzt; und als der Immobilienmarkt zusammenbrach, war unklar, welche Wertpapiere die faulen Hypotheken enthielten – es kam zu einer Vertrauenskrise auf den Finanzmärkten, die von den Regie-

7 Siehe dazu das Kapitel „Die Alchemie der Verbriefung", in: SVR 2007: 107-121.

rungen (fälschlich, so *Taylor*) als Liquiditätsproblem diagnostiziert wurde, was zu Gegenmaßnahmen führte, die sich krisenverlängernd auswirkten (ebd.: 16-19).

Schon dieser kurze Blick auf die Krisenerklärungen von drei zweifellos hoch kompetenten Analytikern zeigt, wie unklar die Ursachen letztlich sind und wie vielfältig die Deutungsangebote bleiben. Während *Greenspan* in geopolitischen Großereignissen den Hauptgrund sieht, deren Auswirkungen über exzessives Sparen zu übermäßiger Senkung der Risikoaversion führten, verweist *Gamble* auf übermäßige Verschuldung und sieht die Hauptursachen in Boom-Illusion und überzogener Deregulierung; *Taylor* hingegen gibt staatlichem Handeln die Hauptschuld an der Krise, vor allem über die Nebenwirkungen einer historisch lockeren Geldpolitik, dann aber flankiert durch ad hoc-Interventionen und Fehldiagnosen. Man ist sich also nicht nur nicht einig – vielmehr wird sogar die von *Greenspan* analysierte Hauptursache (exzessives Sparen) von *Taylor* als empirisch nicht existent beschrieben.[8]

Auch in zahlreichen Berichten von offizieller Seite ist versucht worden, die Entstehung der Krise und ihre Gründe zu beschreiben. Regierungen und Parlamente haben ebenso wie internationale Organisationen im Bereich der Wirtschaftspolitik Dokumente produziert, die Daten und Fakten sammeln und die Erscheinungsformen der Krise sowie die gegen sie getroffenen Maßnahmen untersuchen. Der halbjährlich erscheinende „Global Financial Stability Report" des IWF (International Monetary Fund 2009a) belegt im Rückblick die sich wandelnden Einschätzungen hinsichtlich der Tiefe der Krise, und auch der jährliche „World Economic Outlook" (International Monetary Fund 2009b) zeigt, wie umfänglich ursprüngliche Einschätzungen korrigiert werden mussten – zumeist in negativer Hinsicht in Bezug auf die Verluste, in jüngerer Zeit jedoch auch in positiver Richtung bezüglich des zu erwartenden Wirtschaftswachstums in vielen Ländern. Daneben sind vor allem die Jahresberichte der Bank für Internationalen Zahlungsausgleich eine hervorragende Quelle für international vergleichende Daten zu Finanzmärkten, ihren Regulierungen und den Entwicklungen seit Beginn der Krise (Bank for International Settlements 2009). Auf der Ebene der Europäischen Union ist vor allem der Bericht zu nennen, den eine „High Level Group" (HLG) unter Leitung des früheren Chefs der französischen Zentralbank, *Jacques de Larosière*, im Februar 2009 vorlegte. Darin wurde der Aufbau eines Überwachungs- und Krisenbewältigungssystems (HLG 2009: 46 ff.) empfohlen; dies wurde im September 2010 durch Beschlüsse zur Etablierung neuer Aufsichtsgremien in der EU – des European Systemic Risk Board sowie dreier Aufsichtsbehörden für Banken (EBA), Versicherungen (Eiopa) und Börsen (Esma) – weitgehend umgesetzt.

Auf nationalstaatlicher Ebene gibt es hingegen erhebliche Unterschiede in der Befassung mit und Aufarbeitung der Krise. So hat in Großbritannien das Treasury Committee des House of Commons mehrere ausführliche Berichte vorgelegt, deren letzter hauptsächlich die nationale Financial Services Authority (FSA) sowie deren übermäßiges Vertrauen in die Funktionsfähigkeit von Märkten kritisiert und sich für mehr

8 *Gamble* bezieht sich in seiner Aussage bei übermäßiger Verschuldung wahrscheinlich nicht auf die globale Ebene, sondern auf die Situation in Großbritannien.

Regulierung ausspricht (House of Commons Treasury Committee 2009b). Die FSA wiederum hat in ihrem eigenen Bericht die Gründe für die Krise vor allem in der Kombination von globalen makroökonomischen Ungleichgewichten und Finanzmarktinnovationen verortet, gleichzeitig aber eine Änderung ihres Aufsichtsansatzes im Rahmen eines „Supervisory Enhancement Program" (SEP) angekündigt (Financial Services Authority 2009: 88 ff.). Das britische Finanzministerium hat ebenfalls eine Analyse sowie seine Empfehlungen hinsichtlich zu ziehender Konsequenzen unterbreitet. Darin wird die Verantwortung für die Krise bei den Bankiers und Investoren gesehen, die die Risiken auf den globalisierten Finanzmärkten nicht richtig eingeschätzt und berechnet hätten (HM Treasury 2009: 3 f.). Ansonsten schließt sich das Finanzministerium weitgehend der Einschätzung der von ihm beauftragten FSA an (ebd.: 6). In den Vereinigten Staaten ist die Aufarbeitung der Finanzmarktkrise einer Financial Crisis Inquiry Commission übertragen worden, die im Zuge eines von Präsident *Barack Obama* im Mai 2009 unterzeichneten Gesetzes ins Leben gerufen wurde. Ihre Aufgabe besteht darin, „die Gründe, heimisch wie global, der gegenwärtigen Finanz- und Wirtschaftskrise in den Vereinigten Staaten zu untersuchen"[9]. Die aus zehn Mitgliedern bestehende Kommission konnte Anhörungen abhalten, Zeugen vorladen und Dokumente anfordern sowie des Gesetzesbruchs verdächtigte Personen den Strafverfolgungsbehörden benennen. Sie sollte 22 speziell aufgezählte Themenbereiche untersuchen[10] und legte im Januar 2011 ihren Bericht vor (FCIC 2011). Ob durch dieses Verfahren eine einheitlichere Darstellung und Analyse gelingt als im britischen Fall mit den zahlreichen konkurrierenden Kommissionspapieren, bleibt abzuwarten. Zumindest lag der Bericht erst zu einem relativ späten Zeitpunkt vor und konnte somit eventuelles Handeln in Richtung Reform weder verzögern noch beeinflussen.[11] In der Bundesrepublik Deutschland sind – im Kontrast zu beiden zuvor beschriebenen Fällen – weder umfassende Berichte von Seiten der Regierung vorgelegt worden, noch hat das Parlament die Möglichkeit genutzt, eine Untersuchung zu initiieren, etwa in Form einer Enquete-Kommission. Zwar hat der Sachverständigenrat zur Begutachtung der gesamtwirtschaftlichen Entwicklung in seinen Jahresgutachten seit 2007 (SVR 2007, 2008, 2009) ausführlich zu Genese und Ausbreitung der Krise, zu ihren realwirtschaftlichen Folgen und den wirtschaftspolitischen Reaktionen in der Bundesrepublik und anderen Ländern Stellung genommen, doch hat dies natürlich eine andere Qualität als eine regierungsamtliche oder parlamentarische Analyse.

In der akademischen und öffentlichen Debatte über die Ursachen (und damit letztlich: die politische Schuld an) der Finanzmarkt- und Wirtschaftskrise lassen sich mithin,

9 Übersetzung des Autors aus dem Englischen. Vgl. dazu die Website http://fcic.gov/ sowie speziell zu den Aufgaben http://fcic.gov/about/ (Abruf am 12. Oktober 2010).

10 Diese reichen von der Analyse der Finanzmarktregulierungen über globale makroökonomische Ungleichgewichte und Aspekte von Corporate Governance bis zu Gehaltsstrukturen in der Finanzindustrie und den Gebrauch mathematischer Modelle zur Risikoberechnung.

11 Auffällig ist die Parallele im Vorgehen zur Analyse der Vorgänge um die terroristischen Anschläge vom 11. September 2001, die ebenfalls durch eine ähnlich zusammengesetzte und mit ähnlichen Kompetenzen ausgestattete Kommission vorgenommen wurde (vgl. National Commission on Terrorist Attacks upon the United States 2004).

das zeigen die obigen Ausführungen, grob zwei Hauptrichtungen ausmachen: eine, die eher den Märkten die Verantwortung für das Krisengeschehen zuschreibt; und eine andere, die vor allem staatliches Handeln verantwortlich macht. Die meisten Analysen mischen Marktversagen und Politikversagen, wenn auch in recht unterschiedlichen Mengen. Allerdings gibt es auch Positionen, die gewissermaßen die extremen Ränder der Diskussion markieren: Als allein in der Schuld von Märkten liegend wird die Finanzmarktkrise aus einer grundsätzlich kapitalismuskritischen Perspektive geschildert. Ihre Vertreter sehen Banken als unproduktive Einrichtungen, die in einem globalen „Kasino“ spekulativ engagiert sind, dort „das schöne Geld verzockt haben“ und nun darum betteln, „dass der Staat die Zeche zahlt“ (Flassbeck 2008: 33). Eine „Teilprivatisierung der Bankenaufsicht“ habe diese Spekulation „massiv beflügelt“, und die notwendigen staatlichen Rettungsbürgschaften seien eine „erpresserische Geiselnahme der ganzen Gesellschaft im Interesse der privaten Banken“ (Huffschmid 2008: 8). Einerseits wird Hoffnung auf die „Rückkehr des Staates“ gesetzt, andererseits aber die Wahrscheinlichkeit international koordinierter Reformen als gering eingeschätzt (ebd.: 11). Auch aus der Perspektive einer feministischen Ökonomie wird Krise (in verschiedenen Erscheinungsformen, von denen die des Finanzmarkts nur die letzte sei) vor allem als Merkmal der kapitalistischen Ökonomie und mithin systemische Eigenschaft ausgemacht und diese daher für „nicht zukunftsfähig“ (Biesecker u.a. 2009: 32) erklärt. In ihrer Pauschalität können viele dieser Diagnosen wenig überzeugen, und das ist vielleicht ein Grund, warum trotz der angeblichen „neuen Offenheit für alternative ökonomische Konzepte“ (ebd.: 3) und der festgestellten „neuen Etappe der kapitalistischen Entwicklung“ (Hickel 2008: 105) diese Positionen bisher wenig Einfluss auf die wirtschaftspolitische Realität gewonnen haben und auch – erstaunlich angesichts der Schwere der Krise – marktwirtschaftskritische politische Positionen in Wahlen seitdem nicht gestärkt worden sind; linke Parteien haben stattdessen 2009 und 2010 etwa bei Wahlen in Deutschland und Großbritannien sehr schlecht abgeschnitten.

Eine spiegelbildliche Position, die die Krise nur auf staatliche Interventionen in das freie Marktgeschehen zurückführt, kann man am rechten ideologischen Rand finden, vor allem in den Vereinigten Staaten von Amerika. Schon die notwendigen Rettungsaktionen für Banken, die unmittelbar nach dem Zusammenbruch von Lehman Brothers im Herbst 2008 unter dem damaligen Präsidenten *George W. Bush* vorgenommen werden mussten, hatten in der Republikanischen Partei zu einer Verweigerung von Unterstützung für die eigene Regierung geführt (Gamble 2010: 5). Diese angesichts des damals drohenden systemischen Zusammenbruchs des Weltfinanzsystems (SVR 2008: 117) sowie der acht Jahre andauernden Regierungszeit erstaunliche Verweigerung von Verantwortung findet ihre logische Fortsetzung durch die Darstellung im unlängst verabschiedeten republikanischen Parteiprogramm „A Pledge to America“ (The Republican Party 2010): Darin werden die staatlich gestützten Hypothekenbanken Fannie Mae und Freddie Mac[12] als Auslöser der Krise bezeichnet (ebd.: 22). Politische Intervention in das Marktgeschehen, so die Botschaft, sei allein für das teure Desaster verantwortlich; ließe man die Märkte hingegen frei walten, käme es nicht zu solchen Verzerrungen. Auch in der Bundesrepublik gibt es vereinzelte Stimmen, die die Krise vor allem mit politischer Einflussnahme in Verbindung bringen und etwa auf die hohen Verluste der Landesbanken verweisen. Zwar stimmt es, dass schwere Defizite bei den Mechanismen der Unternehmensführung dieses Bankentyps offenbar wurden.[13] Belege, dass öffentliche Banken systematisch *höhere* Verluste gemacht haben als die des privaten Sektors, fehlen aber. Das insgesamt relativ positive Abschneiden der deutschen Sparkassen einerseits und die schweren Verluste großer Geschäftsbanken in Großbritannien (Royal Bank of Scotland) oder der Schweiz (UBS) sprechen zudem gegen eine solche These. In deutlich gemilderter und differenzierterer Form verstehen sich weitere Analysen über die Rolle der Politik in der Krise vor allem als Gegengewicht zur (nach ihrer Sicht) dominanten Perspektive in der öffentlichen Debatte, die die Schuld in den Märkten sieht (Kling 2009: 1). Als Ergänzung hilfreich ist diese Perspektive vor allem, weil sie davor warnt, sich von (eventuell verschärfter) staatlicher Regulierung automatisch größere Sicherheit für die Zukunft zu versprechen (ebd.: 43).

Ursachen und Folgen der Krise sind also auch heute noch umstritten. Das gilt für die akademische Analyse der Wirkungsmechanismen wie für die politische Bewertung; ohnehin sind beide nur analytisch zu trennen und hängen oft miteinander zusammen, wie einige der obigen Beispiele gezeigt haben. Im folgenden soll dennoch ein Versuch unternommen werden, die nach Ansicht des Verfassers wichtigsten Elemente zusammenzufügen, die die Finanzmarktkrise erklären können.[14] Dabei liegt der Fokus auf solchen, die staatlichem Handeln prinzipiell zugänglich sind.[15]

2. Rahmenbedingungen: Globale Ungleichgewichte und lockere Geldpolitik

Auf der globalen Ebene müssen zum einen die makroökonomischen Ungleichgewichte diskutiert werden, die sich aus den Handelsbilanzüberschüssen einiger Länder (wie China) sowie den Handelsbilanzdefiziten anderer Länder (wie der USA) ergeben haben, zum anderen die historisch ungewöhnlich expansive Geldpolitik, die die Zentral-

12 Diese zunächst ungewöhnlich klingenden Banknamen sind Akronyme für Federal National Mortgage Association (FNMA) beziehungsweise Federal Home Loan Mortgage Corporation (FHLMC). Beide ursprünglich vom amerikanischen Staat zur verbesserten Erhältlichkeit von Hypotheken gegründeten (und auch nach ihrer Privatisierung Sonderrechte weiterhin genießenden) Unternehmen übernahmen die einstigen Spitznamen schließlich als offizielle Firmennamen.

13 Vgl. etwa SPIEGEL-Online-Meldung „Experten werfen Kontrollgremien Inkompetenz vor", http://www.spiegel.de/wirtschaft/0,1518,druck-500923,00.html (Abruf am 18. Oktober 2010).

14 Die folgende Analyse nimmt in erweiterter und aktualisierter Form Gedanken auf, die ich bereits zu einem früheren Zeitpunkt präsentiert habe (Busch 2009b). Es versteht sich von selbst, dass dabei weder Anspruch auf Endgültigkeit noch auf Vollständigkeit erhoben wird.

15 Eher psychologisch orientierte Faktoren wie etwa Risikobereitschaft oder Risikoaversion stehen deshalb nicht im Zentrum (vgl. Greenspan 2010), auch wenn es natürlich Verbindungen zu ihnen geben kann.

bank der Vereinigten Staaten vor etwa zehn Jahren zu verfolgen begann und die ebenfalls internationale Auswirkungen hatte.

Die globalen Handelsungleichgewichte haben sich im letzten Jahrzehnt verstärkt, vor allem als Folge des ökonomischen Aufstiegs Chinas sowie des anhaltenden Handelsbilanzdefizits der Vereinigten Staaten. Kumuliert über die Zeit zwischen 1999 und 2007 betrug das US-Handelsbilanzdefizit 4,6 Billionen US-Dollar (Bank for International Settlements 2009: 5); die USA wiesen 2007 ein Handelsbilanzdefizit von 5,7 Prozent ihres BIP auf, während China einen Überschuss von 11,7 Prozent des BIP erreichte (SVR 2007: 28 f.). Zweistellige Wachstumsraten des BIP, mit denen die Entwicklung des privaten Konsums nicht mithalten konnten, führten zu einem Ansteigen der Sparquote in China und anderen „emerging economies“ sowie zu Kapitalexport, hohe Konsumneigung bei gleichzeitig sehr niedriger Sparquote in den USA zu Kapitalimport. Unter dem Stichwort „global savings glut“ wird diese Entwicklung gelegentlich mit der Finanzmarktkrise in Verbindung gebracht (vgl. etwa Greenspan 2010), was jedoch umstritten ist (vgl. etwa Taylor 2009). Auch bleibt der genaue Mechanismus unklar, über den die Wirkung vermittelt werden soll. Zwar besteht einerseits die Gefahr, dass nach Anlagemöglichkeiten suchendes ausländisches Kapital in den USA zu hohe Preise zahlt; andererseits hätten dann die Verluste aus der Krise vor allem solche Anleger treffen müssen – was nicht der Fall war. Zudem haben die Vereinigten Staaten seit Jahrzehnten Defizite der Handelsbilanz durch den Zufluss von ausländischem Kapital finanziert, ohne dass das bisher krisenhafte Folgen gezeitigt hätte. Hinter diese Erklärungsvariable müssen also deutliche Fragezeichen gesetzt werden.

Die Geldpolitik der US-Notenbank war hingegen von 2002 bis 2006 tatsächlich besonders locker. Dies waren Jahre, in denen zwei Schocks zu verarbeiten gewesen waren: zum einen das Platzen der Internet-Blase („dot-com bubble“) auf den Aktienmärkten seit Frühjahr 2000; zum anderen die terroristischen Angriffe auf die USA am 11. September 2001. Es gab also Gründe, eine negative ökonomische Entwicklung zu befürchten und die Geldpolitik zu lockern. Wirtschaftswissenschaftliche Maßstäbe zur Bewertung der Geldpolitik wie der „Taylor-Zins“ deuten allerdings darauf hin, dass die damalige Geldpolitik auch nach historischen Maßstäben ungewöhnlich expansiv war. Der Taylor-Zins errechnet sich aus der angestrebten Inflationsrate, dem aktuellen Wirtschaftswachstum sowie dem Wachstumspotential. Seit den frühen 1980er Jahren hatte die Federal Reserve Bank eine Geldpolitik betrieben, die mit dieser Regel konform ging; von 2002 bis 2006 wich sie davon deutlich ab und verfolgte somit eine historisch lockere Geldpolitik, die den realen Leitzins unter einem Prozent hielt (SVR 2007: 98 f.; Taylor 2009: 2-4). Eine starke Kreditausweitung mit jährlichen Wachstumsraten zwischen sieben und zehn Prozent war die Folge, ebenso ein Anstieg der Vermögenspreise, insbesondere bei den Immobilien. Die Renditen von US-Staatsanleihen sanken als Folge ebenfalls, und da diese sicheren Anlagemöglichkeiten somit wenig attraktiv waren, stieg der Anreiz für Investoren, sich für renditestärkere (aber auch riskantere) Anlageformen zu entscheiden. Die amerikanische Entwicklung beeinflusste die Geldpolitik auch in anderen Ländern, und dort kam es ebenfalls zu deutlichen Kreditausweitungen und einem Ansteigen der Immobilienpreise.

3. Innovationen, prozyklische Wirkungen und falsche Anreize

Neben makroökonomischen Entwicklungen haben aber auch eine Reihe von mikroökonomischen Faktoren eine wichtige Rolle in der Finanzmarktkrise gespielt. Dazu gehören Finanzinnovationen wie die so genannte Verbriefung, worunter man die Verwandlung von ökonomischen Verfügungsrechten in handelbare Wertpapiere versteht. Speziell die Verwandlung von Krediten (vor allem Hypothekenkrediten) in solche Wertpapiere hatte weitreichende Konsequenzen für das Verhalten der beteiligten Akteure, denn im Gegensatz zum klassischen Kreditschöpfungsmodell verblieben nun die Risiken eines Kredits nicht mehr bei den Banken, die die Kredite gewährt hatten; stattdessen wurden sie breit gestreut, nämlich an die Investoren auf den nationalen und internationalen Finanzmärkten, die die Wertpapiere erwarben. Durch diese breitere Streuung sollte es zu einer Verminderung des Risikos für alle Beteiligten kommen, doch der tatsächliche Effekt war ein anderer: Das Risiko wurde so effektiv gestreut, dass es gewissermaßen *versteckt* war. Da niemand wusste, wer die risikobehafteten Papiere hielt, allen Marktteilnehmern nach dem Kollaps des amerikanischen Immobilienmarktes aber klar war, dass erhebliche Verluste auf manche Marktteilnehmer zukommen würden, kam es zu einem allgemeinen Vertrauensverlust, der das Austrocknen der Geldmärkte nach sich zog, da weitere Geschäfte in dieser Situation als zu risikobehaftet erscheinen mussten.

Die Verbriefung erhöhte das globale Kreditschöpfungspotential weiter und erleichterte die Übertragung von Krediten aus dem nationalen Finanzsystem auf ausländische Investoren (SVR 2007: 107). Die Technik der Tranchierung erlaubte es zudem, auch Kredite mit niedriger Bonität (wie amerikanische „sub prime"-Hypotheken) durch Zusammenfassung in Wertpapiere mit der höchsten Bonitätsstufe „AAA" zu verwandeln und sie damit auch für viele institutionelle Investoren attraktiv zu machen. Hierbei wurde mit statistischen Techniken gearbeitet, die zum einen vielen Marktteilnehmern wohl unverständlich waren, zum anderen aber auf einer korrekten Kalkulation der Ausfallwahrscheinlichkeiten beruhen, die (wie man seit der Krise weiß) offenbar nicht gegeben war. Selbst geringe Erhöhungen dieser Wahrscheinlichkeiten können dazu führen, dass auch die AAA-Tranchen von Wertpapieren von Ausfällen betroffen sind – und genau das passierte in der Krise. Der marktfeindlicher Haltung gewiss unverdächtige Sachverständigenrat zur Begutachtung der gesamtwirtschaftlichen Entwicklung hat dieses Vorgehen mit den Worten „Aus Landwein wird Qualitätswein" kommentiert (SVR 2007: 112) und damit in die Nähe der Panscherei gestellt.

Ein weiterer, ebenfalls krisenverschärfender Effekt ging von den nicht beabsichtigten Folgen regulativer Reformen bei den internationalen Buchhaltungsregeln aus. Durch prozyklische Wirkung trugen sie zur Vertiefung der Krise bei, statt diese zu bremsen. Die Buchhaltungsskandale zu Beginn der 2000er Jahre (prominentester Fall ist die US-Firma Enron) hatten dazu beigetragen, die überkommene historische Buchhaltungspraxis (bei der Unternehmensvorgänge mit den Preisen bewertet wurden, die tatsächlich für einen Kredit oder ein Wertpapier gezahlt worden waren) durch einen so genannten Marktbewertungsansatz („mark-to-market") zu ersetzen. Die Bewertung durch jeweils am Markt tatsächlich erzielbare Preise sollte die Möglichkeit von Manipulationen ausschließen und für eine akkuratere Risikodarstellung in der Buchhaltung sorgen. In Zeiten der Finanzkrise – und insbesondere bei sehr komplexen, innovativen Finanzinstrumenten – führte diese Form der Bewertung von Unternehmensaktiva jedoch dazu, dass ihr Wert stark sank (im Fall des Zusammenbruchs der respektiven Teilmärkte sogar auf Null). Die Bilanzen der Unternehmen wurden dadurch weiter belastet; es kam zu Unternehmenszusammenbrüchen und durch die Verkaufsspirale zu erhöhter Volatilität der Finanzmärkte. Im Aufschwung hatten die neuen Regeln die Unternehmensbewertung durch Erhöhung der Aktivapreise weiter gesteigert; im Abschwung geschah das Gegenteil (siehe auch HLG 2009: 20 f.).

Neben den eben benannten prozyklischen Mechanismen, die eher auf der Makroebene wirkten, gab es auch auf der Mikroebene Probleme, und zwar solche falscher Anreize. Das war insbesondere in dem mit der Finanzmarktkrise am direktesten in Zusammenhang stehenden Sektor der Finanzwirtschaft, der Hypothekenvermittlung, der Fall. Hier sahen sich in vielen Ländern die konkret mit einem Kreditabschluss befassten Personen durch Marktdynamik und Anreizstrukturen zu einem Handeln angeregt, das in aggregierter Form die Probleme auf der Makroebene verschärfte. Ein hypothetisches Beispiel mag die Schwierigkeiten verdeutlichen, denen sich Kreditgeber und Kreditnehmer gegenübersahen: In vielen Ländern – insbesondere solchen mit sehr aktiven Immobilienmärkten – bemisst sich ein erheblicher Teil der Entlohnung von Kreditberatern nach der Zahl und Höhe der von ihnen eingeleiteten Hypothekenabschlüsse. Aus Sicht des einzelnen Kreditberaters ist der Nachteil, der für seine Bank aus dem Abschluss einer zu riskanten Hypothek entstehen kann, gering. Er wird persönlich kaum betroffen sein, mit Ausnahme des Falles, dass die Bank schließen muss. Doch dass dies wegen einer vergleichsweise kleinen, von ihm vermittelten Hypothek geschieht, ist ganz unwahrscheinlich. Sein Interesse ist deshalb vor allem auf den Abschluss so vieler Kredite wie möglich ausgerichtet und auf den Gewinn möglichst vieler Kunden für seine Bank. Der Kreditnehmer ist hingegen in einer anderen Situation: Sein Hauptziel ist es, am allgemeinen Aufschwung auf dem Immobilienmarkt teilzuhaben, der in vielen Ländern mehrere Jahre hintereinander zweistellige Prozentzahlen erreichte. Dem Kreditnehmer muss es deshalb erscheinen, als ob jeder Monat, in dem er keine Immobilie besitzt, ihm konkrete Verluste bringt. Deshalb ist sein Hauptziel der Immobilienerwerb. Dazu wird er im Zweifelsfall auch falsche Angaben über die tatsächliche Höhe des ihm zur Verfügung stehenden Einkommens machen – denn dadurch kann er von der Bank einen höheren Hypothekenkredit erlangen.[16] In den Vereinigten Staaten und Großbritannien erleichterten viele Banken ein solches Verhalten, indem sie gegen einen geringfügig höheren Zinssatz „self-certification"-Hypotheken anbo-

16 In vielen Ländern ist die Höhe erhältlicher Hypotheken ein fixes Vielfaches des jährlichen Einkommens.

ten, die man ohne schriftlichen Einkommensnachweis erhielt.[17] Bei Kreditabschluss trafen mithin zwei Partner aufeinander, die großes Interesse an einem Abschluss hatten: der eine wollte die Zahlungsfähigkeit seines Kunden gar nicht genau unter die Lupe nehmen; der andere war bereit, praktisch jeden Preis zu zahlen. Niemand war an einer zu genauen Kontrolle interessiert, zumal (aufgrund der Verbriefung der Hypotheken) die beiderseitige Geschäftsbeziehung wohl nicht sehr lange dauern würde. Die wahrscheinliche Folge einer solchen Konstellation ist ein starkes Ansteigen des Kreditvolumens bei gleichzeitig sinkender durchschnittlicher Bonität der Hypothekennehmer. Die große Aufblähung insbesondere des „sub prime"-Hypothekenmarkts in den USA sowie einigen anderen Ländern ist mit einem solchen Erklärungsmodell sehr gut vereinbar.

4. Interessenkonflikte der Rating Agencies

Ähnlich wie Individuen können sich auch Institutionen systematisch falschen Anreizen ausgesetzt sehen, die dann zu Problemen im Vollzug des Marktprozesses führen. Aus einer analytischen Perspektive würde man hier wohl von regulativem Versagen sprechen. Allerdings ist das im Fall der so genannten Rating Agencies schwierig, denn diese unterliegen keiner Form von staatlicher Aufsicht. Sie verdienen ihr Geld mit der Bewertung und Zertifizierung von Wertpapieren und sind entstanden als Reaktion auf die unübersehbare Vielfalt von Produkten in diesem Bereich und das Problem der Informationskosten. Die zugrunde liegende Idee ist einfach: Es lohnt sich, einer Rating Agency Geld zu bezahlen und dafür die eigenen Kosten in Bezug auf Informationserlangung zu sparen. Mit dem Aufschwung der internationalen Finanzmärkte in den letzten Jahrzehnten sind diese Agenturen immer wichtiger geworden, und es gibt nur noch drei große, die alle in den USA beheimatet sind. Ihr Interessenkonflikt liegt darin, dass sie zwei Einnahmequellen haben: Zum einen beraten sie Finanzfirmen, die Produkte auf den Markt bringen möchten. Sie geben ihnen – natürlich gegen Honorar – Auskunft darüber, welche Struktur von Finanzprodukten die besten Bewertungen bekommt. Und dann – und hier liegt das Problem – bewerten sie die Finanzprodukte, die ihre Kunden auf den Markt bringen. Die Einschätzungen von Rating Agencies sind für die Finanzmärkte sehr wichtig, denn viele institutionelle Anleger dürfen nach ihren Statuten nur Wertpapiere der (höchsten) Bewertungsklasse AAA kaufen. Für Rating Agencies kann daher ein Interessenkonflikt darin bestehen, dass sie diejenigen Emittenten, die ihre Kunden im Beratungsgeschäft sind, besser bewerten können. Da die Agenturen keiner staatlichen Aufsicht unterliegen, kann man dies nicht ausschließen. Und da sie auch bei der Bewertung von Kreditportfolios eine wichtige Rolle spielen und somit direkt die Aufsicht über das Bankenwesen beeinflussen, liegt das regulative Versagen in Bezug auf sie darin, dass sie keiner staatlichen Aufsicht unterliegen. Ein

17 Vgl. zu diesen Mechanismen House of Commons. Treasury Committee 2009a: 16. Laut Financial Services Authority lag der Anteil der neuen Hypotheken, bei denen das Einkommen der Kunden nicht überprüft wurde, im Jahr 2007 bei 45 Prozent (Fortado / Sukumar 2010). Die FSA plant, „self-certification"-Hypotheken in Zukunft zu verbieten.

weiterer Konstruktionsfehler ist darin zu sehen, dass die Wertpapier-Emittenten für die Bewertung der Rating Agencies bezahlen. Auch hier besteht ein Interessenkonflikt, denn die Agenturen könnten im Interesse derjenigen handeln, die sie bezahlen – der Emittenten, nicht der Käufer.[18]

5. Zusammenfassung der Ursachen

Die hier diskutierten Erklärungsfaktoren erheben keinen Anspruch auf Vollständigkeit, aber sie machen zwei Dinge sehr klar: erstens dass die Auslöser der Krise auf verschiedenen analytischen Ebenen angesiedelt sind – bei Individuen wie bei Organisationen – und dass es sich zu einem Teil um Interaktionseffekte handelt, zu einem anderen um Reaktionen auf von außen gesetzte Rahmenbedingungen. Zweitens lassen sich die Ursachen weder plakativ der Sphäre des Marktes noch der des Staates allein zuordnen; hier geht es um eine komplexe Interaktion zwischen den beiden Bereichen, und der Krise liegt multiples Versagen zugrunde.

Abbildung 1: Faktoren der Finanzmarktkrise

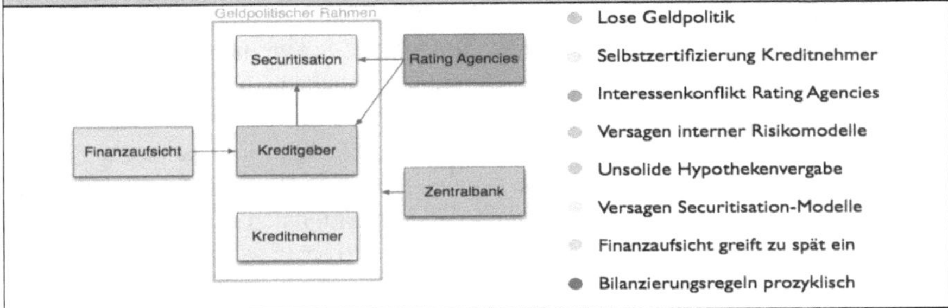

Quelle: Eigene Darstellung.

Die auslösenden Faktoren der Finanzmarktkrise stellen sich also wie folgt dar: Die Zentralbank setzt mit ihrer losen Geldpolitik einen geldpolitischen Rahmen, der das Handeln mehrerer anderer Akteure beeinflusst. Die Selbstzertifizierung der Kreditnehmer fördert ein exzessives Anwachsen des Kreditmarktes – vor dem Hintergrund steigender Hauspreise. Interessenkonflikte bei den Rating Agencies tragen zu falschen Bewertungen auf dem Wertpapiermarkt bei. Bei den Kreditgebern versagen zum einen die internen Risikomodelle; zum anderen kommt es – durch falsch gesetzte Anreize – zu einer übertriebenen und unsoliden Vergabe von Hypotheken. Auf dem Markt für Wertpapiere erweisen sich die den Verbriefungsmodellen zugrunde gelegten statistischen Annahmen als falsch. Die staatliche Finanzaufsicht – sowohl im Wertpapier- als auch im Bankenbereich – greift zu spät ein. Und die überarbeiteten Regeln für die

18 Siehe zu diesem Aspekt der Kritik an Rating Agencies und zur schlechten Qualität ihrer Bewertungen auch HLG 2009: 9.

Bilanzierung von Unternehmen erweisen sich als prozyklisch – positiv im Aufschwung, aber sehr negativ im Abschwung.

6. Regulatorische Reaktionen: Pläne und Ergebnisse

Angesichts der Kosten, der Breite und der Tiefe der Krise wäre zu erwarten, dass die Staaten alles tun würden, um eine Wiederholung in Zukunft definitiv auszuschließen. Und in der Tat war es das auch, was man sich unmittelbar nach der massiven Verstärkung der Krise im Gefolge des Zusammenbruchs von Lehman Brothers im Herbst 2008 vornahm. Das Communiqué des Treffens der G-20 in Washington im November 2008 betonte vor allem den Willen zur internationalen Kooperation, die verbessert werden müsse, wolle man die notwendigen Reformen im Weltfinanzsystem ins Werk setzen. Regulierung sei zwar zuvörderst eine nationale Aufgabe, doch angesichts der globalen Ausrichtung der Finanzmärkte sei in Zukunft die Hauptaufgabe in diesem Bereich „intensified international cooperation among regulators and strengthening of international standards where necessary, and their consistent implementation is necessary to protect against adverse cross-border, regional and global developments affecting international financial stability" (G20 2008: 2). Die Länder der G-20 verpflichteten sich deshalb (neben Maßnahmen zur unmittelbaren Linderung der Krise) zur „Verstärkung" der internationalen regulativen Kooperation sowie zur „Stärkung" der Regulierungsregime, und zwar nach gemeinsamen Grundsätzen wie Erhöhung von Markttransparenz, Verschärfung der Aufsichtsregeln und eine Anpassung der Anreizstrukturen, um exzessive Risiken zu vermeiden (ebd.: 2 f.). Eine konkrete, fünfseitige Checkliste war als Anhang dem Communiqué beigefügt.

Seit dem Treffen von Washington ist der ursprüngliche Reformimpetus deutlich erlahmt. Erhöhte Kompetenzen in der Regulierung der Finanzmärkte hat es weder für den IWF noch für das beim Londoner G-20-Gipfel im April 2009 neu geschaffene Financial Stability Board (FSB)[19] gegeben – beide Institutionen haben weiterhin lediglich beratende Funktion; wie sie ohne direkten Zugang zu den Daten von Banken und Finanzunternehmen einen wirksamen Beitrag zu einem Frühwarnsystem auf den Finanzmärkten liefern sollen (so eine der ursprünglichen Aufgaben, vgl. G20 2009: 1), bleibt offen. Zwar gibt es bei jedem Treffen der G-20 neue Communiqués, und Fortschrittsberichte erwecken den Anschein einer kontinuierlich verfolgten Reformagenda, doch sind die einst in Aussicht genommenen grundlegenden Reformen weder umgesetzt noch gegenwärtig in ihren Umrissen auch nur sichtbar. Die Schwerpunkte der Verlautbarungen haben sich ebenfalls verschoben. Beim Treffen in Toronto im Juni 2010 lag der Tenor des Communiqués deutlich auf der Betonung der Erfolge und klang beinahe selbstgefällig: „Our efforts to date have borne good results" (G20 2010: 1); angesichts des wiedergewonnenen wirtschaftlichen Wachstums rückte das Thema

19 Das FSB ist im Wesentlichen eine auf die Mitgliedschaft aller G-20-Staaten sowie Spaniens und der Europäischen Kommission erweiterte Nachfolgeorganisation des 1999 gegründeten „Financial Stability Forum", siehe zu Details G20 2009.

regulatorische Reformen deutlich in den Hintergrund. Stattdessen lag der Fokus auf einem „Framework for Strong, Sustainable and Balanced Growth“ (ebd.: 2 f.).

Auf der europäischen Ebene finden sich ähnliche Entwicklungen. So wurde im Oktober 2008 die oben bereits erwähnte „High Level Group on Financial Supervision in the EU“ von EU-Kommissionspräsident *José Manuel Barroso* eingesetzt. Diese tagte unter dem Vorsitz von *Jacques de Larosière* und legte im Februar 2009 einen Bericht vor. Darin bemängelte die Gruppe, der neben dem Vorsitzenden sieben weitere Mitglieder angehörten, die „ernsthaften Begrenzungen des existierenden globalen regulatorischen Rahmens“ auf nationaler wie grenzüberschreitender Ebene; hier seien relevante Informationen nicht rechtzeitig weitergegeben worden, oft sei auch keine genügende Kompetenz vorhanden gewesen. Außerdem konstatiert der Bericht das Versagen der multilateralen Aufsicht durch den IWF und das Fehlen hinreichender koordinierter Gegenmaßnahmen (HLG 2009: 10 f., 27 f.). Dennoch zieht die Gruppe daraus nicht den Schluss, die Aufsicht zu zentralisieren und auf der supra- wie internationalen Ebene zu stärken. Empfohlen wird vielmehr, in Europa ein zweistufiges Aufsichtssystem („European System of Financial Supervision“) einzuführen, das aus einer (koordinierenden, nicht bestimmenden) supranationalen sowie der nationalen Ebene bestehen soll. Letztere solle weiterhin die regulatorische Hauptverantwortung tragen (ebd.: 42-48), während erstere in Form von drei europäischen Behörden (je eine für die Aufsicht von Banken, Versicherungen und Börsen) entstehen solle (ebd.: 48-56). Zudem soll es auf der europäischen Ebene ein „European Systemic Risk Board“ (ESRB) geben, das organisatorisch eng an die Europäische Zentralbank angelehnt und von deren Vertretern dominiert ist.[20]

Auch auf der nationalen Ebene wurden ursprünglich angekündigte schärfere Regulierungen oder auch nur institutionelle Veränderungen zur Verbesserung der Finanzmarkt- und Bankenaufsicht nur sehr begrenzt in die Tat beziehungsweise in Gesetze umgesetzt. In den Vereinigten Staaten etwa wurde im Sommer 2010 nach langen Verhandlungen ein Gesetz („Restoring American Financial Stability Act“) vom Kongress verabschiedet und von Präsident *Obama* unterzeichnet. Das Gesetz, das gegen Proteste der Finanzindustrie verabschiedet wurde, enthielt jedoch keine grundsätzlichen Veränderungen der Regulierung wie etwa die (Wieder-)Einführung einer Trennung zwischen Geschäfts- und Investmentbanken oder eine umfassende Produktregulierung,[21] wie dies direkt nach Beginn der Krise diskutiert worden war. Stattdessen lag der Fokus auf einer Stärkung des Verbraucherschutzes, der Errichtung neuer Aufsichtsgremien, neuen Kompetenzen bei der Abwicklung zusammenbrechender Finanzunternehmen sowie einer stärkeren Kapitalunterlegung im Handel mit einigen Finanzderivaten. Ursprünglich geplante Elemente wie eine Bankenabgabe (die 19 Milliarden US-Dollar hätte erbringen sollen) waren hingegen nicht enthalten, was vor allem der parteipolitischen Polarisierung des Themas sowie der im Senat erforderli-

20 Siehe hierzu kritisch *Buiter* 2009.

21 Solche Vorschriften waren im Rahmen des New Deal in den 1930er Jahren eingeführt worden und hatten über Jahrzehnte das amerikanische Bankensystem stark reguliert; vgl. dazu *Busch* 2009a: 40-43.

chen qualifizierten Mehrheit geschuldet war (Welter 2010). Auch in der Bundesrepublik Deutschland sind die im Koalitionsvertrag von 2009[22] angekündigten Pläne der Regierung zu einer organisatorischen Neuordnung der Bankenaufsicht und einer Unterstellung der Bundesanstalt für Finanzdienstleistungsaufsicht (BaFin) unter die Bundesbank noch nicht in Angriff genommen worden. Die Pläne waren sofort von den 1900 Beschäftigten sowie der Führung der BaFin kritisiert worden, und auch regionale Politiker aller Parteien unterstützten einen Verbleib der Behörde in Bonn, unter anderem mit dem Argument, mitten in der Krise könne man die BaFin nicht durch Umzug und Umorganisation schwächen (eFinancialCareers.de 2009). Im Juni 2010 wurde bekannt, dass die Bundesregierung ihre diesbezüglichen Pläne auf unbestimmte Zeit verschoben habe und zunächst die Entwicklungen auf der europäischen Ebene abwarten wolle.[23] Zwar hat es Initiativen hinsichtlich einer Bankenabgabe gegeben, doch fanden diese international im Rahmen der G20 keine Mehrheit; für Bonuszahlungen wurde Banken eine gesetzliche Regelung auferlegt, nach der diese erst nach einer mehrjährigen Frist und abhängig vom Geschäftserfolg ausgezahlt werden dürfen.

Vergleicht man die tatsächlich umgesetzten mit den ursprünglich angekündigten grundsätzlichen Veränderungen in der staatlichen Rahmensetzung für die Finanzmärkte, ergeben sich klare Diskrepanzen. Zur Zeit ist deshalb die Bewertung der staatlichen Reaktionen auf die Finanzmarktkrise hinsichtlich der regulativen Konsequenzen weitgehend skeptisch. So urteilt etwa der Sachverständigenrat zur Beurteilung der gesamtwirtschaftlichen Entwicklung: „Der Reformeifer auf der internationalen Ebene erlahmte sehr schnell. Während vor dem ersten Treffen der G20-Staaten noch von einem neuen Bretton Woods und von ernsthaften Veränderungen in der internationalen Finanzarchitektur die Rede war, wurde schon bald deutlich, dass die Staatengemeinschaft nicht die Kraft haben würde, eine größere Reform zu stemmen." Und: „Wieder einmal muss der Eindruck entstehen, dass selbst große Krisen an der mangelnden Bereitschaft, originäre Aufsichtskompetenzen auf die supranationale Ebene zu verlagern, nichts ändern." (SVR 2009: 161, 159) Auf der europäischen Ebene wird speziell der *de Larosière*-Bericht kritisiert, der „eine nur wenig ambitionierte Reform" empfohlen habe, die dann von der EU umgesetzt worden sei (ebd.). Insgesamt seien die „bisherigen Reformen auf der supranationalen Ebene […] als verpasste Chance zu bezeichnen" (ebd.: 162). Auch von akademischer Seite wird diese Einschätzung geteilt – zum Teil mit drastischen Worten, wie das Urteil von *Anne Sibert*, Ökonomin am Birkbeck College in London, über das European Systemic Risk Board zeigt: „This lumbering army of 61 central bankers and related bureaucrats is a body clearly designed for maximum inefficiency; it is too big, it is too homogeneous, it lacks independence, and its members are already sufficiently employed."[24] Kritisch wird das Gesamtbild der Reformen auch in der Finanzpresse beurteilt. So konstatiert die Financial Times in einem zusammenfassenden Artikel im Sommer 2010 ein weitgehendes Auseinanderfallen

22 Vgl. Zeilen 2294-2299 auf S. 46 des Koalitionsvertrages.
23 Vgl. http://www.ftd.de/politik/deutschland/:warten-auf-europa-berlin-mottet-aufsichtsreform-ein/50123465.html (Abruf am 25. Oktober 2010).
24 Siehe als detailliert begründete Kritik etwa auch *Buiter* 2009.

von Ankündigungen und Taten der Politik und urteilt: „So, three years on, things are much as they were – except that most of us are poorer. The markets rule. OK?“ (Stephens 2010). In der Tat sind auf der internationalen Ebene Regulierungsvorschläge gegenüber ursprünglichen Plänen verwässert worden und Implementierungsdaten weit in die Zukunft verschoben worden, etwa bei den Regeln für die nächste Runde internationaler Bankenstandards (Basel III). Dass intensives Lobbying von Banken dabei direkt (oder indirekt über politischen Druck) eine Rolle gespielt hat, nehmen viele Beobachter an (Masters / Murphy 2010; Mattli 2010; Davies 2010a).[25]

7. Die Dilemmata des Staates in der Finanzmarktkrise

Warum die Staaten es versäumt haben, durch klares regulatives Handeln dysfunktionale Freiheiten der Märkte einzuschränken, die Machtbalance zugunsten der Politik zu verschieben und so die Wiederholung einer solchen Krise auf absehbare Zeit auszuschließen, Länder stattdessen ihre jeweils eigenen Krisenbewältigungen verfolgten (Bertelsmann-Stiftung 2010), bedarf der Erklärung. Entschlossenes, international koordiniertes Handeln in einem Bereich von so zentraler Wichtigkeit wie der Regulierung der Finanzmärkte setzt voraus, dass sich die Akteure hinsichtlich der Zusammenhänge und Folgen sicher und einig sind. Doch das ist nicht der Fall, denn das Wissen um die Wirkungen bestimmter institutioneller Änderungen (etwa im Bereich der Regulierung den Wechsel zu einer der Zentralbank unterstellten Bankenaufsicht) ist gering. Es gibt dabei weder Konsens hinsichtlich der ökonomischen Theorie noch empirische Ergebnisse, die auf die Überlegenheit der einen oder anderen Lösung, also die Existenz einer „best practice“ hinweisen (Busch 2009a: 238-241). Auch im Hinblick auf die Krisenursachen herrscht eher zunehmende als abnehmende Unsicherheit, was ungewöhnlich ist. Üblicherweise verengt sich das Spektrum für plausibel gehaltener Erklärungen, je mehr man über eine Krise nachdenkt und lernt. Bei der Finanzmarktkrise seit 2007 aber scheint das Gegenteil der Fall zu sein: Gab es ursprünglich einen Konsens über Gründe und Auslöser, so ist das heute offenbar nicht mehr der Fall (Davies 2010a: 21; 2010b: 2). Und selbst in einem Bereich, in dem man über gesichertes Wissen zu verfügen glaubte – nämlich hinsichtlich der Frage, welche Formen der Unternehmenskonstruktion und -kontrolle („corporate governance“) durch Verminderung der eingegangenen Risiken gute Ergebnisse befördern und somit aus regulatorischer Perspektive vorzuziehen sind, um neuen Krisen entgegenzuwirken – wecken empirische Untersuchungen Zweifel, ob dies tatsächlich so ist. Eine unlängst durchgeführte Untersuchung von 296 Firmen aus dem Finanzsektor in 30 Ländern zeigt etwa, dass die Verluste in der Krise keineswegs (wie aufgrund der Literatur zu erwarten wäre) niedriger ausfallen, wenn es institutionelle Großaktionäre gibt und mehr Kontrolle durch Outsider in den Vorständen der Unternehmen stattfindet, sondern dass vielmehr das

25 Für diese Sicht spricht auch, dass das Lobbying gegen die beschlossenen Regeln weitergeht, und führende Vertreter der Finanzindustrie behaupten, die Implementation der beschlossenen Regeln werde einen Rückgang des Welthandels um zwei Prozent und einen Rückgang der globalen Wirtschaftsleistung um 0,5 Prozent bringen (Jenkins 2010).

Gegenteil der Fall ist (Erkens u.a. 2010: 6). Auch ist unklar, welche Folgen die ergriffenen Gegenmaßnahmen haben, insbesondere im Fall der massiv expansiven Geldpolitik mit ihrem „quantitative easing" (Islam 2010).

Bei der konkreten Umsetzung von beschlossenen Maßnahmen können weitere Probleme dadurch entstehen, dass in der staatlichen Ministerialbürokratie kaum persönliche Kompetenz und Erfahrung im direkten Handeln auf den Finanzmärkten vorliegt. Finanzministerien und Aufsichtsbehörden haben sich in vielen Ländern seit langem auf die Festlegung von Rahmenregeln beschränkt und (beispielsweise in der Bundesrepublik und der Schweiz) die konkrete Umsetzung an Akteure wie Verbände delegiert. Es fehlt daher auf der staatlichen Seite an konkretem Wissen über Details der Prozesse auf den Märkten, das jedoch eine Voraussetzung für erfolgreiches und zielgerichtetes Handeln sowohl bei der Kriseninintervention als auch bei der Änderung der regulativen Rahmenbedingungen ist. In beiden Fällen wird in hochkomplexe und tiefverwurzelte Strukturen eingegriffen, und um das erfolgreich zu tun, sind umfassende Kenntnisse des Marktumfeldes wichtig. Der Staat muss Kompetenz in diesem Bereich daher im Allgemeinen von außen einkaufen. Doch dadurch können eventuell weitere Probleme entstehen, die am besten unter dem Stichwort der Prinzipal-Agent-Problematik zusammengefasst werden können: Der staatliche Sektor kann sich nicht sicher sein, dass die angeheuerte Hilfe aus dem Bankensektor nicht stärker die sektoralen Eigeninteressen verfolgt als diejenigen des Staates. Eventuell sind hier deshalb erhöhte Monitoring-Kosten zur Überwachung des Handelns dieser „Agenten" zu erwarten; allerdings ist dies aufgrund der eingangs erwähnten Kompetenzdefizite wahrscheinlich nur in einem sehr begrenzten Maß möglich. Selbst wenn von staatlicher Seite solche Probleme nicht als wichtig einzuschätzen sind (etwa durch entsprechend geeignete Anreizstrukturen in den Vertragsverhältnissen), so ist es doch zumindest wahrscheinlich, dass nennenswert erhöhte Kosten für das entsprechende Personal aufzubringen sind, denn die Gehaltsstrukturen im Finanzsektor liegen erheblich über den im öffentlichen Dienst üblichen, was sich im Fall einer Abwerbung in erhöhten Lohnkosten niederschlagen wird. Ein illustratives Beispiel in dieser Hinsicht ist die britische Financial Services Authority, die viele neue Mitarbeiter mit Arbeitserfahrung in der Finanzindustrie eingestellt hat. Als Konsequenz hat sich die Zahl der Angestellten in der obersten Gehaltsgruppe (mit einem Jahreseinkommen von mehr als 100.000 Pfund) in der Zeit seit Beginn der Finanzmarktkrise verdreifacht (Croft / Masters 2010).[26]

Ein dritter Problembereich betrifft die Durchsetzungsfähigkeit des Staates gegenüber dem Verhalten der betroffenen Finanzindustrie. Durch die staatliche Rettung und die hohen Summen eingesetzter öffentlicher Mittel entstand in vielen Ländern die Erwartung, dass die vor dem Untergang bewahrte Finanzindustrie als ganze, zumindest aber die konkret geretteten Unternehmen ihre Verhaltensweisen ändern würden. Dies betraf insbesondere die Frage der Gehälter und Bonuszahlungen der Beschäftigten, die durch ihre teilweise unvorstellbaren Höhen zu einem politischen Symbol für die Exzesse in

26 Die Gesamtzahl der FSA-Angestellten stieg um 20 Prozent beziehungsweise um 562 auf 3307, während die Zahl in der obersten Gehaltsgruppe von 81 auf 241 stieg.

dieser Branche geworden waren.[27] Die Höhe der Gehälter im Finanz- und Bankenbereich war von vielen Seiten kritisiert worden, und es wurden regulatorische Eingriffe verlangt.[28] Bereits im April 2008 hatte das International Institute of Finance, ein Lobbyverband der Banken, Leitlinien für Vergütungssysteme vorgelegt, die sich demnach stärker an der langfristigen Profitabilität orientieren sollten[29], doch die Frage einer gesetzlichen Regelung in diesem Bereich blieb international zwischen Kontinentaleuropäern und Angloamerikanern umstritten. Versuche zu nationalen Lösungen durch eine zeitlich begrenzte Sondersteuer auf Bonuszahlungen (wie in Großbritannien) sowie Beschränkungen bei Managergehältern in Banken und anderen Unternehmen mit Staatsbeteiligung (wie in den USA und der Bundesrepublik) erwiesen sich jedoch als nur sehr begrenzt wirksam aufgrund des Vermeidungshandelns der betroffenen Firmen. So verschoben Banken in London die Auszahlung von Bonuszahlungen einfach auf die Zeit nach dem Auslaufen der Sondersteuer in Höhe von 50 Prozent (Murphy / Parker 2010), und in der Bundesrepublik wurden trotz Gehaltsbegrenzungen auf 500.000 Euro – die nur für Vorstandsmitglieder galten – höhere Gehälter an Mitarbeiter außerhalb der direkten Führungsebene ausgezahlt; in den USA sollen die Bonusausschüttungen mit 144 Milliarden Dollar in der Saison 2010 sogar wieder über dem Niveau vor der Finanzmarktkrise liegen (Siedenbiedel 2010). Staaten können sich gegen dieses Vermeidungshandeln kaum wappnen, da nicht alle möglichen Gegenstrategien vorausgesehen werden können (Stichwort „incomplete contracts“).[30] Gleichzeitig sehen sie sich von Bankenseite dem Argument ausgesetzt, attraktive Gehälter seien gerade bei den geschwächten Firmen notwendig, um die Abwanderung der Leistungsträger zur Konkurrenz zu vermeiden. Aber in der politischen Öffentlichkeit wird zumeist nicht differenziert zwischen Ausgaben für Bürgschaften, Rekapitalisierungen, Konjunkturprogramme und Gehaltszahlungen für „Staatsbanker“, und so ist der politische Schaden, der für den Staat aus dieser mangelnden Durchsetzungsfähigkeit entsteht, enorm. Dessen sind sich auch viele politisch Handelnde bewusst, von denen allerdings viele – das muss kritisch angemerkt werden – durch die (populäre, wenn auch sehr simple) Betonung einer Verbindung zwischen praktizierter Vergütungsstruktur in Finanzunternehmen und den Ursachen der Finanzmarktkrise dem Thema ursprünglich erst die öffentliche Aufmerksamkeit verschafft haben, die dann zum Problem geworden ist.

27 Der CEO von Lehman Brothers, *Richard Fuld*, hatte beispielsweise im Jahr 2006 Bonuszahlungen in Form von Aktien in Höhe von 186 Millionen Dollar erhalten (siehe Sender u.a. 2008).

28 Siehe als Beispiele den früheren Chefökonomen des IWF, *Raghuram Rajan* (2008) oder den ökonomischen Chefkommentator der Financial Times, *Martin Wolf* (2008) und (2010).

29 Vgl. http://www.iif.com/press/press+releases+2008/press+66.php (Zugriff am 5. November 2010).

30 Siehe zu diesem Problem das Zitat des früheren britischen Schatzkanzlers *Alastair Darling*: „[T]he very people you are after here are very good at getting out of these things and ... will find all sorts of imaginative ways of avoiding it in the future“ (Murphy / Parker 2010).

8. Ein argumentativer Flohzirkus und die Notwendigkeit eines tatsächlichen Dialogs

Trotz oberflächlicher Stärkung des Staates durch die entschlossene, (wohl unerwartet) kraftvolle und (zumindest im Hinblick auf die gegenwärtige Konjunkturlage) weitgehend erfolgreiche Rettung zahlreicher Volkswirtschaften aus dem drohenden Absturz in der Finanzmarkt- und anschließenden Wirtschaftskrise ergibt eine genauere Betrachtung ein weitaus differenzierteres Bild. Anstelle der angekündigten, grundsätzlichen Reformen des regulativen Ordnungsrahmens der (nationalen wie internationalen) Finanzmärkte zeigt ein Blick in die Wirklichkeit zwei Jahre nach der Zuspitzung der Krise eine deutlich verringerte Handlungsbereitschaft der staatlichen Akteure und eine internationale Finanzwelt, die bisweilen so zu tun scheint, als hätte die Krise gar nicht stattgefunden und eine Verhaltensänderung sei nicht notwendig. Doch moralisch gefärbte Empörung über diese Entwicklung ist nicht angebracht, ebenso wenig wie die Erwartung von Dankbarkeit gegenüber dem Staat. Analytisch kann die Ausbremsung des ursprünglichen Reformimpetus nämlich ebenso gut durch eine Reihe von Mechanismen wie die im vorangegangenen Abschnitt geschilderten Kollektivhandlungsprobleme erklärt werden, ebenso wie das nicht den Erwartungen der Öffentlichkeit entsprechende Verhalten der Finanzindustrie darauf zurückgeführt werden kann, dass es nach der öffentlichen Rettung ein massives „moral hazard"-Problem gibt: Die Unternehmen bauen darauf, auch bei der nächsten Krise gerettet zu werden, und sie erwarten dies vermutlich zu Recht. Ob Staaten für diese Schwierigkeiten – angesichts ihres eigenen, zunehmend evidenter werdenden Kollektivhandlungsproblems bei der internationalen Kooperation – Lösungen finden, muss sehr ungewiss erscheinen. Behauptungen über ein grundsätzliches „Wiedererstarken" der Rolle des Staates (wie sie in den letzten zwei Jahren wiederholt zu hören waren) erscheinen jedenfalls nicht sehr plausibel.

Auf der politischen Ebene geht der Streit um die Deutungshoheit über das Geschehene weiter. Paradoxerweise ist dieser umso eher möglich, je relativ milder die Folgen der Krise ausfallen – je erfolgreicher mithin die staatliche Krisenbekämpfung war; denn verglichen mit der anhaltenden Wirtschaftskrise nach dem Zusammenbruch der Finanzmärkte zu Beginn der 1930er Jahre erscheint die gegenwärtige Entwicklung (nach einem ersten tiefen Einbruch) sehr viel günstiger zu verlaufen. Doch der Streit um die Ursachen hat eben auch Folgen für die Legitimation vergangenen wie zukünftigen staatlichen Handelns und ist deshalb von großer politischer Bedeutung. *Howard Davies*, der ehemalige Direktor der London School of Economics und erster Chef der britischen Financial Services Authority, hat in einem Buch nicht weniger als 38 verschiedene Argumentationsstränge zur Erklärung der Ursachen der Krise aufgeführt. Sie reichen von globalen Ungleichgewichten in Handel und Geldpolitik über regulatives Versagen und falsche Geschäftspraktiken bis zu Fehlanreize generierenden Vergütungsstrukturen und eine übertriebene Risikokultur in männlich dominierten Finanzfirmen (Davies 2010b). Während manche dieser Erklärungselemente sich ergänzen, widersprechen die meisten einander. In diesen argumentativen Flohzirkus eine gewisse Ordnung zu bringen und Konsistenz in den Argumentationen zu verlangen, wäre eine wichtige Aufgabe für die politische Öffentlichkeit und Voraussetzung für das Aushandeln einer Reformagenda. Das würde aber einen Dialog voraussetzen, der nicht nur die eigenen Argumente gebetsmühlenartig wiederholt, sondern auf ein Lernen voneinander ausgerichtet ist. Daran gemessen hat die amerikanische Financial Crisis Inquiry Commission, die in ihrem Bericht zu zwei nach Parteilinien getrennten Analysen und Empfehlungen kommt, versagt.

Gut zwei Jahre nach dem Konkurs von Lehman Brothers hat sich die Angst vor einem weltweiten systemischen Zusammenbruch massiv verringert; der Konjunktureinbruch ist in den meisten Staaten gebremst, und in vielen Ländern hat die Wirtschaft zu gesundem Wachstum zurückgefunden. Dass die Notwendigkeit grundlegender Reformen nicht mehr als so dringlich gesehen wird, verwundert daher nicht, zumal diese ja erneute Unsicherheit hinsichtlich ihrer Wirkungen mit sich brächten. Mit sinkendem Problemdruck lässt auch der Anreiz nach, internationale Kooperation zu versuchen, denn diese ist immer schwierig. Auseinanderdriftende Vorstellungen über die Ursachen der Krise haben eine gemeinsame Reaktion auf internationaler Ebene noch mühsamer gemacht. Kurz: das „Unterschießen“ zunächst geweckter Erwartungen kann recht gut rational erklärt werden. Ob ein solches Handeln aber ausreicht, oder ob neue Krisen schon bald die gewählten Optionen als unzureichend erscheinen lassen werden, wird erst die Entwicklung der nächsten Monate und Jahre zeigen.

Literatur

Bank for International Settlements: 79th Annual Report. 1 April 2008-31 March 2009, Basel 2009.

Bank of England: The $100 billion question – Speech by Andrew Haldane at the Institute of Regulation & Risk, Hong Kong 2010.

Bertelsmann-Stiftung (Hrsg): Managing the crisis. A comparative analysis of economic governance in 14 countries, Gütersloh 2010.

Biesecker, Adelheid / Gabriele Michalitsch / Sabine Reiner / Barbara Stiegler / Brigitte Young: Antworten aus der feministischen Ökonomie auf die globale Wirtschafts- und Finanzkrise. Tagungsdokumentation der Friedrich-Ebert-Stiftung, Bonn 2009.

Buiter, Willem: The proposed European Systemic Risk Board is overweight central bankers, 28. Oktober 2009, http://blogs.ft.com/maverecon/2009/10/the-proposed-european-systemic-risk-board-is-overweight-central-bankers (Abruf am 23. Oktober 2010).

Busch, Andreas: Banking regulation and globalization, Oxford / New York 2009a.

Busch, Andreas: Die Krise auf den Finanzmärkten. Eine Ursachenanalyse, in: Zeitschrift für Evangelische Ethik, 53. Jg. (2009b), S. 120-133.

Busch, Andreas: Der Euro als Vorteil und Nachteil für Deutschland, in: Aus Politik und Zeitgeschichte, (2010), H. 43, S. 26-32.

Croft, Jane / Brooke Masters: Number of FSA top earners triples, in: Financial Times vom 29. August 2010.

Davies, Howard: Don't bank on global reform, in: Prospect (2010a), H. 174, S. 20-21.

Davies, Howard: The Financial Crisis. Who is to Blame?, Cambridge / Malden 2010b.

eFinancialCareers.de: BaFin-Mitarbeiter sorgen sich um Jobs nach Reorganisation der Bankenaufsicht, 13. Oktober 2009, http://nachrichten.efinancialcareers.de/newsandviews_item/newsItemId-21689 (Abruf am 12. November 2010).

Erkens, David / Mingyi Hung / Pedro Matos: Corporate Governance in the 2007-2008 Financial Crisis. Evidence from Financial Institutions Worldwide, 2010, http://ssrn.com/abstract=1397685 (Abruf am 12. November 2010).

Financial Crisis Inquiry Commission: The Financial Crisis Inquiry Report. Final Report of the National Commission on the Causes of the Financial and Economic Crisis in the United States, Washington, DC 2011.

Financial Services Authority: The Turner Review. A regulatory response to the global banking crisis, London 2009.

Flassbeck, Heiner: Die Panik im Finanzkasino und ihre Folgen, in: Blätter für deutsche und internationale Politik, 53. Jg. (2008), H. 11, S. 33-40.

Fortado, Lindsay / Nandini Sukumar: U.K.'s Finance Regulator Calls for Ban on ‚Self-Certification' Mortgages, 13 July 2010, http://www.bloomberg.com/news/2010-07-12/fsa-urges-a-2011-ban-on-self-certification-mortgages-to-cut-risky-lending.html (Abruf am 22. November 2010).

G20: Declaration. Summit on Financial Markets and the World Economy, 15. November 2008, http://www.g20.org/Documents/g20_summit_declaration.pdf (Abruf am 22. November 2010).

G20: Declaration on Strengthening the Financial System, 2. April 2009, http://www.g20.org/Documents/Fin_Deps_Fin_Reg_Annex_020409_-_1615_final.pdf (Abruf am 22. November 2010).

G20: The G20 Toronto Summit Declaration, 26./27. Juni 2010, http://www.g20.org/Documents/g20_declaration_en.pdf (Abruf am 22. November 2010).

Gamble, Andrew: The Political Consequences of the Crash, in: Political Studies Review, 8. Jg. (2010), H. 1, S. 3-14.

Greenspan, Alan: The Crisis. Brookings Papers on Economic Activity 2010, S. 201-246.

Hickel, Rudolf: Keynes und der Kasinokapitalismus, in: Blätter für deutsche und internationale Politik, 53. Jg. (2008), H. 5, S. 105-107.

High-Level Group on Financial Supervision the EU, chaired by Jacques de Larosière: Report, Brüssel 2009.

HM Treasury: Reforming financial markets. Presented to Parliament by The Chancellor of the Exchequer by Command of Her Majesty, London 2009.

House of Commons, Treasury Committee: Banking Crisis: dealing with the failure of the UK banks. Seventh Report of Session 2008-09, London 2009a.

House of Commons, Treasury Committee: Banking Crisis: regulation and supervision. Fourteenth Report of Session 2008-09, London 2009b.

Huffschmid, Jörg: Die Rückkehr des Staates, in: Blätter für deutsche und internationale Politik, 53. Jg. (2008), H. 11, S. 8-12.

International Monetary Fund: Global Financial Stability Report. Responding to the Financial Crisis and Measuring Systemic Risk, Washington, DC 2009a.

International Monetary Fund: World Economic Outlook April 2009. Crisis and recovery, Washington, DC 2009b.

Islam, Faisal: The Great Money Mystery, in: Prospect (2010), H. 176, S. 32-38, http://www.prospectmagazine.co.uk/2010/10/is-quantitative-easing-working/ (Abruf am 22. November 2010).

Jenkins, Patrick: Alert over Basel III threat to trade, in: Financial Times vom 8. November 2010.

Kling, Arnold S.: Not what they Had in Mind. A History of Policies that Produced the Financial Crisis of 2008, Arlington 2009.

Masters, Brooke / Megan Murphy: Banking reform: Suspense over, in: Financial Times vom 18. August 2010.

Mattli, Walter: Banks are champions in watering down change (Letter to the Editor), in: Financial Times vom 20. August 2010.

Murphy, Megan / George Parker: Supertax on bankers failed, says Darling, in: Financial Times vom 1. September 2010.

National Commission on Terrorist Attacks upon the United States: The 9/11 Commission Report. Final Report of the National Commission on Terrorist Attacks Upon the United States, New York 2004.

Rajan, Raghuram: Opinion - Bankers' pay is deeply flawed, in: Financial Times vom 9. Januar 2008.

Reinhart, Carmen M. / Kenneth S. Rogoff: The Aftermath of Financial Crises, in: American Economic Review, 99. Jg. (2009), H. 2, S. 466-472.

Sender, Henny / Francesco Guerrera / Peter Thal Larsen / Gary Silverman: Broken brothers: How brinkmanship was not enough to save Lehman, in: Financial Times vom 15. September 2008.

Sibert, Anne: A systemic risk warning system, 16. Januar 2010, http://www.voxeu.org/index.php?q=node/4495 (Abruf am 22. November 2010).

Siedenbiedel, Christian: Eine prima Bonus-Saison, in: Frankfurter Allgemeine Sonntagszeitung vom 19. Dezember 2010.

Statistisches Bundesamt (Hrsg.): Statistisches Jahrbuch für die Bundesrepublik Deutschland 2010, Wiesbaden 2010.

Stephens, Philip: Three years on, the markets are masters again, in: Financial Times vom 30. Juli 2010.

SVR [Sachverständigenrat zur Begutachtung der gesamtwirtschaftlichen Entwicklung]: Das Erreichte nicht verspielen. Jahresgutachten 2007/08, Wiesbaden 2007.

SVR [Sachverständigenrat zur Begutachtung der gesamtwirtschaftlichen Entwicklung]: Die Finanzkrise meistern – Wachstumskräfte stärken. Jahresgutachten 2008/09, Wiesbaden 2008.

SVR [Sachverständigenrat zur Begutachtung der gesamtwirtschaftlichen Entwicklung]: Die Zukunft nicht aufs Spiel setzen. Jahresgutachten 2009/10, Wiesbaden 2009.

Taylor, John B.: The Financial Crisis and the Policy Responses: An Empirical Analysis of What Went Wrong. National Bureau of Economic Research Working Paper Series No. 14631, 2009, http://www.nber.org/papers/w14631 (Abruf am 22. November 2010).

http://ec.europa.eu/internal_market/finances/docs/de_larosiere_report_en.pdf.

The Republican Party: A Pledge to America – A New Republican Governing Agenda, http://pledge.gop.gov/ (Abruf am 15. Oktober 2010).

Welter, Patrick: Keine Bankenabgabe in Amerika. Demokraten geben Pläne wegen Widerstands republikanischer Senatoren auf, in: Frankfurter Allgemeine Zeitung vom 30. Juni 2010.

Wolf, Martin: Regulators should intervene in bankers' pay, in: Financial Times vom 16. Januar 2008.

Wolf, Martin: Why and how should we regulate pay in the financial sector?, in: Adair Turner (Hrsg.), The future of finance. The LSE Report, London 2010, S. 235-245.

Die Europäische Union als Grund- und Menschenrechtsakteur – zwischen externem Anspruch und interner Wirklichkeit

Karen Schlüter

Die Europäische Union (EU) beschreibt ihren Tätigkeitsbereich „Menschenrechte“ folgendermaßen: „Menschenrechte, Demokratie und Rechtsstaatlichkeit sind grundlegende Werte der Europäischen Union. Sie sind in den Gründungsverträgen verankert und wurden durch die Annahme einer Grundrechte-Charta weiter gestärkt. Länder, die der Europäischen Union beitreten wollen oder Handels- und sonstige Abkommen mit der Europäischen Union geschlossen haben, sind zur Einhaltung der Menschenrechte verpflichtet.“[1] *Ian Manners* (2008: 65) hat diesen von der EU selbst definierten Anspruch als Menschenrechtsakteur so charakterisiert: „... the EU is a normative power: it changes the norms, standards and prescriptions of world politics away from the bounded expectations of state-centricity“. Damit behält *Manners* – wie auch in seinen vorangegangen Untersuchungen von 2002 und 2007 – den Fokus auf der Fragestellung: „To what extent is the European Union (EU) a normative power with the ability to define what passes for 'normal' in a globalised world?” Dabei bleibt offen, ob die EU fähig ist, den Anspruch, den sie nach außen setzt, intern zu verwirklichen. So gab es bis zum Inkrafttreten des Vertrags von Lissabon am 1. Dezember 2009 keinen kodifizierten und rechtsverbindlichen Grundrechtskatalog auf der Ebene der EU, noch war der durch den Europäischen Gerichtshof (EuGH) gewährleistete Grundrechtsschutz wegen des bisherigen Drei-Säulen-Modells in den Europäischen Gemeinschaften (EG), der Gemeinsamen Außen- und Sicherheitspolitik (GASP) sowie in der Polizeilichen und Justiziellen Zusammenarbeit in Strafsachen (PJZS) gleich ausgestaltet. Die fehlende Kohärenz im internen Grundrechtssystem – die auch nur eine bedingte Änderung durch den Vertrag von Lissabon erfahren hat – führt zu der Frage, ob die EU eine „normative power“ in ihrem eigenen politischen System besitzt. Kann sie in ihrem Innenverhältnis Menschenrechte in gleicher Weise durchsetzen wie nach außen in den internationalen Beziehungen, in denen sie – wie *Manners* eindrucksvoll dargestellt hat – Regeln und Standards ändert sowie bestimmt?

1. „Bestandsaufnahme der Innenperspektive“: Grundrechts- und Menschenrechtsschutz in der Europäischen Union

Um den Grundrechts- und Menschenrechtsschutz in der EU zu bestimmen, ist zunächst zu definieren, was „Grundrechte“ und „Menschenrechte“ überhaupt beinhalten, denn es sind unterschiedliche Begriffe gebräuchlich, wie der Tätigkeitsbereich „Menschen-

1 http://europa.eu/pol/rights/index_de.htm (Stand: 3. März 2010).

rechte“[2] oder die „Charta der Grundrechte der Europäischen Union“ zeigt.[3] Der Definitionsversuch macht das erste Dilemma deutlich: Obwohl die Begriffe „Grundrechte“ und „Menschenrechte“ zwar verwandt, aber nicht identisch sind (Manssen 2005: 7), benutzt die EU beide ohne Differenzierung, wenn sie beispielsweise feststellt, „..., dass Menschenrechte allgemeingültig und unteilbar sind. Aus diesem Grund setzt sie sich sowohl innerhalb ihrer Grenzen als auch in ihren Beziehungen zu Nicht-EU-Ländern aktiv für ihre Förderung und Verteidigung ein. Dabei respektiert sie die weitreichenden Befugnisse der Regierungen ihrer Mitgliedstaaten in diesem Bereich.“[4] Nun sind aber Grundrechte Teil des nationalen Verfassungsrechts und beinhalten unmittelbar wirkende Rechte des Einzelnen gegenüber dem Staat (Pieroth / Schlink 2006: 13; Manssen 2005: 7). Hingegen sind Menschenrechte Teil des Völkerrechts, die dem Individuum zwar kraft seiner Geburt und unabhängig von der Staatsangehörigkeit Rechte einräumt (Kokott / Doehring / Buergenthal 2003: 112). Allerdings begründen Menschenrechtsverträge primär nur eine Staatenverpflichtung, d.h. die Gebundenheit der Mitgliedstaaten, die Rechte und Freiheiten durch nationale Vorschriften dem Individuum zugänglich zu machen (Doehring 2004: 431). Dadurch entsteht aber in der Regel kein eigenes Recht (self-executing) auf der Ebene des Völkerrechts für den Einzelnen (Doehring 2004: 430). Wie der jeweilige Unterzeichnerstaat die völkervertraglich garantierten Rechte dem Einzelnen zugänglich macht, steht in seiner Souveränität. Kennzeichnend für den internationalen Menschenrechtsschutz ist seit seiner erstmalig ausdrücklichen Erwähnung in der Charta der Vereinten Nationen im Völkerrecht, dass eine Pflicht der Staatengemeinschaft zur Einhaltung anerkannt wird. Diese Verpflichtung bezieht sich sowohl auf die Unterzeichnerstaaten untereinander als auch gegenüber der internationalen Organisation, die in der Regel mit der Durchsetzung betraut wird. Gemeinsam ist Grund- und Menschenrechten folglich, dass sie staatliche Garantien sind. *Manssen* (2005: 7) bezeichnet Grundrechte daher als „in der Verfassung niedergelegte Menschenrechte“. Der entscheidende Unterschied besteht darin, dass Menschenrechte in der Regel keine subjektiv-öffentlichen Rechte sind, die dem Einzelnen die Rechtsmacht geben, von Trägern öffentlicher Gewalt ein Tun oder Unterlassen zu verlangen und dass eine internationale Organisation zur Durchsetzung der Rechte zwischen Individuum und Unterzeichnerstaat zwischengeschaltet wird.

Aus diesem Definitionsversuch ergibt sich das Zwischenergebnis, dass die EU als internationale Organisation keinen Grundrechtsschutz, sondern lediglich Menschenrechtsschutz gewähren kann und nicht als Akteur, sondern nur als Agent für die Mitgliedstaaten auftreten kann. Allerdings ergaben sich schon vor dem Inkrafttreten des Vertrags von Lissabon Zweifel an dieser Feststellung, da das Drei-Säulen-Modell der EU eine unterschiedliche Kompetenzausstattung beinhaltet: Während die Europäischen Gemeinschaften supranational ausgestaltet sind, ist in der zweiten und dritten Säule der Gemeinsamen Außen- und Sicherheitspolitik (GASP) sowie der Polizeili-

2 http://europa.eu/pol/rights/index_de.htm (Stand: 3. März 2010).

3 http://eur-lex.europa.eu/LexUriServ/LexUriServ.do?uri=OJ:C:2000:364:0001:0022:DE:PDF (Stand: 1. März 2010).

4 http://europa.eu/pol/rights/index_de.htm (Stand: 3. März 2010).

chen und Justiziellen Zusammenarbeit in Strafsachen (PJZS) lediglich eine intergouvernementale Kooperation ohne Übertragung von Hoheitsrechten vorgesehen. Daher ist anzunehmen, dass aufgrund der unterschiedlichen Kompetenzausstattung auch eine unterschiedliche Bewertung von Grund- und Menschenrechtsschutz sowie Akteurs- und Agentenqualität vorzunehmen ist.

1.1. Grundrechtsschutz in der ersten Säule der Europäischen Union

Die Kompetenzausstattung der ersten Säule wird an der Supranationalität der Europäischen Gemeinschaften[5] festgemacht. Dabei ist der entscheidende Gesichtspunkt, dass die Organisation staatsähnliche Befugnisse innehat, da sie das von ihr erzeugte Recht unmittelbar und ohne weitere Ausführung durch die Staaten auf deren Angehörige anwenden kann (Kokott / Doehring / Buergenthal 2003: 47). Diese Fähigkeit war nicht unumstritten, denn das Recht der internationalen Organisationen als Teil des Völkerrechts überlässt die Frage der (unmittelbaren) Anwendbarkeit wegen der Souveränität der Unterzeichnerstaaten grundsätzlich dem einzelnen Staat. Je nach Pfadabhängigkeit beziehungsweise Rechtstradition in dem einzelnen Mitgliedstaat wird durch das nationale Recht – in der Regel durch die Verfassung – bestimmt, ob das Völkerrecht unmittelbar gilt und anwendbar ist. Die unmittelbare Geltung betrifft die Grundfrage nach dem Verhältnis von Völkerrecht und innerstaatlichem Recht (Geiger 2002: 12 f.). Dabei sind zwei Auffassungen zu unterscheiden: Dualismus und Monismus. Als Dualismus wird die Sichtweise bezeichnet, die die Völkerrechtsordnung und die staatliche Rechtsordnung als voneinander unabhängig ansehen, während der Monismus Völkerrecht und innerstaatliche Rechtsordnung als ein einheitliches und zusammenhängend-einheitliches Rechtssystem verstehen. Hauptunterscheidungsmerkmal beider Auffassungen ist die unmittelbare Geltung des Völkerrechts und damit die Frage, ob staatliche Organe ohne weitere (Adaptions-/Transformations-)Schritte Völkerrecht auch im innerstaatlichen Bereich anzuwenden haben. In Ländern, die der monistischen Auffassung folgen, gilt wegen des einheitlichen Rechtssystems das Völkerrecht unmittelbar; in Staaten mit dualistischer Tradition ist ein innerstaatlicher Rechtsanwendungsbefehl erforderlich, damit das Völkerrecht im nationalen Rechtssystem wirkt.

Die Mitgliedstaaten der Europäischen Union folgen sowohl der monistischen als auch der dualistischen Auffassung sowie gemäßigten Theorieansätzen, die eine starke Angleichungstendenz zwischen Monismus und Dualismus aufweisen. Daraus ergibt sich, dass nach völkerrechtlichen Grundsätzen die unmittelbare Anwendbarkeit des europäischen Gemeinschaftsrechts in der Disposition des einzelnen Mitgliedstaats läge. In seiner Leitentscheidung „van Gend & Loos“[6] aus dem Jahre 1962 entschied der EuGH

5 Die Supranationalität ist durch folgende Merkmale gekennzeichnet: eigene Rechtspersönlichkeit der Europäischen Gemeinschaften (vgl. Art. 281 EGV), Übertragung von Souveränitätsrechten der Mitgliedstaaten auf die Europäischen Gemeinschaften, Eigenständigkeit, Vorrang und unmittelbare Anwendbarkeit des Gemeinschaftsrechts, unabhängige Organe, beispielsweise der Gerichtshof (Verbindlichkeit der Urteile, Durchsetzungsmechanismen), qualifizierte Mehrheit als Abstimmungsmodus, finanzielle Unabhängigkeit der EG durch Eigenmittel (vgl. Art. 269 EG).

6 EuGH, Slg. 1963, 1, Rs. 2/62, van Gend & Loos.

aber: „Artikel 12 des Vertrages zur Gründung der Europäischen Wirtschaftsgemeinschaft erzeugt unmittelbare Wirkungen und begründet individuelle Rechte der Einzelnen, welche die staatlichen Gerichte zu beachten haben." Damit traf das Gericht zwei Feststellungen: Erstens sind auf das europäische Gemeinschaftsrecht nur bedingt völkerrechtliche Grundsätze anwendbar, da es ein Recht „sui generis" ist. Zweitens ergab sich hieraus – zumindest für die Mitgliedstaaten, die dem nicht-streng monistischen System folgen –, dass kein nationaler Rechtsanwendungsbefehl für die innerstaatliche Wirksamkeit des europäischen Gemeinschaftrechts erforderlich ist. Insbesondere diejenigen Mitgliedstaaten, deren Verfassungen beziehungsweise Rechtstraditionen vorsehen, dass ein innerstaatlicher Rechtsanwendungsbefehl für die Anwendbarkeit zu ergehen hat, kämpften nunmehr mit der Frage des Rangverhältnisses von europäischem Gemeinschaftsrecht und nationalem Recht. So sieht das deutsche Grundgesetz in Art. 59 Abs. 2 vor, dass völkerrechtliche Verträge durch ein Bundesgesetz transformiert werden und damit innerstaatliche Wirkung im Rang eines einfachen Gesetzes haben. Auch hier konnte den Verträgen keine Regelung entnommen werden, und so entschied der EuGH im Fall „Costa / ENEL"[7], dass das europäische Gemeinschaftsrecht uneingeschränkten Vorrang vor dem nationalem Recht genieße, indem er ausführte, dass „dem vom Vertrag geschaffenen, somit aus einer autonomen Rechtsquelle fließenden Recht wegen dieser seiner Eigenständigkeit keine wie immer gearteten innerstaatlichen Rechtsvorschriften vorgehen können, wenn ihm nicht sein Charakter als Gemeinschaftsrecht aberkannt und wenn nicht die Rechtsgrundlage der Gemeinschaft selbst in Frage gestellt werden soll". Dieser Vorrang gilt sowohl für primäres als auch für sekundäres Gemeinschaftsrecht und bezieht sich auf einfaches nationales Recht wie auf Verfassungsrecht samt nationaler Grundrechte. Der EuGH begründete seine Entscheidung mit der Eigenständigkeit der Gemeinschaftsrechtsordnung, der vertraglichen Verpflichtung der Mitgliedstaaten zur Gemeinschaftstreue und der Einheitlichkeit der Rechtsanwendung als Voraussetzung für die Funktionsfähigkeit der Europäischen (Wirtschafts-)Gemeinschaft. Die inhaltliche Ausgestaltung des Vorrangs beinhaltet einen Anwendungsvorrang, das heißt bei Kollision von Gemeinschaftsrecht und nationalem Recht ist die nationale Norm nicht nichtig, sondern kommt im konkreten Fall nicht zur Anwendung (im Unterschied zum Geltungsvorrang). Die Konsequenz des Anwendungsvorrangs ist, dass mit dem Gemeinschaftsrecht kollidierende nationale Regeln für Sachverhalte anwendbar bleiben, die keinen gemeinschaftsrechtlichen Bezug haben. Dadurch kann das Problem entstehen, dass Inländer gegenüber europäischen Unionsbürgern schlechter gestellt werden, da diese sich möglicherweise auf die günstigere Gemeinschaftsnorm berufen können. Die Lösung für diese Inländerdiskriminierung erfolgt allein nach nationalem Recht.[8]

---

7 EuGH, Slg. 1964, 1251, Rs. 6/64, Costa / ENEL.

8 Im deutschen Recht wird die Verletzung des Gleichbehandlungsgrundsatzes nach Art. 3 GG geprüft.

Als Folge der vorangegangenen Judikatur begann der EuGH insbesondere mit der Entscheidung „Stauder"[9], europäische Grundrechte als Prüfungsmaßstab für Rechtsakte heranzuziehen, die auf europäischem Gemeinschaftsrecht beruhten. Grund hierfür war zum einen, dass ein Bedürfnis für einen Grundrechtsschutz bestand, da nunmehr Angehörige durch die unmittelbare Wirksamkeit des europäischen Gemeinschaftsrechts direkt in ihren Rechtspositionen verletzt werden konnten. Zum anderen taugten die nationalen Grundrechte als Prüfungsmaßstab nicht, da sie wegen des vom Europäischen Gerichtshof festgestellten Vorrangsverhältnisses in der Normenhierarchie dem europäischen Gemeinschaftsrecht nachgehen. Darüber hinaus hätte die Anwendung nationaler Grundrechte durch die innerstaatlichen Organe eine uneinheitliche Rechtsanwendung wegen der unterschiedlichen Ausgestaltung der verfassungsrechtlichen Grundrechtskataloge der Mitgliedstaaten zur Folge gehabt. Da es keinen völkerrechtlichen Vertrag oder sonstige Verbindlichkeiten gab, die direkt zwischen der Europäischen Union und den Mitgliedstaaten wirkten, bewertete der EuGH europäische Grundrechte als allgemeine Rechtsgrundsätze. Dabei stellte sich das Gericht auf den Standpunkt, dass neben den völkerrechtlichen Verträgen auch allgemeine Rechtsgrundsätze und Völkergewohnheitsrecht als ungeschriebenes Recht zum europäischen Primärrecht gehören. Der EuGH nahm dabei eine vergleichende Verfassungswertung des Grundrechtsschutzes der Mitgliedstaaten vor, indem er allgemeine Rechtsgrundsätze als übereinstimmende Prinzipien, die sich aus dem innerstaatlichen Recht ergaben, auf europäische Sachverhalte übertrug. Dabei stand der Gerichtshof vor der Herausforderung, dass der Grundrechtsschutz in den einzelnen Mitgliedstaaten differierte. Die Frage war daher, wie „Übereinstimmung" zu verstehen war. Der Gerichtshof entschied sich nicht für den kleinsten Nenner, das heißt für den geringsten Schutzstandard, sondern für denjenigen, der den Werten und Zielen der Europäischen Gemeinschaft am nächsten kommt. Als Auslegungshilfe zog er auch die Europäische Menschenrechtskonvention des Europarates heran, die von allen seinen Mitgliedstaaten ratifiziert worden ist.[10] In der Folgezeit hat der EuGH in seiner Rechtsprechung eine Reihe von Grundrechten anerkannt, wie beispielsweise Menschenwürde, Achtung der Privatsphäre, der Wohnung und des Briefverkehrs, Gleichheitsgrundsatz, Glaubens- und Religionsfreiheit, Vereinigungsfreiheit, Handlungsfreiheit, Berufs- und Eigentumsfreiheit, Verbot der geschlechterspezifischen Diskriminierung, Meinungs- und Veröffentlichungsfreiheit, Rückwirkungsverbot von Strafgesetzen, Anspruch auf effektiven gerichtlichen Rechtsschutz und fairen Prozess, Achtung des Familienlebens und Recht auf informationelle Selbstbestimmung (Nettesheim 2009a: 319 ff. m.w.N.).

9 Vgl. u.a. EuGH, Slg. 1969, S. 419, Rs. 29/69 Stauder; EuGH, Slg. 1970, S. 1125, Rs. 11/70, Internationale Handelsgesellschaft; EuGH, Slg. 1974, S. 491, Rs. 4/73, Nold; EuGH, Slg. 1979, S. 3727, Rs. 44/79, Hauer.

10 Vgl. Art. 6 Abs. 2 EUV a. F.: „Die Union achtet die Grundrechte, wie sie in der am 4. November 1950 in Rom unterzeichneten Europäischen Konvention zum Schutze der Menschenrechte und Grundfreiheiten gewährleistet sind und wie sie sich aus den gemeinsamen Verfassungsüberlieferungen der Mitgliedstaaten als allgemeine Grundsätze des Gemeinschaftsrechts ergeben."

Diese Rechtsprechungsreihe des Europäischen Gerichthofs stellte einen Bruch zu den bisher geltenden Überzeugungen dar, dass nämlich internationale Organisationen lediglich einen Menschenrechtsschutz als Agent für ihre Mitgliedstaaten gewährleisten, indem nunmehr die Organisation für das von ihr erzeugte Recht einen Grundrechtsschutz vorhielt.

Die Kritik an der Frage des Grundrechtsschutzes in den Europäischen Gemeinschaften und vor allem an der Rechtsprechung des EuGH ließ nicht auf sich warten und war kaum überraschend: Die Vorbehalte einzelner Mitgliedstaaten bezogen sich darauf, dass nun die nationalen Grundrechte in Folge des Vorrangverhältnisses des europäischen Gemeinschaftsrechts gegebenenfalls hinter europäischem Recht zurücktreten können. Dies kann theoretisch dazu führen, dass die europäischen Grundfreiheiten Vorrang vor nationalen Grundrechten haben. Die nationalen Gerichte – insbesondere die Verfassungsgerichte – entwickelten „Integrationskonzepte" (Arnold 1998), wie sie das Verhältnis von europäischem Gemeinschaftsrecht und nationalem Recht bewerteten.[11] Eine Vorreiterrolle nahm dabei das deutsche Bundesverfassungsgericht (BVerfG) ein. Im Maastricht-Urteil bezeichnete es seine Position im Verhältnis zur europäischen Rechtsprechung im Rahmen seiner „Karlsruher Saga"[12] (Bergmann 2004: 625) von Solange I bis zum Vertrag von Lissabon als „Kooperationsverhältnis"[13] und definierte damit auch seine Stellung gegenüber dem EuGH. In seinem Lissabon-Urteil bestätigte das BVerfG seine Judikatur aus der Maastricht-Entscheidung, da es „ausbrechende" Rechtsakte nicht akzeptieren wird.[14]

Neben den nationalen Gerichten entwickelte auch der EuGH seine Rechtsprechung weiter. So urteilte er beispielsweise in der „Omega-Entscheidung"[15], dass die Mitgliedstaaten einen ungeschriebenen Rechtfertigungstitel haben, wenn sie sich für Rechtsgüter einsetzen, die auch von der Europäischen Union grundrechtlich anerkannt werden. Damit konnte die Dienstleistungsfreiheit zum Schutz der öffentlichen Ordnung wegen einer Verletzung der (national) verankerten Menschenwürde eingeschränkt werden.

Bewegung kam in die Frage einer vertraglichen Grundrechtsgewährleistung durch die Charta der Grundrechte der EU. Diese wurde während des Gipfels in Nizza 2000 proklamiert, konnte aber nach den fehlgeschlagenen Referenden zum Verfassungsvertrag der Europäischen Union in Frankreich und den Niederlanden erst als Teil des Vertrags von Lissabon in Kraft treten. Bis dahin galt, dass die Europäischen Gemeinschaften aufgrund der Supranationalität und der damit verbundenen unmittelbaren Wirksamkeit des europäischen Gemeinschaftsrechts staatsähnlich und damit hoheitlich gegenüber

11 Vgl. *Nettesheim* 2009b: 204 mit weiteren Nachweisen für Frankreich, Italien, das Vereinigte Königreich, die Beneluxstaaten, Dänemark, Griechenland, Spanien und Österreich.

12 Solange I (BVerfGE 37, 271); Solange II (BVerfGE 73, 339); Maastricht (BVerfGE 89, 155); Bananenmarktverordnung (BVerfGE 102, 147) und Lissabon (BVerfG, 2 BvE 2/08 vom 30. Juni 2009).

13 So das Bundesverfassungsgericht in seinem Maastricht-Urteil, BVerfGE 89, 155 ff.

14 *Halberstam* und *Möllers* (2009: 1241) sprechen von einem „Ja zu Deutschland" durch das Bundesverfassungsgericht. *Grosser* (2009: 1264) bleibt zurückhaltender und ist der Ansicht, dass das Bundesverfassungsgericht einen „Sonderweg" beschreite.

15 EuGH, Urteil vom 14. Oktober 2004, Rs. C-36/02.

den Angehörigen der Mitgliedstaaten auftreten können, so dass ein Schutz der Individualrechte erforderlich wurde. Um eine einheitliche Rechtsanwendung zu gewährleisten, war damit ein europäisches und kein nationales Schutzsystem zu errichten. Diese europäische Rechtsordnung ist mit der staatlichen Gewährleistung von Grundrechten vergleichbar, da die internationale Organisation nicht nur als Agent zwischengeschaltet ist, sondern unabhängig von den Mitgliedstaaten agiert. Bei dem letztgenannten Schutz geht es „also zunächst nicht um den internationalen Schutz von Menschenrechten gegenüber staatlicher Hoheitsgewalt, sondern um die Beachtung und Durchsetzung von Grundrechtsstandards gegenüber einer neu geschaffenen, supranationalen Hoheitsgewalt" (Walter 2003: 2). Hier wird die Sonderkonstellation deutlich: Im Innenverhältnis – und dies vornehmlich in der ersten Säule der Europäischen Gemeinschaften – tritt die EU nicht für einen Menschenrechtsschutz ein, sondern für einen (einheitlichen) europäischen Grundrechtsschutz. In diesem Fall entfaltet sie eine staatliche Qualität, indem sie die europäischen Unionsbürger vor Eingriffen des Mitgliedstaates, der europäisches Gemeinschaftsrecht anwendet, beziehungsweise der Organisation selbst schützt. *Ehlers* (2005: 383) plädiert daher für eine weite Definition: „Grundrechte sind Rechte des Individuums (und anderer Privatpersonen) gegen Hoheitsträger..., die kraft des internationalen Rechts gelten oder auf der höchsten innerstaatlichen Normstufe garantiert werden, dem Einzelnen eine grundlegende Rechtsposition gegenüber den Hoheitsträgern einräumen und diesen im Falle der Zulässigkeit einer Beschränkung eine Rechtfertigung abverlangen."

An dieser Situation ändert sich auch nichts durch den Vertrag von Lissabon: Erstens ist keine Änderung, die die unmittelbare Wirksamkeit berühren würde, eingetreten. Zweitens ist die EU-Charta der Grundrechte zwar wegen der Sonderregelungen für Polen und das Vereinigte Königreich, die einen Vorbehalt gegenüber dem Dokument erklärten, nicht in allen ihren Teilen in den Mitgliedstaaten verbindlich. Dies führte in der Literatur zu einer Diskussion über einen „gespalteten Grundrechtsschutz in der EU" (Mehde 2008: 269). Allerdings hatte die Ratifikation der Charta durch die Mitgliedstaaten – wie aus der konsolidierten Fassung von Art. 6 EUV[16] ersichtlich – überwiegend deklaratorische Wirkung. Dies ergibt sich nicht zuletzt daraus, dass sich der EuGH in seiner ständigen Rechtsprechung bereits auf die Charta – auch vor ihrem Inkrafttreten – bezog, indem er ihre Inhalte als allgemeine Rechtsgrundsätze anwen-

16 Vgl. auch Art. 6 EUV konsolidierte Fassung: „(1) Die Union erkennt die Rechte, Freiheiten und Grundsätze an, die in der Charta der Grundrechte der Europäischen Union vom 7. Dezember 2000 in der am 12. Dezember 2007 in Straßburg angepassten Fassung niedergelegt sind; die Charta der Grundrechte und die Verträge sind rechtlich gleichrangig. Durch die Bestimmungen der Charta werden die in den Verträgen festgelegten Zuständigkeiten der Union in keiner Weise erweitert. Die in der Charta niedergelegten Rechte, Freiheiten und Grundsätze werden gemäß den allgemeinen Bestimmungen des Titels VII der Charta, der ihre Auslegung und Anwendung regelt, und unter gebührender Berücksichtigung der in der Charta angeführten Erläuterungen, in denen die Quellen dieser Bestimmungen angegeben sind, ausgelegt. (2) Die Union tritt der Europäischen Konvention zum Schutz der Menschenrechte und Grundfreiheiten bei. Dieser Beitritt ändert nicht die in den Verträgen festgelegten Zuständigkeiten der Union. (3) Die Grundrechte, wie sie in der Europäischen Konvention zum Schutz der Menschenrechte und Grundfreiheiten gewährleistet sind und wie sie sich aus den gemeinsamen Verfassungsüberlieferungen der Mitgliedstaaten ergeben, sind als allgemeine Grundsätze Teil des Unionsrechts."

dete. Daher wird seine weitere Jurisdiktion und vor allem diejenige des EuGH für Menschenrechte des Europarates, der sich die Europäische Union zukünftig unterwerfen wird, abzuwarten sein.[17] Allerdings sind auch durch die Rechtsprechung des Europäischen Gerichtshofs für Menschenrechte keine überraschenden Entwicklungen zu erwarten, denn bereits in seiner „Bosphorus-Entscheidung“[18] hat er deutlich gemacht, dass er lediglich in Ausnahmefällen die Rechtsprechung des EuGH überprüfen werde, da diese zufriedenstellend sei, weil so zumindest ein vergleichbarer Schutz gewährleistet werden könne.

Im Ergebnis ist festzuhalten, dass in der ersten Säule ein Grundrechts- und eben kein Menschenrechtsschutz durch die europäischen Organe gewährleistet wird. Als Prüfungsmaßstab für Eingriffe in die Rechtspositionen des Einzelnen gelten europäische Grundrechte. Im Ausnahmefall kann ein nationales Grundrecht im Rahmen des Schutzes der öffentlichen Ordnung herangezogen werden.

1.2. Grundrechtsschutz in der zweiten und dritten Säule der Europäischen Union

Bis zum Vertrag von Lissabon waren die zweite und dritte Säule, GASP sowie PJZS, durch die intergouvernementale Zusammenarbeit (Einstimmigkeitsprinzip, keine Übertragung von Hoheitsrechten) geprägt. Da die EU in diesen Bereichen nicht hoheitlich tätig werden konnte, konnte der Einzelne im Grunde nicht durch europäische Akte in seinen Rechtspositionen verletzt werden. Logisches Ergebnis wäre daher gewesen, dass kein Grundrechtsschutz erforderlich und möglich war, da hier – theoretisch – die für die Europäischen Gemeinschaften aufgezeigten Problemkonstellationen wie direkte Wirksamkeit, Vorrang und Grundrechtsschutz nicht eintraten.

Allerdings unterliegen diese Feststellungen Einschränkungen, denn auch in den Säulen der Gemeinsamen Außen- und Sicherheitspolitik sowie der Polizeilichen und Justiziellen Zusammenarbeit in Strafsachen hatte die europäische Integration schon vor dem Inkrafttreten des Vertrags von Lissabon an Dynamik gewonnen: Der EuGH hatte sich in den drei Entscheidungen „Yusuf“[19], „Kadi“[20] und „Ayadi“[21] mit der neueren Praxis des Sicherheitsrates der Vereinten Nationen zu beschäftigen, nämlich umfangreiche Namenslisten von Tätern und Unterstützern terroristischer Aktivitäten zu erstellen und deren Vermögensgüter einstweilig zu beschlagnahmen. Hintergrund war, dass zur Umsetzung mehrerer Resolutionen des Sicherheitsrates im Rahmen der eben genannten Maßnahmen zur Terrorismusbekämpfung der Rat im Rahmen der Gemeinsamen Außen- und Sicherheitspolitik einen gemeinsamen Standpunkt zu den restriktiven Maßnahmen gegen die betroffenen Personen annahm und schließlich auf der Grund-

17 Durch die Ratifikation des Vertrags von Lissabon sind von Seiten der Europäischen Union und des Protokolls Nr. 14 zur Europäischen Menschenrechtskonvention von Seiten des Europarates die Grundvoraussetzungen geschaffen worden.

18 EGMR, Urteil vom 30. Juni 2005, Bosphorus Airways gegen Irland, Beschwerde Nr. 45036/98.

19 EuGH, Urteil vom 21. September 2005, Rs. T-306/01.

20 EuGH, Urteil vom 21. September 2005, Rs. T-315/01 und EuGH, Urteil vom 3. September 2008, C-402/05 P.

21 EuGH, Urteil vom 12. Juli 2005, Rs. T-253/02.

lage von Art. 60, 301 und 308 EGV die Verordnung 881/2002 verabschiedete. Da die Fälle daher an der Schnittstelle von erster und zweiter Säule lagen, war lediglich eine eingeschränkte Überprüfung durch das Gericht erster Instanz und anschließend durch den EuGH möglich; denn es konnte nicht überprüft werden, ob die Kläger vom Sicherheitsrat zu Recht als Terrorismusverdächtige eingestuft worden waren, sondern lediglich, ob ein Eingriff in das Recht auf gerichtlichen Rechtsschutz und in das Eigentumsrecht vorlag. Der EuGH unterstrich, dass es Ausdruck einer aus dem EGV fließenden Verfassungsgarantie sei, dass er eine umfassende Kontrolle von Gemeinschaftsakten habe – insbesondere in Hinblick auf die Verletzung von Gemeinschaftsgrundrechten. Er kam zu dem Ergebnis, dass zumindest ein Verstoß gegen das gemeinschaftsrechtlich anerkannte Recht auf rechtliches Gehör festzustellen sei.

Erstens zeigt die Entscheidung im Fall „Kadi", dass sich die Säulenstruktur innerhalb der EU schon vor dem Inkrafttreten des Vertrags von Lissabon verwischt hatte. Daraus ergibt sich zweitens, dass auch hier nicht von einem Menschenrechtsschutz im völkerrechtlichen Sinne, sondern von einem staatsähnlichen Grundrechtsschutz gesprochen werden kann. Drittens sah sich der EuGH berufen, die Lücke, nämlich das Fehlen eines effektiven Grundrechtsschutzes auf internationaler Ebene, vor allem bezüglich der Vereinten Nationen, durch seine Rechtsprechung zu schließen (so Govaere 2009: 3; siehe auch Tomuschat 2007: 1 ff.). Schutzstandard waren – wegen der Überschneidung von Kompetenzen und Politikfeld – wie in der ersten Säule die europäischen Grundrechte.

An dieser Situation hat auch der Vertrag von Lissabon nichts geändert; zwar löst er die bisherige Säulenstruktur auf, aber gerade die Gemeinsame Außen- und Sicherheitspolitik steht unter besonderen Regelungen und fällt nicht unter die „Gemeinschaftsmethode". Abzulesen ist dies insbesondere daran, dass der „neue" Gerichtshof der Europäischen Union ausdrücklich keine Rechtsprechungsbefugnis in diesem Politikfeld erhält (vgl. Art. 275 Abs. 1 Vertrag über die Arbeitsweise der Europäischen Union). Allerdings wird dies – wie auch in der Vergangenheit – das Gericht nicht davon abhalten, eine Zuständigkeit zu bejahen und den Fall unter europäischen Grundrechtsmaßstäben zu überprüfen, wenn sich eine Rechtsmaterie an der Schnittstelle zwischen innerer Sicherheit und Außenpolitik befindet.

Die bisherige Säule der Polizeilichen und Justiziellen Zusammenarbeit in Strafsachen wird durch den Vertrag von Lissabon „vergemeinschaftet". Diese Entwicklung stellt lediglich die logische Konsequenz der bisherigen Rechtsprechung des EuGH dar. Da für die PJZS in den letzten Jahren eine Reihe von Rahmenbeschlüssen von erheblicher Bedeutung[22] gefasst worden sind, wurden sowohl der EuGH als auch die nationalen

22 Beispielsweise der Rahmenbeschluss zum Europäischen Haftbefehl (2002/584/JI vom 13. Juni 2002), zu gemeinsamen Ermittlungsgruppen (2002/565/JI vom 13. Juni 2002), zur Bekämpfung des internationalen Terrorismus (2002/475/JI vom 13. Juni 2002), des Menschenhandels (2002/629/J vom 19. Juli 2002), von schwerer Umweltkrimininalität 2003/80/JI vom 27. Januar 2003), oder Angriffen auf Informationssysteme (2005/222/JI vom 24. Februar 2005).

Gerichte in diesem Bereich angerufen.[23] Der Gerichtshof der Europäischen Union erhält durch den Vertrag über die Arbeitsweise der EU (AEUV) nunmehr auch für das Politikfeld der inneren Sicherheit die Kompetenz, Recht zu sprechen. Vor Inkrafttreten des Vertrags von Lissabon existierte lediglich eine Fakultativklausel (Art. 35 Abs. 2 EUV a.F.); es stand daher in der Disposition der Mitgliedstaaten, ob sie die Rechtsprechung des EuGH zuließen. Auch diese Vorbehaltssituation hat kaum eine Änderung erfahren, da mehrere Mitgliedstaaten (das Vereinigte Königreich, Irland und Dänemark) von der „Opt-out"-Möglichkeit Gebrauch gemacht haben. Im Ergebnis ist festzustellen, dass sich das Regel-Ausnahme-Prinzip durch den Vertrag von Lissabon geändert hat: Vor seinem Inkrafttreten war es die Regel, dass der EuGH nicht zuständig war, die Mitgliedstaaten konnten die Rechtsprechung aber zulassen. Nun ist der Gerichtshof der Europäischen Union in der Regel zuständig, die Mitgliedstaaten konnten gegenüber der Rechtsprechung aber einen Vorbehalt äußern.

Allerdings zeigte die Rechtsprechung – bereits vor dem Inkrafttreten des Vertrags von Lissabon – im Urteil „Pupino"[24] Folgendes auf: Zwar waren nationale Grundrechte der Prüfungsmaßstab für das nationale Umsetzungsgesetz, das auf Grundlage des europäischen Rahmenbeschlusses zustande gekommen war; die innerstaatlichen Organe hatten aber bei der Anwendung des nationalen Grundrechtsmaßstabs die europäischen Grundrechte zur Auslegung heranzuziehen: „Die Verpflichtung des nationalen Gerichts, bei der Auslegung der einschlägigen Vorschriften seines nationalen Rechts den Inhalt eines Rahmenbeschlusses heranzuziehen, wird jedoch durch die allgemeinen Rechtsgrundsätze und insbesondere durch den Grundsatz der Rechtssicherheit und das Rückwirkungsverbot begrenzt." Diese Rechtsprechung des EuGH wurde in der Literatur als „constitutionalising the third pillar" oder „Europäisierung des Rechts der inneren Sicherheit" (Arnauld 2008: 327 ff.) heftig diskutiert, da sie einerseits die Anwendbarkeit der nationalen Grundrechte und damit theoretisch Unterschiede in der Rechtsanwendung je nach Ausgestaltung des innerstaatlichen Grundrechtskatalogs anerkannte. Andererseits machte der EuGH mit den europäischen Grundrechten als Auslegungshilfe ein Einfallstor auf, um letztendlich eine einheitliche Rechtsanwendung in den Mitgliedstaaten zu gewährleisten.

Die Reaktion durch die nationalen Gerichte ließ nicht lange auf sich warten. So entschied beispielsweise das deutsche Bundesverfassungsgericht[25]: „Der Gesetzgeber war beim Erlass des Umsetzungsgesetzes zum Rahmenbeschluss über den Europäischen Haftbefehl verpflichtet, das Ziel des Rahmenbeschlusses so umzusetzen, dass die Einschränkung des Grundrechts auf Auslieferungsfreiheit verhältnismäßig ist. Insbesondere hatte er dafür Sorge zu tragen, dass der Eingriff in den Schutzbereich des Art. 16 Abs. 2 GG schonend erfolgt. Mit dem Auslieferungsverbot sollen gerade auch die Grundsätze der Rechtssicherheit und des Vertrauensschutzes für den von einer Auslieferung betroffenen Deutschen gewahrt werden." Damit machte das BVerfG

23 Beispielsweise der Europäischer Haftbefehl, vgl. EuGH, Urteil vom 16. Juni 2005, Rs. C-105/03, Pupino sowie BVerfG, Urteil vom 18. Juli 2005, 2 BvR 2236/04.

24 EuGH, Urteil vom 16. Juni 2005,Rs. C-105/03, Rdnr. 44.

25 BVerfG, Urteil vom 18. Juli 2005, 2 BvR 2236/04.

deutlich, dass das Umsetzungsgesetz zum Rahmenbeschluss schon gegen deutsche Grundrechte verstieß und somit nichtig war; die Anwendung von europäischen Grundrechten als Auslegungshilfe war daher – aus Sicht der Karlsruher Richter – nicht erforderlich, und folglich hatte es keine Stellung zur Rechtsprechung des EuGH bezogen.

Im Ergebnis kann festgestellt werden, dass vor der Ratifikation des Vertrags von Lissabon innerhalb der zweiten und dritten Säule der EU prinzipiell die nationalen Grundrechte zur Anwendung kamen, die allerdings von den nationalen Gerichten „unter Berücksichtigung der Verpflichtung zu gemeinschaftsrechtskonformer Auslegung“[26] anzuwenden waren.

In der Konsequenz bedeutete dies, dass der Prüfungsmaßstab unterschiedlich ausformuliert war: In der ersten Säule galten die europäischen Grundrechte, in der zweiten und dritten Säule die nationalen Grundrechte als Prüfungsmaßstab. Eine gewisse Annäherung war aber zu erkennen, insofern auch nationale Grundrechte in der ersten Säule und europäische Grundrechte in der zweiten und dritten Säule als Auslegungshilfe herangezogen wurden. Damit bestand aber (noch) keine Kohärenz. Diese schien dann durch die Ratifikation des Vertrags von Lissabon eingetreten zu sein, denn das Drei-Säulen-Modell wurde aufgelöst, indem vor allem die dritte Säule „vergemeinschaftet“ wurde und somit europäische Grundrechte nunmehr den Prüfungsmaßstab bilden. Allerdings ist insofern ein Bruch in diesem scheinbar einheitlichen Grundrechtssystem eingetreten, als mehrere Mitgliedstaaten einen Vorbehalt – sowohl gegenüber der Charta der Europäischen Union als auch gegenüber der Zuständigkeit des Gerichtshofs der Europäischen Union im Bereich der inneren Sicherheit – geäußert haben. Damit konnte im Endergebnis keine Kohärenz durch die Vertragslage geschaffen werden. Die Europäische Union hat es also bisher nicht geschafft, die Einheit als Menschenrechtsakteur, die sie in den internationalen Beziehungen vermittelt, in ihrem inneren Regelungsbereich als Grundrechtsakteur zu verwirklichen. Ob der Gerichtshof der Europäischen Union über seine Rechtsprechung – wie in der Vergangenheit – diese Einheitlichkeit der Rechtsanwendung schaffen kann, ist abzuwarten.

2. Erklärungsansätze für die fehlende Kohärenz

Auffällig bei der dargestellten Entwicklung des Grundrechtsschutzes in der EU sind drei Phänomene: (1) Die Mitgliedstaaten – insbesondere deren Regierungen, die im Rat als Hauptrechtssetzungsorgan vertreten sind – waren überwiegend untätig bis ablehnend, wenn es um die Kodifikation des Grundrechtsschutzes ging. (2) Je passiver die Regierungen der Mitgliedstaaten waren, desto aktiver war die Rechtsprechungstätigkeit des EuGH, die häufig auf Resonanz durch die nationalen (Verfassungs-)Gerichte stieß. (3) Wenn die Regierungen der Mitgliedstaaten – häufig als Reaktion auf die rechtsauslegende bis rechtsschöpfende Jurisdiktion des EuGH – aktiv wurden, indem sie die Vertragsänderungen verhandelten und dann auch letztendlich ratifizieren wollten, scheiterte dies – zumindest in einigen Fällen – am negativen Aus-

26 So der Europäische Gerichtshof im „Pupino-Urteil“ vom 16. Juni 2005, Rs. C-105/03.

gang nationaler Referenden. Daraus ergeben sich drei Erklärungsansätze für mangelnde Kohärenz:

(1) Die untätige bis ablehnende Haltung der Regierungen der Mitgliedstaaten findet ihre theoretischen Grundlagen sowohl in der Europäischen Integrations- als auch in der Menschenrechtsforschung. So steht insbesondere die Rechtsprechungsfülle in den 1960er und 1970er Jahren (1963: van Gend & Loss, 1964: Costa / ENEL und ab 1969 die Grundrechtsjurisdiktion) in Zusammenhang mit der „Politik des leeren Stuhls" und den daraus abgeleiteten theoretischen Ansätzen des Intergouvernementalismus. Beispielsweise können nicht nur die Verteidigungs- und Sicherheitspolitik, sondern eben auch die Fragen des Grundrechtsschutzes als „high politics", die stark in die Souveränität der jeweiligen Mitgliedstaaten eingreifen, angesehen werden (Bieling / Lerch 2006: 26). Auch die Menschenrechtsforschung geht davon aus, dass die Zurückhaltung der Staaten sich zum einen mit dem Vertrauen in die eigene Rechtsordnung und zum anderen mit Vorbehalten gegenüber internationalen Überwachungsmechanismen sowie Unsicherheiten über die Vertragsinterpretation in einer heterogenen Staatenwelt begründen lassen (Herdegen 2006: 335). Dies kommt auch im „Spiral-Modell des Menschenrechtswandels" (Risse 2002) zum Tragen, das das Auseinanderfallen von Normanerkennung und Normeinhaltung darauf zurückführt, dass Staaten als „zivilisierte" Mitglieder der internationalen Staatengemeinschaft gelten und „dazugehören" (Risse 2002: 1) wollen, auch wenn der Wille zur Umsetzung der Verpflichtungen fehle. Allerdings ist für die Entwicklung des Grundrechtsschutzes in der EU die umgekehrte Situation festzustellen: Die Mitgliedstaaten halten die vom EuGH definierten Grundrechte – wenn auch mit Rückzugsgefechten einzelner Verfassungsgerichte – ein, wobei sie die Normen vertraglich gegenüber der EU – zumindest bis zur Ratifikation des Vertrags von Lissabon – nicht anerkannt hatten.

(2) Die aktive Rolle des Europäischen Gerichtshofs ist als Reaktion auf die passive Rolle der (Regierungen der Mitgliedstaaten) zu verstehen und wird mittels der theoretischen Überlegungen „Integration through Law" beziehungsweise „Integration durch Recht" (beispielsweise Weiler 1991: 2413 ff.; Haltern 2006: 366 ff.) seit den 1990er Jahren untersucht. Übereinstimmung herrscht darüber, dass das Vorabentscheidungsverfahren nach Art. 234 EG a.F. / Art. 267 AEUV[27] einen Disziplinierungsmechanismus gegenüber den (Regierungen der) Mitgliedstaaten darstellt (Weiler 1993: 421) und zu einem Einfallstor (Burley / Mattli 1993) für die breite Anwendung des europäischen Gemeinschaftsrechts durch die (niedrigeren Instanzen der) nationalen Gerichte geführt hat (Alter 1996: 466). Dem stünden die Regierungen der Mitgliedstaaten teils ablehnend (Alter 1996: 466), teils kooperativ gegenüber. Die Gründe für die Kooperation werden unterschiedlich bewertet: Es wird angenommen, dass die Regierungen der Mitgliedstaaten ein Interesse an der Rechtsprechung des EuGH haben, da dieser die politisch gefundenen Verhandlungslösungen sicherstelle (Weiler

27 Beim Vorabentscheidungsverfahren handelt es sich um ein Zwischenverfahren, in dem die nationalen Gerichte in ungeklärten Rechtsfragen mit europarechtlichen Bezügen den europäischen Gerichten eine oder mehrere Vorlagefragen stellen können beziehungsweise müssen, deren Antworten in die Urteilsfindung des nationalen Gerichts fließen.

1993: 428 f.) und neue Anreize für die politischen Akteure in den Mitgliedstaaten schaffe, diesen Integrationsprozess zu nutzen (Moravcsik 1994). *Grimmel* und *Jakobeit* (2009: 359) kommen daher zu dem Ergebnis, dass die Effekte, die im Zuge der „Integration durch Recht" für die weitere europäische Integration entstehen, nicht zu unterschätzen seien. Folglich wird der neo-funktionalistische Spillover-Mechanismus von *Haas* (1958) sowie *Burley* und *Mattli* (1993) herangezogen, der in einem ersten Schritt („funktionaler Spillover") dazu führe, dass der EuGH seinen Aufgabenbereich schrittweise durch jede neue Entscheidung mit der Notwendigkeit rechtfertige, das ursprüngliche Ziel, den gemeinsamen Markt, zu sichern. In einem zweiten Schritt („politischer Spillover") verlagerten sich die Erwartungen und Loyalitäten durch die Rechtsprechung auf die supranationale Ebene der politischen Akteure. Im dritten Schritt („upgrading of common interest") komme es zu einer häufig progressiven und integrationsfreundlichen Rechtsprechung des EuGH.

Überträgt man diese Überlegungen auf die Entwicklung des Grundrechtsschutzes in der EU, so ist der als „funktionaler Spillover" bezeichnete Prozess in der Rechtsprechung des EuGH tatsächlich festzustellen: In den einschlägigen Urteilen argumentiert das Gericht, wie oben dargestellt, mit der Eigenständigkeit der Gemeinschaftsrechtsordnung, der vertraglichen Verpflichtung der Mitgliedstaaten zur Gemeinschaftstreue und der Einheitlichkeit der Rechtsanwendung als Voraussetzung für die Funktionsfähigkeit der Europäischen (Wirtschafts-)Gemeinschaft. Zweifel ergeben sich, ob der theoretische Ansatz des zweiten Schrittes, des „politischen Spillovers", in Bezug auf den Grundrechtsschutz überzeugen kann. Zu berücksichtigen ist dabei vor allem die zeitliche Dimension: Wie bereits dargestellt setzt die Rechtsprechung des EuGH zum Grundrechtsschutz 1969 ein – quasi als „Dominoeffekt" auf die vorangegangenen Urteile zur unmittelbaren Anwendbarkeit und zum Vorrangverhältnis. Bereits in den 1970/80er Jahren hat sich ein Grundrechtsschutz auf der europäischen Gemeinschaftsebene durch die Rechtsprechung entwickelt, der beispielsweise das Bundesverfassungsgericht 1986 in seiner „Solange II"-Entscheidung (BVerfGE 73, 339) nahezu dazu nötigt, festzustellen, dass „solange die Europäischen Gemeinschaften, insbesondere die Rechtsprechung des Gerichtshofs der Gemeinschaften einen wirksamen Schutz der Grundrechte gegenüber der Hoheitsgewalt der Gemeinschaften generell gewährleisten, der dem vom Grundgesetz als unabdingbar gebotenen Grundrechtsschutz im wesentlichen gleichzuachten ist (…)". Erst im Juni 1999 reagierten die Regierungen der Mitgliedstaaten auf die Lücke zwischen nahezu umfassender Rechtsprechung und Mangel an gesetzgeberischen Garantien, indem sich der Europäische Rat auf seiner Tagung in Köln dafür aussprach, die auf EU-Ebene geltenden Grundrechte in einer Charta zusammenzufassen. Diese Zeitspanne kann auch nicht durch die „Politik des leeren Stuhls" und die daraus abgeleiteten theoretischen Ansätze des Intergouvernementalismus erklärt werden, denn Frankreich war bereits im Zuge des Luxemburger Kompromisses 1966 an den Verhandlungstisch zurückgekehrt. Sie kann daher lediglich als Erklärungsansatz für den Beginn der Rechtsprechungstätigkeit des EuGH dienen, aber begründete nicht die weitere Grundrechtsjudikatur. Überzeugender wirkt der Erklärungsansatz von *Haltern* (2006: 404), der dagegen annimmt, dass die

Regierungen das volle Ausmaß der Konsequenzen der EuGH-Entscheidungen nicht abgesehen hätten, da der Rechtsdiskurs anders geartet sei als der auf Macht und Interessen basierende politische Diskurs. Allein der Mangel an sowohl rechts- als auch politikwissenschaftlicher Literatur in der Hochphase der Grundrechtsjudikatur des Europäischen Gerichthofs in den 1970er und frühen 1980er Jahren stützt dieses Argument.

Auch der dritte Schritt, das „upgrading of common interest", wirkt problematisch, denn die Rechtsprechung zum Grundrechtsschutz ist von Beginn an als progressiv und integrationsfreundlich einzuordnen. Im Gegenteil: Eher wirkt sie seit der Proklamation der EU-Grundrechtscharta im Jahre 2000 bis zu deren Ratifikation 2009 „mitgliedstaatsfreundlicher" als in den vorangegangenen Perioden, da auf die Diversität in der EU und die nationalen Unterschiede stärker eingegangen wird und diese auch ausdrücklich berücksichtigt werden.[28]

Daher kann zunächst festgestellt werden, dass die theoretischen Ansätze der „Integration durch Recht" kaum auf die Empirie der Grundrechtsjudikatur des Europäischen Gerichtshofs übertragen werden können. Grund hierfür ist der gemeinsamen Kern, der sich in den unterschiedlichen Ausgestaltungen der „Integration durch Recht" findet: Ursprünglich wurde der EuGH nicht als Akteur (beispielsweise Weiler 1991: 2407) angesehen (Hönnige 2007: 29 – 38). Dieser juristisch-normative Ansatz entspricht einer „puristischen" Sichtweise, denn alle außerrechtlichen Aspekte wie die politischen und soziologischen Bedingungen des Zustandekommens von Recht und seiner Geltungskraft sowie die politischen Folgewirkungen werden nicht berücksichtigt: Juristische Entscheidungen basierten auf rechtlicher Logik (Haltern 2007: 183), und somit existiere nur das Recht, das herrsche (so Höreth 2008: 19 f.). Diese eher rechtswissenschaftliche Betrachtungsweise entwickelte sich mit der Hinwendung der Politikwissenschaft zu Formen der „Integration durch Recht" insofern weiter, als im Sinne eines neo-realistischen Ansatzes die Gerichte als „Agenten" staatlicher Akteure betrachtet wurden; sie seien juristische Technokraten, die lediglich „technische" Aufgaben wahrnehmen, um politische Regelungen ins Juristische zu übersetzen (Höreth 2008: 26). Dem Gericht falle damit eine Schiedsrichterfunktion zu. Erst der neo-funktionalistische Ansatz, der sich beispielsweise in den Ausführungen von *Alter* und *Burley* sowie *Mattli* findet, geht von einer Akteursqualität des EuGH aus. Dieser beinhaltet die Vorstellung von „prestigesüchtigen" (Lhotta 2003: 63) Richtern als politischen Akteuren, die sich hinter der Maske des Rechts versteckten (Höreth 2008: 21). Der Anreiz für Gerichte bestünde in der durch die Rechtsprechung indizierten Machtentfaltung (Haltern 2007: 183). Diese Machtentfaltung und damit auch Akteursqualität des EuGH wird allerdings im Zusammenspiel mit subnationalen Akteuren wie unteren Gerichtsinstanzen (Alter) oder privaten Klägern und deren Rechtsanwälten (Burley/Mattli 1993), die unterhalb der nationalstaatlichen Regierungen agieren, betrachtet. Demzufolge steht bei diesen Untersuchungen „die im Bereich des Rechts sachgebun-

28 Vgl. dazu die obigen Ausführungen zur „Omega-" und „Pupino-Enscheidung" und *Streinz* 2010: 1 ff.

dene Elite, die am Nationalstaat vorbei die Integration vorantreibt" (Grimmel / Jakobeit 2009: 359) im Vordergrund.

Zweifelhaft dabei ist, ob – indem den (Regierungen der) Staaten die Akteursqualität abgesprochen wird – begründet werden kann, dass supranationale und subnationale Ebenen durch ihr Zusammenspiel an dem bisherigen Akteur „Staat" vorbei Akteursqualität erlangen. Richtig ist zwar, dass der EuGH insbesondere durch das Vorabentscheidungsverfahren die Möglichkeit durch das nationale Gericht erhält, sich zur Vorlagefrage und damit auch zur Anwendbarkeit sowie Auslegung des europäischen Rechts in der innerstaatlichen Rechtsordnung zu äußern. Allerdings steht es schon in der Disposition der europäischen Gerichte, ob sie das Vorabentscheidungsverfahren annehmen und wie sie entscheiden. Dies geschieht auch nicht an den Regierungen vorbei, denn die Mitgliedstaaten haben durch die Ratifikation des EWG-, EG-, EU- und AEUV-Vertrages die Grundvoraussetzungen selbst geschaffen, indem sie – anders als bei anderen Gerichten mit internationaler Gerichtsbarkeit – sich (überwiegend) vorbehaltslos der Rechtsprechung unterworfen haben und eben keine zusätzliche Unterwerfungserklärung für die Zuständigkeit mehr erforderlich ist. Das Ergebnis wäre, dass der EuGH – auch ohne Berücksichtigung eines Zusammenspiels – Akteursqualität hat. Sollte man wegen des Umfangs und der Nachhaltigkeit der Rechtsprechung zu der Auffassung tendieren, dass für die Mitgliedstaaten diese Entwicklung bei der Unterzeichnung nicht absehbar war und sie daher an ihnen vorbei gelaufen sei, mag dies für den EWG-Vertrag, aber kaum für die weiteren Vertragsrunden überzeugen. Dann müsste man auch zu dem Schluss gelangen, dass der EuGH nicht nur an den Regierungen der Mitgliedstaaten, sondern auch an den weiteren Organen als Ausdruck von staatlicher Gewaltenteilung, nämlich den nationalen Parlamenten und den (Verfassungs-)Gerichten, wie an den anderen supranationalen Organen, vor allem am Rat mit seiner Zwitterstellung zwischen internationaler Organisation und Mitgliedstaat sowie dem Europäischem Parlament, vorbei agiert hat. Letztlich würde dies zu dem Ergebnis führen, dass der Europäische Gerichtshof Akteursqualität hat und somit eher einem „perpetuum mobile" gleichkommt, da er auf ein Zusammenspiel nicht mehr angewiesen ist.

(3) Der negative Ausgang der nationalen Referenden[29] wird zum einen auf politische Probleme im Inneren der Mitgliedstaaten zurückgeführt[30], zum anderen auf das mangelnde Vertrauen der Bürger in die europäischen Institutionen und den Integrations-

29 Über den negativen Referenden beispielsweise in Frankreich (Mai 2005) und in den Niederlanden (Juni 2005) zum Verfassungsvertrag der Europäischen Union und in Irland zum Vertrag von Lissabon (Juni 2008) werden die positiven Befragungen in Spanien (Februar 2005) und Luxemburg (Juli 2005) zum Verfassungsvertrag und in Irland (Oktober 2009) zum Vertrag von Lissabon oft vergessen.

30 So wurde in Frankreich vor allem die steigende Arbeitslosigkeit und die allgemeine Unzufriedenheit über die sozio-ökonomische Lage sowie Überdruss gegenüber der Regierungspolitik für die Ablehnung verantwortlich gemacht (vgl. http://www.kas.de/proj/home/pub/30/1/year-2005/dokument_id-6720/index.html, Stand: 3. März 2010). In den Niederlanden wurde ein unsicheres politisches Klima, geprägt durch Rechtspopulismus und -extremismus einerseits, massive Kürzungen der öffentlichen Ausgaben zur Reform der Sozialsysteme andererseits, konstatiert (vgl. http://www.kas.de/proj/home/pub/9/1/year-2005/dokument_id-6697/index.html, Stand: 3. März 2010).

prozess, was durch Begriffe wie „Souveränitätsverlust des Mitgliedstaates", „mangelnde europäische Identität" und „Demokratiedefizit" (Nettesheim 2009c: 287-294, Bogdandy 2005: 331 ff.) eingefangen wird. An dieser Debatte ist die Sonderstellung der EU ablesbar, denn die Frage der demokratischen Legitimität herkömmlicher internationaler Organisationen wird wegen der beschränkten Kompetenz und Wirkmacht, die zwar typischerweise die Mitgliedstaaten bindet, allerdings nicht unmittelbar in den innerstaatlichen Rechtskreis greift, nicht gestellt. Demnach befindet sich die EU in dem Dilemma, dass ein Vergleich zwischen nationalstaatlicher Institutionenstruktur und ihrem Regierungssystem noch keine Aussage darüber zulässt, ob in der EU ein demokratisches Defizit besteht.[31] Gleichzeitig habe die Europäische Union in ihrem Wirken demokratische Grundsätze im Sinne eines „gemeinwohldienlichen Regierens zwischen Distanz und Nähe" (Nettesheim 2009c: 292) zu erfüllen. Dabei habe insbesondere die Grundrechtsinterpretation eine demokratietheoretische Dimension, die Nähe schaffe, indem effektiver Grundrechtsschutz an Bedeutung gewänne, um dem Pluralismus gesellschaftlicher Lebensstile einerseits und dem von Rechtsstaatlichkeit geprägten Ordnungsprinzip andererseits Ausdruck zu verleihen.

Dabei bleibt unberücksichtigt, dass gemeinwohldienliches Handeln grundsätzlich Aufgabe der Exekutive ist, indem sie die durch die Legislative erlassenen Gesetze rechtmäßig anwendet. Dies ist aber nicht der Fall, denn der EuGH nimmt diese Rolle wahr, indem er die Rahmenbedingungen für eine rechtmäßige Rechtsanwendung im Sinne eines Grundrechtsschutzes schafft. Zwar gewährleistet er damit Individualschutz vor (quasi-)hoheitlichen Eingriffen als ein Baustein von Demokratie einerseits, verstärkt aber damit die ohnehin unbefriedigende Situation einer klaren Aufgabenverteilung innerhalb der europäischen Organe und gegenüber den Mitgliedstaaten andererseits. Allerdings entspringt dieser Kritikpunkt einem allgemeinen Phänomen, der „Justizialisierung der Politik" (Loewenstein), das auch auf nationaler Ebene zu finden ist. Konsequenz dieser Entwicklung ist, dass Politikfelder weithin durch Richterrecht geprägt werden, gesetzliche Regelungen dort nur zweitrangig sind und ein Funktionsverlust des Parlaments droht (Rudzio 2006: 290, vgl. auch Scharpf 2006: 329).

Deutlich wird bei der Analyse der drei Phänomene, dass die Europäische Union zwar auch in ihrem Inneren eine „normative power" besitzt, diese aber letztendlich auf die Rechtsprechung des Europäischen Gerichtshofs zurückzuführen ist. Dadurch entsteht eine Lücke zwischen nahezu umfassender Rechtsprechung einerseits und Mangel an gesetzgeberischen Garantien andererseits. Diese Lücke konnten die Mitgliedstaaten wegen einzelner Vorbehalte auch nicht durch die Ratifikation des Vertrags von Lissabon schließen. Ihre Uneinigkeit führt zu einem Mangel an Kohärenz des Grundrechtssystems im Inneren der Europäischen Union. Sie ist auch das Unterscheidungskriterium zur Menschenrechtspolitik der Europäischen Union in ihren internationalen

31 Vgl. auch EuGH in seinem „Meroni-Urteil" (Slg. 1958, 1, 36), dass keine Gewaltenteilung im herkömmlichen Sinne erforderlich sei, sondern lediglich ein Erfordernis des institutionellen Gleichgewichts zwischen den Organen bestünde.

Beziehungen, da – wenn ein gemeinsamer Standpunkt im Inneren erarbeitet wurde – dieser dann auch überwiegend nach außen durchgesetzt wird.

3. „Normative power" trotz Mängel im Grundrechtsschutz

Es fehlt an einem einheitlichen Grundrechtsstandard in der Europäischen Union. Vor allem die unterschiedliche Ausgestaltung ihrer Kompetenzen wird als Erklärung für die fehlende Kohärenz angeboten: Erst die Supranationalität in der bisherigen ersten Säule beinhaltet die Rahmenbedingungen, dass der Einzelne durch europäische Rechtsakte verletzt werden kann. Allerdings zeigt gerade die Entwicklung der letzten Jahre, dass dies auch durch Rechtsakte der anderen beiden Säulen – insbesondere durch die Rahmenbeschlüsse in der bisherigen dritten Säule – geschehen kann.

Auffallend bei der Entwicklung des europäischen Grundrechtsschutzes ist die Vorreiterrolle des Europäischen Gerichtshofs, die immer wieder gelobt, aber auch kritisiert wird. Gelobt wird sie insoweit, als das Gericht mittels des Vorabentscheidungsverfahren nach Art. 234 EGV a.F./ Art. 267 AEUV der „Motor der Integration" sei. Allerdings war eine Annäherung in der unterschiedlichen Ausgestaltung des Grundrechtsschutzes bereits vor dem Inkrafttreten des Vertrags von Lissabon zu erkennen. Angetrieben wurde dieser Prozess erneut durch die Rechtsprechung des EuGH über die Fakultativklausel des Art. 35 Abs. 2 EUV a.F. Abschließend kann – in Anlehnung an *Manners* – festgestellt werden, dass die Europäische Union – obwohl es an einem kohärenten Grundrechtssystem nach wie vor fehlt – „normative power" gegenüber den Mitgliedstaaten ausübt. Diese „normative power" hat ihren Ursprung in der auslegenden und schöpferischen Rechtsprechung des Europäischen Gerichtshofs, der dabei eine konstitutive Wirkung zufällt. Hingegen haben die Entscheidungsprozesse der Mitgliedstaaten lediglich deklaratorische Wirkung.

Literatur

Alter, Karen J.: The European Court's Political Power, in: West European Politics, 19. Jg. (1996), H. 3, S. 458-487.

Arnauld, Andreas von: Die Europäisierung des Rechts der inneren Sicherheit, in: Juristische Arbeitsblätter (JA), 5/2008, S. 327-335.

Arnold, Rainer: Die europäischen Verfassungsgerichte und ihre Integrationskonzepte in vergleichender Sicht, in: Heinz Schäffer (Hrsg.): Staat – Verfassung – Verwaltung: Festschrift anlässlich des 65. Geburtstags von Friedrich Koja, Wien 1998, S. 3-22.

Bergmann, Jan: Das Bundesverfassungsgericht in Europa, in: Europäische Grundrechte-Zeitschrift (EuGRZ), 31. Jg. (2004), S. 620-627.

Bieling, Hans-Jürgen / Marika Lerch: Theorien der europäischen Integration: ein Systematisierungsversuch, in: Hans-Jürgen Bieling / Marika Lerch (Hrsg.): Theorien der europäischen Integration, Wiesbaden 2006, S. 9-37.

Bogdandy, Armin von: Europäische Verfassung und europäische Identität, in: Gunnar Folke Schuppert / Ingo Pernice / Ulrich Haltern (Hrsg.): Europawissenschaften, Baden-Baden 2005, S. 331-371.

Burley, Anne-Marie / Walter Mattli: Europe before Courts – A Political Theory of Legal Integration, in: International Organization, 47. Jg. (1993), H. 1, S. 41-76.

Diez, Thomas / Ian Manners: Reflecting on Normative Power Europe, in: Felix Berenskoetter / Michael J. Williams (Hrsg.): Power in World Politics, London 2007, S. 173-188.

Doehring, Karl: Völkerrecht, Heidelberg 2004.

Ehlers, Dirk: Allgemeine Lehren, in: ders. (Hrsg.): Europäische Grundrechte und Grundfreiheiten, Berlin 2005, S. 383-409.

Geiger, Rudolf: Grundgesetz und Völkerrecht, München 2002.

Govaere, Inge: The Importance of International Developments in the Case-Law of the European Court of Justice: Kadi And the Autonomy of the EC Legal Order, Research Papers in Law, Nr. 1/2009, Brügge / Natolin 2009.

Grimmel, Andreas / Cord Jakobeit: Rechtswissenschaftliche Ansätze, in: dies. (Hrsg.): Politische Theorien der Europäischen Integration, Wiesbaden 2009, S. 357-360.

Grosser, Alfred: The Federal Constitutional Court's Lisbon Case: Germany's "Sonderweg" – An Outsider's Perspective, in: German Law Journal, 10. Jg. (2009), H. 8, S. 1264-1266.

Haas, Ernst B.: The Uniting of Europe – Political, Social and Economic Forces 1950 – 1957, Stanford 1958.

Halberstam, Daniel / Christoph Möllers: The German Constitutional Court says "Ja zu Deutschland!", in: German Law Journal, 10. Jg. (2009), H. 8, S. 1241-1258.

Haltern, Ulrich: Integration durch Recht, in: Hans-Jürgen Bieling / Marika Lerch (Hrsg.): Theorien der europäischen Integration, Wiesbaden 2006, S. 399-423.

Haltern, Ulrich: Europarecht – Dogmatik im Kontext, Tübingen 2007.

Herdegen, Matthias: Völkerrecht, München 2006.

Hönnige, Christoph: Verfassungsgericht, Regierung und Opposition – Die vergleichende Analyse eines Spannungsdreiecks, Wiesbaden 2007.

Höreth, Marcus: Die Selbstautorisierung des Agenten – Der Europäische Gerichtshof im Vergleich zum U.S. Supreme Court, Baden-Baden 2008.

Kokott, Juliane / Karl Doehring / Thomas Buergenthal: Grundzüge des Völkerrechts, Heidelberg 2003.

Lhotta, Roland: Verfassungsgerichtsbarkeit im Bundesstaat: Überlegungen zu einer neo-institutionalistischen Ergänzung der Forschung, in: Europäisches Zentrum für Föderalismus-Forschung Tübingen (Hrsg.): Jahrbuch des Föderalismus 2003. Föderalismus, Subsidiarität und Regionen in Europa, Baden-Baden 2003, S. 49-65.

Manners, Ian: Normative Power Europe: A Contradiction in Terms?, in: Journal of Common Market Studies, 40. Jg. (2002), H. 2, S. 235-258.

Manners, Ian: The normative ethics of the European Union, in: International Affairs, 84. Jg. (2008), H. 1, S. 65-80.

Manssen, Gerit: Staatsrecht II – Grundrechte, München 2005.

Mehde, Veith: Gespaltener Grundrechtsschutz in der EU? – Zur Bedeutung der Sonderregelung für Polen und das Vereinigte Königreich, in: Europäische Grundrechtezeitschrift (EuGRZ), 35. Jg. (2008), H. 10/11, S. 269-274.

Moravcsik, Andrew: Why the European Community Strengthens the State: Domestic Politics and International Cooperation, Center for European Studies, Working Paper Series No. 52, Cambridge 1994.

Nettesheim, Martin: Grundrechte des Unionsrechts, in: Thomas Oppermann / Dieter Classen / Martin Nettesheim: Europarecht, München 2009a, S. 306-329.

Nettesheim, Martin: Rang des Unionsrechts, in: Thomas Oppermann / Dieter Classen / Martin Nettesheim: Europarecht, München 2009b, S. 200-211.

Nettesheim, Martin: Rechtsstaatliche Demokratie in der EU, in: Thomas Oppermann / Dieter Classen / Martin Nettesheim: Europarecht, München 2009c, S. 286-297.

Pieroth, Bodo / Bernhard Schlink: Grundrechte – Staatsrecht II, Heidelberg 2006.

Risse, Thomas: Von der Anerkennung der Menschenrechte zur ihrer Einhaltung – Ein Spiralmodell des Menschenrechtswandels, 2002, http://userpage.fu-berlin.de/~atasp/pub/MRPotsdam.pdf (Stand: 3. März 2010).

Rudzio, Wolfgang: Das politische System der Bundesrepublik Deutschland, Wiesbaden 2006.

Scharpf, Fritz W.: Recht und Politik in der Reform des deutschen Föderalismus, in: Michael Becker / Ruth Zimmerling (Hrsg.): Politik und Recht, PVS – Politische Vierteljahresschrift, Sonderheft 36/2006, Wiesbaden 2006, S. 306-332.

Streinz, Rudolf: Die Rolle des EuGH im Prozess der Europäischen Integration. Anmerkungen zu gegenläufigen Tendenzen in der neueren Rechtsprechung, in: Archiv des öffentlichen Rechts, 135. Jg. (2010), H. 1, S. 1-28.

Tomuschat, Christian: Die Europäische Union und ihre völkerrechtliche Bindung, in: Europäische Grundrechtszeitschrift (EuGRZ), 34. Jg. (2007), H. 1-5, S. 1-12.

Walter, Christian: Geschichte und Entwicklung der Europäischen Grundrechte und Grundfreiheiten, in: Dirk Ehlers (Hrsg.): Europäische Grundrechte und Grundfreiheiten, Berlin 2005, S. 1-21.

Weiler, Joseph H. H.: The Transformation of Europe, in: The Yale Law Journal, 100. Jg. (1991), H. 8, S. 2405-2483.

Weiler, Joseph H. H.: Journey to an Unknown Destination – A Retrospective and Prospective of the European Court of Justice in the Arena of Political Integration, in: Journal of Common Market Studies, 31. Jg. (1993), H. 4, S. 417-446.

Kreise, Sterne und soziale Präferenzen: Netzwerkstruktureffekte in Gruppenentscheidungen

Bernhard Kittel und Wolfgang J. Luhan

Kollektive Entscheidungen werden oft unter Bedingungen unvollständiger und unter den Gruppenmitgliedern asymmetrisch verteilter Informationen getroffen. Zum Beispiel kann der Vorstand eines Gremiums eine Person sein, die privilegierten Zugang zu Informationen hat, oder es handelt sich um Einzelpersonen, die manchen, aber nicht allen anderen Gremiumsmitgliedern trauen und folglich nur mit einer Untergruppe der Mitglieder Informationen teilen. Tatsächlich ist es so, dass jede Organisation, die sich bei Politikentscheidungen auf ein Gremium stützt, bis zu einem gewissen Grad mit einer asymmetrischen Verteilung von Information unter Agenten mit heterogenen individuellen Präferenzen konfrontiert ist.

Solche Umstände können als abstrakte Versionen von Entscheidungsprozessen betrachtet werden, wie sie in Policynetzwerken – etwa in der Europäischen Union – zu finden sind. Zum Beispiel entwickelt die Europäische Kommission Richtlinien in enger Kooperation mit Mitgliedstaaten und diversen Lobbyorganisationen, die häufig Informationen nicht – oder nur sehr eingeschränkt – untereinander teilen (Thomson u.a. 2006; Thurner / Binder 2008). Ein anderer relevanter Hintergrund sind Situationen, in denen Nichtregierungsorganisationen (NGOs) in Policyprozesse involviert sind. Die NGOs mögen auf der einen Seite, wie oben, als ein kollektiver Akteur unter anderen am Entscheidungsprozess beteiligt sein. Auf der anderen Seite könnten sie die Entscheidungen über ihre gemeinsame Position in einer größeren Akteurkonstellation auf Informationen gründen, die mit einer Untergruppe „befreundeter" NGOs, nicht jedoch mit anderen geteilt wurden. Eine wachsende Anzahl von empirischen Studien zum Einfluss von NGOs auf politische Entscheidungen deutet die Schwierigkeiten an, die mit der Koordination in solchen Situationen verbunden sind (Biliouri 1999; Beyres 2004; Greenwood 2003; Hallstrom 2004; Mahoney 2004). Ähnliche Situationen können in alltäglicheren Kontexten wie Gremienentscheidungen in Gemeinden, Verbänden oder auch Universitäten beobachtet werden.

Nachfolgend wird kein Fall aus der „realen Welt" politischer Entscheidungen untersucht, sondern im Labor eine „artifizielle" Situation generiert, die es uns erlaubt, bestimmte Rahmenbedingungen des kollektiven Entscheidungsprozesses festzulegen, um ihren Effekt auf den Prozess und das Ergebnis der Entscheidungsfindung zu bestimmen. Für die Teilnehmer ist das Spiel insofern „real", als die Auszahlungen Resultat ihrer Entscheidungen sowie jener der anderen Teilnehmer sind. Die Präferenzen werden im Sinne verhaltensökonomischer Experimente über monetäre Anreize induziert. Mit dem Ziel, Verteilungsinteressen innerhalb der Gruppe zu kontrollieren, wird die Analyse auf kollektive Problemlösung beschränkt (im Kontrast zu Spotverträgen, distributivem Verhandeln und positiver Koordination; siehe Scharpf 2000).

Die Entscheidungssituation wird als ein Diktatorspiel gestaltet. Das Problem, das in diesem Spiel gelöst werden muss, ist die Einigung auf den Anteil der einer Diktatorgruppe zugewiesenen Anfangsausstattung, der von den Gremienmitgliedern an eine andere Gruppe transferiert wird. Faktisch untersuchen wir also ein Koordinationsspiel im Rahmen eines nichtkooperativen Spiels und konzentrieren uns auf die Koordinationsmechanismen, die in der Gruppe zum Tragen kommen. Entsprechungen in der „realen Welt" wären Situationen, in denen kollektiv Geld ausgegeben wird, ohne dass es dadurch für die Gremienmitglieder (abgesehen von intrinsischen Motivationen) klare positive Effekte gibt, während andere vom Transfer profitieren.

Dabei geht es um den Effekt, den die Verteilung von Informationen über die individuellen Präferenzen der einzelnen Gruppenmitglieder hinsichtlich des Transferanteils auf das Ergebnis der kollektiven Entscheidung hat. Zwei Implikationen der durch eine nicht-egalitäre Verteilung der Informationen erzeugten Asymmetrie sollen untersucht werden. Die Asymmetrie generiert Unsicherheit über das erwartete Handeln anderer, und sie induziert Machtungleichgewichte zwischen den Gremienmitgliedern.

1. Netzwerkkonstellationen und Mehrheitsentscheide

Die Auswirkungen von Kommunikationsnetzwerken auf die Entscheidungsfindung werden in einer stark kontrollierten Laborumwelt untersucht. Dabei werden Gruppen aus je fünf anonymen Subjekten gebildet, denen die Aufgabe gegeben wird, eine Menge von Punkten zwischen sich und einer anderen Gruppe von fünf anonymen Subjekten aufzuteilen. Die Punkte werden nach dem Experiment in reale Währungen umgetauscht.

Aus drei Gründen wurde die Entscheidungsaufgabe in ein Diktatorspiel eingebettet und nicht als übliches Koordinationsspiel umgesetzt: Erstens dienen heterogene soziale Präferenzen als Instrument, um Konflikte innerhalb der Gruppen zu generieren. Aus der umfangreichen experimentellen Literatur zu sozialen Präferenzen ist bekannt, dass Individuen typischerweise in einem gewissen, wenn auch individuell unterschiedlichen Maße soziale Präferenzen zeigen (zum Beispiel Blount 1995; Fehr / Schmidt 1999; Bolton / Ockenfels 2000). *Colin F. Camerer* (2003) berichtet von durchschnittlichen Transfers zwischen zehn und 23 Prozent in individuellen Diktatorspielen. Zweitens erscheint die Verantwortung für eine abhängige Partei ohne Entscheidungsberechtigung die Realität der politischen Entscheidungsfindung im Modus des Problemlösens besser widerzuspiegeln als die Aufteilung von Ressourcen innerhalb der Gruppe von Entscheidern. Da die Entscheidungen die Verteilung *innerhalb* der Gruppe nicht beeinflussen, sondern die Kosten gleichmäßig im Gremium verteilt werden, kann strategisches Handeln, das mit solch einem Verteilungskonflikt verbunden wäre, außer Acht gelassen werden. Folglich liegt das Augenmerk auf dem Ausmaß, in dem individuelle Einkommensmaximierung und soziale Präferenzen – gemessen durch die Höhe des Transfers – in der Gruppenentscheidung repräsentiert sind. Drittens könnte die in einer Gesellschaft vorherrschende Ansicht von einer gerechten Aufteilung als Schlüssel (focal point) im Prozess der Mehrheitsbildung dienen. Dieses Phänomen wurde wiederholt in experimentellen Studien beobachtet, zum Beispiel im Ultimatumspiel, bei dem Transfers gewöhnlich 30 Prozent der zu verteilenden Menge übersteigen (zum Beispiel Camerer / Thaler 1995) und die Gleichverteilung das modale Angebot ist. Empfänger weisen in solchen Situationen Transfers von weniger als 20 Prozent regelmäßig zurück (Roth 1995; Pillutla / Murnighan 1995).

So soll ermittelt werden, welche Auswirkungen verschiedene Netzwerkkonstellationen auf die Wahrscheinlichkeit einer aggregierten Präferenzartikulation und auf die Höhe des Transfers haben. Im Kontext der umfangreichen Literatur zum individuellen Verhalten wird deshalb gefragt, ob gerechtigkeits- und gegenseitigkeitsorientierte Individuen ihr Verhalten in einem Diktatorspiel ändern, wenn sie Teil einer Gruppe sind.

Diese Betrachtung der Kommunikationsstruktur unterscheidet sich signifikant von vorangegangenen Studien über die Effekte von Kommunikation. In einfachen Verhandlungsspielen hat sich die Forschung bisher weitgehend auf die Variation des Kommunikationsmediums konzentriert (Roth 1995; Sia / Tan / Wei 2002; Brosig u.a. 2003; Luhan u.a. 2009). Eine beachtliche, nach wie vor wachsende experimentelle Literatur hat die Gleichgewichtsentscheidung in Koordinationsspielen betrachtet, wobei ein besonderer Fokus auf den Auswirkungen von Kommunikation und Lernprozessen in wiederholten Interaktionen lag (siehe den Überblick bei Ochs 1995).

Hier soll es um den Effekt der Gruppenstruktur auf kollektive Transferentscheidungen gehen. Wir erforschen die Auswirkungen von unvollständigen und asymmetrischen Informationen auf die Mehrheitsbildung mithilfe zweier unterschiedlicher Netzwerkstrukturen: Ein Kreis und ein Stern (zum Beispiel Bala / Goyal 2000).

2. Experimentelles Design, Theorie und Hypothesen

Wir formen eine aus $n = 5$ Mitgliedern bestehende Entscheidungsfindungsgruppe. Ihre Hauptaufgabe ist das Spielen eines Diktatorspiels, das zuerst von *Daniel Kahneman* u.a. (1986) in einer empirischen Studie zur Fairness auf dem Markt eingeführt wurde. In unserem Modell entscheidet die Diktatorgruppe über die Verteilung einer Anfangsausstattung C zwischen sich und einer zweiten Gruppe von fünf Empfängern. Diese haben keine andere Option als jeden Betrag anzunehmen, der ihnen von der Diktatorgruppe zugeteilt wird, wobei jeder Transfer gleichmäßig unter den Mitgliedern der Empfängergruppe aufgeteilt wird.

Wie oben erwähnt, ist die tatsächliche Aufgabe nur der Rahmen für den Entscheidungsprozess der Gruppe, der im Fokus der Untersuchung steht. In der Entscheidungsgruppe muss sich jedes Mitglied individuell für einen Transfer x „seines Anteils" der zu verteilenden Menge $c = C/n$ mit $x \leq c$ entscheiden. Wenn sich eine Mehrheit von mindestens drei Gruppenmitgliedern individuell für denselben Transfer x entschieden hat, wird dieser als Transfer jedes Gruppenmitglieds gesetzt und der Betrag von $X = nx$ wird an die Empfängergruppe übertragen. Ungeachtet der individuellen Entscheidungen wird x von der anfänglichen Ausstattung jedes Gruppenmitglieds abgezogen, wodurch Auszahlungen von

$$y_{\mathrm{d}} = c - x \qquad (1)$$

für die Mitglieder der Diktatorgruppe und

$$y_{\mathrm{r}} = x \qquad (2)$$

für jedes Mitglied der Empfängergruppe entstehen.

Wenn keine Mehrheit gebildet wird, erhalten die Mitglieder der Diktatorgruppe keine Auszahlung, während die Auszahlungen der Empfänger aus einer Zufallsverteilung zwischen Null und Fünf gezogen werden.[1] Um den Einfluss des Kommunikationsnetzwerks auf den Gruppenentscheidungsprozess zu prüfen, wurde zuerst ein Grundtreatment mit einer unverbundenen Gruppe (nocom) durchgeführt.

In dieser Versuchsanordnung setzen die Mitglieder der Diktatorgruppe ihre Transfers individuell, ohne über irgendwelche Mittel zur Koordination zu verfügen. Wenn im ersten Versuch keine Mehrheitsentscheidung erreicht wird, dürfen die Gruppenmitglieder ein zweites Mal Transfers wählen, ohne Informationen über die vorangegangenen Entscheidungen der anderen Gruppenmitglieder zu erhalten. Die spieltheoretische Vorhersage ist in diesem Fall einfach: Völlig eigennützige, profitmaximierende Agenten werden individuell den geringstmöglichen Transfer von Null wählen, und dies ist die einhellige Gruppenentscheidung. Die Theorie geht von rationalen Agenten aus, die sich der Rationalität aller anderen Spieler bewusst sind. Deshalb kann jedes Subjekt individuell unterstellen, Teil einer Gruppe mit homogenen Präferenzen zu sein, die einhellig agiert. Dies führt zur ersten Hypothese.

> Hypothese 1: Alle Gruppen werden sich einhellig für Transfers von X = 0 entscheiden.

Wie oben erwähnt, wird diese Erwartung von Modellen angefochten, die soziale Präferenzen berücksichtigen und durch experimentelle Belege für individuelle (für einen Überblick siehe Camerer 2003) wie für Gruppendiktatorspiele (zum Beispiel Cason / Mui 1994; Luhan u.a. 2009) bestätigt sind. Im Rahmen einer Gruppenentscheidung ohne jegliche Koordination führt die Annahme von heterogenen sozialen Präferenzen zu multiplen Gleichgewichten. Ohne jegliche Vorabinformationen über die Verteilung von sozialen Präferenzen innerhalb der Gruppe (folglich eine erwartete Gleichverteilung) werden die Gruppenmitglieder einfach ihre bevorzugten Transfers setzen. Deshalb bildet jeder Transfer, der sich innerhalb des Möglichkeitsraumes befindet, eine gleichwahrscheinliche Mehrheitsentscheidung. Mit einer gegebenen Wahrscheinlichkeit von $7{,}25 \times 10^{-6}$ ist das Auftreten einer Mehrheitsentscheidung unter dieser Voraussetzung allerdings eher unwahrscheinlich.

Gemäß dem Modell, das *Ernst Fehr* und *Klaus M. Schmidt* (1999) vorgeschlagen haben, gibt es zwei mögliche Gleichgewichte im individuellen Diktatorspiel: Ein kom-

1 Zu beachten ist, dass es sich hierbei nicht um ein reines Koordinationsspiel handelt (zum Beispiel Van Huyck u.a. 1990, 1991), da die Spieler individuelle (und unbeobachtete) Präferenzen über die Höhe des Transfers haben.

plett gleichverteiltes Gleichgewicht bei $x = 50$ Prozent und ein komplett einseitiges bei $x = 0$ Prozent. Im vorliegenden Kontext dienen diese Gleichgewichte als fokale Punkte für mögliche Transferentscheidungen.[2]

In Abhängigkeit von den Vermutungen eines Agenten über die Anteile von „altruistischen" und „egoistischen" Typen unter den Gruppenmitgliedern und deren soziale Präferenzen wird er einen dieser beiden Transfers wählen. Die Begründung ist einfach: Wir behaupten, dass sich jedes Mitglied der Diktatorgruppe unabhängig von seinen individuellen sozialen Präferenzen für jenen Transfer entscheiden wird, von dem es glaubt, dass er am wahrscheinlichsten von mindestens zwei anderen Gruppenmitgliedern gewählt wird. Dies ist Resultat der Überlegung, dass jeder Transfer, der keine Mehrheit erhält, zu einer Auszahlung von Null führen wird. Selbst ohne vorherige Informationen über Präferenzen anderer Gruppenmitglieder wird jeder dieser Transfers mit einer Wahrscheinlichkeit von 50 Prozent zu einer Mehrheit führen. Ein eigennütziger Agent in einer überwiegend als „altruistisch" eingestuften Gruppe wird somit einen Transfer von 50 Prozent wählen, da andere Transfers irrelevant sind oder sogar die Wahrscheinlichkeit für eine positive Auszahlung reduzieren. Ein altruistischer Agent in einer überwiegend egoistischen Gruppe wird auf der anderen Seite nur dann einen Transfer von 50 Prozent wählen, wenn er bereit ist, seine Auszahlung von 100 Prozent zu opfern, um eine erwartete Auszahlung von knapp über 25 Prozent[3] für die Mitglieder der Empfängergruppe zu generieren. Dies ist eine unrealistische Annahme, wenn man von der üblichen Parametrisierung von $0 < \alpha \leq \beta \leq 1$ ausgeht (Fehr / Schmidt 1999).

Wenn soziale Normen berücksichtigt werden, verbleibt die Gleichverteilung zwischen der Diktator- und Empfängergruppe als einziger fokaler Punkt. Die „Theorie sozialer Vergleichsprozesse" (Festinger 1954) behauptet, dass Subjekte versuchen, sich selbst in einer sozial erwünschten Weise darzustellen. *Timothy Cason* und *Vai-Lam Mui* (1994) haben bereits die Auswirkungen der Theorie sozialer Vergleichsprozesse im Kontext des Gruppendiktatorspiels beschrieben. In Ermangelung jeglicher Information über die Verteilung sozialer Präferenzen übersteigt die Wahrscheinlichkeit von 50-Prozent-Transfers damit diejenige von 0-Prozent-Transfers, womit 50 Prozent als fokaler Punkt der Koordination bestärkt wird. Dieser fokale Punkt wird in Ultimatumspielen als modale Wahl angetroffen, in denen eigennützige Agenten aus strategischen Gründen faire Transfers wählen, um ihre erwarteten Auszahlungen zu maximieren. Selbst eigennützige Agenten, denen die Verteilung von sozialen Präferenzen innerhalb

2 *Fehr* und *Schmidt* (1999) diskutieren die Möglichkeit eines Kontinuums von Fairness-Gleichgewichten im Diktatorspiel, wenn die Annahme von abschnittsweise linearer Ungerechtigkeitsabneigung fallen gelassen wird. Nutzenfunktionen, die in Bezug auf nutzbringende Ungerechtigkeit konkav sind, führen zu optimalen Angeboten im Intervall von [0 , 0,5]. Mit imperfekten Informationen über die Präferenzen der anderen Gruppenmitglieder ist es offensichtlich, dass die Ecklösungen – übereinstimmend mit den stückweise linearen Gleichgewichten von 0, beziehungsweise 0,5 – beim Versuch, einen gemeinsamen Transfer zu koordinieren, als Kristallisationspunkte dienen werden.

3 Die Auszahlung für die Empfänger wurde zufällig definiert als irgendeine Menge zwischen 0 und 5 in Schritten von 0,1. Die erwartete Auszahlung aus einer Zufallsverteilung [0 , 5] in Schritten von 0,1 ist gleich 2,55.

ihrer Gruppe nicht bekannt ist, werden diesen Transfer wählen, da er die Wahrscheinlichkeit einer Mehrheitsentscheidung maximiert.

> Hypothese 2: Ohne Vorabinformationen über die Verteilung von sozialen Präferenzen innerhalb der Gruppe maximiert die Gleichverteilung zwischen den Gruppen die Wahrscheinlichkeit einer Mehrheitsentscheidung.

Aber das Szenario eines unverbundenen Netzwerks als Gremium ist höchst unrealistisch und dient nur als ein Referenzpunkt. In jedem politischen Kontext können verschiedene strukturierte oder unstrukturierte Kommunikationsbeziehungen angetroffen werden. Da die grundlegenden Auswirkungen von Kommunikationsnetzwerken in Gruppenentscheidungen untersucht werden, soll jeglicher Effekt der genutzten Kommunikationskanäle ausgeschlossen und die Kommunikationsoptionen auf eine sehr eingeschränkte und genau strukturierte Form beschränkt werden.

Der Aufbau des Experiments ist ein aus zwei Phasen bestehendes Spiel, bei dem die Mitglieder der Diktatorgruppe in der ersten Phase individuell einen Anteil der Gruppenausstattung für den Transfer an die andere Gruppe vorschlagen. Diese Information wird dann – in Abhängigkeit von der Netzwerkstruktur – selektiv anderen Gruppenmitgliedern mitgeteilt und dient damit als Indikator für den Transfer, den die jeweilige Person präferiert. In der zweiten Phase treffen die Spieler gleichzeitig eine individuelle und anonyme Entscheidung über den Anteil, der transferiert werden soll.

Wir untersuchen zwei Netzwerkstrukturen, ein sternförmiges Netzwerk mit einem zentralen Gruppenmitglied (Abbildung 1) und ein kreisförmiges Netzwerk (Abbildung 2). Die Netzwerkstrukturen sind allen Gruppenmitgliedern bekannt.

Abbildung 1: Sternförmiges Netzwerk

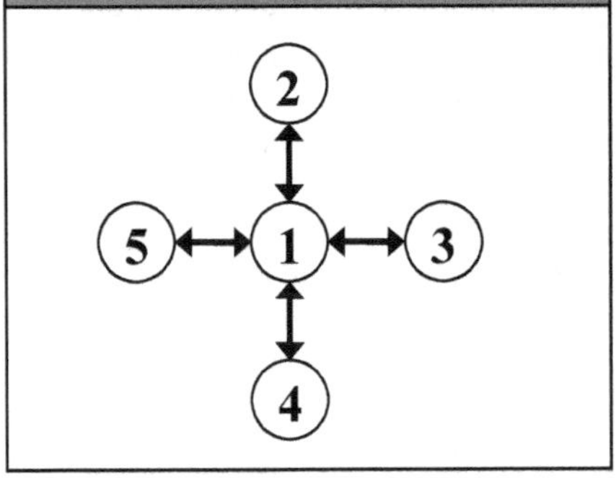

Abbildung 2: Kreisförmiges Netzwerk

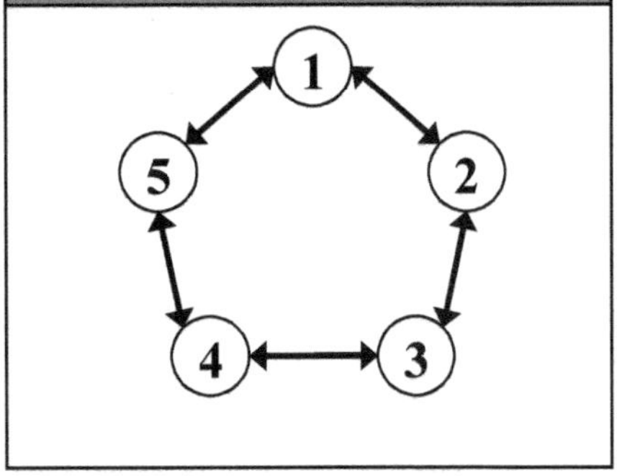

Im sternförmigen Netzwerk kann nur das zentrale Mitglied (*Mitglied 1*) alle Vorschläge sehen, und nur sein Vorschlag ist für alle anderen Gruppenmitglieder sichtbar. Nach *Thomas Schelling* (1960) macht die Tatsache, dass eine Information allen bekannt ist, jedes mögliche Gleichgewicht zu einem fokalen Punkt. In unserem Szenario ist die gemeinsam beobachtete Information nicht exogen gegeben, sondern Teil des tatsächlichen Entscheidungsprozesses. Deshalb ist in der sternförmigen Versuchsanordnung der Vorschlag des zentralen Mitglieds das einzige Gleichgewicht. Nicht nur stellt dieser Vorschlag 33 Prozent einer möglichen Mehrheit dar, sondern ist außerdem der einzige mögliche Koordinationspunkt, da er gemeinsam beobachtet wird.

> Hypothese 3: Im sternförmigen Netzwerk ist die Wahl des zentralen Mitgliedes die Gleichgewichts-/Mehrheitswahl.

Der zentrale Agent wiederum ist nicht an die oben beschriebenen fokalen Punkte gebunden. Sich seiner speziellen Position bewusst, kann er seinen Vorschlag und den darauf folgenden Transfer in Übereinstimmung mit seinen individuellen (sozialen) Präferenzen wählen. Obwohl er alle Vorschläge seiner Gruppe beobachtet, ist er daran gebunden, bei seinem ursprünglichen Vorschlag zu bleiben, da der Koordinationseffekt des gemeinsam beobachteten Vorschlags sonst zerstört würde.

> Hypothese 4: Zentrale Mitglieder werden nicht von den Vorschlägen der anderen Gruppenmitglieder beeinflusst.

Zur Frage, ob ein sternförmiges Netzwerk die Gruppentransfers erhöht oder verringert, kann vorab keine Hypothese gebildet werden, da dies von den sozialen Präferenzen des zentralen Gruppenmitglieds abhängt. Wir erwarten aber, dass diese Netzwerkstruktur die Zahl der Mehrheitsentscheidungen während des Experiments signifikant erhöht.

> Hypothese 5: Sternförmige Netzwerkgruppen werden Mehrheitsentscheidungen häufiger erreichen als unverbundene Gruppen.

Die zweite Netzwerkstruktur ist kreisförmig. In dieser Versuchsanordnung werden die Vorschläge sowie die tatsächlichen Transfers nur von den unmittelbaren Nachbarn im Kreis beobachtet. Jeder Agent ist somit über die Vorschläge und Transfers der Agenten informiert, die zu seiner Rechten und Linken platziert sind. Auf der einen Seite stattet dies jeden Agenten mit Informationen über eine Subgruppe aus, die hinreichend groß ist, um allein eine Mehrheitsentscheidung zu verwirklichen. Aber auf der anderen Seite beobachten beide Nachbarn den Vorschlag nur eines Agenten dieser prinzipiell mehrheitsfähigen Teilgruppe. Deshalb kann ein Agent auch dann, wenn er drei identische Vorschläge sieht, nicht sicher sein, dass eine Mehrheit gesichert ist, da seine Nachbarn jeweils noch einen weiteren Vorschlag beobachten und deshalb einen Transfer wählen könnten, der von ihrem ursprünglichen Vorschlag abweicht. Koordination oder Kompromissfindung könnte deshalb auf der Grundlage dieser aus drei Vorschlägen bestehenden Teilmenge der vorhandenen Informationen keine erfolgreiche Strategie sein. Im Extremfall würden die Gruppenmitglieder die Vorschläge nicht als valide Informationen annehmen und sich auf den fokalen Punkt der unverbundenen Gruppe zurückziehen.

Dieser Rückgriff auf den fokalen Punkt der unverbundenen Versuchsanordnung würde mit den Ergebnissen von *Elison* (1993) sowie von *Siegfried K. Berninghaus* und *Ulrich Schwalbe* (1996) in Einklang stehen, die gezeigt haben, dass lokale Interaktion risikodominante Gleichgewichte erzeugt. *Claudia Keser* u.a. (1998) berichten von einem experimentellen Test eines Koordinationsspiels mit drei Spielern, das in eine kreisförmige Netzwerkstruktur von acht verbundenen Subjekten eingebettet ist. In dieser Struktur wählen Subjekte signifikant häufiger (74 Prozent) die risikodominante Strategie als Subjekte in der Kontrollgruppe (15 Prozent), obwohl damit geringere Auszahlungen verbunden sind. Deshalb bilden wir zwei gegensätzliche Hypothesen (6 und 7) für das kreisförmige Netzwerk.

> Hypothese 6: Im kreisförmigen Netzwerk werden die beobachteten Vorschläge eine signifikante Auswirkung auf die individuelle Transferwahl haben.

Wird dasselbe Argument wie im Fall unverbundener Gruppen angewendet, nämlich dass Agenten mit der gleichen Wahrscheinlichkeit jeden Transfer wählen können, dann ist die Aussicht sehr gering, dass eine Situation eintritt, in der beide empfangenen Vorschläge identisch mit dem gesendeten sind. Folglich ist die in einem Kreis erhaltene Information von geringem Wert, da kein Agent darauf vertrauen kann, dass andere bei ihrem Vorschlag bleiben werden. In der Konsequenz sollte sich in Abwesenheit von verlässlicher Information das Ergebnis dem der uninformierten und unverbundenen Grundsituation annähern.

> Hypothese 7: Im kreisförmigen Netzwerk ist die Gleichgewichts-/Mehrheitswahl die Gleichverteilung zwischen den Gruppen. Die beobachteten Vorschläge werden keine Auswirkung auf die individuelle Transferentscheidung haben.

3. Experimentelles Prozedere

Die oben beschriebene Entscheidungsaufgabe wurde unter Verwendung von z-Tree (Fischbacher 2007) computerisiert im Labor des Zentrums für Methoden der Sozialwissenschaftlichen Universität Oldenburg implementiert. Die Teilnehmer wurden in Gruppen zu zwanzig Personen aus einem Pool rekrutiert, der aus Studierenden aller Fakultäten der Universität bestand. Für die unstrukturierte Versuchsanordnung wurden zwei Sitzungen, für den Stern und den Kreis je drei durchgeführt, womit acht Datenpunkte für die unverbundene, zwölf für sternförmige und elf für die kreisförmige[4] Versuchsanordnung erzeugt wurden.

Bei ihrer Ankunft wurden die Teilnehmer nach dem Zufallsprinzip auf Computerarbeitsplätze verteilt, bei denen Kommunikation oder das Einsehen der Bildschirme anderer Spieler durch Sichtblenden unmöglich gemacht wurde. Die Anweisungen wurden in Papierform ausgeteilt, und eine Tonaufnahme der Anweisungen wurde abgespielt, um standardisierte Bedingungen und gemeinsame Information zu gewährleisten. Die Teilnehmer wurden über die Details der jeweiligen Anordnungen und die Kommunikationsstruktur (beziehungsweise die Unmöglichkeit von Kommunikation)

4 Eine Sitzung bestand aufgrund einer zu geringen Zahl von tatsächlich erschienenen Probanden aus nur fünfzehn Teilnehmern.

informiert. Die experimentelle Währung waren „Punkte“, und der offizielle Wechselkurs betrug zwei Euro pro Punkt. Im Laboraufbau war die Gruppe mit C = 25 Punkten ausgestattet, und der Transfer, der zu einer gleichmäßigen Verteilung führte, war x = 2,5.

Wir ließen jede Gruppe einmal spielen, wobei nur eine einzige Entscheidungsaufgabe mit maximal zwei Versuchen für die Bildung einer Mehrheit gelöst werden musste. Folglich spielte jeder Teilnehmer das Spiel nur einmal, und die analytisch relevante Variation besteht zwischen den Gruppen. Ein Experiment dauerte im Durchschnitt zehn Minuten. Danach beantworteten die Teilnehmer einen kurzen Fragebogen; anschließend wurde ihr Gewinn für die anderen Teilnehmer nicht einsehbar in bar ausgezahlt, und sie konnten das Labor verlassen.

4. Ergebnisse

Tabelle 1 fasst die Ergebnisse der drei Versuchsanordnungen zusammen. Wie erwartet erwies sich die Entscheidungsaufgabe in der unverbundenen Anordnung als die schwierigste. Die mit „Mehrheit“ bezeichnete Spalte enthält die Anzahl der Gruppen, denen es gelang, im ersten oder zweiten Versuch eine Mehrheit zu bilden. Von den acht Gruppen in der unverbundenen Anordnung erreichten nur drei eine Mehrheitsentscheidung, eine davon erst im zweiten Durchlauf. Diese Ergebnisse bestätigen Hypothese 5: Nur 37,5 Prozent der Gruppen ohne Kommunikation haben eine Mehrheitsentscheidung getroffen, während dies 83,3 Prozent der Stern-Gruppen und 72,7 Prozent der Kreis-Gruppen im ersten Versuch erreichten. Unsere Daten widerlegen Hypothese 1, während sie mit der zweiten kongruent sind, da alle drei beobachteten Gruppentransfers in der unverbundenen Anordnung durch den Transfer von 2,5 Punkten, also 50 Prozent, eine Gleichverteilung zwischen den Gruppen zum Resultat hatten.

Tabelle 1: Gruppentransfers und erste Vorschläge

Versuchsanordnung	N	Gruppen	Mehrheit	Transfer		Erster Vorschlag	
				μ	σ	μ	σ
Keine Kommunikation	40	8	3	2.50	0.00	–	–
Stern	60	12	12	1.17	1.08	1.07	0.97
Kreis	55	11	11	1.73	0.79	1.47	0.99

Anmerkungen: N = Anzahl der Teilnehmer in der Versuchsanordnung; Gruppen = Anzahl der Gruppen in der Versuchsanordnung (N / 5); Mehrheit = Anzahl der Gruppen, in denen im ersten oder zweiten Versuch eine Mehrheit zustande kam; Transfer = von der Diktatorgruppe auf Basis von Mehrheitsentscheidung an die Empfängergruppe übertragener Betrag; Erster Vorschlag = Betrag, der von Teilnehmern als erster Vorschlag eingegeben wurde; μ = Mittelwert; σ = Standardabweichung.

Die Gruppentransfers in der unverbundenen Anordnung sind deshalb signifikant höher als jene im Stern (Man-Whitney-Test $p = 0,043$) und im Kreis ($p = 0,049$). Indessen sind sie in den beiden artikulierten Netzwerkstrukturen nicht signifikant verschieden.

Die Vorschläge der zentralen Teilnehmer (Mitglied 1) in den sternförmigen Netzwerken unterscheiden sich im Durchschnitt (1,26) nicht signifikant ($p > 0,6$) von jenen Vorschlägen der anderen Gruppenmitglieder (1,03). Unter der Annahme, dass die zentralen Mitglieder sich ihrer privilegierten Positionen bewusst waren, bestätigt dies einerseits, dass sich diese Teilnehmer nicht vom Rest der Population unterscheiden. Andererseits zeigt sich, dass die zentrale Netzwerkposition als solche keine Verhaltensunterschiede verursacht hat. Damit scheinen alle Vorschläge von zentralen Gruppenmitgliedern die tatsächlichen Präferenzen dieser Agenten zu reflektieren. Die Auswirkung dieser „zentralen" Vorschläge ist auffallend: Von den 48 Teilnehmern, die keine zentrale Position hatten, schlugen nur drei denselben Transfer wie der zentrale Teilnehmer ihrer Gruppe vor. 50 Prozent machten einen höheren und 43,7 Prozent einen niedrigeren Transfervorschlag als der zentrale Agent. In der folgenden Entscheidungsphase gaben jedoch 81,3 Prozent[5] aller Mitglieder einen Transfer ein, der dem Vorschlag des zentralen Mitglieds entsprach. Dies ist eine klare Bestätigung der Hypothese 3.

Obgleich der zentralisierte Vorschlag im sternförmigen Netzwerk genau so funktioniert wie theoretisch vorhergesagt, gaben 50 Prozent der zentralen Teilnehmer nicht den Transfer ein, den sie selbst zunächst vorgeschlagen hatten, was zu einer Ablehnung von Hypothese 4 führt.[6]

In der kreisförmigen Versuchsanordnung waren die eingegebenen Vorschläge signifikant ($p = 0,06$) höher (1,47) als im Stern (1,073). Im Stern wurde der modale Vorschlag von 2,5 von zwölf der 60 Teilnehmer gesendet, während 60 Prozent einen Vorschlag von 1,0 oder weniger wählten. Im Kreis sendeten 25 Prozent den modalen Vorschlag von 2,5 Punkten, und immer noch 20 Prozent schlugen einen Transfer von zwei Punkten vor. Dieser beobachtete Trend zu einer Gleichverteilung im kreisförmigen Netzwerk steht in Einklang mit Hypothese 7, obwohl er sie nicht gänzlich bestätigt.

Das linke Feld von Tabelle 2 enthält die Schätzergebnisse für die in der Kreis-Anordnung gewählten Transfers, der sowohl vom Vorschlag des jeweiligen Teilnehmers selbst als auch von den Vorschlägen seiner Nachbarn beeinflusst wird.[7] Wir beginnen in der ersten Spalte von Tabelle 2 mit dem einfachen linearen Modell. Die Prüfung des Vorliegens von Heteroskedastizität und fehlenden Variablen ergab, dass beides ver-

5 Diese Zahl steigt auf 87,5 Prozent, wenn wir nur die zehn Gruppen der Treatments Stern-Anordnung betrachten, die im ersten Versuch eine Mehrheit erreicht haben.

6 Diese inkonsistenten Handlungen des zentralen Mitgliedes waren sogar der Grund für die beiden im sternförmigen Treatment beobachteten Misserfolge beim Versuch, im ersten Anlauf eine Mehrheit zu bilden. Insofern kann von einer besonderen Robustheit der sternförmigen Entscheidungsstrukur gesprochen werden, die nicht nur dem zentralen Mitglied alle Macht gibt, sondern auch durch Abweichungen des zentralen Mitglieds von der eigenen optimalen Strategie nicht tangiert wird.

7 Wir fanden keinen signifikanten Unterschied zwischen dem ersten und zweiten Versuch, eine Mehrheit zu bilden. Dies könnte an der geringen Zahl von Mehrheiten im zweiten Versuch liegen. Deshalb schlossen wir die Variable „Versuch" von der in Tabelle 2 dargestellten Analyse aus.

worfen werden kann. Auch können wir aufgrund Ramseys RESET-Test die Möglichkeit nicht-linearer Kombinationen der unabhängigen Variablen zurückweisen.[8]

Nicht überraschend stellt sich heraus, dass der eigene Vorschlag die größte Auswirkung auf die Wahl des Transferbetrages hat. Dennoch sind die Koeffizienten der Vorschläge der Nachbarn (Vorschlag1 Nachbar x) hochsignifikant, und ihr gemeinsamer Einfluss auf den Transfer ist sogar größer als jener des eigenen Vorschlags. Der Koeffizient des eigenen Vorschlags könnte als teilweises Festhalten an der persönlichen Präferenz trotz möglicherweise gegenteiliger Vorschläge der Nachbarn interpretiert werden. Aber er könnte auch als Versuch ausgelegt werden, die beobachtete Diversität der anderen Vorschläge auszugleichen. Der hohe Anteil erfolgreicher Mehrheitsbildungen im ersten Versuch (sechs von sieben Gruppen) unterstützt letztere Interpretation. Dies führt zur Zurückweisung von Hypothese 7 und zur Bestätigung der Hypothese 6.

Bei der Betrachtung anderer potenzieller Faktoren wurde kein Einfluss des Geschlechts, aber eine moderate Auswirkung des Alters der Teilnehmer gefunden.

Tabelle 2: Schätzergebnisse für Netzwerktypen Kreis und Stern

Dependent Variable	transfer		transfer				
Network	Circle		Star				
proposal	0.452***	0.455***	0.226**	0.223**	0.200**	0.200**	
	(7.33)	(7.51)	(2.52)	(2.57)	(2.55)	(2.58)	
gender	0.044		-0.033		0.005		
	(0.36)		(0.18)		(0.03)		
age	0.012	0.013	-0.011	-0.01			
	(1.30)	(1.36)	(1.28)	(1.27)			
proposal1 neighbor1	0.393***	0.390***					
	(6.56)	(6.62)					
proposal1 neighbor2	0.353***	0.357***					
	(5.88)	(6.15)					
proposal member 1			0.765***	0.769***	0.785***	0.785***	0.772***
			(9.29)	(9.95)	(10.33)	(10.86)	(10.17)
constant	-0.657**	-0.644**	0.166	0.127	-0.126	-0.122	0.1
	(2.36)	(2.36)	(0.67)	(0.77)	(0.79)	(1.26)	(1.63)
Observations	55	55	48	48	48	48	48
AIC	1.17	1.14	1.78	1.74	1.76	1.71	1.78
BIC	-144.03	-147.89	-90.89	-94.72	-94.11	-97.98	-96.44
Adjusted R^2	0.79	0.79	0.69	0.7	0.69	0.7	0.67

Robust t-statistics in parentheses
* significant at 10%; ** significant at 5%; *** significant at 1%

8 Wir haben eine logarithmische Transformation sowohl der abhängigen, als auch der unabhängigen Variablen geprüft. Dies führte zu keiner Verbesserung der Schätzqualität.

In gleicher Weise wurden die individuellen Transfers in der Stern-Anordnung als eine Funktion des eigenen Vorschlags, des Vorschlags des zentralen Mitgliedes sowie von Alter und Geschlecht des Teilnehmers modelliert (rechtes Feld von Tabelle 2). Wie erwartet ist der Vorschlag des zentralen Mitgliedes (Vorschlag Mitglied 1) entscheidend für die Transfers aller Gruppenmitglieder, wodurch ein weiterer Beleg für Hypothese 3 geliefert wird. Die beste Spezifikation ist wiederum eine lineare Regression mit nur dem eigenen Vorschlag und dem Vorschlag des zentralen Agenten als erklärende Variablen (Spalte 6 von Tabelle 2). Dennoch ist der Einfluss des eigenen Vorschlags nur klein und könnte auch vernachlässigt werden, wie die BIC-Statistiken zeigen.

5. Fazit: Erfolgreichere Entscheidungsprozesse durch Netzwerke

Der Vergleich unverbundener Gruppen, die keine Kommunikationsmöglichkeit hatten, mit einem sternförmigen Netzwerk (mit einem zentralen Mitglied, dessen Vorschläge von allen zu sehen sind) und mit einem kreisförmigen Netzwerk (bei dem Kommunikation nur mit den unmittelbaren Nachbarn möglich ist) erbrachte folgendes Ergebnis: Wie erwartet erhöhen beide Netzwerktypen den Anteil erfolgreicher Entscheidungsprozesse signifikant. Beide erzeugten eine hundertprozentige Erfolgsrate von Mehrheitsentscheidungen. Im Stern werden die Gruppenentscheidungen ausschließlich vom zentralen Agenten bestimmt. Welchen Vorschlag dieser Agent auch macht, er wird anschließend als Gruppenentscheidung angenommen. Die Gruppen bildeten sogar dann eine Mehrheit, wenn der zentrale Agent die vorgeschlagene Transfersumme von der Vorschlagsphase zur Entscheidungsphase änderte. Dies sind starke Belege für die Macht, die dem zentralen Agenten zugeschrieben werden kann, wenn Informationen über die Intentionen anderer Mitglieder selektiv verfügbar sind. Des Weiteren entschieden sich diese Agenten – obwohl in den durchgeführten Experimenten die ganze Bandbreite möglicher Transfers gewählt wurde – im Durchschnitt für eher geringe Transferanteile.

Die Information, die für die Koordination im kreisförmigen Netzwerk verfügbar ist, wird von den Teilnehmern weniger effizient und korrekt als solche bewertet. Die gemachten Vorschläge kommen der Aufteilung zu gleichen Anteilen näher, die auch von erfolgreichen unverbundenen Gruppen ohne jegliche Information gewählt wurden. Diese Tendenz in die Richtung des sozial akzeptierten Transfers von 50 Prozent der Anfangsausstattung – und somit in Richtung der risikodominanten Strategie – scheint der Grund für den hohen Anteil erfolgreicher Koordinationsversuche und Mehrheitsentscheidungen in der kreisförmigen Anordnung zu sein. Dies steht in Einklang mit den Erkenntnissen von *Claudia Keser* u.a. (1998). Wenn Subjekte allerdings tatsächlich über Information verfügen, nutzen sie diese, um sich innerhalb dieser Subgruppe zu koordinieren.

Literatur

Bala, Venkatesh / Goyal, Sanjeev: A noncooperative model of network formation, in: Econometrica, 68. Jg. (2000), H. 5, S. 1181 – 1229.

Beyres, Jan: Voice and access. Political practices of European interest associations, in: European Union Politics, 5. Jg. (2004), H. 2, S. 211 – 240.

Biliouri, Daphne: Environmental NGOs in Brussels: How powerful are their lobbying activities?, in: Environmental Politics, 8. Jg. (1999), H. 2, S. 173 – 182.

Blount, Sally: When social outcomes aren't fair: The effect of causal attributions on preferences, in: Organizational Behavior and Human Decision Processes, 63. Jg. (1995), H. 2, S. 131 – 144.

Bolton, Gary E. / Ockenfels, Axel: ERC – A theory of equity, reciprocity, and competition, in: American Economic Review, 90. Jg. (2000), H. 1, S. 166 – 193.

Brosig, Jeannette / Weimann, Joachim / Ockenfels, Axel: The effect of communication media on cooperation, in: German Economic Review, 4. Jg. (2003), H. 2, S. 217 – 241.

Camerer, Colin F.: Behavioral game theory: Experiments in strategic interaction, Princeton 2003.

Camerer, Colin F. / Thaler, Richard H.: Anomalies: Ultimatums, dictators and manners, in: Journal of Economic Perspectives, 9. Jg. (1995), H. 2, S. 209 – 219.

Cason, Timothy N. / Mui, Vai-Lam: A laboratory study of group polarization in the team dictator game, in: Economic Journal, 107. Jg. (1997), H. 444, S. 1465 – 1483.

Festinger, Leon: A theory of social comparison processes, in: Human Relations, 7. Jg. (1954), H. 2, S. 117 – 140.

Fehr, Ernst / Schmidt, Klaus M.: A theory of fairness, competition, and cooperation, in: Quarterly Journal of Economics, 114. Jg. (1999), H. 3, S. 817 – 868.

Greenwood, Justin: Interest representation in the European Union, Basingstoke 2003.

Hallstrom, Lars K.: Eurocratising enlargement? EU elites and NGO participation in European environmental policy, in: Environmental Politics, 13. Jg. (2004), H. 1, S. 175 – 193.

Keser, Claudia/ Ehrhart, Karl-Martin / Berninghaus, Siegfried K.: Coordination and local interaction: experimental evidence, in: Economics Letters, 58. Jg. (1998), S. 269 – 275.

Kahneman, Daniel / Knetsch, Jack / Thaler, Richard H.: Fairness as a constraint on profit seeking: Entitlements in the market, in: American Economic Review, 76. Jg. (1986), H. 4, S. 728 – 741.

Luhan, Wolfgang / Kocher, Martin / Sutter, Matthias: Group polarization in the team dictator game reconsidered, in: Experimental Economics, 12. Jg. (2009), H. 1, S. 26 – 41.

Mahoney, Christine: The power of institutions. State and interest group activity in the European Union, in: European Union Politics, 5. Jg. (2004), H. 4, S. 441 – 466.

Ochs, Jack: Coordination problems, in: Kagel, John H. / Roth, Alvin E. (Hrsg.): Handbook of experimental economics, Princeton 1995, S. 195 – 251.

Pillutla, Madan M. / Murnighan, Keith J.: Being fair or appearing fair: Strategic behavior in ultimatum bargaining, in: Academy of Management Journal, 38. Jg. (1995), H. 5, S. 1408 – 1426.

Roth, Alvin E.: Introduction to experimental economics, in: Kagel, John H. / Roth, Alvin E. (Hrsg.): Handbook of experimental economics, Princeton 1995, S. 3 – 109.

Scharpf, Fritz W.: Interaktionsformen. Akteurzentrierter Institutionalismus in der Politikforschung, Opladen 2000.

Schelling, Thomas: The strategy of conflict, Cambridge 1960.

Sia, Choon-Ling / Tan, Bernard C. Y. / Wei, Kwok-Kee: Group polarization and computer-mediated communication: Effects of communication cues, social presence, and anonymity, in: Information Systems Research, 13. Jg. (2002), H. 1, S. 70 – 90.

Thomson, Robert / Stokman Frans N. / Achen, Christopher H. / König, Thomas (Hrsg.): The European Union decides. Cambridge University Press, Cambridge 2006.

Van Huyck, John B. / Battalio, Raymond C. / Beil, Richard O.: Tacit coordination games, strategic uncertainty, and coordination failure, in: American Economic Review, 80. Jg. (1990), H. 1, S. 234 – 248.

Van Huyck, John B. / Battalio, Raymond C. / Beil, Richard O.: Strategic uncertainty, equilibrium selection, and coordination failure in average opinion games, in: The Quarterly Journal of Economics, 106. Jg. (1991), H. 3, S. 885 – 910.

Autoren

Silke Beck
Senior Scientist am Department Umweltpolitik / Helmholtz Zentrum für Umweltforschung – Leipzig; Studium der Politikwissenschaft und Germanistik; Promotion in Soziologie; seit 1994 im Feld der Technikfolgenabschätzung und Umweltpolitik tätig; zur Zeit Leitung des BMBF-Projekts „Nested Networks: Neue Formen der Governance der globalen Umweltforschung (NESNET)". Schwerpunkte: Politikberatung, „Schnittstellen von Wissenschaft und Gesellschaft", vergleichende Umwelt- und Klimapolitik.

Thomas Bernauer
Professor für Politikwissenschaft an der ETH Zürich; Promotion an der ETH Zürich, dort auch nach Postdoc an der Harvard University Assistenzprofessor (1995), außerordentlicher Professor (1999) und seit 2004 Ordinarius mit einer Forschungsgruppe als Teil des Zentrums für Vergleichende und Internationale Studien der ETH und Universität Zürich und des Instituts für Umweltentscheidungen der ETH Zürich; seit 2004 Mitglied des Forschungsrates des Schweizerischen Nationalfonds (SNF); 2011/12 Präsident der Abteilung IV des SNF, die für alle nationalen Forschungsprogramme und Exzellenzcluster (NCCR) zuständig ist. Schwerpunkt: Schnittstelle von Wirtschafts- und Umweltfragen.

Katharina Böhm
wissenschaftliche Mitarbeiterin an der Johannes-Gutenberg-Universität Mainz im Forschungsprojekt „Entscheidungsverfahren und Verteilungseffekte. Die Allokation von Gesundheitsleistungen in den OECD-Ländern"; Studium der Politikwissenschaft und Volkswirtschaftslehre in Frankfurt. Promotionsthema: Gesundheitsversorgung im Wohlfahrtsstaat. Das soziale Recht auf Gesundheitsversorgung im Wandel.

Ulrich Brand
Professor für Internationale Politik an der Universität Wien; seit 2006 Co-Sprecher der DVPW-Sektion Politische Ökonomie; (sachverständiges) Mitglied der Enquete-Kommission „Wachstum, Wohlstand, Lebensqualität" des Deutschen Bundestages (seit 2011); Aufbau eines Clusters „Critical State and Governance Studies". Schwerpunkte u.a.: Globalisierung und ihre politische Gestaltung, kritische Theorie des Staates und seiner Internationalisierung, politische Ökologie, internationale Ressourcen- und Umweltpolitik. Jüngste Veröffentlichungen: Post-Neoliberalismus? Aktuelle Konflikte, gegen-hegemoniale Strategien; Mitherausgeber des Schwerpunkts „Internationalization of the State" der Zeitschrift „Antipode" (1/2011).

Thomas Bräuninger
Professor für Politische Ökonomie an der Universität Mannheim; Dr. phil.; Projektleiter am Mannheimer Zentrum für Europäische Sozialforschung der Universität Mannheim. Veröffentlichungen u.a.: Sachpolitik oder Parteipolitik? Eine Bestimmung des Parteidrucks im Bundesrat mittels bayesianischer Methoden, in: Politische Vierteljahresschrift 51. Jg. (2010), S. 223-249 (Mitverfasser); Parteienwettbewerb in den deutschen Bundesländern, Wiesbaden 2011 (Mitverfasser).

Claudia von Braunmühl
Honorarprofessorin für Internationale Politik am Fachbereich Politik- und Sozialwissenschaften der FU Berlin (seit 1996); Dr. phil.; Studium der Politikwissenschaft am Otto-Suhr-Institut der FU Berlin; wissenschaftliche Mitarbeiterin am Fachbereich Gesellschaftswissenschaft der Johann-Wolfgang-Goethe-Universität Frankfurt a. M. (1968 bis 1979); Landesdirektorin des Deutschen Entwicklungsdienstes in Jamaika (1980 bis 1984); unabhängige entwicklungspolitische Gutachterin und Beraterin (seit 1984); Gastprofessorin am Department of Politics der University of Edinburgh und an der Universität Wien; Lehrstuhlvertretung „Entwicklungssoziologie / Entwicklungspolitik“ an der Universität Bielefeld.

Andreas Busch
Professor für Vergleichende Politikwissenschaft und Politische Ökonomie an der Georg-August-Universität Göttingen und Geschäftsführender Direktor des Instituts für Politikwissenschaft (seit 2008); Studium der Politikwissenschaft, Volkswirtschaftslehre und des Öffentlichen Rechts an den Universitäten München, Heidelberg und Oxford; Promotion 1994 und Habilitation 2002 an der Universität Heidelberg; John F. Kennedy Memorial Fellow am Center for European Studies der Harvard University (1997/98); University Lecturer und Reader in European Politics an der University of Oxford und Fellow des Hertford College (2001 bis 2008). Schwerpunkte: Staatstätigkeitsforschung, institutionenzentrierte Analyse, Politische Ökonomie, politische Systeme Deutschlands und Großbritanniens.

Hans-Joachim Busch
Professor für Sozialpsychologie am FB Gesellschaftswissenschaften der Johann-Wolfgang-Goethe-Universität Frankfurt a. M.; wissenschaftlicher Mitarbeiter des Freud-Instituts in Frankfurt a. M.; Dr. phil.; Dipl.-Soziologe, Diplom-Supervisor (DGSv); Sprecher des Arbeitskreises Politische Psychologie der DVPW. Wichtigste Publikationen: Subjektivität in der spätmodernen Gesellschaft. Konzeptuelle Schwierigkeiten und Möglichkeiten psychoanalytisch-sozialpsychologischer Zeitdiagnose, Weilerswist 2001; Spuren des Subjekts. Positionen psychoanalytischer Sozialpsychologie (Hrsg.), Göttingen 2006; Liebe im Kapitalismus, Gießen 2008 (Mitverfasser).

Marc Debus
Dr. rer. soc.; wissenschaftlicher Mitarbeiter und Projektleiter am Mannheimer Zentrum für Europäische Sozialforschung der Universität Mannheim. Veröffentlichungen u.a.: Reform Processes and Policy Change: Veto Players and Decision-Making in Modern Democracies, New York 2010 (Mitherausgeber und Mitverfasser); Parteienwettbewerb in den deutschen Bundesländern, Wiesbaden 2011 (Mitverfasser).

Simon Franzmann
Dr. rer. pol.; wissenschaftlicher Mitarbeiter an der Universität Potsdam (seit 2010); Studium der Volkswirtschaftslehre und Politikwissenschaft in Köln; wissenschaftlicher Mitarbeiter am Lehrstuhl für Vergleichende Politikwissenschaft und am Institut für Datenarchivierung und Datenanalyse der Universität zu Köln. Schwerpunkte: Theoretische sowie empirische Analysen des Parteienwettbewerbs, Vergleich politischer Systeme und politischer Parteien, Politische Ökonomie.

Bernhard Kittel
Professor für Methoden der empirischen Sozialforschung (für Politikwissenschaft und Soziologie) an der Carl-von-Ossietzky-Universität Oldenburg (seit 2006); wissenschaftlicher Leiter der ECPR Summer School in Methods and Techniques an der Universität Ljubljana. Schwerpunkte: Vergleichende politische Ökonomie und politische Soziologie, experimentelle Analyse von Wahlen und Entscheidungsprozessen in Gremien. Publikationen zu Arbeitsbeziehungen, Wohlfahrtsstaat und öffentlichen Beschäftigungsregimen, zu makrovergleichenden Methoden und politischem Verhalten.

Tanja Klenk
Dr.; wissenschaftliche Mitarbeiterin am Zentrum für Sozialpolitik der Universität Bremen. Schwerpunkte: Verwaltungswissenschaft, Organisations- und Governancestrukturen und ihre Dynamiken, insbesondere in wohlfahrtsstaatlichen Feldern. Jüngste Veröffentlichungen: The role of enterprises in welfare provision – Enterprises as producers of public goods, in: Zeitschrift für Vergleichende Politikwissenschaft 4. Jg. (2010), S. 29-52 (Mitverfasserin); Politische Krisentheorie und die Renaissance von Konjunkturprogrammen, in: dms – Der moderne Staat 3. Jg. (2010), S. 273-294 (Mitverfasserin).

Claudia Landwehr
Professorin für Politik und Wirtschaft an der Johannes-Gutenberg-Universität Mainz (seit 2011); Studium in Bonn, Sheffield (UK) und Hamburg; Promotion an der Universität Hamburg; seit 2008 Schumpeter-Fellowship der Volkswagen Stiftung. Schwerpunkte: Politische Steuerung, Wohlfahrtsstaatlichkeit, moderne Demokratie- und Gerechtigkeitstheorie.

Joachim Lange
Dr.; Studienleiter für Wirtschafts- und Sozialpolitik sowie wissenschaftlicher Mitarbeiter am Zentrum für Sozialpolitik der Universität Bremen; Studium der Volkswirtschaftslehre und Politikwissenschaft.

Claus Leggewie
Professor für Politikwissenschaft an der Justus-Liebig-Universität Gießen und Direktor des Kulturwissenschaftlichen Instituts Essen (KWI); Mitglied des Wissenschaftlichen Beirats der Bundesregierung „Globale Umweltveränderungen" (WBGU) (seit 2008). Schwerpunkte u.a.: KlimaKultur: Kulturelle Voraussetzungen der Anpassung moderner Gesellschaften an die Auswirkungen des Klimawandels, Demokratie und Nachhaltigkeit. Jüngste Veröffentlichung zum Thema: Das Ende der Welt, wie wir sie kannten. Klima, Zukunft und die Chancen der Demokratie, 5. Aufl., Frankfurt a. M. 2011.

Wolfgang J. Luhan
Dr.; wissenschaftlicher Mitarbeiter am Lehrstuhl für Makroökonomik und Leiter des Labors Experimentelle Wirtschaftsforschung (RUBex) der Ruhr-Universität Bochum (seit 2009); wissenschaftlicher Mitarbeiter und Leiter des Experimentallabors am Zentrum für Methoden der Sozialwissenschaften der Carl-von-Ossietzky-Universität Oldenburg (2007 bis 2009). Schwerpunkte: Behavioral Macroeconomics, experimentelle Wirtschaftsforschung, angewandte Spieltheorie.

Frank Nullmeier
Professor für Politikwissenschaft an der Universität Bremen und Leiter der Abteilung „Theorie und Verfassung des Wohlfahrtsstaates" des Zentrums für Sozialpolitik; Mitglied des SFB „Staatlichkeit im Wandel". Schwerpunkte: Sozialstaatstheorie, Sozialpolitik, Policy-Forschung, Legitimationsforschung, Politische Theorie. Ausgewählte Veröffentlichungen: Democracy´s Deep Roots. Why the Nation State Remains Legitimate, Houndmills, Basingstoke 2010 (Mitverfasser); Prekäre Legitimitäten. Rechtfertigung von Herrschaft in der postnationalen Konstellation, Frankfurt a. M. / New York 2010 (Mitverfasser).

Sophie Perrin
Evaluationsverantwortliche im Bundesamt für Energie in der schweizerischen Bundesverwaltung (seit 2011); Studium der Politikwissenschaft, Geschichte und Staatsrecht an der Universität Zürich; Forschungs- und Lehrassistentin in der Forschungsgruppe von Prof. Thomas Bernauer im Zentrum für Vergleichende und Internationale Studien der ETH und Universität Zürich und im Institut für Umweltentscheidungen der ETH Zürich (2007 bis 2010). Dissertationsprojekt: Dynamik internationaler Kooperation im Umweltbereich.

Tatjana Reiber
Dr.; wissenschaftliche Mitarbeiterin am Institut für Internationale Politik der Helmut-Schmidt-Universität/Universität der Bundeswehr Hamburg. Schwerpunkte: Friedenskonsolidierung, Konfliktbearbeitung und Demokratieförderung.

Thomas Saretzki
Professor für Politische Theorie und Politikfeldanalyse am Institut für Politikwissenschaft und Zentrum für Demokratieforschung der Leuphana Universität Lüneburg (seit 2001); Studium der Politikwissenschaft, Biologie, Philosophie und Erziehungswissenschaften; wissenschaftlicher Mitarbeiter an den Universitäten Hamburg, Hannover und der TU Darmstadt; Promotion (1998) und Habilitation (2000) am Fachbereich Philosophie und Sozialwissenschaften der Universität Hamburg. Schwerpunkte: Demokratietheorie, Politikfeldanalyse, sozialwissenschaftliche Umwelt-, Wissenschafts- und Technikforschung. Aktuelle Veröffentlichungen: Umwelt- und Technikkonflikte, Wiesbaden 2010 (Mitherausgeber).

Karen Schlüter
Ass. Iur., Maître en Droit (Paris X-Nanterre); wissenschaftliche Mitarbeiterin am Institut für Politikwissenschaft der Otto-von-Guericke-Universität Magdeburg; Koordinatorin des Bachelor- und Masterstudiengangs „European Studies“. Schwerpunkte: Fragen der Rückwirkung des Europäischen Integrationsprozesses auf die nationalen Strukturen der Mitgliedstaaten, insbesondere von Föderalstaaten. Aktuelle Veröffentlichungen: Föderale Kompetenzverteilung am Beispiel der Bundesrepublik Deutschland (S. 53-86) und Verfassungsgerichtsbarkeit in Föderalstaaten (S. 145-170), in: Klaus Detterbeck / Wolfgang Renzsch / Stefan Schieren (Hrsg.): Föderalismus in Deutschland, München 2010.

Suzanne S. Schüttemeyer
Professorin für Regierungslehre und Policyforschung an der Martin-Luther-Universität Halle-Wittenberg; Dr. rer.pol.; Dipl.-Pol.; Studium der Politikwissenschaft und Rechtswissenschaft; Chefredakteurin der Zeitschrift für Parlamentsfragen (seit 2003); Mitbegründerin und Sprecherin der Sektion Vergleichende Politikwissenschaft der Deutschen Vereinigung für Politische Wissenschaft (1987 bis 2000); Vorsitzende der DVPW (2006 bis 2009); Vorsitzende der European Confederation of Political Science Associations (seit 2007); Trägerin des Wissenschaftspreises des Deutschen Bundestages. Schwerpunkte: Parlamentarismus in Deutschland und im internationalen Vergleich, demokratische Repräsentation, deutsches Regierungssystem.

Georg Simonis
Prof. i.R. am Institut für Politikwissenschaft der FernUniversität in Hagen (seit 2007); Diplom-Politologe (1969); Promotion und Habilitation an der Universität Konstanz.

Erik Swyngedouw
Professor of Geography an der School of Environment and Development der Manchester University (seit 2006); zuvor Professor of Geography an der Oxford University und Fellow des St. Peter's College. Schwerpunkte: Political ecology, urban governance, democracy and political power, water and water resources, political economy of capitalist societies, politics of globalisation. Jüngste Veröffentlichungen zum Thema: Urbanising Globalisation, Oxford 2003 (Mitherausgeber); Social Power and the Urbanization of Water – Flows of Power, Oxford 2004; In the Nature of Cities, London / New York 2006 (Mitherausgeber).

Jörg Tremmel
Juniorprofessor am Institut für Politikwissenschaft der Universität Tübingen; Studium der Politikwissenschaft und der Betriebswirtschaftslehre; Promotion in der Technik- und Umweltsoziologie an der Universität Stuttgart und in Philosophie an der Universität Düsseldorf; Research Fellow an der London School of Economics and Political Science; Herausgeber des Journals für Generationengerechtigkeit. Schwerpunkte: Politische Theorie, speziell Politische Philosophie, Generationen-, Klima- und Wissenschaftsethik, Epistemologie, Umwelt-, Renten-, Gesundheits-, Finanz-, Bildungs-, Arbeitsmarkt- und Familien- bzw. Bevölkerungspolitik. Wichtigste Veröffentlichung zum Thema: A Theory of Intergenerational Justice, London 2009.

Fariborz Zelli
Dr.; wissenschaftlicher Mitarbeiter am Deutschen Institut für Entwicklungspolitik, Bonn; zuvor Mitarbeiter am britischen Tyndall Centre for Climate Change Research und an der Universität Tübingen; Promotion mit einem Stipendium der Deutschen Bundesstiftung Umwelt an der Universität Tübingen; Sprecher des Arbeitskreises Umwelt der DVPW; Research Fellow des Global Governance Project. Schwerpunkte: Klimawandel und Entwicklung, Entwaldung im Amazonasgebiet und globale Umweltpolitik. Veröffentlichungen u.a.: Global Climate Governance beyond 2012, Cambridge 2010 (Mitherausgeber); Climate and Trade Policies in a Post-2012 World, UN-Umweltprogramm 2009.